Springer-Lehrbuch

Springer
Berlin
Heidelberg
New York
Barcelona
Hongkong
London
Mailand
Paris
Singapur
Tokio

Klaus Miksits Helmut Hahn

Basiswissen Medizinische Mikrobiologie und Infektiologie

zweite, überarbeitete
und korrigierte Auflage

Mit 273 Abbildungen
und 92 Übersichten

Springer

Dr. Klaus Miksits
Prof. Dr. Helmut Hahn

Freie Universität Berlin
Institut für Infektionsmedizin
Abteilung für Medizinische Mikrobiologie
und Infektionsimmunologie
Hindenburgdamm 27
12203 Berlin

ISBN 3-540-64483-0 Springer-Verlag Berlin Heidelberg New York

ISBN 3-540-55492-0, 1. Auflage, Springer-Verlag Berlin Heidelberg New York

Die Deutsche Bibliothek - CIP-Einheitsaufnahme
Miksits, Klaus: Basiswissen medizinische Mikrobiologie und Infektiologie / Klaus Miksits ; Helmut Hahn. - 2. Aufl. - Berlin ; Heidelberg ; New York ; Barcelona ; Budapest ; Hongkong ; London ; Mailand ; Paris ; Singapur ; Tokio : Springer, 1999 (Springer-Lehrbuch) 1. Aufl. u.d.T.: Miksits, Klaus: Medizinische Mikrobiologie und Infektiologie
ISBN 3-540-64483-0

Herstellung: PRO EDIT GmbH, Heidelberg
Einbandgestaltung: de'blik, Konzept & Gestaltung, Berlin
Abbildung auf dem Umschlag: Eye of Science, Reutlingen
Satz: Reproduktionsfertige Autorenvorlage

SPIN: 10680153 15/3135-5 4 3 2 1 0 - Gedruckt auf säurefreiem Papier

Vorwort

Das vorliegende Buch „Basiswissen Mikrobiologie“ ist die zweite Auflage des Buches „Medizinische Mikrobiologie und Infektiologie“.

Wie schon in der Vorauflage stehen die praxisrelevanten Aspekte der Medizinischen Mikrobiologie und Infektiologie im Vordergrund. Daher geht die Einführung von der Infektion aus. Die Beschreibung der Mikroorganismen betont deren Rolle als Krankheitserreger. Die Darstellung der antimikrobiellen Substanzen stellt deren Rolle als Therapeutika heraus. In der Abschnitten zur Diagnose erregerbedingter Krankheiten und über infektionsbedingte Syndrome werden die Aspekte für die interdisziplinäre Zusammenarbeit von Klinik und Labor hervorgehoben.

Der Hauptkritikpunkt an der Vorauflage betraf das Fehlen von Illustrationen, die den abstrakten Inhalt veranschaulichen. Hier wurde nun umfassend Abhilfe geschaffen.

Die Studentinnen und Studenten bekommen somit einen praxisorientierten Einstieg in das Gebiet erregerbedingter Erkrankungen; die klinisch tätigen Ärztinnen und Ärzte erhalten Informationen zur Lösung einer aktuellen Problemstellung und haben gleichzeitig eine Einführung in das Hintergrundwissen zur Hand.

Durch die kompakte Zusammenfassung der wichtigsten Inhalte der Medizinischen Mikrobiologie und Infektiologie hat sich das Buch sowohl zur Einführung als auch zur effizienten Prüfungsvorbereitung bewährt.

Klaus Miksits, Helmut Hahn — Berlin, Februar 1999

Abkürzungen und Kurzschreibweisen

B. burgdorferi	Borrelia burgdorferi
B. pertussis	Bordetella pertussis
C. difficile	Clostridium difficile
C. perfringens	Clostridum perfringens
C. trachomatis	Chlamydia trachomatis
EBV	Epstein-Barr-Virus
E. coli	Escherichia coli
H. influenzae	Haemophilus influenzae
HSV	Herpes-simplex-Virus
HUS	Hämolytisch-urämisches Syndrom
IFN	Interferon
IL	Interleukin
L. monocytogenes	Listeria monocytogenes
MHC	major histocompatibility complex
MRSA	methicillinresistenter Staphylococcus aureus
M. tuberculosis	Mycobacterium tuberculosis
P. acnes	Propionibacterium acnes
P. aeruginosa	Pseudomonas aeruginosa
S. aureus	Staphylococcus aureus
S. epidermidis	Staphylococcus epidermidis
S. maltophilia	Stenotrophomonas maltophilia
S. pyogenes	Streptococcus pyogenes
S. Typhi	Salmonella Typhi
S. viridans	Streptococcus viridans
TNF	Tumornekrosefaktor
T. pallidum	Treponema pallidum
TTP	Thrombotisch-thrombozytopenische Purpura
VZV	Varicella-Zoster-Virus

Inhaltsverzeichnis

Weiterführende Literatur

L. R. Ash, T. C. Orihel. Atlas Of Human Parasitology. 3rd ed., ASCP Press, Chicago, 1990: Ausgezeichnete Sammlung photographischer Abbildungen von Parasiten.

F. J. Fenner, D. O. White (eds.). Medical Virology. 3rd ed. Academic Press, New York, 1986: Ein klinisch orientiertes Standardwerk zur Virologie.

B. N. Fields, D. N. Knipe, R. M. Chanock, J. L. Melnick, B. Roizman, T. P. Monath (eds.). Virology. 2nd ed., Raven Press, New York, 1990: Naturwissenschaftlich orientiertes Standardwerk zur Virologie (Literaturverzeichnis).

N. R. Krieg, J. G. Holt (eds.). Bergey´s Manual Of Systematic Bacteriology. Williams & Wilkins Co., Baltimore, 1984: Das maßgebliche Werk zur Bakteriologie (Taxonomie).

G. L. Mandell, J. E. Bennett, R. Dolin (eds.). G. L. Mandell, R. G. Douglas Jr., J. E. Bennett‘s Principles And Practice Of Infectious Diseases. 4th ed., Churchill Livingstone, 1995: Das Nachschlagewerk über Erreger und Infektionskrankheiten (Literaturverzeichnis!).

P. E. C. Manson-Bahr, D. R. Bell (eds.). Manson´s Tropical Diseases. 19th ed., The W. B. Saunders Co. Philadelphia, 1987: Standardwerk über parasitologischen Erkrankungen.

P. R. Murray, E. J. Barron, M. A. Pfaller, F. C. Tenover, R. H. Yolken (eds.). Manual Of Clinical Microbiology. 6th ed., American Society for Microbiology, Washington, D. C., 1995: Das Handbuch für die mikrobiologische Laborarbeit (Literaturverzeichnis).

W. Paul (ed.) Fundamental Immunology. 2nd ed., Raven Press, NY, 1989: Das Buch über Immunologie (Literaturverzeichnis). Neuauflage für 1998 geplant.

R. E. Reese, R. F. Betts. A Practical Approach to Infectious Diseases. Little, Brown & Co., Boston, 4th ed., 1997: Praktisch (Literaturverzeichnis).

C. Simon, W. Stille. Antibiotika Therapie in Klinik und Praxis. 10. Aufl., Schattauer Verlag, Stuttgart, 1998: Das deutschsprachige Standardwerk zur antimikrobiellen Chemotherapie.

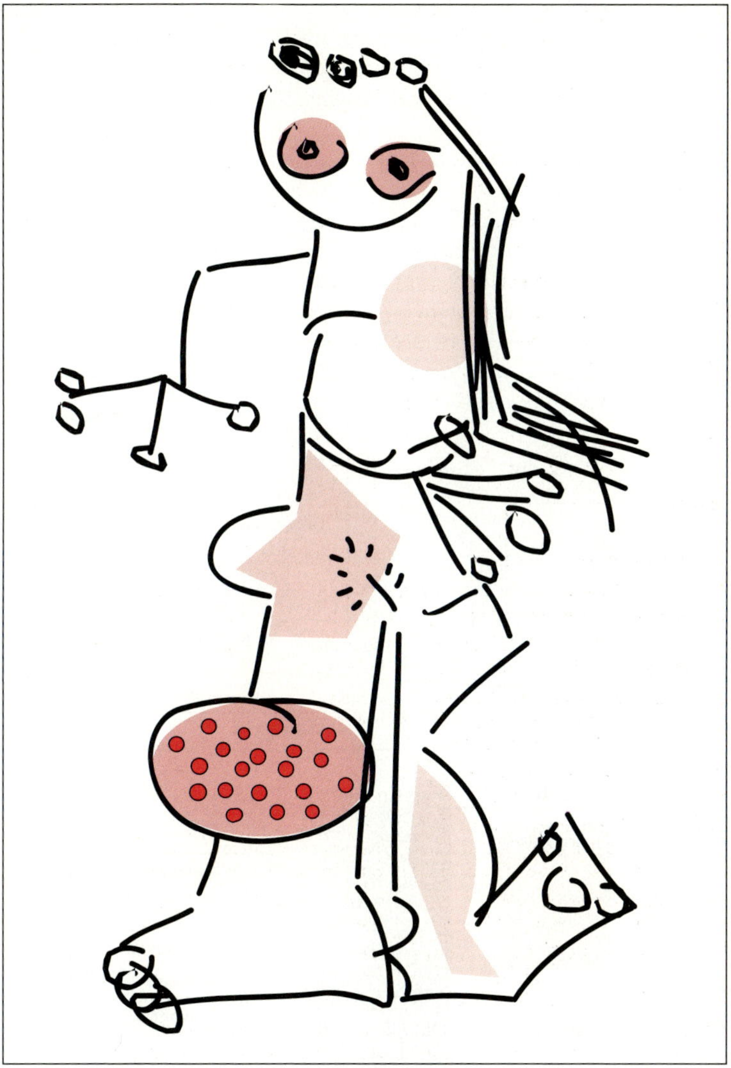

Infektion

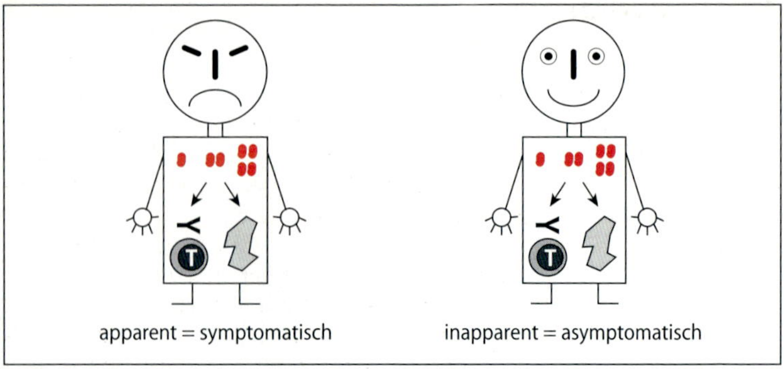

Infektion

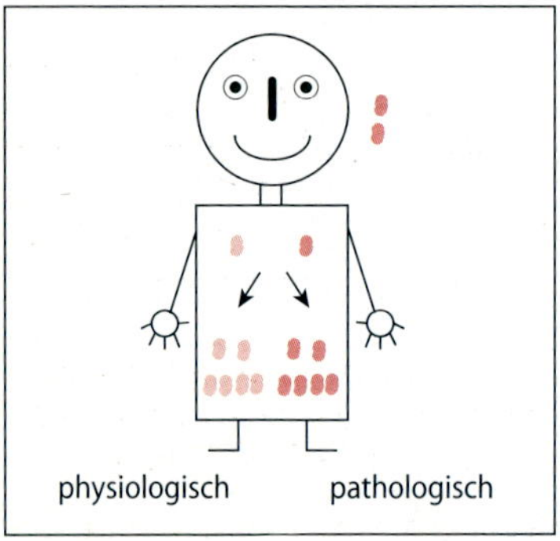

Kolonisation

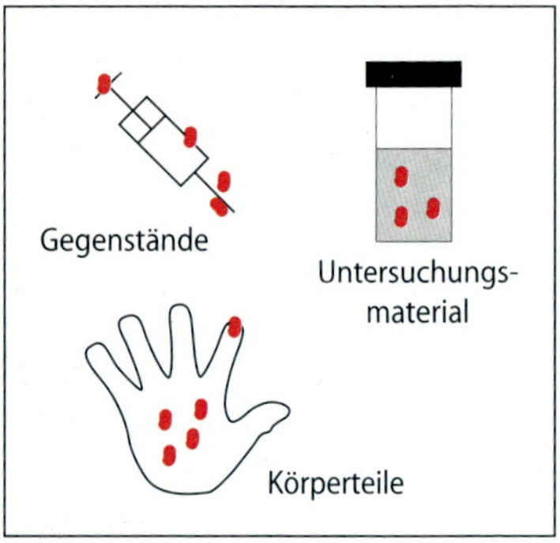

Kontamination

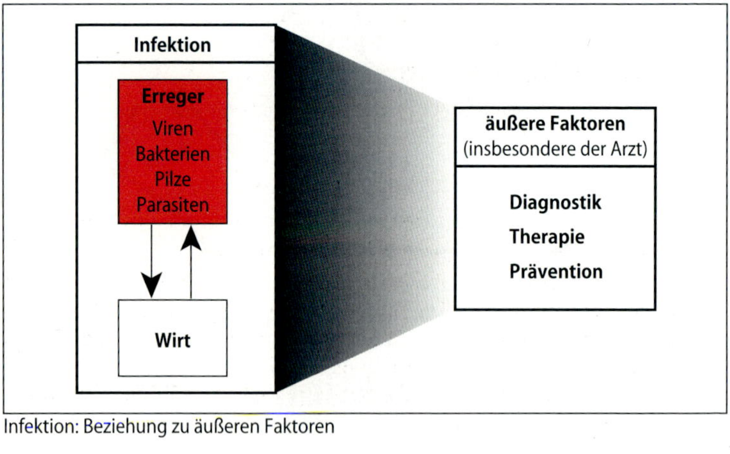

Infektion: Beziehung zu äußeren Faktoren

1 Infektion

Infektion. Eine Infektion ist die Ansiedlung, das Wachstum und die Vermehrung von Mikroorganismen in einem Makroorganismus, wenn dieser Abwehrreaktionen und/oder Schädigungen zeigt. Infektion ist nicht gleichbedeutend mit Krankheit; sie kann nämlich nicht nur symptomatisch, sondern auch asymptomatisch und ohne nachweisbare Schäden verlaufen.

Eine Infektion ist also die Auseinandersetzung zwischen einem mikrobiellen Erreger und einem Wirt. Dieser Prozeß steht in Beziehung zu äußeren Faktoren: Der Arzt diagnostiziert eine Infektion (Infektionsdiagnostik), behandelt den infizierten Patienten, vorwiegend mit antimikrobiellen Substanzen (antimikrobielle Chemotherapie) und leitet Maßnahmen ein, die einer Infektion oder deren schädlichen Auswirkungen vorbeugen (Prävention).

Kolonisation. Dies ist eine dauerhafte oder passagere Ansiedlung von Mikroorganismen in einem Makroorganismus.

Die physiologische Kolonisationsflora stellt die normale Besiedlung eines Makroorganismus dar; sie bietet diesem in Form der Kolonisationsresistenz Vorteile gegenüber Krankheitserregern. Sie findet sich auf Haut und Schleimhäuten und ist je nach Region unterschiedlich zusammengesetzt; man spricht daher auch von Standortflora.

Die pathologische Kolonisationsflora tritt dagegen nur unter besonderen Bedingungen auf. Im Krankenhaus können Patienten und Personal mit multiresistenten Bakterien wie P. aeruginosa oder MRSA kolonisiert werden.

Kontamination. Hierunter versteht man die Verunreinigung von toten Gegenständen oder Körperteilen mit Mikroorganismen. Tote Gegenstände sind niemals infiziert, sondern kontaminiert.

1.1 Ablauf einer Infektion: Übertragung und Pathogenese

Der Ablauf einer Infektion untergliedert sich in zwei Abschnitte:

- Zuerst muß der Erreger aus einer Infektionsquelle auf den Wirt bzw. an seinen Infektionsort übertragen werden.
- Die Pathogenese beschreibt die Infektion im Wirt: Der Erreger muß sich ansiedeln und vermehren (Kolonisation), kann in Gewebe des Wirts eindringen (Invasion) und verursacht schließlich eine Schädigung. Diesen Schritten setzt der Makroorganismus unspezifische und spezifische Abwehrmechanismen entgegen, gegen die sich der Erreger zu schützen versucht, um sich im Wirt zu etablieren.

Übertragung: direkt

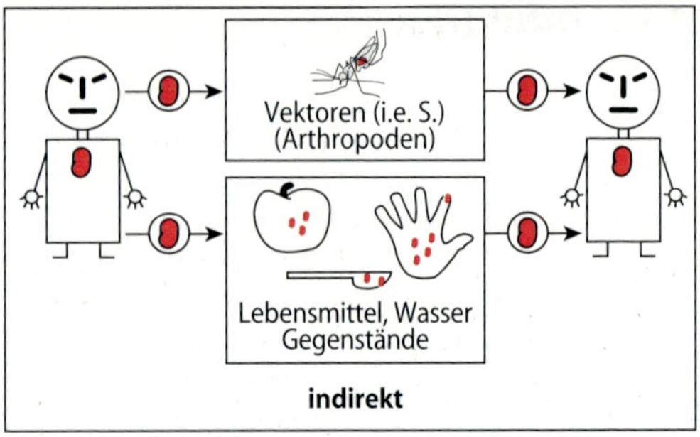

Übertragung: indirekt (Vektoren im engeren und weiteren Sinn)

Vektor	Erreger
Zecken	
Ixodes	Borrelien (B. burgdorferi, B. recurrentis) FSME-Virus
Dermacentor, Amblyomma	Ehrlichia Rickettsien (R. rickettsii, R. conori, u. a.)
Hyalomma	Krim-Kongo-Hämorrhagisches-Fieber-Virus
Läuse	Borrelien (B. recurrentis) Rickettsien (R. prowazekii) Bartonella quintana
Milben (z. B. Leptotrombidium)	Rickettsien (R. akari, O. tsutsugamushi)
Flöhe (Xenopsylla cheopis = Rattenfloh)	Yersinia pestis, Rickettsien (R. typhi)
Wanzen (z. B. Triatoma, Rhodnius)	Trypanosoma cruzi
Fliegen	
Glossina (Tse-Tse-Fliege)	Trypanosoma brucei
Chrysops	Filarien (Loa loa)
Simulium	Filarien (Onchocerca volvulus)
Mücken	
Anopheles	Plasmodien
Aedes	Gelbfieber-Virus Dengue-Virus, Rift-Valley-Fieber-Virus Kalifornien-Enzephalitis-Virus
Culex	Japanisches Enzephalitis-Virus Westnil-, St.-Louis-Enzephalitis-Virus
Sandmücken (Phlebotomus, Lutzomyia)	Leishmanien
verschiedene Arten	Filarien (Wucheria, Brugia)

Übertragung: Beispiele medizinisch relevanter Vektoren

1.1.1 Übertragung

Infektionsquelle. Dies ist der Ort des Erregers, von dem aus er auf den Wirt übertragen wird. Die Kenntnis der Infektionsquelle ist von entscheidender Bedeutung für die Prävention.

Exogene Infektionen beginnen damit, daß ein Erreger aus der belebten oder unbelebten Umgebung auf den neuen Wirt übertragen wird. Ist die Infektionsquelle die körpereigene Flora, liegen *endogene Infektionen* vor.

Salmonellen werden exogen mit der Nahrung aufgenommen und verursachen Darminfektionen. E. coli aus der Darmflora gelangt endogen in die Harnblase und verursacht eine Zystitis.

Übertragungswege. Eine direkte Übertragung erfordert einen unmittelbaren Kontakt zur Infektionsquelle. Bei indirekter Übertragung ist dieser enge Kontakt nicht notwendig, sondern erfolgt durch unbelebte Träger (vehicle-borne), z. B. Wasser oder Lebensmittel, durch belebte Vektoren (vector-borne) oder über Stäube und Aerosole über größere Distanz (air-borne). Es lassen sich folgende Übertragungsmöglichkeiten abgrenzen:

- *Aerogen:* Übertragung durch Staub oder Aerosole als direkte Übertragung aus dem Respirationstrakt oder dem Speichel, Tröpfcheninfektion, von Mensch zu Mensch (z. B. Scharlach, Grippe, Diphtherie) oder indirekt aus Tierreservoiren oder der Umgebung (z. B. Legionellose).
- *Fäkal-oral:* Übertragung durch fäkal kontaminierte Lebensmittel, Gegenstände, Flüssigkeiten oder Körperteile (Schmutz- und Schmierinfektion) häufig von Mensch zu Mensch (z. B. Typhus, Cholera, Ruhr, nosokomiale Infektionen).
- *Sexuell:* Übertragung durch Geschlechtsverkehr (z. B. Syphilis, Gonorrhoe, HIV-Infektion, Hepatitis B).
- *Diaplazentar:* Übertragung von der Mutter auf den Embryo oder Fetus über die Plazenta (z. B. Röteln, Syphilis, Toxoplasmose, Listeriose, Zytomegalie). Man spricht auch von vertikaler Übertragung im Gegensatz zur horizontalen Übertragung auf andere Populationsmitglieder.
- *Vektoriell:* Übertragung durch einen Vektor, häufig Insekten oder Spinnentiere, häufig aus einem Tierreservoir (z. B. Malaria (Anopheles-Mücke), Lyme-Borreliose (Schildzecken)).
- *Traumatisch:* Übertragung durch kontaminierte Gegenstände bei Verletzungen, durch Bisse oder iatrogene Eingriffe (z. B. Tollwut, Gasbrand, Spritzenabszesse, Wundinfektionen).
- *Durch engen Kontakt:* Übertragung durch erregerhaltige Körperflüssigkeiten, z. B. perinatal: Hepatitis B, HIV-Infektion, B-Streptokokken-, Chlamydien-, Gonokokken-, HSV-2-Infektion).

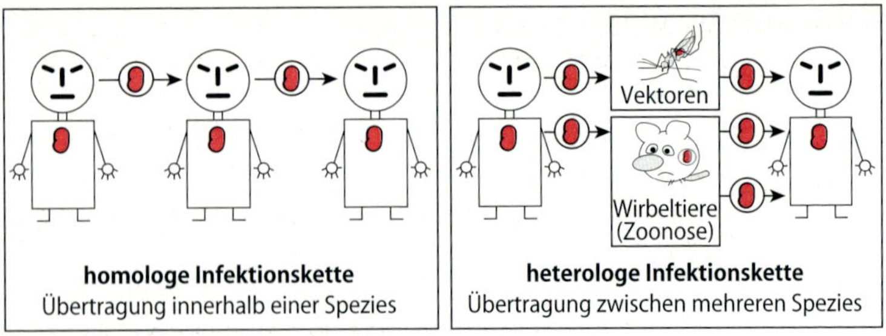

Übertragung: Homologe und heterologe Infektionsketten – Zoonosen

Erreger	Reservoirwirt
Arenaviren	Nager (LCMV: Maus, Lassa: Mastomys)
Bartonella henselae	Katzen
Borrelien	Nager (v. a. Mäuse), Hirsche, Katzen, Pferde, Schafe
Brucellen	Rinder, (Büffel, Kamele) [B. abortus] Ziegen, Schafe [B. melitensis]
Chlamydia psittaci	alle Vogelarten
Filoviren	Affen?
Francisella tularensis	Wildtiere (Kaninchen, Hasen), Karnivoren, Schaf, Fasan
Hantaviren	Nager (Mäuse)
Leishmanien	Nager, Karnivoren (z. B. Hunde)
Leptospiren	Nager (vor allem Ratten und Mäuse), Haustiere, Igel, selten Fische und Vögel
Rabiesvirus	Haus- und Wildtiere, Nager, Fledermäuse, Vögel, (keine Kaltblüter)
Rickettsien	Nager (Wild-, Klein-Nager), z. T. Hunde
Trypanosoma brucei rhod.	Wildtiere (z. B. Antilopen), Rinder
Trypanosoma cruzi	zahlreiche Arten (z. B. Nager, Hunde)
Toxoplasma gondii	Warmblüter, vor allem Schwein (Zwischenwirt) und Katze (Endwirt: Ausscheidung von Oozysten)
Yersinia pestis	Ratten, andere Nager und Carnivoren
Zoophile Dermatophyten	verschiedene Arten (s. Mykologie)

Übertragung: Beispiele medizinisch relevanter Zoonose-Erreger

Infektionsketten. Wird ein Wirt zur Infektionsquelle für einen anderen Makroorganismus, kann er also den Erreger auf andere Wirte übertragen, entstehen Infektionsketten.

- Homologe Infektionsketten bilden sich zwischen Mitgliedern derselben Spezies, hier also von Mensch zu Mensch (Anthroponose).
- Heterologe Infektionsketten entstehen dann, wenn der Erreger auf andere Spezies übertragen werden kann, hier also vom Tier auf den Menschen (Anthropozoonose).

Kontagiosität. Dies ist die Eigenschaft eines infizierten Makroorganismus, einen Infektionserreger aktiv oder passiv nach außen zu verbreiten.

Patienten mit Windpocken übertragen sehr leicht die Erreger auf andere Personen. Sie sind daher kontagiös. Malaria wird durch Mücken übertragen, nicht aber direkt von Mensch zu Mensch. Patienten mit Malaria sind daher nicht kontagiös.

1.1.2 Kolonisation

Nach der Übertragung muß sich der Erreger an einer äußeren oder inneren Oberfläche des Wirts mittels seiner Adhäsine festsetzen. Mit diesen Adhäsinen bindet er sich an spezifische Rezeptoren der Zielzellen des Wirts. Nach erfolgter Bindung kann der Erreger nicht mehr durch mechanische Reinigungsfunktionen des Wirts von der Bindungsstelle entfernt werden. Dies ist die Voraussetzung für die Vermehrung im Wirt.

B. pertussis z. B. bindet sich an das Flimmerepithel des Respirationstrakts, so daß der Zilienschlag den Erreger nicht mehr entfernen kann. Uropathogene E. coli binden sich mit P-Fimbrien an das Urothel.

1.1.3 Invasion

Viele Krankheitserreger durchbrechen die äußere oder innere Oberfläche des Makroorganismus und können sich auch im Gewebe ausbreiten. Die Fähigkeit dazu ist durch Invasine gegeben.

Hyaluronidase und Kollagenase von S. aureus oder DNAsen und Hyaluronidase von S. pyogenes begünstigen das Eindringen und die Ausbreitung dieser Erreger ins/im Gewebe. Shigellen induzieren einen phagozytoseartigen Prozeß der Dickdarmzelle. Chlamydien verstärken die Aufnahme in ihre Zielzelle.

1.1.4 Etablierung

Um Kolonisation und Vermehrung abzusichern, sich also im Wirt zu etablieren, muß sich der Erreger gegen Abwehrmechanismen des Makroorganismus schützen. Diesem Zweck dienen Etabline.

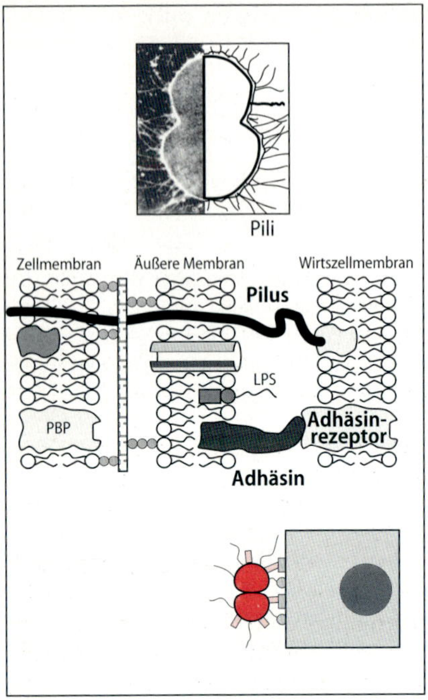

Adhäsion – Adhäsine: Anhaften an den Wirt

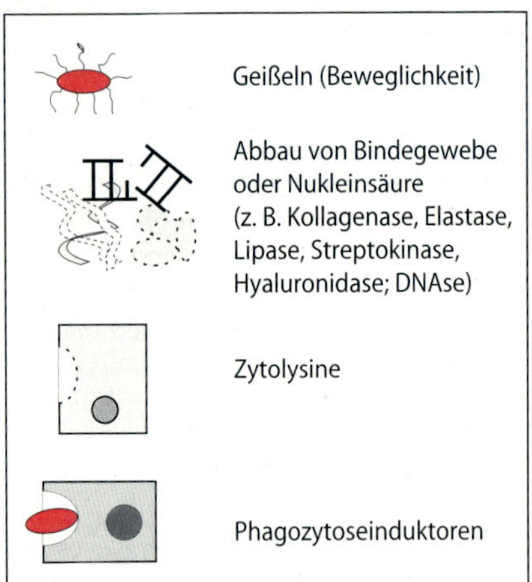

Invasion – Invasine: Eindringen in den Wirt

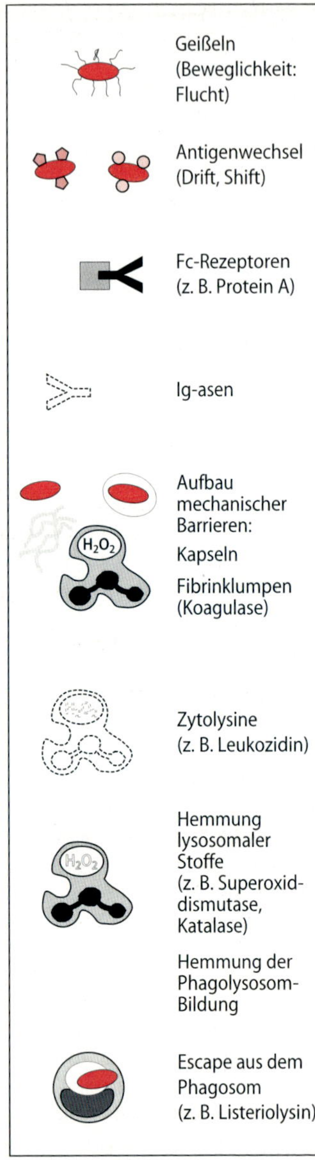

Etablierung – Etabline: gegen Abwehr

Phagozytosehemmung. Anti-Phagozytose-Faktoren schützen den Erreger vor der Phagozytose durch Freßzellen.

Die Polysaccharidkapsel von S. pneumoniae (Pneumokokken) z. B. bewirkt durch die schleimige Beschaffenheit und die Maskierung von Komplementopsoninen, daß polymorphkernige Granulozyten sich nicht ausreichend an das Bakterium anlagern können, sie rutschen an ihm ab.

Zytolytische Toxine des Erregers können Phagozyten abtöten, z. B. Leukozidin von S. aureus oder Lecithinase von C. perfringens.

Im weiteren Sinne zählen hierzu auch solche Mechanismen, die einen erfolgreichen Abschluß der Phagozytose, also die Abtötung und den Abbau im Phagozyten, verhindern. Dies gelingt durch Hemmung der Verschmelzung von Phagosom und Lysosom zum Phagolysosom (Legionellen), durch Evasion aus dem Phagosom (L. monocytogenes), bevor die lysosomalen Abtötungsmechanismen wirksam werden können, oder durch einen gegen lysosomale Enzyme resistenten Wandaufbau (M. leprae).

Mikroorganismen, die der intrazellulären Abtötung widerstehen und vermehrungsfähig bleiben, heißen fakultativ intrazellulär. Man stellt sie den extrazellulären Mikroorganismen gegenüber, die von Phagozyten abgetötet werden.

Eine weitere Möglichkeit, sich der Phagozytose zu entziehen, besteht darin, sich an einen Ort zurückzuziehen, zu dem Phagozyten keinen Zugriff haben. L. monocytogenes kann durch Listeriolysin das Phagosom verlassen und sich im Zytoplasma vermehren. Durch aktinvermittelte Beweglichkeit kann der Erreger Nachbarzellen befallen, ohne den Intrazellularraum zu verlassen. Phagozyten können nur extrazelluläre nicht aber intrazelluläre Listerien phagozytieren.

Immunitätshemmung. Durch Anti-Immunitäts-Faktoren werden die spezifischen Abwehrmechanismen des Wirtsorganismus unterlaufen.

Dies kann durch Antigenverwandtschaft mit körpereigenen tolerierten Antigenen (Antigen-Mimikry) bewirkt werden. Auch durch die schnelle genetische Änderung immunogener Antigene entgeht der Erreger der spezifischen Erkennung durch Antikörper oder T-Zellen. Influenzaviren unterliegen einer Antigendrift (geringe Änderung der Antigenität) und seltener einem Antigenshift (starke Änderung der Antigenität). Durch Antigenshift entstandene neue Subtypen verursachen häufig Epidemien, manchmal auch Pandemien.

Manche Erreger wirken immunsuppressiv. Masernviren befallen T-Zellen: Eine bestehende positive Tuberkulinreaktion kann passager nicht mehr ausgelöst werden (negative Anergie). Gonokokken produzieren IgAse und bauen damit die Träger der Schleimhautimmunität ab. Protein A von S. aureus bindet Antikörper am Fc-Stück und beraubt sie damit ihrer opsonisierenden Wirkung.

Ein Erreger kann sich in Kompartimente zurückziehen, die der spezifischen Abwehr nicht zugänglich sind. Herpes-simplex-Viren persistieren in latenter Form in Ganglienzellen, wo sie neutralisierenden Antikörpern entzogen sind.

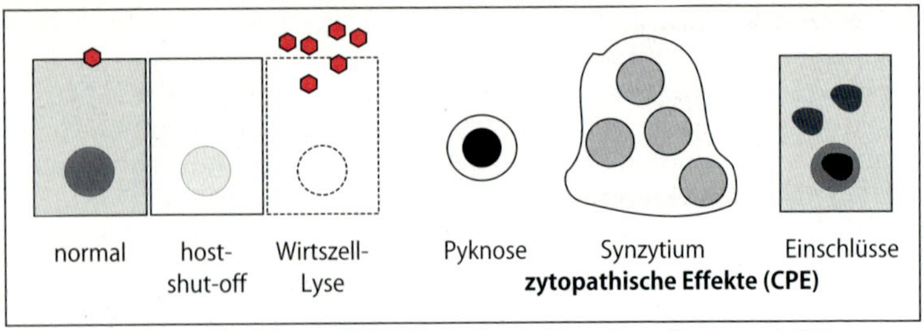

Direkte Schädigung durch intrazelluläre Vermehrung: Host-shut-off, Lyse und CPE

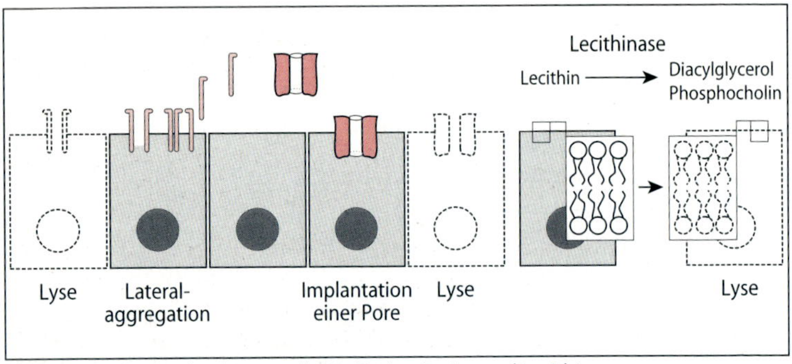

Direkte Schädigung durch extrazelluläre Toxine: Porine und Lecithinase

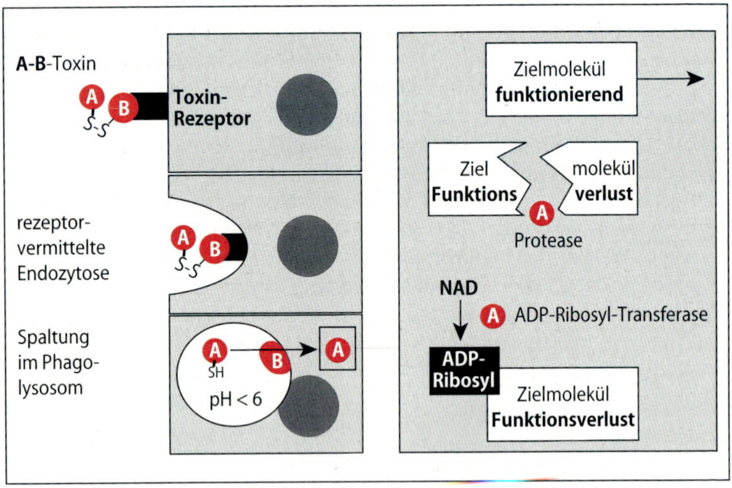

Direkte Schädigung durch intrazelluläre Toxine: Proteasen, ADP-Ribosyl-Transferasen

1.1.5 Schädigung

Der Erreger schädigt den Wirt direkt durch intrazelluläre Vermehrung oder Toxine oder indirekt durch die Auslösung einer Entzündungsreaktion.

Intrazelluläre Vermehrung. Viren und Chlamydien vermehren sich innerhalb einer Wirtszelle, wodurch diese lysiert wird.

Toxine. Mikrobielle Enzyme lysieren Wirtszellen oder bauen Bindegewebsbestandteile wie Kollagen, Hyaluronsäuren oder Elastin ab: z. B. Toxin-α = Lecithinase von C. perfringens, Kollagenase von demselben Erreger, Hyaluronidase von S. pyogenes, Elastase von P. aeruginosa.

Porenbildende Toxine stanzen durch Lateralaggregation (α-Toxin von S. aureus) oder als Implantationspore (E.-coli-Hämolysin) Löcher in die Zellmembran der Wirtszelle.

Neurotoxine (Tetanustoxin, Botulinustoxine) spalten hydrolytisch Proteine, die die Verschmelzung transmitterhaltiger Vesikel mit der synaptischen Membran, also die Ausschüttung von Neurotransmittern, vermitteln.

Intrazellulär wirkende Toxine bestehen meist aus einer aktiven (A) und einer die Bindung (B) an den Wirtszellrezeptor vermittelnden Komponente: A-B-Toxine. Sie müssen an ihren Rezeptor auf der Wirtszelle gelangen und von der Zelle aufgenommen werden. Meist bewirken sie eine ADP-Ribosylierung: Betrifft dies das Gs-Protein der Adenylatzyklase, entsteht durch Verlust der GTPase-Aktivität eine Inaktivierungshemmung der Adenylatzyklase mit der Folge einer cAMP-Vermehrung und damit der Sekretion von Chlorid (Choleratoxin; E.-coli-LT). Die ADP-Ribosylierung von Gi-Proteinen durch Pertussistoxin unterbricht die Signaltransduktion. Wird der Elongationsfaktor-2 ADP-ribosyliert, stoppt die Proteinbiosynthese (Diphtherietoxin, Exotoxin A von P. aeruginosa). Shigatoxine hemmen die Proteinbiosynthese durch N-glukosidasische Abspaltung von Adenin aus rRNS.

Die Toxine wirken in einigen Fällen nicht nur an der Absiedlungsstelle des Erregers, sondern können auch an entfernten Stellen eine schädigende Wirkung entfalten. So gelangt das im Rachen gebildete Diphtherietoxin hämatogen zu Herz, Nieren und Nerven, das in der Wunde sezernierte Tetanustoxin retrograd-axonal und transsynaptisch zu motoinhibitorischen Neuronen im ZNS.

Entzündungsreaktion. Der virulente Mikroorganismus induziert an der Stelle, wo er sich vermehrt, eine Entzündungsreaktion, die den Wirt schädigt.

Der klassische Entzündungsinduktor ist das LPS (Endotoxin) aus der Zellwand gramnegativer Bakterien. Ähnliche Wirkungen werden Murein und Lipoteichonsäure von grampositiven Bakterien zugeschrieben; auch das Pneumolysin von Pneumokokken kann Entzündungsphänomene induzieren. Die Aktivierung von Komplement und von Monozyten/Makrophagen resultiert in

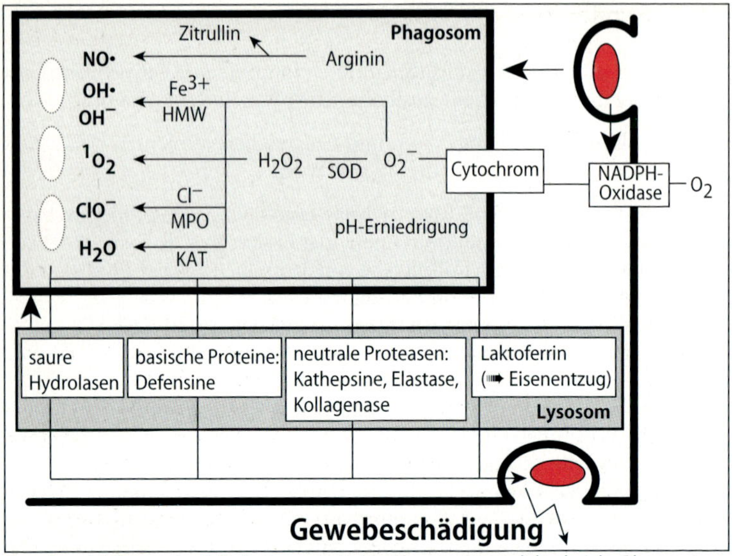

Gewebeschädigung durch Freisetzung toxischer Phagozytenprodukte bei der Phagozytose

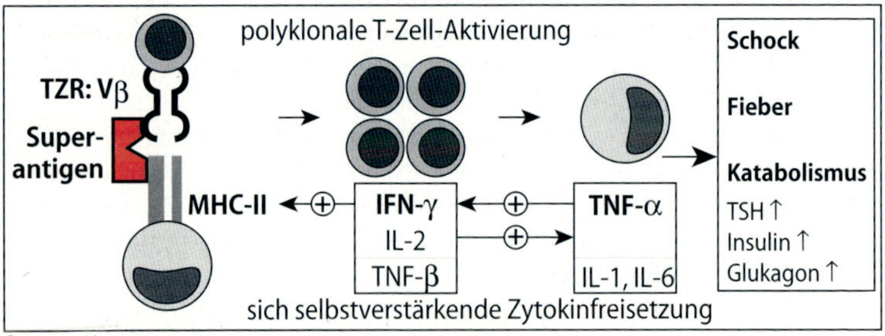

Superantigene

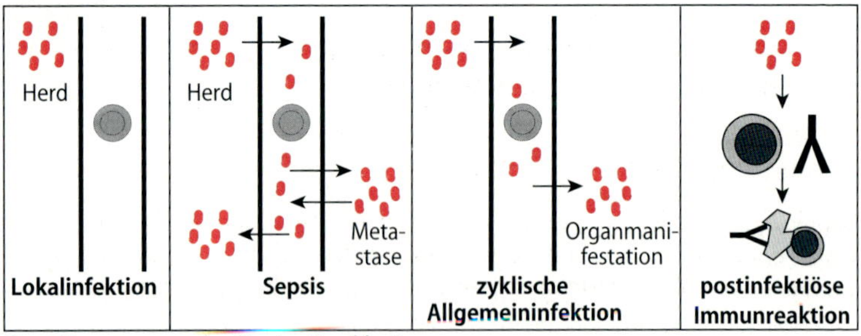

Grundtypen erregerbedingter Krankheiten

einer lokalen Anreicherung polymorphkerniger Granulozyten. Diese phagozytieren Erreger und töten sie ab. Hierbei können toxische Bestandteile der Phagozyten auch in das Gewebe gelangen und dieses schädigen. Die Mischung aus Granulozyten, Erregern und untergegangenem Gewebe wird Eiter genannt: Es liegt eine eitrige Entzündungsreaktion vor.

Diese Reaktionsform findet man bei Erregern, die durch Granulozyten intrazellulär abgetötet werden, sogenannten extrazellulären Erregern oder auch Eitererregern. Typische Beispiele sind Streptokokken, Staphylokokken, Neisserien, Enterobakterien und Pseudomonaden.

Durch die Interaktion antigenpräsentierender Zellen mit antigenspezifischen T-Zellen werden Monozyten/Makrophagen und T-Zellen lokal fokussiert. Es entsteht ein Granulom: granulomatöse Entzündungsreaktion.

Sie entwickelt sich bei Erregern, die einer Abtötung innerhalb von Phagozyten entgehen. Jene heißen daher fakultativ intrazellulär. Hierzu zählen Mykobakterien, S. Typhi, L. monocytogenes, Brucellen und T. pallidum.

Durch die Ausschüttung von TNF-α aus Makrophagen kann es zu Gewebezerstörungen kommen, die bei der Tuberkulose bis zur Ausbildung von Kavernen führen. T. pallidum induziert die Bildung von granulomatösen Gummen, die im Gehirn durch die Raumforderung das Hirngewebe schädigen.

In erweitertem Sinn sind auch *Superantigene* Entzündungsinduktoren. Die superantigenvermittelte Interaktion MHC-II-tragender Zellen mit CD4+ T-Zellen führt zu einer polyklonalen T-Zell-Aktivierung mit einer unkoordinierten Ausschüttung von TNF-α und IFN-γ. Dies führt im weiteren Verlauf zu Gewebeschädigung und Schock .

Analog der Fernwirkung von Toxinen kann der Erreger eine Immunreaktion induzieren, die für den Wirt z. B. durch kreuzreagierende Antikörper oder Immunkomplexe an anderen Lokalisationen schädliche Folgen durch Entzündung nach sich zieht (s. a. Allergie).

1.2 Grundtypen erregerbedingter Erkrankungen

Aufgrund des jeweiligen Verhaltens von Mikroorganismen lassen sich fünf pathogenetische Infektionstypen unterscheiden:

Lokalinfektion. Der Erreger bleibt in der Umgebung der Eintrittspforte und ruft dort Schädigungen hervor (z. B. Furunkel, Harnwegsinfektion).

Sepsis. Sepsis ist der pathogenetische Sammelbegriff für alle Infektionszustände, bei denen, ausgehend von einem Herd, konstant oder kurzfristig-periodisch Erreger in den Blutkreislauf gelangen und bei denen die klinischen Folgen dieses Geschehens das Krankheitsgeschehen auf Dauer beherrschen (Höring, Pohle, 1981). Sepsis stellt sich daher als pathogenetische Trias dar:

- septischer Herd,
- septische Generalisation,
- septische Absiedlung.

Bei der Sepsis gelangt kein Eiter ins Blut, daher ist die Bezeichnung „Pyämie" falsch. Die Erreger der Sepsis können obligat pathogen oder fakultativ pathogen sein. Beispiele: Staphylokokkensepsis nach Furunkel, Urosepsis nach Harnwegsinfektion mit E. coli, Salmonellensepsis nach Enteritis.

Zyklische Allgemeininfektion. Die Infektionskrankheit im engeren Sinne verläuft immer in den drei „definierten" Stadien

- Inkubation (Vermehrung in den die Eintrittspforte drainierenden lokalen Lymphknoten),
- Generalisation (Verteilung über die Blutbahn) und
- Organmanifestation (Ansiedlung und Schädigung in den Zielorganen).

Diese Stadien zeigen einen regelhaften Ablauf: Ist die Generalisation abgeschlossen, läßt sich der Erreger nicht mehr im Blut, sondern nur noch in den Organmanifestationen finden. Die Erreger sind immer obligat pathogen. Typische Beispiele sind Typhus, Poliomyelitis, Tuberkulose und Syphilis.

Infektion mit postinfektiöser Immunreaktion. Durch den Erreger werden Immunreaktionen ausgelöst, die den Wirt schädigen (Akutes rheumatisches Fieber oder akute Glomerulonephritis nach Infektion mit S. pyogenes).

Infektion mit toxinbedingter Fernwirkung. Der Erreger einer Lokalinfektion produziert ein Toxin, das sich im Wirt ausbreitet und an anderer Stelle eine Schädigung entfaltet (Diphtherie, Tetanus, Scharlach).

Intoxikation. Bei der reinen Intoxikation gelangen Bakterien überhaupt nicht ins Körperinnere. Die Gewebeschädigung erfolgt durch extrakorporal freigesetzte Toxine, die mit der Nahrung aufgenommen werden (z. B. Botulismus).

Wirt: Immunologie

Körperstelle	Flora
Gewebe, Liquor, Blase, Uterus, Tuben, Mittelohr, Nasen- und Kiefer-Nebenhöhlen	steril
Haut, distale Urethra, äußerer Gehörgang	koagulasenegative Staphylokokken Diphtheroide (z. B. Korynebakterien) Propionibacterium acnes
Mund: Zunge und Wangenschleimhaut	vergrünende Streptokokken Neisseria-Arten Branhamella Hefen
Zahnfleisch, Tonsillenkrypten	Bacteroides Fusobakterien Peptostreptokokken Aktinomyzeten Spirochaeten
Nasopharynx	Mundflora, gelegentlich: Streptococcus pneumoniae Neisseria meningitidis Haemophilus Anaerobier
Ösophagus	Mundflora (transient)
Magen	schnelle Keimfreiheit nach Mahlzeiten
Dünndarm	obere Abschnitte steril
Kolon	Anaerobier (99%): Bacteroides 75% Bifidobakterien Eubakterien Clostridien 25% Fusobakterien anaerobe Kokken Laktobazillen Aerobier (1%): Enterobakterien Enterokokken
Kolon während der Stillperiode	Bifidobakterien Laktobazillen vergrünende Streptokokken
Vagina: präpubertär und postmenopausal	Haut und Kolonflora
Vagina: fortpflanzungsfähiges Alter	Laktobazillen vergrünende Streptokokken

Physiologische Kolonisationsflora (Standortflora) des Menschen: Kolonisationsresistenz

2 Wirt: Abwehr von Infektionserregern

Die Abwehrmechanismen des Wirts lassen sich in zwei Kategorien untergliedern:

- ***Resistenz*** beruht auf unspezifischen Resistenzfaktoren. Für deren volle Wirksamkeit ist kein vorhergehender Kontakt mit dem Erreger notwendig, und es entwickelt sich kein Gedächtnis.
- ***Immunität*** beruht auf spezifischen Immunitätsfaktoren. Deren volle Wirksamkeit tritt erst nach Kontakt mit dem Erreger auf. Ihre Funktion ist die Optimierung von Effektorfunktionen der Resistenz. Es bildet sich ein spezifisches Gedächtnis aus, so daß bei erneutem Kontakt mit dem gleichen Erreger eine bessere Abwehr möglich ist, weil die Immunitätsfaktoren schneller und in größerer Menge gebildet werden.

2.1 Resistenz

Resistenz gegen Adhäsion und Invasion

Die Haut stellt eine wirksame Barriere gegen das Eindringen von Mikroorganismen in den Körper dar. Nur sehr wenige Erreger können durch die intakte Haut in den Körper gelangen.

Die meisten mikrobiellen Erreger dringen über die Schleimhäute in den Wirt ein. Verschiedene Mechanismen in oder an den Schleimhäuten sollen die Adhäsion von Erregern verhindern.

Die physiologische Kolonisationsflora behindert die Ansiedlung von Krankheitserregern; man spricht von ***Kolonisationsresistenz***.

Mechanische Wischbewegungen (Zilienschlag, Lidschlag, Peristaltik) oder die Spülung mit Flüssigkeiten (Urin, Speichel, Tränenflüssigkeit) verhindern, daß ein Mikroorganismus den Makroorganismus kolonisieren kann. Gleichzeitig wird der Mikroorganismus in Richtung auf eine Körperöffnung, also in Richtung Umwelt, transportiert. Lysozym (z. B. im Speichel, in der Tränenflüssigkeit oder in der Samenflüssigkeit) tötet grampositive Erreger ab.

Durch den Zilienschlag des respiratorischen Epithels (Flimmerepithel) werden Partikel, die in den Respirationstrakt eingedrungen sind, in Richtung Mundhöhle transportiert. Dort können sie verschluckt, ausgehustet oder von dortigen Abwehrmechanismen beseitigt werden. Sehr kleine Partikel ($\varnothing < 5$ µm) gelangen direkt in die Alveolen und sind dort dem Zilienschlag des Flimmerepithels entzogen. Erreger, die auf diese Weise in die Lunge gelangen, haben eine wesentlich bessere Chance, eine Infektion hervorzurufen. Bei Intubierten

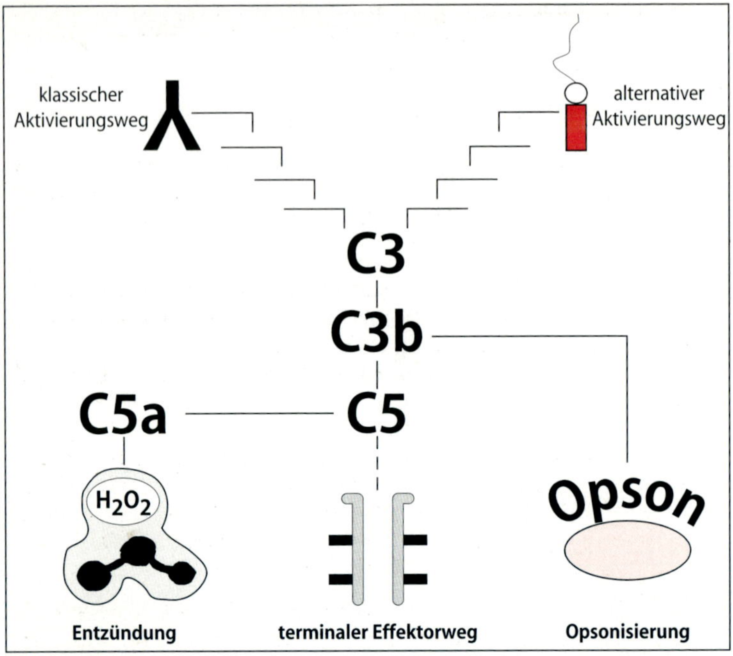

Komplement: Effektorfunktionen

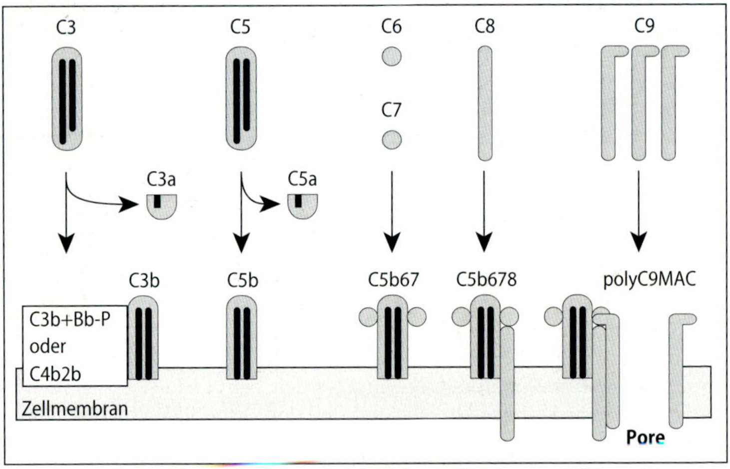

Komplement: Terminaler Effektorweg mit polyC9-Pore = Membranangriffskomplex liegt der intratracheale Tubus direkt auf dem Flimmerepithel der Trachea. Dadurch ist die Zilienfunktion aufgehoben bzw. eingeschränkt. Erreger gelangen leichter in die Lunge und können eine Infektion verursachen.

Resistenz gegen eingedrungene Erreger

Die Resistenzmechanismen gegen eingedrungene Erreger werden am Beispiel von Bakterien besonders deutlich. Dringt ein Erreger in einen Wirt ein, so entsteht eine ***Entzündungsreaktion***, an deren Ende der Erreger abgetötet oder an der Ausbreitung gehindert wird.

Komplementsystem. Durch den eingedrungenen Erreger kann das Komplementsystem unspezifisch (alternativ) aktiviert werden (die klassische Aktivierung erfolgt durch Antigen-Antikörper-Komplexe).

Aus einem inaktiven Vorläufermolekül entsteht durch enzymatische Spaltung ein aktives Enzym, das die jeweils nächste Komponente aktivieren kann: Es entsteht die Komplementkaskade.

Während des Ablaufs der Komplementkaskade entstehen ***chemotaktische Spaltprodukte*** (C5a, C3a = Anaphylatoxine), an die Bakterienoberfläche gebundene ***Opsonine*** (C3b und ein ***Membranangriffskomplex***, der durch Polymerisierung von C9 an den C5b-C9-Komplex eine Pore in der Zytoplasmamembran des Bakteriums bildet und so den Erreger abtötet.

Phagozytose. Phagozyten sind die entscheidende zelluläre Komponente der Resistenz gegen eingedrungene Erreger. ***„Professionelle Phagozyten“*** sind poly-morphkernige neutrophile Granuloyzten und Monozyten/Makrophagen.

Diese Zellen phagozytieren Bakterien oder Pilze und töten sie durch Enzyme und toxische Sauerstoffprodukte im Phagolysosom ab. Der erste Schritt in der Phagozytose ist die Anlagerung des Phagozyten an den Mikroorganismus. Rezeptoren des Phagozyten, nämlich der C3b-Rezeptor (CR1 = CD35), der

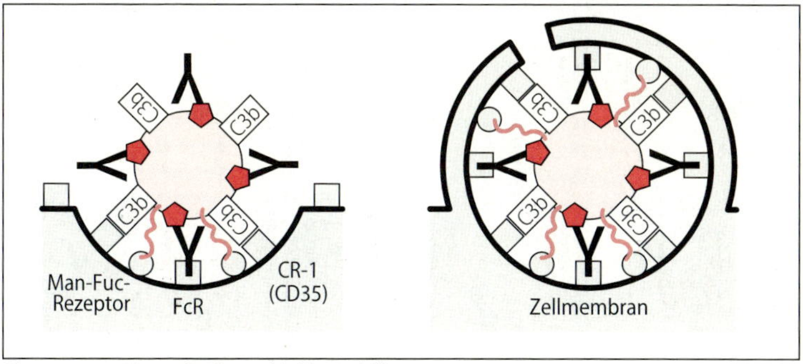

Phagozytose: Zipper(Reißverschluß)-Modell

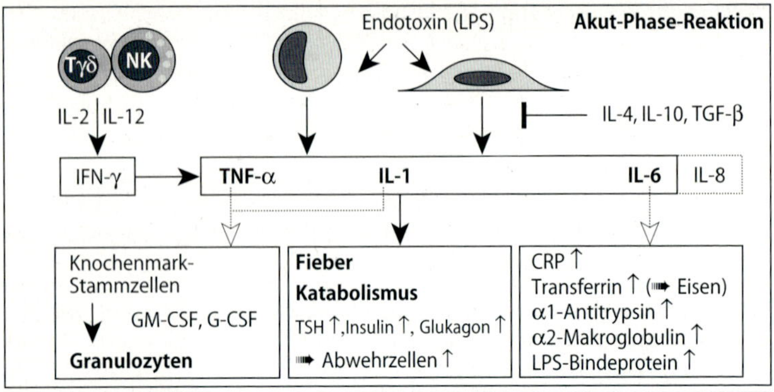
Akut-Phase-Reaktion
Endotoxin (LPS)
Tγδ
NK
IL-2
IL-12
IL-4, IL-10, TGF-β
IFN-γ
TNF-α
IL-1
IL-6
IL-8
Knochenmark-Stammzellen
GM-CSF, G-CSF
Granulozyten
Fieber
Katabolismus
TSH ↑, Insulin ↑, Glukagon ↑
➠ Abwehrzellen ↑
CRP ↑
Transferrin ↑ (➠ Eisen)
α1-Antitrypsin ↑
α2-Makroglobulin ↑
LPS-Bindeprotein ↑

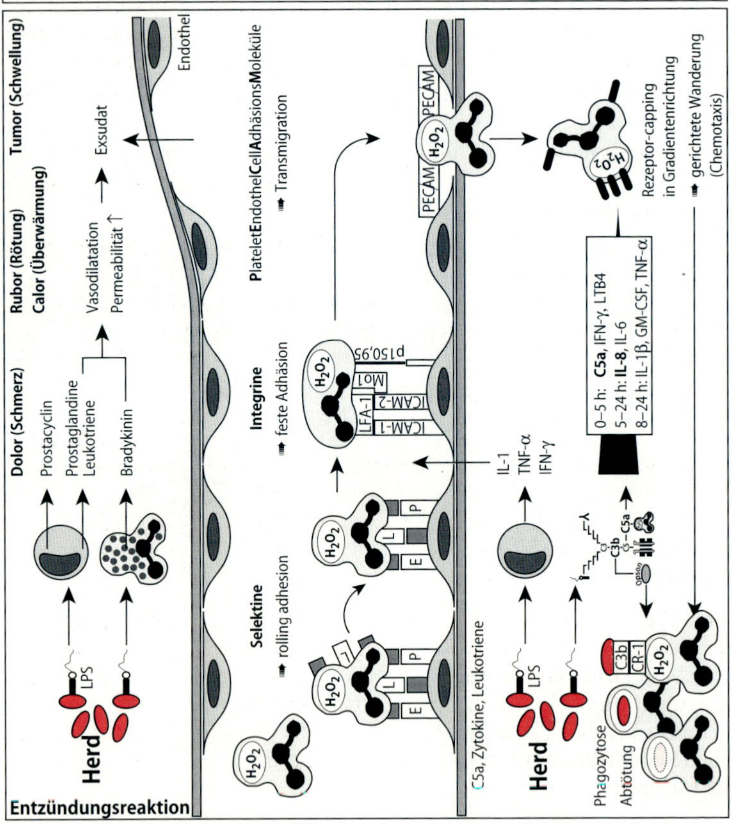
Entzündungsreaktion
Herd
LPS
Dolor (Schmerz)
Prostacyclin
Prostaglandine
Leukotriene
Bradykinin
Rubor (Rötung)
Calor (Überwärmung)
Tumor (Schwellung)
Vasodilatation
Permeabilität ↑
Exsudat
Endothel
Selektine
➠ rolling adhesion
Integrine
➠ feste Adhäsion
PlateletEndothelCellAdhäsionsMoleküle
➠ Transmigration
H_2O_2
E
L
P
LFA-1
ICAM-1
ICAM-2
Mo1
p150,95
PECAM
IL-1
TNF-α
IFN-γ
C5a, Zytokine, Leukotriene
0–5 h: C5a, IFN-γ, LTB4
5–24 h: IL-8, IL-6
8–24 h: IL-1β, GM-CSF, TNF-α
Rezeptor-capping
in Gradientenrichtung
➠ gerichtete Wanderung
(Chemotaxis)
C3b
C5a
Opson
CR-1
Phagozytose
Abtötung

Fcγ-Rezeptor (bindet Fc-Stücke von IgG; s. unten) sowie der Mannose-Fucose-Rezeptor binden sich an mikrobielle Liganden (z. B. Lektine) oder an den Mikroorganismus gebundene Opsonine (C3b, IgG). Ausgehend von der ersten Bindungsstelle, wird der Mikroorganismus reißverschlußartig von einer Bindungsstelle zur nächsten durch die Pseudopodien des Phagozyten umflossen (Reißverschluß- = Zipper-Modell). Schließlich entsteht ein (intrazellulär gelegenes) Phagosom. Dieses verschmilzt im weiteren Verlauf mit Lysosomen zum Phagolysosom. Im Phagolysosom können lysosomale Enzyme, toxische Sauerstoffprodukte und NO den Mikroorganismus abtöten.

Die Freisetzung lysosomaler Enzyme kann schon vor einem vollständigen Abschluß des Phagosoms erfolgen; dadurch gelangen diese Enzyme ins Wirtsgewebe und schädigen es.

NK-Zellen. Große granuläre Lymphozyten (LGL) können als natürliche Killerzellen (NK-Zellen) MHC-unabhängig bei Zell-Zell-Kontakt durch Porenbildung ähnlich wie der Membranangriffskomplex des Komplementsystems eine Schädigung der Zielzellmembran (von Mikroorganismen oder infizierten Zellen) bewirken.

Akut-Phase-Reaktion. Etwa 8–12 Stunden nach Beginn einer Infektion bewirken mikrobielle Bestandteile, z. B. LPS, die Ausschüttug von IL-1, TNF-α und IL-6 aus Makrophagen und Endothelzellen.

IL-1 (aber auch TNF-α und IL-6) bewirken als endogene Pyrogene Fieber. Sie binden sich an spezielle Rezeptoren im vorderen Hypothalamus und induzieren eine lokale Prostaglandin-Produktion (PGE2). PGE2 führt zu einer Sollwerterhöhung in den thermoregulatorischen Strukturen mit entsprechender Gegenregulation (Prostaglandinsynthetase-Inhibitoren, z. B. Acetylsalicylsäure, verhindern die PGE2-Bildung und wirken fiebersenkend). Man beobachtet eine katabole Stoffwechsellage (Insulin↑, Glukagon↑, TSH↑).

Im Knochenmark werden Stammzellen aktiviert, und unter Kostimulation von GM-CSF und G-CSF werden verstärkt neutrophile Granulozyten produziert und ins periphere Blut ausgeschüttet: Granulozytose.

In der Leber werden (auch von Abwehrgeschwächten!) Akut-Phase-Proteine gebildet: C-reaktives Protein (CRP), Transferrin (Eisenbindung), LPS-Bindeprotein.

Ablauf der Entzündungsreaktion. Mikrobielle Faktoren (z. B. LPS) bewirken durch die Freisetzung von Prostaglandinen, Leukotrienen und Bradykinin eine Vasodilatation und eine Gefäßpermeabilitätserhöhung. Es entsteht ein (entzündliches) Exsudat. Die Freisetzung von Prostazyklinen wird mit der Schmerzentstehung assoziiert: Es resultieren die klassischen Entzündungszeichen Rubor (Rötung), Calor (Überwärmung), Tumor (Schwellung) und Dolor (Schmerz).

Zytokin	Quelle	Stimulus	Funktion
IL-1	hauptsächlich Monozyten/ Makrophagen	Bakterien (LPS!) Antigene	Akut-Phase-Reaktion, Fieber IL-6-Produktion T-Zell-Aktivierung B-Zell-, Stammzellproliferation
IL-2	T-Zellen (CD4)	Antigen–MHC	T-Zell-Proliferation T-Zell-Reifung
IL-3 (multiCSF)	T-Zellen	Antigen–MHC	Proliferation pluripotenter Knochenmarkstammzellen
IL-4	T-Zellen (TH2)	Antigen–MHC	B- und T-Zell-Proliferation, TH2-Antwort, MHC-II-Induktion IgG1-, IgE-Synthese
IL-5	T-Zellen (TH2)	Antigen–MHC	IgA-Synthese, Eosinophile↑
IL-6	mononukleäre Phagozyten T-Zellen (TH2) Fibroblasten	Mikroorganismen IL 1, TNF, IFN	B-Zell-Differenzierung: AK↑ Akut-Phase Fieber
IL-7	Thymusstroma?	?	B-Zell-, T-Zell-Proliferation
IL-8	mononukleäre Phagozyten Fibroblasten Keratinozyten	?	Granulozyten↑ Chemotaxis
IL-9	T-Zellen	Antigen-MHC	Mastzellen↑
IL-10	mononukleäre Phagozyten T-Zellen (TH2)	?	MHC-II↑ TH1-Hemmung Makrophagen-Deaktivierung
IL-11	?	?	Knochenmark-Proliferation
IL-12	T-Zellen	?	CTL-Proliferation NK-Zellen: IFN-γ↑
IFN-α	mononukleäre Phag., T-Zellen	Mikroorganismen	Hemmung der Virusreplikation
IFN-β	Fibroblasten Epithelzellen	Zytokine	NK-Zellen Fieber
IFN-γ	T-Zellen (TH1) NK-Zellen	Antigen–MHC NK-Zielzellen	Makrophagenaktivierung NK-Zellaktivierung, MHC-I↑, MHC-II↑, IgG2a-Synthese↑
TNF-α	mononukleäre Phagozyten T-Zellen	Bakterien IL-1, IFN-γ Antigen–MHC NK-Zielzellen	Antigen-MHC, Akut-Phase Fieber septischer Schock IFN, IL-1, TNF↑ Granulozytenaktivierung B-Zell-Proliferation, AK↑
TNF-β	T-Zellen (TH1)	Antigen-MHC	NO-Produktion↑
GM-CSF	mononukleäre Phag., T-Zellen Endothelien	Antigen–MHC Bakterien	Granulozyten↑ Makrophagen↑

Zytokine

Mikrobielle Bestandteile (z. B. LPS) setzen C5a und Zytokine frei. Diese bewirken eine Expression von Selektinen auf Endothelzellen, wodurch sich Leukozyten aus dem Blut in Form der „rolling adhesion“ an diese anlagern. Ebenfalls durch mikrobielle Bestandteile bedingt, werden IL-1, TNF-α und IFN-γ freigesetzt, die durch Expression von Integrinen (ICAM-1, ICAM-2 auf Endothelzellen und LFA-1 auf Leukozyten) die Bindung verstärken. Platelet-Endothel-Cell-Adhesion-Molecules (PECAM) vermitteln dann die Durchwanderung der Granulozyten durch die Gefäßwand. Im Gewebe wandern die Granulozyten entlang von Konzentrationsgradienten (anfangs vor allem C5a, später besonders IL-8) in den Absiedlungsort der Erreger ein, wo sie diesen phagozytieren können.

Die Akkumulation von polymorphkernigen Granulozyten und Erregern einschließlich abgetöteter Erreger und Gewebetrümmer wird Eiter genannt; man spricht auch von einer ***eitrigen Entzündungsreaktion***. Auf dieser Stufe verharrt die Entzündungsreaktion, wenn ein Erreger durch die polymorphkernigen Granulozyten abgetötet wird. Solche Erreger heißen, da sie intrazellulär nicht überleben, extrazelluläre Erreger oder auch Eitererreger.

Gelingt es einem Erreger, sich der Abtötung im Phagozyten zu entziehen, ist er also fakultativ intrazellulär, muß der Wirt eine weitergehende Gewebereaktion ausbilden. Dies gelingt jedoch nur durch T-Zell-vermittelte Immunmechanismen. Diese führen zu einer Fokussierung mononukleärer Leukozyten, die sich zu einem Granulom organisieren: ***granulomatöse Entzündung***. Im Granulom entstehen aktivierte Makrophagen, die den Erreger abtöten.

Zytokine. Dies sind niedermolekulare (Glyko-)Proteine, die para-, auto-, oder endokrin regulatorische Funktionen im Verlauf der Abwehrreaktion ausüben. Sie wirken bereits in picomolaren Konzentrationen. Nach Bindung an einen hochaffinen, spezifischen Rezeptor an der Zelloberfläche kommt es zur RNS- und Proteinsynthese und infolgedessen zu einer Änderung des Zellverhaltens. Die verschiedenen Zytokine interagieren in einem Netzwerk. In diesem können sie sich gegenseitig aktivieren und die Ausbildung der Zytokinrezeptoren modulieren. Sie wirken synergistisch, antagonistisch oder additiv in der Beeinflussung der Zellfunktionen.

Zytokin	Quelle	Stimulus	Funktion
M-CSF	MΦ, Epithelien	Bakterien	Monozyten↑, Makrophagen↑
G-CSF	MΦ, Epithelien	Bakterien	Granulozyten↑
RANTES	T-Zellen	?	Chemotaxis (Monozyten, Memory-T-Zellen)
MCP-1	Monozyten, MΦ, Epithelien	?	Chemotaxis (Monozyten, Memory-T-Zellen)
MIP-1b	Monozyten, MΦ, Keratinozyten	?	Chemotaxis (Granulozyten, CD8-T-Zellen)

Zytokine (Forts.)

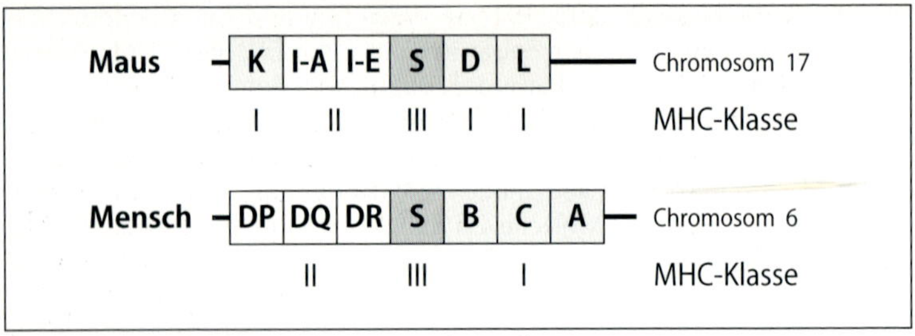

MHC: Genetische Organisation bei Maus und Mensch

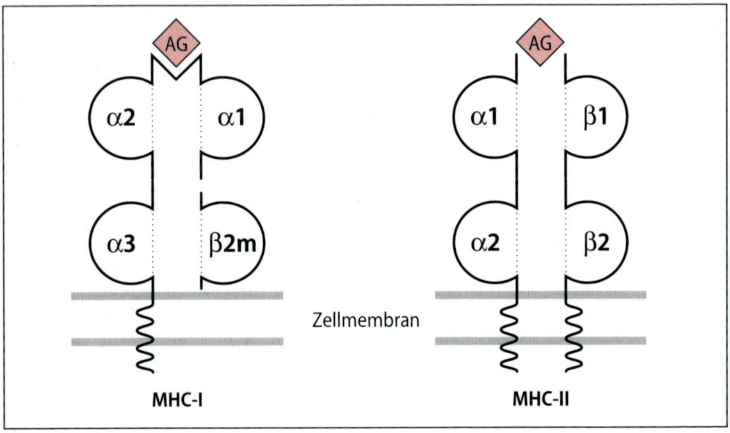

MHC: Aufbau

Klasse	H-2	HLA	Gewebeverteilung
I	K, D, L	A, B, C	alle kernhaltigen Zellen Thrombozyten Erythrozyten (Maus)
II	I-A, I-E	D	B-Zellen Monozyten/Makrophagen antigenpräsentierende Zellen aktivierte T-Zellen
II	I-J		Suppressor-T-Zellen

MHC: Gewebeverteilung des Haupthistokompatibilitätskomplexes

Man unterscheidet ***Lymphokine*** (aus Lymphozyten), ***Monokine*** (aus Monozyten/Makrophagen) oder ***Interleukine*** (IL), **Interferone** (IFN), ***Tumornekrosefaktor*** (TNF) und ***koloniestimulierende Faktoren*** (CSF).

Interferon-α wirkt unspezifisch gegen RNS-Viren. Nach Bindung an ein Oberflächengangliosid wird es von der Wirtzelle aufgenommen und induziert Enzyme, die virale RNS abbauen und die Proteinbiosynthese hemmen. Dies spielt bei der Interferenz eine Rolle: Eine Virusinfektion hemmt das Angehen einer zweiten.

2.2 Immunität

Antigene. Der entscheidende Angriffspunkt der Immunität sind die *Antigene* des Mikroorganismus. Dabei handelt es sich um Strukturen oder Produkte (eines Erregers), z. B. Proteine (Diphtherietoxin) oder Polysaccharide (Kapsel von Pneumokokken), die von speziellen Molekülen des Makroorganismus (lösliche oder membrangebundene Antikörper, T-Zell-Rezeptoren) spezifisch gebunden (erkannt) werden können. Ein Antigenmolekül kann mehrere verschiedene solcher Bindungsstellen aufweisen: ***Epitope = Antigendeterminanten***; ein Epitop macht zwar die Spezifität aus, zur Auslösung der Immunantwort (Immunogenität) ist es jedoch nur durch die Integration in das Makromolekül des Voll-Antigens fähig. Freie, nicht makromolekulare und daher nicht immunogene, Epitope werden ***Haptene*** genannt und dem unspezifischen Anteil, dem Träger (carrier), gegenübergestellt. Die Antigenität hängt vom Grad der Fremdheit zwischen Antigen und Organismus ab: Autolog sind Antigene desselben, syngen solche eines genetisch identischen Organismus, allogen solche derselben Spezies und xenogen, wenn sie von verschiedenen Arten stammen. Heterogenetische (heterophile) Antigene sind ähnliche oder gleiche Antigene, die bei verschiedenen Arten vorkommen, z. B. Darmbakterien- und AB0-Blutgruppenantigene.

Während Antigene von Antikörpern direkt erkannt werden, müssen sie für die Erkennung durch den T-Zell-Rezeptor von ***antigenpräsentierenden Zellen*** (Makrophagen, Langerhans-Zellen, dendritische Zellen, B-Lymphozyten) prozessiert und zusammen mit MHC-Molekülen präsentiert werden.

Haupthistokompatibilitätskomplex (MHC). Es gibt Antigene auf Körperzellen, die an der Abstoßung von Transplantaten beteiligt sind. Diese Antigene werden ***Haupthistokompatibilitätsantigene (MHC-Antigene)*** genannt. Bei Menschen spricht man von HLA-, bei Mäusen von H-2-Antigenen. Die MHC-Antigene können in Gruppen mit unterschiedlicher Gewebeverteilung unterteilt werden. Die Hauptaufgabe der MHC-Antigene liegt in der Beteiligung an der Antigenpräsentation.

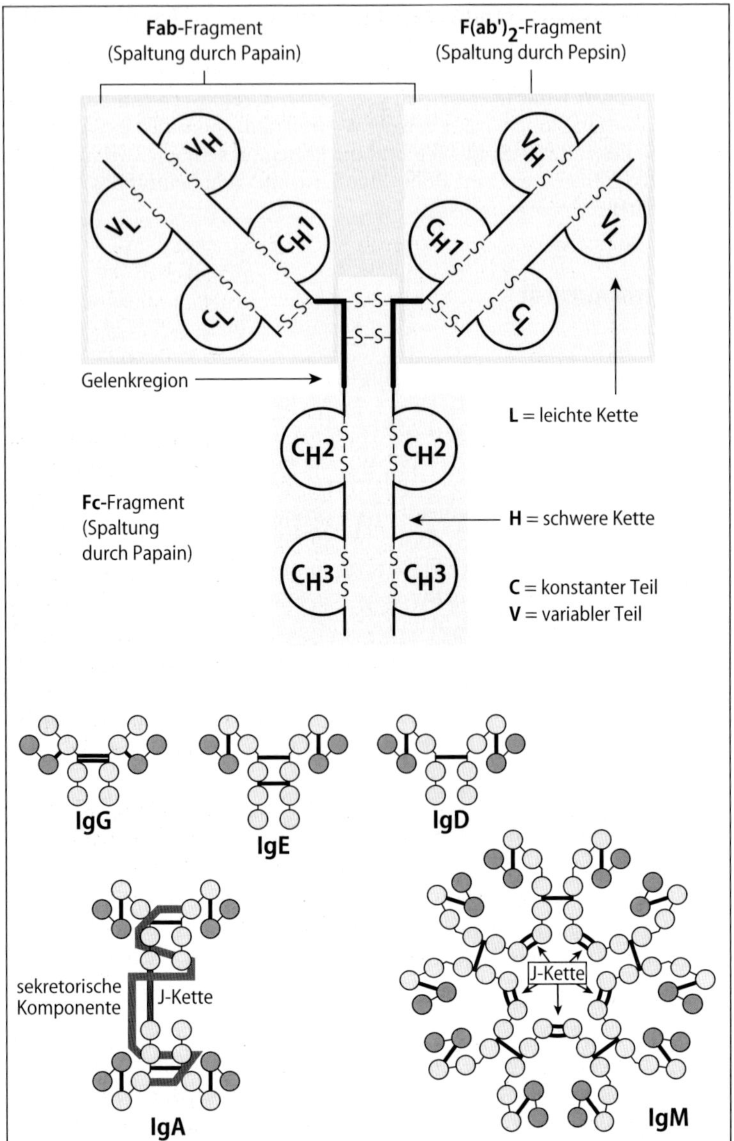

Antikörper: Aufbau

2.2.1 Humorale Immunität: Antikörper

Antikörper sind Glykoproteine in Körperflüssigkeiten, die spezifisch Antigen binden können. Sie werden von spezifischen B-Zellen auf den Kontakt mit einem Antigen hin gebildet und sind der Hauptfaktor der erworbenen humoralen Immunität. Da sie sich bei der elektrophoretischen Auftrennung des Serums in den Globulin-Fraktionen (überwiegend γ und β) finden, werden sie auch ***Immunglobuline*** genannt.

Struktur der Antikörper. Die Grundstruktur der Antikörper besteht aus jeweils zwei identischen schweren und leichten Polypeptidketten (H-Ketten, L-Ketten), die über Disulfidbrücken miteinander verbunden sind. Durch enzymatische Spaltung von IgG mit Proteasen (Pepsin, Papain) konnten antigen-bindende Abschnitte (Fab, $F(ab')_2$) vom Rest des Moleküls (Fc) abgetrennt werden. Mit Hilfe von Sequenz- und Strukturanalysen ließen sich die Peptidketten in verschiedene Abschnitte unterteilen. In der Nähe der antigenbindenden Stellen sind die Aminosäuresequenzen bei den einzelnen Antikörpern sehr variabel. Diese Abschnitte werden V_H auf der schweren und V_L auf der leichten Kette genannt. Im Bereich der eigentlichen Antigenbindungsstelle ist die Variabilität besonders hoch – hypervariabel. Dies bedingt die Spezifität der Antikörper. Die übrigen Abschnitte der Peptidketten unterscheiden sich in der Reihenfolge der Aminosäuren meist nur geringfügig, sie werden als konstant bezeichnet (C_{H1-H3}, C_V). Die Unterschiede im konstanten Abschnitt der leichten Kette bedingen zwei Leichtkettentypen: k und l. Die strukturellen Unterschiede im konstanten Teil der schweren Ketten werden zur Klassifizierung der Immunglobuline herangezogen. Bei IgG und IgA können weitere Subklassen unterschieden werden (IgG1-4, IgA1-2). Strukturell und funktionell lassen sich auf dem Antikörpermolekül verschiedene funktionelle Abschnitte (Domänen) identifizieren.

- ***IgG*** besteht aus einer Struktureinheit (Monomer) und hat ein Molekulargewicht von 146 kD. Es stellt 70–75% der Immunglobuline und findet sich sowohl intra- als auch extravasal. Antikörper der Subklassen IgG1 und IgG2 können nach Antigenbindung die Komplementkomponenete (C1) binden und so das Komplementsystem aktivieren. IgG sind als einzige Immunglobulinklasse plazentagängig und sind die wichtigsten Immunglobuline der humoralen Immunreaktion bei Zweitkontakt mit dem Antigen (Sekundärantwort).
- ***IgM*** besteht aus fünf Struktureinheiten (Pentamer) und hat ein Molekulargewicht von 970 kD. Es stellt ca. 10% der Immunglobuline und findet sich fast hauptsächlich intravasal. IgM-Antikörper sind ebenfalls in der Lage, Komplement zu binden. IgM-Moleküle sind nicht plazentagängig. Daher kommt ihnen eine entscheidende Rolle bei der serologischen Diagnostik

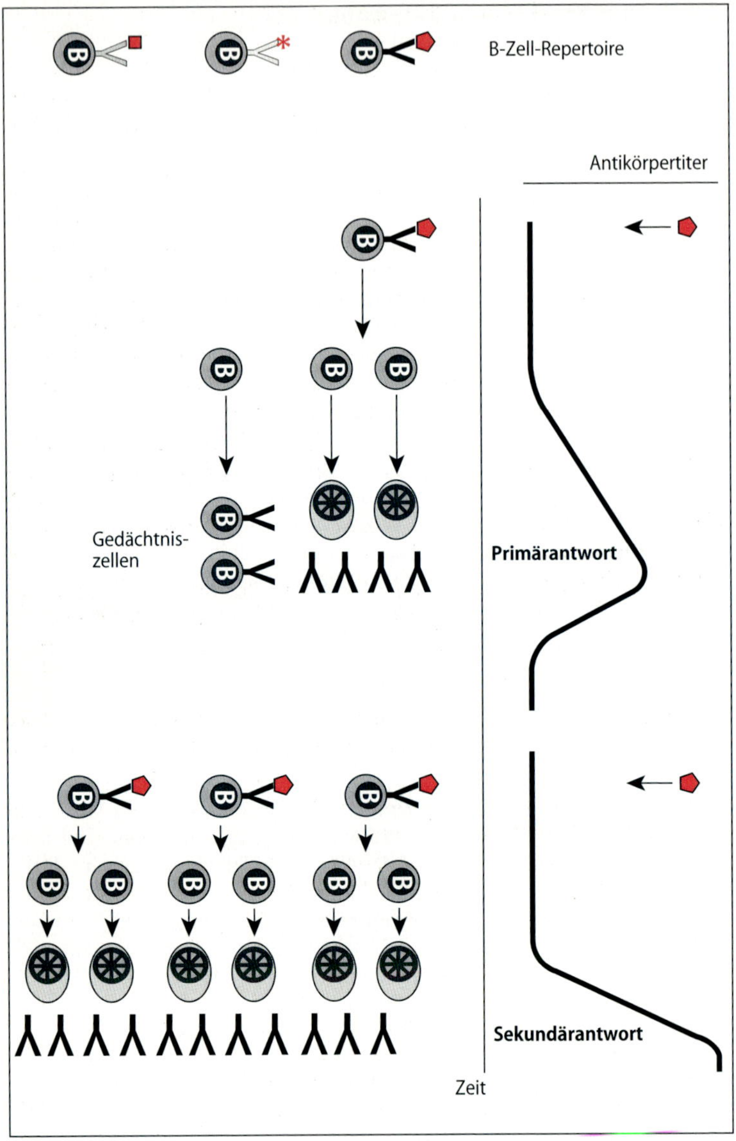

Antikörper: Primär- und Sekundärantwort nach Antigenkontakt

intrauteriner Infektionen des Fetus zu, da IgM-Antikörper im Blut des Fetus nur von diesem selbst gebildet worden sein können. IgM-Antikörper werden als erste Immunglobuline im Verlauf einer humoralen Immunantwort gebildet. Ihr Nachweis spricht daher für eine frische Infektion mit dem spezifischen Erreger. IgM-Monomere auf der Oberfläche von B-Zellen sind zellständige Antigen-Rezeptoren.

- ***IgA*** kann sich aus unterschiedlich vielen Struktureinheiten aufbauen, am häufigsten sind Monomere (80%) und Dimere. Es stellt ca. 20% des Immunglobulin-Pools dar. ***Sekretorisches IgA (sIgA)*** findet sich als wesentlicher Faktor der lokalen Immunität in Sekreten zahlreicher Schleimhäute (Respirationstrakt, Gastrointestinaltrakt, Urogenitaltrakt), im Kolostrum und auch in der Milz. Das Dimer besitzt ein zusätzliches Polypeptid, dessen Mutterprotein von Epithelzellen als basaler Rezeptor für IgA gebildet wird und von dem das sIgA luminal abgelöst wird. IgA ist weder in der Lage, Komplement zu aktivieren noch die Plazenta zu passieren.
- ***IgE*** kommt als Monomer vor und findet sich hauptsächlich auf der Oberfläche von Mastzellen sowie basophilen und eosinophilen Granulozyten (Fcε-Rezeptoren). Auch IgE bindet weder Komplement noch passiert es die Plazenta. Eine wesentliche Rolle spielt IgE bei der Allergie vom Soforttyp und bei der Abwehr von Würmern.
- ***IgD*** kommt als Monomer vor und ist nur in sehr geringen Mengen nachweisbar. Das Molekül ist sehr labil, und es dient ruhenden B-Zellen als Antigen-Rezeptor. Es kann weder Komplement aktivieren noch ist es plazentagängig.

Spezifität und Diversität. Jeder Antikörper bindet spezifisch ein spezielles Antigen (Epitop). Da es eine Vielzahl verschiedener Antigene gibt, muß es eine entsprechende Anzahl unterschiedlicher Antikörper geben (Antikörperdiversität). Ein wesentlicher Mechanismus für die Entstehung der Diversität ist die Rekombination von Genen (***„gene-rearrangement“***).

Die Kodierung der Peptidketten erfolgt nicht durch ein Gen, sondern durch mehrere kleinere Segmentgene. Bei der leichten Kette unterscheidet man V-, J- und C-Segmentgene, bei den H-Ketten V-, D- und J-Segmentgene. Innerhalb jeder dieser Segmentgen-Gruppen gibt es eine Anzahl verschiedener einzelner Gene, relativ viele bei den V-Gruppen. Durch die Kombination von jeweils einem Segmentgen aus jeder Gruppe während der Entwicklung der B-Zellen entsteht eine sehr große Zahl verschiedener Genrekombinationen, die sich in jeder B-Zelle unterscheiden. Während der Transkription und der RNS-Prozessierung (Ausschneiden der Introns etc.) können weitere Unterschiede herausgearbeitet werden. Zusätzliche Möglichkeiten für die Diversion sind Ungenauigkeiten bei der Rekombination, somatische Mutationen und der Zusammenbau der leichten und schweren Ketten.

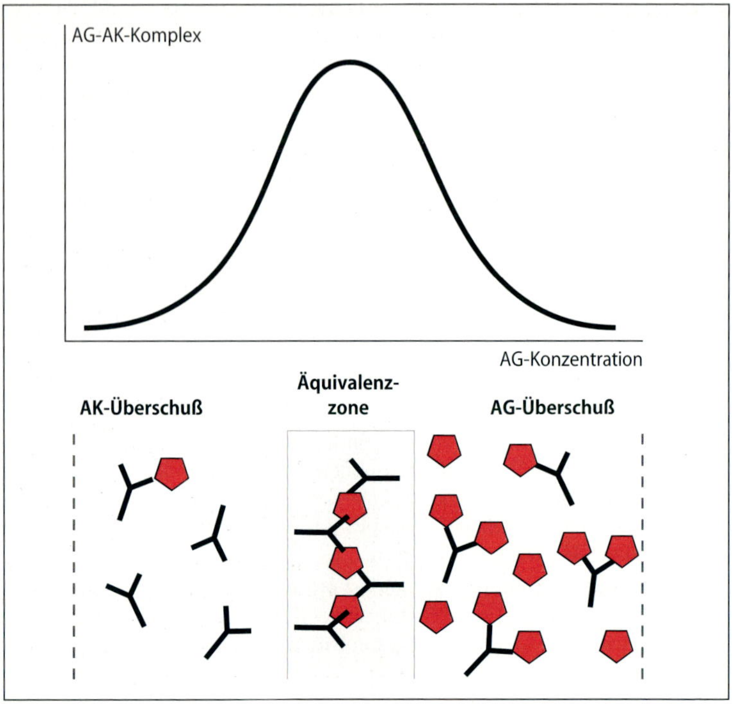

Antigen-Antikörper-Reaktion: Heidelberger-Kurve

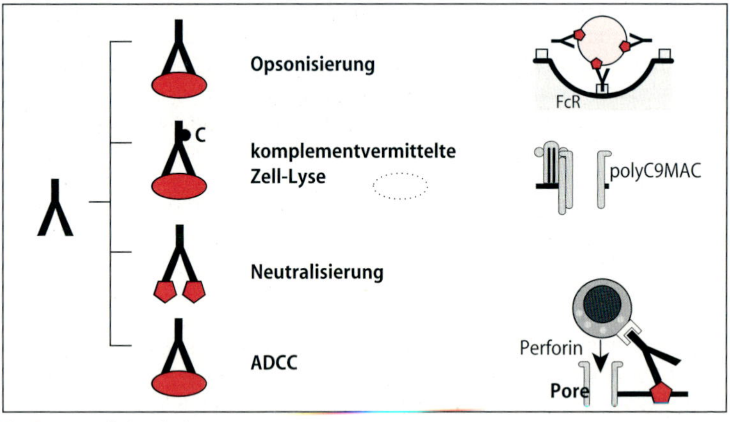

Antikörper: Effektorfunktionen

Bildung der Antikörper. Dringt ein Mikroorganismus oder eines seiner Produkte weit genug in den Wirtsorganismus ein, kommt es zum Kontakt mit B-Lymphozyten. Trägt eine dieser B-Zellen einen für ein Antigen des Erregers oder dessen Produkte spezifischen Rezeptor an seiner Oberfläche ***(membrangebundenes Immunglobulin),*** so kommt es nach Antigenbindung zur klonalen Vermehrung dieser B-Zelle (klonale Selektion). Im Verlauf dieser Vermehrung differenzieren sich die B-Zellen zu verschiedenen Zelltypen (antikörpersezernierende Plasmazellen, Gedächtnis-Zellen). Bei sogenannten T-Zell-abhängigen Protein-Antigenen ist für diesen Prozeß T-Zell-Hilfe (IL-4) erforderlich. Repetitive Polysaccharid-Antigene, z. B. Antigen von bakteriellen Kapseln (Haemophilus, Pneumokokken, Meningokokken) können auch ohne T-Zell-Hilfe Antikörper induzieren; beim Menschen gelingt dies jedoch erst nach dem 2. Lebensjahr.

Plasmazellen sezernieren einen (monoklonalen) Antikörper, der die gleiche Spezifität besitzt wie das membrangebundene Immunglobulin, das der ursprünglichen B-Zelle zur Antigenerkennung gedient hat. Im Verlauf einer Infektion werden zunächst Antikörper der Klasse IgM, später der Klasse IgG produziert (Antikörper-Klassen-switch). Während der Antikörperbildung bei Erstkontakt kommt es zur Selektion von Zellen, die hochaffine Antikörper produzieren. Hochaffine Antigenrezeptoren binden viel besser Antigen und werden daher bevorzugt aktiviert. Bei der Anwesenheit sehr großer Antigenmengen können auch B-Zellen mit niedrigaffinen Antigenrezeptoren aktiviert werden, so daß die gebildeten Antikörper eine geringere Effizienz aufweisen.

Gedächtnis-Zellen („memory cells") bewirken bei einem Zweitkontakt mit dem Antigen eine schnellere und effizientere Antikörperbildung.

Antigen-Antikörper-Reaktion. Die Antikörper verbinden sich spezifisch mit dem ihnen homologen (komplementären) Antigen; die Menge der entstehenden Antigen-Antikörper-Komplexe in Abhängigkeit von der Menge der Reaktionspartner wird durch die glockenförmige Heidelberger-Kurve beschrieben, die ihr Maximum bei äquivalenten Mengen von Antigen und Antikörper hat. Die Antigen-Antikörperreaktion induziert verschiedene Effekte:

Durch die Bindung an Oberflächenantigene des Mikroorganismus werden Bindungsstellen für Phagozyten zur Verfügung gestellt: Der Fc-Rezeptor der Granulozyten bindet sich an den freiliegenden Fc-Teil des gebundenen Antikörpers. Durch diese Bindung kann der Mikroorganismus durch den Granulozyten (besser) phagozytiert werden. Diesen Prozeß bezeichnet man daher als ***Opsonisierung*** (schmackhaft machen; s. oben: Phagozytose: Reißverschlußmodell). Die schleimige Polysaccharidkapsel schützt Pneumokokken vor der Phagozytose, da die Freßzellen daran abrutschen oder opsonisierendes C3b mechanisch bedeckt wird. Erst durch die Bindung kapselspezifischer Antikörper stehen genügend viele Bindungsstellen (Fc) für die Granulozyten zur Verfü-

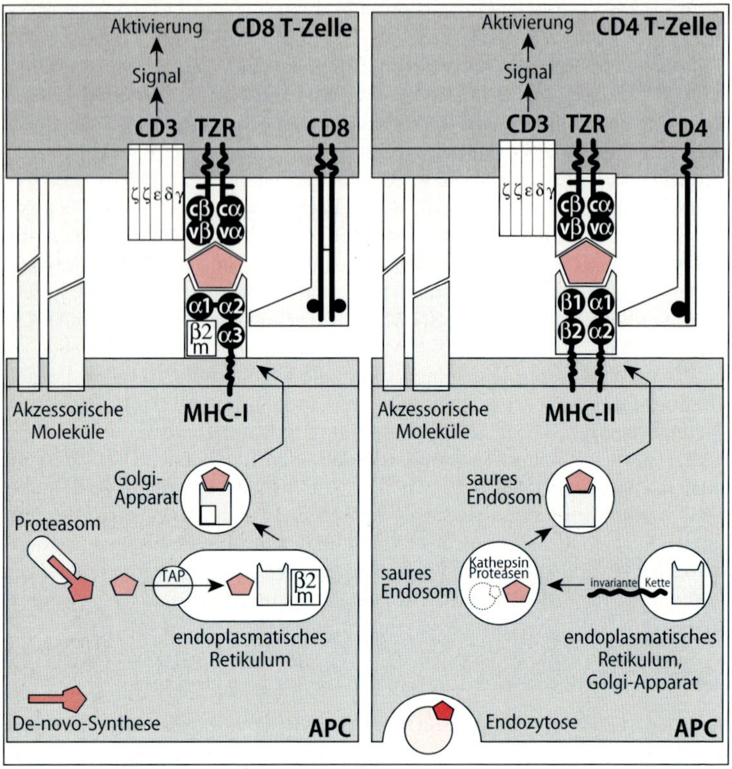

Antigenprozessierung und Antigenpräsentation

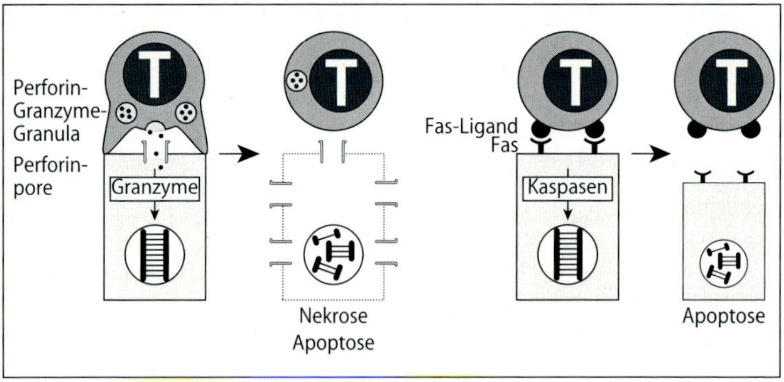

Zytotoxische T-Zellen: Wirkungsmechanismen

gung, so daß sie sich mit ihren Fc-Rezeptoren an die Pneumokokken anlagern und diese dann phagozytieren und abtöten können.

Durch die Antigen-Antikörper-Bindung wird auf IgG- und IgM-Antikörpern ein Rezeptor für die Komplementkomponente C1 freigelegt. Dies führt zur klassischen Aktivierung des Komplementsystems.

Durch die Bindung neutralisierender Antikörper an Toxine wird deren schädigende Wirkung blockiert; bei Viren wird die Infektiosität gestört, so daß sie sich nicht mehr an die Zielzelle binden können (Virusneutralisation). Dies macht man sich zunutze für die Therapie der Diphtherie, des Botulismus und des Tetanus: Gabe von Antitoxin (= neutralisierende Antikörper) und bei Impfungen.

An oberflächliche zelluläre Antigene gebundene Antikörper werden von Fc-Rezeptoren auf NK-Zellen (großen granulären Lymphozyten) gebunden, die dadurch zytolytische Moleküle (z. B. Perforin, TNF) sezernieren und die antikörperbeladene Zelle abtöten (ADCC = „antibody dependent cell-mediated cytotoxicity").

Mit Hilfe der humoralen Immunität werden besonders solche Mikroorganismen abgewehrt, die innerhalb des Phagozyten abgetötet werden, also die extrazellulären Bakterien.Darüberhinaus spielen Antikörper bei der Neutralisation von Toxinen und viralen Erregern eine wesentliche Rolle.

2.2.2 Zellvermittelte Immunität

Die zellvermittelte Immunität wird vor allem durch T-Lymphozyten getragen; sie erkennen nur Protein-Antigene, und auch nur dann, wenn diese von antigenpräsentierenden Zellen prozessiert und zusammen mit MHC-Molekülen des Wirts präsentiert werden (MHC-Restriktion).
Die Haupteffektorfunktionen sind:

- die Induktion zytolytischer antigenspezifischer T-Zellen,
- die Aktivierung von Makrophagen,
- die Hilfe bei der Antikörperproduktion und
- die Aktivierung von Mastzellen, Basophilen und Eosinophilen.

Antigenpräsentierende Zellen (APC). Makrophagen, Langerhans-Zellen, dendritische Zellen oder B-Zellen phagozytieren den Erreger, prozessieren Teile des Erregers und präsentieren diese veränderten Teile an ihrer Oberfläche.

Zytosolische Antigene (z. B. von Bakterien, die aus dem Phagosom in das Zytosol übertreten) werden durch Proteasomen zu Peptiden abgebaut, die durch TAP-Transportproteine in das endoplasmatische Retikulum (ER) überführt werden; dort werden diese Peptide mit MHC-I und Beta2-Mikroglobulin zu einem Komplex zusammengesetzt, der an die Zelloberfläche transportiert wird.

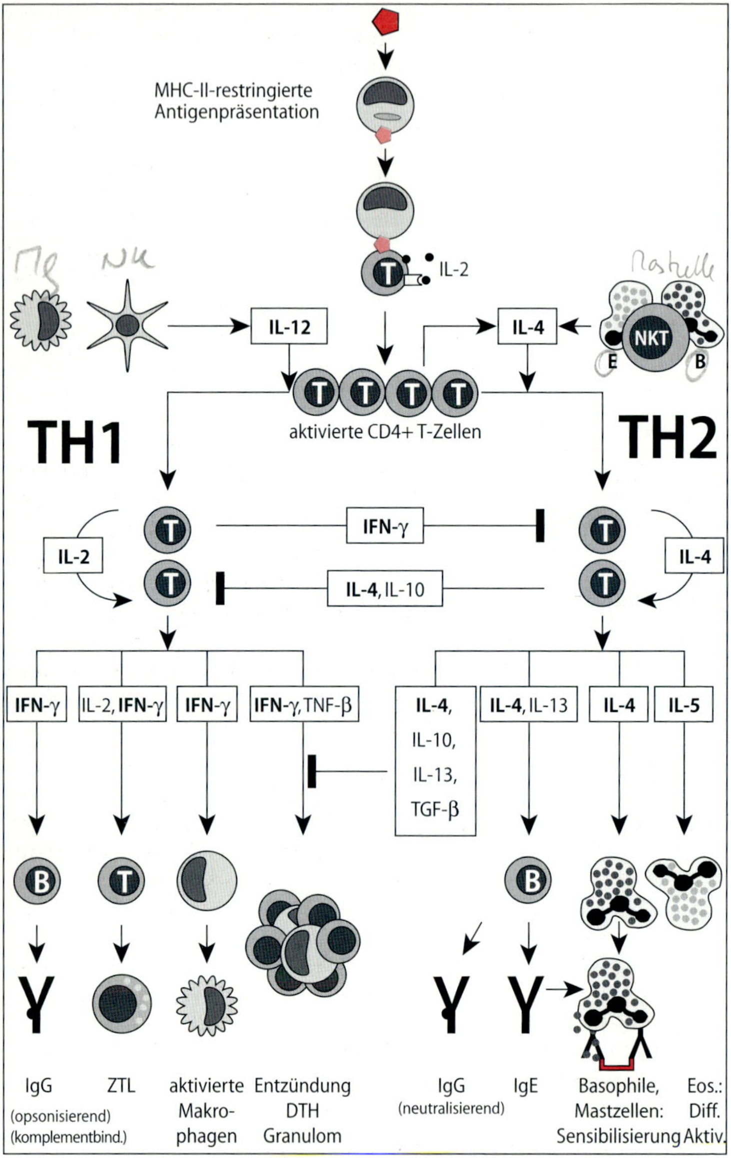

T-Zellen: TH1- und TH2-Antwort mit ihren jeweiligen Effektorfunktionen

Phagozytierte exogene Antigene werden im sauren Endosom (entwickelt sich aus dem Phagosom) durch Proteasen zu Peptiden abgebaut. Im ER produziertes MHC-II wird mit einer invarianten Kette in das Endosom transportiert. Dort wird die invariante Kette abgebaut und MHC-II mit dem Peptid zusammengelagert. Dieser Komplex wird an die Oberfläche transportiert.

T-Lymphozyten. Sie erkennen das präsentierte Antigen spezifisch mit dem T-Zell-Rezeptor (TZR). Dieser ist stets mit dem Oberflächenmolekül CD3 verbunden, das der Signalweiterleitung dient. Zusätzlich benötigt die T-Zelle ein Molekül zur Erkennung des passenden MHC, nämlich entweder CD4 oder CD8 (man unterscheidet CD4+ und CD8+ T-Zellen): Mit CD4 werden nur MHC-II-assoziierte Antigene, mit CD8 nur MHC-I-assoziierte Antigene erkannt. Die Bindung wird durch weitere, akzessorische Moleküle verstärkt.

Durch die Interaktion mit der CD4+ T-Zelle wird die antigenpräsentierende Zelle zur Sekretion von IL-1 und IL-6 angeregt. Hierauf reagiert die T-Zelle mit der Ausbildung des IL-2-Rezeptors und der Sekretion von IL-2. Durch autokrine Stimulation werden T-Zellen aktiviert und proliferieren:

In Abhängigkeit von Umgebungsbedingungen bei der Antigenerkennung differenzieren sich die CD4+ T-Zellen (T-Helfer-Zellen: TH0) und sezernieren jeweils unterschiedliche Zytokine: IL-12 aus bakterieninfizierten Makrophagen oder Interferon-γ aus NK-Zellen führt zur Bildung von IL-2 und Interferon-γ – diese T-Zellen nennt man ***TH1-Zellen***. Haben lösliche Antigene, Allergene oder Helminthen Basophile, Eosinophile und Mastzellen zur Freisetzung von IL-4 veranlaßt, sezernieren die T-Zellen IL-4, IL-5 und IL-10 – diese T-Zellen heißen ***TH2-Zellen***. Diese beiden Reaktionswege hemmen wechselseitig die Ausbildung des jeweils anderen, verstärken sich also selbst – TH1- und TH2-Antwort stehen also in einem labilen Gleichgewicht.

Makrophagenaktivierung. Antigenpräsentierende Zellen präsentieren Antigen an CD4+ T-Zellen. IL-12 aus bakterieninfizierten Makrophagen und Interferon-γ aus NK-Zellen lenken die T-Zell-Reaktion auf eine TH1-Antwort. Die Ausschüttung von Interferon-γ durch die aktivierten T-Zellen bewirkt eine Aktivierung von Makrophagen, wodurch Bakterien oder Tumorzellen besser phagozytiert und abgetötet werden. Als synergistischer Kostimulus wirkt TNF-α, das von Makrophagen, z. B. nach LPS-Stimulation, freigesetzt wird.

Aktivierte Makrophagen sezernieren u. a. verstärkt TNF-α. Dieser spielt bei der Ausschüttung von Akut-Phase-Proteinen (z. B. CRP) eine Rolle und ist der wichtigste Mediator bei der Entstehung eines septischen Schocks.

Es kommt zu einer lokalen Ansammlung (Fokussierung) von mononukleären Zellen (Monozyten/Makrophagen, Lymphozyten, u. U. Epitheloidzellen, Riesenzellen etc.). Diese Zellkonzentrierung nennt man ***Granulom***.

T-Zell-Hilfe bei der Antikörperbildung. Antigenpräsentierende Zellen präsentieren Protein-Antigen an CD4+ T-(Helfer-)Zellen. Da die löslichen Antigene bereits eine gewisse IL-4-Freisetzung aus Mastzellen, Basophilen, Eosinophilen und Lymphozyten bewirkt haben, resultiert eine TH2-Antwort mit der Freisetzung großer Mengen IL-4. Dies bewirkt eine Stimulation von B-Zellen, die ihr Antigen mittels membranständiger Antikörper erkannt haben; sie proliferieren, und es entstehen schließlich antikörpersezernierende Plasmazellen. Der Antikörperklassen-Wechsel („switch") ist ebenfalls interleukin-vermittelt: IL-4 führt zur Bildung von IgG1 und IgE, IL-5 und TGF-β spielen bei der IgA-Synthese eine Rolle, für die Produktion von IgG2 und 3 bedarf es Interferon-γ aus einer zusätzlichen TH1-Antwort.

Zytotoxische T-Zellen (ZTL, CTL). Es handelt sich hierbei um CD8+ T-Zellen. Sie werden aktiviert durch IL-2, das zunächst im Rahmen einer TH1-Antwort gebildet werden muß; das IL-2 bewirkt gleichzeitig die Expression von IL-2-Rezeptoren, so daß die Ansprechbarkeit auf IL-2 und damit dessen Wirkung zusätzlich gesteigert werden. CTL binden sich an Zielzellen, die Antigen MHC-I-restringiert präsentieren. Durch Bildung einer ***Perforin***-Pore in deren Membran, ähnlich dem Membranangriffskomplex des Komplementsystems, wird die Zelle lysiert (Nekrose); durch die Ausschüttung von Granzyme oder die Bindung des Fas-Liganden an Fas-Rezeptoren der Zielzelle wird der Zelltod durch Apoptose induziert (DNS-Fragmentierung, Auflösung der Kernmembran). Durch die Zellzerstörung werden Viren oder intrazellulären Bakterien freigesetzt und damit effektiven Eliminationsmechanismen (neutralisierende Antikörper, aktivierte Makrophagen) zugeführt.

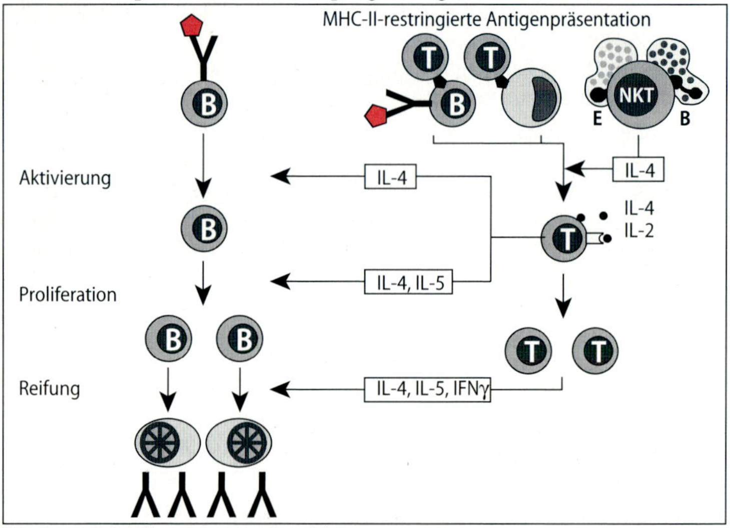

T-Zellen: T-Zell-Hilfe bei der Antikörperbildung

Gedächtnis-T-Lymphozyten. Es werden spezifische Gedächtnis-T-Lymphozyten gebildet, die eine schnellere Bereitstellung von spezifischen T-Zellen in großer Zahl bei einem Zweitkontakt ermöglichen und damit die Voraussetzung für den schnellen Aufbau einer Immunität schaffen. Dies bewirkt einen Schutz vor den Schäden einer Zweitinfektion.

2.2.3 Immunpathologie

Das Immunsystem kann auch überschießend oder fehlgeleitet reagieren, so daß für den Makroorganismus nachteilige Reaktionen entstehen. Man nennt derartige Reaktionen Reaktionen. Pathogenetisch lassen sich vier Allergie-Typen voneinander abgrenzen:

Typ-I-Reaktion (Sofort-Typ): IgE/Mastzell-vermittelt. Beim Erstkontakt mit dem Antigen bilden sich, meist T-zell-abhängig (TH2-Antwort; IL-4, IL-5), IgE-Moleküle, die sich mit ihrem Fc-Teil (Fcε) an den Fce-Rezeptor von Mastzellen binden (Mastzellsensibilisierung). Bei einem erneuten Kontakt mit dem Antigen (Allergen) kommt es nach Bindung des homologen Antigens an die Mastzell-gebundenen IgE-Antikörper zu einer Degranulation der Mastzellen. Dabei werden Mediatoren (z. B. Histamin, Serotonin, Prostaglandine, SRS-A, PAF, Heparin) ausgeschüttet, die eine für die Allergie typische Reaktion auslösen. Zwischen Antigenexposition und der Ausbildung der Symptome vergehen nur Minuten oder wenige Stunden.

Beispiele sind die Atopie: Heuschnupfen, Asthma bronchiale, Urtikaria, allergischer Schock.

Typ-II-Reaktion: antikörperabhängige Zytotoxizität. Nach Bindung von IgG-Antikörpern an das homologe (zellgebundene) Antigen kommt es direkt oder per Komplementaktivierung (klassischer Weg) zur Bereitstellung von Fc-Teilen an der Zelloberfläche. Verschiedene Mechanismen (z. B. Membranangriffskomplex, ADCC) führen zur Zytolyse der antigentragenden Zielzelle.

Ein Beispiel ist der Morbus haemolyticus neonatorum: Bei rhesusfaktorinkompatibler Schwangerschaft (Mutter rh−, Fetus Rh+) treten nach vorheriger Sensibilisierung der Mutter diaplazentar anti-Rh(D)-Antikörper über. Nach Bindung an die Rh(D)-positiven Erythrozyten des Fetus kommt es zur Komplementaktivierung und zu einer Hämolyse. Weitere Beispiele sind die Hashimoto-Thyreoiditis (mikrosomale Antigen) und die Myasthenia gravis (Antigen: Acetylcholinrezeptor).

Typ-III-Reaktion: Immunkomplexerkrankungen. Bei der Antigen-Antikörper-Reaktion entstehen mehr Immunkomplexe als durch Phagozyten abgebaut werden können. Die Immunkomplexe (durch IgG oder IgM) aktivieren Komplement und leiten so eine Entzündungsreaktion ein. Die Erhöhung der Gefäßpermeabilität ermöglicht eine subendotheliale Ablagerung der Immunkom-

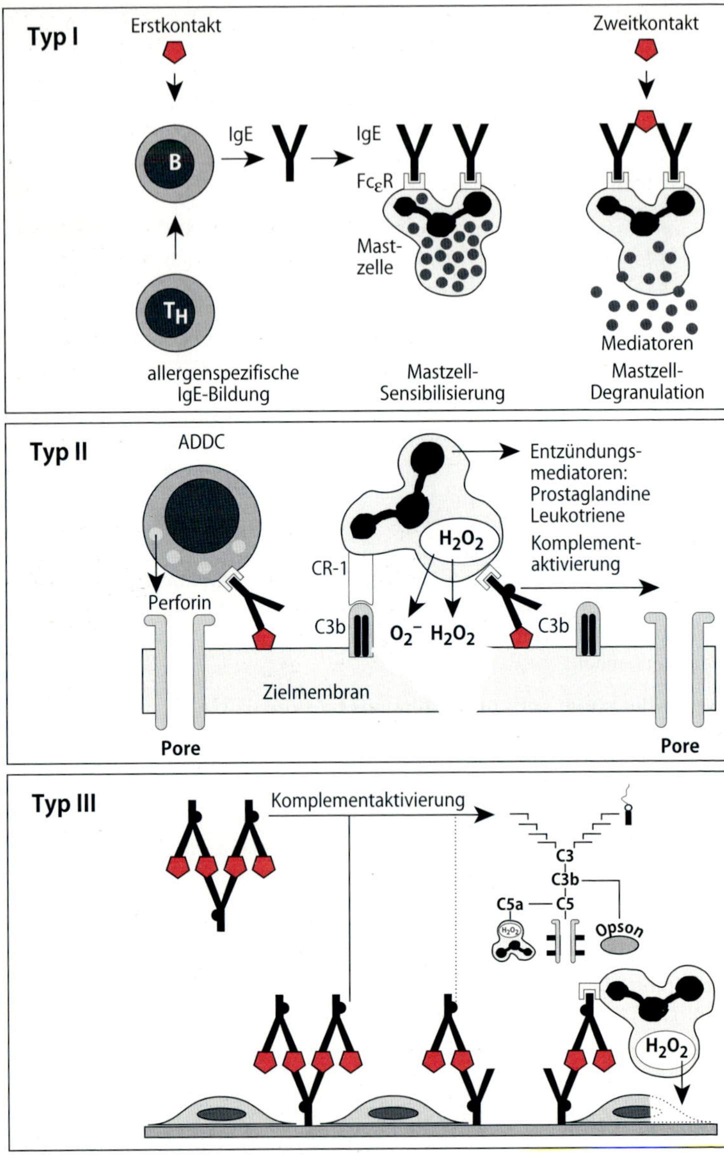

Allergie-Typen: I (oben), II (Mitte), III (unten)

plexe im Gewebe, wodurch eine entzündliche Schädigung des Gewebes resultiert (komplementvermittelte chemotaktische Einwanderung von polymorphkernigen Granulozyten, die nach Phagozytose der Immunkomplexe zerfallen und dabei durch die Freisetzung lysosomaler Enzyme das Gewebe schädigen). Die generalisierte Form heißt ***Serumkrankheit***, bei Antigeninjektion in der Haut entsteht nach 4–6 h die ***Arthusreaktion***. Beispiele sind die allergische Alveolitis (Farmerlunge) und Lupus erythematodes.

Typ-IV-Reaktion: verzögerter Typ (DTH): T-Zell-vermittelt. Nach Antigenprozessierung durch antigenpräsentierende Zellen können T-Zellen das Antigen zusammen mit MHC-Klasse-II-Antigenen erkennen. Durch die Freisetzung chemotaktischer Lymphokine kommt es zu einer lokalen Fokussierung mononukleärer Zellen; es entsteht eine Papel. Diese ist erst nach 1–2 Tagen voll ausgebildet. Beispiele sind die Tuberkulinreaktion und das Kontaktekzem.

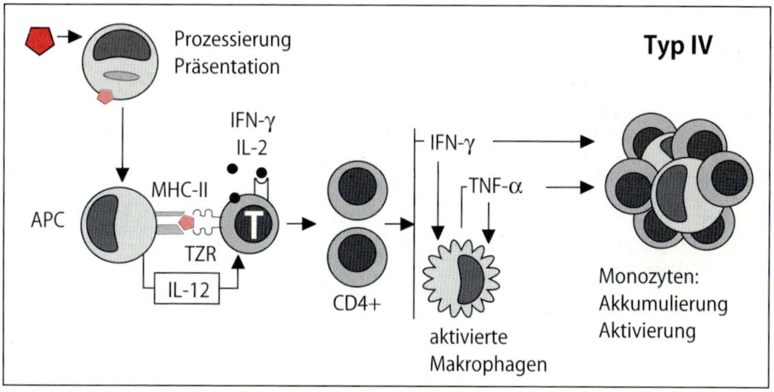

Allergie-Typen: IV (verzögerter Typ)

Autoimmunerkrankungen. Sie entstehen durch Immunreaktionen gegen körpereigene Strukturen. Die Ursachen hierfür sind größtenteils unbekannt, zum Teil wird eine Induktion durch mikrobielle Erreger diskutiert; in einigen Fällen wird eine Assoziation mit bestimmten HLA-Antigenen beobachtet.

2.2.4 Prädisponierende Faktoren, Immundefekte

Damit fakultativ pathogene Erreger eine Infektion verursachen können, sind prädisponierende, ***infektionsbegünstigende*** Faktoren erforderlich. Diese bedingen im allgemeinen eine Schwächung der körpereigenen Abwehr. Sie können angeboren oder erworben sein und können Resistenz oder Immunität (Antikörper, T-Zellen) beeinträchtigen. Eine gleichzeitige Schädigung verschiedener Abwehrmechanismen ist möglich. Das Erregerspektrum ist abhängig von dem jeweiligen Defekt.

Kongenitale Immundefekte:

Neutrophilen-Fehlfunktion
- Leukopenie, Agranulozytose
- Chemotaxisdefekte
- Abtötungsdefekte (z. B. Chronische Granulomatose)

Defekte der zellvermittelten Immunität
- DiGeorge-Syndrom (Thymushypoplasie + Hypokalzämie)
- Chronische mukokutane Candidiasis

Defekte der humoralen Immunität
- verschiedene Hypogammaglobulinämien (z. B. Bruton)

Defekte des Komplementsystems
- funktionelle oder mengenmäßige Defekte

Kombinationsdefekte
- „severe combined immunodeficiency" (SCID)
- MHC-Defekte
- verschiedene Immundefekte + Organdefekte

Erworbene Immundefekte:

Trauma, Verbrennungen
Fremdkörper, Katheter, Tubus, Prothese
Protein- und Kalorien-Mangelernährung
Massiver Immunglobulinverlust:
- exsudative Enteropathie
- nephrotisches Syndrom
- exfoliative Dermatitis

Verbrennungen
Alter: unreife Neugeborene, Greise
Schwangerschaft
Neoplastische Erkrankungen

Infektionen:	Viren:	HIV
		Masernvirus
		Mumpsvirus
		Rötelnvirus
		Hepatitisviren
		Epstein-Barr-Virus
		Zytomegalievirus
	Bakterien:	Mykobakterien
		Brucellen
		u. a.

Autoimmunerkrankungen (Kollagenosen):
- Lupus erythematodes
- rheumatoide Arthritis

Chronische Erkrankungen:
- Diabetes mellitus
- Urämie
- Leberzirrhose
- Sarkoidose

Alkoholismus, Drogenmißbrauch
Splenektomie
Medikamente: Kortikoide, Zytostatika, Cyclosporin, Antilymphozytenserum
Bestrahlung
Streß

Abwehrschwäche, disponierende Faktoren

Erreger

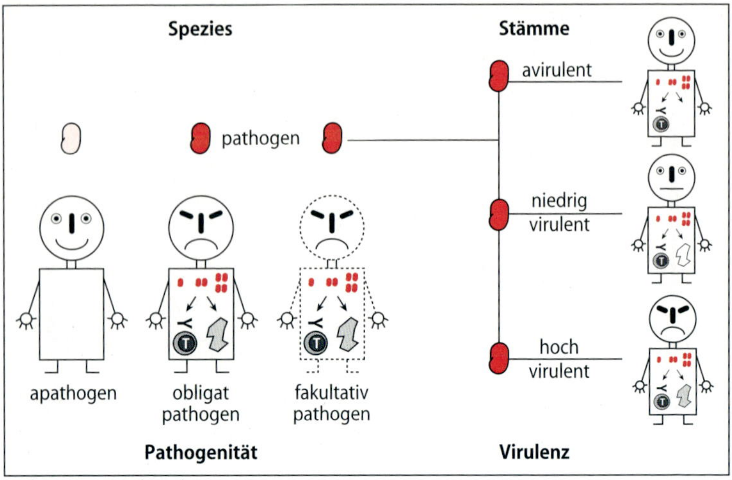

Pathogenität und Virulenz

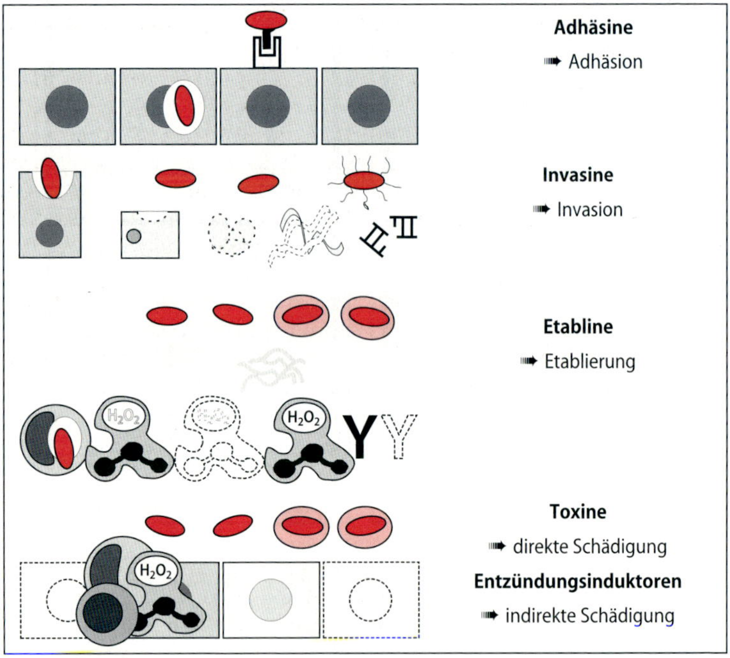

Virulenzfaktoren

3 Erreger

Ein Erreger ist ein Mikroorganismus, der eine Infektion verursachen kann.

Medizinisch bedeutsam ist seine Fähigkeit, im Rahmen der Infektion eine Krankheit auszulösen, also als Krankheitserreger zu wirken.

3.1 Allgemeine Eigenschaften

3.1.1 Infektiosität

Infektiosität ist die Fähigkeit eines Mikroorganismus, eine Infektion zu verursachen. Es wird dabei nichts über das Schädigungsvermögen (s. Virulenz) ausgesagt.

Infektiosität darf nicht mit Kontagiosität verwechselt werden, der Eigenschaft des Wirts, den Erreger in die Umgebung abzugeben, also ansteckend zu sein.

3.1.2 Pathogenität

Pathogenität ist die Fähigkeit einer ***Spezies*** von Mikroorganismen, krankheitserregend für einen bestimmten Wirt zu wirken.

Fakultativ pathogen sind solche Mikroorganismen, die nur bei bestimmter Gelegenheit (lat. facultas = Möglichkeit, Gelegenheit) Krankheiten hervorrufen. Diese Gelegenheit ist dann gegeben, wenn prädisponierende, infektionsbegünstigende Faktoren vorliegen. Letztere bedingen im allgemeinen eine Schwächung der wirtseigenen Abwehr. Fakultativ pathogene Mikroorganismen, auch Opportunisten genannt, gehören häufig zur physiologischen oder pathologischen Kolonisationsflora des Wirts. E. coli gehört zur physiologischen Darmflora und ist gleichzeitig ein häufiger Erreger von Harnwegsinfektionen; S. epidermidis ist ein typisches Bakterium der physiologischen Standortflora der Haut, gleichzeitig aber auch ein Erreger katheterbedingter Infektionen.

Obligat pathogen sind solche Mikroorganismen, die auch bei intakter Abwehr eine Infektion auslösen können. Sie gehören nicht zur physiologischen Bakterienflora des Wirts, sondern müssen, wenn sie im Wirt auftreten, aus diesem eliminiert werden. Typische Beispiele sind M. tuberculosis, Salmonellen und N. gonorrhoeae.

3.1.3 Virulenz

Virulenz ist der Ausprägungsgrad der krankheitserregenden Eigenschaften bei einem bestimmten ***Stamm*** einer pathogenen Spezies von Mikroorganismen. Innerhalb einer pathogenen Spezies kann es virulente und avirulente Stämme geben.

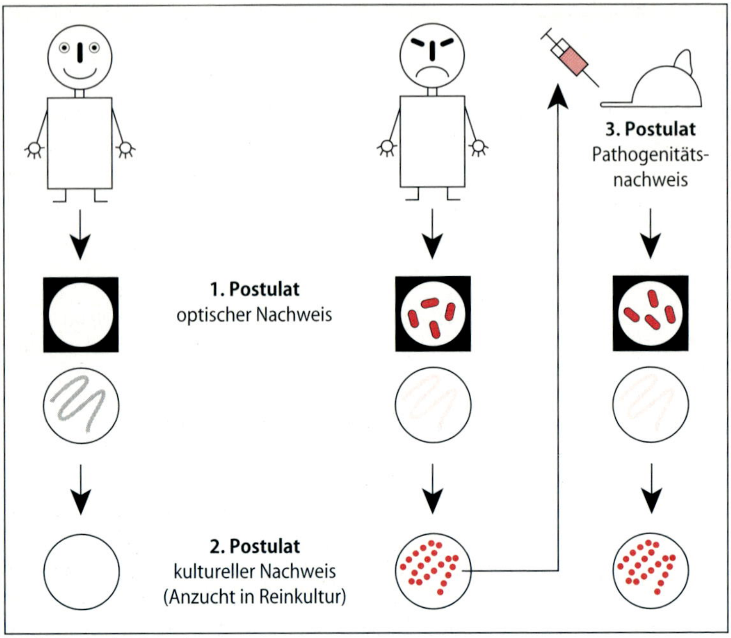

Henle-Kochsche Postulate

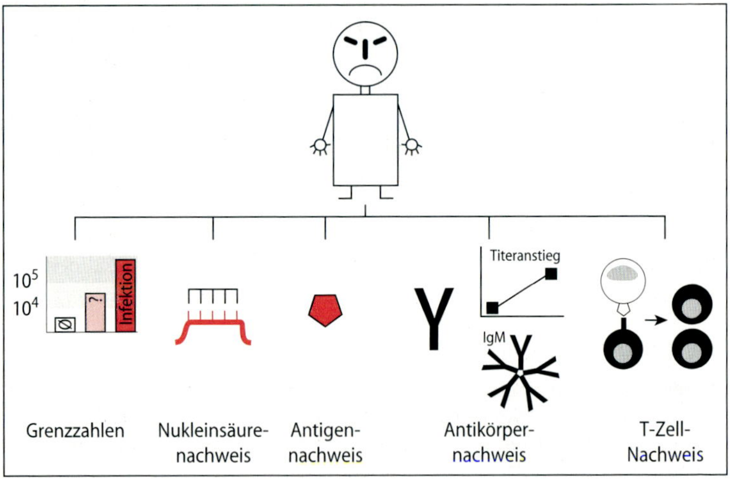

Neuere Infektionsmarker

C. diphtheriae ist eine pathogene Spezies. Nur diphtherietoxinbildende Stämme lösen Diphtherie aus: Sie sind virulent; Stämme, bei denen die Toxinbildung fehlt, lösen die Diphtherie nicht aus: Sie sind avirulent.

Virulenzfaktoren. Dies sind diejenigen Strukturelemente und Stoffwechselprodukte von Bakterien, die die Virulenz bedingen:

- ***Adhäsine*** vermitteln das Anheften des Mikroorganismus an den Wirt, der für diese Adhäsine spezifische Rezeptoren besitzt.
- ***Invasine*** begünstigen das Eindringen (Invasion) in den Wirt und die Ausbreitung im Wirtsorganismus.
- ***Etabline*** begünstigen die Ansiedlung des Erregers, indem sie ihn vor der Wirtsabwehr schützen; sie können mit der unspezifischen Resistenz oder mit Immunitätsfaktoren interferieren.
- ***Schädigungsfaktoren*** (Toxine im weiteren Sinne) bewirken als Toxine (im engeren Sinn) eine unmittelbare Schädigung von Wirtsfunktionen, als entzündungsauslösende Faktoren schädigen sie dagegen indirekt durch die induzierte Entzündungsreaktion.

Ein Virulenzfaktor kann gleichzeitig mehrere dieser Funktionen erfüllen: Die Lecithinase von C. perfringens z. B. lysiert Wirtszellen, schädigt also; da aber auch Phagozyten lysiert werden, schützt sich der Erreger gegen die Wirtsabwehr, die Lecithinase wirkt als Etablin.

Die Ausbildung von Virulenzfaktoren ist abhängig von der Umgebung der Bakterien, z. B. Kulturmedien, Temperatur, Körperinneres. Die Anzucht auf künstlichen Kulturmedien führt im allgemeinen zu einer Verminderung der Virulenz. Da bei diesem Prozeß die Fähigkeit zur Induktion einer spezifischen Immunantwort (Immunogenität) erhalten bleiben kann, eignen sich solche „virulenzgedrosselten" (sog. attenuierten) pathogenen Erreger als Lebendimpfstoffe. Tierpassagen können zu einer Steigerung oder Erhaltung, aber auch zu einer Verminderung der Virulenz führen.

3.1.4 Henle–Kochsche Postulate

Um zu beweisen, daß ein Mikroorganismus der Erreger einer Infektionskrankheit ist, müssen die Henle-Kochsche Postulate erfüllt sein:

- Der Erreger muß regelmäßig aus dem erkrankten Makroorganismus optisch nachgewiesen und in vitro in Reinkultur angezüchtet werden können, nicht aber bei Gesunden.
- Bei experimenteller Infektion eines empfänglichen Makroorganismus mit einer Reinkultur des Erregers muß sich die typische Krankheit ausbilden, und der Erreger muß sich aus dem experimentell infizierten Makroorganismus wieder in Reinkultur anzüchten lassen.

Die Henle-Kochschen Postulate wurden anhand von Beispielen obligat pathogener Erreger entwickelt; für fakultativ pathogene Bakterien und Pilze sowie für Viren können sie allerdings nur teilweise erfüllt werden.

Um in solchen Fällen die Ätiologie einer Infektion, also den Erreger, zu bestimmen, konnten weitere Infektionsmarker etabliert werden: der Nachweis von Antigenen oder Erregernukleinsäure sowie der Nachweis einer erregerspezifischen Immunreaktion (erregerspezifische Antikörper oder T-Zellen).

3.1.5 Erregerklassen

Ein Erreger kann durch seinen ***Aufbau***, sein ***Genom***, durch die Art seiner ***Vermehrung*** und seine ***Stoffwechseleigenschaften*** charakterisiert werden.

Mikrobielle Erreger sind Viren, Bakterien, Pilze und Protozoen; im erweiterten Sinne werden auch die mehrzelligen Würmer (Helminthen) hinzugerechnet, da sie Krankheiten verursachen, die viele Gemeinsamkeiten mit Infektionen aufweisen.

Als ***Prionen*** werden „infektiöse Proteine" bezeichnet, die bei einigen übertragbaren Krankheiten, z. B. der Scrapie oder der bovinen spongiformen Enzephalopathie (BSE) vermehrt gefunden werden. Sie gleichen bestimmten körpereigenen Proteinen, weisen aber eine andere dreidimensionale Struktur auf. Ob es sich hierbei um den eigentlichen Erreger oder um Produkte handelt, die der eigentliche Erreger bildet oder induziert, ist bisher nicht geklärt.

	Viren 1	Bakterien	Mykoplasmen 2	Rickettsien 2	Chlamydien 2	Pilze	Protozoen	Helminthen
Größe (µm)	0,3–1	L: 1–10 Ø: 0,2–2,5	0,2	0,3	0,3–1	0,7–10	5–50	60–5m
ein-/mehrzellig	e	e	e	e	e	e/m	e	m
RNS + DNS	–	+	+	+	+	+	+	+
Ribosomen	–	+	+	+	+	+	+	+
Vermehrung auf unbelebten Medien	–	+	+	–	–	+	+	+

1 Viren enthalten entweder DNS oder RNS
2 Mykoplasmen, Rickettsien und Chlamydien gehören zu den Bakterien

Eigenschaften der Erregerklassen

Windpocken: Blowing with the Wind

Viren

Nukleinsäure	Hülle	Kapsid	Familie	Art
dsRNS	–	ikosaedrisch	Reoviridae	Rotaviren
(+)ssRNS	–	ikosaedrisch	Picornaviridae	Enteroviren: Polioviren Coxsackieviren ECHO-Viren Hepatitis-A-Virus Rhinoviren
			Caliciviridae	Calicivirus
	+	ikosaedrisch	Togaviridae	Gelbfieberviren Rötelnvirus
			Flaviviridae	FSME-Virus
		helikal	Coronaviridae	Coronaviren
		isometrisch	Retroviridae	HIV, HTLV 1
(–)ssRNS1	+	helikal	Paramyxoviridae	Parainfluenzaviren Mumpsvirus Masernvirus Respiratory-Syncytial-Virus
			Orthomyxoviridae	Influenzaviren
			Rhabdoviridae	Tollwutviren
			Bunyaviridae	Hantaviren
		unbestimmt	Arenaviridae	LCMV
ssDNS	–	ikosaedrisch	Parvoviridae	Parvovirus B19
dsDNS	–	ikosaedrisch	Adenoviridae	Adenoviren
			Papovaviridae	Papillomviren
	+	ikosaedrisch	Herpesviridae	Herpes-simplex-Viren Varizella-Zoster-Virus Epstein-Barr-Virus Zytomegalie-Virus
			Hepadnaviridae	Hepatitis-B-Virus
		komplex	Poxviridae	Variolavirus Vacciniavirus

Viren: Einteilung nach Nukleinsäure, Hülle und Kapsidform

3.2 Viren

Aufbau

Eine Viruspartikel, ***Virion***, beinhaltet einen Nukleinsäure-Kern (engl. „core") aus DNS oder RNS. Er ist umgeben von einer Proteinhülle, dem ***Kapsid***. Das Kapsid besteht jeweils aus einer definierten Anzahl von Kapsomeren, die ihrerseits aus ein oder mehreren viruskodierten Polypeptidketten bestehen. Das Kapsid kann eine kubische (Ikosaeder), helikale oder komplexere Symmetrie aufweisen. Nukleinsäure und Kapsid werden als ***Nukleokapsid*** bezeichnet.

Einige Viren sind zusätzlich von einer lipidhaltigen ***Hülle*** („envelope") umgeben, die sich immer von zellulären Membranen ableitet, jedoch neben zellkodierten auch virale Proteine enthält.

Mit einem Durchmesser von 0,02–0,3 μm sind Viren so klein, daß sie mit dem Lichtmikroskop nicht nachzuweisen sind (Ausnahme: Pockenviren können lichtmikroskopisch gerade noch nachgewiesen werden).

Genom

Das Genom der Viren besteht entweder aus DNS oder RNS. Die Nukleinsäure kann einzel- (ss) oder doppelsträngig (ds) sein und als ein lineares oder zirkuläres Molekül, aber auch in mehreren Einzelmolekülen vorliegen. ssRNS kann als (+)-Strang (gleiche Sequenz wie die mRNS) oder als der mRNS komplementärer (–)-Strang vorliegen.

Vermehrung

Viren vermehren sich obligat intrazellulär, d. h. sie benötigen zur Replikation eine Wirtszelle. Dieser Vorgang verläuft in charakteristischen Stadien:

- Die ***Adsorption*** an die Wirtszelle erfolgt durch Interaktion von Proteinen der Virusoberfläche mit Rezeptoren auf der Wirtszelle. Einige Rezeptoren sind bekannt, und z.T. ihre physiologische Bedeutung: Influenzaviren binden sich an Sialinsäure, EBV bindet sich an den C3d-Komplementrezeptor (CR2), HIV bindet sich an den CD4-Rezeptor.
- Bei der ***Penetration*** kann das Virus direkt durch die Membran transloziert (Adenoviren) oder durch rezeptorvermittelte Endozytose aufgenommen werden. Bei letzterem Prozeß sammeln sich Virus-Rezeptor-Komplexe an bestimmten, Clathrin-bestückten Eindellungen der Zellmembran („coated pits"), die sich einstülpen und eine Endozytosevesikel bilden. Bei umhüllten Viren ist auch eine Fusion der Virushülle mit der Zellmembran möglich (Vaccinia-Viren), so daß das Kapsid direkt in das Zytoplasma gelangt.

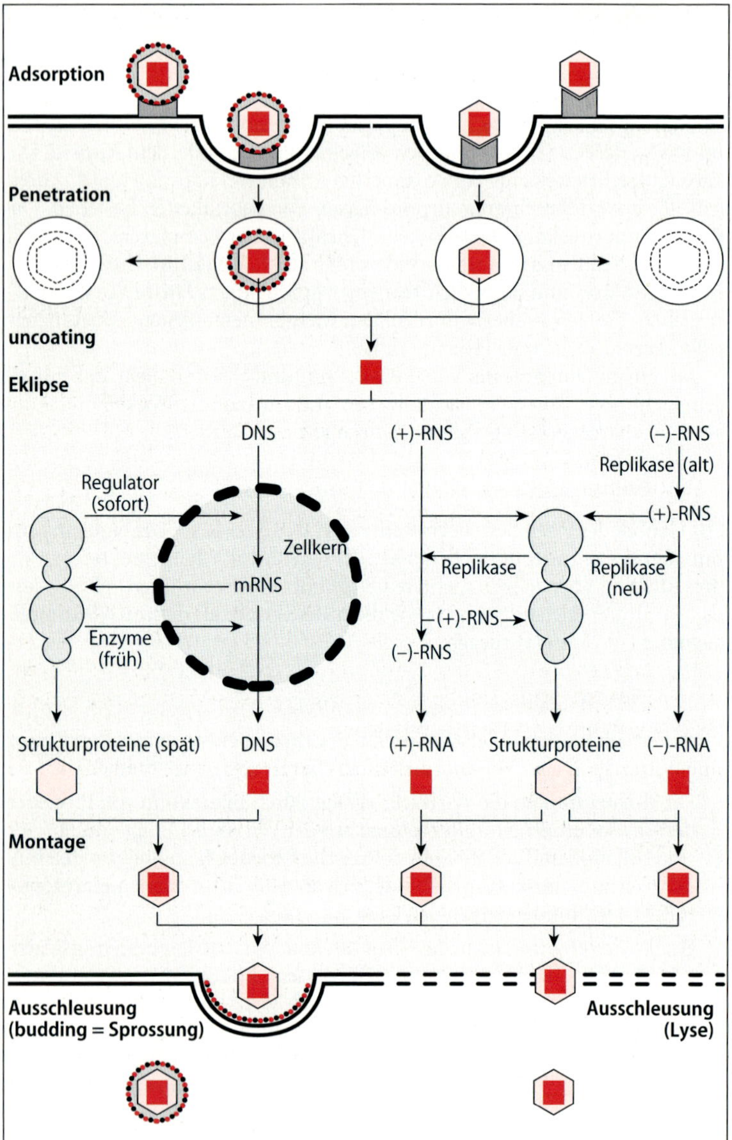

Replikation von Viren: Übersicht und Stadien

- Das **Uncoating**, das Freisetzen der Nukleinsäure aus dem Kapsid, erfolgt vorwiegend durch zelluläre Enzyme.
- **Eklipse** ist der Zeitraum, währenddessen kein infektiöses Virus in der Zelle nachweisbar ist. Während der Eklipse finden die Replikation der Virusnukleinsäure sowie die Synthese viraler Proteine statt. Je nach Natur des Virusgenoms werden dabei unterschiedliche Wege beschritten:
  - ***dsDNS*** wird teils durch zelluläre, teils durch virale Polymerasen in mRNS transkribiert (Adeno-, Herpesviren);
  - ***(+)ssRNS*** kann direkt als mRNS am Ribosom verwendet werden; für die Replikation muß zunächst eine (–)Strang-Vorlage hergestellt werden, die dann als Vorlage für die Synthese neuer mRNS und genomischer RNS dient (Polioviren, Rötelnvirus);
  - ***(–)ssRNS*** muß zunächst mittels einer viralen Transkriptase in (+)-RNS umgeschrieben werden, die dann sowohl als mRNS als auch als Matrize für die Produktion neuer genomischer (–)-RNS verwendet wird (Para- und Orthomyxoviren).

  DNS-Viren (Ausnahme: Poxviridae) replizieren sich im Zellkern, RNS-Viren (Ausnahme: Orthomyxoviren) im Zytoplasma. In jedem Fall kommt es während der Virussynthese zu einem Abschalten der Synthese zellulärer DNS, RNS und Proteine *(„**host-shut-off**")*.
- Bei der **Reifung** werden die während der Eklipse synthetisierten viralen Nukleinsäuren und Proteine zu infektiösen Partikeln zusammengesetzt.
- Die **Freisetzung** der Viruspartikel kann durch Lyse der Wirtszelle geschehen (lytischer oder zytozider Zyklus). Bei umhüllten Viren erfolgt die Freisetzung durch Knospung („budding").

Auswirkungen der Virusvermehrung. Die Virusinfektion kann sich auf die Wirtszelle in verschiedener Weise auswirken.

In der Gewebekultur werden die Zellschädigungen als ***zytopathischer Effekt (CPE)*** lichtmikroskopisch sichtbar: Zellverfall (Lysis), Pyknose (Poliovirus), Zellfusion von Einzelzellen zu multinukleären Synzytien – Riesenzellen (z. B. Masernvirus, HSV, Parainfluenzaviren, RSV), intranukleäre Einschlußkörper (HSV, Adeno-, Masern-Virus), intrazytoplasmatische Einschlußkörper (Tollwut-Virus, Pocken-, Reo-, Paramyxoviren).

Wird das Virus vom infizierten Wirt nicht eliminiert, so kommt es zur ***Viruspersistenz.*** Dabei kann das Virus als integriertes Provirus (Retroviren) oder in nicht integrierter Form (Herpes-simplex-Virus) vorliegen. Während der Viruspersistenz kann eine ständige (geringe) Virusvermehrung stattfinden, oder es ist kein infektiöses Virus nachweisbar (latente Infektion, z.B. bei Herpes-simplex-, Varizella-Zoster-Virus). Bei einer latenten Infektion können durch ver-

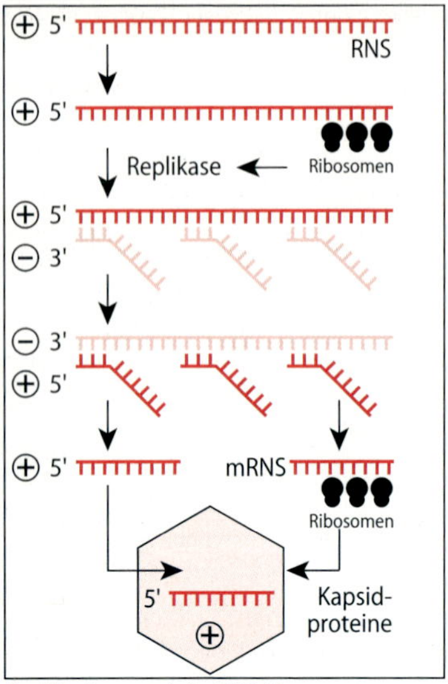

Replikation von (+)ssRNS-Viren

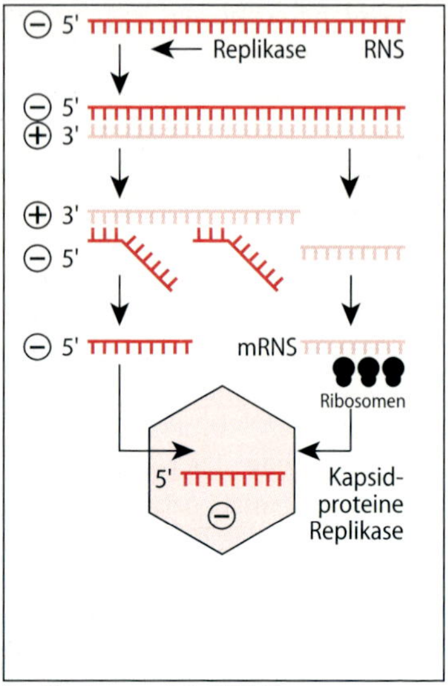

Replikation von (–)ssRNS-Viren

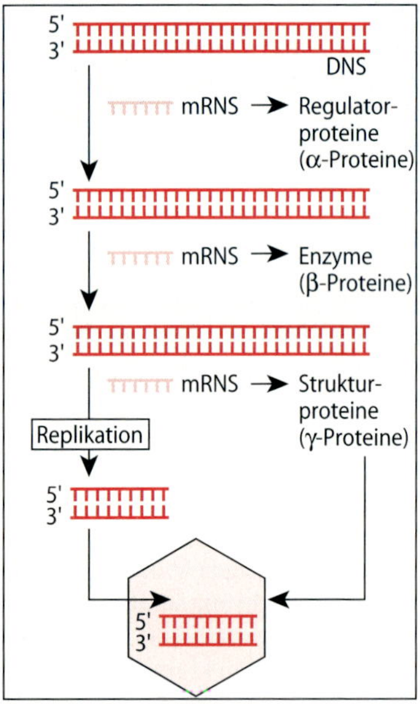

Replikation von DNS-Viren

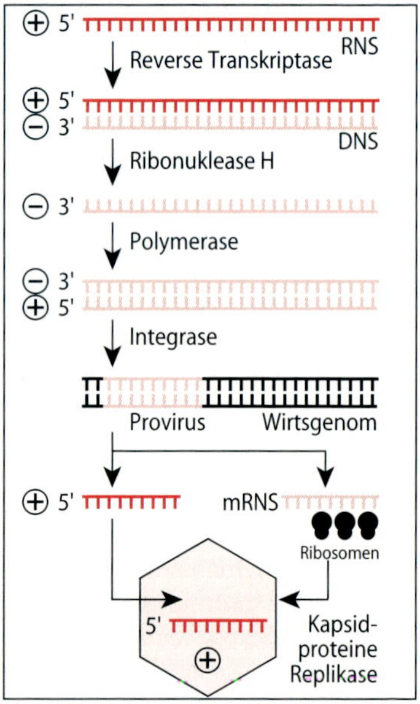

Replikation von Retroviren

schiedene Einflüsse das Virus reaktiviert und somit ein lytischer Zyklus induziert werden.

Wird durch das Virusgenom eine neue Information in die Wirtszelle eingebracht, die zu ungeordnetem Zellwachstum führt, und ist diese Information auf die Tochterzellen übertragbar, so liegt eine ***maligne Transformation*** (krebsige Entartung) vor: HTLV-1 (T-Zell-Lymphome), Papillomviren (Zervixkarzinom), Epstein-Barr-Virus (Burkitt-Lymphom, Nasopharyngealkarzinom), Hepatitis-B-Virus (primäres Leberzellkarzinom). Für die Entstehung dieser Karzinome spielen wahrscheinlich neben den Viren noch andere Faktoren (Nahrung, andere Infektionskrankheiten, Umwelteinflüsse) eine Rolle.

Stoffwechsel

Viren haben keinen eigenen Stoffwechsel. Dennoch besitzen Viren die Information für eigene, virusspezifische Enzyme, z. B. Reverse Transkriptase oder RNS- oder DNS-Polymerase. Diese können als Angriffspunkte für Virustatika dienen.

Pockenviren
dsDNS
komplexe Symmetrie
zwei Hüllen
Lateralkörper

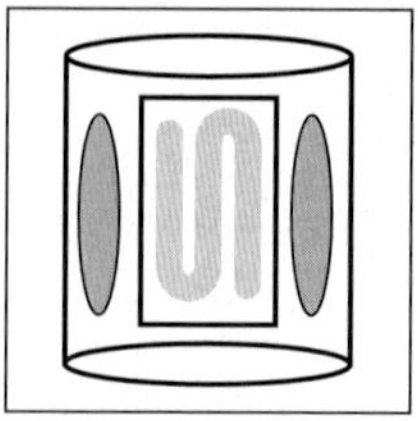

Pockenviren
(Guarini (1892))
Paschen (1906)

1796: Jenner ➠ Schutzimpfung mit Kuhpocken
1978: WHO ➠ Pocken ausgerottet

Pockenviren: Gattungsmerkmale

Adenoviren
dsDNS
ikosaedrisch
keine Hülle
charakteristische Fibern (12)

Adenoviren
Rowe (1953)
Hillemann, Werner (1954)

Adenoviren: Gattungsmerkmale

Subgenera/Arten		**Krankheiten**
A	12, 18, 31	Diarrhoe
B	3, 7, 11, 14, 16, 21, 34, 35	Respirationstraktinfektionen Zystitis (11, 21) hämorrhagische Zystitis nach Nierentransplantation (7, 34, 35)
C	1, 2, 5, 6	Respirationstraktinfektionen Infektionen nach Knochenmark- oder Lebertransplantation (1, 2, 5) (endemisch)
D	8–10, 13, 15, 17, 19, 20, 22–30, 32, 33, 36–39, 42–47	**Epidemische Keratokonjunktivitis** Konjunktivitis (renale Träger)
E	4	Respirationstraktinfektionen **Pharyngokonjunktivales Fieber**
F	40, 41	Gastroenteritis

Adenoviren: Arten und Krankheiten

3.2.1 Pockenviren

Zu den Pockenviren zählt eine Reihe von dsDNS-Viren, die eine sehr komplexe Struktur besitzen und bei Mensch und/oder Tier Krankheiten hervorrufen können. Sie haben eine quaderförmige Struktur und sind mit einer Länge von 300 nm die einzigen noch im Lichtmikroskop sichtbaren Viren.

Das Variola-Virus ist der Erreger der endemisch auftretenden Pocken oder Blattern (engl. „smallpox"), einer zu 50% letal verlaufenden Krankheit mit einem charakteristischen pustulösen Exanthem. Der letzte Pockenfall trat 1977 in Somalia auf, seither gelten die Pocken als ausgerottet. Das Vaccinia-Virus ist der Impfstamm, daher die allgemeine Bezeichnung Vakzine (vacca = Kuh: Kuhpocken werden als Impfstoff benutzt).

3.2.2 Adenoviren

Beschreibung

Adenoviren sind hüllenlose, ikosaedrische Viren mit linearer dsDNS. Das Kapsid besteht aus 252 Kapsomeren: 240 Hexone enthalten gruppenspezifische Antigene; aus den 12 Pentonen an den Ecken des Ikosaeders ragen charakteristische, typenspezifische Fibern hervor. Die Fibern spielen als Adhäsin und Hämagglutinin eine Rolle. Bislang sind 47 humanpathogene Serotypen bekannt, die sich aufgrund von DNS-Eigenschaften, Hämagglutination und Onkogenität in die Subgenera A–F aufteilen.

Gegen äußere Einflüsse einschließlich Einfrieren sind Adenoviren sehr stabil, sie werden jedoch durch 56°C/30 min inaktiviert.

Rolle als Krankheitserreger

Übertragung. Adenoviren werden aerogen durch Tröpfchen oder fäkal-oral (Stuhl, Urin) übertragen. Da Adenoviren artspezifisch sind, kommt als Infektionsquelle nur der Mensch in Frage.

Pathogenese. Adenoviren verursachen Lokalinfektionen. Der Erreger heftet sich mit den Fibern an empfängliche Wirtszellen. Im Verlauf der Virusvermehrung entstehen charakteristische intranukleäre Einschlüsse aus nicht zusammengesetzen Virusbestandteilen; nur etwa 10–15% der neu synthetisierten Virus-DNS gelangt in Virionen.

Adenoviren können in den Tonsillen und im Urogenitaltrakt persistieren und reaktiviert werden.

Klinik. Adenoviren verursachen Infektionen des Respirations-, Gastrointestinal- und Urogenitaltraktes und des Auges; im Vorschulalter stellen sie den größten Anteil an Erregern von Respirationstraktinfektionen. Etwa die Hälfte der Infektionen verläuft inapparent.

Infektionen des Respirationstrakts können, nach einer Inkubationszeit von 2–6 Tagen, von einer Rhinitis, über eine Pharyngitis bis hin zu einer (seltenen) Pneumonie reichen, wobei letztere vor allem bei Kleinkindern und Immunsupprimierten tödlich verlaufen kann. Einige Virustypen können in den regionären Lymphknoten und Tonsillen monate- bis jahrelang persistieren.

Infektionen des Auges können in Kombination mit einer Pharyngitis als ***pharyngokonjunktivales Fieber*** („Schwimmbadkonjunktivitis") auftreten.

Eine schmerzhafte, beidseitig auftretende Keratokonjunktivitis (Inkubationszeit 8–10 Tage) wird vor allem durch die Serotypen 8, 19 und 37 hervorgerufen. Ihr Auftreten ist epidemisch, und die Patienten sind hochkontagiös (kontaminierte Geräte in der Augenarztpraxis!).

Die Typen 40 und 41 verursachen Gastroenteritiden, insbesondere bei Kleinkindern. Andere Virus-Typen verursachen eine Urethritis, eine Zervizitis oder eine hämorrhagische Zystitis (Typ 11). Generalisierte Infektionen mit Meningoenzephalitis, Myokarditis oder (Begleit-)Hepatitis sind selten.

Diagnostik. Bei Respirationstraktinfektionen kann die Diagnose durch einen Titeranstieg in der Komplementbindungsreaktion (gruppenspezifisch) und im Hämagglutinationshemmtest (eher typspezifisch) gesichert werden; IgM-Nachweise sind bisher nicht etabliert. Im übrigen erfolgt der Virusnachweis mittels Enzymimmunoassay, Elektronenmikroskopie und Gewebekultur (nur in Speziallabors).

Therapie. Spezifische Therapiemöglichkeiten existieren nicht. Bei Gastroenteritis ist auf eine ausreichende Substitution zu achten.

Prävention. Im Vordergrund stehen allgemeine Hygienemaßnahmen, insbesondere Desinfektions- und Sterilisationsmaßnahmen, z. B. die Chlorierung von Schwimmbadwasser und die Hände- und Instrumentendesinfektion, vor allem in Augenarztpraxen. Wegen der relativ großen Unempfindlichkeit ist hier große Sorgfalt erforderlich. Es existiert ein Lebend-Schluckimpfstoff zur Verhütung der Atemwegserkrankungen.

3.2.3 Herpesviren

Herpesviren sind dsDNS-Viren mit ikosaederförmigem Kapsid aus 162 Kapsomeren und einer Lipidhülle. Wie alle umhüllten Viren sind sie gegen äußere Einflüsse (Desinfektionsmittel, Austrocknen) sehr empfindlich. Alle Herpesviren persistieren lebenslang in ihrem natürlichen Wirt, so daß es aufgrund verschiedener Einflüsse immer wieder zu Reaktivierungen kommen kann.

Neben den hier besprochenen humanen Herpesviren existieren zahlreiche tierpathogene Herpesviren. Von diesen kann Herpes-B-simiae-Virus von Affen auch für den Menschen hochpathogen sein.

3.2.4 Herpesviren: Herpes-simplex-Viren (HSV)

Beschreibung

HSV tritt in zwei serologischen Typen auf: Herpes-simplex-Virus Typ 1 (HSV-1) kommt vorwiegend im oro-fazialen Bereich vor, bei der Übertragung stehen Speichelaustausch und indirekter Kontakt über kontaminierte Hände im Vordergrund. Herpes-simplex-Virus Typ 2 (HSV-2) wird überwiegend auf sexuellem Wege übertragen und tritt daher im Genitalbereich auf. Die Durchseuchung mit HSV-1 beträgt nahezu 100%, mit HSV-2 beträgt sie 10–50%.

Rolle als Krankheitserreger

Übertragung. HSV wird durch engen Kontakt von Mensch zu Mensch übertragen. Eine Verschleppung durch Schmierinfektion (Finger), z. B. vom Mund in den Genitalbereich, ist möglich. HSV-2 wird hauptsächlich durch den Geschlechtsverkehr übertragen. HSV kommt auch bei zahlreichen Nagetieren wie z. B. Kaninchen vor.

Pathogenese. Grundsätzlich muß zwischen der ***Primärinfektion*** und ***Reaktivierungen*** unterschieden werden.

Nach der Übertragung vermehrt sich das Virus in Epithelzellen von Haut oder Schleimhaut. Bald befällt das Virus sensorische Nervenendigungen und wandert retrograd-axonal innerhalb von 1–2 Tagen in das sensorische Ganglion. Anschließend vermehrt es dort sich noch etwa 1 Woche lang. Es wird nicht eliminert, sondern persistiert in nicht-integrierter Form im Neuron. Es entsteht eine Latenz, infektiöse Viren werden in diesem Zustand nicht gebildet.

Aus diesem Stadium kann das Virus durch nicht vollständig aufgeklärte Signale reaktiviert werden (Beispiele sind Fieber, UV-Bestrahlung, Pneumokokkeninfektion). Es setzt eine erneute Produktion von Viruspartikeln im Ganglion ein. Diese wandern in die Peripherie und können Epithelzellen im Versorgungsgebiet des Nerven infizieren. Bei Übertritt in die Epithelzelle ist der Zugriff neutralisierender Antikörper möglich. Ist das Virus erst einmal in der Epithelzelle, kann es durch Mikrofusionen Nachbarzellen erreichen – hierdurch ist der Antikörperzugriff unterbunden.

Die lokale Ausbreitung scheint wesentlich durch die zelluläre Immunität begrenzt zu werden; bei T-Zell-Defekten können große Ulzera entstehen.

Das Virus besitzt einige Etabline, die es vor der Wirtsabwehr schützen: Ein Glykoprotein wirkt als Fcγ-Rezeptor, ein anderes als C3b-Rezeptor. Hierdurch werden zytolytische Effektormechanismen des Wirts unterlaufen.

Klinik. Eine Primärinfektion mit HSV-1, die meist bereits im Kindesalter erfolgt, verläuft in über 90% der Fälle asymptomatisch. Die Primärinfektion kann sich jedoch auch als Gingivostomatitis oder als Pharyngitis mit Lymphkno-

Herpesviren
dsDNS
Ikosaeder
Hülle
Persistenz und Reaktivierung

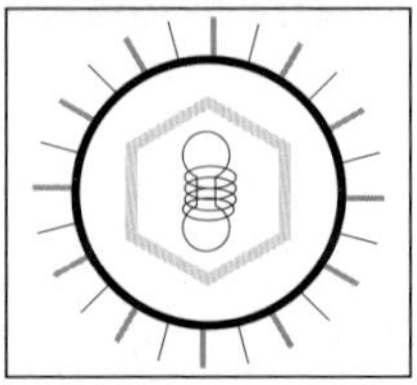

Herpesviren
HSV: Parker, Nye (1925), Grüter (1912)
VZV: Taniguchi (1932)
EBV: Epstein (1964), Henle (1968)
CMV: Smith und Rowe (1956)

Herpesviren: Gattungsmerkmale

Arten	Krankheiten
Herpes-simplex-Virus I (HSV-I)	Herpes labialis Herpes-Keratitis Herpes-Enzephalitis generalisierte Herpesinfektion
Herpes-simplex-Virus II (HSV-II)	Herpes genitalis (Herpes neonatorum)
Varizella-Zoster-Virus (VZV)	Windpocken Zoster (Gürtelrose) Zoster ophthalmicus Zoster oticus
Epstein-Barr-Virus (EBV)	Infektiöse Mononukleose (= Pfeiffersches Drüsenfieber) Nasopharynx-Karzinom Burkitt-Lymphom
Zytomegalie-Virus (CMV)	Zytomegalie konnatale Zytomegalie Reaktivierung bei Immunsuppression: Pneumonie
Humanes Herpes-Virus 6	Exanthema subitum
Humanes Herpes-Virus 7	? assoziiert mit chronischem Müdigkeitssyndrom
Humanes Herpes-Virus 8	assoziiert mit Kaposi-Sarkom

Herpesviren: Arten und Krankheiten

tenschwellung äußern. Bei der Gingivostomatitis kommt es nach einer Inkubationszeit von 3–10 Tagen in der Mundhöhle zu einer lokalen Entzündungsreaktion und zur Ausbildung der typischen dünnwandigen Herpesbläschen (virushaltig!). Diese können sich ausbreiten und ulzerieren. Nach 10–14 Tagen heilen die Läsionen ab. Am Auge manifestiert sich die primäre Herpesvirusinfektion als meist einseitig auftretende, schmerzlose, follikuläre Keratokonjunktivitis, die typischerweise durch dendritische Läsionen gekennzeichnet ist. Meist heilen die Läsionen völlig ab. Bei genitalen Primärinfektionen mit HSV-2 kommt es wie bei der Gingivostomatitis zur Ausbildung der Herpesbläschen, häufig verbunden mit Krankheitsgefühl und Fieber. Vor allem bei Frauen kann es zu ausgedehnten, sehr schmerzhaften Ulzerationen kommen. Ist eine Infektion mit HSV-1 bereits früher erfolgt, so verläuft die genitale Erstinfektion im allgemeinen leichter.

Bei einer Reaktivierung entsteht entweder eine asymptomatische Virusausscheidung (***Rekurrenz***) oder ein klinisch manifestes Rezidiv (***Rekrudeszenz***). Beim Herpes labialis entstehen nach einem wenige Stunden dauernden Prodromalstadium mit Schmerzen und Brennen im betroffenen Gebiet (Nervenversorgung) die typischen Herpesbläschen mit klarem Inhalt, die sich innerhalb von zwei Tagen in verkrustete Ulzera umwandeln und im allgemeinen innerhalb von zehn Tagen abheilen. Bei Reaktivierungen am Auge kann es zu einem dendritischen Ulkus oder zu einer disziformen Stromainfiltration kommen. Wiederholte Rezidive und/oder falsche Behandlung können zur Erblindung führen. Die rekurrierende Form des Herpes genitalis verläuft analog zum Herpes labialis; Frauen sind dabei meist stärker betroffen als Männer.

Eine Herpes-Enzephalitis (HSV-1) kann sowohl bei Primärinfektionen als auch bei Reaktivierungen auftreten und ist unbehandelt mit einer hohen Letalität belastet. Eine Herpes-Meningitis wird dagegen durch HSV-2 ausgelöst und verläuft gutartig. Ferner kann es zu einer generalisierten Herpesinfektion mit Leber- und Milzbeteiligung kommen, wovon besonders Immunsupprimierte sowie Früh- und Neugeborene (Herpes neonatorum) betroffen sind. Infektionsquelle beim Herpes neonatorum ist meist der Geburtskanal, wenn bei der Mutter zum Zeitpunkt der Geburt eine Infektion mit HSV abläuft (Risiko: bei Primärinfektion 40%, bei Reaktivierung 2–5%).

Diagnostik. Für die Diagnostik kommt dem direkten Virus- bzw. Antigennachweis eine besondere Bedeutung zu (ELISA, PCR, Anzucht in der Gewebekultur). Bei Herpes-Enzephalitis kann der Erreger mittels PCR im Liquor nachgewiesen werden.

Therapie. Zur Therapie von Herpes-simplex-Infektionen stehen verschiedene Nukleosidanaloga zur Verfügung, von denen Aciclovir (Acycloguanosin) das bedeutsamste ist. Schon bei Verdacht auf Herpes neonatorum oder auf Herpes-Enzephalitis ist eine Therapie mit Aciclovir angezeigt. Es wird auch zur Pro-

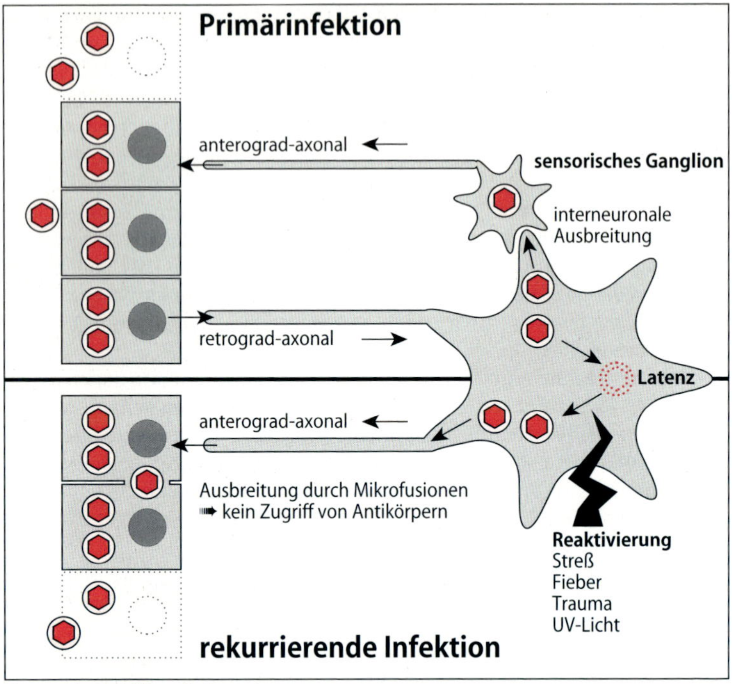

Herpes-simplex-Virus: Pathogenese

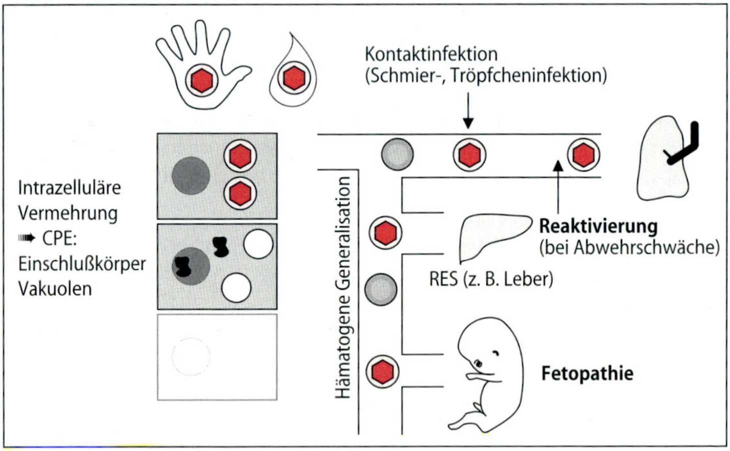

Zytomegalie-Virus: Pathogenese

phylaxe nach Organtransplantationen eingesetzt. Bei häufig rezidivierendem, schwerem Herpes genitalis verlängert eine systemische Behandlung mit Aciclovir unter Umständen die Intervalle zwischen 2 Rezidiven. Eine lokale Behandlung kann die Dauer des Rezidivs verkürzen. Zur Behandlung der Herpes-Keratitis kann neben Aciclovir auch Trifluridin eingesetzt werden; Glukokortikoide sind kontraindiziert.

Prävention. Schmierinfektionen sind insbesondere im Krankenhaus durch strikte Einhaltung der allgemeinen Hygienevorschriften (Händedesinfektion!) zu minimieren.

Weist eine Schwangere Symptome eines Herpes genitalis auf oder lassen sich vaginal oder zervikal HSV nachweisen, ist eine Kaiserschnittentbindung indiziert. Umgekehrt können bei Müttern mit Herpes genitalis nur in einem geringen Prozentsatz (ca. 20%) eine Herpes-genitalis-Anamnese erhoben und nur in ca. 10% Herpesläsionen zum Zeitpunkt der Geburt gefunden werden. Zusätzlichen Schutz bieten eine Gammaglobulin- oder Aciclovirgabe an das Kind.

3.2.5 Herpesviren: Varizella-Zoster-Virus (VZV)

Beschreibung

VZV ist von seinem Aufbau her ein typisches Herpesvirus (behülltes, ikosaedrisches dsDNS-Virus). Es ist serologisch und biologisch einheitlich.

Rolle als Krankheitserreger

Übertragung. Die Übertragung erfolgt aerogen durch Tröpfcheninfektion, seltener durch Schmierinfektion. Die Infizierten scheiden schon 3–4 Tage vor Auftreten des Exanthems Virus über den Rachenraum aus und sind hochkontagiös. Die Viren können über mehrere Räume hinweg durch Luftzug übertragen werden (daher der Name Windpocken!). Auch die Flüssigkeit in den Bläschen enthält hohe Viruskonzentrationen: Bis zur Verkrustung aller Bläschen ist der Patient als kontagiös zu betrachten.

Die Durchseuchung mit VZV ist hoch, ca. 90% der 15jährigen haben bereits eine VZV-Infektion durchgemacht.

Pathogenese. VZV verursacht eine zyklische Allgemeininfektion. Zunächst vermehrt es sich an der Eintrittsstelle, also dem Epithel des Nasen-Rachen-Raums und den Konjunktivitiden. Es folgen eine hämatogene Generalisation (zwei virämische Phasen) und Organmanifestionen in Haut und Schleimhaut. Nach dem Abklingen der Symptome persistiert das VZV lebenslang in den Spinalganglien und Gliazellen. Mit zunehmendem Alter (und abnehmender Immunität) nimmt die Wahrscheinlichkeit einer Reaktivierung zu. Hierbei werden im Gegensatz zu HSV Wirtszellen zerstört. Es entstehen Entzündung und Narben.

Klinik. Die Primärinfektion tritt als Windpocken, die rekurrierende Infektion als Gürtelrose (Zoster) in Erscheinung.

Die **Windpocken** verlaufen fast immer apparent. Es bilden sich nach einer Virämie und einer Inkubationszeit von ca. 14 (10–21) Tagen, beginnend am Kopf und später am Rumpf und den Extremitäten, zunächst stecknadelkopfgroße rote Hautflecken, die sich innerhalb weniger Stunden in Papeln und schließlich in einkammrige Bläschen umwandeln. Fast immer sind die Schleimhäute mitbefallen. Charakteristisch für die Windpocken ist das gleichzeitige Vorliegen verschiedener Entwicklungsstadien wie Flecken, Papeln, Vesikel und Schorf („Sternenhimmel"). Die Bläschen heilen folgenlos ab. Durch Kratzen (Juckreiz!) kann es jedoch zur Superinfektion und zur Narbenbildung kommen. Als Begleiterscheinungen treten häufig Myalgien, Kopfschmerzen und allgemeines Unwohlsein auf. Die Erkrankung dauert etwa 1 Woche, die Abheilung der Läsionen ist meist nach 3 Wochen abgeschlossen. In der Regel ist das Krankheitsbild bei Erwachsenen und insbesondere bei Schwangeren sehr viel ausgeprägter als bei Kindern. Die wichtigsten Komplikationen sind eine postinfektiöse Enzephalitis sowie eine Pneumonie. Bei einer VZV-Erstinfektion während der Schwangerschaft sind nur vereinzelt kindliche Schädigungen beschrieben worden (konnatales Varizellensyndrom). Bei einer mütterlichen Erstinfektion um den Geburtstermin jedoch verlaufen die Varizellen beim Neugeborenen ohne Behandlung generalisiert und oft tödlich (bis zu ca. 30%). Besonders gefährdet sind ferner Abwehrgeschwächte, bei denen die Infektion ebenfalls generalisiert verlaufen kann.

Beim ***Zoster*** kommt es nach einem 3–5 Tage währenden, schmerzhaften Prodromalstadium zu einer Bläschenbildung. Der Inhalt der Bläschen ist wie bei den Windpocken virushaltig und daher infektiös. Die sehr schmerzhaften Erscheinungen sind in der Regel einseitig und streng dermatombegrenzt. Vorwiegend ist der Rumpf betroffen, seltener das Gesicht (z. B. im Bereich des Auges: Zoster ophthalmicus). In der Regel heilt der Zoster innerhalb von 2-3 Wochen ab, die neuralgischen Schmerzen können jedoch noch über längere Zeit anhalten. Ein generalisierter Zoster stellt eine besondere Gefahr bei Immunsupprimierten dar.

Diagnostik. In klinisch unklaren Fällen kann eine Primärinfektion mit VZV durch den Nachweis von spezifischem IgM mittels ELISA diagnostiziert werden. Der Nachweis von spezifischem IgG ist zur Bestimmung des Immunstatus bei Schwangeren von Bedeutung. Beim Zoster entsteht ein deutlicher neuerlicher IgM-Anstieg.

Therapie. Zur Therapie eines schweren Zoster oder generalisierter Infektionen kann Aciclovir eingesetzt werden, allerdings sind höhere Dosierungen als bei Herpes-simplex-Infektionen erforderlich. Zusätzlich kann Hyperimmunglobulin (ZIG = Zoster-Immun-Globulin) verabreicht werden. Famcyclovir und BVdU wirken deutlich besser als Aciclovir. Postzosterneuralgien werden mit Famcyclovir behandelt.

Prävention. Eine aktive Immunisierung ist bei suszeptiblen Immunsupprimierten (z. B. bei leukämiekranken Kindern oder vor Transplantationen) angezeigt. Außerdem steht ZIG zur Verfügung, das innerhalb von 1–2 Tagen bei seronegativen Schwangeren verwendet wird.

3.2.6 Herpesviren: Zytomegalie-Virus (CMV)

Beschreibung

CMV ist von seinem Aufbau her ein typisches Herpesvirus (behülltes, ikosaedrisches dsDNS-Virus).

Rolle als Krankheitserreger

Übertragung. Das Zytomegalie-Virus wird in zahlreichen Körperflüssigkeiten (Urin, Speichel, Samen, Vaginalsekret) ausgeschieden und vorwiegend durch engen Körperkontakt und durch Tröpfcheninfektion übertragen. Abhängig vom Lebensstandard beträgt die Durchseuchung 30–90% (Deutschland: 50%).

Die Primärinfektion mit CMV erfolgt häufig in den ersten Lebensjahren durch engen Körperkontakt, zu einem großen Teil bereits peri- bzw. postnatal durch Infektion über den Geburtskanal oder die Muttermilch. Ein zweiter Infektionsschub erfolgt mit Beginn der sexuellen Aktivität.

Eine spezielle Übertragungsmöglichkeit besteht in Transfusion bzw. Tranplantation.

Pathogenese. CMV vermehrt sich zunächst im Oropharynx. Gebunden an T-Zellen, Granulozyten, Monozyten oder Endothelzelle, breitet sich der Erreger hämatogen aus und siedelt sich in zahlreichen Organen ab (z. B. Speicheldrüsen, Nieren, Lunge, Leber, Endothel, RES). Als spezielle „Organmanifestation" kann der Fetus infiziert werden (fast nur bei Primärinfektion). Die Zytomegalie-Viren persistieren unter anderem in den Lymphozyten, und es kommt vor allem bei jungen Erwachsenen immer wieder zu Reaktivierungen mit intermittierender Virusausscheidung.

Die Virusreplikation macht sich durch typische „Eulenaugen"-artige Einschlußkörperchen bemerkbar. Es entsteht eine Entzündungsreaktion.

Klinik. Das Zytomegalie-Virus ist der Erreger der ***Zytomegalie***.

In über 90% der Fälle verlaufen die Primärinfektionen inapparent. Bei peri- bzw. postnataler Primärinfektion treten in seltenen Fällen Pneumonien oder Hepatitiden auf. Vor allem bei jungen Erwachsenen kann die Primärinfektion nach einer Inkubationszeit von ca. 8 Wochen mit uncharakteristischen Symptomen wie Fieber, Lymphknotenschwellung (CMV-Mononukleose) und Leberbeteiligung (Begleithepatitis) einhergehen. Die Krankheitsdauer beträgt ca. 2–6 Wochen. Schwerere Krankheitsverläufe treten bei der Erstinfektion von Abwehrgeschwächten auf. Ursache für die CMV-Infektion ist bei diesem Personenkreis häufig eine iatrogene Übertragung aufgrund einer Transfusion oder Transplantation. Bei frühgeborenen, seronegativen Kindern kommt es aufgrund von Austauschtransfusionen zu sehr schweren Verläufen mit Hepatosplenomegalie, respiratorischer Insuffizienz und einem „septischen" Krankheitsbild. Die Letalität beträgt ca. 20%. Erfolgt die Primärinfektion während der Schwangerschaft, so besteht eine hohe Wahrscheinlichkeit, daß das Virus transplazentar auf den Feten übertragen wird. Etwa 5–10% der intrauterin infizierten Kinder zeigen bei Geburt Krankheitssymptome (Hepatosplenomegalie, Thrombozytopenie, Mikrozephalie, Petechien und Chorioretinitis), bei weiteren 10% kann es zu Spätfolgen (Entwicklungsstörungen, Hörschäden) kommen. Die CMV-Infektion gilt neben Röteln als die häufigste kongenitale Virusinfektion.

Reaktivierungen verlaufen bei gesunden Personen meist asymptomatisch, bei Abwehrgeschwächten jedoch können sie zu schweren Krankheitsbildern führen: chronisches Fieber, Leukozytopenie, Thrombozytopenie, Pneumonien, gastrointestinale Ulzera und Chorioretinits (mit Gefahr der Erblindung; nicht bei Transplantatempfängern, wohl aber bei AIDS).

Diagnostik. Zur Bestimmung des Immunstatus dient der Nachweis von spezifischem IgG mittels ELISA. Der Nachweis von spezifischem IgM reicht zum Beweis einer Primärinfektion nicht aus, da spezifisches IgM auch bei Reaktivierungen gebildet werden kann. Daher ist der sichere Beweis für eine Erstinfektion, etwa bei Schwangeren, nur durch den Nachweis einer Serokonversion gegeben. Der Nachweis von rekurrierenden Infektionen ist problematisch, aber ungemein wichtig, um die (behandelbare) CMV-Infektion von anderen Infektionen und insbesondere von Abstoßungsreaktionen zu unterscheiden. Am zuverlässigsten ist der Nachweis von Virus, z.B. mittels PCR oder in der Gewebekultur. Die Diagnose einer aktiven CMV-Infektion mit Pneumoniegefahr basiert auf der Bestimmung der CMV-Ausscheidung im Bronchialsekret und im Speichel, dem Nachweis des Tegumentprotein p65 in Granulozyten des Blutes durch IFT und dem Nachweis von CMV-DNS oder -RNS der a-Proteine in Blutmonozyten.

Therapie. Zur Therapie lebens- oder augenlichtbedrohender CMV-Infektionen werden Foscarnet oder Ganciclovir eingesetzt.

Prävention. Da jeder seropositive Spender als potentieller Überträger von CMV angesehen werden muß, sollten, um iatrogene Übertragungen zu vermeiden, seronegative Empfänger Blut bzw. Transplantate nur von seronegativen Spendern erhalten. Zur Prophylaxe bei seronegativen Patienten mit eingeschränkter Immunabwehr sowie zur Therapie von akuten CMV-Infektionen steht Zytomegalie-Immunglobulin zur Verfügung.

3.2.7 Herpesviren: Epstein-Barr-Virus (EBV)

Beschreibung

EBV ist eine typisches Herpesvirus. Es besitzt frühe Antigene EA („early antigens"), Kernatigen (EBNA 1–5), Virus-Capsid-Antigen (VCA) und Membranantigen (MA). Man unterscheidet 2 Subtypen anhand der tumorbildenden Fähigkeit.

Rolle als Krankheitserreger

Übertragung. Die Übertragung erfolgt durch Schmierinfektion meist durch erregerhaltigen Speichel („kissing disease"). Infizierte scheiden das Virus über Monate, in 20–30% der Fälle sogar lebenslang aus. Die Durchseuchung mit EBV ist groß, 80–90% der 30jährigen haben eine EBV-Infektion durchgemacht.

Pathogenese. EBV infiziert zunächst die basale und mittlere Schicht des Oro- und Nasopharynxepithels und die Speicheldrüsen. Lymphogen gelangt EBV in regionäre Lmyphknoten, hämatogen in die Leber (pathologische Leberwerte) und in die Milz (Splenomegalie).

Schließlich interagiert das Virus mit B-Lymphozyten: (1) Es werden virusspezifische B-Zellen aktiviert, was zur Produktion EBV-spezifischer Antikörper führt; (2) eine polyklonale B-Zellaktivierung führt zu einer unkontrollierten Bildung anderer Antikörper (z. B. heterophile Antikörper, Autoantikörper, Antikörper gegen andere Erreger); (3) nach Adsorption an den C3d-Rezeptor der B-Zellen vermehrt sich EBV in diesen und kann diese transformieren (immortalisieren): Hierdurch können Neoantigene, z B. LYDMA, an der Oberfläche exprimiert werden, die von T-Zellen erkannt werden. Die T-Zellen können hierdurch aktiviert und zur Proliferation gebracht werden (atypische Lymphozyten im Blut). Möglicherweise entstehen durch die Neoantigene ebenfalls heterophile Antikörper.

Klinik. Bei Kindern unter 5 Jahren verläuft die EBV-Infektion in der Regel inapparent, bei Jugendlichen und Erwachsenen zeigen ca. 50% Krankheitssymptome. Das EBV ruft das Krankheitsbild der ***infektiösen Mononukleose (Pfeiffersches Drüsenfieber)*** hervor. Typisch sind Fieber, Pharyngitis/Tonsillitis mit weißlichen Fibrinbelägen, Lymphadenitis (vor allem zervikal) sowie Splenomegalie. In der Regel verschwindet das Krankheitsgefühl nach 2–4 Wochen. Komplikationen mit Hepatitis, Pneumonie, neurologischen Erkrankungen oder Milzruptur sind selten.

Parvovirus B19

ssDNS

ikosaedrisch

keine Hülle

6 Genotypen

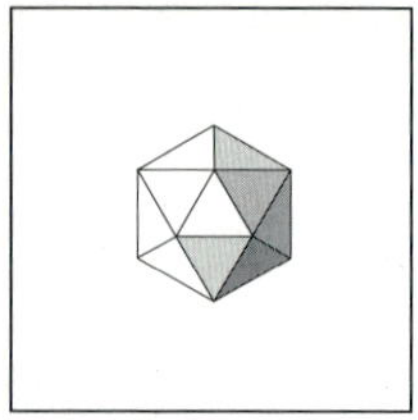

Parvovirus B19
Y. E: Cossard (1975)

Parvovirus B19: Merkmale

Fetus (vor allem im 2. Trimenon)	Abort, Hydrops fetalis
Kinder	Ringelröteln = Erythema infectiosum
Erwachsene	Exanthem, Arthralgie, Arthritis

Parvovirus B19: Krankheiten

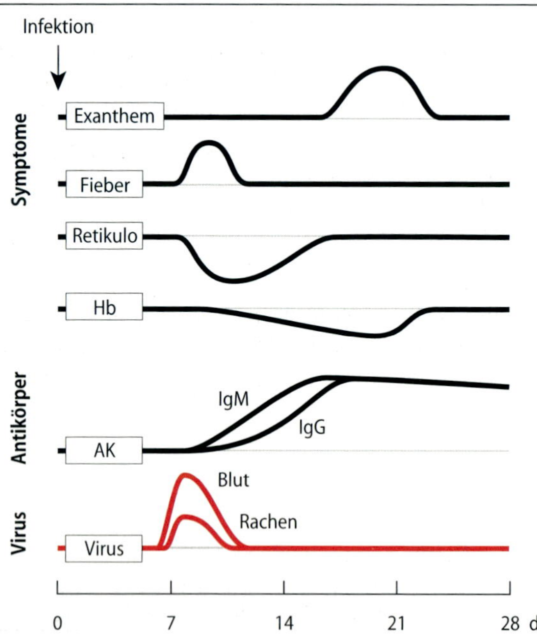

Parvovirus B19: Verlauf der Infektion

Reaktivierungen verlaufen bei Gesunden asymptomatisch.

Das EBV spielt bei der Entstehung von Burkitt-Lymphomen und Nasopharyngeal-Karzinomen eine ursächliche Rolle. Bei AIDS-Patienten verursacht es die Haarleukoplakie.

Diagnostik. Im Blutbild treten vermehrt mononukleäre Zellen auf, von denen mehr als 10% atypische Lymphozyten („Virozyten") sind. Durch polyklonale Stimulation der B-Zellen kommt es zur Produktion unspezifischer heterophiler Antikörper, die sich durch Agglutination von Schaf-Erythrozyten nachweisen lassen (Paul-Bunnell-Reaktion). Den zuverlässigsten Hinweis auf eine frische EBV-Infektion gibt der Nachweis von IgM-Antikörpern gegen das virale Kapsidantigen (VCA) mittels ELISA oder indirekter Immunfluoreszenz.

Therapie. Eine Therapie erfolgt lediglich symptomatisch. Die Haarleukoplakie der Zunge spricht gut auf Aciclovir an.

Prävention. Spezifische Prophylaxemaßnahmen gibt es nicht.

3.2.8 Andere Herpesviren

Humanes Herpes-Virus 6. HHV-6 ist der Erreger des Drei-Tage-Fiebers (Exanthema subitum, Roseola infantum). Die Durchseuchung ist hoch und beginnt bereits im Kleinkindesalter. HHV-6 wird auch mit dem „Lake-Tahoe-Syndrome", einem chronischen Müdigkeitszustand, in Verbindung gebracht.

Humanes Herpes-Virus 8 (HHV -8). Diesem Virus wird eine ätiologische Rolle beim Kaposi-Sarkom zugeschrieben.

3.2.9 Parvovirus B19

Beschreibung

Parvovirus B19 ist ein sehr kleines, nicht umhülltes, ikosaedrisches Virus, das als genetisches Material eine lineare ssDNS enthält. Man unterscheidet 6 Genotypen.

Rolle als Krankheitserreger

Übertragung. Die Übertragung erfolgt durch Tröpfcheninfektion. Die einzige Infektionsquelle ist der infizierte Mensch.

Pathogenese. Zielzellen der B19-Viren sind die erythropoetischen Zellen im Knochenmark. Das Virus bindet sich an das Blutgruppenantigen P auf Erythroblasten (P-negative Personen sind unempfänglich). Die Virusvermehrung findet nur im Kern von Zellen in der S-Phase der Zellteilung statt. Durch die Replikation der Viren wird passager die Erythropoese gehemmt. Es entsteht

Papovaviren
dsDNS
ikosaedrisch
keine Hülle
transformierend

Papovaviren: Gattungsmerkmale

Arten	Krankheiten
Papillomviren	
1, 2, 3, 4, 7, 10	Warzen (Verruca)
5, 9, 12, u. a.	Epidermodysplasia verruciformis (mit Hautkarzinom)
6, 11	Papillome (Kehlkopf!) Cond. acuminata CIN I, II
16, 18, 31, 33, 35	CIN III M. Bowen Karzinome (genital) Cond. acuminata
PML-Viren JC-Virus BK-Virus	progressive multifokale Leukenzephalopathie

Papovaviren: Arten und Krankheiten

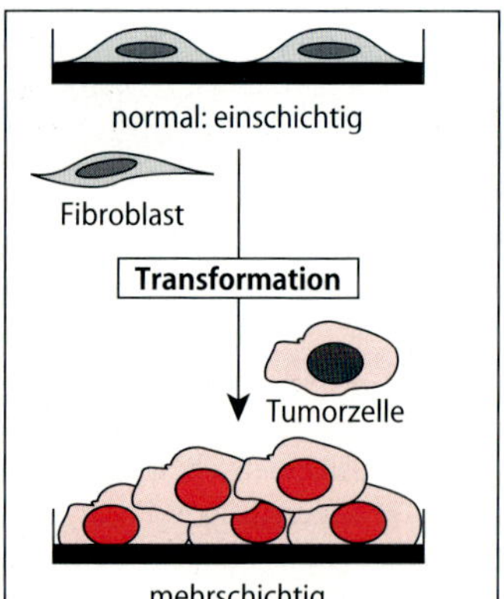

Papillomviren: Transformation

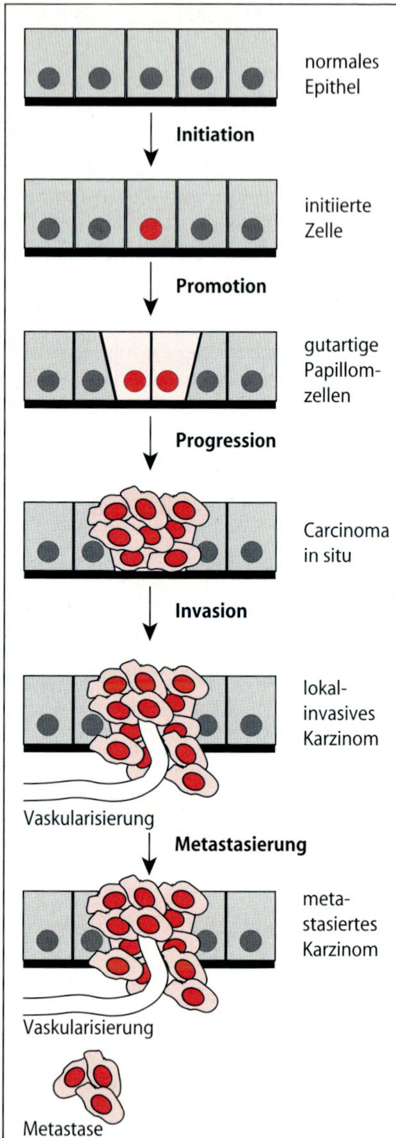

Papillomviren: Karzinomentstehung

eine aplastische Anämie. Immunkomplexablagerungen können zur Exanthembildung beitragen.

Klinik. Parvovirus B19 ruft eine epidemisch vorwiegend im Frühjahr auftretende Kinderkrankheit, des ***Erythema infectiosum*** (auch ***Ringelröteln*** oder „fünfte Krankheit“) hervor. Es handelt sich um eine leichte, selbstlimitierende, fieberhafte Erkrankung, die durch Tröpfcheninfektion übertragen wird. Sie ist durch das Auftreten eines Erythems gekennzeichnet, das schmetterlingsförmig im Wangenbereich (wie nach einer Ohrfeige: „slapped cheek disease“) beginnt und sich auch auf den Rumpf und die Extremitäten ausbreiten kann. Die Inkubationszeit beträgt 13–18 Tage, die Dauer der Erkrankung etwa eine Woche. Vor allem bei Erwachsenen kann es zu arthralgisch-arthritischen Beschwerden kommen, die über Monate oder sogar Jahre anhalten können. Bei Infektionen während der Schwangerschaft kommt es in 20–30 % der Fälle zu einem Hydrops fetalis oder zum Abort, insbesondere im 2. Trimenon.

Diagnostik. Die Diagnose erfolgt durch Nachweis von IgG- und IgM-Antikörpern (ELISA). Zum Nachweis einer intrauterinen Infektion ist das Virus oder seine DNS im Fruchtwasser, im Serum oder in den Organen des Feten bzw. Neugeborenen nachzuweisen.

Therapie. Spezifische Möglichkeiten gibt es nicht.

Prävention. Eine Impfung steht nicht zur Verfügung. Schwangere sollten Expositionsprophylaxe betreiben, also Infektionsherde wie Kindergärten meiden.

3.2.10 Papillomviren

Beschreibung

Papillomviren gehören zu den Papovaviren. Sie besitzen eine zirkuläre dsDNS und ein ikosaedrisches Kapsid aus 72 Kapsomeren. Bisher gibt es über 70 verschiedene Serotypen.

Rolle als Krankheitserreger

Übertragung. Papillomviren werden durch Schmierinfektion, insbesondere Hautkontakt, über Mikroläsionen der Haut oder Schleimhaut übertragen. Auch eine indirekte Übertragung durch Kontakt mit kontaminierten Flächen ist möglich.

Pathogenese. Papillomviren replizieren nur in den oberen Schichten von Plattenepithelien. Die Virusinfektion führt zu einer Transformation der Wirtszelle, vorzugsweise differenzierter Haut- und Schleimhautepithelzellen. In den dif-

Picornaviren
(+)ssRNS
ikosaedrisch
keine Hülle

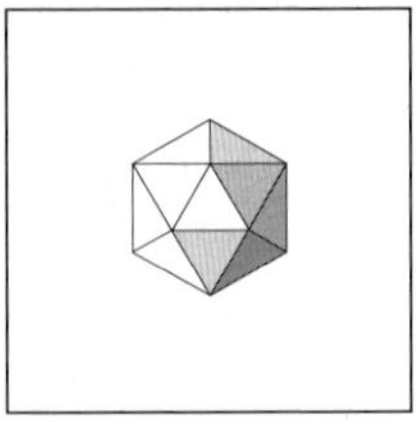

Picornaviren
Polioviren: Enders, Weller, Robbins (1949)
Coxsackieviren: Dalldorf, Sickles (1948)
Rhinoviren: Tyrrell, Parsons, Hitchcock (1960)

Picornaviren: Gattungsmerkmale

Arten	Typen	Krankheiten
Enteroviren		
Polioviren	1, 2, 3	Poliomyelitis (Kinderlähmung)
Coxsackie-Viren	A (1–24)	Sommergrippe Hand-Fuß-Mund-Krankheit (A16) Myokarditis Meningitis Herpangina (A24) hämorrhagische Konjunktivitis (A24)
	B (1–6)	Pleurodynie (Bornholmsche Krankheit) Sommergrippe Myokarditis Pankreatitis Meningitis
Echo-Viren	33 Typen	Meningitis Respirationstraktinfektionen Exanthem (9, 16)
andere	68–71 70 72 = Hepatitis-A-Virus	Respirationstraktinfektionen hämorrhagische Konjunktivitis Hepatitis A
Pneumoviren		
Rhinoviren	über 100 Typen	Schnupfen, Erkältung (common cold)

Picornaviren: Arten und Krankheiten

ferenzierten Keratinozyten der Papillome finden sich infektiöse Viren, in den Basalzellen der Haut nur Virus-DNS. Karzinomzellen enthalten nur HPV-DNS.

Die Typen 6 und 11 werden in intraepithelialen Zervixneoplasien (CIN I und II), die Typen 16 und 18 in 90% der Fälle mit Veränderungen des Stadiums CIN III und beim Zervixkarzinom gefunden.

Klinik. Die humanen Papillomviren (HPV) verursachen z. T. gutartige, z. T. malignisierende Tumortypen der Haut oder Schleimhaut: Gemeine Warzen, juvenile Kehlkopf-Papillome (Typen 6 und 11) sowie die Condylomata acuminata des Genitalbereichs (durch verschiedene HPV-Typen). Die Inkubationszeit beträgt 1–6 Monate.

Diagnostik. Papillomviren werden mit Gensonden oder PCR nachgewiesen.

Therapie. Warzen zeigen eine hohe Rate an Spontanheilungen. Zur vorzeitigen Beseitigung eignen sich Silbernitrat oder Kryotherapie.

Prävention. Die Karzinomentstehung kann durch Vorsorgeuntersuchungen frühzeitig erkannt werden.

3.2.11 Picornaviren

Beschreibung

Picornaviren sind kleine (+)ssRNS-Viren mit ikosaedrischem Kapsid. Zu den humanpathogenen Viren gehören zwei Genera, die Enteroviren und die Rhinoviren, die wiederum in verschiedene Untergruppen unterteilt sind. Picornaviren sind gegenüber Umwelteinflüssen sehr stabil.

Enteroviren. Diese werden mit wenigen Ausnahmen fäkal-oral übertragen, aerogene Übertragung ist ebenfalls möglich. Die meisten Enterovirus-Infektionen treten während der Sommermonate auf. Enteroviren infizieren Zellen der Rachen- und Darmschleimhaut, ehe sie über eine hämatogene Ausbreitung ihre Zielzellen (ZNS, Muskeln, Haut, Herz, Leber) erreichen. Entsprechend vielfältig sind die Krankheitsbilder. Viele Enteroviren lassen sich aus Rachensekret oder Stuhl anzüchten und durch Neutralisationstests identifizieren.

Rhinoviren. Rhinoviren (mehr als 110 Typen) werden durch Schmierinfektion (Hände!), seltener durch Tröpfcheninfektion übertragen. Einzige Infektionsquelle ist der Mensch. Sie infizieren Epithelzellen des oberen Respirationstrakts. Es sind häufige Erreger von Erkältungskrankheiten (Frühjahr, Herbst), die mit Schnupfen (30–50% der Fälle), Kopfschmerz, Halsschmerz und/oder Husten einhergehen. Komplikationen wie Otitis media und Sinusitis können durch bakterielle Superinfektion (S. pneumoniae, H. influenzae) auftreten. Die Immunität ist typspezifisch und von kurzer Dauer.

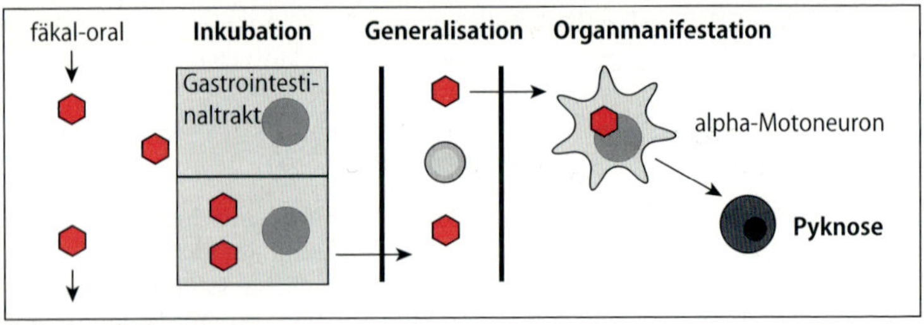

Poliovirus: Pathogenese

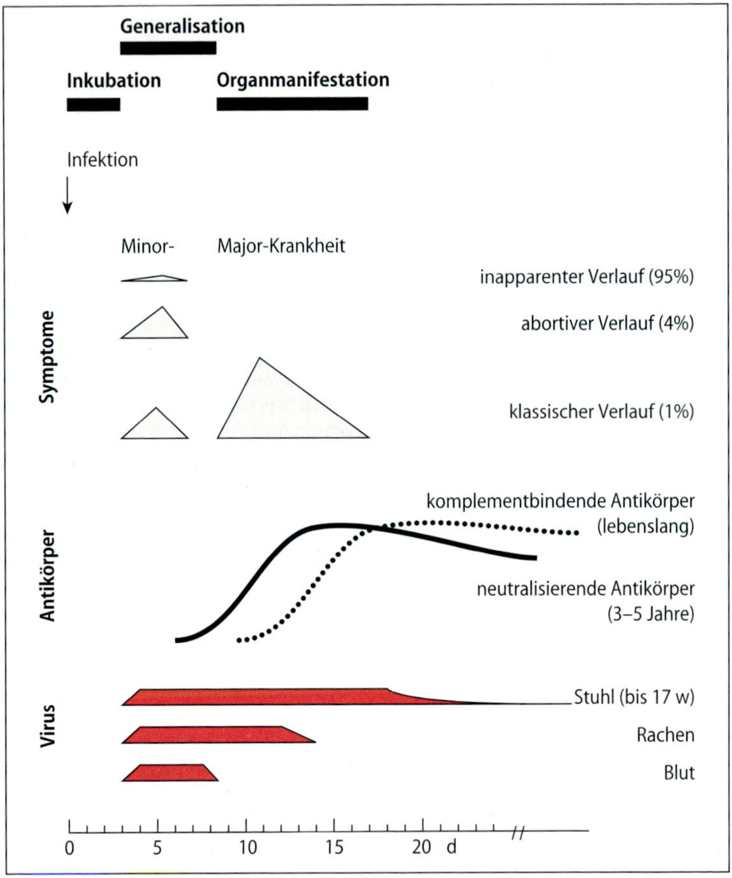

Poliovirus: Verlauf der Poliomyelitis

3.2.12 Picornaviren: Poliovirus

Beschreibung

Poliovirus ist ein (+)ssRNS-Virus mit ikosaedrischem Kapsid mit 32 Kapsomeren, eine Kapsel fehlt. Es kommt in drei Serotypen 1 (= Brunhilde), 2 (= Lansing) und 3 (= Leon) vor.

Rolle als Krankheitserreger

Übertragung. Die Übertragung erfolgt fäkal-oral, bevorzugt im Sommer und Frühherbst. Infektionsquelle ist der infizierte Mensch (das Virus kommt auch bei Affen vor). Das Virus wird ab dem 2. Infektionstag für ca. 6–8 Wochen, in Einzelfällen über Monate, mit dem Stuhl ausgeschieden. Die Übertragung erfordert keinen direkten Kontakt, sondern kann auch vehikelgebunden durch kontaminierte Gegenstände, Trinkwasser oder Fliegen erfolgen. Es ist auch eine Übertragung durch Tröpfcheninfektion (Speichel) möglich.

Nach Schluckimpfung ist der Impfling kontagiös; in sehr seltenen Fällen kann ein Impfstamm in eine virulente Form zurückmutieren.

Pathogenese. Die von Polioviren verursachte ***Poliomyelitis*** ist eine zyklische Allgemeininfektion. Nach der Übertragung vermehrt sich das Virus im gesamten Gastrointestinaltrakt, insbesondere in den Tonsillen und in den Peyerschen Plaques. Von hier gelangt der Erreger in regionäre Lymphknoten und hämatogen ins RES und ins braune Fett (primäre Virämie). Dort vermehrt er sich weiter. In Form der sekundären Virämie generalisiert der Erreger und kann als Organmanifestationen das ZNS, speziell die motorische Vorderhornzelle, aber auch die Meningen, die Haut und das Myokard befallen.
Mit dem Strukturprotein VP1 adhäriert das Virus an Wirtszellrezeptoren aus der Immunglobulinsuperfamilie. Die Virusvermehrung führt zum Untergang der Wirtszelle. Hierbei werden verschiedene zytopathische Effekte wie intranukleäre Einschlußkörper, eosinophile zytoplasmatische Massen und schließlich eine Pyknose beobachtet. Um die nekrotischen Nervenzellen bildet sich ein mononukleäres Infiltrat.

Klinik. Die Polioviren sind die Erreger der ***Poliomyelitis (spinale Kinderlähmung)***. In über 95% der Fälle verläuft die Polioinfektion inapparent. Ansonsten kommt es nach einer Inkubationszeit von 5–12 Tagen zu leichten Krankheitszeichen mit Fieber, Gliederschmerzen, Rachensymptomen und Erbrechen („Minor-Krankheit"). Nach kurzer Besserung kann es 3–7 Tage später zum paralytischen Krankheitsbild („Major-Krankheit") kommen. Beginnend mit Muskelschmerzen, entwickeln sich durch Befall der α-Motoneurone im Vorderhorn des Rückenmarks schlaffe Lähmungen (spinale Form), die meist asymmetrisch verteilt sind und besonders die unteren Extremitäten betreffen.

Besonders gefährlich ist die bulbäre Form der Poliomyelitis, bei der es durch Befall der Hirnnerven zu einem Ausfall der Schlund- und Kehlkopfmuskulatur sowie des Atem- und Kreislaufzentrums kommt. Bis etwa 6 Monate nach Beginn kann mit einer Besserung der Lähmungen gerechnet werden. Bei Erwachsenen verläuft die Krankheit in der Regel schwerer als bei Kindern. Insgesamt kommt es jedoch nur bei 0,1–1% der Infizierten zu schweren paralytischen Krankheitszeichen.Es kann auch ein aseptische Meningitis ohne Lähmungserscheinungen ausgebildet werden.

Diagnostik. Polioviren sind leicht anzüchtbar und zeigen auf permanenten Zellinien einen deutlich sichtbaren CPE. Während der Krankheit wird das Virus meist über einen längeren Zeitraum ausgeschieden und läßt sich dann in Rachenabstrich und Stuhl nachweisen. Eine Anzucht aus Liquor gelingt nur selten. Zum Nachweis von spezifischen Antikörpern ist die KBR wegen ihrer geringen Empfindlichkeit nur bedingt geeignet. Mit Hilfe des sehr empfindlichen Neutralisationstests lassen sich auch die Antikörper gegen die drei Polio-Typen unterscheiden. Allerdings wird dieser Test nur in Speziallabors durchgeführt. Im Nationalen Referenzzentrum in Münster kann eine Differenzierung von Wild- und Impfstämmen erfolgen. Es gibt auch Antikörpernachweise (Neutralisationstest, KBR): 2 Serumproben im Abstand von 14 Tagen.

Therapie. Eine spezifische Therapie gibt es nicht; ggf. sind symptomatische Maßnahmen erforderlich (z. B. bei Bulbärparalyse).

Prävention. Intensive Impfprogramme mit trivalentem attenuierten Lebendimpfstoff (Sabin-Vakzine) bzw. Totimpfstoff (Salk-Vakzine) haben die Inzidenz der Poliomyelitis-Erkrankungen in den industrialisierten Ländern drastisch gesenkt. Neuerdings wird in Deutschland zur Erstimpfung der Totimpfstoff empfohlen. Die Schluckimpfung induziert zusätzlich auch IgA-Antikörper, und es kann mit ihr eine Herdimmunität erzielt werden. Da Poliomyelitis-Erkrankungen in tropischen und subtropischen Ländern noch immer weit verbreitet sind, sollte vor allem auch bei Reisen in diese Regionen an eine Impfprophylaxe gedacht werden. Die WHO führt ein weltweites Impfprogramm durch: Ziel ist die Ausrottung der Poliomyelitis.

Da das Virus äußerst infektiös ist, ist selbst bei besten Hygienemaßnahmen eine Übertragung praktisch unvermeidlich. Dennoch sollten Desinfektionsmaßnahmen (Hände, Flächen, Instrumente) durchgeführt werden, um die fäkal-orale Übertragung zu minimieren.

Meldepflichtig sind Verdacht, Erkrankung und Tod an Poliomyelitis.

3.2.13 Picornaviren: Coxsackie-Viren

Beschreibung

Coxsackie-Viren (von Coxsackie, NY) sind (+)ssRNS-Viren mit ikosaedrischem Kapsid mit 32 Kapsomeren, eine Kapsel fehlt. Man unterscheidet nach dem Schädigungsmuster in der Babymaus die Untergruppe A (diffuse Myositis) mit 24 Typen (A23 = Echovirus 9) und B (diffuse Myositis) mit 6 Typen.

Rolle als Krankheitserreger

Übertragung. Die Übertragung erfolgt fäkal-oral oder als Tröpfcheninfektion. Innerhalb eines Haushaltes ist die Übertragung nicht zu vermeiden.

Pathogenese. Der Erreger vermehrt sich zunächst an der Eintrittsstelle, also vor allem im Nasen-Rachen-Raum bzw. im Dünndarm. Von dort generalisiert er hämatogen und befällt seine jeweiligen Zielorgane: Herz, Muskeln, Meningen, Haut, Pankreas.

Klinik. Die meisten Infektionen verlaufen inapparent. Zwar verläuft die Mehrzahl der Enterovirusinfektionen inapparent oder mit nur geringen Krankheitszeichen, es können aber auch fulminante Verläufe auftreten (z. B. bei Neugeborenen durch Coxsackie-B-Viren).

Coxsackie-Viren verursachen Erkältungskrankheiten (***„Sommergrippe“***), aseptische Meningitiden, exanthematische Krankheiten, z. B. Hand-Fuß-Mund-Krankheit, und typischerweise ***Myokarditiden***. Diese werden bei Neugeborenen und Säuglingen der Untergruppe B, bei Erwachsenen von beiden Untergruppen verursacht.

Die ***Herpangina*** ist ein für Coxsackie-A-Virus-Infektionen typisches Krankheitsbild: fieberhafte Pharyngitis mit Ausbildung ulzerierender, schmerzhafter Bläschen am weichen Gaumen (ca. 1 Woche).

Coxsackie-Virus A24 verursacht eine ***hämorrhagische Konjunktivitis.***

Die ***Pleurodynie („Bornholmsche Krankheit“)*** wird durch Coxsackie-B-Viren hervorgerufen. Sie ist durch stechende, krampfartige Schmerzen am unteren Rippenbogens gekennzeichnet (Dauer ca. 1 Woche).

Diagnostik. Die Erregersicherung erfolgt durch Anzüchtung aus Rachensekret (Abstrich oder Spülwasser), Liquor oder Stuhl, die Identifizierung serologisch (z. B. Neutralisationstest. Antikörper werden aus dem Serum bestimmt.

Therapie. Eine spezifische Therapie existiert nicht.

Prävention. Die Einhaltung allgemeiner Hygienemaßnahmen, im Krankenhaus vor allem der hygienischen Händedesinfektion, kann die fäkal-orale Übertragung vermindern. Impfungen stehen nicht zur Verfügung. Meldepflichtig sind Erkrankung und Tod an Meningitis/Enzephalitis.

Hepatitis-Viren					
Typ	**A**	**B**	**C**	**D**	**E**
Nukleinsäure	RNS	DNS	RNS	RNS	RNS
Hülle	nein	ja	ja	ja	nein
Familie	Picorna	Hepadna	Flavi	?	?
Übertragung	fäkal-oral	sexuell perinatal inokulativ	inokulativ sexuell? perinatal?	sexuell perinatal inokulativ	fäkal-oral
Inkubation	15–40 d	30–160 d	30–150 d	21–90 d	21–42 d
inapparent	ja (50%)	ja (80%)	ja (?)	?	?
chronisch	nein	ja (5–10%)	ja (45–50%)	ja (?)	nein
Letalität	0,1–0,2%	0,5–2,0%	1–2%	bis 30%	bis2 (-20)%
Diagnostik	Antikörper	Antigene Antikörper	Antikörper RNS (PCR)	Antikörper RNS (PCR)	–

Gelbfiebervirus		
Viren ➠ Begleithepatitis	häufig	Epstein-Barr-Virus (EBV) Zytomegalie-Virus (CMV)
	möglich	Herpes-simplex-Viren (HSV) Rötelnvirus Adenoviren Picornaviren: Coxsackieviren, ECHO-Viren
Bakterien ➠ Hepatitis	Leptospiren Brucella abortus Francisella tularensis Listeria monocytogenes Treponema pallidum Mykobakterien (M. tuberculosis, PPEM, M. leprae) Legionellen Burkholderia pseudomallei (Melioidose) Coxiella burnetii (Q-Fieber) Mycoplasma pneumoniae (Kälteagglutinine +++) Pneumokokken (Bilirubinexkretionsdefekt) Gasbrand-Clostridien (Toxikämie)	
Pilze ➠ Hepatitis	Histoplasma, Candida, Coccidioides, Aspergillen	
Parasiten ➠ Hepatitis	Ascaris, Clonorchis, Schistosoma mansoni, Toxocara canis/cati, Fasciola hepatica, Capillaria hepatica	

Hepatitisviren und andere Erreger von Hepatitiden

3.2.14 Hepatitisviren

Hepatitisviren sind Viren, deren Zielorgan die Leber ist. Fünf Hepatitisviren sind bislang bekannt. Das klinische Bild der Virushepatitis variiert von einer asymptomatischen Infektion über milde gastrointestinale Symptome, Leberfunktionsstörungen (erhöhte Transaminasen) ohne und mit Ikterus, bis hin zur akuten fulminanten Hepatitis mit hoher Letalität.

Virale Begleithepatitiden können durch Viren hervorgerufen werden, deren primäres Zielorgan nicht die Leber ist. Ebenso wird das Gelbfieber-Virus, das auch eine Hepatitis mit Ikterus auslöst, von den Hepatitisviren abgegrenzt.

Neben den unten besprochenen fünf Hepatitisviren sind in letzter Zeit weitere Hepatitisviren beschrieben worden. Von letzteren am besten charakterisiert ist das ***Hepatitis-G-Virus*** (HGV), ein (+)ssRNS-Virus aus der Gruppe der Flavi-Viren. Es wird parenteral übertragen und kann auch perinatal auf das Neugeborenen übertragen werden. Die Transaminasen sind nur leicht erhöht.

3.2.15 Hepatitis-A-Virus (HAV)

Beschreibung

Hepatitis-A-Virus (Enterovirus Typ 72) gehört zu den Picornaviren, ist also ein (+)ssRNS-Virus ohne Hülle. Die Durchseuchung ist in den Entwicklungsländern hoch, in den westlichen Ländern zeigt sie eine abnehmende Tendenz.

Rolle als Krankheitserreger

Übertragung. Die Übertragung erfolgt fäkal-oral, insbesondere direkt von Mensch zu Mensch, aber auch durch verunreinigte Lebensmittel (Muscheln, Salat) und Trinkwasser. Die Ausscheidung im Stuhl beginnt ca. 3 Wochen vor bis 2(–3) Wochen nach Krankheitsbeginn. Entsprechend den Empfehlungen zur Wiederzulassung (Bundesgesundheitsblatt 5/97) besteht eine Woche nach Beginn des Ikterus keine Ansteckungsgefahr mehr. Das Ansteckungsrisiko beträgt für ein empfängliches Haushaltsmitglied 10–20%.

Pathogenese. Eine Schädigung der Leberzellen direkt durch das Virus ist nur geringgradig, sondern vorwiegend durch zytotoxische T-Zellen bedingt.

Klinik. Die Hepatitis A wird auch als ***infektiöse*** oder ***epidemische Hepatitis*** bezeichnet; sie gilt als typische Reise-Hepatitis. Vor allem bei Kindern verläuft sie häufig inapparent. Fulminante Hepatitiden treten bei etwa 0,1% der klinisch apparenten Fälle auf. Die Krankheitsdauer beträgt 1–2 Monate. Chronische Verläufe kommen nicht vor, auch Dauerausscheider von HAV sind bislang nicht bekannt.

Hepatitis-A-Virus

(+)ssRNS

ikosaedrisch

keine Hülle

Picornavirus

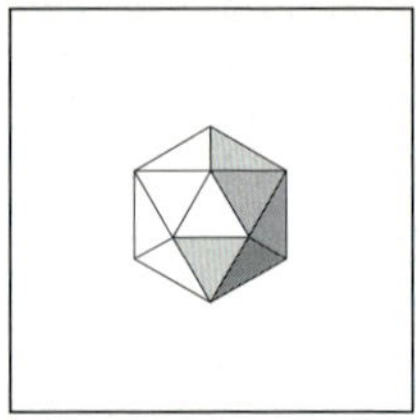

Hepatitis-A-Virus
Feinstone (1973)

Hepatitis-A-Virus: Merkmale

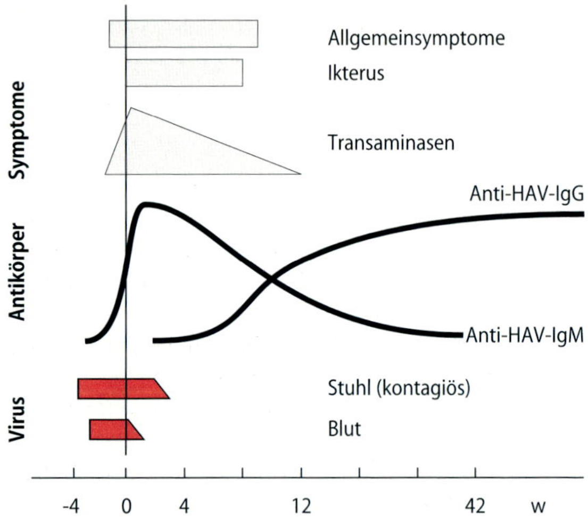

Hepatitis-A-Virus: Verlauf der Hepatitis A

Hepatitis-B-Virus

dsDNS

nicht vollständig bekannte Symmetrie

Hülle

Hepadna-Virus

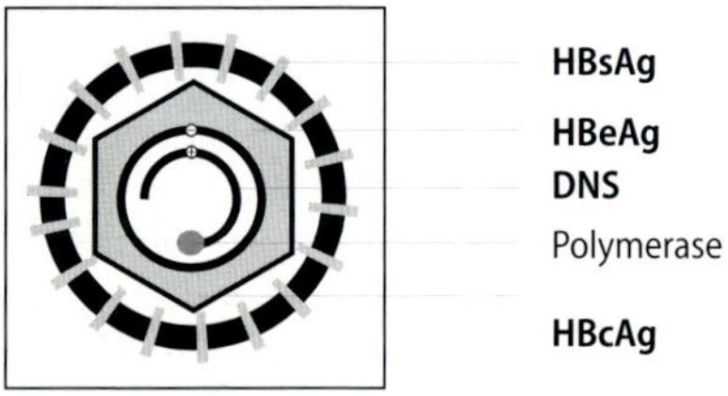

Hepatitis-B-Virus
DANE-Partikel
Krugman (1967)
Okochi, Murakami (1968)

Hepatitis-B-Virus: Merkmale

Diagnostik. Der direkte Virusnachweis mittels ELISA spielt kaum eine Rolle, da die Viren mit Auftreten der Symptomatik meist kaum noch nachweisbar sind. Beweisend für eine frische Infektion ist der Nachweis von spezifischen IgM-Antikörpern. Bei fehlendem IgM deutet der Nachweis von spezifischem IgG auf eine durchgemachte Infektion hin; die IgG-Antikörper persistieren meist lebenslang.

Therapie. Spezifische Therapiemaßnahmen gibt es nicht.

Prävention. Eine Expositionsprophylaxe ist vor allem durch hygienische Maßnahmen möglich. Für die passive Immunprophylaxe steht menschliches Immunglobulin zur Verfügung.
Zur aktiven Immunisierung existiert ein Totimpfstoff, der für Risikogruppen und bei Reisen in Endemiegebiete empfohlen wird.

3.2.16 Hepatitis-B-Virus (HBV)

Beschreibung

Das Hepatitis-B-Virus gehört zu der Familie der Hepadnaviridae (Hepatitis-assoziierte DNS-Viren). Es enthält ein zirkuläres dsDNS-Molekül, dessen (+)Strang inkomplett ist. Die Symmetriestruktur des Nukleokapsids (Core), das von einer Hülle umgeben ist, ist bislang nicht bekannt. Innerhalb des Virions lassen sich verschiedene Antigene unterscheiden:

- Das ***Surface-Antigen (HBsAG)*** ist ein Oberflächenantigen und tritt in der Inkubationszeit meist schon Wochen vor Erkrankungsbeginn im Serum auf. Es ist ein komplexes Antigen, von dem verschiedene Epitope schutzvermittelnde Antikörper induzieren (Impfung!).
- Das ***HBc-Antigen (HBcAg)*** ist mit dem Core assoziiert, als freies Antigen kommt es im Serum nicht vor.
- Das ***HBe-Antigen (HBeAg)*** ist ebenfalls mit dem Core assoziiert. Sein Auftreten im Serum korreliert mit dem Vorhandensein viraler DNS bzw. infektiöser Viren (DANE-Partikel).

Darüberhinaus lassen sich im Virion eine Polymerase mit Reverse-Transkriptase-Aktivität und das ***HBx-Protein***, das vermutlich als Transaktivator viraler Promotoren die Replikation verstärkt, nachweisen.

HBV zeichnet sich durch große Unempfindlichkeit gegen äußere Einflüsse aus (schwierige Desinfektion). HBV läßt sich bislang in Zellkultur nicht anzüchten. Die Durchseuchung in den westlichen Industriestaaten beträgt 2–4% (weniger als 0,5% chronische Träger), in Südost-Asien und Afrika kann sie bis zu 40% betragen.

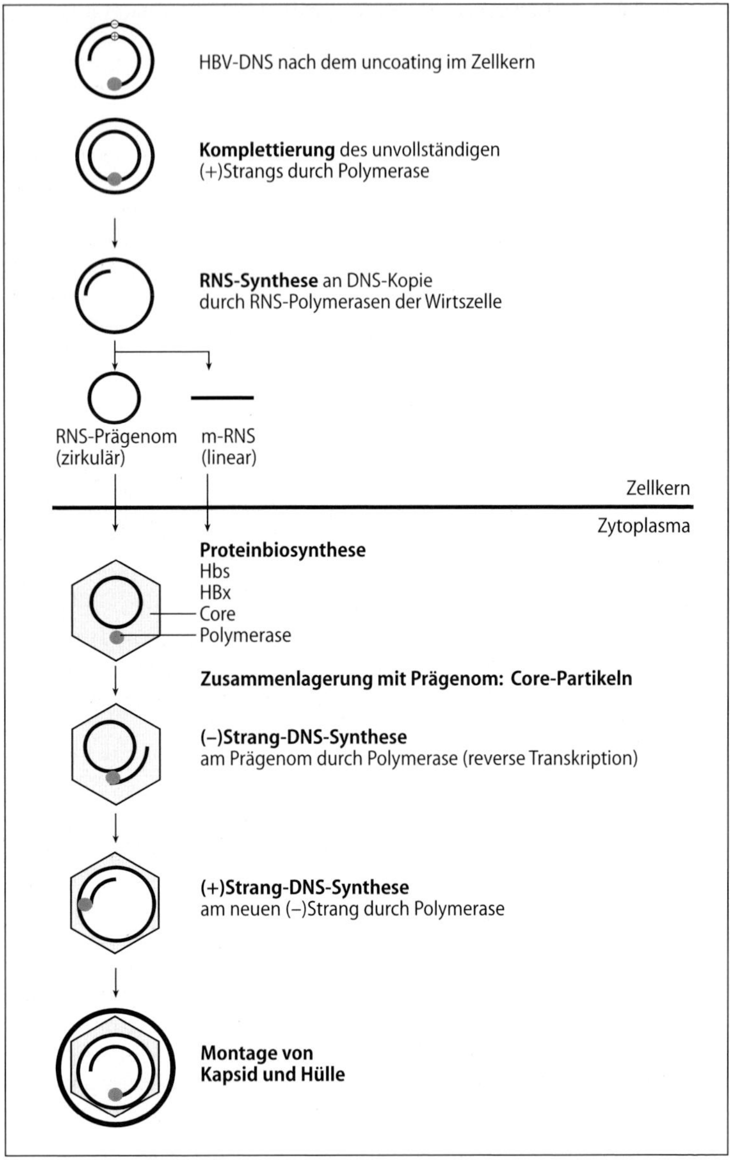

Hepatitis-B-Virus: Replikation

Rolle als Krankheitserreger

Übertragung. Die Übertragung erfolgt sexuell, perinatal und parenteral durch Blut und Blutprodukte (I.-v.-Drogenmißbrauch, Hämodialyse, Tätowierung, Piercing).

Pathogenese. Vom Eintrittsort gelangt HBV hämatogen in die Leber. Die Virusreplikation führt zur Expression von HBeAg oder HBcAg auf den Hepatozyten. Diese werden von zytolytischen T-Zellen erkannt und zerstört. Direkt zythopathische Effekte durch HBV spielen höchstens eine untergeordnete Rolle. Entstehende Immunkomplexe mit HBsAg lagern sich in Gefäßwänden, Glomerula und Synovia ab und induzieren eine Entzündungsreaktion: Periarteriitis, Glomerulonephritis, Arthritis.

Auch in Pankreaszellen, Lymphozyten und Makrophagen kann sich das HBV replizieren. Die Mechanismen der Chronifizierung und der Karzinomentstehung sind weitgehend unbekannt.

Klinik. Nach einer Inkubationszeit von 60–110 Tagen kommt es bei 10–20% der Infizierten zu einer Hepatitis mit Ikterus, Hepatomegalie und Leberfunktionsstörungen. Ein gutes Maß für die Leberzellzerstörung ist die Transaminasenkonzentration im Serum (GOT, GPT). In 0,5–2% der klinischen Fälle entwickelt sich ein fulminanter Verlauf. Ein chronischer Verlauf tritt bei der perinatalen HBV-Infektion in über 90%, ansonsten in 5–10% ein (auch bei inapparenter Infektion!). Eine chronische HBV-Infektion kann dem Bild des gesunden Trägerstadiums, der *chronisch-persistierenden Hepatitis* mit geringen Leberveränderungen (CPH) sowie der *chronisch-aggressiven Hepatitis* (CAH) entsprechen. Als Folgen einer chronischen HBV-Infektion können eine Leberzirrhose oder ein primäres Leberzellkarzinom auftreten.

Diagnostik. Die Diagnostik der Hepatitis B stützt sich auf den serologischen Nachweis von Antigenen und Antikörpern.

Etwa 8 Wochen nach Infektion lassen sich zuerst HBsAg und etwas später HBeAg im Serum nachweisen. Die klinische Symptomatik beginnt kurz nach dem Höhepunkt der Antigenämie. Mit Abklingen der Symptomatik sind kein HBeAg und nur noch wenig HBsAg im Serum nachweisbar. Mit Beginn der klinischen Symptomatik sind auch Anti-HBc-Antikörper nachweisbar, die im Verlauf der Krankheit weiter ansteigen. Anti-HBc-IgM ist der wichtigste serologische Marker zum Nachweis oder Ausschluß einer frischen Hepatitis B. Anti-HBc-IgG persistiert meist lebenslang und gilt daher als bester Durchseuchungsmarker. Anti-HBe tritt bei der akuten Hepatitis-B-Infektion unmittelbar nach Elimination von HBeAg auf und ist meistens für 2–5 Jahre im Serum nachweisbar. Dieser Antikörper zeigt die Elimination des Virus an und weist auf eine gute Prognose (Ausheilung, höchstens milde Chronifizierung); bleibt die Konversion zu Anti-HBe aus, ist die Prognose ungünstig.

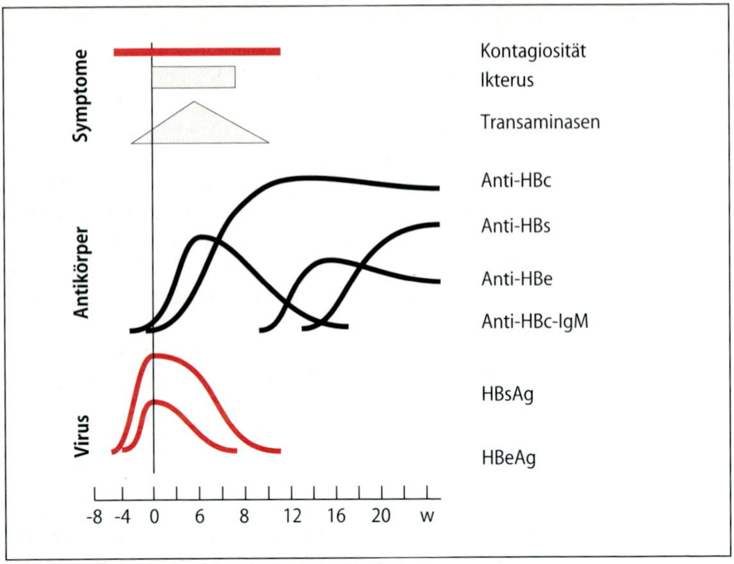

Hepatitis-B-Virus: Verlauf der akuten Hepatitis B

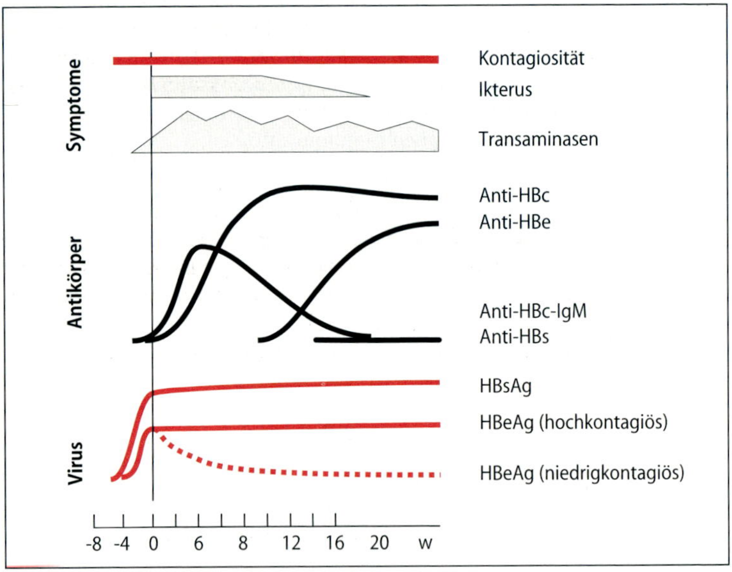

Hepatitis-B-Virus: Verlauf der chronischen Hepatitis B

Etwa 4 Wochen nach Abklingen der klinischen Erscheinungen kommt es während der Rekonvaleszenz zu einem Anstieg von Anti-HBs-Antikörpern. Die Entwicklung von Anti-HBs ist ein prognostisch günstiges Zeichen, da es für eine überstandene Infektion spricht und für viele Jahre Immunität verleiht. Bei gleichzeitigem Nachweis von HBsAg muß nach Zeichen von Immunkomplexkrankheiten wie Glomerulonephritis gesucht werden.

Bei der chronischen Hepatitis bleibt HBsAg im Serum nachweisbar (ein Nachweis jenseits 6 Wochen nach Krankheitsbeginn weist auf eine Chronifizierung hin). HBeAg ist bei einem großen Teil der chronisch aktiven Hepatitisfälle, seltener bei chronischen Trägern ohne klinische Symptomatik, nachweisbar. HBeAg-positive Patienten sind als hochkontagiös einzustufen. Der Nachweis von Anti-HBe spricht bei chronischen Verläufen gegen eine hohe Kontagiosität des Trägers, die Erkrankung ist wahrscheinlich inaktiv und die Prognose günstig. Trotzdem sind die Patienten als potentiell kontagiös anzusehen. HBV-DNS läßt sich mittels Hybridisierung oder PCR im Serum nachweisen. Die HBV-DNS ist ein direkter Parameter der Virusreplikation und für die Infektiosität des Serums.

Nach einer erfolgreichen Impfung ist nur Anti-HBs im Serum nachweisbar.

Therapie. In den letzten Jahren wurde an Patientenkollektiven mit chronischer Hepatitis B eine Therapie mit a-Interferon durchgeführt. Es zeigte sich, daß bei 25–50% der Patienten ohne immunsuppressiv wirksame Erkrankungen (z. B. HIV-Infektionen oder Niereninsuffizienz) ein Therapieerfolg zu verzeichnen war. Es kam zu einer Elimination von HBeAg und HBV-DNS (unabhängig von der HBsAg-Persistenz), zur Normalisierung der Transaminasen sowie zu einer histologischen und subjektiven Besserung.

Prävention. Beim Umgang mit Blut und Blutprodukten sind entsprechende Vorsichtsmaßnahmen (z.B. Tragen von Handschuhen bei der Blutabnahme) einzuhalten. Für Personen mit hohem Expositionsrisiko (medizinisches Personal, Dialysepatienten, Sexualpartner chronischer Virusträger) ist eine aktive Immunisierung empfehlenswert; seit 1995 wird die Impfung auch für alle Säuglinge empfohlen. Die momentan zur Verfügung stehenden Impfstoffe enthalten ausschließlich HBsAg, das gentechnisch hergestellt wird.

Der Impferfolg wird 4 Wochen nach Grundimmunisierung kontrolliert:

Anti-HBs	Maßnahme
<10 IU/l	sofortige Wiederimpfung
1–100 IU/l	Kontrolle nach 3–6 Monaten
100–1000 IU/l	Kontrolle nach 12 Monaten
1000–10000 IU/l	Kontrolle nach 30 Monaten
>10000 IU/l	Kontrolle nach 60 Monaten

Eine Auffrischimpfung ist in der Regel nach 3–5 Jahren angezeigt.

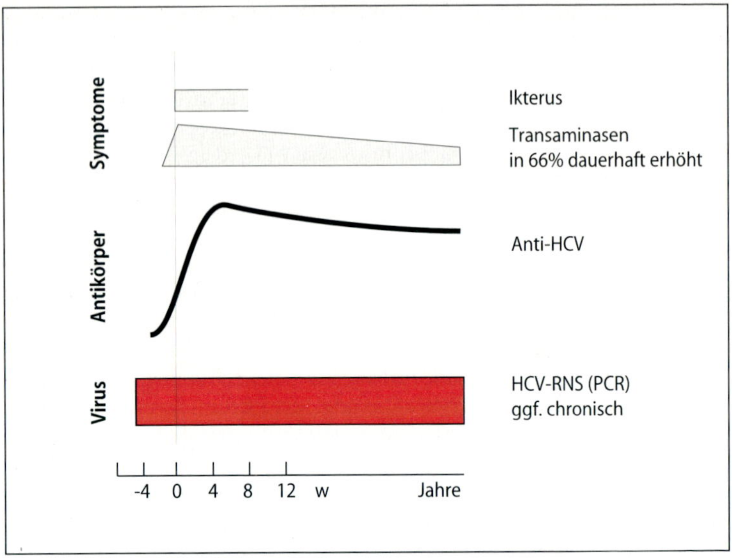

Hepatitis-C-Virus: Verlauf der Hepatitis C

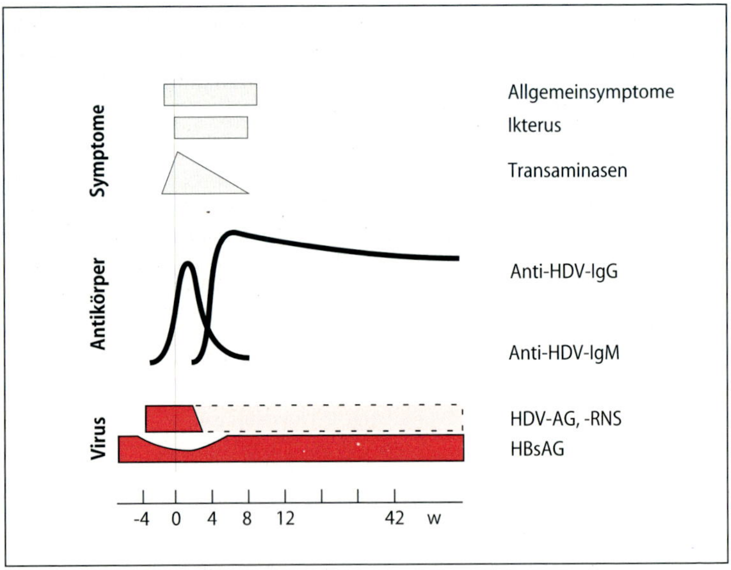

Hepatitis-D-Virus: Verlauf der Hepatitis D

Eine kombiniert passiv-aktive Immunisierung empfiehlt sich bei Personen, die plötzlich einem hohen Infektionsrisiko ausgesetzt sind, z. B. nach einem Nadelstich mit HBsAg-positivem Blut, ferner bei Neugeborenen von HBsAg-positiven Müttern. Erkrankung, Tod, Träger- und Ausscheiderstatus sind meldepflichtig.

3.2.17 Hepatitis-D-Virus (HDV)

Beschreibung

HDV ist ein defektes Virus mit einer ringförmigen (–)ssRNS und Hülle, das zur Replikation ein Helfervirus, HBV, benötigt. RNS und Kapsid werden dabei von HDV gebildet, während die Hülle von HBV stammt.

Rolle als Krankheitserreger

Übertragung. Die Übertragung des HDV erfolgt wie bei HBV parenteral vor allem durch Blut und Blutprodukte. Perinatal kann das Virus von HBeAg-positiven Müttern übertragen werden.

Pathogenese. Die Infektion verläuft als Co- oder Superinfektion zusammen mit einer Hepatitis B.

Klinik. Bei einer gleichzeitigen Infektion von HDV mit HBV ist meist Chronizität mit einem akuten Krankheitsgeschehen verbunden; 60–70% der Patienten entwickeln eine Leberzirrhose. Bis zu 10mal häufiger ist das Auftreten einer fulminanten Hepatitis. Die Superinfektion eines HBsAg-Trägers mit dem HDV bewirkt oft eine rasch fortschreitende Verschlimmerung einer chronischen Lebererkrankung, die dann ebenfalls häufig in eine Zirrhose übergeht.

Diagnostik. Routinemäßig werden Antikörper gegen das Hepatitis-D-Antigen (Deltaantigen) nachgewiesen. IgM-Antikörper sind bis zu 2 Monate nachweisbar. Bei Persistenz bleiben die IgG-Antikörper hoch positiv. HDV-RNS kann im Serum, Antigene im Gewebe nachgewiesen werden. Bei gleichzeitigem Nachweis von Anti-HBc-IgM ist von einer Doppelinfektion auszugehen, fehlt es, ist eine Superinfektion durch HDV anzunehmen.

Therapie. Ein Therapieversuch mit α-Interferon ist möglich.

Prävention. Es sind die Präventionsmaßnahmen gegen HBV durchzuführen.

3.2.18 Hepatitis-C-Virus (HCV)

Beschreibung

HCV ist ein (+)ssRNS-Virus mit spikehaltiger Hülle. Es gehört zur Gruppe der Flaviviren und wird z. Zt. in 12 Genotypen unterteilt.

Rolle als Krankheitserreger

Übertragung. Die Übertragung erfolgt vorwiegend parenteral über Blut- und Blutprodukte (Risiko: ca. 1:20.000), wahrscheinlich auch sexuell sowie prä- bzw. perinatal. 80–90% aller Posttransfusionshepatitiden ***(parenterale NonA-NonB-Hepatitis)*** werden durch HCV hervorgerufen. In etwa der Hälfte der Fälle bleibt die Infektionsquelle jedoch unbekannt.

Risikogruppen sind Drogenabhängige, Homosexuelle, Gefängnisinsassen und Dialysepatienten. In Europa sind ca. 10% der Dialysepatienten seropositiv. Eine HBV-Koinfektion findet sich in ca. 12% der Fälle.

Pathogenese. Über die Pathogenese ist wenig bekannt. Das Hüllenprotein E2 besitzt hypervariable B-Zell-Epitope; diese bilden die Grundlage für die Entstehung immunologischer Varianten, durch die sich das Virus der Immunantwort entziehen kann.

Klinik. Die Inkubationszeit beträgt 30–150 Tage. Im Vergleich zur Hepatitis B verläuft die Hepatitis C mit weniger starken Symptomen, führt dafür aber häufiger zu chronischen Verläufen (40–50%), die in ca. 20% der Fälle in eine Leberzirrhose übergehen, 5% entwickeln ein hepatozelluläres Karzinom.

Diagnostik. Zur Zeit wird ein rekombinantes Polypeptid des HCV zum Nachweis spezifischer Antikörper eingesetzt. Die Antikörperbildung setzt jedoch häufig erst spät nach Krankheitsbeginn ein. Der Nachweis von Antikörpern zeigt nur die Infektion an, sagt aber nichts über eine bestehende Immunität aus. Virale RNS kann im Serum mittels PCR nachgewiesen werden (Marker für Infektiosität).

Therapie. Ist die Diagnose gesichert (inkl. PCR), ist α-Interferon das Mittel der Wahl. Es wird für 3 Monate verabreicht; nur bei einem Ansprechen auf die Therapie wird es weitere 9 Monate gegeben.

Prävention. Die wichtigste Rolle spielt das Screening von Blut und Blutprodukten. Erkrankung, Tod und Trägerstatus sind meldepflichtig.

3.2.19 Hepatitis-E-Virus (HEV)

Beschreibung

HEV ist ein (+)RNS-Virus ohne Hülle, das den Caliciviren zugerechnet wird. Es tritt vor allem in Asien epidemisch auf.

Rolle als Krankheitserreger

Übertragung. HEV wird auf fäkal-oralem Weg übertragen: indirekt durch kontaminiertes Trinkwasser aber auch direkt von Mensch zu Mensch.

Pathogenese. HEV zerstört die Hepatozyten. Ähnlich wie bei Hepatitis A finden sich portale und periportale Läsionen und zahlreiche aktivierte Kupffer- und NK-Zellen.

Klinik. Die Inkubationszeit beträgt 21–42 Tage. Hauptsymptom ist der Ikterus. Charakteristisch für die Hepatitis E ***(enterale NonA-NonB-Hepatitis)*** ist die hohe Rate an letalen Verläufen in etwa 1–2% der klinisch apparenten Fälle. Bei Schwangeren liegt die Letalität sogar bei 20%. Chronische Verläufe wurden bisher nicht beobachtet.

Diagnostik. Die Diagnose wird durch Nachweis von IgM- und IgG-Antikörpern gesichert. Mit Hilfe der PCR kann Virusgenom im Serum oder im Stuhl nachgewiesen werden.

Therapie. Spezifische Therapieoptionen gibt es nicht.

Prävention. Durch allgemeine und speziell durch Trinkwasserhygiene sollte die Übertragungsrate gesenkt werden können.

3.2.20 Toga-, Flavi- und Bunyaviren

Toga- und Flaviviren sind (+)ssRNS Viren mit ikosaedrischem Kapsid und Lipidhülle. Viele Vertreter dieser beiden Familien werden durch Arthropoden übertragen, daher auch die Bezeichnung ***Arbo-Viren*** („arthropod-borne"). Arbo-Viren sind besonders in den Tropen weit verbreitet (z. B. Gelbfiebervirus), in unseren Breitengraden spielt nur das FSME-Virus, der Erreger der Früh-Sommer-Meningo-Enzephalitis, eine Rolle. Nicht durch Arthropoden übertragen werden das Rötelnvirus, das zu den Togaviren zählt, und das Hepatitis-C-Virus, das den Flaviviren zuzurechnen ist.

FSME-Virus. Dieses Flavivirus ist der Erreger der ***Frühsommer-Meningoenzephalitis.*** Es kommt endemisch vor allem in Tschechien, der Slowakei und im Süden Österreichs vor.

Die Übertragung erfolgt durch den Stich infizierter Zecken (Ixodes).

Nach einer Inkubationszeit von 7–14 Tagen kommt es bei 20–30 % der Infizierten zu grippeähnlichen Symptomen mit Kopf- und Gliederschmerzen. Bei ca. 10% der Erkrankten geht das Krankheitsbild in ein Sekundärstadium mit Meningitis bzw. Meningoenzephalitis über. Die Letalität beträgt 1%.

Die Diagnose wird durch einen Titeranstieg in der KBR oder durch Nachweis von spezifischem IgM mittels ELISA erbracht.

Zur aktiven Schutzimpfung steht ein Totimpfstoff zur Verfügung, der bei Reisen in Endemiegebiete angebracht sein kann. Bei Zeckenstichen in Endemiegebieten ist eine passive Immunisierung empfehlenswert.

Gelbfieber-Virus. Dieses Flavi-Virus wird vektoriell durch Aedes aegypti übertragen. Als Reservoir kommen der Mensch und zahlreiche Tiere in Betracht. Das Virus vermehrt sich zunächst in Gefäßendothelien und generalisiert hämatogen in zwei Phasen. Schließlich kommt es zu Organmanifestationen in Gelenken, Muskeln, Haut, Leber und ZNS. Das Gelbfieber manifestiert sich mit Fieber, Schüttelfrost, Ikterus und Kopfschmerzen sowie Muskelschmerzen, Brechreiz und Erbrechen. Nach einer kurzfristigen Besserung tritt ein heftiger Relaps mit Fieber und Hämorrhagien auf; hierbei besteht eine 50%ige Letalität. Präventiv sehr wirksam ist die Vektorbekämpfung (diese war schon beim Bau des Panamakanals entscheidend). Eine einmalige Lebendimpfung (Stamm D17 nach Theiler) wird für Reisen in Endemiegebiete (Zentral-, Ostafrika, Mittel-, Südamerika) empfohlen bzw. vorgeschrieben. Verdacht, Erkrankung und Tod an Gelbfieber sind meldepflichtig.

Dengue-Virus. Dieses Flavi-Virus kommt in 4 Serotypen vor. Es wird vektoriell durch Aedes aegypti und andere Stechmücken übertragen. Die Erstinfektion manifestiert sich als selbstlimitierende fieberhafte, exanthematische Erkrankung von einer Woche Dauer. Bei Zweitinfektion mit einem heterologen Serotyp entsteht der hämorrhagische Dengue-Schock. Hierbei spielen Antigen-Antikörper-Komplexe und Komplementaktivierung eine Rolle.

Japanisches-Enzephalitis-Virus. Dieses Flavi-Virus wird durch Culex-Mükken übertragen und verursacht in China, Indien und Südostasien 20.000 Fällen pro Jahr und damit erhebliche Gesundheitsprobleme. Nach einer Inkubationszeit von 6–16 Tagen beginnt die Erkrankung mit unspezifischem Krankheitsgefühl, das nach 2–4 Tagen in progressive Kopfschmerzen, Fieber und Rigor übergeht. Die Patienten zeigen ein maskenhaftes Gesicht, Lähmungen der Arme, Zeichen der Bulbärparalyse und psychotische Symptome. Nach 2–4 Tagen bessert sich der Zustand, oder es erfolgt eine rasche Progression bis zum Tod (20–50%). Häufig verbleiben Reststörungen (Muskelschwäche, Koordinations- und psychische Störungen). Die Diagnose wird durch Antikörpernachweis gesichert. Eine Therapie gibt es nicht.

Bunya-Viren. Diese Virusfamilie umfaßt mehr als 300 Arten. Ratten und Mäuse sind das Erregerreservoir. An deren Ausscheidungen infiziert sich der Mensch, die Verbreitung im Tierreservoir erfolgt vektoriell. Hantaan-, Seoul- und Dobrava/Belgrad-Virus verursachen hämorrhagisches Fieber mit renalem Syndrom (HFRS). Puumula-Virus ist der Erreger eine epidemischen Nephropathie. Sin-Nombre- und Navajo-Virus verursachen das Hantavirus-Pulmonal-Syndrom (HPS), eine schwere interstitelle Pneumonie und chronische Bronchitis. Die Diagnose kann durch Antikörper- oder Nukleinsäurenachweis mittels PCR gesichert werden. Ein Therapieversuch mit Ribavirin ist gerechtfertigt. Bedeutsam ist die Bekämpfung der Reservoirwirte.

3.2.21 Röteln-Virus

Beschreibung

Das Röteln-Virus, der Erreger der Röteln, gehört als Rubivirus zur Gruppe der Togaviren, (+)ssRNS-Viren mit ikosaedrischem Kapsid und einer weiten faltigen Lipidhülle („schlotternde Toga") mit hämagglutinierenden Spikes. Es gibt nur einen Serotyp.

Rolle als Krankheitserreger

Übertragung. Rötelnvirus wird aerogen durch Tröpfcheninfektion und durch Schmierinfektion übertragen. Infektionsquelle ist der infizierte Mensch. Dieser scheidet das Virus bereits 1 Woche vor Ausbruch des Exanthems aus. Pränatal infizierte Kinder sind noch zwei Jahre nach Geburt kontagiös (chronische Infektion). Auch Erwachsene mit inapparenten Reinfektionen können das Virus übertragen.

Pathogenese. Röteln sind eine zyklische Allgemeininfektion. Während der Inkubationszeit vermehrt sich das Virus im Epithel des oberen Respirationstrakts. Lymphogen und direkt gelangt der Erreger ins Blut und generalisiert. Schließlich entstehen Organmanifestationen. Hierbei kann es auch zu einer Infektion des Fetus kommen, der eine chronische Infektion entwickelt.

Das Hüllen-Glykoprotein E1 vermittelt die Adsorption, E2 Hämagglutination und Zellfusion. Virus-Antikörperkomplexen wird eine Rolle bei der Entstehung von Exanthem und Arthralgien zugeschrieben.

Klinik. Die ***Röteln (Rubella)*** sind eine an sich harmlose Kinderkrankheit, die gehäuft im Frühjahr auftritt. Meist verlaufen die Röteln inapparent. Nach einer Inkubationszeit von 14–21 Tagen entwickeln sich zunächst leichtes Fieber mit Halsschmerzen und Lymphknotenschwellung im Hals- und Nackenbereich. Das charakteristische kleinfleckige, hellrote Exanthem beginnt hinter den Ohren und im Gesicht (inkl. der Mund-Kinn-Partie) und breitet sich über den Rumpf auf die Extremitäten aus (Streckseiten bevorzugt). Der Ausschlag hält maximal 3 Tage an, kann aber auch nur wenige Stunden andauern oder ganz fehlen. Die Ausscheidung des Virus beginnt ca. 1 Woche vor Beginn des Exanthems und kann 2–4 Wochen anhalten.

Erfolgt eine Röteln-Infektion während der Frühschwangerschaft, kommt es bei ca. einem Drittel der Kinder zur ***Rötelnembryopathie (Gregg-Syndrom)***. Die klassische Trias umfaßt Herzmißbildungen, Augendefekte (Katarakt) und Hörschäden. Das Risiko einer Embryopathie ist mit 60% im ersten Schwangerschaftsmonat am höchsten und fällt kontinuierlich auf 10–15% im 4. Monat ab.

Rötelnvirus (Toga-Viren)

ss(+)RNS

ikosaedrisch

Hülle: weit (Toga)

1 Serotyp

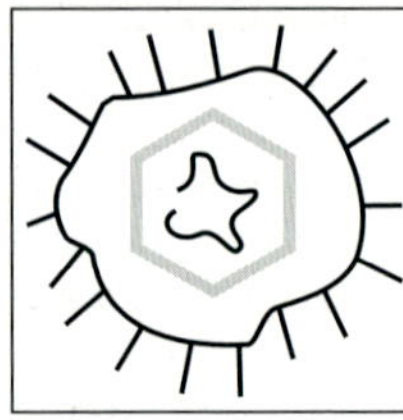

Rötelnvirus
Parkman sowie Weller und Neva (1962)

Rötelnvirus: Merkmale

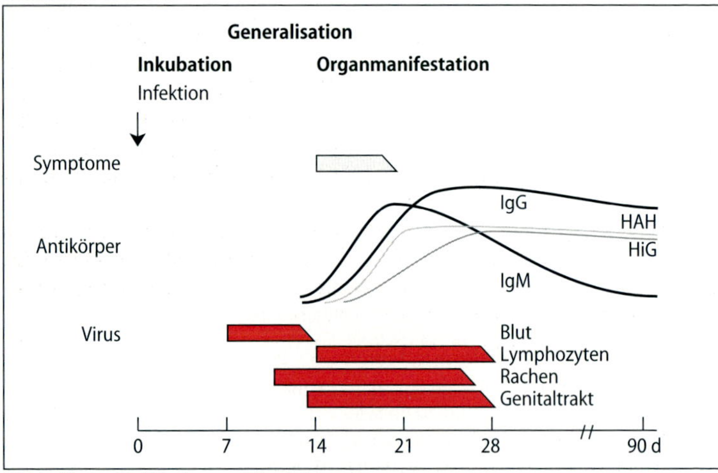

Röteln: Verlauf bei Kindern und Erwachsenen

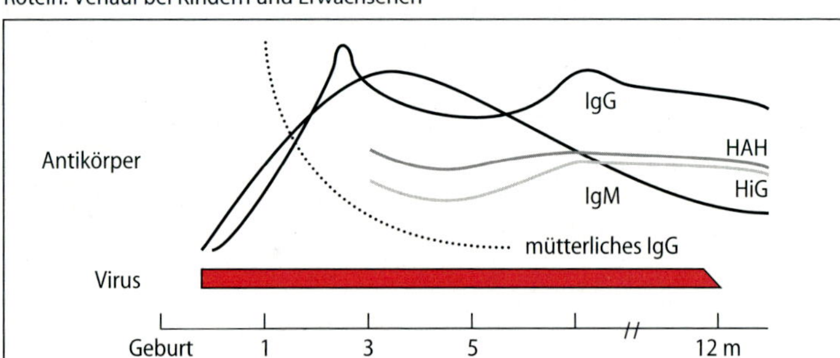

Röteln: Verlauf bei Fetus-Infektion

Diagnostik. Zur serologischen Diagnostik stehen mehrere Methoden zur Verfügung: der ELISA, der Hämagglutinations-Hemm-Test (HAHT, HHT) sowie der Hämolysis-in-Gel-Test (HIG). Nach den Mutterschaftsrichtlinien wird der HAHT als Standardmethode empfohlen. Ein Titer von 32 zeigt eine bestehende Immunität an. Ein niedrigerer Titer muß durch einen zweiten Test (ELISA, HIG) bestätigt werden, um Aussagen über eine bestehende Immunität treffen zu können. Beweisend für eine frische Infektion sind eine Serokonversion (2 Proben innerhalb von 10 Tagen) sowie der Nachweis von spezifischem IgM. Dieses kann bis zu 6–9 Monaten nach Infektion nachweisbar bleiben.

Bei einer intrauterinen Infektion können ab der 22. Woche IgM-Antikörpern im Nabelschnurblut nachgewiesen werden.

Therapie. Eine spezifische Therapie gibt es nicht.

Prävention. Die aktive Rötelnimpfung (Lebendimpfstoff) wird für Kinder ab dem 15. Lebensmonat empfohlen. Eine Zweitimpfung soll im 6. Lebensjahr und zusätzlich bei Mädchen vor der Pubertät durchgeführt werden. Ferner ist sie bei Frauen im gebärfähigen Alter mit negativer serologischer Befundlage (ca. 10%) angezeigt; in den folgenden 3 Monaten sollte eine Schwangerschaft verhütet werden. Bei Schwangeren ist eine aktive Rötelnschutzimpfung kontraindiziert.

Hat eine seronegative Schwangere mit Rötelnpatienten Kontakt gehabt, so ist die Gabe von Röteln-Immunglobulin möglichst innerhalb von 48 Stunden angezeigt. Eine nachgewiesene Rötelninfektion während der Schwangerschaft stellt eine Indikation zum Schwangerschaftsabbruch dar.

Rötelnembryopathien sind meldepflichtig.

3.2.22 Influenzaviren

Beschreibung

Influenzaviren gehören zu den Orthomyxoviren. Unter den humanpathogenen Influenzaviren gibt es die drei Typen: A, B, C. Das helikale Nukleokapsid enthält 7 (C) bzw. 8 (A, B) separate (–)RNS-Segmente und ist von einer Hülle umgeben. Im Elektronenmikroskop finden sich in der Hülle Protrusionen („spikes"), die als ***Hämagglutinin*** (Ha0 ist bei infektiösen Viren in Ha1 und Ha2 gespalten, die durch eine Disulfidbrücke verbunden sind)wirken; sie bestimmen die Subtypenspezifität und sind der Angriffspunkt für die Neutralisation. Kleinere Spikes besitzen ***Neuraminidase***-Aktivität und bewirken eine Ablösung von der Wirtszellmembran.

Influenzavirus Typ A besitzt die Fähigkeit zum Antigenwandel. Punktmutationen führen zu kleineren Änderungen der Oberflächenantigene *(**Antigen**-*

Influenzaviren

(–)ssRNS in 7 Segmenten

helikal

Hülle

Hämagglutinin
Neuraminidase

3 Typen: A, B, C

Antigendrift, Antigenshift

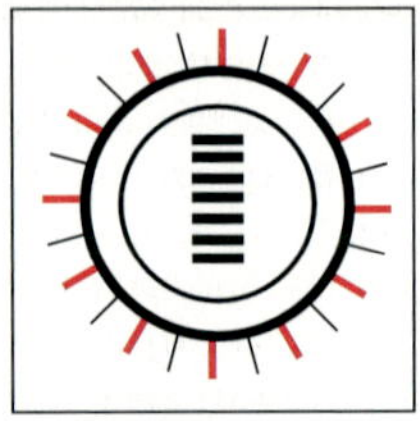

Influenzaviren
Nicolle, Lebailly (1918)
Dochez und Smith (1935)

Orthomyxoviren (Influenzaviren): Gattungsmerkmale

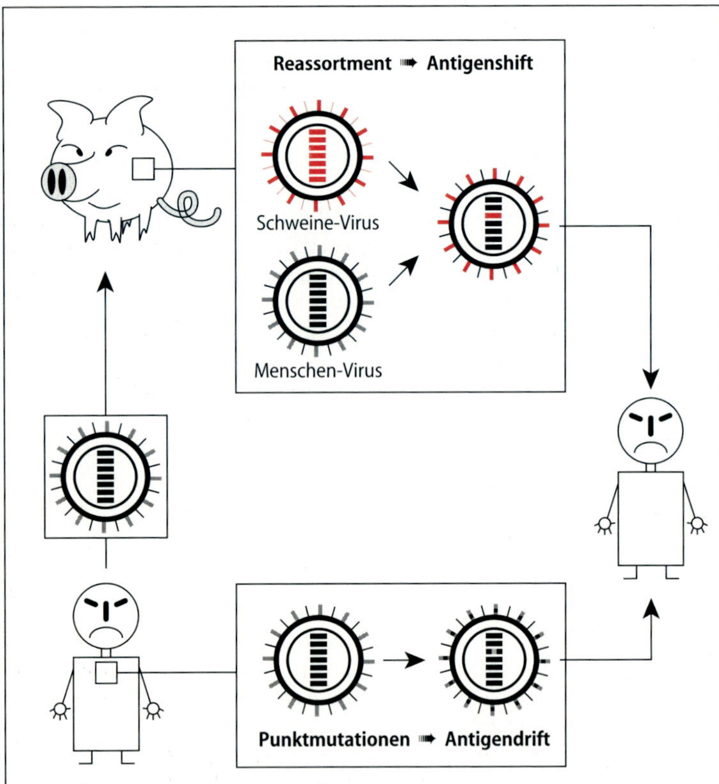

Influenza-A-Viren: : Antigendrift, Antigenshift

Drift); es entstehen Subtypenvarianten. Beim Austausch von Genabschnitten zwischen zwei verschiedenen Subtypen (Reassortment) kommt es etwa alle 10–15 Jahre zum Auftreten neuer Subtypen ***(Antigen-Shift),*** welche zu Pandemien führen können. Innerhalb dieser Zeit werden etwa 70% der Weltbevölkerung infiziert, so daß es dann kaum noch empfängliche Personen gibt.

Rolle als Krankheitserreger

Übertragung. Die Übertragung erfolgt vorwiegend durch Tröpfcheninfektion durch infizierte Menschen. Die Virusausscheidung beginnt etwa 1 Tag vor Beginn der Symptomatik und hält etwa 1 Woche an. Die minimale Infektionsdosis ist sehr niedrig (<5 für tiefere Atemwege, ca. 500 Viren für den oberen Respirationstrakt); Virusausscheider sind also hochkontagiös. Auch eine Schmierinfektion scheint möglich.

Das Virus findet sich auch bei Vögeln, z. B. Geflügel, und bei Hausschweinen. Diese spielen bei der Entstehung neuer Subtypen eine Rolle, da sie an Doppelinfektionen leiden können und damit die Voraussetzung für den Gen-austausch bieten.

Pathogenese. Das Virus durchdringt den durch Neuraminidasewirkung verflüssigten Schleim und bindet sich mit Ha1, dann auch mit Ha2 an Epithelzellen des oberen Respirationstrakts und der Bronchien. Anschließend bildet sich eine Pinozytosevakuole, mit deren Membran die Virushülle verschmilzt, so daß das Virus ins Zytoplasma gelangt. Durch die Virusvermehrung kommt es zum Zelluntergang mit Nekrose und Desquamation und zur Transsudation. Die dadurch enstandene Resistenzminderung (Flimmerepitheldefekt) bahnt bakterielle Superinfektionen, vor allem durch H. influenzae, S. pyogenes und S. aureus. S. aureus kann eine Protease bilden, die die Hämagglutininspaltung katalysiert, so daß das Virus infektiös wird; hierdurch wäre eine gegenseitige Begünstigung gegeben.

Klinik. Nach einer Inkubationszeit von 1–3 Tagen kommt es zu dem Krankheitsbild der ***echten Grippe (Influenza):*** Plötzlich auftretende Kopf-, Muskel- und Gliederschmerzen, Schüttelfrost und Krankheitsgefühl, rasch auf 39–40° C ansteigendes Fieber sowie trockener Husten sind charakteristisch. Eine verstopfte, laufende Nase ist dagegen untypisch. Die Krankheitsdauer beträgt etwa 8–10 Tage. Eine reine Viruspneumonie ist selten, jedoch kommt es häufig durch bakterielle Superinfektion mit H. influenzae, S. aureus oder S. pyogenes zu einer Sekundärpneumonie. Weitere Komplikationen der Influenza sind Bronchitis, Myokarditis mit langdauernder Kreislaufschwäche, Otitis media, bei Kindern Pseudokrupp, sowie neurologische Veränderungen (z. B. Enzephalitis, Meningitis, Guillain-Barré-Syndrom, Reye-Syndrom).

Paramyxoviren
ss(–)RNS
helikal
Hülle
Hämagglutinin, Neuraminidase

Paramyxoviren

Parainfluenzaviren:	Channock (1956)
Mumpsvirus:	Webster, Enders (1948)
Masernvirus:	Enders, Peebles (1954)
RS-Virus:	Morris (1956)

Paramyxoviren: Gattungsmerkmale

Arten	Krankheiten
Parainfluenzaviren	Respirationstraktinfektionen akute Laryngotracheitis – Pseudokrupp (Typ1, 2) akute Bronchiolitis, Pneumonie (Typ 3)
Mumpsvirus	Mumps (Parotitis epidemica) Orchitis
Masernvirus	Masern SSPE
Respiratory-Syncytial-Virus	schwere Bronchitis – Bronchiolitis – Pneumonie Otitis media

Paramyxoviren: Arten und Krankheiten

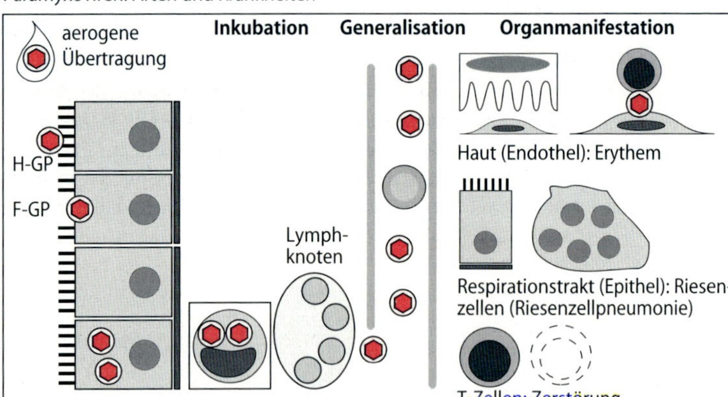

Masern: Pathogenese

Diagnostik. Die Diagnose erfolgt entweder serologisch durch Nachweis eines signifikanten Titeranstiegs im Hämagglutinationshemmtest, im Neutralisationstest oder in der Komplementbindungsreaktion oder aber durch die Anzucht des Virus im Hühnerei bzw. auf primären Affennierenzellen. Als Schnelltest dient ein Antigen-IFT in Bronchialepithelzellen.

Therapie. Zur frühzeitigen Therapie von Influenza-A-Infektionen (Epidemie, Pandemie) eignet sich Amantadin.

Prävention. Der Hauptansatz zur Prävention liegt in der Schutzimpfung mit einem Totimpfstoff. Dieser muß jährlich durch die neuen Subtypvarianten, ggf. durch einen neuen Subtyp, „aktualisiert" werden. Eine jährlich neue Schutzimpfung ist bei besonders gefährdeten Personen, z. B. bei Patienten mit chronischen Herz-Kreislauferkrankungen und bei älteren Menschen, angezeigt. Der Impfstoff enthält mehrere aktuelle Stämme.

Bei Influenza-A-Epidemien kann eine Chemoprophylaxe mit Amantadin indiziert sein, insbesondere bei Ungeimpften und wenn der aktuelle Impfstoff die aktuelle Virussubtyp(variante) nicht oder nur unzureichend berücksichtigt.

Meldepflichtig ist der Tod an Influenza.

3.2.23 Paramyxoviren

Die Paramyxoviren besitzen ein helikales Kapsid mit einer unsegmentierten (–)ssRNS, umgeben von einer Lipidhülle.

3.2.24 Paramyxoviren: Parainfluenzaviren

Beschreibung

Parainfluenzaviren sind typische Paramyxoviren. Sie enthalten Neuraminidase und Hämagglutinin in Form von HN-Spikes sowie ein Fusionsprotein (F), das durch Proteolyse in zwei disulfidverbundende Fragmente aktiviert wird, und ein zwischen Hülle und Kapsid liegendes Matrixprotein (M).

Sie kommen in 4 Serotypen vor. Typ 3 infiziert vor allem Kleinkinder (Durchseuchung 90–100% bis zum 5. Lebensjahr), Infektionen durch die anderen Typen treten in späterem Alter auf.

Rolle als Krankheitserreger

Übertragung. Parainfluenzaviren werden aerogen durch Tröpfchen übertragen; ebenso ist eine Schmierinfektion durch erregerhaltiges Nasensekret möglich. Die minimale Infektionsdosis ist niedrig: 1500 infektiöse Viren. Außerhalb des Wirts bleiben die Typ-3-Viren ca. 1 h infektiös.

Typ-1- und Typ-2-Infektionen treten epidemisch im Zwei-Jahres-Rhythmus im Herbst auf, Typ 1 in geraden, Typ 2 in ungeraden Jahren; Typ 3 ist endemisch und kommt zu allen Jahreszeiten vor.

Pathogenese. Das Virus vermehrt sich im Flimmerepithel des oberen Respirationstrakts und kann in tiefere Abschnitte des Respirationstrakts absteigen. Dort wird eine peribronchioläre Entzündung induziert. Die Epithelschäden begünstigen bakterielle Superinfektionen (S. aureus).

Die Wirtszelle wird nicht sofort lysiert, so daß sie längere Zeit Virionen produziert.

Klinik. Parainfluenzaviren verursachen Erkrankungen des Respirationstrakts, die über Schnupfen und Pharyngitis bis hin zu einer Bronchitis oder gar Pneumonie reichen können. Bei Kleinkindern können vor allem die Typen 1 und 2 zu einer ***Laryngo-Tracheitis mit Pseudokrupp*** führen, Typ 3 verursacht bei Kleinkinden schwere Pneumonien und Bronchiolitiden. Die Inkubationszeit beträgt 2–6 Tage.

Diagnostik. Die Diagnosesicherung ist serologisch durch Nachweis eines signifikanten Titeranstiegs in der KBR möglich. Eine Virusanzucht gelingt aus Rachenspülwasser oder Sputum in der katarrhalischen Phase. Mittels serologischer Antigennachweise in Respirationstraktzellen (Rachen-, Bronchialsekret) kann eine Schnelldiagnose gelingen.

Therapie. Eine spezifische Therapie gibt es nicht.

Prävention. Impfstoffe sind in Entwicklung.

3.2.25 Paramyxoviren: Mumps-Virus

Beschreibung

Das Mumpsvirus ist ein typisches, serologisch einheitliches Paramyxovirus. Es enthält Neuraminidase. Wie Parainfluenzaviren besitzt das Mumpsvirus ein F- und ein M-Protein.

Rolle als Krankheitserreger

Übertragung. Das Mumpsvirus wird aerogen über kurze Distanz übertragen. Infizierte sind 4 Tage vor bis 7 Tage nach Beginn der Krankheitszeichen kontagiös.

Pathogenese. Mumps ist eine zyklische Allgemeininfektion. Während der Inkubationszeit vermehrt sich der Erreger im Epithel des oberen Respirationstrakts und gelangt lymphogen in regionäre Lymphknoten. Schließlich generalisiert der Erreger hämatogen und befällt seine Zielorgane, insbesondere die

Speicheldrüsen, vor allem die Glandula parotis. Die Virusinfektion induziert eine Entzündung mit lympho-monozytärem Infiltrat. Weitere Organmanifestationen können das ZNS (Meningitis), die Nieren, das Pankreas sowie andere Drüsen, Hoden und Nebenhoden bzw. Ovarien betreffen.

Klinik. Mumpsvirus ist der Erreger der ***Parotitis epidemica (Mumps, „Ziegenpeter")***. Nach einer Inkubationszeit von 2–3 Wochen kommt es zu einer häufig beidseitigen, schmerzhaften Schwellung der Parotis. Vor allem bei Kindern unter 10 Jahren kann sich eine Meningitis entwickeln, die jedoch in der Regel folgenlos abheilt. Eine häufige Komplikation bei männlichen Patienten nach der Pubertät (40% dieser Fälle!) ist eine meist einseitige Orchitis, die zur Hodenatrophie und nachfolgender Infertilität führen kann.
Bei Schwangeren kann es im ersten Trimenon zu Aborten kommen.

Diagnostik. Die Diagnose einer frischen Mumpsinfektion ist durch einen signifikanten Titeranstieg im HHT oder der KBR und vor allem durch den Nachweis von spezifischem IgM mittels ELISA zu sichern. Eine Anzucht von Mumps-Viren in der Gewebekultur ist ebenfalls möglich.

Therapie. Spezifische Therapiemaßnahmen gibt es nicht.

Prävention. Zur Prophylaxe sollten Kinder ab dem 15. Lebensmonat aktiv geimpft werden.

3.2.26 Paramyxoviren: Masern-Virus

Beschreibung

Das Masernvirus ist ein serologisch einheitliches Paramyxovirus (behülltes (–)ssRNS-Virus) mit Hämagglutinin, Fusions- und Matrix-Protein.

Rolle als Krankheitserreger

Übertragung. Die Viren werden durch Tröpfcheninfektion aerogen übertragen. Maserninfizierte Menschen sind die einzige Infektionsquelle; sie sind bis zum Ausbruch des Exanthems hochkontagiös. Die hohe Infektiösität des Virus und die große Empfänglichkeit des Menschen bedingen, daß bis zum 10. Lebensjahr eine nahezu vollständige Durchseuchung erreicht wird.

Pathogenese. Das Masernvirus ist der Erreger der zyklischen Alllgemeininfektion ***Masern***. Während der Inkubationszeit vermehrt sich der Erreger in Epithelzellen des Respirationstrakts (Adsorption mit Hämagglutinin). Absteigend gelangt der Erreger in die Lunge und kann eine Pneumonie verursachen, die mit der Bildung von Riesenzellen einhergehen kann (Hechtsche Riesenzellpneumonie bei zellulärer Abwehrschwäche); die Bronchialepithelschädigung disponiert zu bakteriellen Superinfektionen. Schließlich generalisiert der Erreger hämatogen und kann Organmanifestationen bewirken: Endothelzellen der Hautkapillaren werden virusbedingt zu Warthin-Finkeldeyschen Riesenzellen. Es resultiert eine Entzündung, die auf die Epidermis übergeht und zum Exanthem führt. Durch den Befall von Makrophagen induziert der Erreger eine TH2-Antwort, was einen Mangel an IL-2 und Interferon-γ zur Folge hat. Hierdurch sind NK- und T-Zell-abhängige Abwehrleistungen beeinträchtigt. Es kann z. B. eine Tuberkulose reaktiviert werden.

In defekter Form kann das Masernvirus in Endothelien des Gehirns persistieren und zu einer lymphozytären Perivaskulitis führen.

Klinik. Über 90% der Infektionen verlaufen apparent als ***Masern***. Nach einer Inkubationszeit von 10–14 Tagen entstehen Prodromalerscheinungen mit Fieber, Schnupfen, Husten und Konjunktivitis. Charakteristisch sind die Koplikschen Flecken, kleine, weißliche Flecken auf rotem Grund im Bereich der Wangenschleimhaut gegenüber den unteren Prämolaren. Das grobfleckige, teils konfluierende Masernexanthem beginnt am Hals und hinter den Ohren und breitet sich innerhalb von 3–4 Tagen auf den Kopf (inkl. Mund-Kinn-Region), den Rumpf und die Extremitäten (inkl. Fußsohlen und Handflächen) aus. Häufige Komplikationen sind Otitis media, Bronchitis und Pneumonie. Besonders gefürchtet ist die etwa eine Woche nach Beginn des Exanthems auftretende Masernenzephalitis, die mit einer hohen Letalität belastet ist. Während der Masern kommt es zu einer allgemeinen Abwehrschwäche (Leukopenie, Verschwinden einer positiven Tuberkulinreaktion), die vor allem in Entwicklungsländern zu einer erhöhten Letalität auf Grund von Sekundärinfektionen führt.

Mit dem Masern-Virus wird auch die ***subakute sklerosierende Panenzephalitis (SSPE)*** assoziiert, die 5–10 Jahre nach einer Maserninfektion auftritt und stets zum Tode führt.

Diagnostik. Die serologische Diagnose ist durch einen Titeranstieg in der KBR oder im HHT sowie durch Nachweis von spezifischem IgM im ELISA möglich. Bei der SSPE bestehen im Serum und im Liquor sehr hohe IgG-Titer.

Therapie. Spezifische Therapeutika gibt es nicht. Bakterielle Superinfektionen müssen durch geeignete Antibiotika behandelt werden.

Prävention. Allgemeinhygienische Maßnahmen versagen angesichts der hohen Infektiösität des Virus. Eine Expositionsprophylaxe, bei der nicht-immune Kinder nur Kontakt zu immunen Erwachsenen haben, ist nur kurzfristig erfolgreich, z. B. bei Kindern mit latenter Tuberkulose.

Durch passive Immunisierung innerhalb von 3 Tagen nach Übertragung kann die Krankheit verhindert werden. Bei einer Immunglobulingabe 3–10

Tage nach Übertragung können die Symptome abgemildert werden. Eine Indikation besteht bei nichtgeimpften Kindern mit latenter Tuberkulose.

Wegen der häufig auftretenden Komplikationen wird die Masernimpfung mit Lebendimpfstoff nach dem 15. Lebensmonat empfohlen. Bei Kindern mit Immundefekten oder solchen unter immunsuppressiver Therapie ist eine Schutzimpfung kontraindiziert. Bei diesen Kindern sowie bei Kindern im 1. Lebensjahr ist nach Masernexposition eine passive Immunisierung angezeigt.

Der Tod an Masern ist meldepflichtig.

3.2.27 Paramyxoviren: Respiratory-Syncytial-Viren (RSV)

Beschreibung

RSV weist den Aufbau von Paramyxoviren auf, Neuraminidase und Hämagglutinin fehlen jedoch. RSV kommt in zwei unterschiedlichen Typen A und B vor, die sich genetisch und serologisch unterscheiden und auch nur eine unvollständige Kreuzimmunität induzieren.

Rolle als Krankheitserreger

Übertragung. Die Übertragung erfolgt aerogen durch Tröpfcheninfektion oder durch Schmierinfektion.

Pathogenese. Das Virus adhäriert mit dem Glykoprotein G an Epithelzellen des unteren Respirationstrakts. Durch die Wirkung des F-Proteins entstehen mehrkernige Synzytien. Vor allem um die Bronchiolen herum entstehen entzündliche Infiltrate. RSV verursacht die Freisetzung eines IL-1-Inhibitors aus Makrophagen, so daß eine TH2-Antwort mit Eosinophilen-Aktivierung induziert wird. Es wird angenommmen, daß hierdurch die Entstehung einer allergischen Bronchitis begünstigt wird.

Klinik. RSV sind die häufigsten Verursacher schwerer Atemwegserkrankungen bei Säuglingen und Kleinkindern. Bei diesen führen ca. 30% aller RSV-Infektionen zu einer akuten Bronchitis, Bronchiolitis oder Pneumonie sowie 30% zur Otitis media, die bakteriell superinfiziert sein kann. Bei älteren Kindern und Erwachsenen verläuft die RSV-Infektion meist milder und manifestiert sich lediglich als Schnupfen und/oder Pharyngitis bzw. Bronchitis. Die durchschnittliche Inkubationszeit beträgt 4–5 Tage. Typischerweise tritt die RSV-Infektion epidemisch in jedem Winter auf.

Diagnostik. Zu Beginn der Erkrankung kann das Virus aus Rachenspülwasser in der Gewebekultur angezüchtet oder immunologisch (ELISA, IFT) nachgewiesen werden. Ansonsten ist ein signifikanter Titeranstieg in der KBR beweisend für eine akute Infektion.

Rotaviren
dsRNS: 11 Segmente
ikosaedrisch
keine Hülle
2 Kapside: Radspeichen-Bild

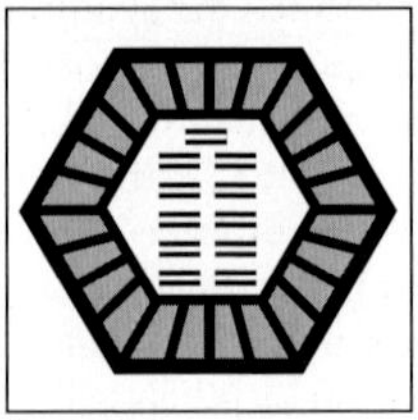

Rotaviren
Bishop (1973), Wyatt (1976)

Rotaviren: Gattungsmerkmale

Caliciviren
(+)ssRNS
ikosaedrisch
keine Hülle
32 tassenförmige, nach außen gerichtete Vertiefungen (calix)

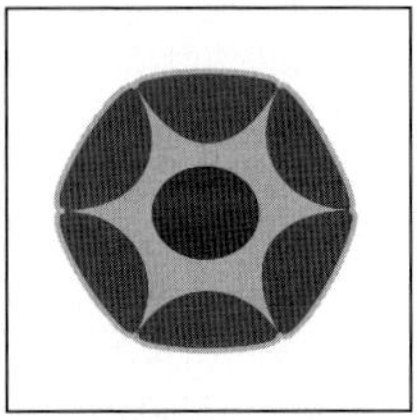

Caliciviren
Bishop (1972)

Caliciviren: Gattungsmerkmale

Coronaviren
ssRNS
helikal
Hülle
2 Kapside: Radspeichen-Bild

Coronaviren
Tyrrell, Bynoe (1965)

Coronaviren: Gattungsmerkmale

Virus	Anmerkung
Rota-Viren	sehr häufig; auch nosokomiale Ausbrüche
Adenoviren (40, 41)	häufig
Astroviren	leichte fieberhafte Infektion mit Durchfall
Caliciviren, Norwalk-Agent	leichte fieberhafte Infektion mit Durchfall
Coronaviren	leichte fieberhafte Infektion mit Durchfall

Viren, die Gastroenteritiden verursachen

Therapie. Entscheidend ist die Sicherstellung einer ausreichenden Atmung. Schwere Fällenerfordern intensivmedizinische Überwachung und Sauerstoffbeatmung. Bei nachgewiesener Infektion (IFT-Schnelltest) kann Ribavirin als Inhalation eingesetzt werden. Es steht auch ein humanisierter monoklonaler Antikörper zur Verfügung.

Prävention. Spezifische Präventionsmaßnahmen sind bisher nicht verfügbar.

3.2.28 Rotaviren

Beschreibung

Rotaviren gehören zu den Reoviridae. Sie enthalten 11 dsRNS-Segmente und ein doppeltes ikosaedrisches Kapsid, aber keine Hülle. Im Negativkontrastpräparat ergibt sich eine Radform. Auf Grund innerer Kapsidproteine werden die Gruppen A–F und die Untergruppen AI, AII und AIII unterschieden, äußere Kapsidproteine sind typenspezifisch (A1–5).

Rolle als Krankheitserreger

Übertragung. Der Erreger wird fäkal-oral durch Schmierinfektion übertragen. Bei Primärinfektion werden die Viren 1–2 Wochen lang ausgeschieden, bei Immundefekten z. T. über Jahre. Die Erkrankungen treten gehäuft im Winter auf. Infektionsquellen sind der virushaltige Stuhl und kontaminiertes Trinkwasser (in der Umwelt ist das Virus recht stabil).

Pathogenese. Das Virus vermehrt sich lytisch im Dünndarmzottenepithel. Dieses wird jedoch schnell regeneriert. Das Nichtstrukturprotein NSP4 bewirkt als „Enterotoxin" einen Chloridverlust (nachfolgend Natrium und Wasser) und eine intrazelluläre Calciumanreicherung. Histologisch finden sich Zottenverbreiterungen und ein mononukleäres Infiltrat bis in die Lamina propria. Daneben werden Fette und D-Xylose nicht resorbiert.

Klinik. Rotaviren sind die häufigsten Erreger einer nicht-bakteriellen Gastroenteritis bei Kindern im Alter von 6–36 Monaten. Rotavirusinfektionen kommen aber auch bei älteren Kindern und Erwachsenen vor. Die Inkubationszeit beträgt 1–3 Tage. Wässrige Diarrhoe, Erbrechen und Fieber sind die charakteristischen Krankheitssymptome, die 4–5 Tage andauern. Bei Abwehrgeschwächten kann die Infektion chronisch verlaufen. Eine mit der Erkrankung einhergehende Dehydratation ist in Entwicklungsländern Ursache für eine hohe Letalität bei Säuglingen und Kleinkindern.

Diagnostik. Zur schnellen Diagnose erfolgt der direkte Virusnachweis im Stuhl mittels ELISA. Aufgrund ihres charakteristischen Aussehens lassen sich die Viren im Stuhl auch elektronenmikroskopisch leicht nachweisen. Ein Titeranstieg in der KBR weist auf eine kürzlich durchgemachte Infektion hin.

Therapie. Die wichtigste therapeutische Maßnahme ist die Substitution von Wasser und Elektrolyten.

Prävention. Die beste Prophylaxe besteht in der optimalen Trinkwasser- und optimaler Allgemeinhygiene (Händewaschen, Händedesinfektion). Letzteres gilt vor allem zur Vermeidung nosokomialer Infektionen und Ausbrüche.

3.2.29 Coronaviren

Beschreibung

Coronaviren sind (+)ssRNS-Viren mit helikalem Kapsid und einer pleomorphen Hülle. Es gibt 2 Typen.

Rolle als Krankheitserreger

Übertragung. Die Übertragung erfolgt aerogen durch Tröpfcheninfektion. Bei Gastroenteritis wird eine fäkal-orale Übertragung vermutet.

Pathogenese. Coronaviren verursachen Lokalinfektionen. Sie vermehren sich in Epithelzellen des Respirationstrakts und evt. auch im Darmepithel.

Klinik. Aerogen übertragene Coronaviren verursachen vorwiegend Erkältungskrankheiten im Winter und Frühjahr: 10–30% aller Erkältungskrankheiten werden Coronaviren zugeschrieben, die Inkubationszeit beträgt 2–5 Tage.

Die Assoziation von Coronaviren mit Durchfallerkrankungen ist umstritten; in seltenen Fällen wurden sie bei nekrotisierender Enterokolitis bei Frühgeborenen gefunden.

Diagnostik. Eine Routinediagnostik steht bislang nicht zur Verfügung.

Therapie. Virusspezifische Therapeutika gibt es nicht.

Prävention. Eine Schutzimpfung gibt es nicht, allgemeinhygienische Maßnahmen könnten eine mögliche fäkal-orale Übertragung unterbinden.

3.2.30 Tollwut-Virus

Beschreibung

Das Tollwut-Virus gehört zu der Familie der Rhabdoviridae. Es ist ein umhülltes (–)ssRNS-Virus mit helikalem Kapsid. Ungewöhnlich ist die zylindrische Gestalt, von dem ein Ende abgerundet ist („bullet-shaped"). Es besitzt eine spikehaltige Hülle.

Rolle als Krankheitserreger

Übertragung. Die Übertragung erfolgt durch den Biß infizierter Tiere (massive Ausscheidung im Speichel, beginnend kurz vor Beginn der Symptomatik). Der Zoonose-Erreger hat ein breites Wirtsspektrum, er kann nahezu alle Warmblüter befallen. Reservoirwirte sind Füchse, Rehwild, Marder und Dachse, in Amerika auch Waschbären und Stinktiere sowie Fledermäuse. Von diesen kann das Virus auf z. B. Rinder, Katzen, Hunde und Schafe übertragen werden.

Pathogenese. Nach Vermehrung an der Bißstelle wandert das Virus axonal zum ZNS. Dort vermehrt es sich ebenfalls und gelangt u. a. in Speicheldrüsen, Pankreas oder Haarbalgdrüsen. Auch dort vermehrt es sich stark. Die Virusvermehrung führt zum Untergang der infizierten Zellen mit typischen Einschlußkörperchen (Negri-Körperchen). Dies induziert herdförmige Zellinfiltrate und Gliawucherungen.

Klinik. Das Virus ist der Erreger der ***Tollwut (Rabies, Lyssa)***. Nach einer Inkubationszeit von 1–3 Monaten (10 Tage – 1 Jahr) treten die ersten Prodromalerscheinungen mit Fieber, Kopfschmerzen und Mißempfindungen im Bereich der Bißwunde auf. Es kommt zu einer starken motorischen Unruhe und Muskelspasmen im Pharynx-/Larynx-Bereich. Jeder Versuch zu schlucken, führt zu schmerzhaften, spastischen Kontraktionen der Schlundmuskulatur, letztlich resultieren eine Hydrophobie und eine Exsikkose. Im weiteren Verlauf dehnen sich die Krämpfe auf die gesamte Muskulatur aus, schließlich kommt es zu Lähmungen (einschließlich der Atemmuskulatur), Koma und Tod. Bis auf wenige Ausnahmen sind bisher alle Erkrankten an der Tollwut gestorben.

Diagnostik. Da das Virus beim Menschen erst kurz vor Erkrankungsbeginn nachzuweisen ist, ist der Virusnachweis (IFT, Anzucht in der Maus) nur beim Tier sinnvoll, um einen Tollwutverdacht zu bestätigen. Neuerdings besteht die Möglichkeit des Antigennachweises in Kornealzellen und Haarfollikeldrüsen (Hautbiopsie). Für die Versendung des Untersuchungsmaterials gibt es spezielle Vorschriften (Umhüllung mit sublimatgetränkten Tüchern).

Therapie. Eine präexpositionelle Prophylaxe in Form einer aktiven Schutzimpfung ist bei Personen, die einem hohen Expositionsrisiko unterliegen, z. B. Waldarbeiter oder Indienreisende, angebracht.

Bei Verdacht auf Tollwutexposition muß die Wunde mit Seifenwasser gespült und mit Alkohol oder Jodtinktur desinfiziert werden. Die Bißstelle sollte mit Anti-Tollwut-Hyperimmunglobulin umspritzt werden (innerhalb von 3 Tagen nach Exposition). Außerdem erfolgen eine passive und aktive Immunisierung mit Totimpfstoff.

Das beißende Tier (Hunde!) wird 7 Tage beobachtet. Treten keine Symptome auf, ist das Tier als gesund anzusehen.

HIV (Retrovirus, Lentivirus)

(+)ssRNS: 2 Stränge
komplexes Doppelkapsid
Hülle

Reverse Transkriptase
Integration als Provirus

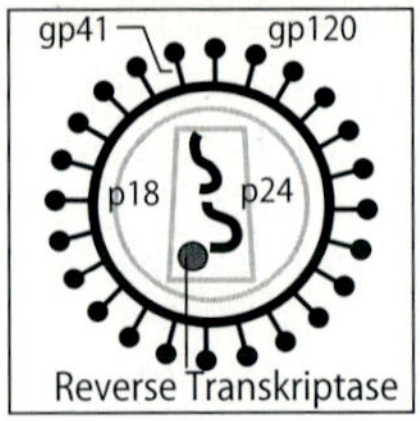

HIV
HIV-1: Montagnier (1983)
HIV-1 ➡ AIDS: Gallo (1984)
HIV-2: Essex (1985)

HIV: Merkmale

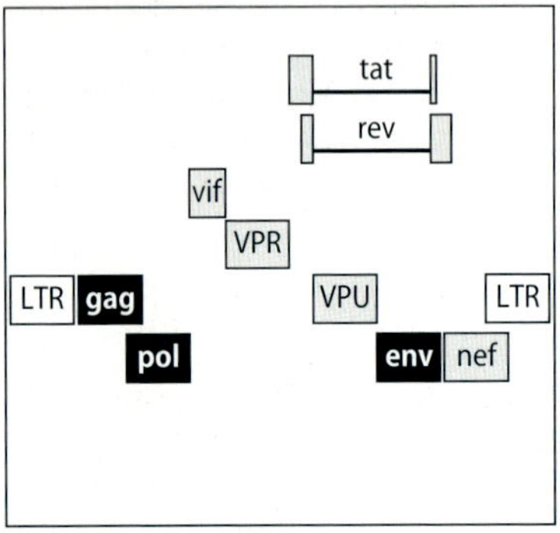

HIV: Genkarte von HIV-1

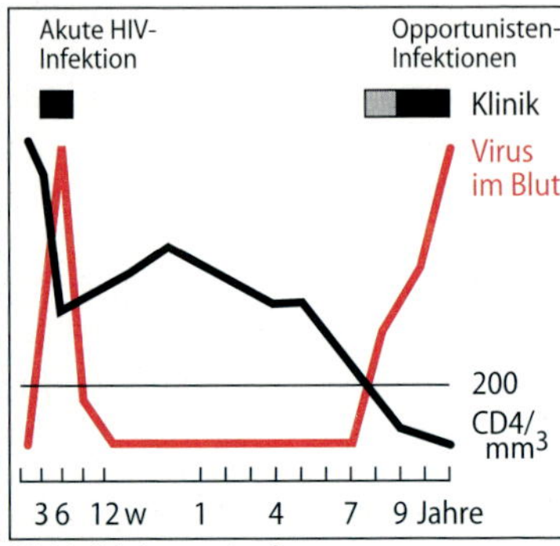

HIV: Infektionsverlauf

Gen	(Glyko)Proteine HIV-1	HIV-2	Funktion
env	gp160	gp140	Vorläufer der Hüll-Glykoproteine
	gp120	gp125	Äußeres Hüll-Glykoprotein
	gp41	gp36/41	Transmembran-Glykoprotein
gag	p55	p56	Vorläufer des Core-Proteins
	p24	p26	Inneres Core-Protein
	p17	p16	Äußeres Core-Protein
pol	p 66	p 68	Reverse Transkriptase + RNase H
	p 51	p 53	Reverse Transkriptase
	p 32	p 34	Endonuklease/Integrase

p = Protein, gp = Glykoprotein.
Die Zahlen geben das ungefähre Molekulargewicht der Proteine in Kilodalton an.

HIV: Gene sowie Proteine und Glyko-Proteine

Prävention. Präventiv wirken die Verminderung der Reservoirtiere und/oder deren Immunisierung.

Nach §3 BSeuchG sind der Krankheitsverdacht, die Erkrankung und der Tod an Tollwut zu melden. Darüber hinaus sind jede Verletzung eines Menschen durch ein tollwutkrankes oder -verdächtiges Tier sowie die Berührung eines solchen Tieres oder Tierkörpers meldepflichtig.

3.2.31 Humanes Immunodefizienz-Virus (HIV)

Beschreibung

HIV ist ein Retrovirus aus der Gruppe der Lentiviren. Jedes Virus besitzt zwei identische Kopien einer (+)ssRNS, ein helikales, konisches Kapsid und eine spikehaltige Lipidhülle. Retroviren sind durch ein besonderes Enzym, die Reverse Transkriptase, charakterisiert, welches die Virus-RNS in DNS umschreibt. Diese wird dann als Provirus in das Genom der Wirtszelle integriert, wo sie über längere Zeiträume persistiert. Das Genom von HIV ist sehr instabil; häufige Mutationen führen zu hoher antigener Variabilität bei den Hüll-Glykoproteinen (gp41, gp120). Es gibt zwei HIV-Typen (HIV-1, HIV-2), die immunologisch nur wenige Kreuzreaktionen zeigen. HIV-1 kommt weltweit vor, HIV-2 bislang vorwiegend in Westafrika.

Rolle als Krankheitserreger

Übertragung. Die Übertragung des HIV erfolgt parenteral durch Blut und Blutprodukte, sexuell sowie perinatal (z. B. Stillen).

Pathogenese. Mit Hilfe des gp120 bindet sich das Virus an CD4-Rezeptoren und Beta-Chemokin-Rezeptoren (CXCR-4 auf T-Zellen, CC-CKR-5 auf Makrophagen). Letztere sind für die Membranfusion bedeutsam. Es werden vorwiegend T-Helferzellen, dendritische Zellen und Makrophagen infiziert; HIV wird aber auch in Langerhans-Zellen, Rektumepithelzellen und Mikrogliazellen gefunden. Das in das Wirtszellgenom integrierte Provirus bildet die Grundlage für die latente Infektion. Wird die T-Zelle aktiviert, wird auch das Provirus aktiviert, vermehrt sich, und die Zelle wird lysiert. Im Makrophagen erfolgt die Replikation ohne Zell-Lyse (Montage im Zytoplasma, wo sich viele Viren anreichern), so daß die Makrophagen ein Virusreservoir darstellen.

Neben der direkten Lyse durch Virusreplikation wird der Großteil der infizierten CD4-Zellen durch zytolytische T-Zellen zerstört. Der Verlust kann über längere Zeit ausgeglichen werden, letztlich aber nicht mehr. Der Verlust an CD4+ Zellen vermindert den TH1-Zell-Anteil, TH2-Zellen werden bevorzugt und reduzieren weiter die TH1-Antwort. Es resultiert ein Mangel an IL-2 und IFN-γ.

CD4+ T-Zellen/µl		Klinik A	B	C
(1)	≥500	A1	B1	**C1**
(2)	200–499	A2	B2	**C2**
(3)	<200	**A3**	**B3**	**C3**

AIDS-Fall: A3, B3, C1, C2 und C3

A: asymptomatische HIV-Infektion
Persistierende gen. Lymphadenopathie
Akute, primäre HIV-Infektion

B: symptomatische HIV-Infektion ohne AIDS-def. Krankheiten, jedoch solchen, die auf einen Defekt in der zellulären Abwehr inkl. HIV-Infektion schließen lassen oder durch eine HIV-Infektion erschwert werden

C: AIDS-definierende Krankheiten

HIV: Klassifikation der HIV-Infektion und AIDS-Falldefinition für Erwachsene (1993)

Viren

VZV: Zoster (≥ 2 Episoden, ≥1 Dermatom)

EBV: Haarleukoplakie (oral)

Bakterien

B. henselae: Bazilläre Angiomatose
L. monocytogenes: Listeriose
pelvic inflammatory disease
Tubo-ovarial-Abszesse

Pilze

Candida: häufiger Soor (oropharyngeal, vaginal)

Malignome

zervikale Dysplasie

aus MMWR (1992) 41(RR17): 1–19

HIV: Stadium-B-Krankheiten

Viren (vor allem Herpesviren: Reaktivierung)

CMV: Retinitis, Enzephalitis, Pneumonie
HSV: chron. Herpes-simplex-Ulkus(>1Monat(m)), Pneumonie, Bronchitis, Ösophagitis
HHV8: Kaposi-Sarkoma
JC-Virus: progr. multifok. Leukoenzephalopathie
HIV-bedingtes Wasting-Syndrom
HIV-Enzephalopathie

Protozoen

Cryptosporidium parvum: chron. Diarrhoe (>1m)
Isospora belli: chron. Diarrhoe (>1m)
Toxoplasma gondii: Enzephalitis

Bakterien

PPEM z. B. MAI: Mykobakteriose (diss., extrapulm.)
M. tuberculosis: Tuberkulose
rekurrierende Sepsis durch Salmonellen
rekurrierende Pneumonie

Pilze

Candida: Ösophagitis, Pneumonie, Bronchitis
H. capsulatum: Histoplasmose (diss., extrapulm.)
C. neoformans: Kryptokokkose (diss., extrapulm.)
C. immitis: Kokzidioidomykose (diss., extrapulm.)
Pneumocystis carinii: Pneumonie

Malignome

Non-Hodgkin-Lymphome (z. T. EBV-assoziiert)
Kaposi-Sarkom (HHV8-assoziiert s.o.)
invasives Zervixkarzinom (diss.: HPV-assoziiert)

aus MMWR (1992) 41(RR17): 1–19

HIV: AIDS-definierende Krankheiten

Mit Abnahme der zellulären Abwehrfunktion werden latente Zytomegalie-Viren reaktiviert, die durch Hemmung von Knochenmark-Vorläuferzellen die Immunsuppression weiter verstärken.

Der virusbedingte Immunmangel schafft die Disposition zu Infektionen und Tumorerkrankungen.

Eine polyklonale B-Zell-Stimulation bewirkt anfangs erhöhte Serum-Immunglobulinspiegel, ebenso Autoantikörper und Immunkomplexe. Später werden die B-Zellen inhibiert, so daß die Antikörper abfallen (CTL-bedingte Zytolyse HIV-tragender B-Zellen?).

HIV kann durch Makrophagen ins ZNS gelangen und Mikrogliazellen befallen (Riesenzellbildung). In der Folge können auch andere ZNS-Zellen geschädigt werden.

Klinik. Nach Infektion mit HIV treten bei nur wenigen Patienten mononukleose-ähnliche Krankheitszeichen auf. Darauf folgt eine asymptomatische Phase (Latenzphase), die nach Monaten bis Jahren in eine generalisierte Lymphadenopathie (LAS = Lymph-Adenopathie-Syndrom; ARC = AIDS related complex) und schließlich zum manifesten Imundefektsyndrom (AIDS = Acquired Immuno Deficiency Syndrome) führt. Die seit 1993 gültige Falldefinition für Erwachsene berücksichtigt die CD4+ T-Zellen /µl Blut und das Auftreten AIDS-definierender Krankheiten.

AIDS, das letzte Stadium der HIV-Infektion, ist durch das Auftreten von Opportunisten-Infektionen (die wesentlichen Todesursachen) und seltener Tumoren (Kaposi-Sarkom, B-Zell-Lymphom) charakterisiert.

Diagnostik. In der Regel sind 4–6 Wochen nach Infektion HIV-spezifische Antikörper im Serum nachweisbar. Als Suchtest wird der ELISA eingesetzt; eine positive Reaktion muß mit einer zweiten Methode bestätigt werden (Immunoblot: positiv beim Nachweis von mindestens einem Antikörper gegen ein Glykoproteinantigen und zusätzlich einem weiteren Antikörper; fragliche oder negative Westernblotbefunde müssen mit einer weiteren Probe nach 4 Wochen kontrolliert werden; Immunfluoreszenztest). Vor Serokonversion und zum Ende der Krankheit sind im Serum auch virales Core-Protein (p24) mittels ELISA und virale Nukleinsäure mittels PCR nachweisbar. Eine Virusanzucht aus Lymphozyten ist möglich, wird aber nur von wenigen Speziallabors durchgeführt.

Für prognostische Aussagen über den Verlauf der Krankheit werden andere, vor allem immunologische Parameter herangezogen. Im Urin kommt es zu einer vermehrten Ausscheidung von Neopterin, im Serum zu einem Anstieg von β_2-Mikroglobulin und Immunglobulinen (polyklonale Hypergammaglobulinämie). Die Zahl der CD4+ T-Zellen nimmt ab, und es kommt zu einer Anergie (Fehlen einer Immunantwort vom verzögerten Typ).

Wichtige Verlaufsparameter sind die Zahl der CD4+ T-Zellen und die Konzentration der HIV-RNS im Blut.

Therapie. Durch die kontinuierliche Virusvermehrung wird das Immunsystem geschädigt, so daß das Ziel der antiretroviralen Therapie eine maximale Reduktion der Virusreplikation ist. Die wichtigsten Laborparameter für die Indikation und die Erfolgskontrolle der Therapie sind die Konzentration der CD4+ T-Zellen und von HIV-RNS im Blut. Die antiretrovirale Therapie ist indiziert bei allen symptomatischen Patienten (klinische Stadien B, C) und bei allen asymptomatischen mit weniger als 350 CD4+ T-Zellen/μl oder einer hohen Viruslast (> 10.000 RNS-Kopien/ml). Die Wirksamkeit bei höherer KJonzentration von CD4+ T-Zellen oder niedriger Viruslast ist bisher nicht gesichert. Andererseits ist eine klinische Schädlichkeit der Therapie bisher nicht beobachtet worden. Die Therapierichtlinien des Robert-Koch-Instituts sehen vor, einem Patienten mit neu diagnostizierter HIV-Infektion eine antiretrovirale Therapie vorzuschlagen. Die Therapie erfolgt als Kombinationstherapie am besten mit 2 Nukleosid-Analoga und einem Proteaseinhibitor: Geeignete Kombinationen sind z. B. Zidovudin + Lamivudin + Indinavir, Zidovudin + Didanosin + Ritonavir, Zidovudin + Zalcitabin + Nelfinavir und Stavudin + Lamivudin + Saquinavir. Der Therapieerfolg wird nach 1, 3 und 6 Monaten anhand der CD4+ T-Zellen und der HIV-RNS-Konzentration überprüft. Als Erfolg ist die Reduktion der HIV-RNS unter die Nachweisgrenze zu werten. Ein nur geringer Abfall (< 1 log10-Stufe) oder gar ein Anstieg bzw. ein deutlicher Wiederanstieg weisen auf ein Versagen der Therapie hin (bei einer gleichzeitigen Stimulation des Immunsystems sind die Parameter nach 4 Wochen zu kontrollieren). Ein Therapiewechsel ist bei Unverträglichkeit oder Wirksamkeitsverlust erforderlich. Allerdings ist die Zweittherapie bisher nur von unvollkommener Wirksamkeit.

Der Therapie der (Opportunisten)-Infektionen kommt eine besondere Bedeutung zu. Sie ist bei den jeweiligen Erregern beschrieben.

Prävention. Die sexuelle Übertragung kann durch Expositionsprophylaxe wirksam unterbunden werden (Karenz, Kondomgebrauch). Die Übertragung durch Blut und Blutprodukte wird durch eine Untersuchung von Anti-HIV-Antikörpern beim Spender weitgehend vermieden.

Daneben kommt der Vorbeugung der (Opportunisten)-Infektionen eine besondere Bedeutung zu. Diese ist bei den jeweiligen Erregern beschrieben.

3.2.32 Weitere Viren

Arenaviren. Arenaviren sind annähernd kugelförmige Ambisense-RNS-Viren. Sie enthalten also sowohl (+)- als auch (–)-RNS-Abschnitte auf einem großen ringförmigen und einem kleinen Molekül. Sie besitzen eine spikehaltige Hülle.

Das ***lymphozytäre Choriomeningitisvirus (LCMV)*** verursacht nur selten eine Infektion bei Menschen, nämlich eine aseptische Meningitis. Viel häufiger befällt es Tiere, vor allem Kleinnager (z. B: Hamsterkrankheit). Es ist pathogenetisch interessant, da die Schädigung nahezu ausschließlich durch die induzierte Immunreaktion bedingt ist.

Ein anderes Arenavirus, das ***Lassa-Fieber-Virus***, verursacht das Lassa-Fieber, von dem in Westafrika jedes Jahr etwa 200.000 Fälle mit mehreren tausend Todesfällen auftreten. Durch engen Kontakt mit dem Urin der persistent infizierten Ratte Mastomys natalensis infiziert sich der Mensch. Klinisch manifestiert sich die Krankheit als hämorrhagisches Fieber. Ribavirin hat sich als wirksames Chemotherapeutikum bewährt.

Norwalk-Agens. Dies ist ein ikosaedrisches (+)ssRNS-Virus ohne Hülle. Es ist mit den Caliciviren verwandt. Elektronenmikroskopisch stellt es sich als Ring von nach außen gerichteten Tassen dar. Es verursacht bei Jugendlichen und Erwachsenen Gastroenteritiden, die ohne jahreszeitliche Häufung epidemisch, typischerweise als Explosivepidemien, auftreten. Das Virus verursacht auch eine Reisediarrhoe. Der Erreger befällt vorwiegend das Jejunum. Die Zotten sind gestaucht, die Interzellularspalten deutlich erweitert. In der Lamina propria fndet sich ein monozytär-granulozytäres Infiltrat. Weder eine Routinediagnostik noch spezifische Therapie- oder Prophylaxemaßnahmen stehen zur Verfügung; entscheidend sind ausreichende Substitution von Wasser und Elektrolyten und allgemeine Hygienemaßnahmen.

Astroviren. Diese (+)ssRNS-Viren von sternförmigem Aussehen verursachen bei Säuglingen und Kleinkindern leichte Gastroenteritiden mit wäßrigen Durchfällen, Erbrechen und geringgradigem Fieber.

JC-Virus. Dieses Papova-B-Virus ist ein ikosaedrisches dsDNS-Virus. Die Durchseuchung ist hoch (70–100% im Kindesalter). Das Virus generalisiert hämatogen und persistiert in Niere, Lymphknoten und B-Zellen sowie im ZNS. Bei einer Abwehrschwäche (AIDS, Immunsuppression nach Transplantation, aber auch Schwangerschaft) kann das Virus reaktiviert werden. Bedingt durch die zytolytische Replikation in Oligodendrogliazellen und Astrozyten, entsteht die seltene Entmarkungskrankheit ***Progressive Multifokale Leukenzephalopathie (PML)***. Diese äußert sich u. a. durch Sprachstörungen, Demenz, Lähmungen und Sensibilitätsstörungen.

Ebola- und Marburg-Virus. Diese Filoviren besitzen (–)ssRNS, ein helikales Kapsid und eine spikehaltige Hülle. Die Übertragung erfolgt durch Kontaktinfektion (z. B: Blutspritzer, Hautkontakt, Trauma: medizinisches Personal!). Als Reservoir werden Affen und Fledermäuse vermutet. Die Viren verursachen hämorrhagisches Fieber, das mit einer sehr hohen Letalität (ca. 90%) belastet ist. Nach einer Inkubationszeit von ca. 1 Woche äußert sich die Infektion klinisch durch hohes Fieber mit Schüttelfrost, Blutungen, Muskelschmerzen, Exanthem, Erbrechen und Apathie. Die Diagnose kann durch elektronenmikroskopischen Virusnachweis im Blut, durch Anzucht und Antikörpernachweis gesichert werden. Therapieoptionen gibt es nicht. Die Prävention besteht in einer Expositionsprophylaxe.

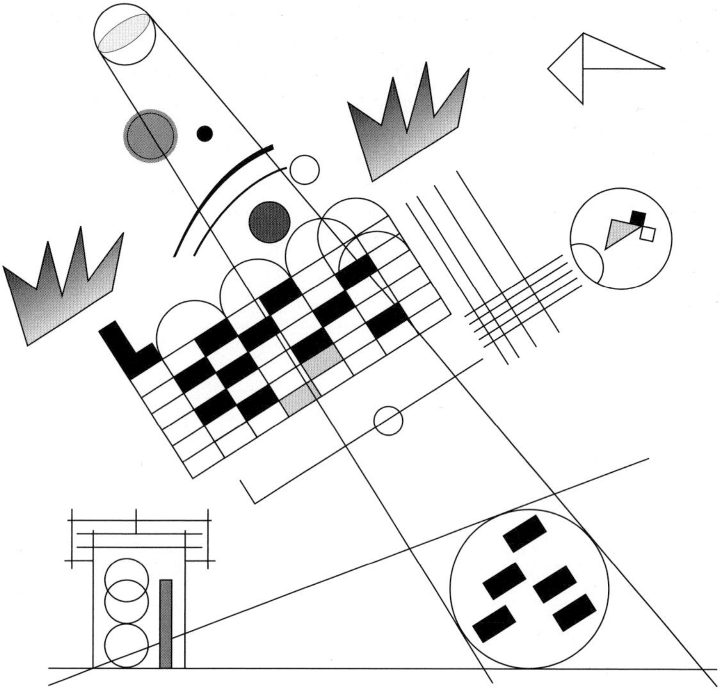

gasBrand

Bakterien

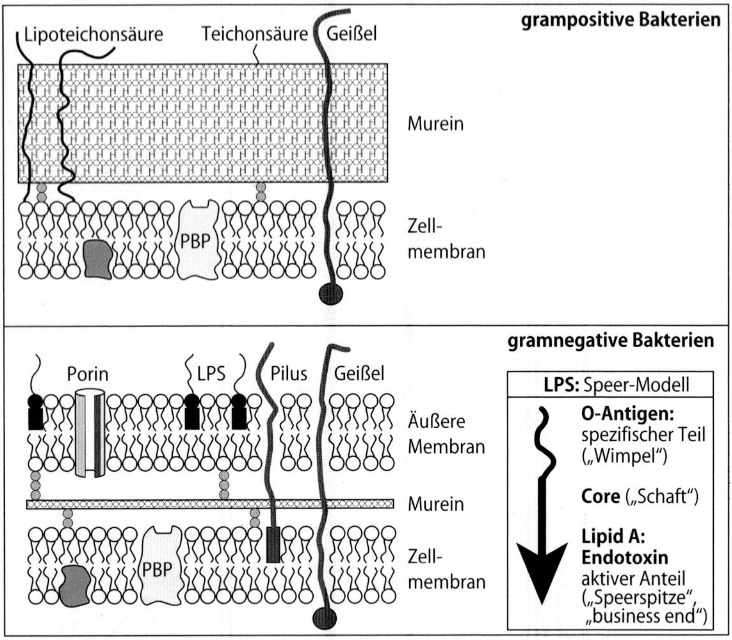

Zellwand: Aufbau der bakteriellen Zellwand

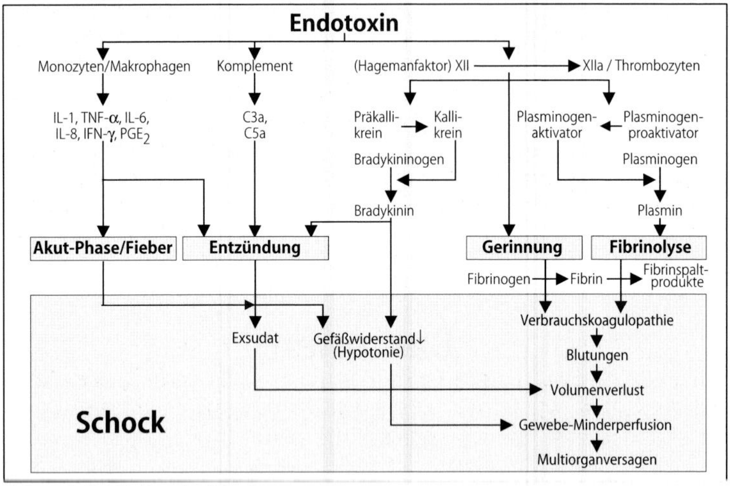

Zellwand: LPS/Endotoxin: Schock

3.3 Bakterien

Aufbau

Bakterien zählen zu den prokaryonten Lebewesen. Ihr Durchmesser beträgt 0,2–2,5 µm, ihre Länge ist variabel: medizinisch relevante sind meist 1–3 µm, selten bis zu 10 µm lang. Sie besitzen freie Ribosomen; andere Zellorganellen sind ebenfalls weder membrangebunden noch enthalten sie Lipiddoppelschichtmembranen. Die Bakterienzelle weist keine intrazelluläre Kompartimentierung auf.

Zellhülle. Alle Bakterien besitzen eine Zytoplasmamembran aus einer doppelschichtigen Lipidschicht. Mit Ausnahme der Mykoplasmen tragen Bakterien eine Peptidoglykan-Zellwand aus Murein: N-Acetylglucosamin und N-Acetylmuraminsäure sind beta-glykosidisch zu Ketten verbunden. Durch die Ausbildung von Peptidbindungen zwischen den einzelnen Ketten (Transpeptidierungsenzym Transpeptidase) entstehen Quervernetzungen und letztlich ein dreidimensionaler Sacculus.

Hinsichtlich des Zellhüllenaufbaus lassen sich die Bakterien in zwei Gruppen einteilen:

- Die Zellhülle der einen Gruppe besitzt einen dicken mehrschichtigen Peptidoglykansacculus und enthält Teichonsäuren.
- Der andere Zellhüllentyp besteht aus einem dünnen (einschichtigen) Mureinsacculus, dem eine zweite Lipiddoppelschichtmembran aufgelagert ist. Diese „Äußere Membran“ besteht aus Lipopolysacchariden und Phospholipiden. Zusätzlich enthält sie Porinproteine (Porine, auch Outer Membrane Proteins (OMPs) genannt). Sie ist durch Lipoproteine mit dem Mureinsacculus verbunden. Die Lipopolysaccharide (LPS) bauen sich auf aus außen gelegenen Polysaccharidketten, die antigene Eigenschaften besitzen (O-Antigene), einem Kernpolysaccharid (Core) und Lipid A. Das Lipid A induziert als Endotoxin wichtige Reaktionen im Verlauf eines Entzündungsprozesses. Einen Teil seiner Effekte vermittelt das LPS durch Transsignalling: LPS wird von LPS-bindendem Protein gebunden. Dieser Komplex bindet sich an den Rezeptor CD40 (z. B. auf Makrophagen). Die Zelle sezerniert daraufhin sCD40, das auf z. B. Endothelzellen wirken kann.

Weitere funktionell bedeutsame Bestandteile sind Geißeln – sie dienen der Eigenbeweglichkeit – und Fimbrien (Pili), die als Adhäsine fungieren. Durch spezialisierte Pili (sog. Sexpili) kann genetisches Material, z. B. Resistenzfaktoren, zwischen zwei Bakterien ausgetauscht werden.

Form	grampositiv	gramnegativ
Kugel-Bakterien (Kokken)	Staphylokokken Streptokokken Peptostreptokokken	Neisserien Veillonellen
Stäbchen-Bakterien	Korynebakterien Listerien Erysipelothrix (Mykobakterien) Aktinomyzeten Bacillus Clostridium	Enterobakterien Pseudomonas Vibrio Campylobacter Helicobacter Haemophilus Bordetella Legionella Francisella Bacteroides
Schrauben-Bakterien		Treponemen Borrelien Leptospiren

Einteilung medizinisch bedeutsamer Bakterien nach Form und Gramverhalten

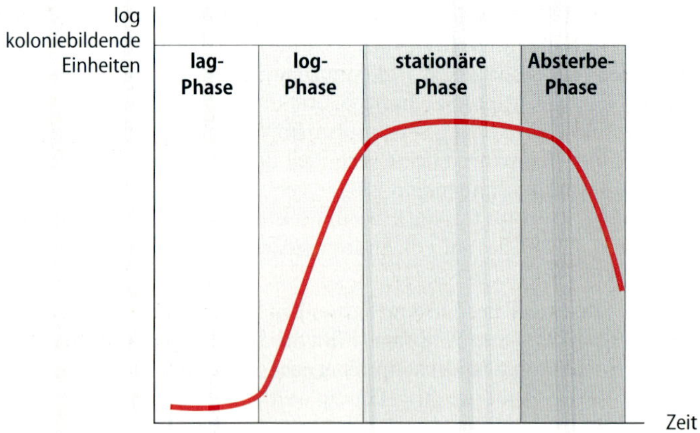

Vermehrungskurve

Grundformen. Aufgrund ihrer Form läßt sich eine vorläufige Zuordnung von Bakterien erreichen. Drei Grundformen lassen sich dabei unterscheiden:

- Kugel-Bakterien (Kokken),
- Stäbchen-Bakterien und
- Schrauben-Bakterien.

Bei Kokken sind die Lagerung (Haufen-, Ketten-, Diplo-Kokken), bei Stäbchen die Größe (groß, klein, zart, plump) sowie die Beweglichkeit zusätzliche diagnostische Merkmale.

Gramverhalten. Die Gramfärbung erlaubt Rückschlüsse auf den Wandaufbau: Die Bakterien mit dem mehrschichtigen Mureinsacculus färben sich z. B. mit Victoriablau und Lugolbeize blau an und widerstehen einer Entfärbung mit Alkohol, sie sind grampositiv; diejenigen mit dem einschichtigen Mureinsacculus lassen sich entfärben und erscheinen nach Gegenfärbung mit Safranin rot, sie sind gramnegativ (s. a. Diagnostik).

Genom

Bakterien enthalten als Genom eine ringförmige, doppelsträngige DNS, die nicht von einer Membran umhüllt ist (Kernäquivalent). Die DNS enthält im Gegensatz zu eukaryonter DNS keine Introns. Sie können zusätzliche DNS in Form von Plasmiden tragen (z. B. mit Resistenzfaktoren) und bilden selbst ihre RNS.

Vermehrung

Bakterien vermehren sich meist durch Zweiteilung: Eine typische Vermehrungskurve untergliedert sich in

- lag-Phase (Anpassung an die Umgebung ohne Vermehrung),
- log-Phase (logarithmische Vermehrung),
- Plateau-Phase (Gleichgewicht zwischen Vermehrung und Absterben) und
- Absterbephase.

Stoffwechsel

Bakterien sind heterotroph und betreiben in der Regel ihren eigenen Stoffwechsel; nur in Ausnahmefällen (Chlamydien, Rickettsien) sind sie auf eine Wirtszelle angewiesen. Ihr Energiestoffwechsel kann durch respiratorische oder fermentative Kohlenhydratverwertung erfolgen (Atmung bzw. Gärung).

Streptococcus

grampositive Kokken (Ketten)
fakultativ anaerob
KH-Verwertung: fermentativ
Sporenbildung: nein
Beweglichkeit: nein
Katalase: negativ
Oxidase: negativ

6,5% NaCl: keine Vermehrung
Unterteilung nach Hämolyse

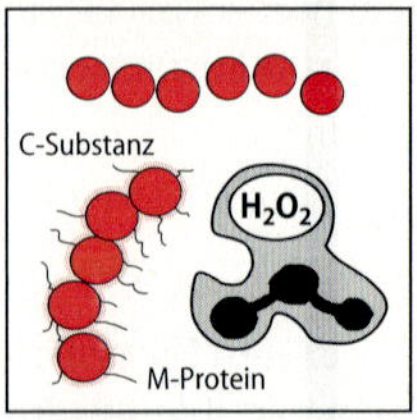

S. pyogenes
Kettenkokken in Eiter
Billroth (1881)

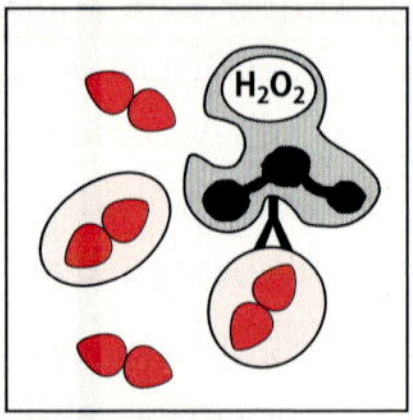

S. pneumoniae
lanzettförmige
Diplokokken in Eiter
Sternberg, Pasteur (1881)

Streptococcus: Gattungsmerkmale

Arten	Krankheiten
Beta-hämolysierende Streptokokken	
S. pyogenes (Gruppe A)	Eitrige Lokalinfektionen (Auswahl): Angina lacunaris Phlegmone, Erysipel, Impetigo nekrotisierende Fasziitis Sepsis: z. B. Kindbettfieber Toxinbedingte Krankheiten: Scharlach Toxic-shock-Syndrom Nachkrankheiten: akutes rheumatisches Fieber Glomerulonephritis
S. agalactiae (Gruppe B)	Meningitis, Sepsis (Neugeborene) Eitrige Lokalinfektionen
Gruppen C, G, F	Eitrige Lokalinfektionen Sepsis
Vergrünende (alpha-hämolysierende) Streptokokken	
S. pneumoniae	Pneumonie Meningitis Otitis, Mastoiditis, Sinusitis Konjunktivitis, Ulcus serpens corneae
S. bovis	Sepsis, Endokarditis (bei Nachweis: suche Kolonkarzinom)
S. mutans S. sanguis	Endokarditis Karies
S.-anginosus-Gruppe	Abszesse, Sinusitis, Meningitis

Streptokokken: Arten und Krankheiten

3.3.1 Streptokokken

Beschreibung

Streptokokken sind grampositive Kokken, die kettenförmig hintereinander gelagert sein können, Pneumokokken (S. pneumoniae) erscheinen als lanzettförmige Diplokokken. Streptokokken sind fakultativ anaerob und bilden keine Katalase. Sie wachsen bei Übernachtbebrütung auf Hammelblutagar zu kleinen, durchsichtigen Kolonien heran.

Die Streptokokken werden aufgrund ihres Hämolyseverhaltens auf Hammelblutagar eingeteilt in *alpha*-hämolysierende vergrünende Streptokokken, *beta*-hämolysierende und nicht-hämolysierende Streptokokken. Bei der inkomplette Alpha-Hämolyse sind einige Erythrozyten innerhalb des Hämolysehofs noch intakt, das Hämoglobin wurde zu Biliverdin abgebaut (Vergrünung); bei der vollständigen Beta-Hämolyse wurden alle Erythrozyten im Hämolysehofs lysiert und Hämoglobinabbau zu Bilirubin abgebaut.

Bei den vergrünenden Streptokokken unterscheidet man Pneumokokken (galle- und optochinempfindlich) und andere vergrünende Streptokokken, z. B. Viridans-Gruppe oder S. mutans.

Beta-hämolysierende Streptokokken werden aufgrund ihrer C-Substanz (Zellwandpolysaccharide) weiter in (Lancefield)-Gruppen (A–T) unterteilt: Medizinisch besonders bedeutsam sind Gruppe A (Streptococcus pyogenes) und Gruppe B (Streptococcus agalactiae). M-Proteine der Zellwand von S. pyogenes dienen der weiteren Unterteilung in Typen.

Virulenzfaktoren. S. pyogenes besitzt als Adhäsine oberflächliche F-Proteine, die M-Proteine wirken antiphagozytär, eine C5a-Peptidase behindert die komplementbedingte Akkumulation von Granulozyten. Lipoteichonsäuren können die Adhärenz vermitteln. DNAsen, Hyaluronidasen und Streptokinase scheinen bei der Eiterverflüssigung und bei der Ausbreitung im Gewebe eine Rolle zu spielen. Darüberhinaus gibt es verschiedene Zytolysine (z. B. Streptolysin O: sauerstoffempfindlich, Antikörperinduktion und Streptolysin S: sauerstoffunempfindlich, Hämolyse auf Hammelblutagar), die u. a. Abwehrzellen zerstören. Stämme, die durch entsprechende Phagen lysogenisiert wurden, produzieren pyrogene Streptokokken-Exotoxine (SPE; früher auch erythrogene Toxine genannt; die Typen A und C wirken als Superantigene, Typ B aktiviert als Proteinasevorläufer (Streptopain) einen Faktor Ax zu einem stärker mitogenen Faktor Bx. Diese Toxine spielen beim Scharlach und beim Toxic-shock-Syndrom eine entscheidende Rolle.

Wesentliche Virulenzfaktoren von Pneumokokken sind eine antiphagozytäre Polysaccharidkapsel (nur bekapselte Stämme sind virulent), das dermatotoxische Pneumolysin, das auch entzündungsauslösend wirkt, und Neuraminidase (Invasion). Über die Virulenzfaktoren der anderen vergrünenden Strep-

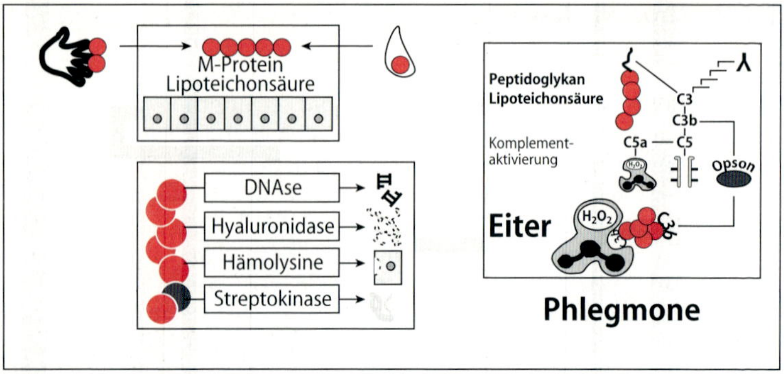

Streptococcus pyogenes: Pathogenese der eitrigen Lokalinfektionen

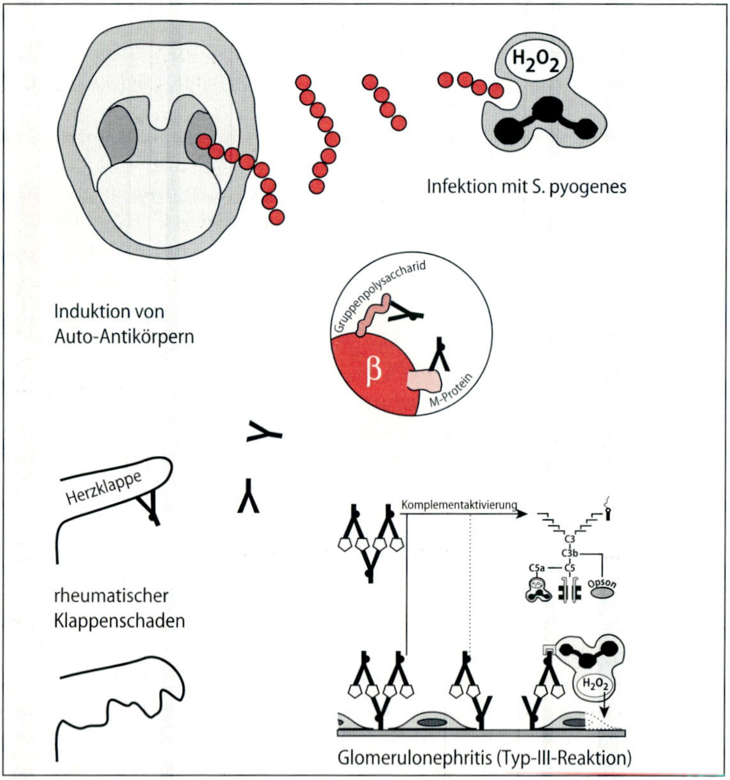

Streptococcus pyogenes: Pathogenese der Nachkrankheiten

tokokken ist wenig Sicheres bekannt; bei der S.-milleri-Gruppe ist eine antiphagozytäre Kapsel nachweisbar.

Rolle als Krankheitserreger

Übertragung. S. pyogenes wird hauptsächlich durch Tröpfcheninfektion, Hautmanifestationen werden durch Schmierinfektion übertragen.

S. agalactiae wird durch Schmierinfektion im Geburtskanal auf das Neugeborene übertragen.

Pneumokokken können durch Tröpfcheninfektion weiterverbreitet werden, etwa 50% der Menschen tragen den Erreger im Rachen.

Vergrünende Streptokokken machen den Hauptanteil der aeroben Schleimhautflora des oberen Respirationstrakts aus, Infektionen entstehen also endogen, z. B. bei Zahnextraktionen oder bei schweren Schleimhautläsionen in Folge einer antineoplastischen Chemotherapie.

Pathogenese. S. pyogenes verursacht durch das Zusammenspiel seiner Virulenzfaktoren eitrige Infektionen, die sich, bedingt durch Ausbreitungsfaktoren, flächig ausdehnen und je nach Virulenz äußerst invasiv sein können (Beispiel: nekrotisierende Fasziitis). Scharlach und Toxic-shock-Syndrom entstehen als Folge der Superantigen-Wirkung der SPE. Darüberhinaus ist S. pyogenes in der Lage, immunpathologische Nachkrankheiten zu induzieren.

S. agalactiae induziert eine eitrige Entzündungsreaktion.

S. pneumoniae siedelt sich zunächst im oberen Respirationstrakt an und gelangt transepithelial ins Blut und hämatogen zu den Meningen oder durch Aspiration in den Alveolarraum. Geschützt durch die antiphagozytäre Kapsel, kann sich der Erreger zunächst unbehelligt vermehren und eine eitrige Entzündungsreaktion induzieren, die in der Lunge eine, die Atemoberfläche vermindernde, Exsudation in den Alveolarraum zur Folge hat; erst mit der Bildung opsonisierender Antikörper kann der Erreger effektiv phagozytiert und abgetötet werden.

Vergrünende Streptokokken können sich bei einer Bakteriämie an Thromben auf vorgeschädigten Herzklappen anlagern und Vegetationen bilden, die embolisch verschleppt werden können (Endocarditis lenta).

S. mutans und S. sanguis sind ursächlich an der Kariesentstehung beteiligt. Sie siedeln sich auf der Cuticula dentis an und produzieren dort Dextrane, die eine Matrix für milchsäureproduzierende Bakterien (Propionibakterien, Laktobazillen, Aktinomyzeten, Leptotrichia) bilden: Es kann sich eine Plaque bilden. Die gebildete Säure löst den Zahnschmelz auf: Es entsteht Karies.

Klinik. S. pyogenes (A-Streptokokken) verursacht eitrige Lokalinfektionen wie Angina lacunaris, Erysipel, Impetigo contagiosa und Phlegmone sowie Sepsis, z. B. Kindbettfieber. Die übliche Inkubationszeit beträgt etwa 4 Tage. Scharlach

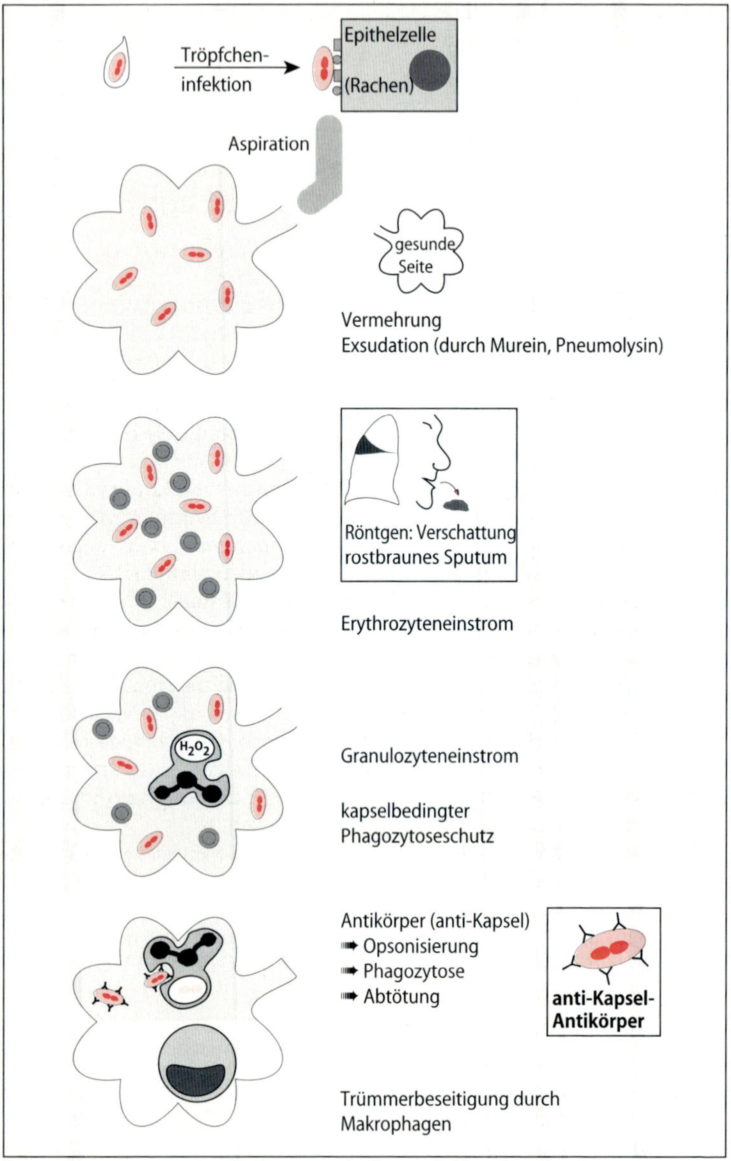

Streptococcus pneumoniae: Pathogenese der Pneumokokken-Pneumonie ist durch ein Exanthem (beginnend am Rücken, Ausbreitung über den Rumpf, die Extremitäten und das Gesicht unter Aussparung der Mundregion: periorale Blässe) und ein Enanthem gekennzeichnet. Typisch sind die Veränderungen an der Zunge: Zunächst zeigt sich ein weißlicher Belag, aus dem rote hypertrophierte Papillen ragen (Erdbeerzunge); nach 4–5 Tagen Abfall des Belags: geschwollene Papillen werden sichtbar (Himbeerzunge). Die Hauptsymptome des Toxic-shock-Syndroms sind Fieber, Hypotonie und makuläres Exanthem, begleitet von mehreren Organschädigungen (Schleimhauthyperämie, Kreatinin-, Transaminasen-, CPK-Erhöhungen, Bewußtseinstrübung, Diarrhoe). Als Nachkrankheiten treten akute Glomerulonephritis (Ablagerung von Immunkomplexen nach Infektion mit nephritogenen Stämmen) und akutes rheumatisches Fieber (Karditis: meist Endokarditis, Arthritis, Chorea minor; durch kreuzreagierende Antikörper) 2–3 Wochen nach der Infektion auf.

S. agalactiae (B-Streptokokken) ist ein häufiger Erreger von Sepsis und Meningitis bei Neugeborenen. Weitere Infektionen sind Eiterungen, z. B. im Genitaltrakt, besonders bei Frauen, im Bewegungsapparat, in der Haut und den Weichteilen.

Beta-hämolysierende Streptokokken anderer Gruppen verursachen ebenfalls eitrige Infektionen.

S. pneumoniae ist der häufigste Erreger ambulant erworbener Pneumonien (vor allem einer Lobärpneumonie) und einer eitrigen Meningitis (Haubenmeningitis) insbesondere bei Erwachsenen. Typisch sind auch Otitis media, Mastoiditis oder Sinusitis. Am Auge rufen Pneumokokken das Ulcus serpens corneae und eine eitrige Konjunktivitis hervor. S. pneumoniae ist der typische Sepsiserreger nach Milzextirpation (OPSS = „overwhelming pneumococcal sepsis syndrome"; bes. bei Kindern).

Die Endocarditis lenta durch vergrünende Streptokokken zeichnet sich durch einen schleichenden Verlauf mit Abgeschlagenheit, Leistungsabfall und subfebrilen Temperaturen aus. Typische Zeichen an den Fingern sind Splitterblutungen unter den Nägeln und Oslerknötchen. Es können fokale neurologische Ausfälle vor allem als transitorische ischämische Attacke auftreten. Typische Untersuchungsbefunde sind Herzgeräusche und eine beschleunigte Blutsenkung.

Diagnostik. Der Erregernachweis bei Streptokokkeninfektionen erfolgt durch die Anzucht des Erregers aus dem vermuteten Infektionsherd und anschließende Differenzierung (Hämolyse, biochemische Leistungsprüfung, Gruppenbestimmung durch Agglutination; Darstellung der Kapsel von Pneumokokken erfolgt im Tuscheverdrängungspräparat oder mit Hilfe der Neufeldschen Kapselquellungsreaktion (die Kapsel schwillt bei Zugabe von Antikörpern mit Spezifität gegen die Kapselsubstanz).

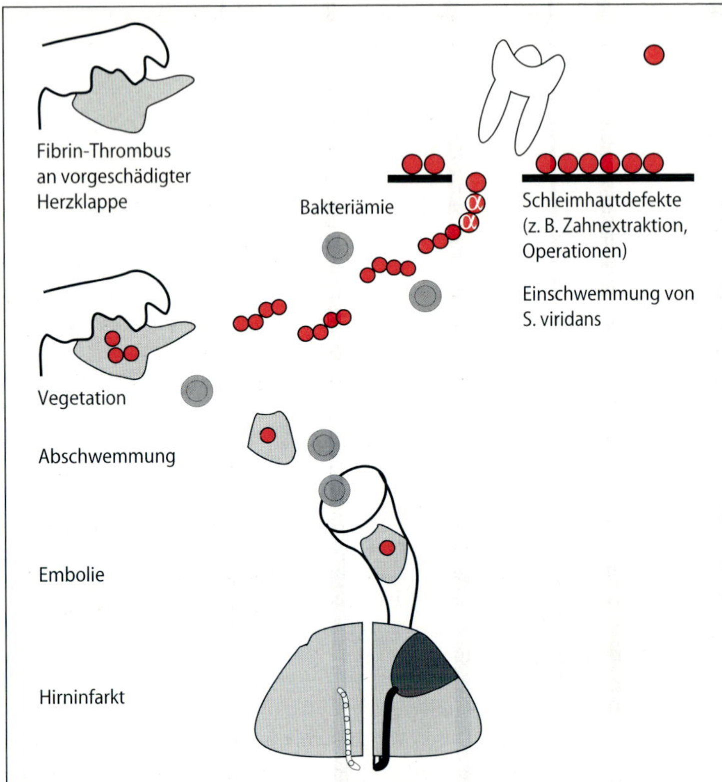

Vergrünende Streptokokken: Pathogenese der Endocarditis lenta

Enterococcus
grampositive Kokken
fakultativ anaerob
KH-Verwertung: fermentativ
Sporenbildung: nein
Beweglichkeit: nein
Katalase: negativ
Oxidase: negativ
Vermehrung bei 6,5% NaCl
Leucinaminopeptidase: +
Pyrrolidonylarylamidase: +

Enterokokken
Kokken in Eiter
Thiercelin (1899)

Arten: **E. faecalis**
E. faecium

Krankheiten
Sepsis
Endokarditis
Harnwegsinfektionen
Peritonitis
Cholezystitis, Cholangitis
Weichteilinfektionen
Wundinfektion
katheterass. Infektionen

Enterococcus: Gattungsmerkmale, Arten, Krankheiten

Der Nachweis von Antikörpern gegen Streptokokkenantigene spielt bei der Diagnostik der Nachkrankheiten eine Rolle: Antistreptolysin-, Anti-DNase-B-Titer.

Therapie. Penicillin ist das Mittel der Wahl: Je nach Schwere der Infektion kann eine orale Therapie (Penicillin V) genügen oder aber eine parenterale Therapie (Penicillin G) erforderlich sein. Bei Endokarditis lenta ist die Therapie der Wahl die Kombination Penicillin G plus Aminoglykosid (Gentamicin). Bei Penicillinallergie bietet sich der Einsatz von Erythromycin oder von Basiscephalosporinen an.

Prävention. A-Streptokokken-Infektionen wird am ehesten durch allgemeine Hygienie vorgebeugt, das Entstehen der Nachkrankheiten durch konsequente Therapie weitestgehend verhindert; denoch muß ein Patient hinsichtlich der Entstehung der Nachkrankheiten kontrolliert werden (ca. 3–4 Wochen nach Infektion).

Schwangere sollten auf das Vorkommen von S. agalactiae im Geburtskanal untersucht werden, damit im positiven Fall eine perinatale Prophylaxe mit Penicillin G oder Ampicillin durchgeführt werden kann.

Besonders gefährdete Patienten können gegen Pneumokokken geimpft werden (Totimpfstoff aus verschiedenen Kapselantigenen). Desweiteren wird die Schutzimpfung für alle Personen älter als 60 Jahre allgemein empfohlen (STIKO).

Zur Endokarditisprophylaxe s. Abschnitte Prävention und Syndrome.

3.3.2 Enterokokken

Beschreibung

Enterokokken sind katalasenegative grampositive Kokken, die fakultativ anaerob bei Übernachtbebrütung auf Grundkulturmedien anwachsen. Sie besitzen das Gruppen-Polysaccharid D von Streptokokken, unterscheiden sich aber von diesen durch eine hohe Salzresistenz und ein breiteres Temperaturspektrum. Die wichtigsten Vertreter sind Enterococcus (E.) faecalis und E. faecium.

Virulenzfaktoren. Enterokokken besitzen eine Aggregationssubstanz, die ihnen die Adhäsion erlaubt. Sie sezernieren Enzyme, die bei der Invasion beteiligt sind und zur Schädigung beitragen, z. B. Hyaluronidase oder Gelatinase.

Rolle als Krankheitserreger

Übertragung. Als fakultativ pathogener Bestandteil der Dickdarmflora wird der Erreger durch z. B. Schmierinfektion in andere Regionen verschleppt. Bei Krankenhauspatienten kann der Erreger weitere Körperregionen kolonisieren, insbesondere als Ersatzflora unter Therapie mit Cephalosporinen, Aminoglykosiden oder Chinolonen.

Staphylococcus
grampositive Kokken (Haufen)
fakultativ anaerob
KH-Verwertung: fermentativ
Sporenbildung: nein
Beweglichkeit: nein
Katalase: positiv
Oxidase: negativ
Lysostaphin-Empfindlichkeit Pentaglycylbindung

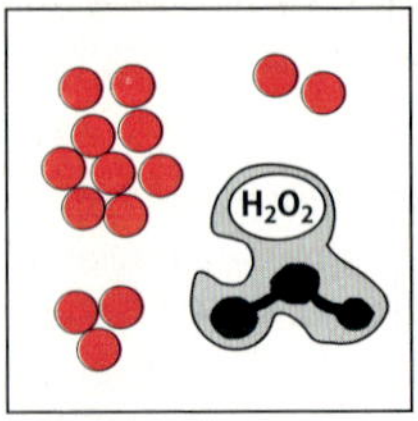

S. aureus
Haufenkokken in Eiter
Robert Koch (1878)

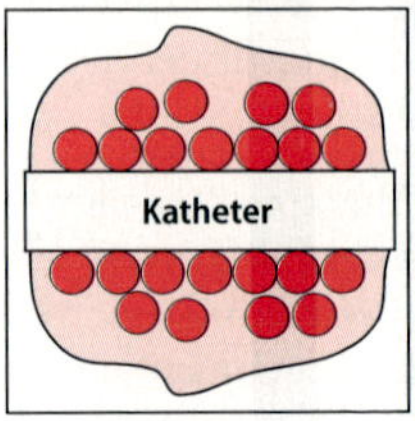

S. epidermidis
in Polysaccharidschleim
an Kunststoffkatheter
F. J. Rosenbach (1884)

Staphylococcus: Gattungsmerkmale

Arten	Krankheiten
Koagulase-positiv	
S. aureus	eitrige Lokalinfektionen (oberflächlich; tief-invasiv) Furunkel, Karbunkel, Wundinfektionen Organabszesse, Pneumonie, Osteomyelitis, Arthritis
	Sepsis, Endokarditis
	toxinbedingte Syndrome SSSS (Staphylococcal Scalded-Skin-Syndrom) TSS (Toxic-shock-Syndrom) Nahrungsmittelintoxikation
Koagulase-negativ	
S.-epidermidis-Gruppe	
S. epidermidis	Endoplastitis Sepsis Peritonitis
S. hominis S. haemolyticus S. warneri S. capitis	
S.-saprophyticus-Gruppe	
S. saprophyticus	Harnwegsinfektionen
S. xylosus S. cohnii	

Staphylokokken: Arten und Krankheiten

Pathogenese. Enterokokken verursachen eitrige Infektionen.

Klinik. Enterokokken sind häufige Erreger von Harnwegsinfektionen und Endokarditis. Weitere Infektionen durch Enterokokken sind Wund- und Weichteilinfektionen sowie intraabdominelle Infektionen (Abszesse, Peritonitis, auch bei Peritonealdialyse). Von diesen Herden aus können sie eine Sepsis hervorrufen. Enterokokken verursachen vor allem nosokomiale Infektionen.

Diagnostik. Enterokokkeninfektionen werden durch Anzucht des Erregers aus Proben aus dem Infektionsort diagnostiziert. Bei Materialien, die Haut- oder Schleimhautflora enthalten können, erfordert die Einstufung als Erreger oder Kolonisationsflora große ärztliche Erfahrung.

Therapie. Enterokokken sind primär resistent gegen Cephalosporine und Aminoglykoside. Mittel der Wahl sind Ampicillin oder Mezlocillin. Gegen ampicillin- oder mezlocillinresistente Stämme und bei Penicillinallergie wird Vancomycin (oder Teicoplanin) verabreicht. Ein potentielles Therapieproblem stellen die zunehmend isolierten vancomycinresistenten Enterokokken (VRE) dar, sie müssen nach Antibiogramm behandelt werden. Bei Endokarditis wird zusätzlich ein synergistisch wirksames Aminoglykosid gegeben.

Prävention. Neben allgemeinhygienischen Maßnahmen zur Vermeidung einer Schmierinfektion (z. B. Händedesinfektion) sollten die disponierende Abwehrschwäche und kolonisationsfördernde Faktoren schnellstmöglich beseitigt werden. VRE-Träger im Krankenhaus müssen strikt isoliert werden.

3.3.3 Staphylokokken

Beschreibung

Staphylokokken sind grampositive Kokken. Bei geeigneten äußeren Bedingungen lagern sie sich traubenförmig zusammen. Sie sind fakultativ anaerob, produzieren Katalase und bilden bei Übernachtbebrütung auf Basiskulturmedien sichtbare Kolonien. Durch den Nachweis einer Plasmakoagulase (Fibrinbildung), von Protein A oder von Clumpingfaktor kann S. aureus von koagulasenegativen Staphylokokken abgetrennt werden. Aufgrund seiner Resistenz gegen Novobiocin läßt sich S. saprophytius von anderen koagulasenegativen Staphylokokken, z. B. S. epidermidis, abgegrenzen.

Virulenzfaktoren. Wichtige Virulenzfaktoren von S. aureus sind Protein A (Oberflächenprotein; Abbindung von Fc-Stücken von IgA, IgM und IgG, die dann nicht mehr von phagozytären Fc-Rezeptoren erkannt werden können: Phagozytosebehinderung), Lipoteichonsäure (Adhärenz), Koagulase (sezernierte Koagulase aktiviert den letzten Schritt in der Gerinnungskaskade, der zellgebundene Clumpingfaktor interagiert mit Fibrinogen und kann Komplement aktivieren), Katalase (Schutz vor toxischen Sauerstoffprodukten), ver-

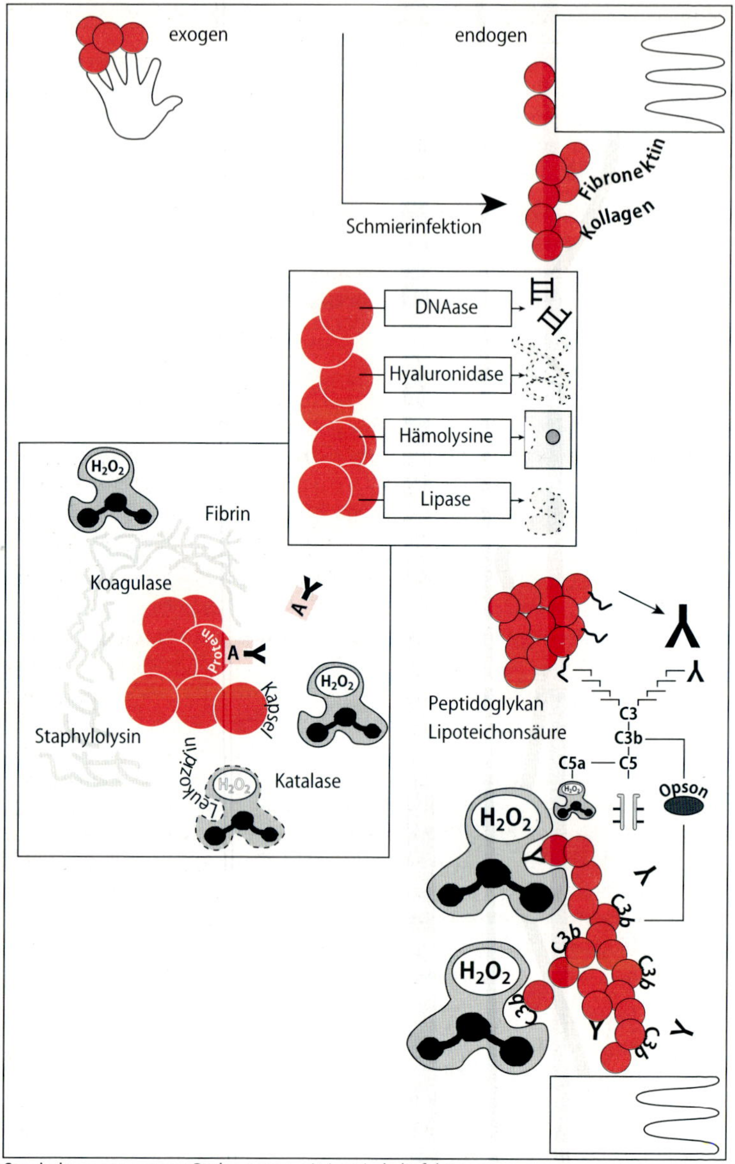

Staphylococcus aureus: Pathogenese eitriger Lokalinfektionen schiedene Zyto- und Hämolysine (z. B. granulozytentoxisches Leukozidin). Exfoliatine verursachen eine Desmosomen-Lösung beim „staphylococcal scalded skin syndrome" (SSSS), Enterotoxine (A–E) bei staphylokokkenbedingten Durchfällen und das Toxic-shock-Syndrom-Toxin-1 (TSST-1 = Enterotoxin F) beim Toxic-shock-Syndrom. Diese Exotoxine sind Superantigene.

Koagulasenegative Staphylokokken produzieren einen Polysaccharidschleim, der bei der Adhärenz an Kunststoffmaterialien, als Phagozytoseschutz und beim Schutz vor antimikrobiellen Substanzen eine Rolle spielt.

Rolle als Krankheitserreger

Übertragung. Typischerweise wird S. aureus durch Schmierinfektion übertragen. Infektionsquelle ist in erster Linie der kolonisierte Mensch, 20–50% aller Personen tragen den Erreger, vor allem in der Nase. Im Krankenhaus kann die Übertragung daher durch das Personal erfolgen oder endogen. Aus der Nase kann der Erreger auch durch Aerosol (Tröpfchen) verbreitet werden.

Pathogenese. S. aureus verursacht eitrige Infektionen, bei denen die zahlreichen Virulenzfaktoren zusammenwirken; bedingt vor allem durch Koagulase, bilden sich typischerweise Abszesse aus. Das Toxic-shock-Syndrom basiert auf der Superantigen-Wirkung des TSST-1, das eine polyklonale T-Zell-Aktivierung und unkoordinierte, sich selbst verstärkende Zytokinsekretion (vor allem von TNF-α) bewirkt.

Klinik. S. aureus verursacht oberflächliche Eiterungen (Pyodermien, Furunkulose) und tiefe Eiterungen wie Osteomyelitis, Sinusitis, pyogene Arthritis, tiefe Gewebsabszesse, Pneumonie, Peritonitis, Peri- und Endokarditis, Empyem und Meningitis. Er ist neben E. coli der häufigste Sepsiserreger. Eine wichtige Rolle spielt er als Erreger von nosokomialen Wundinfektionen. Die Hauptsymptome des Toxic-shock-Syndroms sind Fieber, Hypotonie und makuläres Exanthem, begleitet von mehreren Organschädigungen (Schleimhauthyperämie, Transaminasen-, Kreatinin-, CPK-Erhöhungen, Bewußtseinstrübung, Diarrhoe). Beim SSSS kommt es zu großblasigen Hautablösungen (Schälblase). Die Lebensmittelvergiftungen sind durch Brechdurchfall gekennzeichnet.

S. saprophyticus ruft Zystitiden bei jungen Frauen hervor.

S. epidermidis gehört zur physiologischen Standortflora der Haut. Er ist der häufigste Kontaminant in mikrobiologischen Untersuchungsmaterialien. Er besiedelt Kunststoffe, z. B. intravasale Katheter oder Implantate. Von dort ausgehend, wirkt er als Erreger der Endoplastitis und von Endokarditiden, besonders bei Patienten mit künstlichen Herzklappen. Er tritt auch als Erreger bei Immunsupprimierten in Erscheinung.

Diagnostik. Staphylokokken-Infektionen werden durch die Anzucht und biochemische Identifizierung des Erregers gesichert.

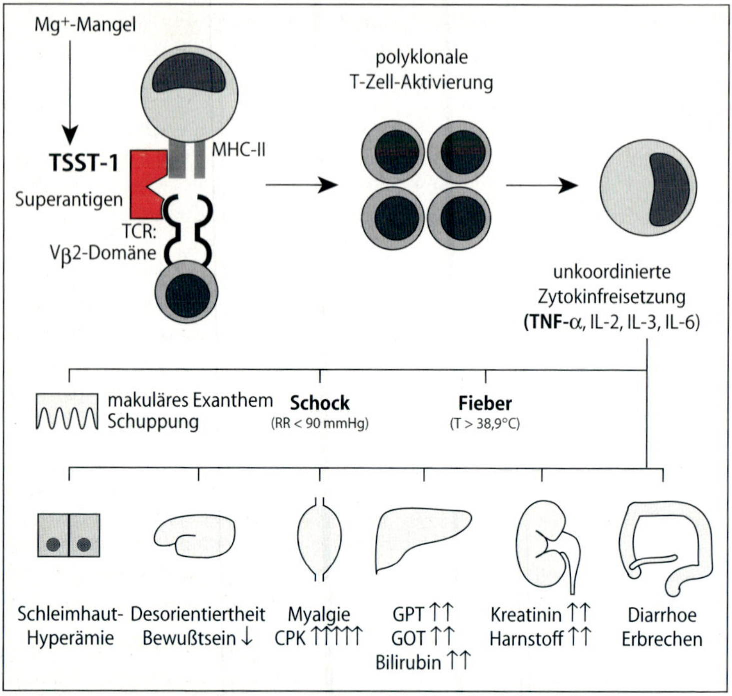

Staphylococcus aureus: Pathogenese des Staphylokokken-Toxic-Shock-Syndroms

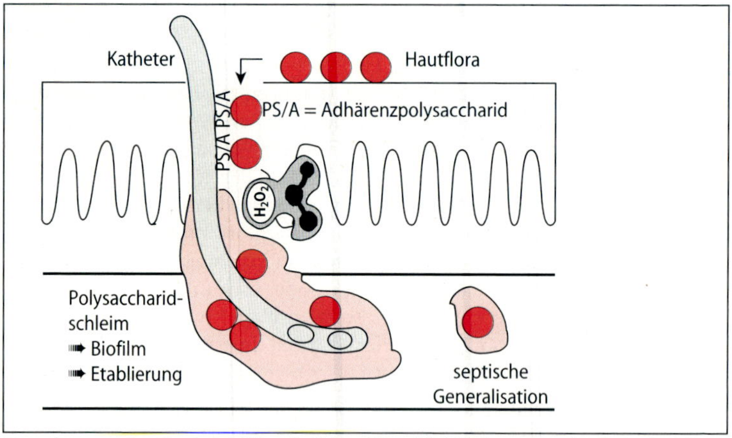

Koagulasenegative Staphylokokken (z. B. S. epidermidis): Pathogenese der Endoplastitis

Therapie. Eine große Zahl von S.-aureus-Stämmen bildet Penicillinase. Daher müssen penicillinasefeste Penicilline (Flucloxacillin) für die kalkulierte Initialtherapie eingesetzt werden; grundsätzlich eignen sich auch auch Basiscephalosporine (z. B. Cefotiam) sowie die Kombination von Amino- oder Ureidopenicillinen mit Betalaktamase-Inhibitor. Bei nachgewiesener Empfindlichkeit ist Penicillin G das Mittel der Wahl (keine schnelle Resistenzentwicklung!). Eine sehr kleine Zahl von S.-aureus-Stämmen ist gegen penicillinasefeste Penicilline und dann auch gegen andere Betalaktamantibiotika und viele andere Antibiotika resistent (MRSA = methicillinresistente S. aureus). In diesem Fall sind Vancomycin oder Teicoplanin Mittel der Wahl. Die in jüngster Zeit isolierten Stämme mit eingeschränkter Vancomycinempfindlichkeit (VISA) sind meist auch MRSA und müssen nach Antibiogramm behandelt werden.

Koagulasenegative Staphylokokken zeigen häufiger eine Resistenz gegen penicillinasefeste Penicilline. Infizierte Patienten müssen nicht isoliert werden; Mittel der Wahl ist dann Vancomycin (oder Teicoplanin).

Prävention. Exogene Staphylokokkeninfektionen können durch Einhaltung allgemeiner Hygienemaßnahmen, im Krankenhaus vor allem durch die hygienische Händedesinfektion, reduziert werden. Die Inzidenz endogener Infektionen läßt sich durch schnellstmögliche Beseitigung der disponierenden Faktoren senken. Patienten mit MRSA- und VISA-Infektionen müssen strikt isoliert werden.

Katheterassoziierte Infektionen lassen sich vor allem durch strenge Indikation zur Katheterisierung, in zweiter Linie durch aspetische Katheterbehandlung reduzieren.

3.3.4 Neisserien

Beschreibung

Neisserien sind obligat aerobe, gramnegative Kokken. N. meningitidis (Meningokokken) und N. gonorrhoeae (Gonokokken) stellen sich als semmelförmige Diplokokken dar. Innerhalb von 24–48 Stunden lassen sich Meningokokken und Gonokokken auf angereicherten Kulturmedien unter aeroben, capnophilen (5% CO_2 in Luft) Bedingungen anzüchten. Ein wesentlicher Schritt zur Genusdiagnose Neisseria ist der Nachweis einer Cytochrom-Oxidase. Die Speziesidentifizierung der Neisserien erfolgt durch biochemische Leistungsprüfung.
Virulenzfaktoren. Virulenzfaktoren von N. meningitidis sind eine Polysaccharidkapsel, Adhärenzpili und Oberflächenproteine (Opa, Opc) sowie eine IgA1-Protease und ein Lipooligosaccharid. Wesentliche Virulenzfaktoren von N. gonorrhoeae sind Pili (Adhärenz), Opa-Proteine (Adhärenz: z. B. an CD66, Invasion), Transferrin- und Laktoferrin-Rezeptoren und eine IgA1-Protease.

Neisserien

gramnegative Kokken (diplo)
aerob (capnophil)
KH-Verwertung: oxidativ
Sporenbildung: nein
Beweglichkeit: nein
Katalase: positiv
Oxidase: positiv

N. gonorrhoeae, N. meningitidis:
Bedarf an Serum oder Blut

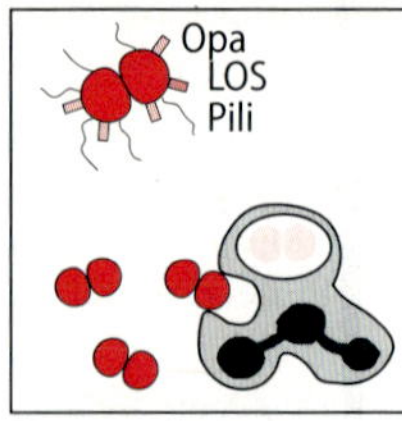

N. gonorrhoeae
semmelförmige gram-negative Diplokokken
A. Neisser (1879)

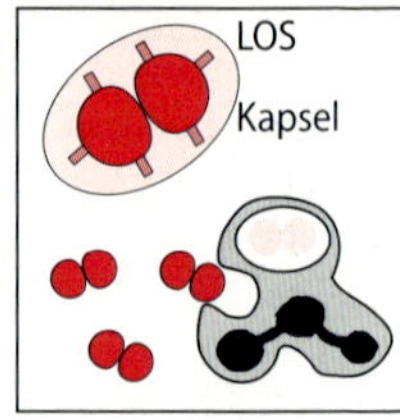

N. meningitidis
semmelförmige gram-negative Diplokokken
A. Weichselbaum (1887)

Neisserien: Gattungsmerkmale

Arten	**Krankheiten**
N. gonorrhoeae	Gonorrhoe DGI (disseminierte Gonokokken-Infektion) Arthritis
N. meningitidis	Meningitis Sepsis Waterhouse-Friderichsen-Syndrom
pigmentierte Neisserien	(Schleimhautflora)

Neisserien: Arten und Krankheiten

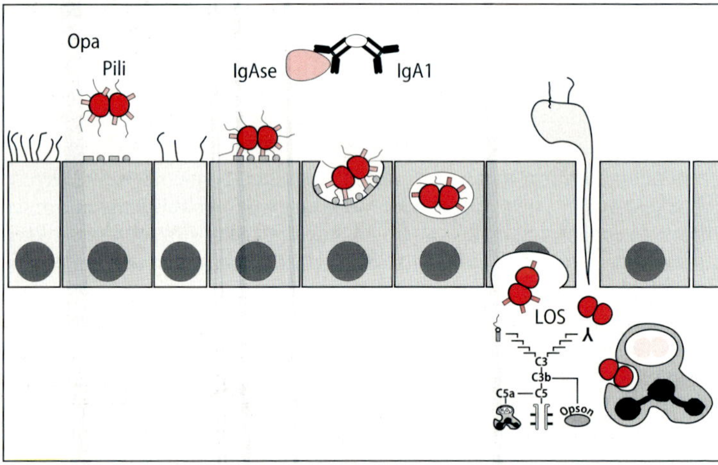

Neisserien: Pathogenese der Gonorrhoe

Rolle als Krankheitserreger

Übertragung. Meningokokken werden aerogen durch Tröpfcheninfektion, N. gonorrhoeae sexuell oder durch Schmierinfektion, z. B. im Geburtskanal auf das Neugeborene, übertragen. Als Infektionsquelle kommt nur der Mensch in Frage.

Pathogenese. N. meningitidis adhäriert an der Schleimhaut des oberen Respirationstrakts, penetriert das Epithel und dringt in die Blutbahn ein. Erreicht der Erreger durch schnelle Vermehrung und die Ausbildung der Kapsel eine genügend große Zahl, so gelingt die Überwindung der Blut-Liquor-Schranke; im Liquor kann sich der Erreger nahezu ungehemmt vermehren und durch LOS-Freisetzung eine eitrige Entzündung auslösen (s. a. Meningitis).

Gonokokken penetrieren nach Adhärenz die Epithelzellen und lösen submukös eine eitrige Entzündung (LOS: Komplementaktivierung) aus.

Klinik. N. meningitidis ist der Erreger einer ***eitrigen Meningitis*** (Haubenmeningitis) und/oder Sepsis mit Schock, disseminierter intravasaler Gerinnung und damit von Blutungen und hämorrhagischen Nekrosen, besonders der Nebennieren-Rinde (***Waterhouse-Friderichsen-Syndrom***). Das Krankheitsbild kann außerordentlich dramatisch verlaufen.

N. gonorrhoeae ist der Erreger der ***Gonorrhoe (Tripper)***, einer sexuell übertragenen eitrigen Lokalinfektion (Inkubationzeit 2–5 Tage). Typische Manifestationen sind eine schmerzhafte eitrige Urethritis bei Männern und eine häufig asymptomatische Endozervizitis bei Frauen. Im Verlauf kann eine aszendierende Genitalinfektion („pelvic inflammatory diseases" = PID) entstehen, die bei chronischem Verlauf zur Infertilität führen oder ektope Schwangerschaften bedingen kann. Bei Neugeborenen kann nach Übertragung im Geburtskanal eine Gonoblennorrhoe, eine eitrige, rasch progrediente Konjunktivitis (Gefahr der Hornhautperforation!), entstehen. Bei Dissemination der Gonokokken (DGI) kommt es zu einer septischen Arthritis (Gonarthritis). Bei entsprechenden sexuellen Praktiken muß bei Pharyngitis oder Proktitis auch eine Gonorrhoe differentialdiagnostisch berücksichtigt werden.

Pigmentierte Neisserien sind fakultativ pathogene Bakterien, die zur physiologischen Schleimhautflora des oberen Respirationstrakts gehören.

Diagnostik. Die Diagnose einer Neisserieninfektion wird durch Anzucht des Erregers aus dem Infektionsherd, also z. B. Liquor oder Blut, bzw. aus Urethra oder Zervixsekret gesichert. N. meningitidis und N. gonorrhoeae sind gegen äußere Einflüsse sehr empfindlich, insbesondere gegen Austrocknung; daher muß der Transport ins Labor schnell und in Transport- oder Kulturmedien erfolgen. Der Nachweis von semmelförmigen gramnegativen Diplokokken in polymorphkernigen Granulozyten in einem mikroskopischen Präparat liefert einen ersten Hinweis.

Corynebacterium

grampositive Stäbchen
fakultativ anaerob
KH-Verwertung: fermentativ
Sporenbildung: nein
Beweglichkeit: nein
Katalase: positiv
Oxidase: negativ

metachromatische Granula (Polkörperchen)

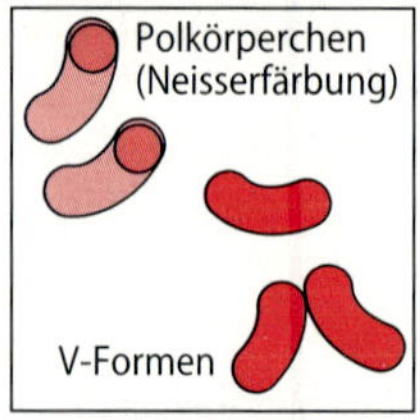

Corynebacterium diphtheriae
gekrümmte Stäbchen, Polkörperchen

Entdeckungen

Erreger:	Klebs (1883)
Toxin:	Roux, Yersin (1888)
Antitoxin:	von Behring, Kitasato (1890)

Corynebacterium: Gattungsmerkmale

Arten	Krankheiten
Corynebacterium diphtheriae	Diphtherie
„Corynebacterium ulcerans“	diphtherieartige Symptome
Corynebacterium jeikeium	Sepsis, Endokarditis Weichteilinfektionen
C. urealyticum	Zystitis (alkalisch-inkrustierte Steine)
C. pseudodiphtheriticum C. xerosis C. striatum C. minutissimum	fakultativ pathogene Haut-/Schleimhautflora
C. matruchotii	(Augeninfektionen)

Corynebacterium: Arten und Krankheiten

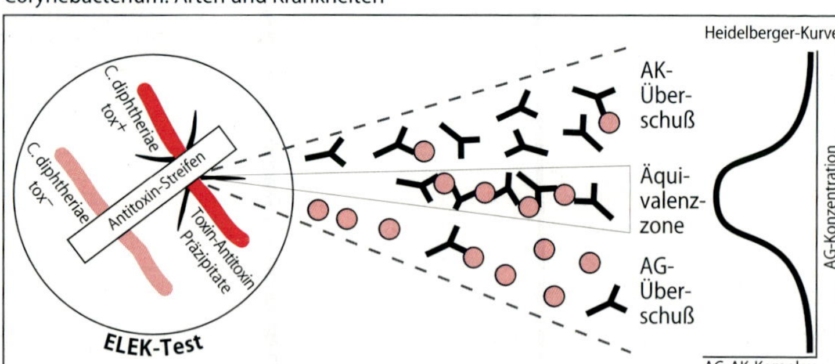

Corynebacterium: ELEK-Test und Heidelberger-Kurve

Therapie. Das Mittel der Wahl zur Behandlung von Meningokokken ist Penicillin G, als Reserve Cephalosporine der dritten Generation. Die kalkulierte Initialtherapie der Gonorrhoe erfordert neuerdings, wegen des veränderten Resistenzspektrums, den Einsatz von Cephalosporinen (z. B. Ceftriaxon). Als Reservemittel steht Spectinomycin zur Verfügung.

Prävention. Patienten mit Meningokokken-Infektionen müssen strikt isoliert werden (kontagiös bis 24 h nach Therapiebeginn); der Indexfall und dessen enge Kontaktpersonen erhalten Rifampicin zur Schleimhautsanierung. Erkrankung und Tod an Meningokokken-Meningitis sind meldepflichtig. Gegen epidemische Meningokokken-Typen (z. B. A und C) existiert eine Schutzimpfung, nicht aber gegen den in Deutschland häufigsten Typ B.

Die Gonorrhoe ist eine meldepflichtige Geschlechtskrankheit (s. Anhang). Zur Verhütung der Ophthalmia neonatorum wird weiterhin die Credésche Prophylaxe (Silbernitrat 1%) angewendet.

3.3.5 Korynebakterien (C. diphtheriae u. a.)

Beschreibung

Korynebakterien sind grampositive Stäbchen von Keulenform. Sie wachsen fakultativ anaerob auf Grundkulturmedien. Corynebacterium (C.) diphtheriae ist der Erreger der Diphtherie (Nasen-, Rachen-, Wunddiphtherie).

Im mikroskopischen Präparat lassen sich mit der Neisser-Färbung bei C. diphtheriae sogenannte Polkörperchen anfärben. Auf tellurithaltigen Selektivkulturmedien (Claubergplatte) verfärben sich die Kolonien durch ausgefälltes Tellur schwarz. Nach Anreicherung auf Löffler-Serumnährboden erfolgt die Spezies-Identifizierung mittels Bunter Reihe.

Die Diphtherietoxinproduktion bei einem isolierten Stamm wird mit dem ELEK-Test (Agardiffusionspräzipitationstest) nachgewiesen.

Virulenzfaktoren. Der entscheidende Virulenzfaktor von C. diphtheriae ist das Diphtherietoxin. Es wird nur von Stämmen, die durch den Prophagen Beta befallen sind, bei Eisenmangel produziert. Das Toxin inhibiert durch ADP-Ribosylierung die tRNS-Translokase (Elongationsfaktor 2). Es kommt zu einen Abbruch der Proteinkette bei der Synthese; die Zelle stirbt ab. Nur solche Stämme, die das Toxin produzieren, sind virulent und können Diphtherie verursachen.

Rolle als Krankheitserreger

Übertragung. Diphtheriebakterien werden durch Tröpfcheninfektion, selten durch Schmierinfektion übertragen.

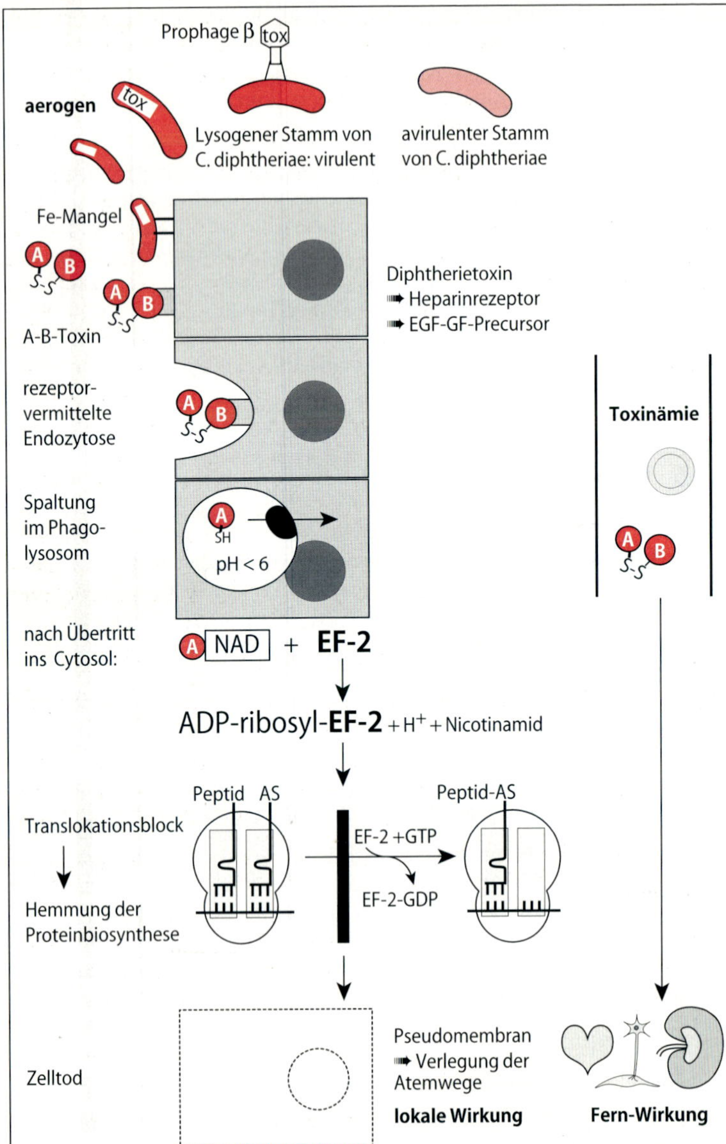

Corynebacterium diphtheriae: Pathogenese

Pathogenese. Der Erreger siedelt sich im Rachenraum ab und sezerniert Diphtherietoxin. Dieses wirkt lokal, es bilden sich Pseudomembranen, und es wird hämatogen verbreitet und entfaltet Fernwirkungen, besonders an Zellen mit hoher Proteinbiosyntheserate (Herzzellen, Nervenzellen, Tubulusepithelzellen).

Klinik. Die Diphtherie beginnt nach einer Inkubationszeit von ca. 2–4 Tagen mit Entzündungszeichen im Bereich der Eintrittspforte (Rachen, Wunde, Nabel). Klinisch finden sich ein süßlicher Mundgeruch und die Bildung von Pseudomembranen, grau-weißlichen Auflagerungen, die beim Versuch, sie zu entfernen, Läsionen freigeben. Es kann sich im Bereich von Hals und Rachen ein Ödem bilden (Caesarenhals). Die Pseudomembranen können sich sehr rasch bilden und die Atemwege verlegen (Krupp). Die systemische Wirkung des Diphtherietoxins erzeugt eine Myokarditis (Rhythmusstörungen!) und eine Schädigung peripherer Nerven (Lähmungen besonders im Bereich der Hirnnervenversorgung z. B. der Schlundmuskulatur) sowie Niereninsuffizienz (Tubulusnekrosen). Wegen der möglichen raschen Progredienz mit lebensgefährlichen Symptomen ist die Diphtherie ein Notfall!

C. jeikeium, ausgezeichnet durch eine ausgedehnte Resistenz gegenüber antimikrobiellen Substanzen, kann bei Abwehrgeschwächten Infektionen (Endokarditis, Fremdkörperinfektionen) hervorrufen.

Andere Korynebakterien sind fakultativ pathogen und bilden einen Bestandteil der physiologischen Haut- und Schleimhautflora. Sie sind häufig als Kontaminationskeime im Untersuchungsmaterial zu finden.

Diagnostik. Die Diagnose wird durch Anzucht des Erregers aus Material, das unter den Pseudomembranen gewonnen wurde, anschließende biochemische Differenzierung und den Toxinnachweis im ELEK-Test gesichert.

Therapie. Bei Diphtherie ist die Gabe von Antitoxin zwingend. Diese muß sofort nach Stellung der klinischen Verdachtsdiagnose erfolgen, also noch bevor ein Laborbefund erhoben ist. Unterstützend bewirkt Penicillin G (bei Allergie Erythromycin) die Elimination der Bakterien.

Stämme von C. jeikeium sind nahezu ausschließlich gegen Vancomycin empfindlich.

Prävention. Entscheidende Vorbeugemaßnahme ist die konsequente Schutzimpfung mit Diphtherietoxoid. Patienten mit Diphtherie oder Verdacht auf Diphtherie müssen strikt isoliert werden; ebenso werden enge Kontaktpersonen isoliert und 7 Tage lang beobachtet. Indexfälle, Träger und enge Kontaktpersonen erhalten präventiv Makrolide oder Penicillin G, 24 h nach Beginn der Behandlung sind sie nicht mehr kontagiös.

Meldepflicht besteht bei Erkrankung und Tod, sowie in einigen Bundesländern auch bei Verdacht, Trägertum und Ausscheidung.

Listeria

grampositive Stäbchen
fakultativ anaerob
KH-Verwertung: nein!
Sporenbildung: nein
Beweglichkeit: ja
Katalase: positiv
Oxidase: negativ

Wachstum bei 4 °C
Acetoin-Produktion (VP)

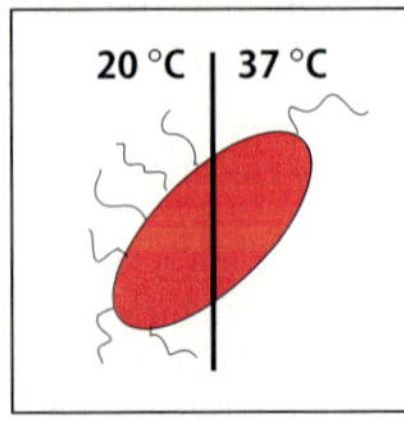

Listeria monocytogenes
grampositive Stäbchen,
temperaturabhängige Begeißelung
Murray (1926)

Listerien: Gruppenmerkmale

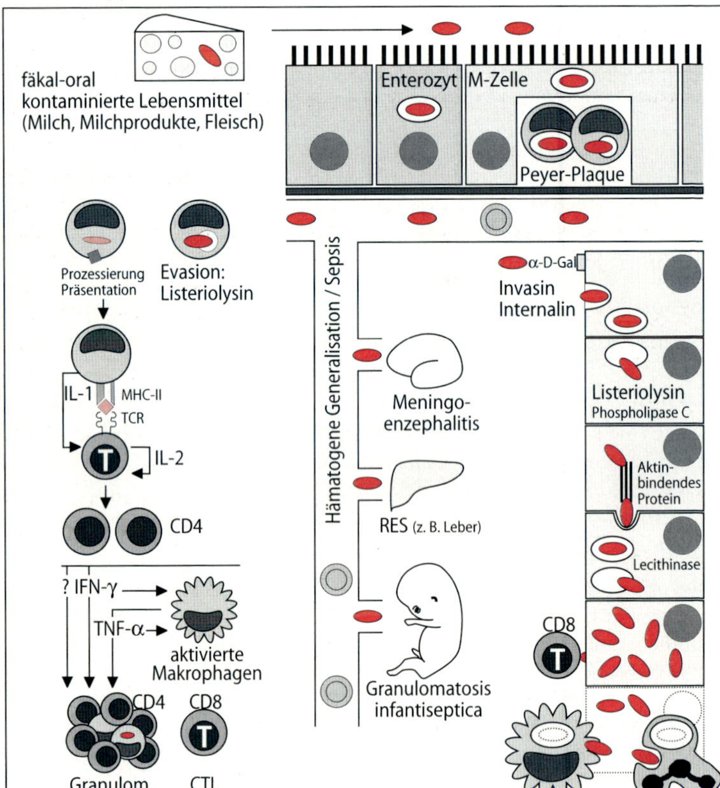

Listeria monocytogenes: Pathogenese

3.3.6 Listerien: Listeria monocytogenes

Beschreibung

Listerien sind bewegliche grampositive Stäbchen, die fakultativ anaerob auf Grundkulturmedien innerhalb von 24–48 Stunden sichtbare Kolonien bilden. Bei 4 °C vermehren sich Listerien schneller als andere Bakterien.

Virulenzfaktoren. L. monocytogenes ist fakultativ intrazellulär. Ein Hämolysin (Listeriolysin) ermöglicht diesen Listerien eine schnelle Evasion aus dem Phagolysosom, noch bevor die lysosomalen Abtötungsmechanismen wirksam werden können. Nur listeriolysinproduzierende Stämme sind virulent.

Rolle als Krankheitserreger

Übertragung. Die ubiquitär vorkommende L. monocytogenes wird mit kontaminierten Nahrungsmittel (Milch, Milchprodukte!) aufgenommen. Ebenso kann der Erreger durch Schmierinfektion von infizierten Tieren oder im Geburtskanal erworben werden; 5% der Menschen tragen den Erreger im Darm.

Pathogenese. Die Erreger durchdringen das Darmepithel, indem sie M-Zellen oder auch Enterozyten penetrieren und gelangen lymphogen ins Blut. In Milz und Leber werden sie durch residente Makrophagen phagozytiert. Durch Listeriolysin zerstören sie die Phagosomenmembran und gelangen ins Zytoplasma. Dort können sie sich ungehemmt vermehren. Durch Aktinakkumulation fortbewegt, befallen sie Nachbarzellen, ohne den Intrazellularraum zu verlassen. Hierdurch sind sie dem Zufgriff von Phagozyten entzogen. Durch chemotaktische Faktoren gelangen neutrophile Granulozyten an den Herd (Abszeßbildung). Nach etwa 4 Tagen bildet sich die T-Zell-Immunität aus, die zur Überwindung der Infektion führt (Wirtszell-Lyse durch zytolytische T-Zellen ➠ Freisetzung der Bakterien ➠ Phagozytose und Abtötung durch aktivierte Makrophagen).

Klinik. Bei transplazentarer Übertragung (unbemerkt verlaufende, fieberhafte Erkrankungen in der Schwangerschaft) auf das Kind entsteht die Granulomatosis infantiseptica (Sepsis mit abszedierenden und granulomatösen Läsionen in verschiedenen Organen: Zeichen bereits bei Geburt vorhanden).

Bei Neugeborenen (ab dem 3. Tag nach Geburt), aber auch bei Erwachsenen, typischerweise bei Abwehrgeschwächten, können Sepsis oder Meningitis/Meningoenzephalitis hervorgerufen werden.

Berufsbedingt treten bei direktem (Haut)Kontakt (Schäfer, Metzger, Veterinäre, Laborpersonal) lokale, ulzerierende Infektionen der Haut auf. Weitere lokale Infektionen sind eine Konjunktivitis, eine Uveitis, eine Lymphadenitis, eine Arthritis, eine Osteomyelitis und Hirnabszesse.

Diagnostik. Anzucht des Erregers aus dem Infektionsherd (z. B. Liquor).

Mycobacterium

Stäbchenbakterien
obligat anaerob
KH-Verwertung: oxidativ
Sporenbildung: nein
Beweglichkeit: nein
Katalase: verschieden (M. tb:+)
Oxidase: negativ

Säurefestigkeit
Verzweigungen, Luftmyzel: Ø

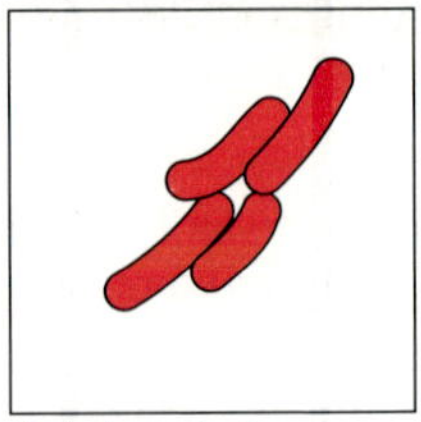

M. tuberculosis
säurefeste Stäbchen
mit Cordfaktor
Robert Koch (1882)

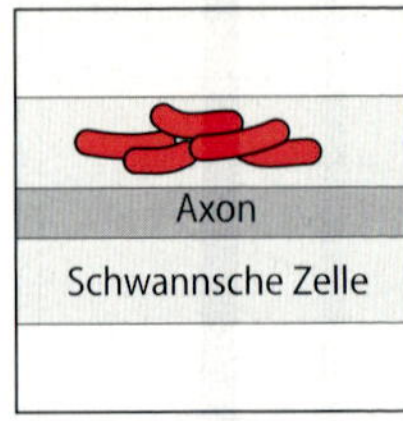

Mycobacterium leprae
säurefeste Stäbchen
in Schwann- Scheiden
A. Hansen (1874)

Mycobacterium: Gattungsmerkmale

Arten	klinische Bedeutung	Krankheiten
Mycobacterium tuberculosis (M. africanum) (M. bovis)	immer	Tuberkulose
Mycobacterium leprae	immer	Lepra
PPUM: nicht chromogen		
M. avium/intracellulare	häufig	Lymphadenitis
M. haemophilum	häufig	Hautinfektionen
M. malmoense	immer	Lungeninfektionen
M. ulcerans	immer	Hautinfektionen (z. B. Buruli-Ulkus)
PPUM: photochromogen		
M. kansasii	häufig	Lungeninfektionen
M. marinum	häufig	Schwimmerulkus
M. simiae	häufig	Lungeninfektionen
PPUM: scotochromogen		
M. scrophulaceum	häufig	Lymphadenitis
M. szulgai	immer	Lungeninfektionen
M. xenopii	häufig	Lungeninfektionen
PPUM: schnellwachsend		
M. chelonae	häufig	Abszesse (iatrogen)
M. fortuitum	häufig	Abszesse (iatrogen)

PPUM (engl. PPEM): potentiell pathogene (environmental) Umwelt-Mykobakterien

Mykobakterien: Arten und Krankheiten

Therapie. Mittel der Wahl ist Ampicillin (bei schwerem Verlauf plus Gentamicin), bei bestehender Penicillinallergie Cotrimoxazol, Erythromycin oder Vancomycin.

Prävention. Erkrankung und Tod an konnataler und ZNS-Listeriose sind meldepflichtig. Im Krankenhaus sind listerieninfizierte Neugeborene und ihre Mütter zu isolieren.

3.3.7 Erysipelothrix rhusiopathiae

Beschreibung

E. rhusiopathiae ist ein unbewegliches grampositives Stäbchen; es ist fakultativ anaerob und charakteristischerweise zur H_2S-Produktion befähigt.

Virulenzfaktoren. Eine bakterielle Neuraminidase kann Sialinsäuren der Wirtszellmembranen abbauen und dadurch deren Empfindlichkeit gegen Komplement erhöhen.

Rolle als Krankheitserreger

Übertragung. Infektionsquellen sind meist infizierte Schweine (Übertragung auf Schlachthausarbeiter, Fleischer, Veterinäre, Hausfrauen, Köche) oder Fische (Übertragung auf Fischer). Die Übertragung erfolgt durch Schmierinfektion.

Pathogenese. An der Eintrittsstelle bilden sich ein epidermales Ödem und eine lymphozytäre Infiltration.

Klinik. E. rhusiopathiae ist der Erreger des (Schweine)rotlaufs (Erysipeloid). Nach einer Inkubationszeit von 4–7 Tagen kommt es zu einer scharf begrenzten, livide verfärbten Induration der Haut an der Inokulationsstelle, die sehr schmerzhaft ist. Gelegentlich können hämorrhagische Bläschen entstehen. Die angrenzenden Gelenke können versteifen und eine Arthritis ausbilden. Bei Dissemination der Erkrankung finden sich eine vaskulitische Purpura und eine Endokarditis.

Diagnostik. Anzucht aus dem Herd und biochemische Identifizierung.

Therapie. Das Therapeutikum der Wahl ist Penicillin G.

Prävention. Vorbeugend wirken vor allem hygienische Maßnahmen.

3.3.8 Mykobakterien

Beschreibung

Mykobakterien sind obligat aerobe Stäbchenbakterien. Ihr Wandaufbau ähnelt dem der grampositiven Bakterien, sie sind aber mit der Gramfärbung sehr

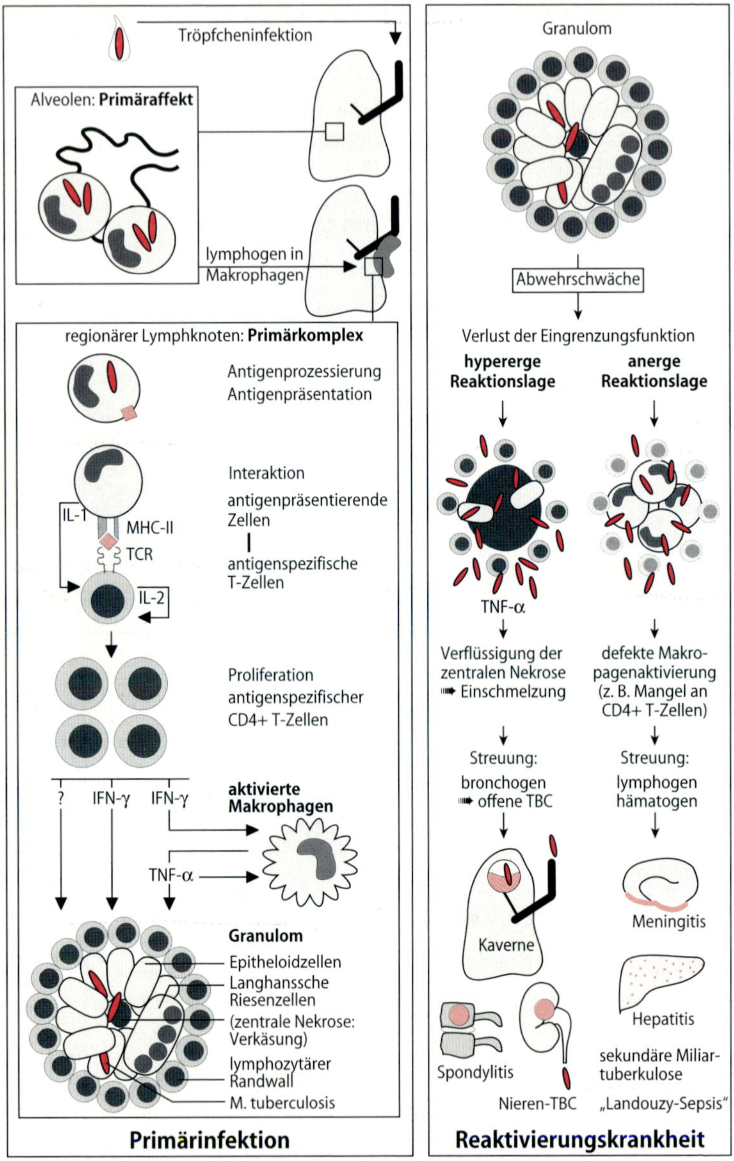

M. tuberculosis: Pathogenese der Tuberkulose (Primärinfektion & Reaktivierungskrankheit)

schlecht anfärbbar. Zusätzlich befinden sich wachsartige Substanzen (Mykolsäuren) in der Zellwand. Sie verleihen eine sehr große Unempfindlichkeit gegen äußere Einflüsse, insbesondere die Säurefestigkeit (s. a. Ziehl-Neelsen-Färbung, Auramin-Färbung). Für praktische Zwecke lassen sich die Mykobakterien unterteilen in: die Tuberkuloseerreger:

- M.-tuberculosis-Komplex (M. tuberculosis, M. bovis, M. africanum),
- M. leprae, den Erreger der Lepra, und
- potentiell pathogene Umwelt-Mykobakterien (PPUM oder engl. PPEM = „potentially pathogenic environmental mycobacteria": z. B. M. avium/intracellulare).

Virulenzfaktoren. Direkt schädigende Toxine sind bei Mykobakterien bisher nicht beschrieben worden. Ihr besonderer Wandaufbau schützt sie vor intrazellulärer Abtötung; Peptidoglykolipidfilamente können z. B. freie Radikale einfangen. Da die Krankheiten vor allem durch die induzierte Immunreaktion getragen ist, kommt den mykobakteriellen Antigenen eine besondere Bedeutung zu.

Rolle als Krankheitserreger

Übertragung. M. tuberculosis wird aerogen übertragen. Die Übertragung von M. leprae erfordert einen langdauernden engen Hautkontakt, als Haupt-Infektionsquelle ist erregerhaltiges Nasensekret anzusehen sowie die Brustmilch von Leprakranken. Bei den PPUM erfolgt die Übertragung abhängig von der Art fäkal-oral, durch Schmierinfektion oder aerogen.

Pathogenese. Mykobakterien sind fakultativ intrazelluläre Bakterien. Wesentliche Schädigungen werden durch die induzierte granulomatöse Entzündungsreaktion bewirkt.
Bei der Tuberkulose unterscheidet man die primäre und die sekundäre Tuberkulose (Reaktivierungskrankheit).
Im Verlauf der primären Tuberkulose werden an der primären Absiedlungsstelle im Gewebe (i. d. R. Lungenparenchym) die Mykobakterien von residenten und von eingewanderten Makrophagen phagozytiert, können aber nicht abgetötet werden. Es entsteht der ***Primäraffekt***. Von dort gelangen die Mykobakterien in Makrophagen lymphogen in die regionären (hilären) Lymphknoten. Dort werden Antigene der Mykobakterien von Makrophagen präsentiert, so daß sie von spezifischen T-Zellen erkannt werden können. Es bildet sich eine T-Zell-vermittelte Immunität aus. Deren morphologisches Korrelat ist das Granulom („Tuberkel"), das im Fall der Tuberkulose „spezifisch" durch Lymphozyten, aktivierte Makrophagen, Epitheloidzellen, Langhanssche Riesenzellen und Verkäsung (Nekrose) charakterisiert ist. Die granulomatöse Entzündungsreaktion findet sich nun an der primären Absiedlungsstelle, entlang den drai-

nierenden Lymphgefäßen und in den regionären Lymphknoten. Es entsteht der ***Primärkomplex*** (Ghon-Komplex). Ein kleiner Teil der Mykobakterien kann über den Lymphknoten hinaus gelangen und primäre Streuherde bilden; innerhalb der Lunge entstehen aerogen sog. Simonsche Spitzenherde.

Im Normalfall (bei 90% der Infizierten), bei intaktem Immunsystem, wird die Infektion in diesem Stadium begrenzt. Die Läsionen werden fibrotisch und kalzifizieren schließlich (kalkdichte Herdchen im Röntgenbild). Besteht während der Primärinfektion eine starke Abwehrschwäche, überwinden die Mykobakterien die regionären Lymphknoten, und streuen hämatogen: Es entstehen eine tuberkulöse Meningitis oder eine primäre Miliartuberkulose.

Die sekundäre Tuberkulose, Postprimärtuberkulose, (***Reaktivierungskrankheit***) entsteht Jahre nach der Primärinfektion (bei 5% der Infizierten 1–2 Jahre nach Bildung des Primärkomplexe, bei weiteren 5% später). Durch eine Abwehrschwäche geht die Eingrenzungsfunktion der Granulome verloren, und die Mykobakterien können aus diesen reaktiviert werden. Ein typischer Ort der Reaktivierung sind die Simonschen Spitzenherde in den apikalen Lungenabschnitten, da sie aufgrund ihrer guten Belüftung die günstigsten Vermehrungsbedingungen für die obligat aeroben Mykobakterien bieten.

Bei ***hypererger Reaktionslage*** des Wirts entsteht im Zentrum der Granulome eine verkäsende Nekrose, die sich schließlich verflüssigt (Gewebeeinschmelzung). Dies geschieht infolge einer Freisetzung vor allen von Tumornekrosefaktor (TNF-α) aus Makrophagen, die durch spezifisch stimulierte T-Zellen aktiviert wurden. Es bilden sich flüssigkeits- und luftgefüllte Kavernen, in denen sich die Mykobakterien stark vermehren; die zusätzliche Antigenbelastung schaukelt die T-Zell-Antwort und damit die TNF-Freisetzung weiter auf. Durch die Verbindung der Kavernen mit dem Bronchialsystem können die Mykobakterien auch nach in die Umgebung abgegeben und aerogen auf andere Personen übertragen werden (offene Lungentuberkulose). Derartige Gewebeeinschmelzungen können z. B. auch in der Niere (Ausscheidung der Mykobakterien im Urin: offene Nierentuberkulose) oder in den Wirbelkörpern (Spondylitis) vorkommen.

Liegt dagegen eine ***anerge Reaktionslage*** (z. B. bei AIDS) vor, kommt es zur hämatogenen Generalisation und zu Organmanifestationen (z. B. im ZNS oder in der Leber); es kann eine sekundäre Miliartuberkulose entstehen. Im Extremfall (z. B. bei AIDS) verläuft die Erkrankung foudroyant als „Landouzy-Sepsis", bei der überhaupt keine Granulombildung mehr zu beobachten ist.

M. leprae, der Erreger der ***Lepra***, ist obligat pathogen und vermehrt sich in Makrophagen und den Zellen der Schwannschen Scheide. Die Pathogenese hängt entscheidend von der Fähigkeit zur Immunreaktion gegen den Erreger ab. Günstig ist die Ausbildung einer TH1-Antwort mit CD4+ T-Zellen: Es entsteht die ***tuberkuloide*** Lepra, andernfalls wird eine effektive Immunität unterdrückt, es entsteht die ***lepromatöse*** Lepra.

Klinik. Typische Krankheitsausprägungen der Tuberkulose sind Lungenprozesse (chronische Pneumonie bis zur Kavernenbildung), Osteomyelitis (Wirbelkörper) und Meningitis (typischerweise basal) mit starker Proteinerhöhung im Liquor; dadurch häufig Liquorzirkulationsstörungen); viele andere Organe (Nebennierenrinde: Ausbildung eines Morbus Addison) können ebenfalls betroffen sein. Meist verläuft die Erkrankung langsam und mit uncharakteristischen Symptomen: Fieber (durch IL-1-Freisetzung), Gewichtsverlust (durch TNF-α-Wirkung auf den Lipidstoffwechsel) und Nachtschweiß. Bei AIDS kann es zu einem foudroyanten Verlauf kommen („Landouzy-Sepsis").

Bei der Lepra lassen sich verschiedene Formen in Abhängigkeit vom Immunstatus des Patienten unterscheiden. Die tuberkuloide Lepra manifestiert sich an der Haut und an den peripheren Nerven. Sie ist gekennzeichnet durch scharf begrenzte erythematöse, schmerzlose Plaques, Muskelatrophien, Lähmungen (z. B. Fazialisparese und Ptose: Facies antonina) und Hautulzera. Die lepromatöse Lepra findet sich bei Abwehrschwäche. Sie zeichnet sich durch die Ausbildung ausgedehnter makulo-papulöser Erytheme aus. Es kommt zur Zerstörung der befallenen Gewebe mit Verstümmelungen. Im Gesicht kann es zur Zerstörung der Nase mit chronischem Schnupfen und zum Befall der Augen kommen; es entsteht die Facies leonina. Unter Therapie kann ein Erythema nodosum entstehen (Arthus-Reaktion auf freigesetzte Antigene, ggf. mit Immunkomplexnephritis). Zwischen den beiden Extremen bestehen verschiedene Borderline-Formen.

M. avium/intracellulare ist ein AIDS-bestimmender opportunistischer Erreger bei HIV-Infektion. Typisch sind ein Diarrhoe-Syndrom und eine Sepsis.

Andere PPEM verursachen tuberkuloseähnliche Krankheitsbilder (M. kansasii, M. fortuitum) oder granulomatöse Entzündungen der Haut (M. marinum: „Schwimmbadgranulom"; M. ulcerans: Buruli-Ulkus.

Diagnostik. M. tuberculosis und PPEM (z. B. M. avium/intracellulare) werden durch Anzucht aus dem Infektionsherd (nicht geeignet: Blut) gesichert, die mikroskopische Begutachtung eines Ziehl-Neelsen- oder Auramin-Präparates („säurefeste Stäbchen") liefert erste Hinweise. Bei der Gewinnung von Untersuchungsmaterial ist zu beachten, daß Mykobakterien meist in nur geringer Menge in den gewonnenen Proben vorhanden sind. Daher ist es erforderlich, größere Probenmengen zu gewinnen und/oder aber mehrere Proben zu untersuchen. Die Anzucht erfordert lipidhaltige Kulturmedien (Löwenstein-Jensen, Middlebrook, Hohn) und lange Bebrütungsdauer (bis zu 10 Wochen). Flüssige Kulturmedien beschleunigen die Anzucht. Die Differenzierung erfolgt durch biochemische Leistungsprüfung oder molekularbiologische Methoden (Gensonde, RFLP). Als Direktnachweis bei Tuberkulose konnte sich der Nukleinsäure-Nachweis durch Amplifikationsverfahren (z. B. PCR) bewähren.

Mit der Tuberkulinreaktion kann geprüft werden, ob der Patient spezifische CD4+ T-Zellen gegen M. tuberculosis besitzt (positiv nach der Ausbildung des

Aerobe Aktinomyzeten: Nocardia
grampositive Stäbchen (verzweigt)
obligat (?) aerob
KH-Verwertung: oxidativ
Sporenbildung: nein
Beweglichkeit: nein
Katalase: positiv
Oxidase: negativ
partiell säurefest
Luftmyzel

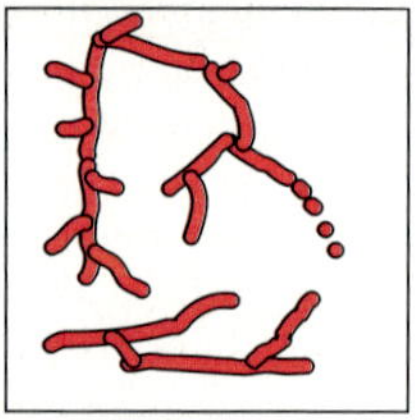

Nocardien
verzeigte grampositive Stäbchen
E. Nocard (1888)

Aerobe Aktinomyzeten: Gruppenmerkmale

Arten	**Krankheiten**
Nocardia[1] asteroides	Bonchopneumonien
Nocardia brasiliensis	Hirnabszesse
Nocardia caviae	Abszesse, Fisteln
Nocardia farcinica	*Myzetom*
	Augeninfektionen, Peritonitis, Mediastinitis
	Kardititiden, Arthritis
Rhodococcus[1] equi	Hautinfektionen
	invasive Pneumonie (AIDS)
	Sepsis (auch katheterassoziiert)
Gordona[1]	Hautinfektionen, Pneumonie
	katheterassoziierte Sepsis
Tsukamurella[1] paurometabola	Sepsis (katheterassoziiert)
	Peritonitis (Peritonealdialyse)
	Meningitis, Pneumonie
	nekrotisierende Fasziitis
Dermatophilus congolensis	exsudative Dermatitis
Oerskovia	Sepsis, Meningitis, Endophthalmitis
Actinomadura madurae	*Myzetom*, Pneumonie
Nocardiopsis	*Myzetom*
Streptomyces	*Myzetom*, Sepsis, Hirnabszeß
Saccharopolyspora rectivirgula	allergische Alveolitis *(Farmerlunge)*
Saccharomonospora viridis	allergische Alveolitis *(Farmerlunge)*
Thermoactinomyces	allergische Alveolitis *(Farmerlunge)*

1 nocardioforme aerobe Aktinomyzeten-Gattungen

Aerobe Aktinomyzeten: Arten und Krankheiten

Primärkomplexes). Diese können durch eine zurückliegende, eine aktuelle Infektion oder durch aktive Schutzimpfung (mit BCG) erworben worden sein. Eine Aussage darüber, ob eine behandlungsbedürftige Infektion vorliegt oder nicht, ist damit nicht möglich.

M. leprae läßt sich nicht auf künstlichen Kulturmedien anzüchten. Die Labordiagnose muß pathologisch (Histologie!), u. U. unter Zuhilfenahme eines Tierversuchs (Anzucht in der Nacktmaus) geführt werden.

Therapie. Die antimikrobielle Therapie der Mykobakterieninfektionen ist immer eine Kombinationstherapie, die sich über mehrere Monaten erstrecken muß. Dies liegt daran, daß Mykobakterien eine verhältnismäßig lange Generationszeit haben und sich bei Monotherapie sehr rasch Resistenzen entwikkeln können.

Die Mittel der Wahl zur Tuberkulosebehandlung sind Rifampicin, Isoniazid (INH), Ethambutol und Pyrazinamid als Kombination über 6 Monate. In Reserve stehen Streptomycin und Prothionamid. Äußerst problematisch ist die Behandlung bei Infektionen mit multiresistenten Stämmen, die zunehmend isoliert werden.

Die Behandlung von M. avium/intracellulare-Infektionen ist durch die hohe Primärresistenz des Erregers stark eingeschränkt. Zur Zeit kann keine wirksame Kombinationstherapie empfohlen werden.

Das Behandlungsschema zur Lepratherapie ist die kombinierte Gabe von Dapson, Clofazimin und Rifampicin über mindestens 2 Jahre. Im Einzelfall muß die Einnahme der Medikamente unter Aufsicht erfolgen.

Prävention. Patienten mit offener Tuberkulose sind sofort einer Therapie zuzuführen: Überführung einer offenen in eine geschlossenen Tuberkulose. Kontaktpersonen müssen auf eine Ansteckung hin untersucht werden. Erkrankung und Tod sind meldepflichtig. Kontaminierte Gegenstände müssen einer für Mykobakterien geeigneten Desinfektion bzw. Sterilisation unterzogen werden.

Die BCG-Schutzimpfung (BCG = Bacille Calmette-Guérin, attenuierter lebender M.-bovis-Stamm) mit dem jetzigen Impfstoff wird in Deutschland nicht mehr empfohlen (Impfreaktionen, epidemiologische Situation).

Die Prävention der Lepra basiert auf der konsequenten Therapie der Erkrankten (Beseitigung der Infektionsquelle) und der Sicherstellung hygienischer Verhältnisse; exponierte Kinder erhalten Dapson. Meldepflicht besteht bei Verdacht, Erkrankung und Tod.

3.3.9 Aktinomyzeten

Beschreibung

Aktinomyzeten sind grampositive Bakterien, die filamentöse Zellen mit echten Verzweigungen ausbilden können und sich durch Fragmentierung der Filamente vermehren können. Es gibt aerobe und anaerobe Arten. Die Zellwand der Aktinomyzeten wird je nach Anteil von Glycin, Arabinose, Galaktose und 2,6-Diaminopimelinsäure-Isomeren in vier Typen unterteilt; die nocardioformen aeroben Aktinomyzeten (Nocardia, Rhodococcus, Gordona, Dermatophilus) besitzen den Typ IV. Diese Untergruppe hat auch intermediär komplexe Mykolsäuren, so daß sie partiell säurefest sind.

Virulenzfaktoren. Über Virulenzfaktoren von Aktinomyzeten ist nahezu nichts bekannt. Nocardien besitzen Faktoren, die ihnen ein intraphagozytäres Überleben ermöglichen. Dabei scheinen Mykolsäuren in der Zellwand (Verhinderung der Lysosomazidifizierung), Katalase und Superoxiddismutase eine Rolle zu spielen.

Rolle als Krankheitserreger

Übertragung. Infektionen an der Haut entstehen durch Schmierinfektion; Pneumonien und davon ausgehende invasive Infektionen nach aerogener Übertragung, nicht aber von Mensch zu Mensch.

Pathogenese. Actinomyces israelii ist der Erreger der Aktinomykose. Sie tritt als zervikofaziale, thorakale und abdominelle Form auf. Die charakteristische Läsion ist die Druse, eine granulomatöse Entzündung, die häufig schwefelkornartige Granula enthält. Durch den Entzündungsprozeß, der sich in die Umgebung ausbreiten kann, kommt es zu Verdrängungsprozessen und Gewebeschädigungen.

Über die Pathogenese der Nocardiose ist wenig bekannt, invasive Infektionen entstehen bei Abwehrschwäche (z. B. Transplantation, Alkoholismus).

Saccharopolyspora rectivirgula, Saccharomonospora viridis und Thermoactinomyces wirken als Allergen: allergische Alveolitis (Typ-III-Reaktion).

Klinik. Die Aktinomykose manifestiert sich zervikofazial durch schmerzhafte Knoten; die Beweglichkeit des Kiefergelenks kann eingeschränkt sein, die oberflächliche Haut ist gerötet; häufig ist eine Fistelbildung zu beobachten. Bei thorakaler Form entstehen Schluckstörungen sowie Beeinträchtigungen des Herzens und der Lungenfunktion. Bei intraabdominellem Befall kann es zu einer Abflußbehinderung der Lebergefäße mit Ikterus und Hepatomegalie kommen. Ebenso können „Abflußbehinderungen" aus dem Darm oder den Harnwegen entstehen.

Nocardia asteroides und Nocardia farcinica sind die häufigsten Erreger der Nocardiose. Die wesentlichen Krankheitsausprägungen sind eine Pneumonie, die nahezu unbemerkt verlaufen kann, und Hirnabszesse, insbesondere bei Abwehrgeschwächten. Einige Aktinomyzeten verursachen Myzetome.

Die allergische Alveolitis durch Aktinomyzetenantigene manifestiert sich typischerweise als Farmerlunge.

Diagnostik. Aktinomyzeten und Nocardien lassen sich aus den Läsionen auf Grundkulturmedien zur Anzucht bringen, benötigen aber bei der Primärkultur bis zu 10 Tage für die sichtbare Koloniebildung. Nach Anzucht dienen verschiedene biochemische Tests zur Identifizierung, bedeutsam ist auch die Bestimmung des Zellwandtyps.

Therapie. Mittel der Wahl bei Infektionen mit A. israelii ist Penicillin G.

Besteht der Verdacht auf eine Nocardiose, insbesondere bei Abwehrgeschwächten, so besteht die kalkulierte Initialtherapie der Wahl in der Gabe von Amikacin in Kombination mit einem Carbapenem. Nach der Empfindlichkeitsbestimmung kann gezielt therapiert werden. N. asteroides ist meist gegen Sulfonamide und Cotrimoxazol empfindlich. N. farcinica ist gegen die meisten antimikrobiellen Chemotherapeutika unempfindlich. Therapie der Wahl ist die Gabe von Amikacin in Kombination mit einem Carbapenem oder Aminopenicillin + Betalaktamaseinhibitor.

Prävention. Allgemeinhygienische Maßnahmen und ggf. schnelle Beseitigung einer Abwehrschwäche stehen im Vordergrund.

3.3.10 Bacillus

Beschreibung

Bacillus ist eine Gattung grampositiver Stäbchen, die zur Ausbildung hitzestabiler Sporen befähigt sind. Sie lassen sich nur unter aeroben Bedingungen auf Grundkulturmedien anzüchten. Die einzelnen Arten unterscheiden sich in ihren biochemischen Leistungen und ihrer Beweglichkeit (B. anthracis: unbeweglich), den pathogenen Arten ist die Lecithinase-Bildung gemeinsam.

Virulenzfaktoren. Bacillus anthracis produziert das Anthraxtoxin, das aus einem protektiven Antigen, einem Ödemfaktor und einem Letalitätsfaktor besteht. B. cereus produziert hitzestabiles und hitzelabiles Enterotoxin. Bacillus-Arten bilden exogene Produkte wie Kollagenasen, Proteasen, Lecithinase, Hämolysine und Toxine, die den Bakterien eine Ausbreitung im Gewebe ermöglichen und zu Schädigungen führen.

Rolle als Krankheitserreger

Übertragung. Die Übertragung erfolgt durch Schmierinfektion oder durch Inokulation, bei Milzbrand kommen infizierte Tiere als Infektionsquelle in Frage. In seltenen Fällen ist eine aerogene Übertragung durch Sporeninhalation möglich.

Pathogenese. Nach Aufnahme der Sporen keimen diese rasch aus. Gewebeschäden entstehen durch Toxine der vegetativen Bakterien.

Bacillus

grampositive Stäbchen
fakultativ anaerob
KH-Verwertung: verschieden
Sporenbildung: ja
Beweglichkeit: verschieden
Katalase: positiv
Oxidase: verschieden
Nitratreduktion zu Nitrit

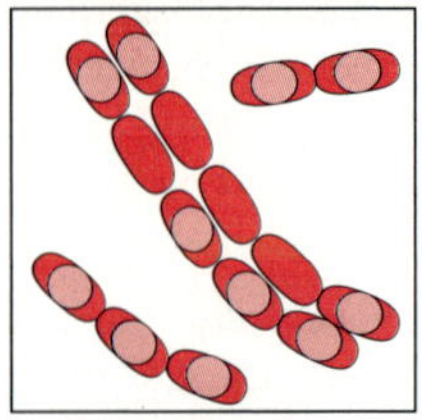

Bacillus anthracis
große grampositive Stäbchen kettenförmig aneinandergereiht mit beginnender Sporenbildung
Rayer (1850), R. Koch (1876 Pathogenitätsnachweis)

Bacillus: Gruppenmerkmale

Arten	Krankheiten
B. anthracis	Milzbrand (Anthrax)
B. cereus	Endophthalmitis, Keratitis Wundinfektionen, Myonekrose Lebensmittelvergiftung: Diarrhoe (Pneumonie, Endokarditis)

Bacillus: Arten und Krankheiten

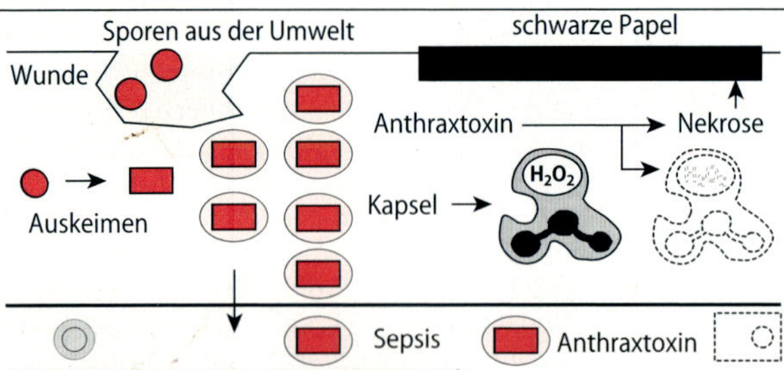

Bacillus anthracis: Pathogenese

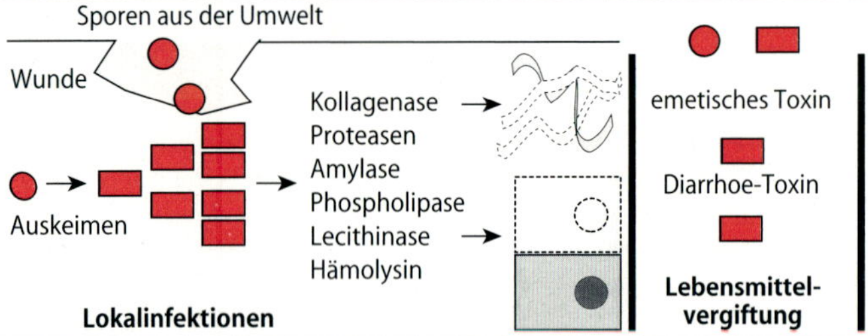

Bacillus cereus: Pathogenese

Klinik. B. anthracis ist der Erreger des Milzbrands (Anthrax). Es läßt sich eine kutane, pustulöse Form (Papelbildung mit anschließender Nekrotisierung) von einer inhalativen, malignen Form (hämorrhagische Mediastinitis, Sepsis) abgrenzen.

B. cereus kann als Durchfallerreger (Nahrungsmittelkontamination) auftreten und in seltenen Fällen rasch progrediente Wundinfektionen und Endophthalmitiden auslösen.

Einige Bacillusarten können fulminante Endophthalmitiden verursachen. Andere Bacillusarten sind meist als Kontaminanten im Untersuchungsmaterial zu bewerten („aerober Sporenbildner").

Diagnostik. Die Diagnosesicherung erfolgt durch Anzucht des Erregers aus dem Infektionsherd und anschließende Identifizierung.

Therapie. Mittel der Wahl zur Milzbrand-Behandlung ist Penicillin G.

B. cereus ist resistent gegen Penicillin G; es steht jedoch die chirurgische Sanierung im Vordergrund.

Prävention. Präventiv wirken vor allem die Expositionsprophylaxe und die Beseitigung möglicher Infektionsquellen (Rindersanierung!).

3.3.11 Clostridien

Beschreibung

Clostridien sind grampositive Stäbchen, die zur Ausbildung hitzestabiler Sporen befähigt sind. Sie lassen sich nur unter obligat anaeroben Bedingungen anzüchten.

Virulenzfaktoren. Clostridium botulinum produziert Botulinustoxine, die bei Zerfall der Bakterienzelle freigesetzt werden. Die Toxine sind hitzelabil (80 °C für 30 min führt zur Inaktivierung). Die Typen A, B, C1, D, E, F und G spalten hydrolytisch Proteine, die die Verschmelzung synaptischer Vesikel mit der synaptischen Membran vermitteln (Synaptobrevin, Synaptotaxin, SNAP-25); dadurch wird die Acetylcholinfreisetzung aus Nervenendigungen gehemmt.

C. tetani produziert Tetanustoxin, das bei Zerfall der Bakterienzelle freigesetzt wird. Dort spaltet es hydrolytisch Synaptobrevin und hemmt damit die Freisetzung inhibitorischer Transmitter, GABA und Glycin, (besonders im Rahmen der Renshawhemmung).

C. perfringens produziert verschiedene gewebeschädigende Enzyme/Toxine, von denen das wichtigste Toxin-α = Lecithinase (Zellmembranzerstörung durch Spaltung von Membranlecithin in Phosphorylcholin und Diglycerid) ist. Außerdem werden Enterotoxine gebildet.

C. difficile produziert Toxine (A, B) mit zytolytischer Wirkung (bes. B), von denen Toxin A als Enterotoxin wirkt.

Clostridium

grampositive Stäbchen
obligat anaerob
KH-Verwertung: fermentativ
Sporenbildung: ja*
Beweglichkeit: ja*
Katalase: negativ
Oxidase: ?

* C. perfringens: nein
Metronidazolempfindlichkeit

Clostridium perfringens
kastenförmige Stäbchen
keine sichtbaren Sporen
W. H. Welch (1892)

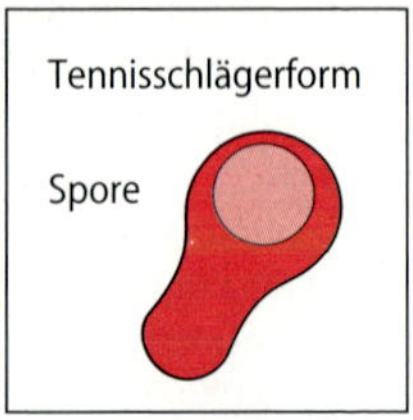

Clostridium tetani
Tennisschläger-Stäbchen
endständige Sporen
Kitasato (1890)

Clostridium: Gattungsmerkmale

Arten	Krankheiten
C. perfringens	Gasbrand Lebensmittelvergiftung (Typ A) Nekrotisierende Enterokolitis (Typ C) Peritonitis
C. novyii	Gasbrand
C. septicum	Gasbrand, Enterokolitis
C. histolyticum	Gasbrand
C. botulinum	Botulismus
C. tetani	Tetanus
C. difficile	antibiotikaassoziierte Kolitis
C. bifermentans C. sporogenes C. fallax C. ramosum	Wundinfektionen

Clostridium: Arten und Krankheiten

Tetanospasmin	Hemmung der Ausschüttung inhibitorischer Transmitter (GABA, Glycin)	
	Proteolyse von Synaptobrevin (VAMP)	Glu66/Phe67
Botulinustoxine	Hemmung der präsynaptischen Acetylcholinfreisetzung:	
A, E	Proteolyse von SNAP-25	Glu197/Arg198, Arg180/Ile181
C1	Proteolyse von Synaptotaxin	?
B, D, F, G	Proteolyse von Synaptobrevin (VAMP)	Glu66/Phe67, Lys49/Ile50, Glu48/Lys49, Ala81/Ala82
(C2, C3	ADP-Ribosylierung von Aktin	Arg177)

C. tetani, C. botulinum: Wirkmechanismus und -ort der Neurotoxine

Rolle als Krankheitserreger

Übertragung. C. botulinum wird in der Regel nicht selbst, sondern nur das Botulinustoxin mit der Nahrung aufgenommen [verdorbene Konserven mit Deckelwölbung (Gasbildung), Räucherwaren, Honig: Sporenaufnahme?]; nur selten siedelt sich das Bakterium in Wunden an und produziert dort Toxin.

C. tetani und C. perfringens kommen in Sporenform ubiquitär im Staub vor und können schon bei Bagatellverletzungen in Wunden gelangen.

C. difficile gehört zur Darmflora; nosokomial kann der Erreger allerdings auch fäkal-oral, z. B. durch Hände des Personals, weiterverbreitet werden.

Pathogenese. Botulinustoxine werden aufgenommen und gelangen hämatogen an cholinerge Nervenendigungen, wo sie rezeptorvermittelt aufgenommen wird. Nach Übertritt ins Zytosol spalten sie typspezifisch Proteine, die die Verschmelzung der Neurotransmittervesikel mit der synaptischen Membran vermitteln und hemmen so die Acetylcholinausschüttung. Dies führt vor allem zu schlaffen Lähmungen.

Die Sporen von C. tetani keimen in anaeroben Taschen verschmutzter Wunden (auch Bagatellverletzungen!) aus und produzieren Tetanustoxin, das beim Zerfall der Bakterien freigesetzt wird. Das Toxin wird rezeptorvermittelt durch Nervenzellen aufgenommen, gelangt ins Zytosol und wandert retrograd-axonal und schließlich transsynaptisch zu seinen Zielzellen im zentralen Nervensystem. Dort hemmt es die Freisetzung motoinhibitorischer Neurotransmitter, so daß Muskelkrämpfe entstehen.

Die Sporen von C. perfringens keimen in anaeroben Wundtaschen aus und setzen verschiedene Toxine und Enzyme frei, die Zellmembranen (Lecithinase) und Bindegewebssubstanzen (z. B. Kollagenase) zerstören, so daß eine sich rasch ausbreitende Kolliquationsnekrose entsteht.

C. difficile vermehrt sich unter Antibiotikatherapie (vor allem Betalaktame und Clindamycin) verstärkt im Vergleich zur übrigen Darmflora und kann dann mittels seiner beiden Toxine das Darmepithel schädigen.

Klinik. C. botulinum ist der Erreger des ***Botulismus***. Etwa 12–36 Stunden nach Aufnahme des Botulinustoxins bilden sich schlaffe Paresen aus. Zuerst werden die kleinen Muskeln (Augenmuskeln, Pupillen: weit und lichtstarr, Zunge) betroffen, häufig bemerkt der Patient als erstes, daß er die Zeitung nicht mehr lesen kann, später tritt eine Lähmung der Atemmuskulatur ein. Die Lähmungserscheinungen können rasch voranschreiten (Notfall!). Die Schleimhäute sind trocken.

C. tetani ist der Erreger des ***Wundstarrkrampfs (Tetanus)***. Nach einer Inkubationszeit von ca. 2 Wochen entstehen schmerzhafte (Streck)-Krämpfe bis zum Opisthotonus und der Risus sardonicus. Ein Frühzeichen ist der Trismus

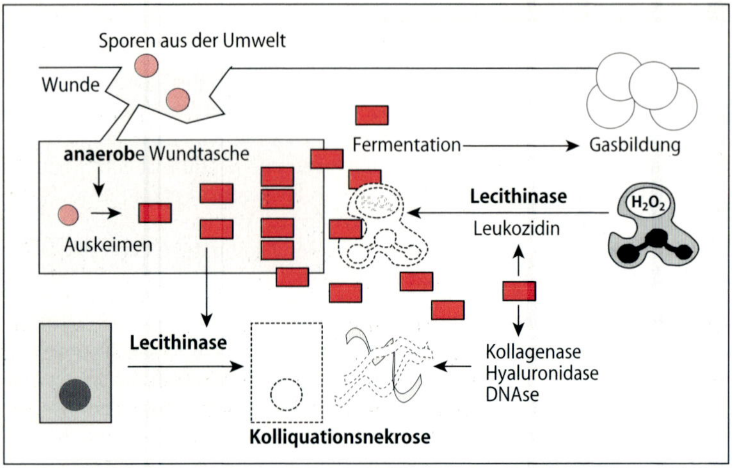

Clostridium perfringens: Pathogenese der clostridialen Myonekrose (Gasbrand)

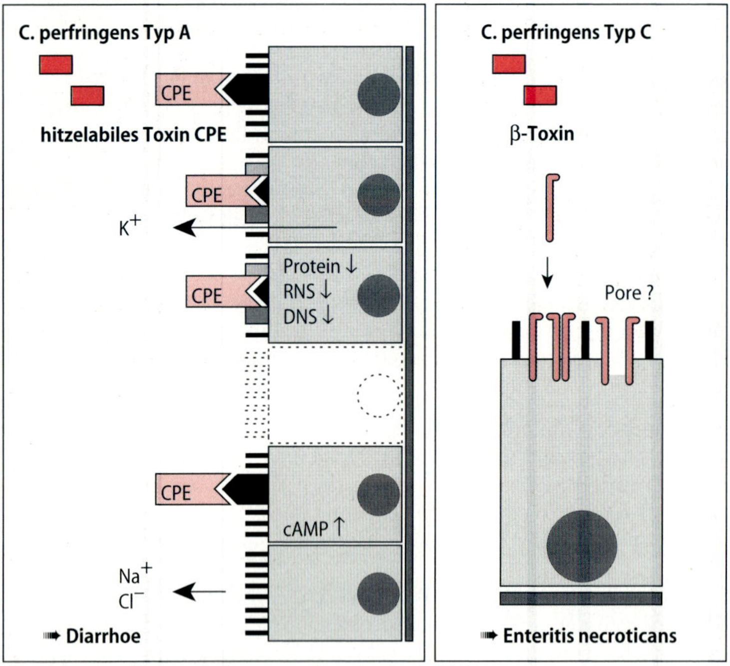

Clostridium perfringens: Pathogenese der enteralen Infektionen

(Kieferklemme). Es kann zu Krämpfen im Bereich des Atemapparates (Glottis, Interkostalmuskeln) und zur Ateminsuffizienz kommen. Das Bewußtsein ist nicht beeinträchtigt!

C. perfringens (und seltener C. novyi, C. septicum, C. bifermentans, C. histolyticum, C. fallax) sind die Erreger der clostridialen Myonekrose (***„Gasbrand“***). Nach einer Inkubationszeit von ca. 1–4 Tagen entsteht eine rasch progrediente Kolliquationsnekrose der Weichteile. Das erste Symptom sind starke Schmerzen. Eine Gasbildung im Gewebe ist möglich, aber nicht obligat. Im Verlauf der Infektion können eine Toxämie und in deren Folge ein Schock entstehen (Lebensgefahr!). Daneben ruft C. perfringens eine nekrotisierende Enteritis bei kleinen Kindern hervor und kann durch Enterotoxine eine Diarrhoe erzeugen.

C. difficile ist der Erreger der ***antibiotikaassoziierten Kolitis***. Sie kann als schwere, pseudomembranöse Kolitis mit blutigen, stinkenden, grünlichen Durchfällen manifestieren. Bei weniger schwerwiegender Beeinträchtigung des Darms entstehen selbstlimitierende Diarrhoen.

Diagnostik. Zur mikrobiologischen Diagnostik von Botulismus und Tetanus steht der Toxinnachweis aus dem Serum (und bei Botulismus aus Nahrungsmitteln) mittels Tierversuchs im Vordergrund.

Die Labordiagnostik bei clostridialer Myonekrose beruht auf der Anzucht und biochemischen Differenzierung des Erregers. Zur schnellen Erhärtung der klinischen Verdachtsdiagnose dient der mikroskopische Nachweis von dicken, kastenförmigen grampositiven Stäbchen ohne oder nur mit sehr wenigen Leukozyten im Wundsekret. Merke aber: Gasbrand ist eine klinische Diagnose.

Die Labordiagnostik bei C.-difficile-Infektionen besteht in der Anzucht und serologischen Identifizierung des Erregers sowie dem Toxin-Nachweis.

Therapie. Bei Botulismus und Tetanus ist die Antitoxingabe (passive Immunisierung) zwingend. Sie muß sofort nach Stellung der Verdachtsdiagnose erfolgen. Besteht die Möglichkeit einer Aufnahme von C. tetani, muß bei nicht ausreichendem Impfschutz (Impfbuch prüfen!), ebenfalls Antitoxin verabreicht werden. In diesem Fall ist es günstig, zeitgleich eine aktive Immunisierung (Toxoidimpfstoff) einzuleiten.

Die Behandlung der clostridialen Myonekrose besteht in einer ausgedehnten chirurgischen Sanierung, die durch die Gabe von Penicillin G und evtl. durch eine hyperbare Sauerstofftherapie unterstützt wird.

Die antibiotikaassoziierte Enterokolitis durch C. difficile wird durch das Absetzen der bis dahin durchgeführten antimikrobiellen Chemotherapie (falls irgendwie möglich) und die orale Gabe von Metronidazol, in schweren Fällen von Vancomycin, behandelt.

Prävention. Bei der Vorbeugung des Botulismus steht die Lebensmittelhygiene im Vordergrund; meldepflichtig sind Verdacht, Erkrankung und Tod.

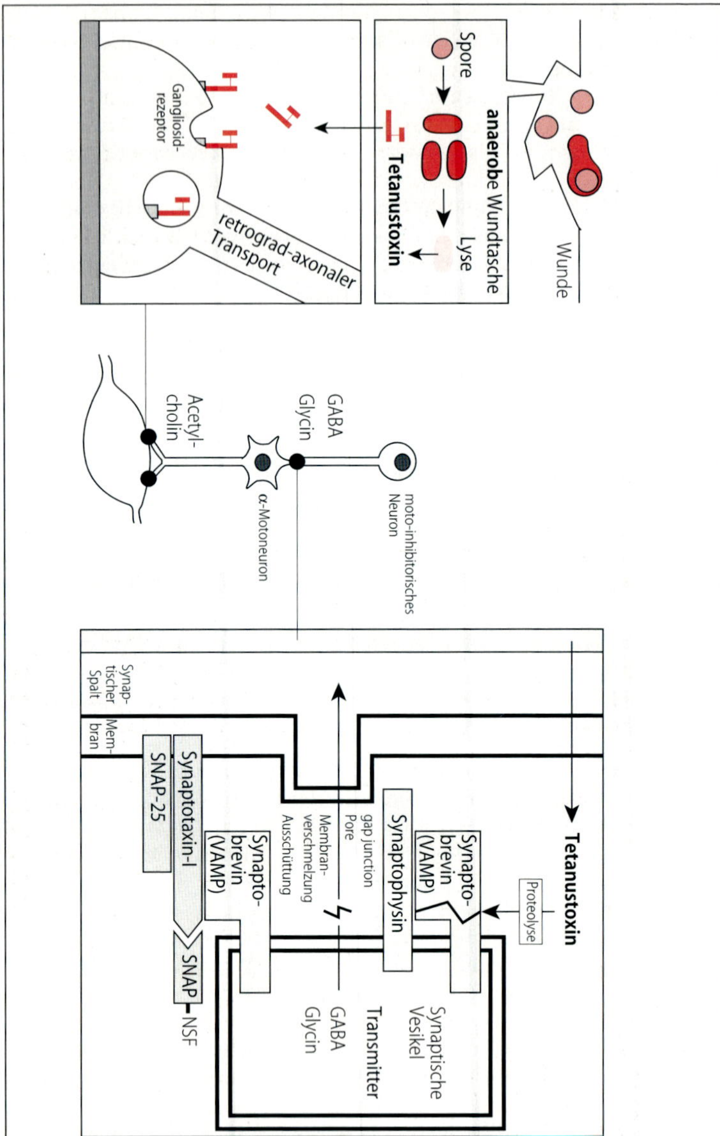

Clostridium tetani: Pathogenese des Tetanus

Gegen Tetanus wird schon für Kinder eine aktive Immunisierung mit einem Toxoidimpfstoff empfohlen, die alle 10 Jahre aufgefrischt werden soll. Der Impfschutz muß auch bei Bagatellverletzungen überprüft und ggf. wiederhergestellt werden. Erkrankung und Tod an Tetanus sind meldepflichtig.

Die Vorbeugung der clostridialen Myonekrose erfolgt durch die schnelle und sachgerechte chirurgische Sanierung von Wunden; Erkrankung und Tod sind meldepflichtig.

Die Prophylaxe der antibiotikaassoziierten Kolitis besteht in der strengen, sachgerechten Indikation zur Antibiotikatherapie; eine fäkal-orale Weiterverbreitung, vor allem im Krankenhaus, läßt sich durch Hygienemaßnahmen weitgehend vermeiden.

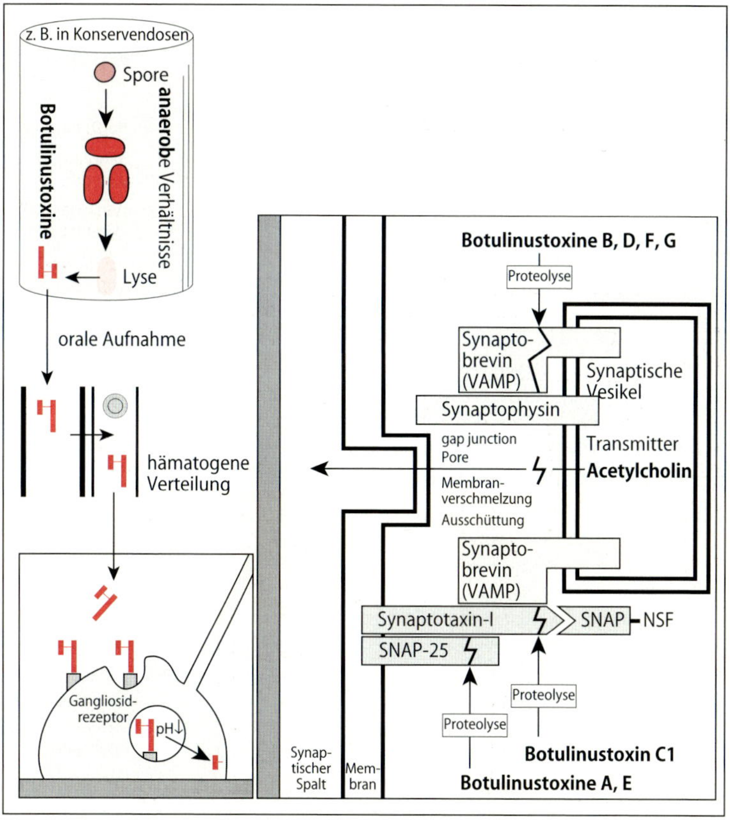

Clostridium botulinum: Pathogenese des Botulismus

Enterobakterien

gramnegative Stäbchen
fakultativ anaerob
KH-Verwertung: fermentativ
Sporenbildung: nein
Beweglichkeit: ja (Ausnahmen)
Katalase: positiv
Oxidase: negativ

Nitratreduktion zu Nitrit

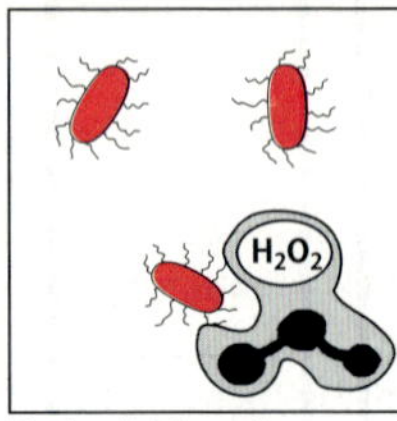

Escherichia coli
gramnegative Stäbchen
in Eiter
T. Escherich (1885)

Unterscheide:

fakultativ pathogene Arten und Stämme
- Standortflora: Darm
- Lokalinfektionen, Sepsis

obligat pathogene Arten und Stämme
- nicht Standortflora
- Darminfektionen
- zyklische Allgemeininfektionen

Enterobakterien: Familienmerkmale

Arten (fakultativ)	Krankheiten	Arten (obligat)	Krankheiten
Escherichia coli	Sepsis Harnwegsinfektionen Meningitis Wundinfektionen Peritonitis Cholezystitis Cholangitis	Escherichia coli ETEC EPEC EAggEC EIEC	 Reisediarrhoe Säuglings-enteritis persistierende Enteritis (Kind) ruhrartige Enterokolitis
Klebsiellen (K. pneumoniae)	Pneumonie Atemwegsinfektionen Sepsis Harnwegsinfektionen	EHEC	Enteritis, Kolitis (hämorrhag.) HUS, TTP
K. ozaenae	Stinknase (Ozaena)	Salmonella Typhi	Typhus
K. rhinoscleromatis	Rhinosklerom	S. Paratyphi (A, B, C)	Paratyphus
Proteus mirabilis P. vulgaris	Harnwegsinfektionen Sepsis Wundinfektionen	S. Enteritidis S. Typhimurium (und ca. 2400 Typen)	Gastroenteritis Sepsis Abszesse
Enterobacter E. cloacae E. agglomerans	Atemwegsinfektionen Sepsis Harnwegsinfektionen Wundinfektionen	Shigella dysenteriae S. boydii, S. sonnei S. flexneri	Ruhr
Serratia S.marcescens	Atemwegsinfektionen Sepsis Harnwegsinfektionen Wundinfektionen	Yersinia enterocolitica Y. pseudotuberculosis	Enterokolitis, Infektarthritis Pseudoappen-dizitis, Infektarthritis
		Y. pestis	Pest

HUS: hämolytisch-urämisches Syndrom, TTP: thrombotisch-thrombozytopenische Purpura

Enterobakterien: Arten (fakultativ bzw. obligat pathogen) und Krankheiten

3.3.12 Enterobakterien

Beschreibung

Enterobakterien (Enterobakteriazeen) sind eine Familie gerader, sporenloser, gramnegativer Stäbchen, die unter fakultativ anaeroben Bedingungen nach Übernachtbebrütung zu deutlich sichtbaren Kolonien heranwachsen. Wichtige gemeinsame Eigenschaften sind die Fähigkeit zur Fermentation von Glukose und zur Reduktion von Nitrat sowie das Fehlen einer Cytochrom-Oxidase.

Die ständig zunehmende Zahl von Arten umfaßt die Genera Budvicia, Buttiauxella, Cedecea, Citrobacter, Edwardsiella, Enterobacter, Escherichia, Ewingella, Hafnia, Klebsiella, Kluyvera, Koserella, Yokenella, Leclercia, Leminorella, Moellerella, Morganella, Obesumbacterium, Pantoea, Pragia, Proteus, Providencia, Rahnella, Salmonella, Serratia, Shigella, Tatumella, Xenorhabdus und Yersinia.

Praktisch wichtig ist die Unterteilung in obligat pathogene und fakultativ pathogene Enterobakterien-Gattungen. Letztere gehören zur physiologischen Darmflora, erstere nicht. Die fakultativ pathogenen Enterobakterien treten als Erreger extraintestinaler Infektionen auf. Die obligat pathogenen Enterobakterien verursachen Infektionen des Darms oder systemische Infektionen.

Virulenzfaktoren. Fimbrien können als Adhäsine wirken (z. B. P-Fimbrien uropathogener E. coli oder Colonization Factor Antigens (CFA-1, -2, E8775) bei enterotoxinbildenden E. coli).

Kapseln können als Antiphagozytosefaktor wirken; sie kommen z. B. bei E. coli (K1-Antigen) und bei Klebsiellen vor. Das Vi-Antigen von S. Typhi ist mit einem Schutz vor Phagozytose und Serumbakterizidie sowie einer Reduzierung der minimalen Infektionsdosis korreliert.

Enterotoxine interferieren mit dem Wasser- und Elektrolyttransport durch die lumenseitige Membran der Darmepithelzellen. Hitzestabile Enterotoxine z. B. von E. coli bewirken eine intrazelluläre cGMP-Erhöhung. Hitzelabile Enterotoxine, auch bei E. coli, ähneln dem Choleratoxin und führen zu einer intrazellulären cAMP-Erhöhung. Enterotoxine werden auch von Salmonellen gebildet. Zytotoxine werden u. a. von enterohämorrhagischen E. coli produziert. Shigatoxine von Shigellen und E. coli (EHEC) können durch Hemmung der Proteinbiosynthese zur Zerstörung von Zellen führen; die Shigatoxine von EHEC wirken beim hämolytisch-urämischen Syndrom auch systemisch.

Siderophore konkurrieren mit dem wirtseigenen Eisenstoffwechsel (z. B. bei Yersinien).

Das Lipid A aus dem LPS der Zellwand löst Fieber und den Endotoxinschock aus. Dies spielt bei der Sepsis und dem septischen Schock eine bedeutsame Rolle und ist bei der Pest (Y. pestis) besonders ausgeprägt.

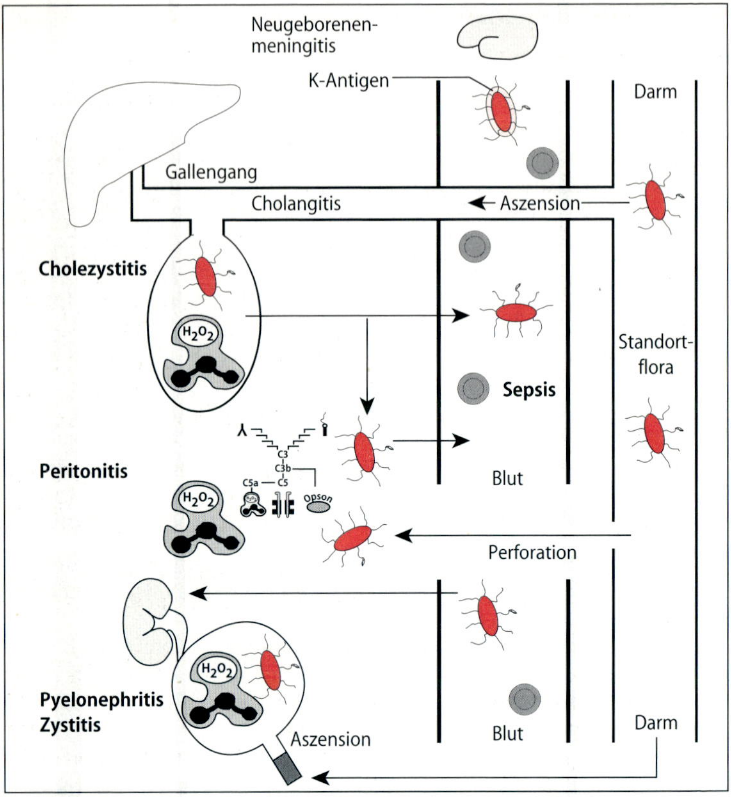

Escherichia coli: Pathogenese der Infektionen durch fakultativ pathogene Stämme

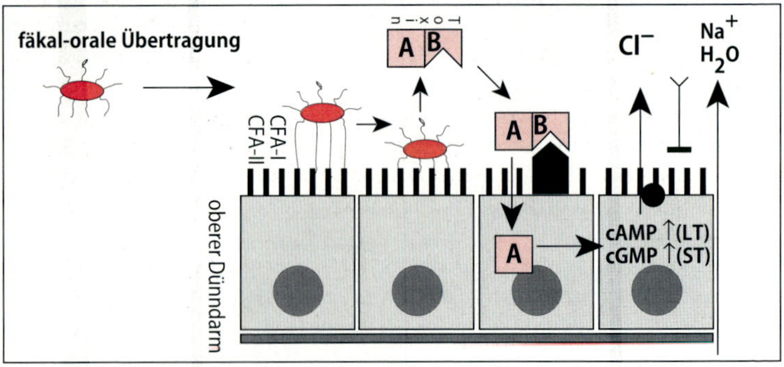

Escherichia coli: Pathogenese der ETEC-Infektion

Rolle als Krankheitserreger

Übertragung. Infektionen durch fakultativ pathogene Enterobakterien entstehen endogen vom Darm aus. Im Krankenhaus kann eine Verschleppung durch das Personal auf andere Patienten erfolgen.

Obligat pathogene Enterobakterien werden fäkal-oral übertragen. Während S. Typhi und Shigellen ausschließlich beim Menschen vorkommen, finden sich Enteritis-Salmonellen und Yersinien auch bei zahlreichen Tierarten; Erregerquellen für Enteritis-Salmonellen sind infizierte Menschen, symptomlose Dauerausscheider, Ei- und Milchprodukte, Fleisch (bes. Hühner und Rinder) und Haustiere; die minimale Infektionsdosis ist hoch: 10^6. Die Infektionsquellen für Shigellen sind die „4 F“: Finger, Futter, Fliegen, Fäzes; charakteristisch ist eine niedrige minimale Infektionsdosis (100 Bakterien). Auch die obligat pathogenen E.-coli-Stämme kommen nur bei Menschen vor und werden von Mensch zu Mensch übertragen; eine Ausnahme bilden EHEC, die auch bei Rindern (Fleisch, Milch) und anderen Wiederkäuern sowie bei Schweinen isoliert werden können.

Die Pest wird meist vektoriell durch den Rattenfloh übertragen, die Lungenpest ist eine Tröpfcheninfektion von Mensch zu Mensch. Das Erregerreservoir sind Nagetiere.

Pathogenese. Fakultativ pathogene Enterobakterien verursachen nach meist pilusvermittelter Adhärenz LPS-bedingt eitrige Lokalinfektionen. Von diesen ausgehend kann eine Sepsis entstehen.

Bei den obligat pathogenen E. coli unterscheidet man verschiedene Typen:

- ***EPEC (enteropathogene E. coli)*** adhärieren pilusvermittelt und intiminverstärkt an Enterozyten im oberen Dünndarm; in der Folge kommt es zu einer Zerstörung des Bürstensaums und einer Aktinplaque-Bildung unter der Adhärenzstelle.
- ***EAggEC (enteroaggregative E. coli)*** adhärieren mit bündelbildenden Pili an Enterozyten, bilden Aggregate und bewirken durch EAST-Enterotoxin eine sekretorische Diarrhoe, die hämolysinbedingt auch blutig sein kann.
- ***ETEC (enterotoxinbildende E. coli)*** adhärieren mit CFA-1 und CFA-II an Enterozyten des oberen Dünndarms und sezernieren hitzelabiles (LT) oder hitzestabiles (ST) Enterotoxin; das erste wirkt wie Choleratoxin, ST bewirkt eine intraenterozytäre cGMP-Akkumulation. Die Folge ist eine Sekretion von Chlorid, dem Natrium (elektrisch), Wasser (osmotisch) und Bikarbonat (Austausch gegen luminäres Chlorid) folgen; gleichzeitig ist die NaCl-Rückresorption gehemmt.
- ***EIEC (enteroinvasive E. coli)*** verhalten sich wie Shigellen (s. u.).
- ***EHEC (enterohämorrhagische E. coli***; vor allem die Serogruppen O:157 und O:26) adhärieren durch Intimin fest an Enterozyten; in der Folge wird

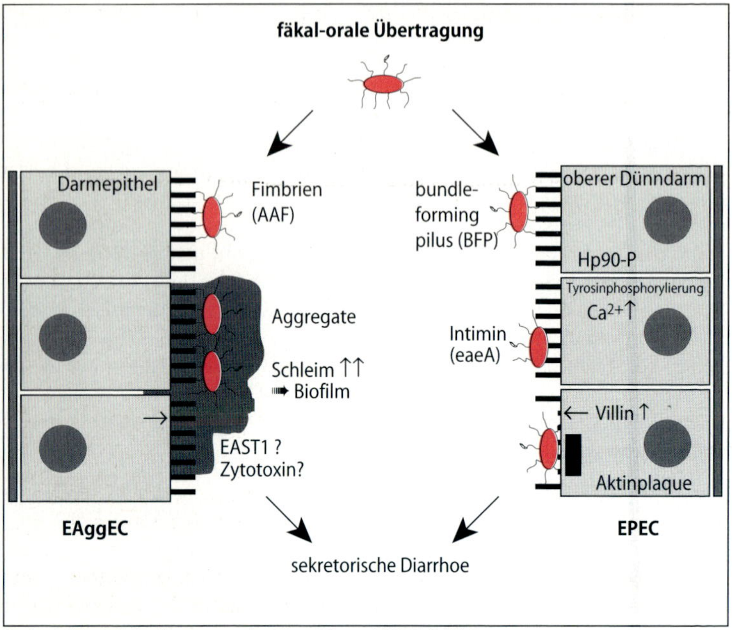

Escherichia coli: Pathogenese der EAggEC- und EPEC-Infektion

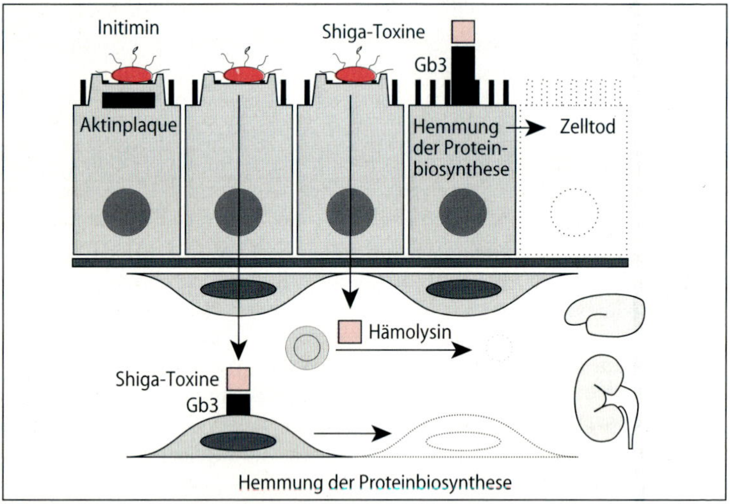

Escherichia coli: Pathogenese der EHEC-Enteritis und des HUS

der Bürstensaum abgelöst, durch die Shigatoxine wird der Enterozyt zerstört. Hierdurch kommt es zu einer Diarrhoe, an deren Entstehung möglicherweise auch das hitzestabile EAST-Enterotoxin beteiligt ist. Ein porenbildendes Hämolysin und die systemische Zytotoxizität der Shigatoxine auf Endothel- und Nierenzellen mit kapillärer Mikrothrombenbildung könnten an der Entstehung des hämolytisch-urämischen Syndroms (HUS) und der thrombotisch-thrombozytopenischen Purpura (TTP) beteiligt sein.

Enteritis-Salmonellen verursachen nach Penetration der M-Zellen des terminalen Dünndarmepithels (ohne Zellzerstörung) eine in der Lamina propria des Dünndarms lokalisierte Enteritis (Lokalinfektion), durch die, evtl. mitbedingt durch Enterotoxin, Durchfall entsteht.

Die typhösen Salmonellen verursachen die zyklischen Allgemeininfektionen Typhus (***S. Typhi***) und Paratyphus A, B, C (***S. Paratyphi A, B, C***). Nach oraler Aufnahme und Penetration der M-Zellen des Darmepithels über den Peyerschen Plaques gelangen die Erreger lymphogen in die mesenterialen Lymphknoten, wo sie sich innerhalb von Zellen des mononukleär-phagozytären Systems vermehren. Von dort gelangen sie in die Blutbahn und anschließend in die Leber, die Milz und das Knochenmark. Nach weiterer Vermehrung innerhalb von Zellen des mononukleär-phagozytären Systems in diesen Organen kommt es erneut zur Bakteriämie (Generalisation; Beginn der Symptomatik) und zu Organmanifestationen. Durch Übertritt in die Galle und Ausscheidung in das Darmlumen oder hämatogen werden die Peyerschen Plaques sekundär besiedelt. Ab der 3. Krankheitswoche setzt der T-Zell-gestützte Heilungsprozeß ein; das morphologische Korrelat sind Granulome (Typhome). In dieser Phase neigen die Typhome zur Einschmelzung, was auf immunologische Vorgänge zurückzuführen ist (TNF-α-Freisetzung?). Hierdurch besteht die Gefahr einer Perforationsperitonitis.

Shigellen penetrieren das Dickdarmepithel durch M-Zellen und gelangen von basal und lateral in Dickdarmepithelzellen. Nach Evasion aus dem Phagosom können sie, durch Aktinakkumulation fortbewegt, Nachbarzellen befallen und sich im Zytosol vermehren, wodurch die Zelle letzlich zerstört wird. LPS-vermittelt entsteht eine eitrige ulzerierende Entzündung. Evtl. sind sekretorisches Enterotoxin und das Shigatoxin an der Diarrhoeentstehung beteiligt.

Yersinien penetrieren, wie Salmonellen, das Darmepithel und vermehren sich in der Lamina propria. Von dort breiten sie sich lymphogen ins darmassoziierte Lymphgewebe und in die mesenterialen Lymphknoten aus.

Y. pestis verursacht die Pest, eine zyklische Allgemeininfektion. Der Erreger vermehrt sich im zur Inokulationsstelle regionären Lymphknoten, der hämorrhagisch einschmilzt; es erfolgt eine hämatogene Generalisation, bei der durch das LPS ein Endotoxinschock ausgelöst wird; ein Hauptzielorgan für die Erregerabsiedlung bei der hämatogenen Streuung ist die Lunge.

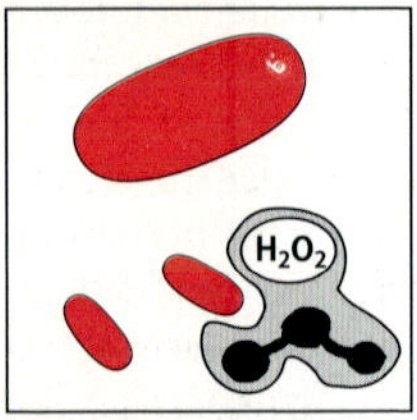

Shigellen
unbegeißelte Stäbchen
K. Shiga (1898) sowie
W. Kruse, S. Flexner (1900)

Shigellen: Portrait

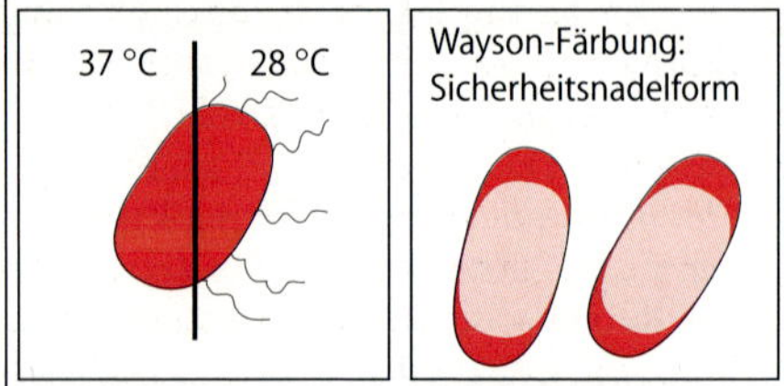

Yersinien
gramnegative Stäbchen
temp.-abh. Begeißelung
R. Pfeiffer (1889)

Yersinia pestis
gramnegative Stäbchen
Sicherheitsnadelform
A. Yersin, S. Kitasato (1894)

Yersinien: Portrait

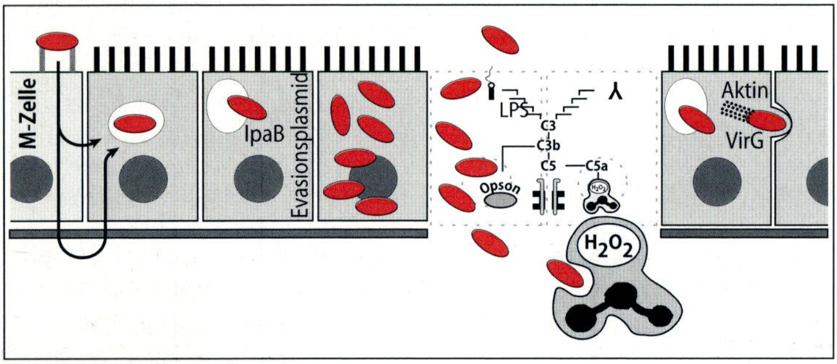

Shigellen: Pathogenese der Ruhr

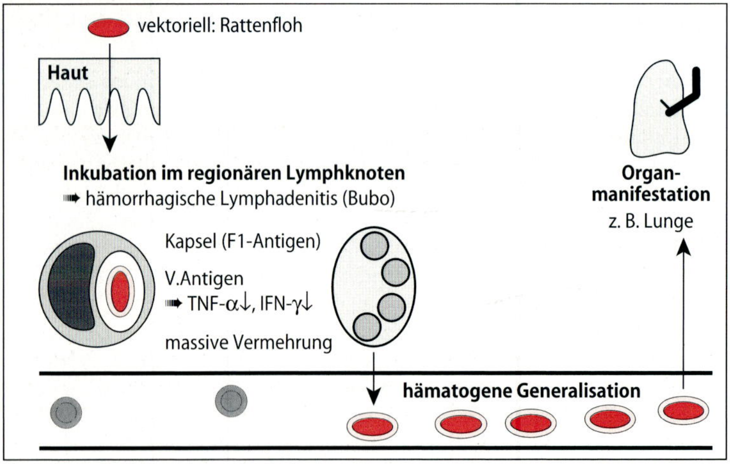

Yersinia pestis: Pathogenese der Pest

Klinik. Obligat pathogene ***E.-coli***-Stämme verursachen Darminfektionen: EPEC Diarrhoe bei Kindern, EAggEC chronische Diarrhoen bei Kindern in Entwicklungsländern, ETEC die Reisediarrhoe, EIEC hämorrhagische Enterokolitis und EHEC ebenfalls eine hämorrhagische Enterokolitis sowie das HUS (hämolytische Anämie, akutes Nierenversagen) und die TTP mit zerebralen Krampfanfällen mit bleibenden Schäden, Myokardschäden und Pankreatitis mit Diabetes mellitus. Fakultativ pathogene E.-coli-Stämme verursachen extraintestinale Infektionen: Uropathogene Stämme sind die häufigsten Erreger von Zystitis und Pyelonephritis. E. coli ist einer der häufigsten Meningitiserreger bei Neugeborenen. Als fakultativ pathogener Erreger ruft E. coli insbesondere nosokomial Sepsis (häufigster gramnegativer Sepsiserreger!), Bronchopneumonie, Wundinfektionen und Peritonitis hervor.

Klebsiella, Enterobacter und ***Serratia (KES-Gruppe)*** verursachen nosokomiale Pneumonien (Friedländer-Pneumonie durch die bekapselte K. pneumoniae), Harnwegsinfektionen und Sepsis. Proteus verursacht vorwiegend Harnwegsinfektionen (Urease führt zur Alkalisierung und kann die Steinbildung fördern).

Eine ***Salmonellen-Enteritis*** beginnt nach einer Inkubationszeit von 8–48 h. Typische Symptome sind Übelkeit, Erbrechen und Durchfall. Bei Abwehrschwäche (z. B. AIDS) kann es zur Sepsis kommen (5% der Fälle).

Die Inkubationszeit beim ***Typhus*** beträgt 1–3 Wochen. Typische Symptome sind Fieber (langsamer Anstieg über eine Woche auf hohe Temperaturen, die dann konstant bleiben: Continua), Splenomegalie, Roseolen in der Haut (bakterielle Embolien der Kapillarschlingen), Obstipation und eine relative Bradykardie. Häufig besteht eine Bewußtseinstrübung (Typhos = Nebel). Die Organmanifestation im Darm (Peyersche Plaques) führt zu erbsbreiartigen Durchfällen und kann zur Perforation mit Peritonitis führen. Weitere Organmanifestationen sind Meningitiden, Arthritiden, Osteomyelitiden und Pyelonephritiden.

Die ***Shigellen-Ruhr (Dysenterie)*** beginnt nach einer Inkubationszeit von 1–7 Tagen mit blutig-schleimigen Durchfällen, Tenesmen (Darmkrämpfen) und schmerzhaften Stuhlentleerungen.

Yersinien verursachen je nach Spezies sehr unterschiedliche Krankheitsbilder. Bei Y. enterocolitica und ***Y. pseudotuberculosis*** ist eine charakteristische Altersverteilung der Symptome festzustellen. Y. enterocolitica verursacht eine Enterokolitis. Weitere Erkrankungen sind ein Erythema nodosum und eine reaktive Arthritis. Diese findet sich häufig bei Trägern des HLA-Antigens B27. Bei Kindern kann eine Pseudoappendizitis bestehen (Schmerzen im rechten Unterbauch, evtl. lokaler Druck- und Loslaßschmerz). ***Y. pseudotuberculosis*** verursacht ein appendizitisartiges Krankheitsbild (mesenteriale Lymphadenitis: s. a. Y. enterocolitica); selten, bei Kindern, kann eine Enterokolitis entstehen. Andere Erkrankungen sind Erythema nodosum und reaktive Arthritis.

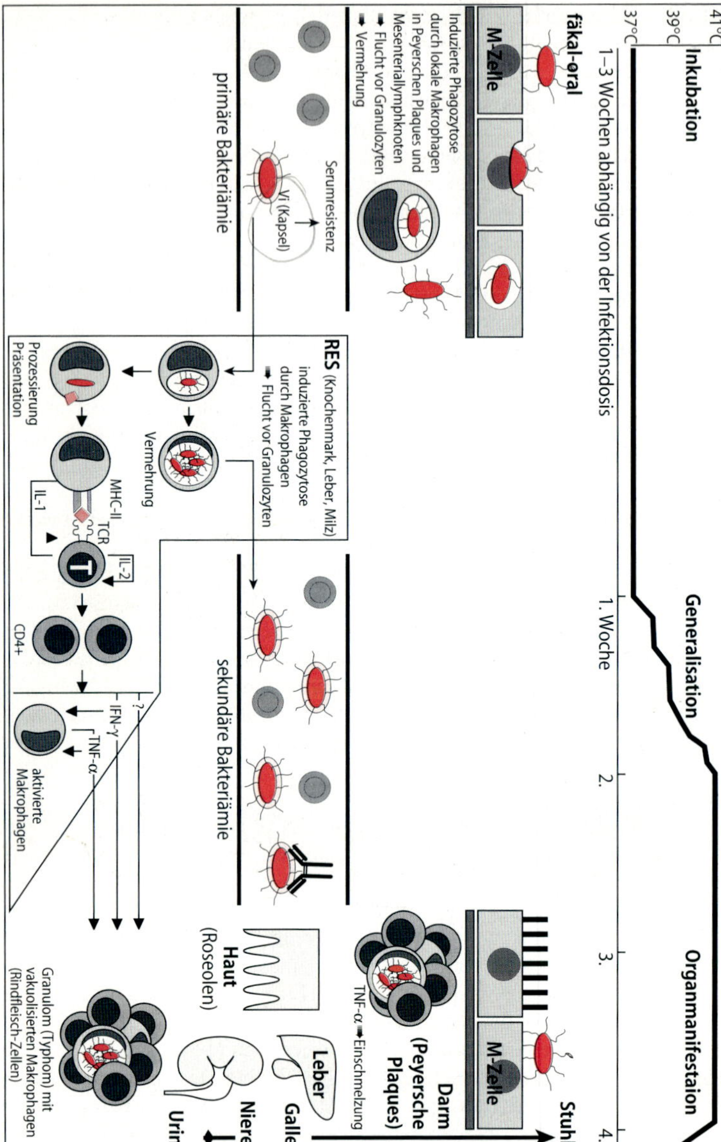

Salmonella Typhi: Pathogenese des Typhus abdominalis

Y. pestis ist der Erreger der ***Pest***. Abhängig vom Übertragungsweg unterscheidet man eine primäre Bubonenpest (Beulenpest: Primäraffekt—lymphogene Ausbreitung—Vermehrung im lokalen Lymphknoten: Primärkomplex) mit schmerzhafter Lymphknotenschwellung, und eine primäre Lungenpest (Pneumonie). Typisch ist der sehr schlechte Allgemeinzustand des Patienten (Endotoxin-Wirkung). Die Endotoxinwirkung verursacht eine Verbrauchskoagulopathie mit Ekchymosen („Schwarzer Tod") und septischen Schock (Todesursache).

Diagnostik. Infektionen durch fakultativ pathogene Enterobakterien werden durch Anzucht der Erreger aus dem vermuteten Herd und bei Sepsis auch aus

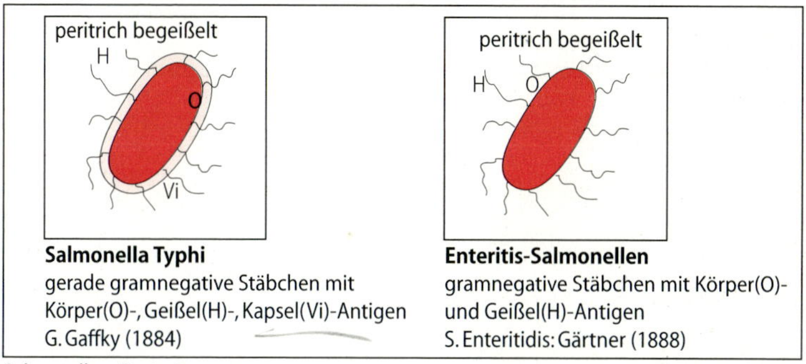

Salmonellen: Portrait

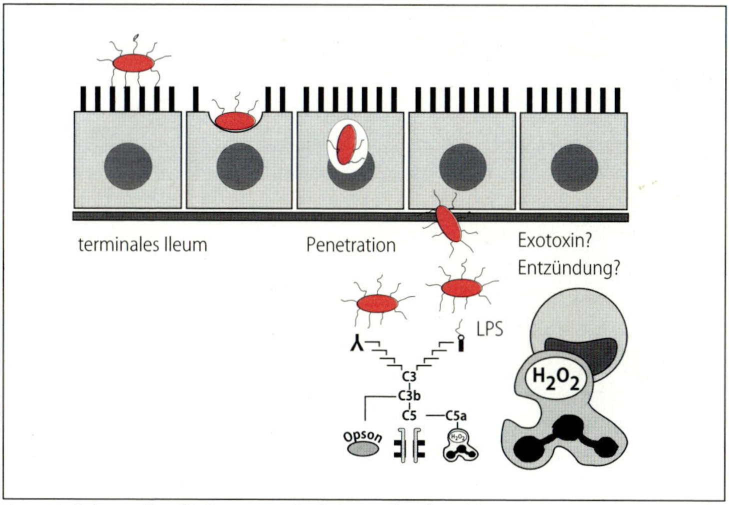

Enteritis-Salmonellen: Pathogenese der Salmonellen-Enteritis

Pseudomonas
gramnegative Stäbchen
obligat aerob
KH-Verwertung: oxidativ
Sporenbildung: nein
Beweglichkeit: ja
Katalase: positiv
Oxidase: positiv
einige Arten: Pigmentbildung (fluoreszierend gelb, blaugrün)

Pseudomonas aeruginosa
gramnegative Stäbchen
in blaugrünem Eiter
Gessard (1882)

Pseudomonas: Gattungsmerkmale

Arten	Krankheiten
Pseudomonas aeruginosa	Sepsis, Endokarditis Pneumonien Harnwegsinfektionen Wundinfektionen Hautinfektionen Keratitis, Endophthalmitis Otitis externa, Otitis media chronica Meningitis
P. fluorescens	Transfusionsinfektionen
P. putida	(Katheter)-Sepsis
P. stutzeri	Sepsis
P. vesicularis	Sepsis (Immunsuppression)
Burkholderia cepacia	nosokomiale Infektionen Infektionen bei Mukoviszidose
B. pseudomallei	Melioidose
B. mallei	Rotz
Comamonas acidovorans	
Shewanella putrifaciens	
Sphingomonas paucimobilis	
Stenotrophomonas maltophilia[1]	Pneumonien, Sepsis
Acinetobacter baumannii[1]	Pneumonien, Sepsis
A. haemolyticus	
A. junii	
A. johnsonii	
A. lwoffii	
A. calcoaceticus	

1 s. a. Kapitel Weitere Bakterien

Pseudomonas und andere Non-Fermenter: Arten und Krankheiten

dem Blut diagnostiziert. Die Darminfektionen verursachenden obligat pathogenen Stämme und Arten werden aus dem Stuhl angezüchtet. Als Selektivkulturmedien kommen u. a. Endo- oder MacConkey-Agar zum Einsatz. Die Identifizierung der verschiedenen Genera und Spezies erfolgt mit der biochemischen Leistungsprüfung (Bunte Reihe). Für manche Genera, speziell für obligat pathogene Enterobakterien, kann eine Serotypisierung erforderlich sein, insbesondere für Salmonellen (Kauffmann-White-Schema). Für obligat pathogene E.-coli-Stämme muß die Diagnostik durch den Nachweis typischer Virulenzfaktoren ergänzt werden (Intimin-, EAST-Gen, Invasionsgene, ST, LT; nur in Speziallabors und bei formulierter Indikation). Die Typhus-Diagnostik erfolgt durch Anzucht des Erregers in der 1.–2. Woche aus Blutkulturen, in der 3.–4. Woche aus Stuhl und Urin; Antikörpernachweis mit der Widal-Reaktion.

Therapie. Für eine kalkulierte Initialtherapie von schweren Infektionen durch fakultativ pathogene Enterobakterien eignen sich Piperacillin + Tazobactam, Chinolone, Cephalosporine der dritten Generation + Aminoglykoside oder Carbapeneme. Bei Harnwegsinfektionen können Cotrimoxazol oder Chinolone eingesetzt werden.

Bei Durchfallerkrankungen durch obligat pathogene Enterobakteriazeen steht eine symptomatische Therapie im Vordergrund. Eine antimikrobielle Therapie ist bei schweren Verläufen (blutige Stühle, Fieber), bei Abwehrgeschwächten oder bei Sepsis erforderlich. Als Mittel für die kalkulierte Initialtherapie eignen sich Ciprofloxacin, Cotrimoxazol und Ampicillin.

Ciprofloxacin ist das Mittel der Wahl bei Typhus, Paratyphus und zur Sanierung von Salmonellen-Dauerausscheidern, Streptomycin bei Pest.

Prävention. Infektionen durch fäkal-oral übertragene Erreger sind durch strikte Einhaltung geeigneter Hygienemaßnahmen, vor allem im Umgang mit Lebensmitteln, zu vermeiden. Patienten müssen ihre Hände und Sanitäreinrichtungen desinfizieren, ggf. benötigen sie eine eigene Toilette. Wegen der hohen Kontagiosität müssen Shigellose-Patienten strikt isoliert werden. Enteritis infectiosa, Typhus und Paratyphus sind bei Verdacht, Erkrankung, Tod und Ausscheidertum von Salmonellen und Shigellen meldepflichtig, ebenso müssen Ausbrüche nosokomialer Infektionen gemeldet werden.

Die Pest gehört zu den Quarantäne-Krankheiten. Erkrankte und Ansteckungsverdächtige müssen abgesondert werden; Verdacht, Erkrankung und Tod sind meldepflichtig. Wichtig ist die Bekämpfung des Reservoirwirts (Ratte).

3.3.13 Pseudomonas: P. aeruginosa

Beschreibung

Pseudomonas ist eine Gattung gerader, gramnegativer Stäbchen, die sich obligat aerob vermehren. Von Enterobakterien unterscheidet sich Pseudomonas

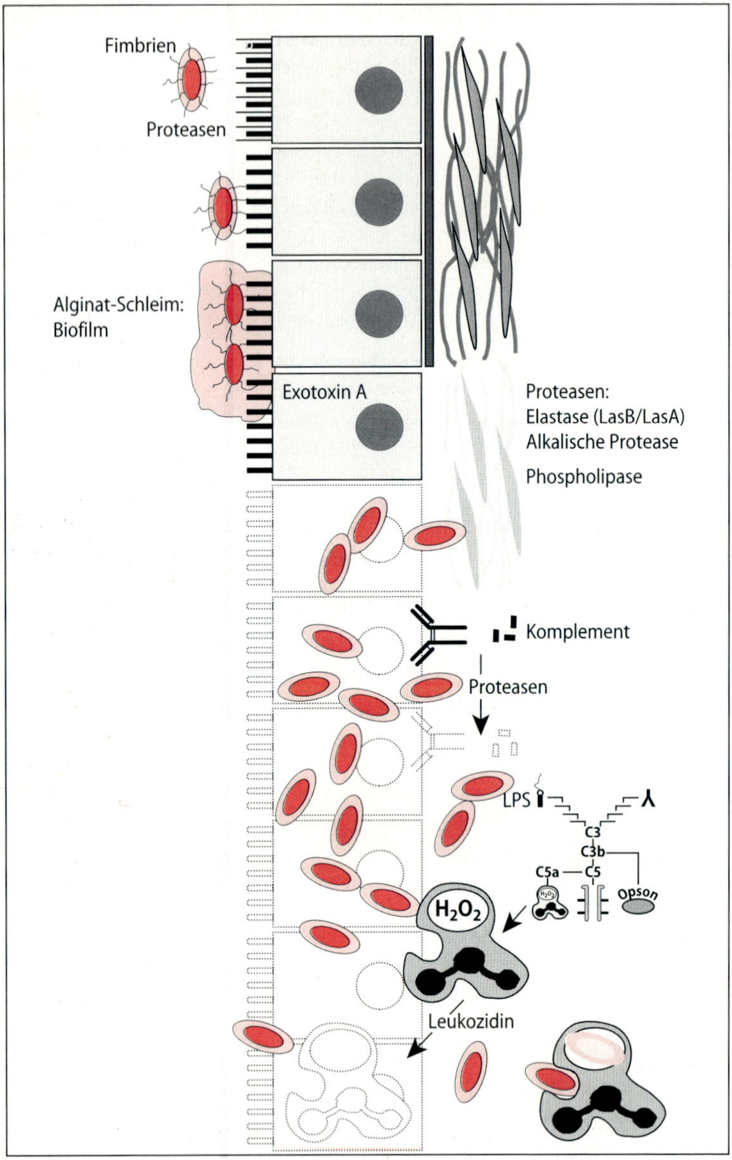

Pseudomonas aeruginosa: Pathogenese

durch Oxidase und die nur oxidative, nicht aber fermentative Verwertung von Zuckern (Non-Fermenter). Die medizinisch bedeutsamste Art P. aeruginosa bildet Pigmente, Pyocyanin und Fluoreszein (blaugrün). Sie zeichnet sich durch eine wechselhafte Resistenz gegen antimikrobielle Substanzen aus.

Virulenzfaktoren. Fimbrien (Pili) vermitteln die Adhärenz. Dabei scheinen Wirtsfaktoren eine zusätzliche Rolle zu spielen (zerstörte Zellen, Fibronektinverlust). Alginat, ein Polymer aus Mannuron- und Guluronsäure, bildet eine Schleimschicht um die Bakterien und auf Oberflächen einen Biofilm, der gegen Phagozytose, Komplement und den mukoziliären Mechanismus schützt. Enzyme (Proteasen, Elastase) vermitteln die Invasion. Zytotoxine (besonders gegen polymorphkernige Granulozyten) und Hämolysine spielen bei der Gewebeschädigung eine Rolle. LPS und Exotoxin A (Wirkungsmechanismus wie Diphtherietoxin) werden in Zusammenhang mit systemischen Wirkungen bei Infektionen durch P. aeruginosa gebracht. Exoenzym S entfaltet gleiche Wirkungen wie Exotoxin A.

Rolle als Krankheitserreger

Übertragung. Der anspruchslose und unempfindliche Erreger vermehrt sich, wo auch immer Feuchtigkeit und geringste Reste organischen Materials vorhanden sind („Pfützenkeim"). Als Infektionsquellen kommen Feuchtstellen in Frage (z. B. Beatmungsgeräte, Kontaktlinsen-Reinigungsflüssigkeit); bei Krankenhauspatienten kolonisiert er die Schleimhäute. Von diesen Orten kann der Erreger dann aerogen oder durch Schmierinfektion an seinen Infektionsort gelangen.

Pathogenese. P. aeruginosa verursacht durch das Zusammenspiel seiner Virulenzfaktoren eitrige Infektionen (blau-grüner Eiter) besonders bei abwehrgeschwächten Patienten (z. B. Verbrennung, Neutropenie). Durch seine Invasine kann er sehr schnell tiefere Körperregionen erreichen, z. B. das Augeninnere.

Klinik. Oft tritt er als nosokomialer Erreger auf. Typische Erkrankungen sind: Otitis media/externa (auch chronisch; „Schwimmerohr"), Atemwegsinfektionen (Intubierte), Harnwegsinfektionen (auch chronisch), Wundinfektionen (Verbrennungswunden!), Ulcus cruris („offenes Bein"), Meningitis und Sepsis. Gefürchtet ist die Pseudomonas-Keratokonjunktivitis (Kontaktlinsenträger!), da es sehr schnell zu einem Einbruch in das Augeninnere mit Endophthalmitis kommen kann.

Diagnostik. Die Diagnose erfolgt durch Anzucht des Erregers aus dem Infektionsherd und anschließende Identifizierung mittels Bunter Reihe. Wegen der therapeutischen Konsequenzen ist die Einordnung eines Isolats entweder als Kolonisationsflora oder als Erreger bedeutsam.

Vibrio

gramnegative Stäbchen
fakultativ anaerob
KH-Verwertung: fermentativ
Sporenbildung: nein
Beweglichkeit: ja
Katalase: positiv
Oxidase: positiv

Nitratreduktion
halophil (benötigt NaCl)

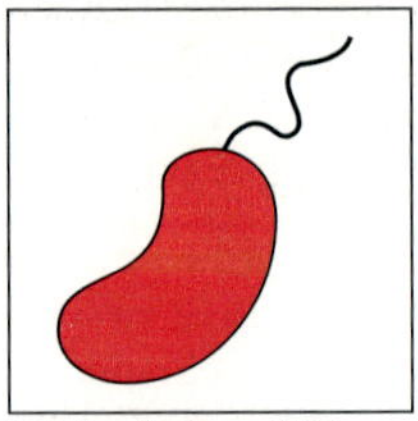

Vibrio cholerae/ElTor:
gekrümmte gramnegative Stäbchen mit monotrich polarer Begeißelung
Robert Koch (1883)

Vibrio: Gattungsmerkmale

Arten	Krankheiten
V. cholerae, V. El Tor[1]	Cholera
NAG-Vibrionen	selten Gastroenteritis
V. parahaemolyticus	Gastroenteritis (Meeresfrüchte!)
V. vulnificus	Wundinfektionen (Brack-, Salzwasser!), Sepsis
Aeromonas hydrophila	Gastroenteritis, Myonekrose, Hautgeschwüre, Sepsis, Osteomyelitis
Plesiomonas shigelloides	Gastroenteritis?

1:Serotyp-Bestimmung: O:1 = Vibrio cholerae/ElTor, O:139 = neuer epidemischer Serotyp

Vibrionen und andere Vibrionaceae: Arten und Krankheiten

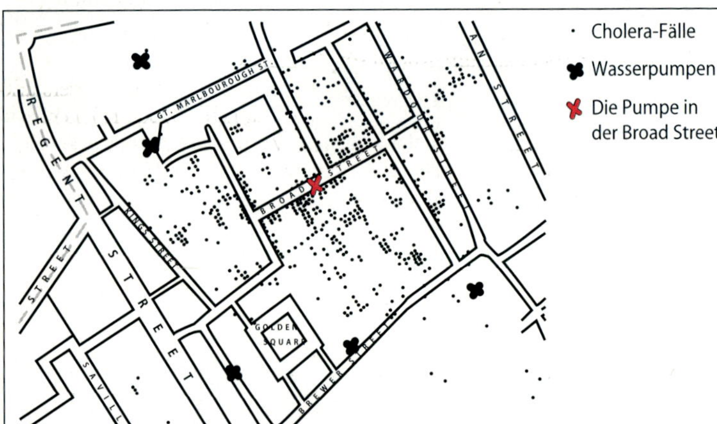

Vibrio cholerae: Epidemiologie – John Snow: Die Pumpe in Broad Street, London 1854

Therapie. Die Behandlung von Infektionen durch P. aeruginosa erfordert in der Regel eine Kombinationstherapie: Piperacillin oder Ceftazidim mit Aminoglykosiden (Gentamicin, Tobramycin). Als Reservemittel stehen Imipenem oder Ciprofloxacin zur Verfügung, die ebenfalls mit Aminoglykosiden kombiniert werden können, um optimale Synergismuseffekte zu erzielen.

Prävention. Der Vorbeugung dienen konsequente Hygiene und Asepsis.

3.3.14 Vibrio: Vibrio cholerae/ El Tor

Beschreibung

Vibrionen sind gekrümmte gramnegative Stäbchen, die sich im Nativpräparat durch schnelle Bewegungen (monotriche Begeißelung) auszeichnen. Sie sind fakultativ anaerob und oxidasepositiv. Die epidemischen V. cholerae O1, V. El Tor, ein weniger virulenter Biotyp von V. cholerae O1, und der neu identifizierte Serotyp O139 werden von den NAG-Vibrionen (= V. cholerae nonO1: nicht agglutinierend mit O1-Antiserum) und anderen Vibrio-Arten (z. B. V. parahaemolyticus: Gastroenteritis durch Meeresfrüchte, V. vulnificus: schwere Wundinfektionen durch kontaminiertes Brack- und Salzwasser) abgegrenzt.

Virulenzfaktoren. Der wesentliche Virulenzfaktor von V. cholerae/El Tor ist ein hitzelabiles Enterotoxin vom A-B-Typ, das Choleragen. Nach Bindung der B-Untereinheit an 5 GM1-Gangliosid-Rezeptoren von Dünndarmepithelzellen wird die A-Untereinheit in den Enterozyten aufgenommen und die Komponente A2 abgespalten. A1 bewirkt durch ADP-Ribosylierung der hemmenden Gs-Komponente (GTPase) der Adenylatzyklase eine Inaktivierungshemmung dieses Enzyms mit anschließender Anreicherung von cAMP im Enterozyten. Es kommt zu einer Sekretion von Chlorid in das Dünndarmlumen und einer Hemmung der Natrium-Rückresorption. Elektrisch bedingt folgen Na+ und osmotisch Wasser. Die hohe Chloridsekretion verursacht einen verstärkten Austausch mit Bikarbonat. Die Wassermenge kann im Dickdarm nicht ausreichend rückresorbiert werden. Eine massive wäßrige Diarrhoe ist die Folge.

Weitere Virulenzfaktoren sind eine Muzinase (Schleimabbau) und eine Neuraminidase (Freilegung zusätzlicher Toxinrezeptoren).

Rolle als Krankheitserreger

Übertragung. Die Übertragung erfolgt fäkal-oral, vor allem durch kontaminiertes Trinkwasser.

Pathogenese. Wenn der Erreger in genügend großer Menge den Dünndarm erreicht, kann er mittels Muzinase die Schleimschicht durchdringen und mittels Pili an Enterozyten adhärieren. Dort sezerniert er das Choleratoxin in unmittelbarer Nähe des Toxinrezeptors, so daß es seine Wirkung entfaltet.

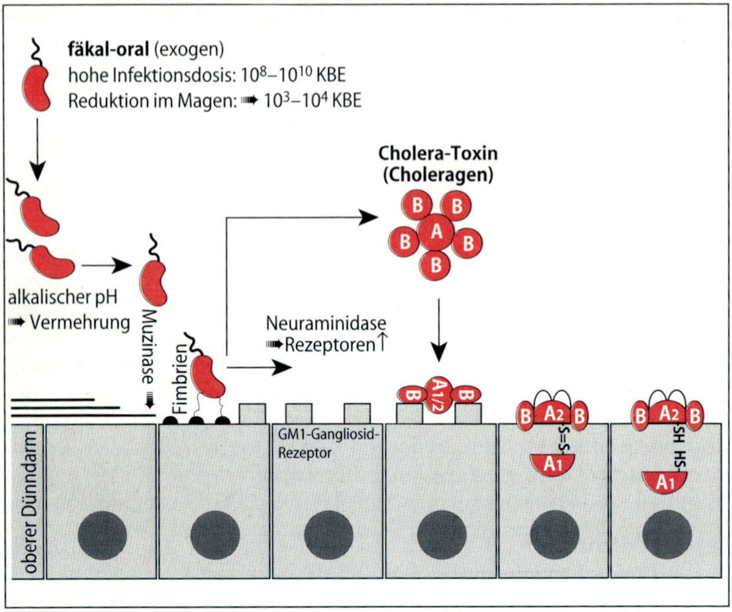

Vibrio cholerae: Pathogenese (Adhäsion und Toxineinschleusung)

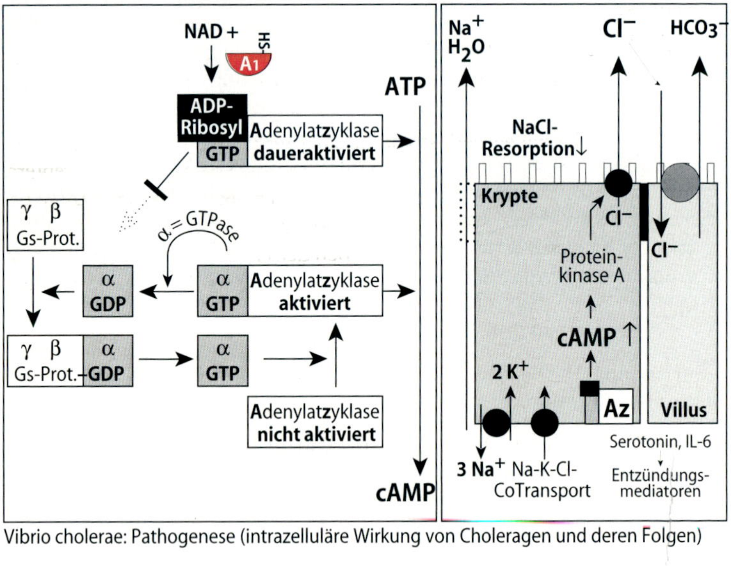

Vibrio cholerae: Pathogenese (intrazelluläre Wirkung von Choleragen und deren Folgen)

Klinik. V. cholerae und V. El Tor sowie der Serotyp O:139, sind die Erreger der ***Cholera***. Nach oraler Aufnahme großer Erregermengen (eine ausreichende Zahl der säureempfindlichen Erreger muß den sauren Magen-pH überwinden) und einer Inkubationszeit von wenigen Stunden bis zu 5 Tagen kommt es zu Erbrechen und massiven, wäßrigen Durchfällen (bis zu 30 l/d). Ohne Substitution von Wasser und Elektrolyten entwickelt sich innerhalb weniger Stunden ein hypovolämischer Schock mit Hypokaliämie, Hypoglykämie und metabolischer Azidose, der zum Tod des Patienten führen kann.

Diagnostik. Anzucht aus Stuhl, Erbrochenem und Duodenalsaft, dabei Anreicherung in alkalischem Peptonwasser, anschließend serologische und biochemische Identifizierung. Eine schnelle Verdachtsdiagnose läßt sich durch den mikroskopischen Nachweis von charakteristisch beweglichen Bakterien im Nativpräparat des Stuhls oder in der Anreicherungsbouillon stellen, wenn die Beweglichkeit durch die Zugabe spezifischer Antikörper gestoppt wird.

Therapie. Substitution der verlorenen Flüssigkeit und der Elektrolyte. Dabei macht man sich den intakten natriumabhängigen Glukosetransport in den Enterozyten zunutze. Die WHO empfiehlt folgende Substitutionslösung:

• NaCl (Kochsalz)	3,5 g
• $NaHCO_3$ (Natriumbikarbonat)	2,5 g
• KCl (Kaliumchlorid)	1,5 g
• Glukose	20 g
• H_2O (Wasser)	1 l

Minimum ist folgende Zusammensetzung: 5 g NaCl (Kochsalz) und 20 g Glukose auf 1 l Wasser. Im Notfall reichen „Salzstangen und Cola".

Bei einem Flüssigkeitsverlust von bis zu 7 l/d (100ml/kg/d) ist eine orale Substitution ausreichend. In schweren Fällen muß die Substitution parenteral erfolgen. Zu Beginn ist die Zufuhr schnellstmöglich durchzuführen. Sehr wichtig ist eine engmaschige Überwachung (und Normalisierung) der Blutzuckerkonzentration, da die Hypoglykämie neben der Hypovolämie und den resultierenden Elektrolytstörungen die wichtigste lebensbedrohliche Komplikation darstellt.

Prävention. Die ausschlaggebende Vorbeugemaßnahme ist die Bereitstellung einwandfreien Trinkwassers, was z. B. durch Abkochen erreicht werden kann. Bei Verdacht auf Cholera ist ein Patient unter Quarantäne (Absonderung) zu stellen, Verdacht, Erkrankung und Tod sind meldepflichtig.

Campylobacter

gramnegative Stäbchen (helikal)
mikroaerophil, capnophil
KH-Verwertung: nein!
Sporenbildung: nein
Beweglichkeit: ja
Katalase: positiv
Oxidase: positiv

Nitratreduktion

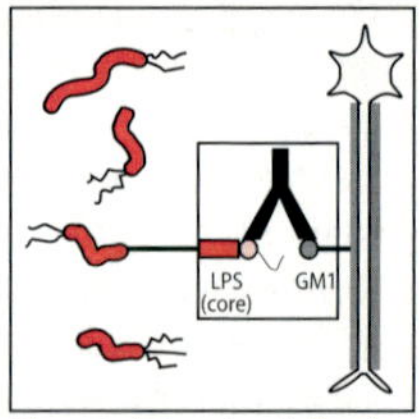

Campylobacter jejuni

gramnegative spiralige Stäbchen: polare Geißeln
Induktion kreuzreagierender Antikörper LPS-core X GM1-Gangliosid von Myelin

Campylobacter: Gattungsmerkmale

Arten	Krankheiten
C. jejuni (subsp. jejuni) C. coli	Enterokolitis (Sepsis; auch neonatal) (Meningitis, Peritonitis,Harnwegsinfektionen) Guillain-Barré-Syndrom, Bickerstaff-Enzephalitis, (Arthritis)
C. fetus (subsp. fetus)	Sepsis Meningitis Thrombophlebitis, Arthritis, Hepatitis, Enteritis
C. upsaliensis	Diarrhoe mit Sepsis
C. lari	(Enterokolitis; Ausbruch)
C. hyointestinalis	Proktitis, Diarrhoe
C. sputorum	Abszesse (z. B. Lunge, Achsel)
C. concisus	Periodontitis, Enteritis, Ulkus
C. rectus	Periodontitis, Pneumonie

Campylobacter: Arten und Krankheiten

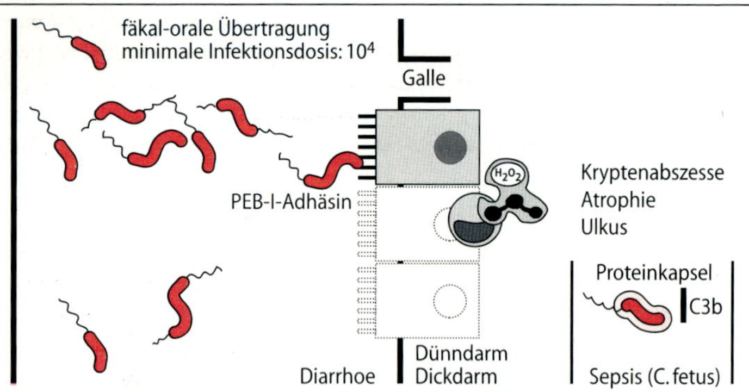

Campylobacter: Pathogenese

3.3.15 Campylobacter: C. jejuni, C. fetus, C. coli

Beschreibung

Vertreter der Gattung Campylobacter sind korkenzieherartig bewegliche, spiralig gebogene gramnegative Stäbchen, die nur bei 5% Sauerstoff anzüchtbar sind: mikroaerophil (kein aerobes oder anaerobes Wachstum!). Sie sind oxidase- und katalasepositiv.

Virulenzfaktoren. C. jejuni besitzt als Adhäsin das Oberflächenantigen PEB1 und produziert ein hitzelabiles Enterotoxin (ähnlich wie Choleragen) und Zytotoxine (u. a. eines, das mit anti-Shigatoxin-Antitoxin neutralisierbar ist); sie haben LPS in der Zellwand, dessen Core-Anteil die gleiche Antigenspezifität wie GM1-Gangliosid aus Myelinscheiden aufweist.

C. fetus besitzt ein Oberflächenprotein (S-Protein) mit Kapselfunktion, das eine Bindung von C3b, also die Opsonisierung, verhindert.

Die Virulenzfaktoren von C. coli sind bisher nur unzureichend bekannt.

Rolle als Krankheitserreger

Übertragung. Die Übertragung erfolgt fäkal-oral durch kontaminierte Lebensmittel (C. jejuni: Geflügel) oder Trinkwasser, die minimale Infektionsdosis ist sehr gering. Neben Salmonellen ist C. jejuni der häufigste Durchfallerreger.

Pathogenese. C. jejuni induziert eine eitrige, durch Zerstörung der Epithelzellen ulzerierende Entzündung in der Lamina propria des Kolons mit Kryptenabszessen (LPS: Komplementaktivierung?). Eine tiefere Invasion (Bakteriämie, Sepsis) kommt vor. Postinfektiös können sich immunpathologische Nachkrankheiten durch kreuzreagierende Antikörper (z. B. LPS-Core – Myelingangliosid) entwickeln.

Klinik. C. jejuni und C. coli verursachen nach einer Inkubationszeit von 1–7 Tagen eine Kolitis mit anfangs wäßrigen und später blutigen Diarrhoen, Bauchschmerzen und Fieber. Die Krankheit kann leicht, aber auch schwer und rezidivierend verlaufen und das Bild der Colitis ulcerosa imitieren. Nur selten tritt eine disseminierte Erkrankung auf. Postinfektiös können sich ein schweres Guillain-Barré-Syndrom (periphere motorische Polyneuropathie mit Lähmungen), die Bickerstaff-Enzephalitis oder eine reaktive Arthritis entwickeln.

C. fetus verursacht besonders bei Neugeborenen und Greisen ein septisches Krankheitsbild mit Meningitis und Vaskulitis (Thrombophlebitis), nur selten eine Enteritis.

Diagnostik. Die Erregerdiagnose wird durch Anzucht aus dem Stuhl (bzw. Blut) und Identifizierung durch biochemische Leistungsprüfung gestellt. Zur Diagnostik der Nachkrankheiten eignet sich der Nachweis von Antikörpern.

Helicobacter
gramnegative Stäbchen (helikal)
mikroaerophil (capnophil)
KH-Verwertung: nein!
Sporenbildung: nein
Beweglichkeit: ja
Katalase: positiv
Oxidase: positiv
H. pylori: Urease (sehr stark)

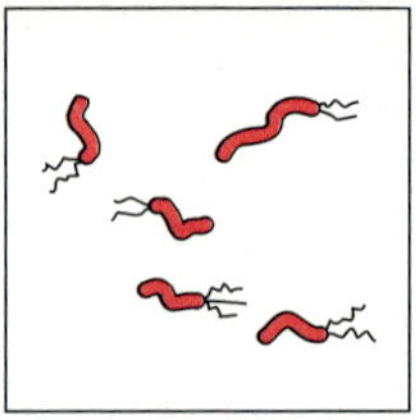

Helicobacter pylori
gramnegative gekrümmte Stäbchen
mit polaren Geißeln
B. J. Marshall, J. R. Warren (1982)

Helicobacter: Gattungsmerkmale

Arten	Krankheiten	
H. pylori	Gastritis	(Mensch)
	Ulkuskrankheit	(Mensch)
	Magenkarzinom	(Mensch)
	Magenlymphom	(Mensch)
H. heilmannii	Gastritis (Hund, Katze, Mensch)	
H. felis	Gastritis (Katze, Hund)	
H. mustelae	Gastritis (Frettchen)	
H. nemestrinae	Gastritis (Affe)	

Helicobacter: Arten und Krankheiten

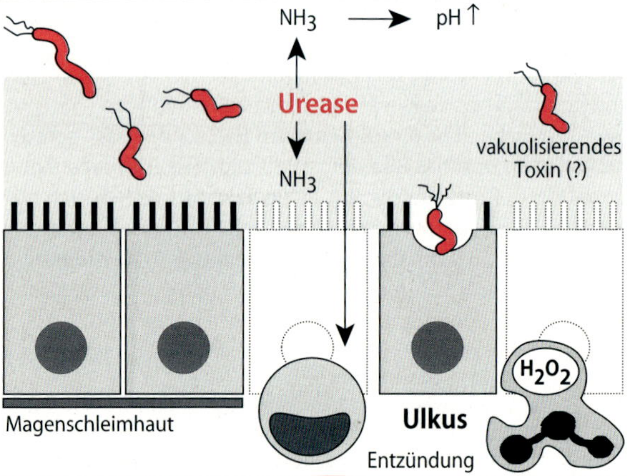

Helicobacter pylori: Pathogenese

Therapie. Falls eine antimikrobielle Therapie der Diarrhoe erforderlich wird, gilt Erythromycin als Mittel der Wahl. Zur Behandlung der C.-fetus-Sepsis mit Meningitis empfiehlt sich eine Therapie mit Chloramphenicol, am besten in Kombination mit einem Aminoglykosid.

Prävention. Allgemeine und lebensmittelhygienische Maßnahmen stehen im Vordergrund, Verdacht, Erkrankung und Tod an Campylobacter-Enteritis sind meldepflichtig.

3.3.16 Helicobacter pylori

Beschreibung

Helicobacter pylori ist ein korkenzieherartiges, unipolar begeißeltes gramnegatives Stäbchen. Es läßt sich unter capnophilen Bedingungen innerhalb von 5–10 Tagen auf angereicherten Kulturmedien anzüchten.

Virulenzfaktoren. H. pylori produziert große Mengen Urease, die ein ausreichend langes Überleben im Magen (saurer pH) zu ermöglichen scheint, so daß der Erreger unter die schützende Schleimschicht des Magen (physiologischer pH) an die Schleimhautzellen gelangen kann. Möglicherweise spielen ein Zytotoxin (VacA) und ein zytotoxinassoziiertes Antigen (cagA) eine Rolle.

Rolle als Krankheitserreger

Übertragung. Vermutlich ist die Übertragung fäkal-oral. Als Infektionsquelle gilt der Mensch, etwa die Hälfte der Menschheit ist mit dem Erreger infiziert.

Pathogenese. Der Erreger bewegt sich durch die Schleimschicht des Magens und adhäriert an die Epithelzellen, dringt jedoch nicht tiefer ein. Die sezernierte Urease schafft einen neutralen pH, scheint durch die Ammoniumionen zellschädigend zu sein, und wirkt chemotaktisch. Es entsteht eine Entzündungsreaktion mit überwiegend mononukleären Leukozyten.

Klinik. H. pylori ist Erreger der chronisch-atrophischen Gastritis (B-Gastritis), aus der sich eine Ulkuskrankheit entwickeln kann. H. pylori ist zudem Kokarzinogen für maligne Magentumoren (Karzinom, MALT-Lymphom).

Diagnostik. Die Erregerbestimmung erfolgt durch Anzucht aus Magenbiopsien und anschließende biochemische Leistungsprüfung. Entscheidend ist der Nachweis von Urease. Dieser gelingt auch ohne Anzucht aus Magenbiopsien.

Therapie. Es wird eine Kombination von Metronidazol, Ampicillin und einem Protonenpumpenblocker über 2 Wochen empfohlen (Tripeltherapie).

Prävention. Hygiene und aseptisches Arbeiten vor allem im Endoskopiebereich stehen im Vordergrund.

Haemophilus

gramnegative Stäbchen (zart)
fakultativ anaerob
KH-Verwertung: fermentativ
Sporenbildung: nein
Beweglichkeit: nein
Katalase: verschieden
Oxidase: verschieden

Bedarf an Wuchsfaktoren (X, V)
Nitratreduktion

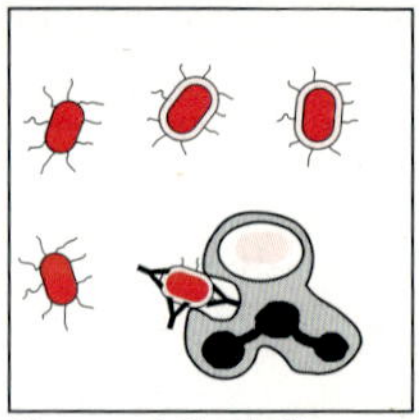

Haemophilus influenzae
bekapselte oder unbekapselte zarte gramnegative Stäbchen in Eiter
R. Pfeiffer (1892)

Haemophilus: Gruppenmerkmale

Arten	Krankheiten	
H. influenzae	**(bekapselt: Typ b)**	**(unbekapselt)**
	Meningitis Sepsis Epiglottitis Arthritis (Pneumonie)	Otitis media Sinusitis Konjunktivitis Tracheobronchitis Pneumonie
Biotyp aegyptius (Koch-Weeks)	Konjunktivitis	
H. parainfluenzae	HNO-Infektionen, Endokarditis	
H. ducreyi	Ulcus molle	
H. aphrophilus	Endokarditis	
H. paraphrophilus	Endokarditis	

Haemophilus: Arten und Krankheiten

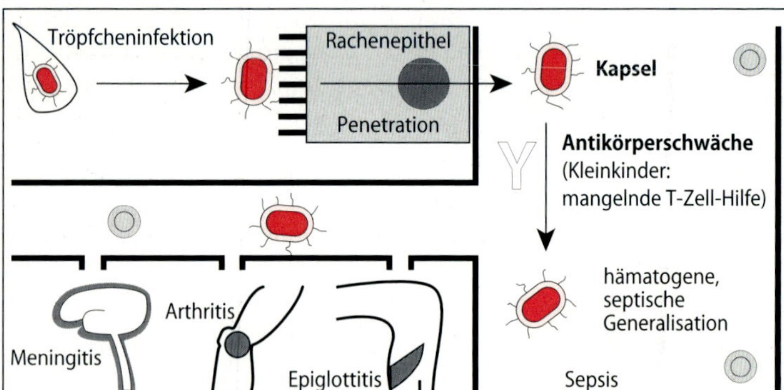

Haemophilus influenzae Typ b: Pathogenese

3.3.17 Haemophilus

Beschreibung

Hämophile Bakterien sind zarte gramnegative Stäbchen, die sehr empfindlich gegen äußere Einflüsse sind. Sie wachsen unter fakultativ anaeroben Bedingungen bei Übernachtbebrütung an und benötigen typischerweise Wachstumsfaktoren: X=Hämin, V= NAD und NADP. Deren Bedarf kann durch das Ammen- oder Satellitenphänomen [Kokultivierung mit S. aureus (Amme) auf Blutagar: Häminfreisetzung durch Hämolyse, NAD-Produktion] oder durch Plättchentest mit faktorhaltigen Plättchen geprüft werden.

Virulenzfaktoren. H. influenzae besitzt Adhärenzfimbrien und produziert IgA1-Proteasen. Zilienzerstörende Faktoren sind LPS und Glykopeptide in der Zellwand. Bestimmte Stämme von H. influenzae besitzen eine typspezifische Polysaccharidkapsel (z. B. H. influenzae Typ b).

Rolle als Krankheitserreger

Übertragung. Die Übertragung erfolgt aerogen durch Tröpfcheninfektion. H. ducreyi wird sexuell übertragen.

Pathogenese. H. influenzae siedelt sich im oberen Respirationstrakt an. Von dort gelangt er per continuitatem in tiefere Abschnitte des Respirationstrakts, in Nasennebenhöhlen oder die Paukenhöhle. Einige Stämme penetrieren das Epithel und gelangen ins Blut; sind sie durch eine antiphagozytäre Kapsel geschützt, kann eine genügend hohe Bakterienzahl die Blut-Liquor-Schranke erreichen und sie durchdringen. An den Absiedlungsorten induziert der Erreger LPS-vermittelt eine eitrige Entzündungsreaktion.

Bei den übrigen Haemophilusinfektionen wird ebenfalls eine eitrige Entzündung induziert; H. ducreyi verursacht an der Eintrittsstelle ein Ulkus.

Klinik. H. influenzae (Bedarf: X und V) verursacht eitrige Lokalinfektionen im Bereich des Respirationstrakts wie Nasopharyngitis, Sinusitis, Otitis und Bronchitis (überwiegend unbekapselte Stämme). Bekapselte Stämme (Typ b) verursachen eine Sepsis, eine Laryngotracheitis (Epiglottitis: Notfall!) bei jungen Kindern oder eine eitrige Meningitis bei Kindern ohne ausreichende Immunität gegen Kapselpolysaccharid.

H. ducreyi (Bedarf: X) ist der Erreger des Ulcus molle (Weicher Schanker), eines schmerzhaften weichen Geschwürs.

H. parainfluenzae (Bedarf: V) ist ein fakultativ pathogener Erreger, der zur physiologischen Standortflora des oberen Respirationstrakts zählt.

H. aphrophilus verursacht Endokarditiden.

Diagnostik. Die Erregerdiagnose erfolgt durch Anzucht aus dem Infektionsherd bzw. aus dem Blut und anschließende Differenzierung anhand des Wachs-

Bordetella

gramnegative Stäbchen
obligat aerob
KH-Verwertung: nein!
Sporenbildung: nein
Beweglichkeit: verschieden
Katalase: positiv
Oxidase: verschieden

B. pertussis benötigt komplexe Kulturmedien

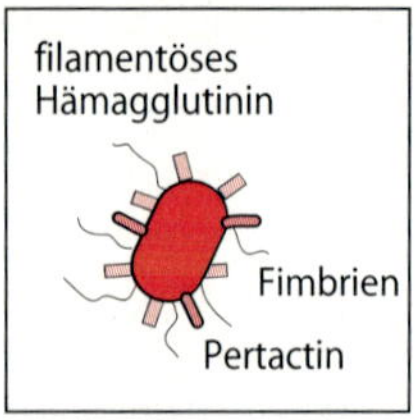

Bordetella pertussis
gramnegative Stäbchen
Bordet, Gengou (1900)

B ordetella: Gruppenmerkmale

Arten	Krankheiten
B. pertussis	Pertussis (Keuchhusten)
B. parapertussis	mildere Verläufe des Keuchhustens
B. bronchiseptica	selten, mildere Verläufe des Keuchhustens
B. avium	nur tierpathogen

Bordetella: Arten und Krankheiten

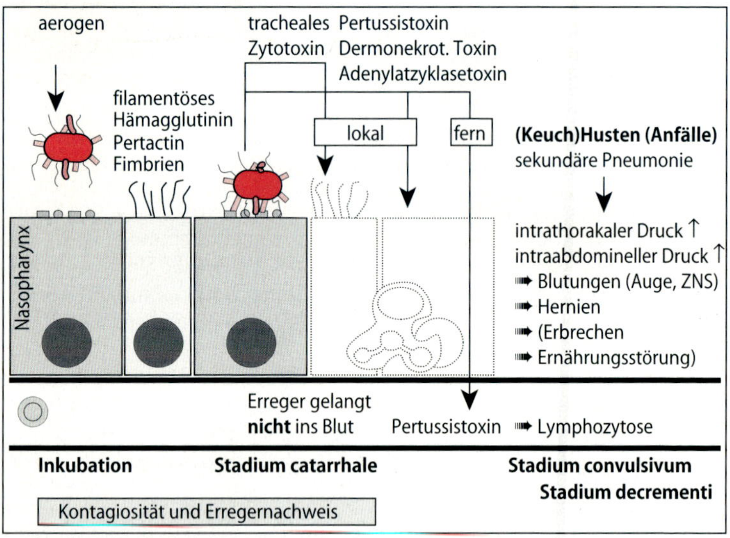

Bordetella pertussis: Pathogenese

tumsfaktorbedarfs. Der Kapseltyp kann serologisch bestimmt werden. Durch Agglutination kann Kapselantigen Typ b im Liquor auch direkt nachgewiesen werden.

Therapie. Für die antimikrobiellen Chemotherapie eignen sich Cephalosporine der 3. Generation und evtl. Aminopenicilline. Bei Epiglottitis muß sofort für eine freie Durchgängigkeit der Atemwege gesorgt werden (Intubation, Tracheotomie).

Prävention. Zur Vorbeugung von Infektionen durch H. influenzae Typ b wird heute ein Konjugatimpfstoff gegen Kapselpolysaccharid empfohlen; durch dessen Anwendung konnte die Inzidenz der Haemophilusmeningitis deutlich gesenkt werden. Bei Meningitis erhalten der Indexfall und enge Kontaktpersonen Rifampicin zur Schleimhautsanierung, also zur Unterbrechung der aerogenen Verbreitung. Für die Meningitis besteht Meldepflicht bei Erkrankung und Tod.

Dem Ulcus molle ist durch Expositionsprophylaxe (sexuelle Karenz, Kondom) und durch konsequente Partnerbehandlung vorzubeugen; es zählt zu den anonym meldepflichtigen Geschlechtskrankheiten.

3.3.18 Bordetella: Bordetella pertussis

Beschreibung

Bordetellen sind gramnegative Stäbchen, die unter strikt aeroben Bedingungen auf Spezialkulturmedien (Bordet-Gengou-Agar) anzüchtbar sind. Sie oxidieren Aminosäuren, können aber keine Zucker verwerten.

Virulenzfaktoren. Filamentöses Hämagglutinin, Pertactin und Fimbrien wirken als Adhäsine. Das ziliostatisch wirkende tracheale Zytotoxin sowie ein vasokonstriktorisch wirksames „dermonekrotisierendes" Toxin führen zu einer lokalen Epithelschädigung mit Ausfall der Zilienfunktion; das Adenylatzyklasetoxin hemmt die Phagozytose. Das A-B-Toxin Pertussistoxin hemmt durch ADP-Ribosylierung von G-Proteinen die Signalweiterleitung.

Rolle als Krankheitserreger

Übertragung. Die Übertragung erfolgt aerogen durch Tröpfcheninfektion von Mensch zu Mensch. Dieser ist die einzige Infektionsquelle. Kontagiosität besteht nur im Stadium catarrhale (s. unten) und in der Inkubationszeit.

Pathogenese. Keuchhustenerreger adhärieren mit Fimbrien, Pertactin und filamentösem Hämagglutinin an Epithelzellen des oberen Respirationstrakts und schalten Resistenzmechanismen durch Adenylatzyklase- und tracheales Zytotoxin aus. Das Pertussistoxin verursacht vor allem die systemischen Schäden

Legionella

gramnegative Stäbchen
aerob, capnophil
KH-Verwertung: nein!
Sporenbildung: nein
Beweglichkeit: ja
Katalase: positiv
Oxidase: verschieden

Bedarf an Cystein

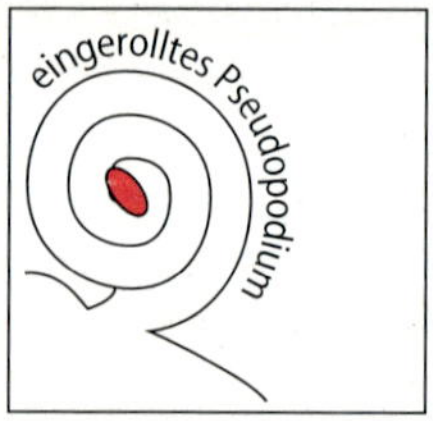

Legionella pneumophila
gramnegative Stäbchen
mit coiled macrophage
J.E. McDade (1947/1977)

Legionella: Gruppenmerkmale

Arten	Krankheiten
L. pneumophila	Legionärskrankheit Pontiac-Fieber (Enzephalopathie, Endokarditis)
L. micdadei	Pittsburgh-Pneumonie Pontiac-Fieber
L. feeleii, L. anisa	Pontiac-Fieber

Legionella: Arten und Krankheiten

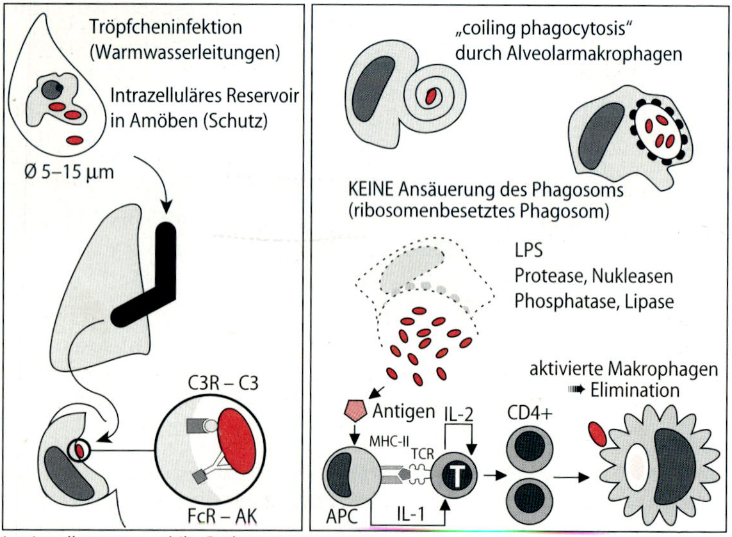

Legionella pneumophila: Pathogenese

(z. B. Lymphozytose, Insulinausschüttung). Durch die natürliche Infektion entsteht eine Jahrzehnte andauernde Immunität.

Klinik. B. pertussis ist der Erreger des ***Keuchhustens (Pertussis)***. Nach einer Inkubationszeit von 1–2 Wochen verläuft die Krankheit in drei Stadien.

- Im ***Stadium catarrhale*** finden sich katarrhalische Symptome (Schnupfen, etwas Husten, erhöhte Temperaturen).
- Das ***Stadium convulsivum*** zeigt die typischen Hustenattacken: Nach einigen kurzen Hustenstößen kommt es zu heftigen, tiefen Einatmungsversuchen, die durch Apnoe-Phasen unterbrochen sind. Dabei kann der Patient ateminsuffizient werden. Schließlich bringt der Patient durch Würgen und Erbrechen zähflüssiges Sekret hervor. Es folgt eine anfallsrefraktäre Phase. Durch die starken inspiratorischen Anstrengungen können Hämorrhagien (z. B. Konjunktiva) und Hernien entstehen.
- Im ***Stadium decrementi*** nehmen die Symptome über 3–6 Wochen langsam ab.

Als Komplikationen entstehen Sekundärinfektionen (Pneumonie, Otitis media) und zerebrale Anfälle.

Diagnostik. Anzucht aus Nasopharyngealabstrichen (Stadium catarrhale) auf Spezialkulturmedien (Bordet-Gengou-Agar) mit anschließender biochemischer Identifizierung. Es besteht die Möglichkeit des Antikörpernachweises.

Therapie. Neben symptomatischen Maßnahmen ist eine antimikrobielle Therapie mit Erythromycin durchzuführen. Diese wirkt nach Eintreten des Stadium convulsivum nicht mehr.

Prävention. Gegen Pertussis wird eine Schutzimpfung für Kinder ab dem 2. Lebensmonat empfohlen; sie wird mit einer azellulären Vakzine durchgeführt. Kontaktpersonen erhalten Erythroymcin. Zu melden ist der Tod an Pertussis.

3.3.19 Legionellen: Legionella pneumophila

Beschreibung

Legionellen sind gramnegative Stäbchen. Sie lassen sich unter aeroben, capnophilen Bedingungen auf cysteinhaltigen Spezialkulturmedien (Charcoal-Yeast-Agar) innerhalb von 5–10 Tagen anzüchten; zur Zuckerverwertung sind sie nicht fähig. Charakteristisch ist der hohe Gehalt an verzweigten Fettsäuren, Phosphatidylcholin und Phospholipiden in der äußeren Membran.

Virulenzfaktoren. Legionellen produzieren verschiedene extrazelluläre Produkte, u. a. Hämolysine und Proteasen, deren Rolle als Virulenzfaktoren noch nicht geklärt ist.

Brucellen

gramnegative Stäbchen (kurz)
aerob, capnophil
KH-Verwertung: oxidativ
Sporenbildung: nein
Beweglichkeit: nein
Katalase: positiv
Oxidase: positiv
Urease
Eine Genospezies: B. melitensis mit verschiedene Biovaren

Brucellen
gramnegative Stäbchen
B. melitensis: Bruce (1887)
B. abortus: Bang, Striboldt (1896)

Brucellen: Gattungsmerkmale

Francisella

gramnegative Stäbchen
aerob
KH-Verwertung: fermentativ
Sporenbildung: nein
Beweglichkeit: nein
Katalase: schwach positiv
Oxidase: negativ
H_2S-Bildung, Cystein-Bedarf

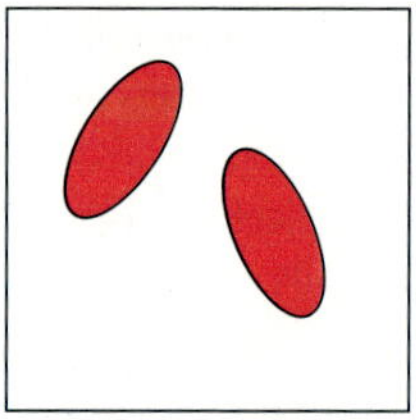

Francisella tularensis
G.W. McCoy und C.W. Chapin (1911/12)
beim Menschen (Auge): Wherry, Lamb (1914)
beim Menschen (Tularämie): Francis (1921)

Francisella: Gattungsmerkmale

Arten	(Biovare)	Krankheiten
Brucella melitensis		
	B. mellitensis	Malta-Fieber
	B. abortus	Morbus Bang
	B. suis, B. canis	
Francisella tularensis		Tularämie
F. novocida		
Erysipelothrix rhusiopathiae		Erysipeloid (Schweinerotlauf) Endokarditis
Listeria monocytogenes		Lokale Listeriose (glandulär, okulär, Haut) Schwangeren-Listeriose Sepsis Granulomatosis infantiseptica Meningoenzephalitis Organlisteriose

Anthropozoonose-Erreger ohne Familienzugehörigkeit: Arten und Krankheiten

Rolle als Krankheitserreger

Übertragung. Die Übertragung erfolgt aerogen durch Aerosole, Hauptreservoir sind Warmwasserleitungen und Klimaanlagen. Von Mensch zu Mensch findet keine Übertragung statt.

Pathogenese. Als fakultativ intrazelluläre Bakterien induzieren Legionellen eine granulomatöse Entzündungsreaktion; typisch ist die „coiling phagocytosis".

Klinik. L. pneumophila ist der Erreger der ***Legionärskrankheit (= Legionellose)***, eine meist schwer verlaufende Pneumonie, die sowohl das Interstitium als auch Alveolen befällt. Legionellosen treten vorwiegend bei Abwehrgeschwächten auf. Assoziiert mit Legionellen ist auch das Pontiac-Fieber.

Diagnostik. Antigennachweis im Urin; Mikroskopie und Anzucht aus Bronchiallavageflüssigkeit (direkte Immunfluoreszenzfärbung; BCYE-Agar, serologische und biochemische Differenzierung).

Therapie. Mittel der Wahl ist die Gabe von Erythromycin. In schweren Fällen wird zusätzlich Rifampicin oder Ciprofloxacin gegeben.

Prävention. Entscheidend sind eine adäquate Wasserversorgung und die sachgerechte Wartung von Wasserleitungen und Klimaanlagen sowie die Vermeidung legionellenhaltiger Aerosole. Meldepflichtig sind Erkrankung und Tod (Ergänzungsverordnung zum BSeuchG).

3.3.20 Brucellen

Beschreibung

Brucellen sind unbewegliche kurze gramnegative Stäbchen. Sie vermehren sich unter aeroben und capnophilen Bedingungen und bilden keine Sporen. Die Gattung besteht aus einer Genospezies Brucella (B.) melitensis, die in verschiedene Biovare untergliedert wird, z. B. B. melitensis und B. abortus.

Virulenzfaktoren. Brucellen besitzen LPS in der Zellwand. Sie können in Phagozyten überleben (fakultativ intrazellulär), wobei die Bildung von 5´-GMP und Adenin mit nachfolgender Hemmung des Myeloperoxidase-H_2O_2-Systems eine Rolle zu spielen scheint.

Rolle als Krankheitserreger

Übertragung. Erregerreservoire sind Rinder (B. abortus) bzw. Ziegen und Schafe (B. melitensis), wo sie eine Plazentitis verursachen (dort: Wachstumsfaktor Erythritol) und in den Milchdrüsen persistieren. Die Übertragung erfolgt durch Rohmilch und Rohmilchprodukte, aber auch durch Urin, Fäzes oder die Plazenta.

Pathogenese. Brucellen verursachen zyklische Allgemeininfektionen. Als fakultativ intrazelluläre Bakterien induzieren sie eine granulomatöse Entzündungsreaktion.

Klinik. B. abortus ist der Erreger des ***Morbus Bang.*** Nach einer Inkubationszeit von 1–6 Wochen kommt es zu undulierendem Fieber. Im Verlauf der Erkrankung entwickeln sich eine Splenomegalie, Hepatomegalie (granulomatöse Hepatitis) und Lymphknotenschwellungen. Absiedlungen in verschiedenen anderen Organen kommen vor.

B. melitensis ist der Erreger des ***Maltafiebers***, einer mehr akut verlaufenden typhusartigen Erkrankung (anhaltend hohes Fieber).

Diagnostik. Anzucht aus Blutkulturen und ggf. aus Knochenmark, Liquor oder Urin und serologische oder biochemische Identifizierung. Ebenso können Antikörper im Serum bestimmt werden.

Therapie. Mittel der Wahl zur Behandlung von Brucellosen ist die Kombination von Doxycyclin und Rifampicin.

Prävention. Den entscheidenden Ansatz bieten lebensmittelhygienische Maßnahmen, insbesondere die Sanierung der Tierbestände und die Pasteurisieung von Milch. Erkrankung und Tod sind meldepflichtig.

3.3.21 Francisella tularensis

Beschreibung

Francisella tularensis ist ein aerobes, gramnegatives kokkoides Stäbchen, das sich auf cysteinhaltigen Spezialkulturmedien anzüchten läßt.

Virulenzfaktoren. Hierüber ist nahezu nichts bekannt. Die Bakterien enthalten LPS in ihrer Zellwand und eine dünne antiphagozytär wirksame Kapsel.

Rolle als Krankheitserreger

Übertragung. Der Mensch infiziert sich durch Kontakt (auch Biß oder Stich) mit infizierten Wildtieren, vor allem Hasen, Kaninchen, aber auch Zecken.

Pathogenese. Der Erreger ist sehr invasiv und kann die intakte Haut durchdringen, bevorzugt aber kleine Läsionen. Als fakultativ intrazelluläres Bakterium induziert F. tularensis eine granulomatöse Entzündungsreaktion.

Klinik. F. tularensis ist der Erreger der ***Tularämie***. Nach einem akuten Fieberanstieg mit Übelkeit und Erbrechen können ulzeroglanduläre, glanduläre (ulzeröse Hautläsionen, schmerzhafte Lymphadenopathie), typhoide, okuloglanduläre (Konjunktivitis) und oropharnygeale (Pharyngotonsillitis) Formen auftreten. Bei den typhoiden Formen findet sich oft eine Pleuropneumonie.

Diagnostik. Die Routinediagnostik basiert auf dem Nachweis von Antikörpern (Kreuzreaktion von Antikörpern gegen Brucellen möglich); die Anzucht auf Spezialkulturmedien und serologische Identifizierung sind wegen der hohen Infektiosität des Erregers nur in Speziallabors möglich.

Therapie. Mittel der Wahl bei Tularämie sind Streptomycin oder Gentamicin.

Prävention. Im Vordergrund steht die Expositionsprophylaxe. Verdacht, Erkrankung und Tod sind meldepflichtig.

3.3.22 Nichtsporenbildende obligate Anaerobier

Beschreibung

Zu den nichtsporenbildenden obligaten Anaerobiern zählen Bacteroides-, Prevotella- und Porphyromonas-Arten (gramnegative Stäbchen), Aktinomyzeten (s. oben), Actinobacillus, Arachnia, Bifidobakterien, Eubacterium, Laktobazillen und Propionibacterium (grampositive Stäbchen), Peptostreptokokken (grampositive Kokken) und Veillonellen (gramnegative Kokken).

Virulenzfaktoren. Wesentliche Virulenzfaktoren bei anaeroben nicht-sporenbildenden Bakterien sind Adhäsine, Kapselpolysaccharide, Endotoxin sowie Succinat und Superoxiddismutase, die vor der Wirkung von Phagozyten schützen. Sezernierte Enzyme könnten bei der Ausbreitung im Gewebe und bei der Gewebezerstörung eine Rolle spielen (z. B. Hyaluronidase).

Rolle als Krankheitserreger

Übertragung. Die Infektionen entstehen häufig endogen.

Pathogenese. Die genannten Mikroorganismen rufen eitrige Entzündungen hervor. Bifidobakterein und Laktobazillen, die den Hauptanteil der Vaginalflora ausmachen, gelten als apathogen.

Klinik. Anaerobier verursachen Eitererungen an verschiedenen Stellen. Dabei bestehen häufig Mischinfektionen. Das Erregerspektrum hängt von der Standortflora des Ausgangsortes der Infektion ab; am häufigsten findet sich die B.-fragilis(-Gruppe). Wichtige Erkrankungen sind Genitaltraktinfektionen, Peritonitis, Aspirationspneumonien und Wundinfektionen. P. gingivalis wird bei schweren Formen der Periodontitis isoliert. Fusobakterien sind bei der Angina Plaut Vincent beteiligt und können nekrotisierende Weichteilinfektionen hervorrufen. Peptostreptokokken werden häufig in Hirnabszessen, P. micros bei Periodontitis gefunden.

Diagnostik. Anzucht, biochemische Identifizierung (z. B. chromatographisch).

Leptospiren

Schraubenbakterien
gramnegative Zellwand
Länge: 6–20 µm
Durchmesser: 0,1 µm
Beweglichkeit: ja

mehr als 18 Windungen
kleiderbügelförmig

Leptospiren
kleiderbügelförmige Schraubenbakterien
Inaba und Ido (1915) bzw. Uhlenhuth (1916)

Leptospiren: Gattungsmerkmale

Arten	Krankheiten
L. interrogans	Leptospirose (M. Weil)
L. biflexa	(nicht pathogen)

Leptospiren: Arten und Krankheiten

Treponemen

Schraubenbakterien
gramnegative Zellwand
Länge: 6–15 µm
Durchmesser: 0,1–0,2 µm
Beweglichkeit: ja

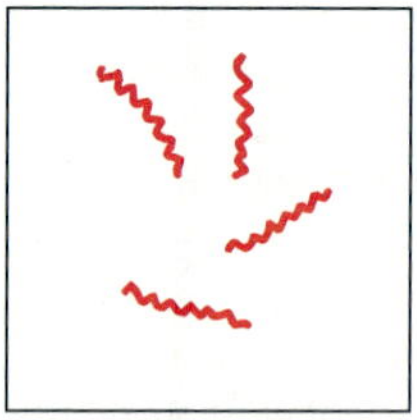

Treponema pallidum
dünne Schraubenbakterien
F. Schaudinn und E. Hoffmann (1905)

Treponemen: Gattungsmerkmale

Arten	Krankheiten
T. pallidum subsp. pallidum	Syphilis
T. pallidum subsp. endemicum	Bejel
T. pallidum subsp. pertenue	Frambösie
T. carateum	Pinta

Treponemen: Arten und Krankheiten

Therapie. Anaerobe Kokken sind meist gegen Penicillin G empfindlich. Zur Therapie von Bacteroides-Infektionen eignen sich Penicillin G (nicht gegen B.-fragilis-Gruppe), Metronidazol, Clindamycin, Carbapeneme oder Betalaktam + Betalaktamaseinhibitor; Aminoglykoside und die meisten Cephalosporine sind dagegen nicht geeignet.

Prävention. Allgemeinhygienische Maßnahmen.

3.3.23 Schraubenbakterien: Leptospiren

Beschreibung

Leptospiren sind gramnegative, flexible Schraubenbakterien von Kleiderbügelform, 6–20 µm lang und 0,1 µm dick. Die einzige humanpathogene Art Leptospira interrogans wird in über 200 Serovare unterteilt.

Virulenzfaktoren. Beweglichkeit und Hämolysin könnten Bedeutung haben.

Rolle als Krankheitserreger

Übertragung. Die Übertragung erfolgt durch Kontakt mit erregerhaltigem Material (z. B. Wasser, Staub, Urin infizierter Ratten). Ratten, Rinder, Schweine und Hunde stellen das Hauptreservoir dar; in diesen Wirten persistiert der Erreger in den Nierentubuli.

Pathogenese. Die Leptospirose ist eine zyklische Allgemeininfektion. Der Erreger durchdringt Haut oder Schleimhaut vor allem durch kleine Läsionen. Er vermehrt sich in den regionären Lymphknoten, generalisiert schnell hämatogen und siedelt sich vor allem in Liquor, Leber, Niere und Auge ab. Mit dem Auftreten erregerspezifischer Antikörper entsteht eine Entzündungsreaktion.

Klinik. Bei der Leptospirose lassen sich eine anikterische und eine ikterische Form (*M. Weil*) unterscheiden. Das Krankheitsbild ist durch einen abrupten Fieberanstieg auf sehr hohe Temperaturen gekennzeichnet; ohne Therapie verläuft das Fieber zweigipflig. Bei der anikterischen Form bestehen Kopfschmerzen, Myalgien und abdominelle Schmerzen, im weiteren Verlauf kann es zu einer Meningitis kommen; das Fieber verschwindet zwischenzeitlich. Bei der ikterischen Form kommt es zum Ikterus, zum Nierenversagen, zu Blutungen und zur Myokarditis; das Fieber bleibt hoch.

Diagnostik. Antikörpernachweis, (Anzucht nur untergeordnete Bedeutung).

Therapie. Zur Behandlung der Leptospirose sind Penicillin G und Tetracycline geeignet. In der ersten 4 Tagen der Bakteriämie beeinflussen sie den Krankheitsverlauf günstig, später schützen sie nur vor Spätkomplikationen (Uveitis).

Prävention. Expositionsprophylaxe (Gummistiefel bei Überschwemmungen), Nagerbekämpfung. Erkrankung und Tod sind meldepflichtig.

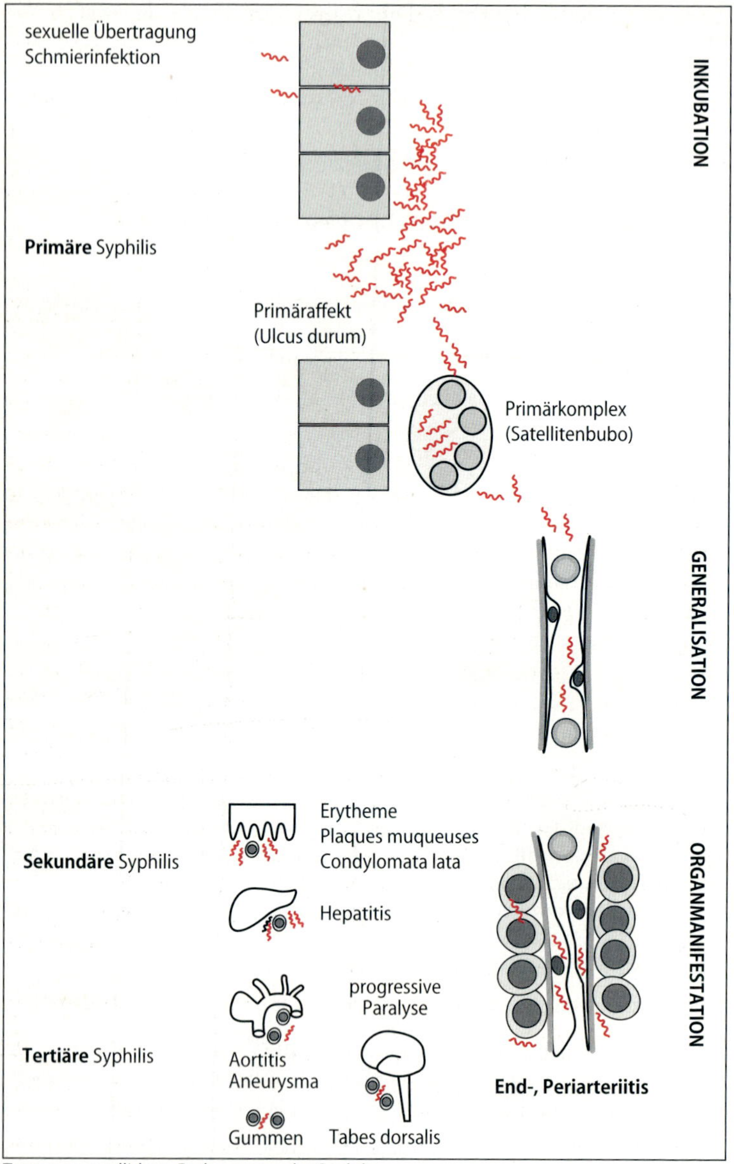

Treponema pallidum: Pathogenese der Syphilis

3.3.24 Schraubenbakterien: Treponemen

Beschreibung

Treponemen sind dünne, spiralige Bakterien mit einer Länge von 5–20 μm und einem Durchmesser von 0,1–0,4 μm; die Windungen sind gleichmäßig und weisen eine Amplitude von 0,3 μm auf.

Virulenzfaktoren. Solche sind nur unzureichend bekannt. Möglicherweise spielen eine Mukopolysaccharidase und die Beweglichkeit eine Rolle.

Rolle als Krankheitserreger

Übertragung. Die Übertragung erfolgt sexuell oder durch Schmierinfektion.

Pathogenese. Treponema pallidum verursacht die in Stadien verlaufende zyklische Allgemeininfektion ***Syphilis (Lues).*** Pathogenetische Grundlage sind eine Endarteriitis obliterans und Periarteriitis, die eine Minderperfusion verursachen; die Affinität zu Blutgefäßen insbesondere in der Haut kann durch eine Mukopolysaccharidase, die vermutlich als Adhäsin und Invasin wirkt, erklärt werden. Als fakultativ intrazelluläres Bakterium induziert der Erreger eine granulomatöse Entzündungsreaktion, z. B. die Gummen des Tertiärstadiums.

Klinik. Nach einer Inkubationszeit von durchschnittlich 3 Wochen entsteht an der Eintrittspforte das schmerzlose Ulcus durum (Primäraffekt). Dieses heilt nach 3–6 Wochen ohne Narbenbildung ab. In diesem Stadium kann eine regionäre schmerzlose Lymphknotenschwellung bestehen (Primärkomplex). Das zweite Stadium beginnt ca. 2–8 Wochen nach Auftreten des Ulcus durum. Dabei entwickeln sich nach hämatogener Aussaat verschiedene Hauterscheinungen (Makeln, Papeln, Bläschen). Ihre Ausbildung beginnt am Rumpf und den proximalen Extremitäten. In intertriginösen Räumen können die Läsionen erodieren und später ulzerieren. Typische Läsionen sind Condylomata lata und die Plaques muqueuses, in denen sich große Mengen Spirochäten befinden. Ebenso können sich verschiedene Entzündungen innerer Organe ausbilden. Die Vielzahl der möglichen Symptome hat der Krankheit den Beinamen „Affe unter den Infektionskrankheiten" eingebracht.

Die Symptomatik ist häufig nicht kontinuierlich nachweisbar. Die symptomfreien Intervalle (außer Inkubationszeit) werden als Latenz bezeichnet. Dabei unterscheidet man eine Frühlatenz (bis zum 4. Jahr nach Krankheitsbeginn) von einer Spätlatenz, in der die Kontagiosität der Patienten stark reduziert ist (praktisch nur für den Fetus). Die Latenz kann lebenslang anhalten.

In etwa 33% der unbehandelten Fälle entsteht das Tertiärstadium. Dieses zeigt charakteristische Krankheitsbilder. Typischerweise sind die Vasa vasorum der Aorta (ascendens) betroffen (Aortitis; Aortenaneurysma), wobei auch die Funktion der Aortenklappe beeinträchtigt wird. Die Neurosyphilis wird unterteilt in progressive Paralyse und Tabes dorsalis. Bei der progressiven Paraly-

Borrelien

Schraubenbakterien
gramnegative Zellwand
Länge: 5–25 µm
Durchmesser: 0,2–0,5 µm
Beweglichkeit: ja

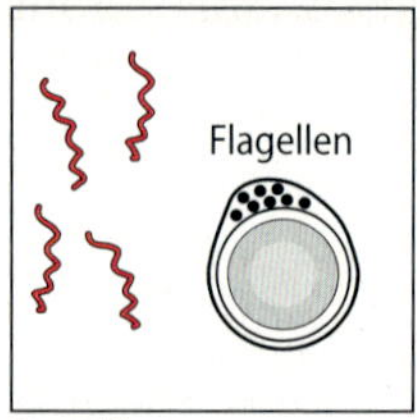

Borrelien
Schraubenbakterien
B. recurrentis: O. Obermeier (1873)
B. burgdorferi: W. Burgdorfer (1982)

Borrelien: Gattungsmerkmale

Arten	Krankheiten
B. burgdorferi sensu lato:	Lyme-Borreliose:
B. burgdorferi sensu stricto	Erythema chronicum migrans Lyme-Arthritis
B. garinii	Polymeningoradikulitis (Bannwarth)
B. afzelii	Acrodermatitis chronica atrophicans
B. recurrentis	Rückfallfieber

Borrelien: Arten und Krankheiten

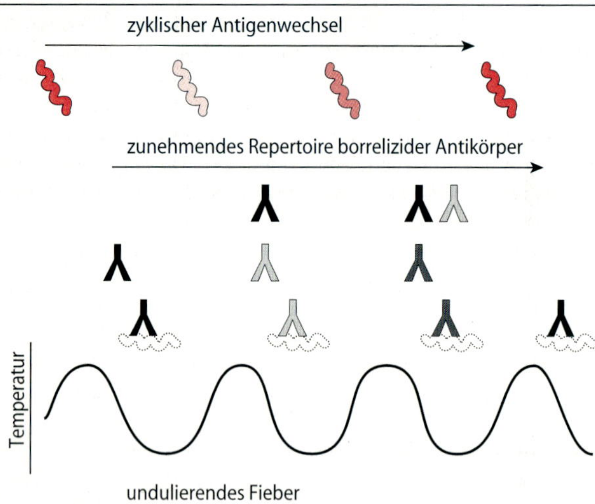

Borrelia recurrentis: Pathogenese des Rückfallfiebers

se ist überwiegend das Gehirnparenchym betroffen: Entdifferenzierung der Persönlichkeit, der Wahrnehmung, der Sprache und des Intellekts. Bei Tabes dorsalis ist das Rückenmark befallen: ataktische motorische Störungen, Sensibilitätsstörungen (Parästhesien, heftigste plötzlich einschießende, sog. lanzinierende Schmerzen!) und vegetative Störungen (Inkontinenz, Impotenz). Bei beiden Formen finden sich Hirnnervenausfälle; typisch ist die Argyll-Robertson-Pupille (enge, lichtstarre Pupille bei erhaltener Akkommodationsmiosis). Gummen führen zu lokalen Destruktionen z. B. im Gehirn oder an Knochen.

Bei intrauteriner Übertragung entsteht die Lues connata. Es sind Frühsymptome von Spätsymptomen (Lues connata tarda) zu unterscheiden. Zu den Frühsymptomen gehören Exantheme, Leberfunktionsstörungen (Ikterus, Hepatomegalie), Pneumonien und pulmonale Hämorrhagien. Spätmanifestationen sind die Hutchinson-Trias (Innenohrschwerhörigkeit, Keratitis, Tonnenzähne mit halbmondartigen Aussparungen der Schneideflächen) und Knochenschäden (Sattelnase, Säbelscheidentibia, Arthropathien).

Diagnostik. Die Diagnostik der Syphilis stützt sich auf den Nachweis von erregerspezifischen Antikörpern und solchen, die gegen Cardiolipin (Bestandteil von Zellmembranen, der bei Zellzerfall aller Art freigesetzt werden kann) gerichtet sind. Mit dem TPHA- oder TPPA-Tests (Agglutinationstests) werden erregerspezifische Antikörper nachgewiesen (Grenztiter: 80); dieser Test wird als „Suchtest" eingesetzt. Mit dem FTA-Abs-Test (indirekter Immunfluoreszenztest) wird der Nachweis erregerspezifischer Antikörper bestätigt („Bestätigungstest"). Da die T.-pallidum-spezifischen Antikörper auch bei erfolgreicher Therapie persistieren, wird ein zusätzlicher Test zur Therapiekontrolle benötigt. Diesem Zweck dient der VDRL-Test, der Antikörper gegen Cardiolipin nachweist. Bei primärer und sekundärer Syphilis spricht ein Titerabfall im VDRL-Test von mindestens 3 Stufen innerhalb eines Jahres für eine erfolgreiche Therapie. Bei tertiärer Syphilis oder sehr spätem Therapiebeginn findet sich häufig keine Titerreduzierung. In den meisten Fällen ist der VDRL-Test auch geeignet, eine Behandlungsbedürftigkeit festzustellen. Diesem Zweck dient vorwiegend der Nachweis von spezifischen IgM-Antikörpern.

Therapie. Mittel der Wahl ist Penicillin G, ersatzweise Tetracycline.

Prävention. Expositionsprophylaxe (Karenz, Kondom) und Partnerbehandlung. Schwangere sind zu untersuchen, um eine rechtzeitige Behandlung auch des Fetus einzuleiten. Syphilis ist eine meldepflichtige Geschlechtskrankheit.

3.3.25 Schraubenbakterien: Borrelien

Beschreibung

Borrelien sind eine Gattung gramnegativer, flexibler Schraubenbakterien aus der Familie der Spirochaetaceae. Ihre Länge beträgt 10–30 µm, die Dicke

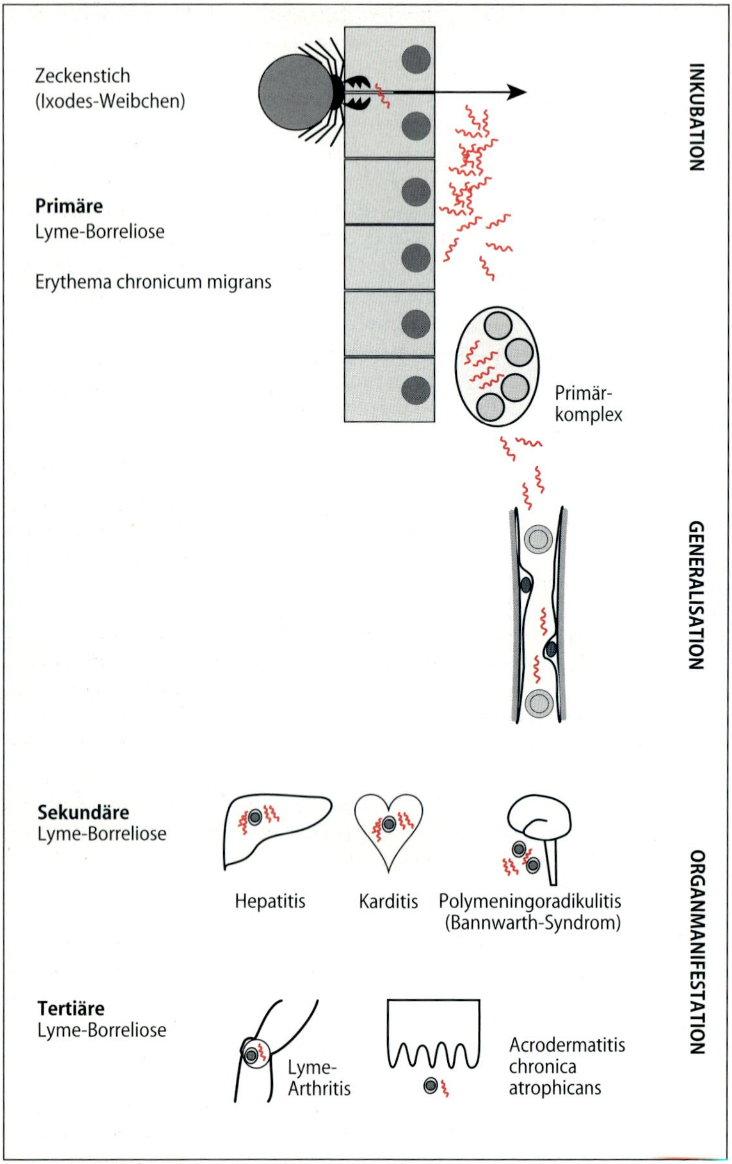

Borrelia burgdorferi: Pathogenese der Lyme-Borreliose

0,3 µm; die unregelmäßigen Windungen, bedingt durch eine Flagelle, weisen eine Abstand von 2–4 µm auf.

Virulenzfaktoren. Solche sind nur unzureichend bekannt. Möglicherweise spielt die Beweglichkeit eine Rolle.

Rolle als Krankheitserreger

Übertragung. Die Übertragung von B. recurrentis erfolgt vektoriell durch Läuse (Läusekot wird beim Kratzen eingerieben) oder Zecken (Inokulation).

B. burgdorferi wird vektoriell durch Zecken des Genus Ixodes (Zeckenstich) übertragen; als Reservoirwirte gelten Kleinnager (Mäuse, Igel) und Rotwild.

Pathogenese. B. recurrentis vermehrt sich zunächst und tritt später ins Blut über, wobei, LPS-bedingt, hohes Fieber entsteht. Die Fieberattacke bildet sich infolge Antikörperbildung zurück. Durch wiederholte Antigenvariation entzieht sich der Erreger immer wieder der Antikörperwirkung, so daß die Fieberattacken erst sistieren, wenn ein ausreichendes Antikörperrepertoire entstanden ist.

B. burgdorferi siedelt sich an der Inokulationsstelle an und vermehrt sich, später erfolgt die hämatogene Generalisation, und es entstehen Organmanifestationen, deren morphologisches Korrelat lympho-plasmazelluläre, perivaskuläre Infiltrate darstellen.

Klinik. B. recurrentis ist der Erreger des ***Rückfallfiebers***. Das Krankheitsbild ist durch einen akuten Fieberanstieg, Myalgien, Muskelsteifigkeit, Abgeschlagenheit und gelegentlich Blutungen und Hepatosplenomegalie gekennzeichnet. Typischerweise fällt das Fieber nach 3–6 Tagen wieder abrupt ab (Antikörperbildung), wobei es zum Schock kommen kann. Nach 7–10 Tagen treten die Symptome plötzlich erneut auf (Antigenshift), meist aber in schwächerer Form. Die häufigsten Ursachen für einen tödlichen Ausgang der Erkrankung sind eine Myokarditis, zerebrale Blutungen und Leberversagen.

B. burgdorferi ist der Erreger der ***Lyme-Borreliose***. Typische Krankheitserscheinungen im stadienhaften Verlauf sind das Erythema chronicum migrans (Stadium I), die Polymeningoradikulitis Garin-Bujadoux-Bannwarth (Stadium II) mit verschiedenartigen neurologischen Ausfall- und Reizerscheinungen (z. B . Fazialisparese) sowie einer lymphozytären Liquorpleozytose, die Lyme-Arthritis und die Acrodermatitis chronica atrophicans (Stadium III). Daneben kann eine Vielzahl anderer Organe betroffen sein (Karditis!). Die Ausprägung der Symptome reicht von asymptomatischen Verläufen bis zu schwerstem Multiorganbefall (Demenz, destruktive Arthritis etc.). Das unterschiedliche Krankheitsspektrum in Nordamerika und Europa wird auf die unterschiedliche Verteilung von Genospezies zurückgeführt: B. burgdorferi sen-

Mycoplasma

– (fehlende Zellwand)
(fakultativ) anaerob
KH-Verwertung: fermentativ
Sporenbildung: nein
Beweglichkeit: nicht testbar
Katalase: ?
Oxidase: ?

Mykoplasma: Spiegelei-Kolonien
Ureaplasma: Urease

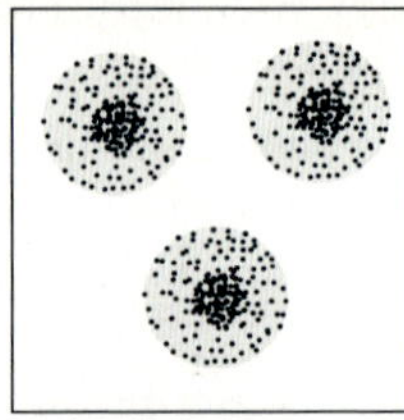

Mykoplasmen
Spiegelei-Kolonien
Nocard, Roux (1898)
Dienes, Edsall (1937)

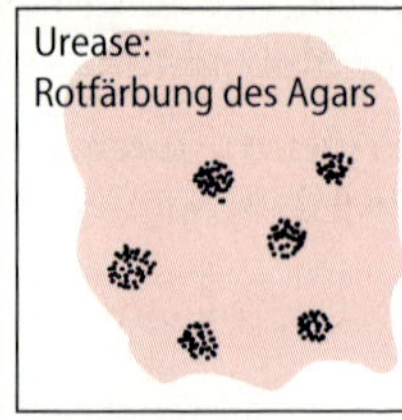

Ureaplasmen
Eigelb-Kolonien
früher **T**iny-Mykoplasmen
Urease

Mycoplasma: Gattungsmerkmale

Arten	Krankheiten
M. pneumoniae	Atypische Pneumonie, Tracheobronchitis, Pleuritis Otitis media, Myringitis Stevens-Johnson-Syndrom (Arthritis, Karditis, Meningoenzephalitis, Hämolyse)
M. hominis	Vulvo-Vaginitis, Zervizitis, Prostatitis aszendierende Genitalinfektionen, Pyelonephritis (Meninigitis, Sepsis)
M. fermentans	fulminante systemische Infektion?
U. urealyticum	Zervizitis, Urethritis, Fertilitätsstörungen Chorioamnionitis, Abort, Frühgeburt Neugeborenen-Pneumonie, -Meningitis, -Sepsis

Mykoplasmen und Ureaplasmen: Arten und Krankheiten

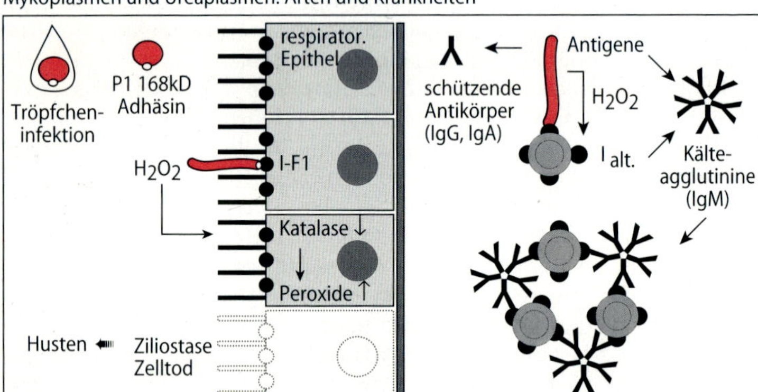

Mycoplasma pneumoniae: Pathogenese

su stricto sind nur in Amerika, B. garinii und B. afzelii in Europa vorherrschend. Eine intrauterine Übertragung mit fetalen Fehlbildungen oder Abort ist möglich.

Diagnostik. Die Diagnostik bei Rückfallfieber erfolgt durch mikroskopischen Nachweis der Borrelien im Blutausstrich in der Fieberphase.

Die Labordiagnostik der Lyme-Borreliose stützt sich, wie die der Syphilis, auf den Nachweis spezifischer Antikörper (einige Kreuzreaktionen mit Antikörpern gegen T. pallidum; VDRL-Test stets negativ). Es fehlt allerdings ein Test zur Therapiekontrolle.

Therapie. Zur Behandlung des Rückfallfiebers sind Tetracycline Mittel der ersten Wahl. Alternativen sind Erythromycin oder Penicillin G.

Bei der Behandlung der Lyme-Borreliose ist im ersten Stadium Doxycyclin Mittel der Wahl. Geeignet sind auch Aminopenicilline und Drittgenerationscephalosporine wie Ceftriaxon, diese müssen bei Neuroborreliose eingesetzt werden.

Prävention. Wirksam ist die Vermeidung des Vektors. Zecken sollten schnellstmöglich entfernt werden.

3.3.26 Mykoplasmen: M. pneumoniae, M. hominis; Ureaplasma urealyticum

Beschreibung

Mykoplasmen sind zellwandlose Bakterien und daher von variabler Form. Ihre Größe beträgt 0,2–0,3 µm. Sie enthalten DNS und RNS. Sie lassen sich unter fakultativ anaeroben Bedingungen (M. pneumoniae: aerob) auf angereicherten künstlichen Kulturmedien, z. B. diphasischen Medien, anzüchten.

Virulenzfaktoren. M. pneumoniae besitzt als Adhäsionsfaktor ein 168 kD Protein, mit dem sich der Erreger an einen neuraminsäurehaltigen Glykoproteinrezeptor (I-F1) von Respirationsepithelzellen bindet. Der Erreger dringt nicht in die Zelle ein, sondern bleibt auf der Zelloberfläche liegen oder dringt in den Interzellularraum ein. M. pneumoniae produziert H_2O_2 und Superoxide, die in Wirtszellen gelangen und dort zu einer Hemmung von Katalase führen. In der Folge reichern sich Peroxide intrazellulär an, und, zusammen mit den Superoxiden, führen sie zu einer Hemmung der Superoxiddismutase. Die Folge dieser Prozesse sind eine Ziliostase und teilweise eine Zerstörung der Zelle. Darüberhinaus interferiert M. pneumoniae auf verschiedene Weise mit dem Immunsystem (Induktion von Kälteagglutininen, polyklonale B-Zell-Aktivierung, zirkulierende Immunkomplexe, Unterdrückung einer Tuberkulinreaktion, T-

Zell-Stimulation), so daß eine Autoimmun-Komponente bei dem Krankheitsbild diskutiert wird.

Über die Virulenzfaktoren von Ureaplasmen und Genitalmykoplasmen bestehen bisher nur unzureichende Kenntnisse.

Rolle als Krankheitserreger

Übertragung. M. pneumoniae wird durch Tröpfcheninfektion aerogen übertragen, Genitalmykoplasmen und Ureaplasmen sexuell oder durch Schmierinfektion auf das Neugeborene.

Pathogenese. M. pneumoniae adhäriert am Respirationstraktepithel, dringt aber nicht tiefer ein und schädigt durch Superoxide die Epithelzellen. Darüberhinaus interferiert der Erreger auf verschiedene Weise mit dem Immunsystem, z. B. werden Kälteagglutinine induziert.

Klinik. M. pneumoniae ist der häufigste Erreger von Pneumonien bei Kindern und jugendlichen Erwachsenen. Dabei handelt es sich um sogenannte atypische (überwiegend interstitielle) Pneumonien (Pleuropneumonie). Weitere z. T. schwerwiegende Erkrankungen betreffen den oberen Respirationstrakt (Pharyngitis, Rhinitis) oder sind Stevens-Johnson-Syndrom, Raynaud-Phänomen, Enzephalitis/Meninigitis/Myelitis, Arthritis oder Karditis.

M. hominis und andere Genitalmykoplasmen kolonisieren in relativ hoher Frequenz den Genitaltrakt, sowohl bei Kindern als auch bei Erwachsenen. Darüber hinaus wird M. hominis mit einigen Erkrankungen assoziiert: Pyelonephritis, entzündliche Erkrankungen des weiblichen Beckens, postabortales und postpartales Fieber.

Ureaplasma urealyticum besiedelt häufig den Genitaltrakt. Darüber hinaus ist U. urealyticum ein Erreger der nichtgonorrhoischen Urethritis, wird mit einigen anderen Erkrankungen im Bereich der Genitalorgane assoziiert und kann bei Neugeborenen Sepsis und Meningitis auslösen.

Diagnostik. Zur Routinediagnostik von Infektionen durch M. pneumoniae wird der Nachweis von spezifischen Antikörpern im Serum verwendet. Etwa 2–3 Wochen nach Infektionsbeginn ist mit einem signifikanten Titeranstieg zu rechnen. Die Anzucht des Erregers ist Speziallabors vorbehalten. Sie dauert ca. 2–3 Wochen. Der Nachweis von Kälteagglutininen kann die Diagnose unterstützen.

Die Infektionsdiagnostik von Genitalmykoplasmen und Ureaplasmen erfolgt durch Anzucht auf pferdeserumhaltigen Spezialkulturmedien. Mykoplasmen bilden spiegeleiförmige Kolonien, während U. urealyticum kleine Kolonien („Eigelb") mit schwarzem Niederschlag bildet. Die Identifizierung von U. urealyticum wird anhand der Harnstoffspaltung, die durch Indikatorzusatz im Anzuchtmedium sichtbar gemacht werden kann, unterstützt. Die verschiedenen Mykoplasmen werden aufgrund verschiedener biochemischer Leistungen differenziert.

Therapie. Geeignete antimikrobielle Chemotherapeutika sind Makrolide (bevorzugt) und Tetracycline. Zellwandsynthesehemmende Antibiotika (Penicilline, Cephalosporine) sind unwirksam.

Prävention. Schutzmaßnahmen gibt es nicht, pränatal sollte der Geburtskanal von Ureaplasmen befreit werden.

3.3.27 Rickettsien

Beschreibung

Rickettsien sind obligat intrazelluläre Bakterien. Sie sind pleomorph, typischerweise aber meist stäbchenförmig mit einem Durchmesser von ca. 0,3 µm. Rickettsien haben einen eigenen Energiestoffwechsel und enthalten DNS und RNS; sie vermehren sich durch Zweiteilung. Ihre Zellwand enthält Muraminsäuren und Diaminopimelinsäure, Eigenschaften, die sie mit anderen Bakterien mit Ausnahme von grampositiven Kokken gemeinsam haben. Zu den Rickettsien zählen die humanpathogenen Gattungen Rickettsia, Coxiella, und Ehrlichia.

Coxiella burnetii benötigt für seinen Stoffwechsel den sauren pH im Phagolysosom, kann aber längere Zeit extrazellulär in der Außenwelt überleben.

Rolle als Krankheitserreger

Übertragung. Rickettsien werden vektoriell durch Arthropoden übertragen.

Die Übertragung von C. burnetii erfolgt in der Regel aerogen durch Staubpartikel, nicht aber von Mensch zu Mensch, obwohl der Erreger als extrem infektiös gilt (minimale Infektionsdosis: 1 Coxielle!).

Pathogenese. Rickettsien induzieren ihre eigene Aufnahme durch Phagozytose durch die Wirtszelle und vermehren sich intrazellulär. Zielzelle ist die Endothelzelle speziell in kleinen Gefäßen. Durch die Zerstörung der Endothelzellen kommt es zu einer Permeabilitätserhöhung der Gefäße, und es können sich kleine Blutungen und schließlich ein Schock ausbilden. Möglicherweise spielt LPS aus der Zellwand hierbei eine Rolle.

Ehrlichien gelangen nach der Übertragung lymphogen und hämatogen in Lymphknoten, Knochenmark, Leber und Milz; sie befallen entweder Granulozyten (HGE-Ehrlichia) oder Monozyten/Makrophagen (E. chaffeensis).

Klinik. Das wesentliche Leitsymptom bei Rickettsiosen ist hohes, plötzlich ansteigendes Fieber mit Benommenheit (typhoides Bild; „Flecktyphus"; engl.: „typhus"). Im Verlauf kann sich ein Schock ausbilden. Häufig findet sich ein Exanthem („Fleckfieber"). C. burnetii ist der Erreger des Q-Fiebers. Meist ma-

Rickettsiazeen

gramnegative kokkoide Stäbchen

Vermehrung nur in Zellkulturen

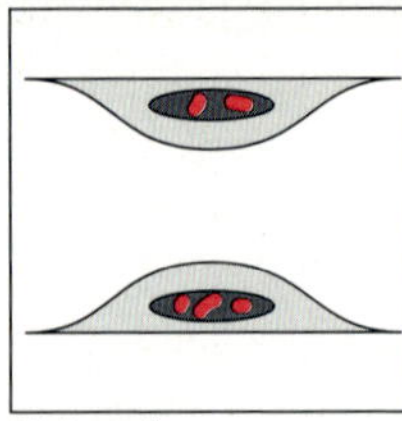

Rickettsien
gramnegative Stäbchen
in Endothelzellen
H.T. Ricketts (1906)

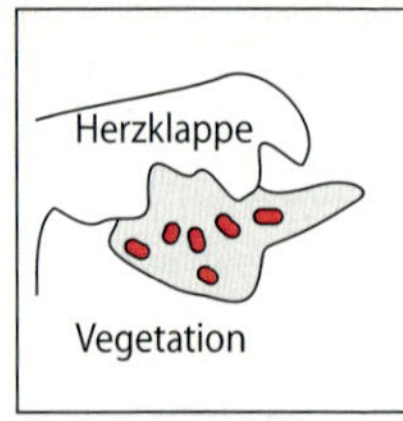

Coxiella burnetii
gramnegative Stäbchen
in Vegetation
Burnet, Freeman (1937)

Rickettsiazeen:Familienmerkmale

Arten	Krankheiten
Rickettsia prowazekii	Epidemisches Fleckfieber Morbus Brill
R. rickettsii	Felsengebirgsfleckfieber (Rocky Mountains Spotted Fever)
R. akari	Rickettsienpocken
R. tsutsugamushi	Tsutsugamushi-Fieber
Coxiella burnetii	Q-Fieber
Ehrlichia chaffeensis	Humane monozytäre Ehrlichiose (HME)
HGE-Ehrlichia[1]	Humane granulozytäre Ehrlichiose (HGE)
E. sennetsu	Sennetsu Ehrlichiose (Japan, Malaysia)

[1] Genetisch sehr nahe verwandt mit E. equi und E. phagocytophila, Erreger der granulozytären Ehrlichiose bei Pferden bzw. bei Schafen und Rindern

Rickettsiazeen: Arten und Krankheiten

Spezies	Vektor	Reservoir	Vorkommen
Rickettsia prowazekii	Körperlaus	Mensch	Osteuropa, (USA, Australien)
Rickettsia rickettsii	Zecken	Mensch	USA
Rickettsia akari	Milben	Maus	weltweit
Rickettsia tsutsugamushi	Milben	Nager	Asien, Südpazifik
Coxiella burnetii	Zecken (auch **aerogen**)	Rinder, Schafe	weltweit
Ehrlichia chaffeensis	Zecken	Nager	Osteuropa
Ehrlichia sennetsu	?	?	?

Rickettsiazeen: Übertragung

nifestiert sich die Erkrankung als symptomarme selbstlimitierend fieberhafte Erkrankung. Weitere Manifestationen sind eine interstitielle Pneumonie (meist schwach, aber auch fulminant), eine Endokarditis, eine Hepatitis (granulomatös), eine Osteomyelitis und eine Meningitis/Enzephalitis.

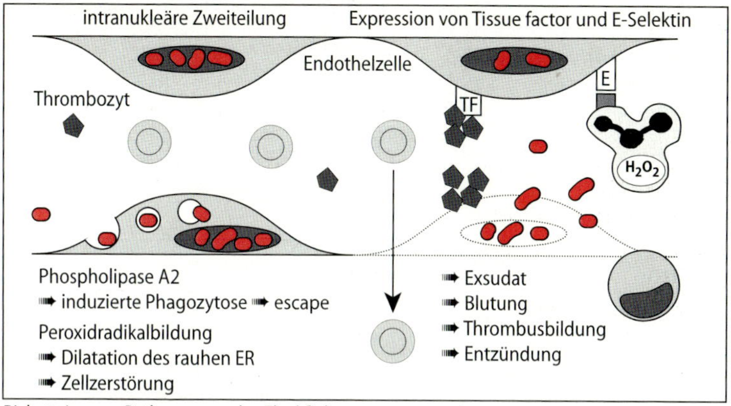

Rickettsiazeen: Pathogenese des Fleckfieber

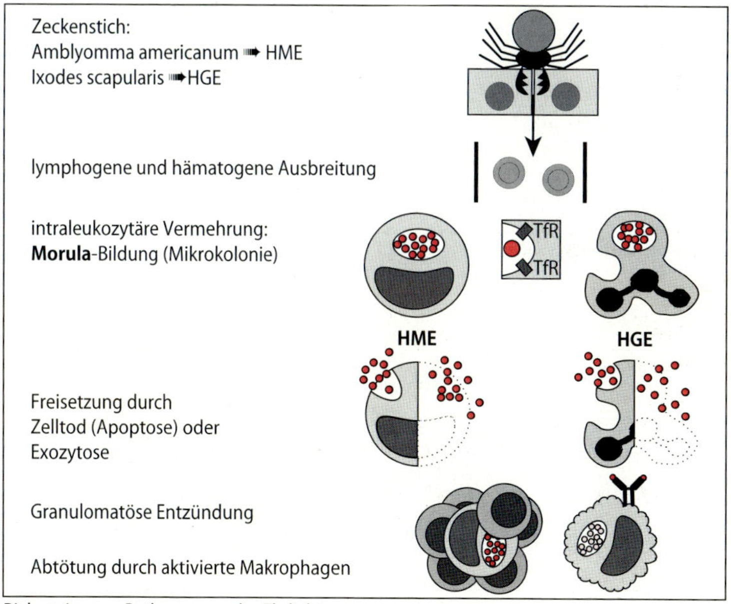

Rickettsiazeen: Pathogenese der Ehrlichiose

Chlamydia

– (gramnegative Zellwand)
aerob/anaerob: –
KH-Verwertung: –
Sporenbildung: –
Beweglichkeit: –
Katalase: –
Oxidase: –

obligat intrazellulär
Elementar-, Initialkörperchen

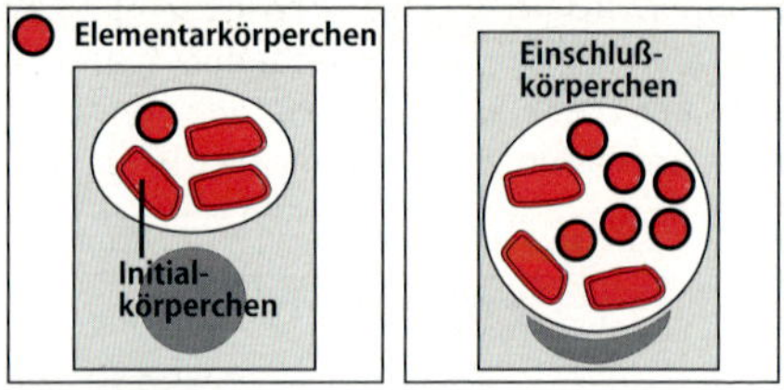

Chlamydien
intrazellulär: Elementar-, Initial-, Einschlußkörperchen
C. trachomatis: Halberstädter, von Prowazek (1907)
C. psittaci: von Levinthal, Bedson (1930)

Chlamydia: Gattungsmerkmale

Arten	Serotypen	Krankheiten
C. trachomatis	A–C	Trachom
	D–K	Urethritis, Zervizitis aszendierende Genitaltraktinfektionen Konjunktivitis, Ophthalmia neonatorum Pneumonie (Neugeborene)
	L1–L3	Lymphogranuloma venereum
C. psittaci		Psittakose (Ornithose)
C. pneumoniae		Pneumonie Assoziation: koronare Herzkrankheit, Herzinfarkt Myokarditis?
C. pecorum		?

Chlamydien: Arten und Krankheiten

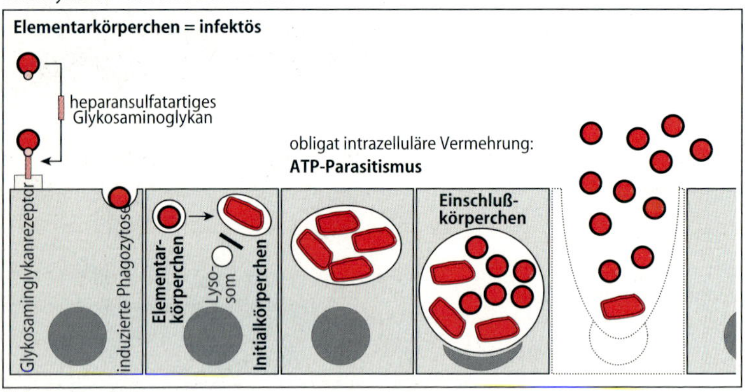

Chlamydien: Pathogenese

Diagnostik. Die Labordiagnose einer Rickettsiose erfolgt durch den Nachweis von Antikörpern (IFT, KBR, IHA, ELISA). Bei R. prowazekii werden Kreuzreaktionen mit Proteus OX 19 ausgenutzt (Weil-Felix-Reaktion). Weitere Kreuzreaktionen mit Proteus werden ebenfalls genutzt. Zur Diagnose von Infektionen mit C. burnetii gibt es einen spezifischen Antikörpernachweis (KBR, IFT).

Therapie. Mittel der Wahl sind Tetracycline.

Prävention. Die Vermeidung und ggf. Bekämpfung der Vektoren steht im Vordergrund. Gegen Coxielleninfektionen muß Vorsicht beim Umgang mit Tieren (z. B. Schafen) walten.

3.3.28 Chlamydien

Beschreibung

Chlamydien sind obligat intrazelluläre Bakterien. Sie enthalten DNS und RNS und sind von einer Zellwand umgeben, die analog zu derjenigen gramnegativer Bakterien aufgebaut ist.

Sie kommen in zwei unterschiedlich großen Zuständen vor: als infektiöse ***Elementarkörperchen*** (ø 0,3 µm) und als ***Initialkörperchen*** (ø 0,5-1 µm), die die Vermehrungsform darstellen.

Im Gegensatz zu anderen Bakterien vermehren sich Chlamydien obligat intrazellulär, da sie von der Wirtszelle ATP benötigen. Der Vermehrungszyklus durchläuft verschiedene Phasen:

Die Elementarkörperchen adhärieren an der Wirtszelle und werden durch Phagozytose aufgenommen. Diese wird durch die Chlamydien selbst spezifisch verstärkt. Im Phagosom wandeln sich die Elementarkörperchen in Initialkörperchen um. Sie vermehren sich durch Zweiteilung mit einer Generationszeit von etwa 4 h. Nach ca. 20 h beginnt die Umwandlung von Initialkörperchen in Elementarkörperchen. Nach ca. 60 h sind etwa 100 Elementarkörperchen in einer kernnahen Vakuole vorhanden. Durch Ruptur der Vakuole gelangen die Elementarkörperchen wieder in den extrazellulären Raum und können nun weitere Zellen infizieren.

Virulenzfaktoren. Virulenzfaktoren von Chlamydien konnten bisher nicht identifiziert werden.

Rolle als Krankheitserreger

Übertragung. C. trachomatis wird vorwiegend durch Schmierinfektion übertragen, C. psittaci aerogen; ein wichtiges Reservoir für letztere sind Vögel (Tauben, exotische Ziervögel: Papageien, Wellensittiche), die den Erreger im Kot ausscheiden. C. pneumoniae wird aerogen übertragen.

Pathogenese. Die meisten Krankheitserscheinungen beruhen auf der intrazellulären Vermehrung der Chlamydien und der nachfolgenden Zerstörung der Wirtszellen. Beim Trachom spielen T-Zell-abhängige Immunreaktionen eine Rolle: Lösliches Antigen von im Epithel persistierenden Chlamydien führt zur Fokussierung von T-Zellen und Makrophagen. Es entstehen Granulome (Follikel); die Granulome nekrotisieren und hinterlassen Narben, die sich zusammenziehen können (Narbenretraktion).

Klinik. C. trachomatis ist der Erreger einiger sehr unterschiedlicher Erkrankungen. Dabei besteht eine Zuordnung zu verschiedenen Serotypen.

Die Typen A–C verursachen das ***Trachom***, eine chronische follikuläre Konjunktivitis, die in 4 Stadien verläuft: (1) Konjunktivitis, (2) Pannusbildung (Vaskularisation), (3) Narbenbildung, (4) Narbenretraktion mit Trichiasis und Entropium. Durch die Narbenbildung und Superinfektionen kann es zur Erblindung kommen: Das Trachom ist die häufigste erregerbedingte Ursache für Erblindung, speziell in der Dritten Welt.

Die Serotypen D–K verursachen eine ***nichtgonorrhoische Urethritis/Zervizitis***. Da N. gonorrhoeae und C. trachomatis öfter Doppelinfektionen verursachen, kann es bei Behandlung der Gonorrhoe mit Penicillin oder einem Cephalosporin zu einem Persistieren der Chlamydien und damit der Beschwerden kommen (postgonorrhoische Urethritis). Bei Aszension (Aufsteigen) der Infektion entstehen Prostatitis, Epididymitis, Endometritis oder Salpingitis, in deren Folge Fertilitätsstörungen auftreten können. Bei Vorkommen im Geburtskanal besteht die Gefahr der Übertragung der Chlamydien auf das Neugeborene mit der Ausbildung einer ***Ophthalmia neonatorum*** oder einer Pneumonie: C. trachomatis ist der häufigste Erreger von Pneumonien bei Früh- und Neugeborenen. Auch bei Erwachsenen tritt C. trachomatis als Erreger einer Konjunktivitis (ohne Pannusbildung) auf: ***„Schwimmbadkonjunktivitis“***, Einschlußkörperkonjunktivitis. Bei Patienten mit ***Reiter-Syndrom*** (Uveitis, Arthritis, Urethritis) finden sich häufig Chlamydien in der Urethra.

Die Serotypen L1–L3 verursachen das ***Lymphogranuloma venereum.*** Es ist durch eine Entzündung von Lymphknoten (meist inguinal) gekennzeichnet. Durch fibrotische Reparationsprozesse kann es zu einer Verlegung des Lymphabflusses kommen und dadurch zur Elephantiasis.

C. psittaci ist der Erreger einer atypischen, überwiegend interstitiellen Pneumonie: ***Ornithose, Psittakose***; besonders gefährdet sind Vogelhändler und Vogelhalter.

C. pneumoniae (früher: TWAR) verursacht eine ***Pneumonie*** vor allem bei jungen Erwachsenen. Es gibt Hinweise auf eine Assoziation mit koronarer Herzkrankheit und Herzinfarkt, jedoch konnte ein ursächlicher Zusammenhang bisher nicht bewiesen werden.

Diagnostik. Der Nachweis einer C.-trachomatis-Infektion basiert auf dem Nukleinsäurenachweis mittels Amplifikationsverfahren. Die Anzucht auf Zellkulturen (cycloheximidbehandelte McCoy-Zellen) mit anschließender Anfärbung (Jod, monoklonale Antikörper) ist für den praktischen Alltag zu transportanfällig und daher nicht empfehlenswert. Eine serologische Typisierung bleibt Speziallaboratorien vorbehalten. Es besteht auch die Möglichkeit, den Erreger direkt mit einem Immunfluoreszenztest, ELISA oder durch Hybridisierung mit Gensonden im Untersuchungsmaterial nachzuweisen.

Ein Nachweis spezifischer Antikörper kann besonders bei der Psittakose zur Diagnose beitragen.

Therapie. Mittel der Wahl zur Behandlung von Chlamydieninfektionen sind Tetracycline (bevorzugt) oder Erythromycin (Schwangere, Neugeborene).

Prävention. C.-trachomatis-Infektionen ist vor allem durch konsequente Hygiene bzw. Expositionsprophylaxe vorzubeugen; Schwangere werden auf eine Besiedlung des Geburtskanal hin untersucht und ggf. saniert. Erkrankung und Tod an Trachom sind meldepflichtig; Lymphogranuloma venereum ist eine meldepflichtige Geschlechtskrankheit.

Die Psittakose wird vor allem durch veterinärmedizinische Maßnahmen bei der Vogelüberwachung eingegrenzt. Verdacht, Erkrankung und Tod sind meldepflichtig.

3.3.29 Weitere Bakterien

Acinetobacter. Acinetobacter-Arten sind fakultativ anaerobe, unbewegliche, kokkoide gramnegative Stäbchen mit antiphagozytär und als Adhäsin wirkender Kapsel. Die Bakterien können sowohl als Kolonisationsflora (meist A. johnsonii) als auch als Infektionserreger (meist A. baumannii) auftreten. Ambulant erworbene oder nosokomiale Pneumonien und Bronchopneumonien (besonders die ambulant erworbenen Pneumonien zeichnen sich durch eine erhebliche Letalität aus), Meningitis, Urethritis, Zystitis und Wundinfektionen bis zur nekrotisierenden Fasziitis treten auf; darüberhinaus gibt es Beschreibungen von Infektionen im Bereich des Auges, von Osteomyelitiden und Endokarditiden. Häufig besteht ein Zusammenhang mit Vorschädigungen etwa durch Verweilkatheter. Auf Intensivstationen kann die Kolonisation/Infektion von Patienten zum Problem werden. Die Labordiagnostik erfolgt durch Anzüchtung auf Grundkulturmedien und anschließender biochemischer Leistungsprüfung. Der Erreger zeichnet sich durch eine weitreichende Resistenz gegen antimikrobielle Substanzen aus, die nicht nur Penicilline, sondern auch Aminoglykoside und Cephalosporine auch der 3. Generation umfassen kann. Zur kalkulierten Initialtherapie sind Carbapeneme evtl. in Kombination mit Amikacin sowie Amoxicillin oder Ticarcillin in Kombination mit Clavulansäure geeignet.

Aeromonas hydrophila. A. hydrophila ist ein oxidasepositives, den Vibrionen nahe verwandtes, gramnegatives Stäbchen. Beschriebene Erkrankungen sind eine wäßrige Diarrhoe, Wund- und Hautinfektionen bis zu einer rasch progredienten Myonekrose und eine Sepsis bei Abwehrgeschwächten, besonders bei Leukämiepatienten. Die Labordiagnose erfolgt durch Anzucht auf Grundkulturmedien und anschließende biochemische Leistungsprüfung. Für die Therapie eignen sich Cotrimoxazol, Gyrasehemmer, neuere Aminoglykoside und Cephalosporine der 3. Generation.

Bartonella. B. bacilliformis, ein aerobes, durch eine polare Geißel bewegliches gramnegatives Stäbchen, ist der Erreger des ***Oroya-Fiebers*** (akut) und der ***Verruga peruana*** (chronisch). Der Erreger befällt Erythrozyten und zerstört diese letztlich, wodurch eine Anämie (makrozytär, hypochrom) resultiert. Nach vektorieller Übertragung durch Sandmücken beginnt die Erkrankung mit Fieber (2–7 Tage). Im Verlauf entwickelt sich rasch eine Anämie, und letztlich kann es zu Kopf-, Muskel- und Gelenkschmerzen kommen und sich ein Koma entwickeln. Verruga peruana ist durch die Ausbildung chronischer nodulärer Läsionen gekennzeichnet (1–2 cm); eine Anämie ist meist nicht nachweisbar. Die Labordiagnose erfolgt durch den Nachweis der Erreger im Blutausstrich (Eosin/Thiazin-Färbung). Chloramphenicol gilt als Mittel der Wahl.

B. henselae ist der Erreger der ***Katzenkratzkrankheit*** (lokale Papel und regionäre Lymphadenitis) sowie der ***bazillären Angiomatose*** (Endothelproliferation) und ***bazillären Peliose*** (blutgefüllte Zysten bes. in Leber und Milz) vor allem bei AIDS-Patienten. Die Übertragung erfolgt durch Katzenkratzer oder -bisse. Die Diagnose wird vorwiegend histologisch gestellt. Der Erreger kann mit molekularbiologischen Methoden (PCR, 16S-rRNS-Sequenzierung, RFLP) identifiziert werden; es ist der erste Erreger, der allein mit diesen Methoden als solcher erkannt wurde. Therapeutisch werden Makrolide und Tetracycline eingesetzt.

B. quintana ist der Erreger des *Wolhynischen Fiebers* (Schützengraben-Fieber, Trench-Fieber) und kann ebenfalls bazilläre Angiomatose oder Peliose sowie Endokarditis verursachen.

Burkholderia. Der ubiquitär vorkommender Nonfermenter (s. a. Pseudomonas) B. cepacia ist der häufigste Erreger von Respirationstraktinfektionen bei Mukoviszidose und kann nosokomiale Infektionen verursachen. Durch seine primäre Resistenz kann der Erreger durch Imipenem-Therapie selektiert werden. Seine breite Antibiotikaresistenz trägt dazu bei, daß eine Elimination aus dem Respirationstrakt meist nicht gelingt.

B. mallei ist der Erreger des *Rotz*, einer einschmelzenden Weichteilinfektion, die besonders bei Tieren eine Rolle spielt.

B. pseudomallei ist der Erreger der *Melidiose*, einer fulminanten Pneumonie mit Kavernenbildung, die innerhalb einer Woche zum Tode führen kann.

Bei längerer Krankheitsdauer bilden sich multiple Abszesse in verschiedenen Organen (Haut, Knochen) aus. Die antibiotische Therapie der Melidiose muß über mehrere Monate erfolgen, Mittel der Wahl ist Cotrimoxazol.

Calymmatobacterium granulomatis. C. granulomatis, ein fakultativ intrazelluläres (intrazelluläre Zysten), gramnegatives Stäbchen, ist der Erreger der **Donovanose (Granuloma inguinale)**. Nach sexueller Übertragung entsteht eine i. d. R. schmerzlose granulomatöse Läsion, meist an den Geschlechtsorganen . Die Labordiagnose stützt sich auf die mikroskopische Untersuchung von Läsionsbiopsien (Giemsa-, Wrightpräparat), wobei charakteristischerweise schwarzgefärbte Anhäufungen der Bakterien (Donovan-Körperchen) nachweisbar sind. Zur Behandlung eignen sich Tetracycline, Ampicillin und Cotrimoxazol, als Reservemittel Gentamicin und Chloramphenicol.

Gardnerella vaginalis. G. vaginalis ist ein fakultativ anaerobes, nicht-sporenbildendes, kapselloses, unbewegliches gramlabiles Stäbchen. Typische Krankheitsbilder sind eine bakterielle Vaginose (Leitkeim für Anaerobierinfektion?), die durch starken, nicht eitrigen Ausfluß (Fluor) mit fischartigem Geruch gekennzeichnet ist, Harnwegsinfektionen und Bakteriämien auch bei Neugeborenen. Die Labordiagnostik der Vaginose stützt sich auf den mikroskopischen Nachweis von „Clue cells", dicht mit Bakterien beladenen Plattenepithelzellen, und die Anzucht des Erregers auf bluthaltigen Spezialkulturmedien (Betahämolyse, winzige Kolonien, Nitrofurantoinhemmhof) und den Nachweis einer α-, nicht aber einer β-Glukosidase. Therapeutikum der Wahl: Metronidazol.

HACEK-Gruppe. Hierunter werden die Arten Haemophilus aphrophilus, Actinobacillus actinomycetemcomitans, Cardiobacterium hominis, Eikenella corrodens und Kingella kingae zusammengefaßt. Es handelt sich um Endokarditis-Erreger mit hohem Anspruch an das Kulturmedium, so daß zu deren Isolierung im Labor besondere Maßnahmen erforderlich sind.

E. corrodens ist ein fakultativ anaerobes gramnegatives Stäbchen, das auch gynäkologische Infektionen, Abszesse und Hautinfektionen verursacht.

Moraxella catarrhalis. M. catarrhalis (auch Branhamella catarrhalis) ist ein fakultativ anaerobes, kokkoides gramnegatives Stäbchen, das saprophytär im oberen Respirationstrakt vorkommt. In den letzten Jahren konnte zunehmend seine Rolle als Erreger von Infektionen des Respirationstrakts (Laryngitis, Bronchitis, Pneumonie, Sinusitis und Otitis media), selten von Sepsis, Endokarditis oder Meningitis belegt werden. Die Labordiagnostik erfolgt durch Anzucht auf angereicherten Kulturmedien mit anschließender biochemischer Leistungsprüfung wie bei Neisserien. Geeignete Therapeutika sind Betalaktam-Antibiotika, ggf. in Kombination mit einem Betalaktamase-Inhibitor.

Moraxella lacunata verursacht die Blepharitis angularis, die mit einem nässenden Ekzem einhergeht.

Pasteurella multocida. P. multocida ist ein fakultativ anaerobes, gramnegatives Stäbchen, das zur Mundschleimhautflora von Hunden und Katzen gehört. Daher ist das Bakterium der typische Erreger von Wundinfektionen nach Hunde- oder Katzenbiß. Der Nachweis erfolgt kulturell. Das Mittel der Wahl ist Penicillin G.

Plesiomonas shigelloides. P. shigelloides ist ein bewegliches, fakultativ anaerobes, oxidase-positives, gramnegatives Stäbchen, das eng mit Vibrionen und Aeromonas verwandt ist. Das für diesen Erreger typische Krankheitsbild ist eine Gastroenteritis, die leicht und selbstlimitierend, aber auch mit schweren blutig-schleimigen, leukozytenhaltigen Durchfällen einhergehen kann. Insbesondere bei Abwehrgeschwächten kann es zu einer Sepsis kommen. Endophthalmitis, Meningitis, Cholezystitis, Cellulitis und Osteomyelitis sind beschrieben. Die Labordiagnostik erfolgt durch Anzucht aus dem Stuhl in Selektivkulturmedien (Galle-Pepton-Medium) und biochemische Leistungsprüfung. Geeignete antimikrobielle Substanzen sind in erster Linie Gyrasehemmer (Ciprofloxacin) und Cotrimoxazol.

Spirillum minus. S. minus ist ein kurzes, dickes Schraubenbakterium mit terminal-polytricher Begeißelung. Die Übertragung erfolgt durch Rattenbiß. Nach 1–4 Wochen entsteht an der abgeheilten Bißstelle eine Rötung mit regionärer Lymphknotenschwellung. Im Verlauf kommt es zu einer Ulzeration der Läsion und zu 3–4 Tage dauernden Fieberschüben, die sich in regelmäßigen Abständen von 3–9 Tagen wiederholen (***Rattenbißfieber***) und nach 1–2 Monaten enden. Der Nachweis des Erregers erfolgt mikroskopisch im Blut, Exsudat oder Lymphknotengewebe; falsch-positive Syphilis-Serologie ist möglich. Das Therapeutikum der Wahl ist Penicillin G.

Streptobacillus moniliformis. S. moniliformis ist ein pleomorphes, unbewegliches, unbekapseltes gramnegatives Stäbchen. Es wird durch Rattenbiß übertragen. Nach einer Inkubationszeit von ca. 10 Tagen beginnt die Symptomatik mit einem akuten Fieberanstieg (***Rattenbißfieber***) mit Schüttelfrost, Übelkeit sowie Arthralgien und Myalgien. Nach 2–4 Tagen entwickelt sich ein masernartiges Exanthem (Handflächen, Fußsohlen). Im Verlauf entsteht in der Hälfte der Fälle eine asymmetrische Polyarthritis. Das Fieber hält etwa 3–5 Tage an, die übrigen Symptome bilden sich innerhalb von 2 Wochen zurück. Wichtige Komplikationen sind Karditiden und Abszeßbildungen. Der Erregernachweis erfolgt durch Anzüchtung unter mikroaerophilen Bedingungen auf Spezialkulturmedien aus Blut, Gelenkpunktat oder Eiter; falsch-positive Syphilis-Serologie ist möglich. Das Therapeutikum der Wahl ist Penicillin G.

Stenotrophomonas maltophilia. S. maltophilia ist ein fakultativ pathogener Eitererreger (gramnegative Stäbchen) mit Primärresistenz gegen Imipenem. Als Erreger von Sepsis und Pneumonien ist er auf Intensivstationen gefürchtet.

Pollocks Pilze

Pilze

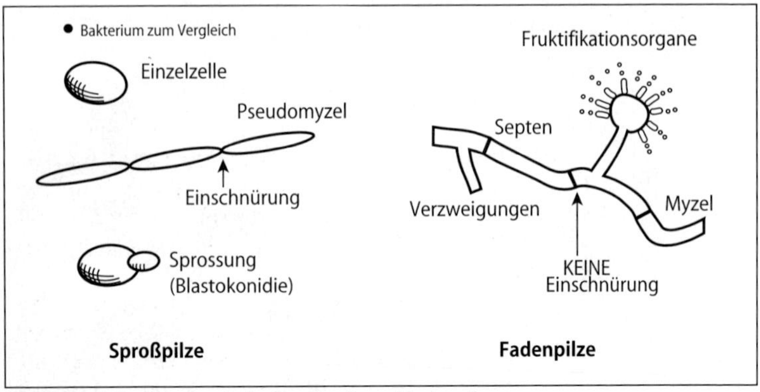

Morphologische Charakteristika von Sproß- und Fadenpilzen

Abteilungen (-mycota)	**Klassen (-mycetes)**	**Ordnungen (-ales)**
I Myxomycota (Schleimpilze)		
II Chytridiomycota		
III Oomycota		Saprolegniales
		Peronosporales
IV Zygomycota	(Zygomycetes)	Mucorales
		Entomophthorales
V Ascomycota (Schlauchpilze)	Endomycetes	
	Euascomycetes	Onygenales
		Eurotiales
		Microascales
		Ophiostomatales
		Sordariales
		Dothideales
		Polystigmatales
		Hypocreales
VI Basidiomycota (Ständerpilze)	Heterobasidiomycetes	Filobasidiales
		Ustilaginales
	Holobasidiomycetes	

Biologische Einteilung der Pilze

3.4 Pilze

Aufbau

Pilze zählen zu den eukaryonten Lebewesen. Sie besitzen einen Zellkern mit Kernmembran. Im weiteren Unterschied zu Bakterien besteht ihre Zellwand aus den Polysaccharidpolymeren Glukan, Mannan und Chitin, während die für Bakterien typischen Teichon- und Muraminsäuren fehlen. In der Zellmembran der Pilze kommt Ergosterol vor, das weder bei Bakterien noch bei menschlichen Zellen zu finden ist.

Die Reproduktionsorgane (Fruktifikationsorgane) unterteilt man in Sporen für die sexuelle Vermehrung und in Konidien (einzellig = Mikrokonidien, mehrzellig = Makrokonidien) oder Sporangien für die asexuelle Vermehrung. Sie werden im Labor zur Identifizierung und taxonomischen Einteilung herangezogen. Die medizinisch relevanten Pilze gehören zu den Klassen der Zygomyzeten, Askomyzeten, Basidiomyzeten und Deuteromyzeten (bisher nur asexuelle Vermehrung beobachtet).

Für den medizinischen Gebrauch unterteilt man die Pilze auch in Sproßpilze (Blastomyzeten), Fadenpilze (Hyphomyzeten), nämlich Dermatophyten und Schimmelpilze, sowie dimorphe Pilze.

Sproßpilze. Diese kommen als ovaloide Einzelzellen (Blastospore, Blastokonidien) mit einem Durchmesser von 4–10 μm vor. Sie vermehren sich asexuell nach Mitose durch Sprossung aus der Mutterzelle (im Gegensatz zur Querteilung von Bakterien). Unter Standardkulturbedingungen bilden sich Kolonien wie bei Bakterien. Die einzelnen Sproßpilzzellen können unter bestimmten Bedingungen lange Filamente ausbilden, so daß ein Pseudomyzel entsteht; dieses unterscheidet sich von einem echten Myzel durch Einschnürungen an den Kontaktstellen der Zellen. Sproßpilze werden auch als Hefen bezeichnet, wenn sie zur alkoholischen Gärung befähig sind (z. B. Saccharomyces cerevisiae, die Bierhefe). Hinsichtlich des mikroskopischen Bildes und der Koloniemorphologie unterscheiden sich Sproßpilze fast nicht.

Fadenpilze. Diese bilden schlauchförmige Zellen (Hyphen), die bei niederen Pilzen (Zygomyzeten) unseptiert und bei höheren (z. B. Aspergillen) septiert sind; die Zellen wachsen apikal, häufig in Schüben (Ausbildung konzentrischer Ringe im Patienten und auf festen Kulturmedien); es können sich Verweigungen ausbilden. Die Gesamtheit der Hyphen wird ***Myzel*** genannt, stammen sie von einer Zelle ab, spricht man auch von ***Thallus***. Man unterscheidet Substratmyzel, das in das Nährsubstrat einwächst, und Luftmyzel, das je nach äußeren Bedingungen unterschiedlich aussehen und auch Fruktifikationsorgane ausbilden kann. Die Koloniemorphologie und die Fruktifikationsorgane dienen der Identifizierung der unterschiedlichen Arten.

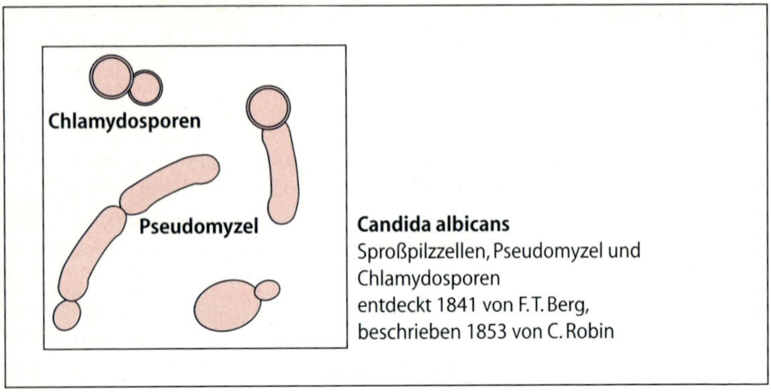

Candida albicans: Portrait

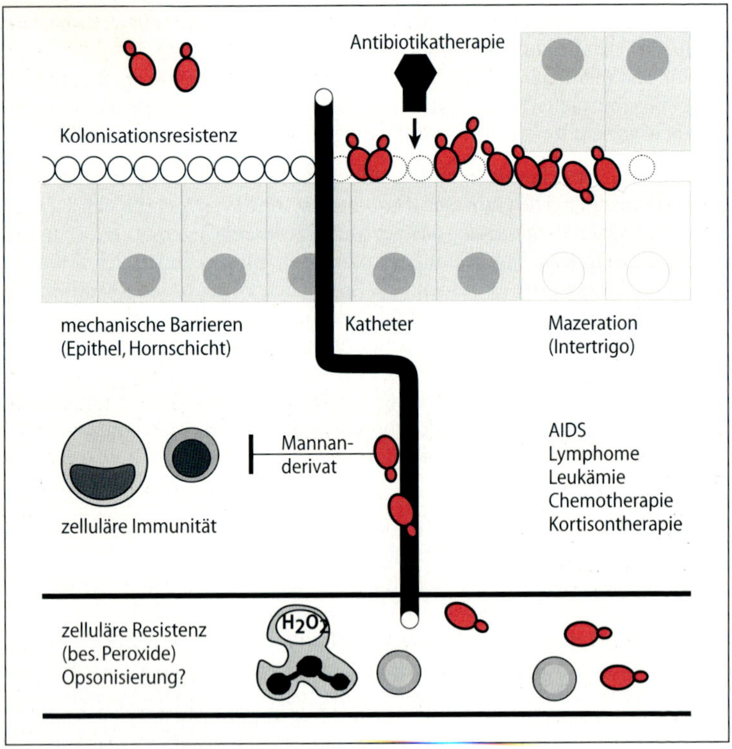

Candida albicans: Pathogenese

Dimorphe Pilze. Diese liegen bei 37 °C im Körper oder auf Kulturmedien als Sproßpilze vor. Bei Zimmertemperatur oder in freier Natur treten sie als Fadenpilze in Erscheinung und bilden infektiöse Sporen. Zu den dimorphen Pilzen gehören Erreger systemischer Mykosen (Blastomyces dermatitidis, Coccidioides immitis, Paracoccidioides brasiliensis, Histoplasma capsulatum) und Sporothrix schenckii.

Genom

Als Eukaryonten ist ihr Genom in Introns und Exons unterteilt. Ihre mRNS ist monozistronisch, hat also nur ein Startkodon, und es entsteht nur eine Polypeptidkette (Prokaryonten-mRNS ist dagegen polyzistronisch).

Vermehrung

Pilze können sich sowohl asexuell (anamorphe Form) als auch sexuell (teleomorphe Form) fortpflanzen. Ist die teleomorphe Form nicht bekannt, spricht man auch von Fungi imperfecti oder Deuteromyzeten (im Gegensatz zu den Fungi perfecti = Eumyzeten); dies ist bei medizinisch relevanten Pilzen nicht selten der Fall.

Stoffwechsel

Pilze sind heterotrophe Organismen und sowohl zur Assimilation als auch zur Fermentation befähigt. Die Verschiedenheit der biochemischen Leistungen wird zur Identifizierung von Sproßpilzen herangezogen.

3.4.1 Candida

Beschreibung

Candidaarten sind Sproßpilze. Die Spezies mit der größten humanpathogenen Bedeutung ist Candida albicans. Es sind fakultativ pathogene Erreger, die physiologischerweise auf den Schleimhäuten des oberen Respirationstrakts, des Gastrointestinaltrakts und des Urogenitaltrakts vorkommen. Candidaarten, allen voran C. albicans, sind die häufigsten Erreger von Mykosen beim Menschen.

Rolle als Krankheitserreger

Übertragung. Candida-Infektionen entstehen meist endogen, die körpereigene Kolonisationsflora bildet die Infektionsquelle.

Pathogenese. Candida stehen vier Barrieren entgegen: Haut und Schleimhäute als mechanische Barriere, die Kolonisationsresistenz, die zelluläre Immunität

Genera / Arten	Vorkommen	Bedeutung, Krankheiten
Candida albicans	Schleimhaut	Soor (Mund, Vagina) Ösophagitis Intertrigo, Windeldermatitis Paronychie Onychomykose Pneumonie Harnwegsinfektionen (Katheter!) Meningitis Arthritis, Osteomyelitis Peritonitis katheterassoziierte Infektionen Endokarditis Sepsis
Candida tropicalis[1]	Schleimhaut (gastrointestinal)	„chirurgische" Infektionen Sepsis
Candida krusei[2] Candida lusitaniae[3] Candida lipolytica	Schleimhaut	Sepsis
Torulopsis (Candida) glabrata[2]	Schleimhaut (gastrointestinal)	Endokarditis Meningitis Sepsis
Malassezia furfur	Haut	Pityriasis versicolor Sepsis (katheterassoziiert) Peritonitis (Peritonealdialyse)
Rhodotorula spp.	Haut (feucht) Feuchtstellen	Endokarditis Meningitis Sepsis (insb. katheterassoziiert)
Trichosporon beigelii (früher: T. cutaneum)		Weiße Piedra Sepsis (bei Granulozytopenie)[3]
Hansenula spp.		katheterassoziierte Infektionen
Blastoschizomyces capitatus	Haut, Umwelt	Sepsis (bei Leukämie)
Saccharomyces cerevisiae	(Bier-, Bäckerhefe)	industrielle Anwendung gilt als apathogen (Einzelfälle: Soor, Fungämie)

Resistenzen: 1: Flucytosin, 2: Fluconazol, 3: Amphotericin B

Sproßpilze: Arten und Krankheiten (Auswahl)

und die humorale Abwehr. Disponierende Faktoren wie Verletzungen der Haut- oder Schleimhäute z. B. durch Mazeration oder Katheter (beachte: Candida-Arten, insbesondere C. parapsilosis, haben eine hohe Affinität zu Plastikmaterialien, z. B. in Kathetern), Veränderungen der physiologischen Flora durch Antibiotikatherapie, Schwangerschaft, Diabetes mellitus, Kortisontherapie oder Immundefekte wie AIDS und hämatologische Systemerkrankungen schwächen diese Barrieren.

Klinik. Die Candidiasis von Haut und Schleimhäuten heißt ***Soor***. An der Haut, vorzugsweise in intertriginösen Räumen, manifestiert er sich in Form juckender, nässender Erytheme mit oberflächlicher Schuppung (z. B. als Windeldermatitis). Auf den Schleimhäuten ist der Soor durch dicke weißliche Auflagerungen und eine umliegende Entzündungsreaktion (Rötung!) gekennzeichnet. Vom Mund aus absteigend kann eine Ösophagitis entstehen (s. a. AIDS). Weitere Lokalinfektionen betreffen die Lunge, die Harnwege, das Auge (Kortisontherapie!) und die Knochen. Ausgehend von der Lokalinfektion, kann es zu einer Sepsis mit Fieber und Absiedlungen in verschiedenen Organen (Niere, Herz, Gehirn, Lunge, Leber, Milz, Auge) kommen. Diese nehmen häufig einen schleichenden Verlauf. Typisch ist die fehlende Besserung selbst unter breitester Antibiotikatherapie. Primäre Infektionen (Lunge, Niere) sind, außer bei Abwehrgeschwächten, selten.

Diagnostik. Mit einem Nativpräparat kann ein erster Hinweis auf eine Candidainfektion erbracht werden. Durch Anzucht und anschließende biochemische Leistungsprüfung, den Nachweis einer Pseudomyzelbildung und von Chlamydosporen erfolgt die Speziesdiagnose. Weitere Hinweise auf eine Infektion mit Candida können der Nachweis von Antikörpern und Antigenen im Serum sein. Letzterer kann allerdings nicht zwischen einer Antigeneinschwemmung aus einem lokalen Herd und einer systemischen Infektion unterscheiden.

Therapie. Lokale Infektionen können mit Desinfektionsmitteln oder lokal wirksamen Antimykotika behandelt werden. Systemische Infektionen erfordern eine langdauernde (mindestens 6 Wochen) parenterale Therapie mit Amphotericin B und Flucytosin. Fluconazol ist eine Alternative; da aber C. krusei und C. glabrata resistent gegen diese Substanz sind, sollte sie in lebensbedrohlichen Fällen erst nach Sicherung des Erregers eingesetzt werden.

Prävention. Oral verabreichte Suspensionen von Amphotericin B oder Nystatin reduzieren die Sproßpilze im Gastrointestinaltrakt und damit die Infektionsquelle.

Cryptococcus neoformans: Portrait

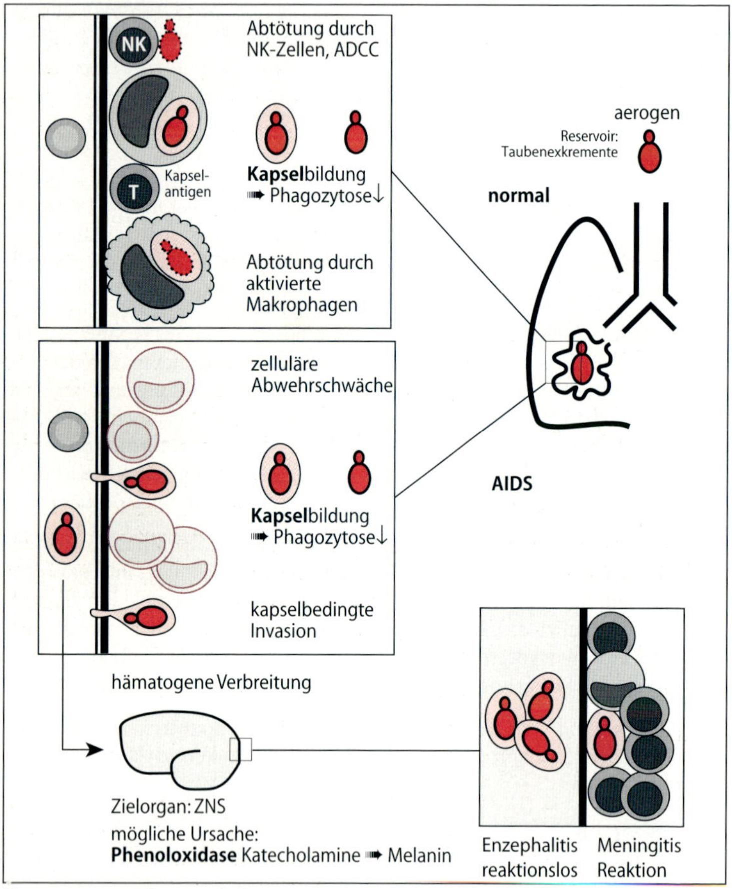

Cryptococcus neoformans: Pathogenese

3.4.2 Cryptococcus neoformans

Beschreibung

Cryptococcus neoformans ist ein Sproßpilz. Kürzlich konnte die perfekte Form isoliert werden: Filobasidiella neoformans var. neoformans (Heterobasiodiomyzet). Ein besonderes Kennzeichen ist die Ausbildung einer Polysaccharidkapsel.

Virulenzfaktoren. Die Kapsel ist unabhängig von ihrer Größe ein Virulenzfaktor. Die infektiösen Partikel besitzen keine oder nur eine kleine Kapsel, während die im Gewebe gefundenen Pilze die Kapsel ausgebildet haben. Sie wirkt antiphagozytär und scheint bei der Invasion ins Blut eine Rolle zu spielen.

Das Enzym Phenoloxidase ermöglicht die Verwertung von Katecholaminen zu Melanin, welches die phagozytäre Abtötung hemmt. Hierauf könnte der Tropismus des Erregers zum Gehirn beruhen, da dort eine hohe Katecholaminkonzentration vorzufinden ist.

Rolle als Krankheitserreger

Übertragung. Die Übertragung des Pilzes erfolgt aerogen durch Staub; eine wichtige Erregerquelle sind Taubenexkremente (Urin!). Eine Übertragung von Mensch zu Mensch wurde bisher nicht nachgewiesen.

Pathogenese. Immunsupprimierende Erkrankungen, insbesondere AIDS, disponieren zur Kryptokokkose. Ausgehend von der Absiedlung in der Lunge kann der Erreger in die Blutbahn eindringen und disseminieren. Hauptabsiedlungsorgane sind die Meningen (lympho-monozytäre Entzündung) und das Gehirn (reaktionslose Pilzkolonien).

Klinik. Der Lungenbefall wird häufig nicht bemerkt. Es kommt zu einer subakuten bis chronischen Meningoenzephalitis. Die Symptome sind meist nicht sehr ausgeprägt. Ohne Therapie enden fast alle Fälle tödlich. Unter geeigneter Therapie kann in 75% eine Besserung, in 60% der Fälle eine Heilung erzielt werden. Weitere Manifestationsorte sind die Haut (schmerzlose Papeln), Knochen und die Prostata (Rezidivquelle!).

Diagnostik. Ein erster Hinweis auf eine Kryptokokkose ist der mikroskopische Nachweis kapseltragender Sproßpilze. Dazu kann ein Nativpräparat oder ein Tuscheverdrängungspräparat dienen. Zur Identifizierung dient die biochemische Leistungsprüfung nach Anzucht. Auf einem Spezialnährboden (Guizotia-abyssinica-Kreatinin-Agar) bildet C. neoformans braune Kolonien aus, während andere Sproßpilze unpigmentierte, weiße Kolonien bilden. Der Nachweis von Kryptokokken-Antigen in Serum und Liquor kann zur Diagnosestellung, insbesondere bei Meningoenzephalitis beitragen.

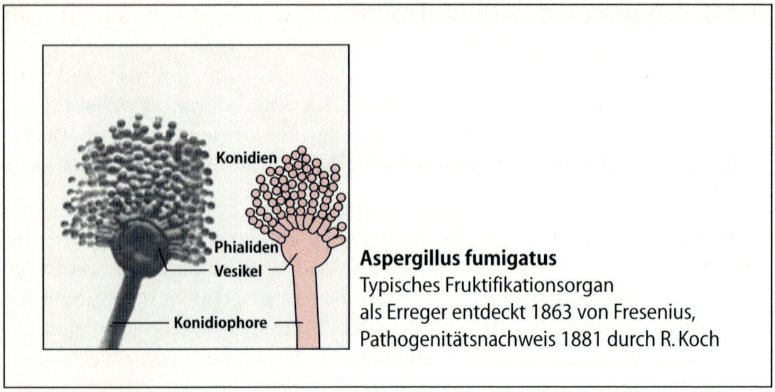

Aspergillus: Portrait

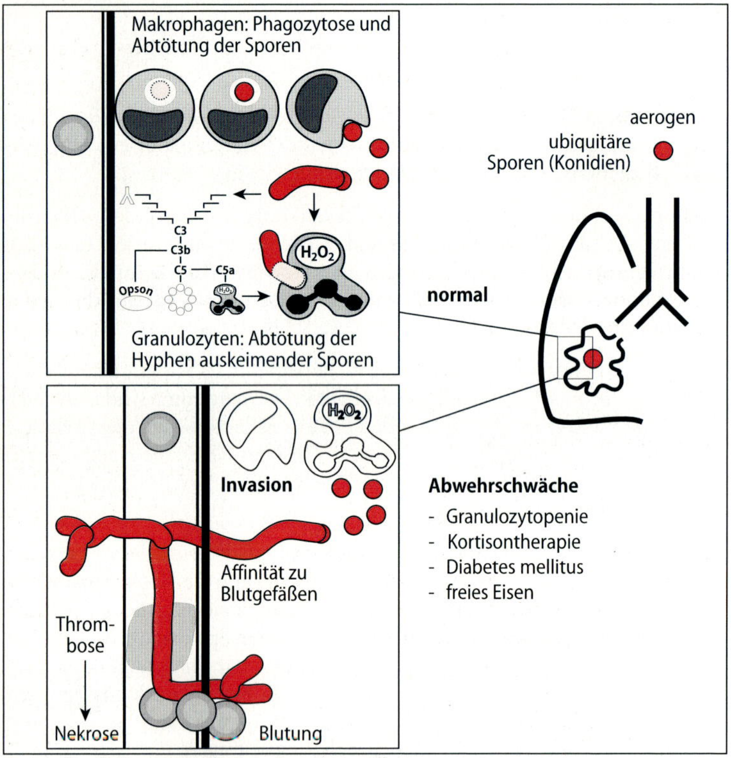

Aspergillus: Pathogenese der invasiven Aspergillose

Therapie. Therapie der Wahl ist die kombinierte Gabe von Amphotericin B und Flucytosin ggf. plus Fluconazol über mindestens 6 Wochen. Der Therapieerfolg ist durch wöchentliche Liquorkulturen zu überprüfen; sind keine vermehrungsfähigen Pilze mehr nachweisbar, muß die Therapie noch mindestens 4 Wochen fortgesetzt werden. Der alleinige Nachweis von Kryptokokken-Antigen, also ohne gleichzeitige Anzucht des Erregers, weist nicht auf ein Therapieversagen hin.

Prävention. Durch regelmäßige Kontrolluntersuchungen von Liquor, Urin und Serum im ersten Jahr nach Infektion soll sekundärpräventiv frühzeitig ein Rezidiv erkannt werden. AIDS-Patienten erhalten eine lebenslange Rezidivprophylaxe mit Fluconazol.

3.4.3 Aspergillus

Beschreibung

Aspergillen sind ubiquitär vorkommende, höhere (septierte) Fadenpilze zugehörig zu den Askomyzeten. Die wichtigsten humanpathogenen Arten sind Aspergillus fumigatus, Aspergillus flavus und Aspergillus niger.

Virulenzfaktoren. Aspergillen sezernieren zahlreiche Enzyme, z. B. Elastase und Kollagenase. A. flavus produziert das kanzerogene Aflatoxin.

Rolle als Krankheitserreger

Übertragung. Die Übertragung erfolgt aerogen durch Inhalation der Sporen, die auf Grund ihrer geringen Größe bis in die Alveolen gelangen können. A. fumigatus kommt ubiquitär vor, vor allem auf organischem Material wie Kompost (Thermotoleranz), auf Nüssen und Getreide; als exogene Infektionsquelle kann z. B. eine Baustelle (Staub) dienen. Eine pulmonale Infektion kann ihren Ausgang auch von besiedelten Nasennebenhöhlen nehmen.

Pathogenese. Hauptmanifestationsorgan der Aspergillosen ist die Lunge, betroffen sind meist Abwehrgeschwächte (z. B. Transplantatempfänger: invasive Form). Aspergillen schädigen auf verschiedene Weise: Aspergillus-Allergene können eine allergische Bronchopneumonie (kombinierte Reaktion: Typ I, III und IV) auslösen, als Aspergillom präformierte Lungenkavitäten, z. B. tuberkulöse Kavernen oder Nasennebenhöhlen), besiedeln oder, bei schwerer Neutropenie oder unter Kortison, eine invasive Aspergillose mit nekrotisierender Bronchopneumonie und Dissemination verursachen.

Klinik. Hauptsymptome sind Fieber und pulmonale Infiltrate, erstes klinisches Zeichen ist ein lokaler Schmerz; es können Hämoptysen auftreten. Eine weitere typische Lokalisation der invasiven Aspergillose ist das Gehirn; es bilden sich besonders bei Abwehrgeschwächten Hirnabszesse. Aspergillosen können auch

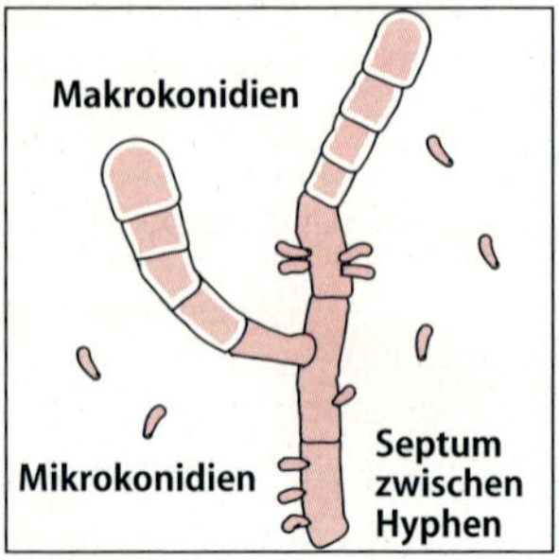

Trichophyton rubrum
Myzel mit Mikro- und Makrokonidien
entdeckt 1911 von Castellani

Trichophyton schoenleinii
entdeckt 1839 von J. L. Schoenlein in Favusborken,
1837 erstmals von R. Remak gesehen

Dermatophyten: Portrait – Trichopython spp.

anthropophil	**(Endemiegebiet)**	**geophil**
E. floccosum		E. stockdaleae
M. audouinii	(Afrika)	M. amazonicum
M. ferrugineum	(Ostasien)	M. filvum
T. rubrum		M. gypseum
T. mentagrophytes		M. nanum
T. schoenleinii		M. praecox
T. tonsurans		M. racemosum
T. violaceum	(Mittelmeer)	M. ripariae
T. yaoundei	(Zentralafrika)	T. ajelloi
T. gourvilii	(Zentralafrika)	T. flavescens
T. kane		
T. concentricum	(Pazifikraum, Süd-/Mittelamerika)	
T. mengninii	(Afrika, Spanien, Portugal, Sardinien)	
T. soudanense	(Sudan, Somalia)	
zoophil	**(typischer Wirt)**	
M. canis	(Hund, Katze)	
T. verrucosum	(Rind, Schaf)	
T. mentagrophytes		
var. mentagrophytes	(Nager, Affe, Hund,Schwein, Rind)	
var. erinacei	(Igel)	
var. quinckeanum	(Maus)	

E. = Epidermophyton, M. = Microsporon, T. = Trichophyton

Dermatophyten: Häufige Erreger beim Menschen (nach Reservoir) an anderen Stellen auftreten: Nasennebenhöhlen (mit Invasion nach intrakranial), Orbita (inkl. Auge) und Ohr: Aspergillus niger ist ein typischer Erreger chronischer Otitiden. Ebenso können innere Organe befallen werden.

Diagnostik. Die Diagnosesicherung erfolgt durch engmaschigen Antigennachweis im Serum und durch Anzucht aus dem Respirationstrakt (oder einem anderen Herd) mit anschließender Identifizierung an Hand der Koloniemorphologie und der Fruktifikationsorgane.

Therapie. Ein Aspergillom muß operativ entfernt werden. Die Therapie der invasiven Aspergillose erfolgt durch die kombinierte parenterale Gabe von Amphotericin B und Flucytosin über mindestens 6 Wochen. Bei geringgradiger Immunsuppression kann auch Itraconazol gegeben werden; Fluconazol ist dagegen nicht wirksam.

Prävention. Bedeutsam ist die Expositionsprophylaxe: Umkehrisolierung (speziell: keine Topfpflanzen oder Nüsse), Vermeiden von Baustellen (Staub) im Krankenhaus. Eine Herdsanierung ist notwendig (Nasennebenhöhlen). Die Inhalation von Amphotericin B oder die Einnahme von Itraconazol kann ein Angehen der invasiven Infektion verhindern.

3.4.4 Dermatophyten

Beschreibung

Dermatophyten sind Fadenpilze aus der Abteilung der Askomyzeten. Sie sind keratinophil (Keratinasen) und haben ein Temperaturoptimum für ihre Vermehrung bei 32 °C. Sie vermehren sich sehr langsam, was bei der Anzucht und der Therapie zu berücksichtigen ist. Zu den Dermatophyten gehören die Genera Trichophyton (z. B. T. rubrum), Epidermophyton und Microsporon.

Virulenzfaktoren. Dermatophyten sezernieren zahlreiche Enzyme, darunter Keratinase (Abbau von Keratin), Kollagenase und Elastase. Zellwandmannane dienen der Adhärenz an Wirtszellen, das Mannan von T. rubrum wirkt antiinflammatorisch.

Rolle als Krankheitserreger

Übertragung. Die Übertragung erfolgt indirekt über Haare, Haut- oder Nagelschuppen, an denen Arthrosporen haften. Als Infektionsquellen sind je nach Art Menschen oder Tiere zu berücksichtigen: Man unterscheidet anthropophile und zoophile Dermatophyten: T. rubrum und der Favuserreger T. schoenleinii kommen nur beim Menschen , T. mentagrophytes kommt je nach Varietät bei Mensch und Tier vor, T. verrucosum und M. canis sind zoophil und haben als primäre Wirte Rinder bzw. Hunde und Katzen; geophile, im Boden ansässige Arten sind selten Erreger (M. gypseum).

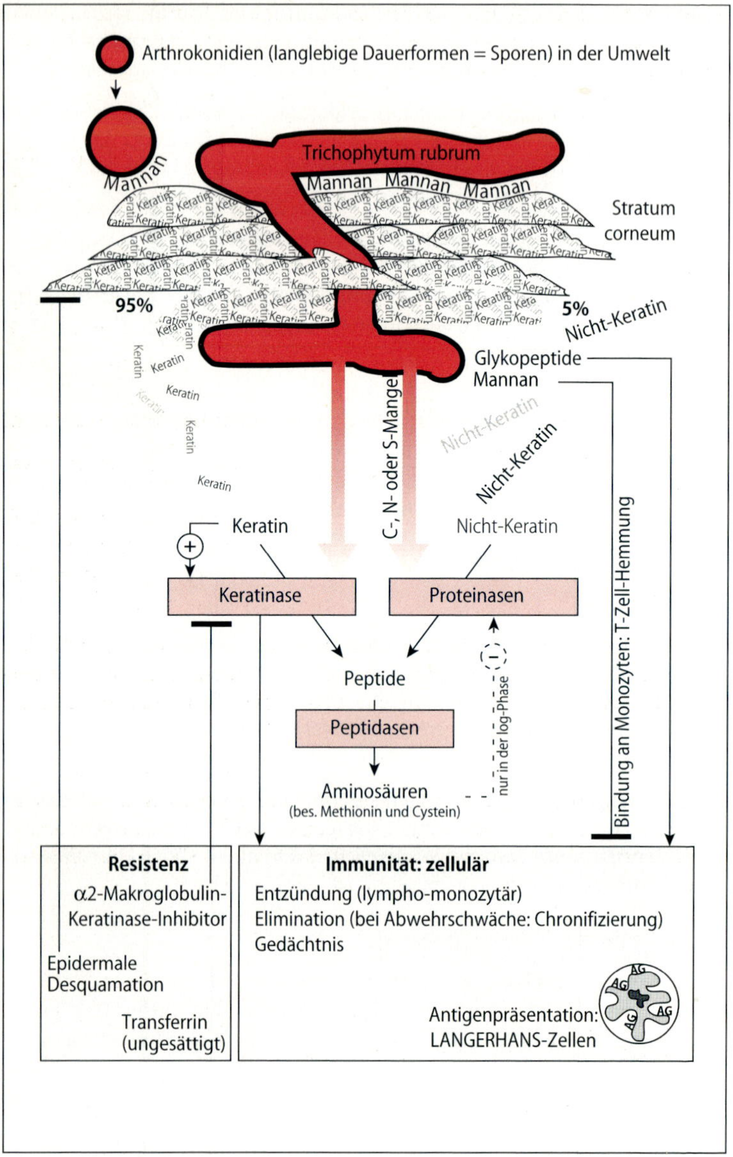

Dermatophyten: Pathogenese

Pathogenese. Arthrosporen adhärieren an Keratinozyten und keimen aus, insbesondere wenn genügend Feuchtigkeit vorhanden ist (z. B. durch Schweiß). Die sezernierten Enzyme, vor allem Keratinase, bauen Wirtsgewebe (oberflächliche Keratinschicht) ab. Schließlich induziert der Pilz eine Entzündung: Zoophile und geophile Arten bewirken eine stärkere akute Entzündung und werden eliminiert, menschenadaptierte Arten induzieren nur eine geringgradige Entzündung oder wirken sogar antiinflammatorisch. Es entsteht eine chronische Infektion ohne Erregerelimination. Eine Invasion in tiefere Regionen findet extrem selten, d. h. nur bei schwerster Immunsuppression, statt.

Klinik. Dermatophyten verursachen Hautpilzinfektionen, die allgemein ***Tinea*** genannt werden. Der Erkrankungsname ergibt sich dann aus der Lokalisation, z. B. Tinea pedis – Fußpilz. Die Symptome sind vielfältig. Es können feuchte, mazerierende, trockene oder schuppende Effloreszenzen entstehen. Häufig besteht Juckreiz. Einige Trichophyton- und Microsporon-Arten können Haare als ***Endo***- oder ***Ektothrix*** befallen und eine ***Alopezie*** verursachen.

Diagnostik. Zur Diagnosesicherung müssen Hornschuppen (Haar- oder Nagel-Geschabsel) oder Haare gewonnen werden. Der erste Hinweis auf Dermatophyten liefert der Nachweis von Myzelien, die im Kalilaugepräparat nach Aufquellung des Hornmaterials gut zu beobachten sind. Dermatophyten werden auf Spezialnährböden für mindestens acht Wochen angezüchtet und anhand der Koloniemorphologie und der Fruktifikationsorgane identifiziert.

Therapie. Therapie der Wahl ist die langdauernde Gabe von Antimykotika. Zur lokalen Therapie eigenen sich Azole (z. B. Miconazol, Clotrimazol, Ketoconazol) oder Terbinafin. Eine systemische Therapie, bei ausgedehntem Befall, erfolgt durch Itraconazol, Terbinafin oder Griseofulvin.

Prävention. An erster Stelle steht eine sorgfältige Körperhygiene; Feuchtstellen sind durch sorgfältiges Abtrocknen oder luftdurchlässiges Schuhwerk zu vermeiden. Kontaminierte Flächen und Gegenstände sind zu desinfizieren (Cave! Mitbenutzung von Bürsten oder Kämmen); desinfizierende Fußduschen in Schwimmbädern senken das Infektionsrisiko.

3.4.5 Dimorphe Pilze

Beschreibung

Folgende dimorphe, obligat pathogene Pilze, die besonders im außereuropäischen Ausland vorkommen, werden hier zusammengefaßt:

- Histoplasma capsulatum (USA: Südosten: Ohio, Mississippi, Missouri),
- Coccidioides immitis (Amerika),
- Paracoccidioides brasiliensis (Südamerika),
- Blastomyces dermatitidis (USA: Mississippi, Ohio; Kanada; Südafrika).

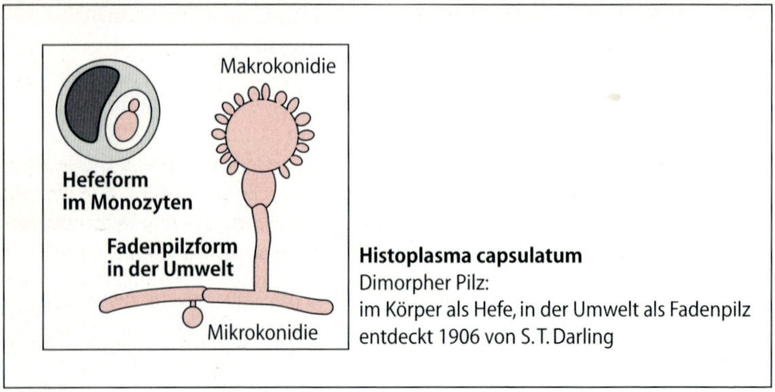

Histoplasma capsulatum: Portrait

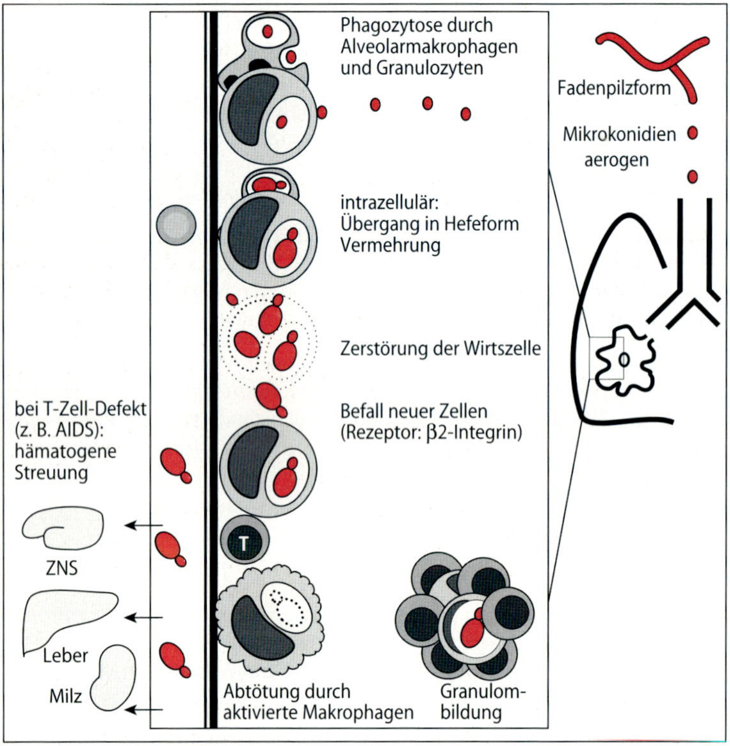

Histoplasma capsulatum: Pathogenese

Rolle als Krankheitserreger

Übertragung. Die Übertragung erfolgt aerogen durch Sporen (Konidien). H. capsulatum finden sich typischerweise in feuchten Böden, die Vogel- oder Fledermausexkremente beinhalten.

Pathogenese. Die inhalierten Mikrokonidien von H. capsulatum werden von Alveolarmakrophagen und polymorphkernigen Granulozyten aufgenommen, wandeln sich intrazellulär in die Sproßpilzform um und vermehren sich, wodurch die Phagozyten absterben; die freigesetzen Sproßpilzzellen befallen erneut Makrophagen. Mit Ausbildung der zellulären Immunität entsteht eine granulomatöse Entzündung, aktivierte Makrophagen können den Erreger schließlich abtöten; die Granulome kalzifizieren, enthalten aber noch wenige lebende Pilze, die bei einer Abwehrschwäche Rezidive auslösen können.

Die anderen Pilze dieser Gruppe wandeln sich ebenfalls in der Lunge, in der Regel aber extrazellulär, in die Sproßpilzform um, und können disseminieren. C. immitis setzt aus inhalierten Arthrokonidien Sphärulen frei.

Klinik. Bei der ***Histoplasmose*** können akute und chronische Pneumonien mit Kavernenbildung auftreten; hieraus können sich eine Mediastinitis oder Perikarditis entwickeln. Bei Abwehrgeschwächten (z. B. bei AIDS) kann eine progressive disseminierte Histoplasmose mit Fieber, der Ausbildung von Ulzerationen an verschiedenen Stellen, einer Infektion der Nebennieren mit Nebenniereninsuffizienz, Hepatosplenomegalie mit Funktionseinschränkungen, Nierenbeteiligung und interstitieller Pneumonie auftreten.

Die ***Kokzidioidomykose*** verläuft in 95% der Fälle als akute, selbstlimitierende Pneumonie, wobei in 60% der Fälle ein subklinischer Verlauf beobachtet wird. In wenigen Fällen kann es zu einer chronischen, teilweise progressiven Pneumonie mit Kavernenbildung kommen. In weniger als 1% der Fälle entsteht eine disseminierte Kokzidioidomykose mit Befall der Lymphknoten, Knochen (Lyseherde), Meningen, der Lunge und der Gelenke.

Die ***Parakokzidioidomykose*** verläuft oft unter einem schweren Krankheitsbild mit Lungenbeteiligung, Ulzerationen an Haut und Schleimhäuten, Lymphknotenschwellungen und einem Befall der Nebennierenrinde mit Ausbildung einer Nebennierenrindeninsuffizienz (Addison-Syndrom).

Die ***Blastomykose*** kann als akutes grippeartiges Krankheitsbild mit Lungenbeteiligung imponieren, in 60% der Fälle ist mit einem asymptomatischen Verlauf zu rechnen. Die chronische Blastomykose manifestiert sich in den meisten Fällen als Pneumonie. Zusätzlich ist die Haut betroffen. Die charakteristische Läsion ist eine kleine Papel, die sich langsam vergrößert und später verkrustet. Der äußere Rand der Läsion ist rötlich-livide verfärbt. Bei der Entfernung der Kruste wird eine granulomatöse Läsion mit zahlreichen kleinen Abszedierungen frei. Weitere Manifestationen betreffen den Urogenitaltrakt und die Knochen (schmerzhaft).

Diagnostik. Die Diagnosesicherung erfolgt durch Anzucht aus dem Respirationstrakt, aus Blut sowie aus Leber, Milz und Knochenmark und anschließende Identifizierung an Hand der Koloniemorphologie und der Fruktifikationsorgane. Erste Hinweise liefert eine mikroskopische Untersuchung der Proben. Im Labor sind besondere Sicherheitsmaßnahmen einzuhalten; daher ist bei Verdacht das Untersuchungsmaterial eindeutig zu kennzeichnen und möglichst Rücksprache mit dem Labor zu nehmen.

Therapie. Besonders in schweren Fällen ist eine antimykotische Therapie erforderlich. Das Mittel der Wahl ist Amphotericin B, eine Alternative Azole.

Prävention. AIDS-Patienten erhalten nach überstandener Histoplasmose eine lebenslange Rezidivprophylaxe mit Amphotericin B oder Itraconazol.

3.4.6 Weitere Pilze

Fusarium. Diese weltweit im Schmutz vorkommenden Fadenpilze verursachen Lokalinfektionen wie Keratitis, Endophthalmitis, Nagelmykosen und Verletzungsmykosen von Haut und Knochen; bei Neutropenie können disseminierte Infektionen mit Fieber und multiplen Hautläsionen entstehen. Trotz primärer Resistenz der Erreger wird mit Amphotericin B behandelt.

Pseudallescheria boydii. Dieser im Schmutz und verunreinigtem Wasser vorkommender Fadenpilz verursacht nach Aspiration von erregerhaltigem Wasser (Beinahe-Ertrinkungsunfälle) eine schwere Pneumonie häufig mit hämatogener Aussaat und sekundärer Absiedlung im Gehirn mit Ausbildung von Hirnabszessen. P. boydii verursacht außerdem Verletzungsmykosen (Myzetome: s. unten) der Haut, Gelenke, Knochen oder der Hornhaut. Ähnlich wie Aspergillen kann P. boydii eine Kolonisation oder auch einen Pilzball in den Nasennebenhöhlen oder einer vorgeschädigten Lunge hervorrufen. Bei Immunsupprimierten kann der Pilz rasch progredient verlaufende Infektionen wie Sinusitis, Pneumonie, Arthritis mit Osteomyelitis, Endophthalmitis oder Hirnabszesse hervorrufen, die unbehandelt letal verlaufen. Mittel der Wahl zur Therapie einer Pseudallescheriose sind Imidazole wie Miconazol, Ketoconazol oder Itraconazol.

Sporothrix schenckii und andere Erreger von Verletzungsmykosen. Sporothrix schenckii ist ein weltweit verbreiteter dimorpher Pilz. Verletzungsmykosen entstehen durch traumatische Inokulation des Erregers; sie verlaufen häufig chronisch und können zu stark entstellenden Veränderungen führen. Am häufigsten sind sie in den Tropen und Subtropen, wo als häufigste Erreger Schwärzepilze vorkommen.

Die ***Sporotrichose*** beginnt mit schmerzlosen, knotigen Veränderungen in der Haut an der Verletzungsstelle, die von einem Erythem umgeben sind und später ulzerieren. Extrakutan manifestiert sie sich die Infektion an Knochen und Gelenken, sehr selten an anderer Stelle. Kutane Formen werden mit Kaliumjodid über 6–12 Wochen behandelt, extrakutane mit Amphotericin B oder Itraconazol.

Die ***Chromoblastomykose (Chromomykose)*** beginnt mit einer kleinen, in einigen Fällen eitrigen Papel im Bereich der Haut der Extremitäten; im Verlauf von Monaten bis Jahren entstehen daraus durch Hyperkeratose und Schwellung der Subkutis (Akanthose) multiple Warzen, die zu großen, blumenkohlartigen Tumoren heranwachsen. Die schmerzlosen Läsionen verursachen häufig einen Juckreiz: Durch Kratzen kommt es zur weiteren Streuung und Ausbreitung sowie zu bakteriellen Superinfektionen. Häufig entsteht ein Lymphstau mit Elephantiasis. Im Gewebe finden sich für die Chromoblastomykose charakteristische einzeln oder in Haufen liegende, runde dunkelbraune septierte Pilzzellen („sclerotic bodies", „muriforme Zellen"). Frühe Stadien werden exzidiert, große Läsionen im fortgeschrittenen Stadium müssen systemisch mit Amphotericin B + Flucytosin oder mit Ketoconazol bzw. Itraconazol behandelt werden.

Das durch Pilze verursachte ***Myzetom*** wird zur Abgrenzung gegenüber dem bakteriellen Myzetom (Aktinomyzeten) auch als ***Eumyzetom*** bezeichnet. Es beginnt mit einem kleinen schmerzlosen Knoten in der Haut, der langsam anschwillt, rupturiert und schließlich narbig abheilt. Im weiteren, oft jahrelangen Verlauf bilden sich immer wieder neue Läsionen auch in tieferen Gewebeschichten, Muskulatur und Knochen; es entstehen Ulzerationen und ausgedehnte, mit Eiter gefüllte Höhlen, die sich durch zahlreiche Fisteln entleeren. Häufig findet sich das Myzetom am Fuß (Barfußlaufen; endemisch in Madura/Indien: Madurafuß) oder an einer Hand, durch Verletzung mit Holzsplittern oder Dornen; Myzetome am Hals oder Rücken entstehen durch das Tragen von kontaminierten Gegenständen. Kleine, abgekapselte Läsionen werden chirurgisch entfernt; große ausgedehnte Läsionen erfordern die systemische Gabe von Ketoconazol oder Itraconazol über mindestens 10 Monate. Bei fortgeschrittenen Infektionen hilft oft nur die Amputation.

Zygomyzeten. Dies sind fakultativ pathogene, ubiquitär vorkommende, niedere (unseptierte) Fadenpilze. Die wichtigsten Arten sind Rhizopus, Mucor, Rhizomucor und Absidia; als häufigster Erreger wird Rhizopus oryzae isoliert. Sie verursachen die Mucormykose, und zwar bei abwehrgeschwächten Patienten mit Diabetes mellitus, Leukämien oder Lymphomen, bei Verbrennungen, Azidose, Urämie oder Unterernährung. Die Hauptlokalisation sind die Nasennebenhöhlen, in denen es zu einer nekrotisierenden Entzündung mit schrankenlosem Wachstum bis ins Gehirn und in die Orbita kommen kann. Weitere Manifestationen sind eine fieberhafte Pneumonie, eine schmerzhafte, blutige Diarrhoe mit der Gefahr der Darmperforation und eine hämatogen disseminierte Erkrankung mit der Ausbildung von Hirnabszessen, Infarkten und Abszessen in verschiedenen inneren Organen und der Haut sowie einer Pneumonie und blutigen Durchfällen. Therapie der Wahl ist eine ausgedehnte chirurgische Sanierung des infizierten Gewebes, unterstützt durch die systemische Gabe von Amphotericin B.

3.4.7 Pneumocystis carinii

Beschreibung

Pneumocystis carinii ist ein Pilz mit noch unklarer taxonomischer Einordnung; früher wurde er den Protozoen zugeordnet.

Virulenzfaktoren. Virulenzfaktoren sind nicht bekannt, jedoch scheint die Adhärenz an Typ-1-Pneumozyten von besonderer Relevanz zu sein.

Rolle als Krankheitserreger

Übertragung. Es wird eine aerogene Übertragung angenommen.

Pathogenese. Besteht eine Abwehrschwäche, z. B. AIDS oder durch zytostatische oder immunsuppressive Therapie (z. B. Kortikoide), siedelt sich der Erreger durch Adhärenz an Pneumozyten an. Es entstehen große Schleimmassen, die die Atemoberfläche massiv einschränken. In einigen Fällen kann der Erreger disseminieren.

Klinik. P. carinii verursacht eine schwere, beidseitige, interstitielle Pneumonie (PCP). Die klinischen Leitsymptome sind Atemnot mit Tachypnoe, Fieber und trockener Husten. Radiologisch findet sich im typischen Fall ein beidseitiges diffuses Infiltrat, das von den Hili ausgeht, laborchemisch häufig eine Erhöhung der Laktatdehydrogenase (LDH). Betroffen sind Abwehrgeschwächte, speziell AIDS-Patienten („Markerinfektion"), und Neugeborene (heute selten).

Diagnostik. Das Untersuchungsmaterial der Wahl ist die bronchoalveoläre Lavage (> 90% Ausbeute). Der Nachweis erfolgt durch mikroskopische Darstellung (direkte Immunfluoreszenz, Grocott-, Giemsa-Färbung).

Therapie. Das Mittel der Wahl ist Cotrimoxazol in hoher Dosierung über 3 Wochen. Bei Unverträglichkeit wird Pentamidin eingesetzt, bei leichten Infektionen sind Trimetrexat+Leukovorin oder Atovaquone möglich.

Prävention. Cotrimoxazol wird auch zur Prävention eingesetzt (AIDS-Patienten mit CD4-Zellzahl < 200/µl oder raschem Abfall der CD4-Zellzahl, sowie nach einer PCP). Alternativen bei Unverträglichkeit sind Dapson oder Pentamidin-Inhalation.Patienten unter spezifischer Therapie sollten in den ersten 5 Behandlungstagen in einem Einzelraum untergebracht werden.

Parasiten

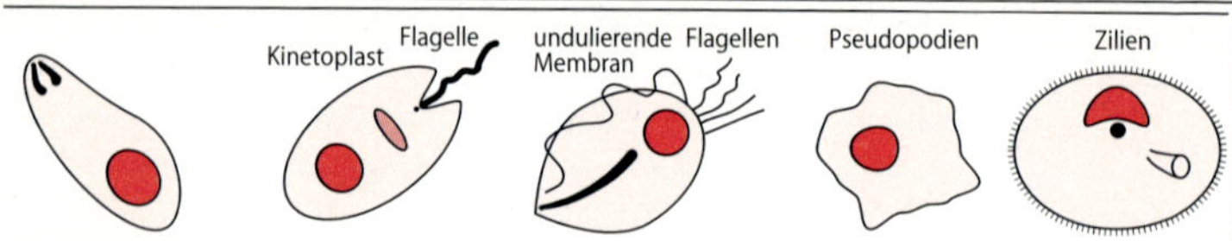

Sporozoen (Kokzidien)	Flagellaten mit Kinetoplast	Flagellaten ohne Kinetoplast	Rhizopoden	Ziliaten
Plasmodium	Leishmania	Trichomonas	Acanthamoeba	Balantidium
Babesia	Trypanosoma	Giardia (Lamblien)	Naegleria	
Toxoplasma			Entamoeba	
Cryptosporidium				
Isospora				
Cyclospora				

Einteilung medizinisch wichtiger Protozoen (protozoologisch; nach Bewegungsorganellen)

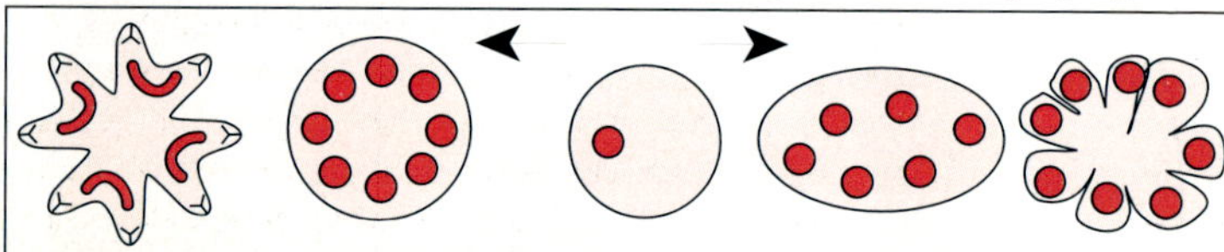

Mehrfachteilung von Protozoen: Schizogonie und Exzystation

Hauptabsiedlungsort	Protozoen[1]	Helminthen
Blut/Gewebe	Trypanosoma Leishmania Plasmodium Babesia Toxoplasma	Schistosoma Clonorchis Fasciola Paragonimus Echinococcus Filarien Trichinella (Taenia: Zystizerkus)
Darm	Giardia Balantidium Entamoeba Cryptosporidium Isospora Cyclospora Microsporidium[1]	Fasciolopsis Taenia Diphyllobothrium Ascaris Enterobius Hakenwürmer Strongyloides Trichuris

1 Mikrosporidien werden einem eigenen Phylum zugeordnet

Einteilung medizinisch wichtiger Parasiten nach Absiedlungsort

3.5 Parasiten

Aufbau

Parasiten unterteilen sich in die einzelligen Mikrosporidien und Protozoen und die mehrzelligen Metazoen, die Helminthen (Würmer) und höher organisierten Ektoparasiten. Ihre Größe reicht von 1 µm bei Mikrosporidien bis zu mehreren Metern bei Bandwürmern. Sie bestehen aus eukaryontischen Zellen.

Protozoen. Die Protozoenzelle ist von einer ca. 10 nm dicken Zytoplasmamembran (Plasmalemma, Einheitsmembran) umgeben, der eine oberflächliche Mukopolysaccharidschicht als integraler Bestandteil aufgelagert ist. Bei einigen Parasiten können unter dem Plasmalemma eine oder mehrere Membranen mit speziesspezifischen Oberflächen liegen, so daß ein Pellicel entsteht. Das Zytoplasma enthält Organellen wie Mitochondrien, endoplasmatisches Retikulum, Ribosomen, Golgiapparat, Lysosomen, verschiedene Einschlüsse und ein Zytoskelett aus Mikrofilamenten. Je nach Entwicklungsstadium enthält die Protozoenzelle einen oder mehrere Zellkerne. Diese sind von einer porenhaltigen Kernmembran umgeben. Im Karyoplasma können ein oder mehrere Nukleoli liegen. Alle Protozoen sind beweglich. Dies ermöglichen kurze Zilien oder langer Flagellen (aus neun äußeren und einem zentralen Mikrotubuli-Paar, die im Basalkörperchen, Kinetosom, verankert sind) sowie Zytoskelettelemente: der Achsenstab von Trichomonas, Pseudopodien durch Aktomyosin bei Amöben.

Helminthen untergliedern sich in Rundwürmer (Nematoden) und Plattwürmer, die weiter in Saugwürmer (= Egel, Trematoden) und Bandwürmer (Cestoden) eingeteilt werden.

Nematoden. Rundwürmer sind runde, nicht segmentierte Helminthen. Sie besitzen einen vollständigen Verdauungstrakt mit subterminalem Anus; ein Kreislauf- und ein Atmungssystem fehlen dagegen. Der ausgewachsene Wurm kann männlich oder weiblich sein; die sexuelle Fortpflanzung findet in der Regel im Menschen statt, nicht aber eine Vermehrung. Die Oberfläche der Nematoden bildet eine azelluläre filamentöse ***Kutikula*** aus kollagenartigen Proteinen, die die gesamte Oberfläche inkl. des Verdauungstrakts, der äußeren Vagina und des Exkretionsgangs bedeckt. Sie besteht aus mehreren Schichten (kortikal, medial, basal) und ist nach außen von einer dünnen Epikutikula abgeschlossen. Die Kutikula wird von einer darunterliegenden Hypodermis sezerniert, die durch eine Basalmembran von einer longitudinalen Muskelschicht und tieferliegenden Organen abgegrenzt wird.

Trematoden. Egel sind nichtsegmentierte Plattwürmer mit einem Saugnapf an der Mundöffnung, einem Bauchsaugnapf sowie einem blind endenden meist

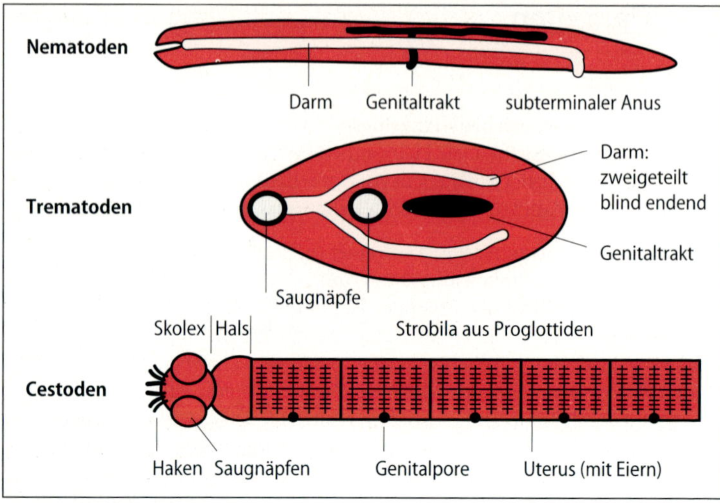

Grundstruktur von Helminthen

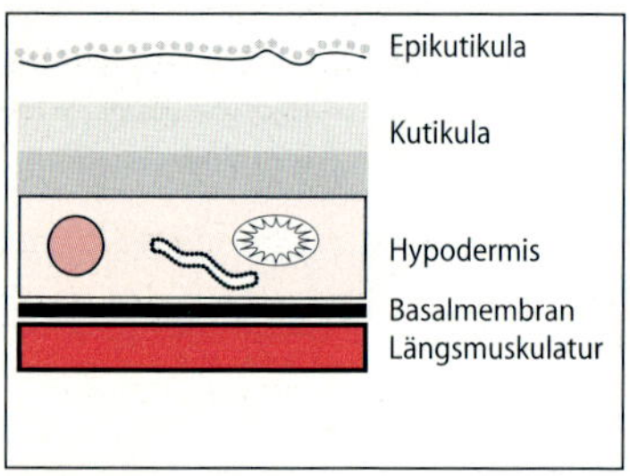

Tegument von Rundwürmern (Nematoden)

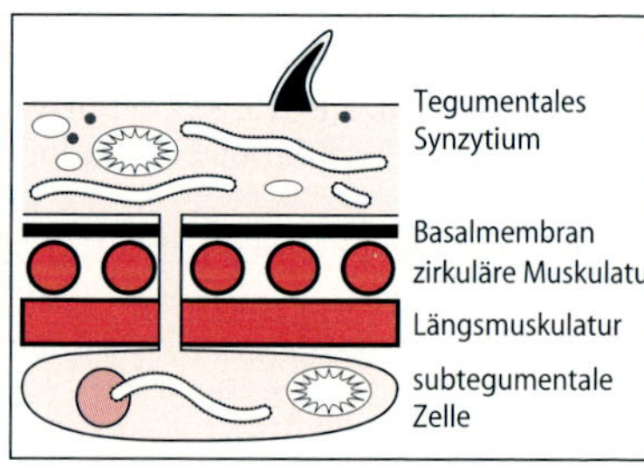

Tegument von Plattwürmern (Platyhelminthes)

Stadium	Nematoden	Trematoden	Cestoden
Ei	Ei	Ei	Ei
Larve	Larve L1	Mirazidium	Onkosphäre
	Larve L2		
	Larve L3	Zerkarie[1]	Hydatide (mit Protoskolizes); Prozerkoid – Pleurozerkoid; Zystizerkus; Zystizerkoid
	Larve L4	Metazerkarie	
Wurm	Wurm	Wurm	Wurm

1 Zerkarien durchlaufen weitere Reifungsschritte zum Wurm, diese haben jedoch keine eigenen Namen

Entwicklungsstadien von Helminthen

zweischenkligen Darm. Sie sind, mit Ausnahme von Schistosomen, hermaphrodit (zwittrig). Die Grenzfläche besteht aus einem synzytialen, zytoplasmatischen Tegument, das durch eine Basalmembran von der darunterliegenden Muskelschicht (äußere, zirkuläre und eine innere longitudinale Schicht) abgegrenzt ist. Es geht von subtegumentalen Zellen unter der Muskelschicht aus. Das Tegument kann spezifische Ausformungen, z. B. Dornen oder Haken, enthalten. Der Mensch fungiert als Endwirt, in dem die sexuelle Fortpflanzung und Eiablage der erwachsenen Würmer erfolgen. Die Eier gelangen in Ausscheidungsorgane (Blase, Darm) und werden in die Umgebung abgegeben. Zwischenwirte sind Schnecken, in denen sich aus den Eiern die infektiöse Larvenform ausbildet; bei manchen Spezies ist ein weiterer Zwischenwirt (z. B. Fische) zur Bildung der infektiösen Form erforderlich. Die Aufnahme der infektiösen Larven erfolgt außer bei den Schistosomen (Hautpenetration) durch fäkal-orale Übertragung.

Cestoden. Bandwürmer sind segmentierte Plattwürmer, die aus Skolex (Kopf mit Saugnäpfen oder Haken als Festhalteorgan), Hals (Produktion der Proglottiden) und einem Band aus Proglottiden (Strobila) bestehen; ein Verdauungsapparat fehlt. Sie sind hermaphrodit, d. h. männliche Segmente befruchten anhängende weibliche Segmente. Die Oberfläche besteht wie bei Egeln aus einem Tegument. Der Mensch kann als Endwirt, Zwischenwirt und auch gleichzeitig als End- und Zwischenwirt dienen. Im letzteren Fall ist es möglich, die Erreger direkt auf andere Menschen zu übertragen.

Ektoparasiten. Dies sind Arthropoden aus den Klassen der Insekten (Läuse, Wanzen, Flöhe und Fliegen) und der Spinnentiere (Milben, Zecken). Wirken sie als Krankheitserreger, werden sie auch ***Lästlinge*** genannt. Hierzu zählen Läuse (Pedikulose), Milben (z. B. Sarcoptes scabiei: Krätze = Skabies) und Fliegenlarven (Myiasis).

Vektoren. Arthropoden können auch als Vektoren bei der Übertragung anderer Krankheitserreger dienen.

Genom

Bei den eukaryonten Zellen ist das parasitische Genom wie das der Pilze in Introns und Exons untergliedert. Aufgrund ihrer höheren Organisation besitzt es jedoch deutlich mehr Gene als Pilze. Analoges gilt für die Transkription, posttranskriptorische Modifikation und die Translation. Bei Nematoden findet man den Prozeß der Chromatinverminderung in der präsomatischen Zelle: Zerfall zentraler Chromosomenabschnitte in mehrere Fragmente und Elimination endständiger Abschnitte. Bei Infektionen, bei denen nur eine Selbstbefruchtung eines hermaphroditen Parasiten stattfindet, stellt sich sehr rasch (ca. nach 5 Zyklen bei Hymenolepis nana) eine Degeneration ein.

Vermehrung

Man unterscheidet Endwirte und Zwischenwirte: Im Endwirt findet die sexuelle Fortpflanzung statt; die entstehenden Formen [Larven, Eier (Helminthen) und andere Stadien] werden in die Umgebung abgegeben und von Zwischenwirten aufgenommen. Im Zwischenwirt findet eine asexuelle Vermehrung statt, an deren Ende die für den Endwirt infektiöse Form des Parasiten entsteht.

Protozoen. Diese vermehren sich asexuell durch gleichmäßige oder ungleichmäßige Zweiteilung sowie durch Mehrfachteilung, bei der vor der Zytoplasmaaufteilung mehrere Kernteilungen stattgefunden haben. Einige Arten bilden männliche und weibliche Gameten, die zur Zygote verschmelzen (sexuelle Fortpflanzung).

Helminthen. Würmer besitzen einen differenzierten Sexualapparat. Es werden Ei- und Samenzellen gebildet. Ei- und Samenzelle verschmelzen zur Zygote. Diese wird zum Ei, in dem sich eine Larve entwickelt. Die Larve schlüpft und reift, oft über mehrere Stadien, zum adulten, eierproduzierenden Wurm. Der prinzipielle Ablauf ist also: Wurm Æ Ei Æ Larve Æ Wurm. Eine asexuelle Vermehrung durch Sprossung findet bei Würmern nur ausnahmsweise statt, z. B. bei Echinokokken in den Metazestoden.

Stoffwechsel

Parasiten sind auf die Zufuhr von Nährstoffen durch den Wirt angewiesen. Die Aufnahme erfolgt durch Diffusion, aktiven Transport oder Endozytose, ggf. nach Verdauung von Makromolekülen durch in die Umgebung sezernierte Enzyme oder in einem Verdauungstrakt.

Protozoen. Sie verwenden hauptsächlich Glukose zum Energiestoffwechsel (vorwiegend fermentativ) und können ihre Proteinbiosynthese in ausreichendem Maße selbst durchführen. Zur De-novo-Purin-Nukleotidsynthese sind sie jedoch nicht fähig und müssen diese Komponenten aus der Umgebung aufnehmen. Ebenso ist die De-novo-Lipid-Synthese stark eingeschränkt.

Helminthen. Diese Metazoen nehmen Nährstoffe über die Körperoberfläche und, falls vorhanden, über den Verdauungstrakt auf, wobei aktiven Transportvorgängen eine Hauptrolle zukommt, während eine Endozytose nur ausnahmsweise eingesetzt wird. Hauptenergiequelle sind Kohlenhydrate, insbesondere Glukose, die von adulten Würmer anaerob, von Larven aerob verwertet wird. Purin- und Pyrimidinbasen werden aus der Umgebung aufgenommen. Die De-novo-Fettsynthese ist erheblich eingeschränkt und erfordert daher die Aufnahme von Lipiden aus der Umwelt.

3.5.1 Toxoplasma gondii

Beschreibung

T. gondii ist ein weltweit verbreitetes, obligat intrazelluläres Protozoon (Sporozoon) aus der Unterklasse der Kokzidien. Es ist der Erreger der Toxoplasmose.

Die Toxoplasmen treten in drei Entwicklungsstadien auf. Trophozoiten sind die Einzelerreger. Zysten sind Dauerformen im Gewebe (Ø 200µm), die viele tausende von Einzelparasiten (Zystozoiten = Bradyzoiten) enthalten. Oozysten (9x14µm) entstehen bei der geschlechtlichen Fortpflanzung im Darm von Katzen. Einige (2–21) Tage nach Ausscheidung sporulieren sie und enthalten dann zwei Sporozysten mit je vier Sporozoiten. Erst in dieser Form sind sie infektiös und bleiben es z. T. über mehrere Jahre (Abtötung durch Hitze, nicht aber durch Frost).

Rolle als Krankheitserreger

Übertragung. Der Erreger wird oral in Form von Zysten (rohes oder unzureichend erhitztes Fleisch) oder Oozysten (aus Katzenkot: z. B. in kontaminierter Erde: Gartenarbeit!) aufgenommen.

Bei Erstinfektion in der Schwangerschaft kann der Erreger transplazentar übertragen werden (Übertragungswahrscheinlichkeit 15% im 1. Trimenon – 60% im 3. Trimenon).

Pathogenese. Die Parasiten durchdringen die Darmwand, generalisieren hämatogen und manifestieren sich in Organen, bevorzugt im retikuloendothelialen System, wo sie sich intrazellulär durch Zweiteilung vermehren und schließlich die Wirtszelle zerstören. In Skelett- und Herzmuskulatur sowie in Gehirn und Retina bilden sich die Zysten, in denen der Erreger überdauert.

Im Rahmen einer Erstinfektion kann ein Fetus infiziert werden (als „spezielle Organmanifestation").

Bei zellulärer Abwehrschwäche, z. B. bei AIDS oder bei Immunsupppression nach Transplantation, ist eine Reaktivierung der Toxoplasmen aus den Zysten möglich.

Klinik. Nach einer Inkubationszeit von 1–3 Wochen kommt es zu leichten Allgemeinerscheinungen wie Fieber, Mattigkeit, Arthralgien und Myalgien. Meist (80–90%) verläuft die Infektion allerdings asymptomatisch. Die häufigste Organmanifestation ist der Lymphknotenbefall (Lymphknotenvergrößerung). Im Verlauf der Erkrankung entwickeln sich, bedingt durch die induzierte Immunantwort, Toxoplasmen-Zysten und verkalkte Entzündungsherde. Sie sind z. B. in Gehirn, Retina (Chorioretinitis), Herz- und Skelettmuskulatur nachweisbar. Nach wenigen Monaten verschwinden die Beschwerden i. d. R. von selbst; es entsteht eine meist lebenslang latente Infektion.

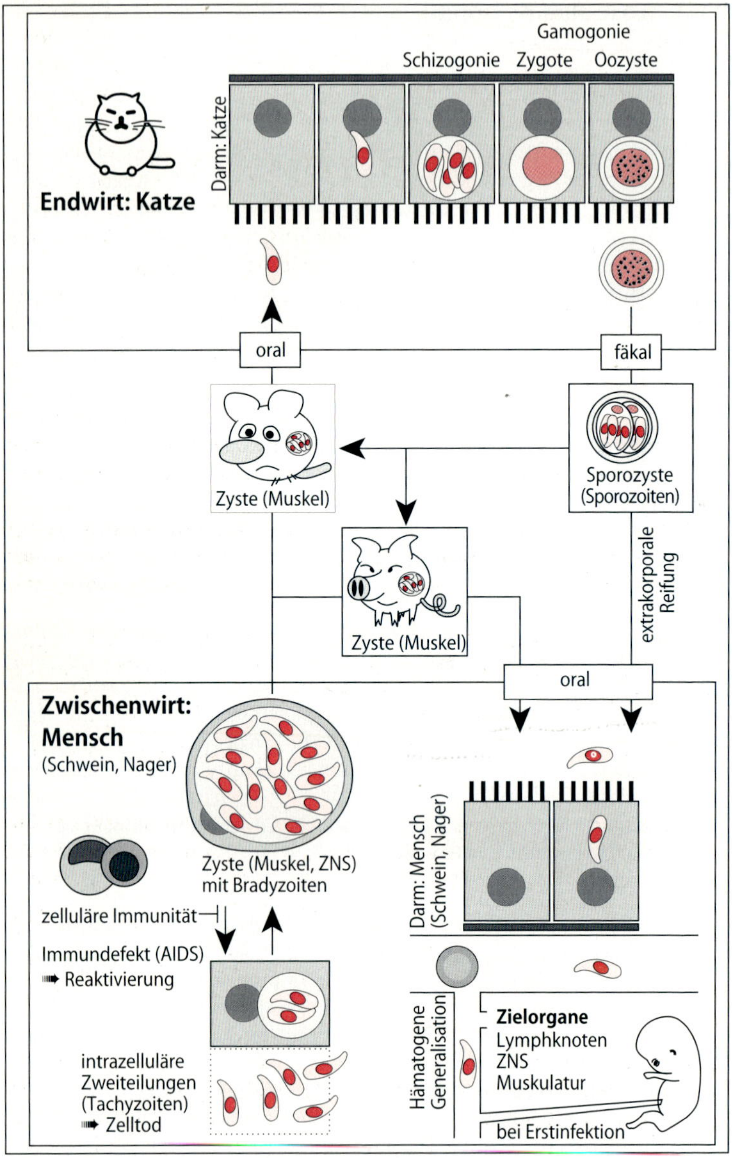

Toxoplasma gondii (Charles J. H. Nicolle, Loius H. Manceaux (1908)): Pathogenese

Bei Schwächung des Immunsystems (z. B. AIDS) kann es zu einer Reaktivierung der Zysten mit lokaler Schädigung und Ausbreitung der Toxoplasmen kommen. Es entwickelt sich meist eine Enzephalitis, die durch fokale Krampfanfälle oder neurologische Ausfälle gekennzeichnet ist. Bei Transplantatempfängern kann es ebenfalls zur Reaktivierung, aber auch zu Neuinfektionen (durch das Transplantat) kommen.

In Abhängigkeit von der Stärke der Infektion und vom Reifegrad des Fetus kommt es zu Abort, Hydrozephalus, intrazerebralen Verkalkungen oder Chorioretinitis. Nach Monaten oder Jahren können sich auch bei klinisch zunächst unauffälligen Kindern Entwicklungsstörungen (bes. Sehstörungen) einstellen.

Diagnostik. Da Erreger- bzw. Antigennachweise nur selten gelingen, stützt sich die Labordiagnostik auf die Bestimmung von Antikörpern. Die Kombination verschiedener Nachweismethoden (z. B. ELISA, IFT) verbessert die Nachweisrate, da so unterschiedliche Antikörper nachgewiesen werden. Gegebenenfalls muß der Titerverlauf beobachtet werden. Der alleinige Nachweis von IgM-Antikörpern spricht für eine frische Infektion. Bei gleichzeitigem Nachweis von IgG- und IgM-Antikörpern muß eine Infektion innerhalb der letzten 18 Monate angenommen werden.

Wird bei einer Schwangeren eine Erstinfektion festgestellt, so sollte geprüft werden, ob auch der Fetus infiziert worden ist. Dies gelingt am besten durch den PCR-gestützten Nachweis toxoplasmaspezifischer Nukleinsäure im Fruchtwasser.

Bei Abwehrgeschwächten (AIDS) ist die Beurteilung der Antikörpernachweise außerordentlich problematisch. Hier wird zur (Verdachts-)Diagnosestellung und Therapieindikation neben der klinischen Symptomatik das Vorliegen charakteristischer Läsionen im Computertomogramm (hypodense Läsionen mit perifokalem Ödem und Kontrastmittel-Anreicherung am Rand) herangezogen. Auch hier kann die PCR die Diagnostik unterstützen.

Therapie. Behandelt wird bei bestehender Symptomatik und bei Erstinfektion in der Schwangerschaft. Mittel der Wahl ist Pyrimethamin in Kombination mit einem Sulfonamid (z. B. Sulfadiazin) oder Clindamycin. Im ersten Trimenon ist diese Therapie kontraindiziert. In diesem Fall ist mit Spiramycin zu therapieren, das aber nur eine Übertragung verhindern kann; eine bereits erfolgte Infektion des Kindes wird dadurch nicht beeinflußt. Bei Chorioretinitis ist bei Beeinträchtigung des Sehvermögens zusätzlich ein Glukokortikoid zu verabreichen.

Prävention. Die Prävention zielt vornehmlich auf die Verhinderung einer Erstinfektion in der Schwangerschaft und besteht in der Expositionsprophylaxe. Die Schwangere soll auf rohes oder unzureichend erhitztes Fleisch verzichten. Katzen sollen von ihr nicht gefüttert, die Katzentoiletten sollen täglich gerei-

Suchtest	IgM	Abklärung Quantifizierung IgG	IgM	weiteres Vorgehen	Infektion
positiv	positiv	niedrig	niedrig	Kontrolle in 2 Wochen	nicht relevant
		hoch	niedrig		abklingend
		hoch	hoch	Beratungslabor	aktiv (Therapie!)
		niedrig	hoch		akut (Therapie!)
	negativ				inaktiv (Immunität)
negativ					keine (Kontrollen alle 8 Wochen)

Serologische Toxoplasmosediagnostik in der Schwangerschaft*

wann?	Abklärung		für Infektion
Fetus	Fruchtwasser	PCR andere Direktnachweise	Direktnachweis PCR nur mit Zusatzbefunden
	Ultraschall	ab der 22. Schwangerschaftswoche	
U1	Serum	IgG, IgM, IgA (Mutter und Kind)	hohes IgG, persistierend
	Liquor	Direktnachweis	
–U6	Serum	IgG, IgM, IgA	IgM IgA kann positiv sein

Toxoplasmosediagnostik bei Verdacht auf pränatale Infektion*

* Empfehlungen der RKI-Kommision Toxoplasmose und Schwangerschaft 9/97

nigt werden. Die möglichst frühzeitige Antikörperbestimmung hilft, das Infektionsrisiko abzuschätzen.

Erstinfektionen in der Schwangerschaft und pränatale Infektionen sind meldepflichtig.

3.5.2 Kryptosporidien

Beschreibung

Cryptosporidium parvum, ein einzelliger Parasit aus der Unterklasse Coccidia, ist der Erreger der Kryptosporidiose. Die Oozysten messen 4–6 μm.

Kryptosporidien können außer im Darm auch in der Galle und in der Lunge nachgewiesen werden.

Verwandte Kokzidien, die gleichartige Krankheitsbilder hervorrufen können, sind Isospora belli und Sarcocystis. Cyclospora cayetanensis verursacht eine ähnliche Infektion.

Rolle als Krankheitserreger

Übertragung. Die Übertragung erfolgt fäkal-oral durch Aufnahme von sporulierten Oozysten mit kontaminierten Lebensmitteln oder Trinkwasser; die minimale Infektionsdosis wird auf 10–100 Oozysten geschätzt. Als Erregerquelle kommen infizierte Menschen, aber auch Tiere, in Frage.

Pathogenese. Im Darm werden aus den Oozysten jeweils 4 Sporozoiten (6–8 μm) frei. Diese lagern sich an das Darmepithel an, und es entsteht eine parasitophore Vakuole (intrazellulär, extrazytoplasmatisch). Hierin vermehren sich die Erreger asexuell durch Merogonie. Die Merozoiten werden freigesetzt und können andere Enterozyten befallen. Diese Schädigung könnte zum Entstehen einer Diarrhoe betragen. Einige Merozoiten entwicklen sich zu männlichen und weiblichen Gametozyten. Durch deren sexuelle Fortpflanzung (Zygotenbildung) entstehen wieder Oozysten mit Sporozoiten. Diese können im Darmlumen rupturieren und zur Autoinfektion führen oder mit dem Stuhl ausgeschieden werden.

Klinik. Bei Immunkompetenten verläuft die Infektion asymptomatisch bis mild über 1–6 Tage, in Ausnahmefällen als explosionsartig beginnende, 1–2 Wochen dauernde, wäßrige Diarrhoe begleitet von krampfartigen Bauchschmerzen. Die Inkubationszeit beträgt 3–7 Tage. Bei Abwehrgeschwächten (AIDS) kann sich eine (lebens-)langanhaltende oder intermittierende Diarrhoe (bis zu 25 l/d) mit Gewichtsverlust (>10%) und krampfartigen Bauchschmerzen entwickeln.

Diagnostik. Der Erregernachweis erfolgt durch mikroskopische Untersuchung von Stuhlproben. Zur Darstellung werden die Karbolfuchsinfärbung und Im-

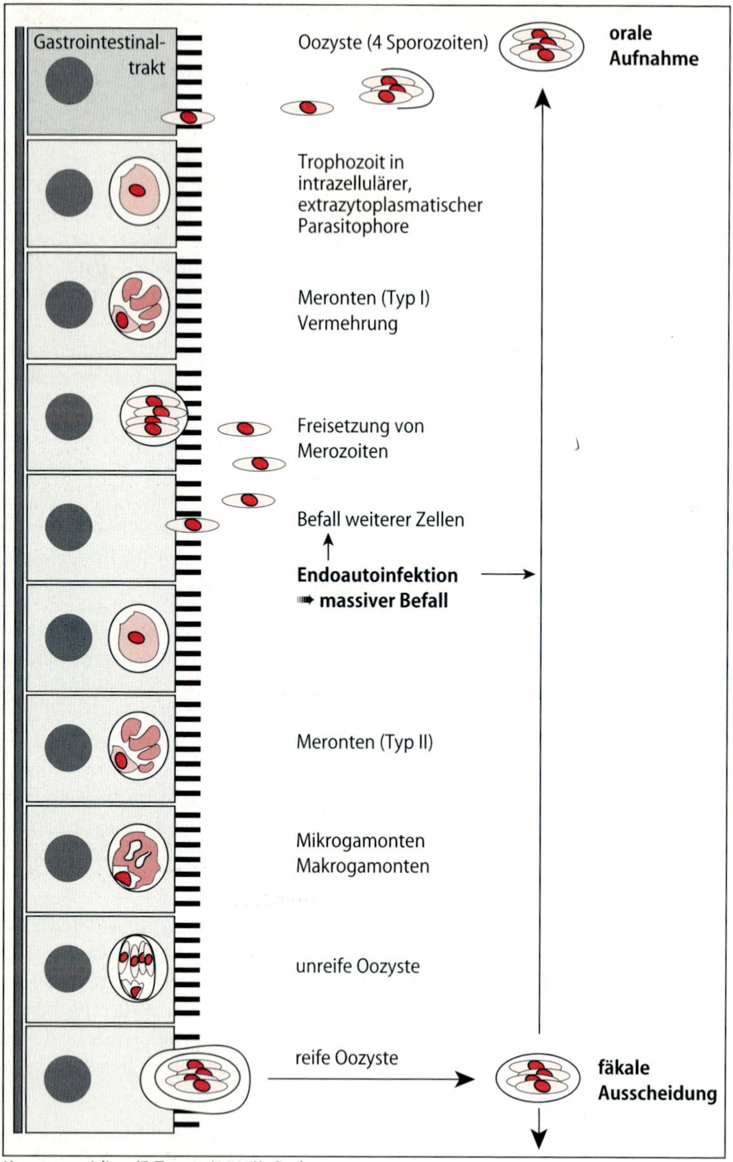

Kryptosporidien (E. Tyzzer (1907)): Pathogenese

mersionsöl (Negativkontrast, Lichtbrechung) oder eine modifizierte Ziehl-Neelsen-Färbung (säurefest) eingesetzt.

Therapie. Im Vordergrund stehen symptomatische Maßnahmen (z. B. Octrotid zur Einschränkung der Sekretion). Spezifische Medikamente stehen zur Zeit nicht zur Verfügung (Behandlungsversuch mit Spiramycin).

Isospora-belli-Infektionen können mit Cotrimoxazol gebessert werden.

Prävention. Im Vordergrund steht die Lebensmittelhygiene. Eine disponierende Abwehrschwäche sollte schnellstmöglich beseitigt werden; AIDS-Patienten profitieren von einer Verbesserung ihrer Abwehrlage z. B. durch antiretrovirale Therapie.

3.5.3 Plasmodien

Beschreibung

Plasmodien, Protozoen des Stammes Sporozoa, Unterklasse Kokzidien, sind die Erreger der Malaria. Je nach Stadium sind sie rundlich oder länglich; sie können die Größe eines Erythrozyten erreichen und in bestimmten Stadien mehrkernig sein.

Rolle als Krankheitserreger

Übertragung. Die Übertragung erfolgt vektoriell durch weibliche Anopheles-Mücken.

Die Malaria ist periäquatorial weltweit verbreitet; jährlich treten über 200 Millionen Neuinfektionen mit 1–2 Millionen Todesfällen auf.

Pathogenese. Durch Mückenstich werden Sporozoiten übertragen, die hämatogen in die Leber gelangen, wo sie sich in den Hepatozyten durch ungeschlechtliche Vielteilung (Schizogonie) vermehren. Es entstehen Schizonten, die sich schließlich in Merozoiten teilen. Diese befallen nach Ruptur des Schizonten weitere Leberzellen (präerythrozytäre Schizogonie). Nach mehreren Tagen gelangen sie auch in die Blutbahn (Ende der Präpatenzzeit), befallen Erythrozyten und vermehren sich in diesen ebenfalls durch (erythrozytäre) Schizogonie: es bilden sich intraerythrozytär Schizonten, die sich zu Merozoiten entwickeln. Die befallenen Erythrozyten werden zerstört, und die Merozoiten gelangen in den freien Blutstrom, so daß sie weitere Erythrozyten (nicht aber wieder die Leber) befallen können: es entsteht der Malariaanfall (s. unten). Speziesabhängig entwickeln sich nach 5–23 Tagen einige Merozoiten in den Erythrozyten zu weiblichen Makro- und männlichen Mikrogametozyten (Geschlechtsstadien): Gamogonie.

Die Gametozyten werden beim Stich von der Mücke aufgenommen, wandeln sich in der Mücke durch geschlechtliche und anschließend ungeschlecht-

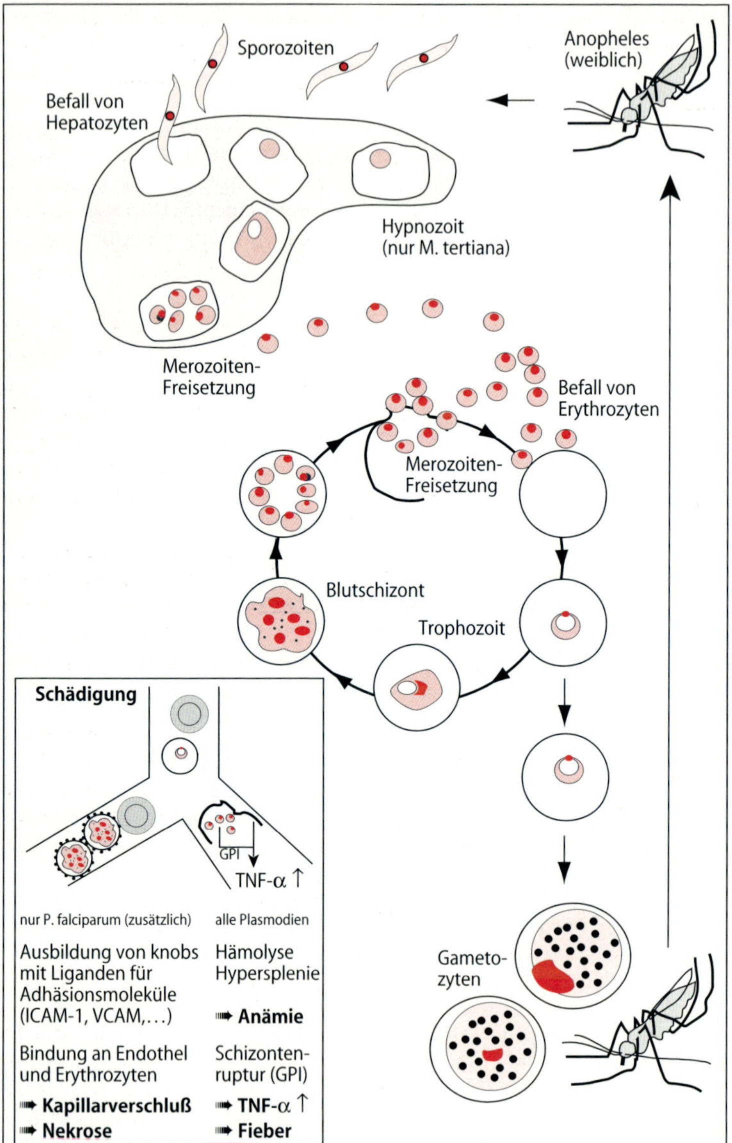

Plasmodien (Charles Louis Laveran (1880)): Pathogenese der Malaria liche Vermehrung zu Sporozoiten um (Sporogonie), die in die Speicheldrüsen der Mücke einwandern. Unterhalb von 13 °C und oberhalb von 33 °C findet in der Mücke keine Sporogonie statt; die Temperaturtoleranz innerhalb dieser Grenzen ist von Art zu Art etwas unterschiedlich.

Durch den Zerfall befallener Erythrozyten entstehen Fieber und eine Anämie. Die anfallenden Produkte des Erythrozytenzerfalls und des Parasitenstoffwechsels (Malariapigment) führen zur Belastung der Organe des retikuloendothelialen Systems, insbesondere der Milz (Splenomegalie). Der Hypersplenismus trägt wahrscheinlich zur Anämie bei und kann auch zu Neutropenie und Thrombopenie führen. Gleiches wird für entstehende Autoantikörper und Myelosuppression vermutet.

Durch die Bindung von befallenen Erythrozyten untereinander, an Rezeptoren von Endothelzellen, aber auch an nichtbefallene Erythrozyten, kommt es, insbesondere bei M. tropica, zu Mikrozirkulationsstörungen und zur Gewebeischämie mit petechialen Blutungen und Nekrosen in den betroffenen Organen, vor allem im Gehirn (zerebrale Malaria), der Lunge und den Nieren, die innerhalb weniger Tage zum Tode führen können. Eine metabolische Enzephalopathie durch erhöhten Glukoseverbrauch und Laktatanfall dürfte zum klinischen Bild der zerebralen Malaria beitragen.

Schwere intravasale Autoimmunhämolyse mit Hämoglobinämie und -urie kennzeichnen das Schwarzwasserfieber. Bei Kindern kann bei M. quartana eine Immunkomplex-Glomerulonephritis mit nephrotischem Syndrom entstehen.

Eine unspezifische Suppression der humoralen und zellulären Immunität kann auftreten und die Schwere des Verlaufs anderer Infektionen, z. B. Masern, beeinflussen.

Klinik. Nach einer Inkubationszeit von, je nach Art, 8–30 Tagen kommt es nach uncharakteristischen Allgemeinbeschwerden zum Malariaanfall mit Fieber, Schüttelfrost und Schweißausbruch. Dieser Anfall, ausgelöst durch den Zerfall der infizierten Erythrozyten, wiederholt sich in Abhängigkeit vom Erreger (Synchronisation des Erythrozytenzerfalls); es entstehen drei Verlaufsformen der Malaria:

- Malaria tropica (P. falciparum): keine Synchronisation
- Malaria tertiana (P. vivax, P. ovale): Fieberanfall alle 48 h
- Malaria quartana (P. malariae): Fieberanfall alle 72 h

Im Verlauf können sich ausbilden: Anämie, Splenomegalie (Ruptur möglich), Ikterus, Nephritis, zerebrale Malaria (typisch bei P. falciparum) und gastrointestinale Malaria mit Durchfällen. Die Malaria tropica kann durch Kreislaufkollaps mit Schock und Multiorganversagen sowie zerebralen Ausfällen innerhalb weniger Tage zum Tode führen.

Seltene Komplikationen sind Hypoglykämie (evtl. verstärkt durch den Insulinliberator Chinin) und das „Schwarzwasserfieber“ (bei massiver Hämolyse und Hämoglobinurie).

In der Leber persistierende Merozoiten (= Hypnozoiten) verursachen Rezidive bei Malaria tertiana, die bis zu drei Jahren nach Infektion auftreten. Durch im Blut persistierende Erreger (subpatent = unter der mikroskopischen Nachweisgrenze) kann es zu Rückfällen (Rekrudeszenz) bei Malaria quartana bis zu 40 Jahren und bei Malaria tropica bis zu zwei Jahren nach Erkrankung kommen.

Diagnostik. Methode der Wahl ist der direkte Erregernachweis im Blut während der Fieberphase mittels Giemsapräparat von Blutausstrichen und „Dikkem Tropfen“. Dabei kann gleichzeitig eine Erregerdifferenzierung durchgeführt werden. Die Beurteilung der Präparate erfordert große Erfahrung.

Therapie. Die Therapie richtet sich gegen die für die klinischen Erscheinungen ursächlichen Schizonten im Blut. Mittel der Wahl ist Chloroquin. Bei schwerer Malaria tropica wird mit Chinin plus Doxycyclin behandelt. Leichtere Formen der Malaria tropica können mit Chloroquin oder im Falle der (zunehmenden) Resistenz mit Mefloquin, Halofantrin oder Kombinationspräparaten (z. B. Pyrimethamin plus Sulfadoxin) therapiert werden.

Bei Malaria tertiana ist im Anschluß eine Eradikation der Hypnozoiten mit Primaquin durchzuführen.

Prävention. Neben der Mückenbekämpfung stehen als individuelle Schutzmaßnahmen die Expositionsprophylaxe (z. B. entsprechende Kleidung, Repellentien, Moskitonetze) und die Chemoprophylaxe zur Verfügung. Bei Reisen in malariagefährdete Gebiete soll eine Woche vor Ankunft bis 6 Wochen nach Rückkehr Chloroquin eingenommen werden. Bei Reisen in Gebiete mit chloroquinresistenten P. falciparum wird Mefloquin empfohlen (auch bei Schwangeren, falls die Exposition unvermeidlich ist), alternativ Doxycyclin oder Chloroquin+Fansidar oder Chloroquin+Proguanil.

Besonders wichtig für die Prophylaxe ist die Kenntnis über die Verbreitung resistenter Plasmodien (speziell P. falciparum). Diese Informationen müssen laufend aktualisiert werden und sind bei den tropenmedizinischen Zentren erfragbar.

Babesia microti. B. microti ist ein den Plasmodien ähnliches Protozoon, das durch Erythrozytenbefall zu hohem Fieber und zu einer hämolytischen Anämie führen kann. Ein Vektor ist Ixodes dammini, der in Amerika auch als Vektor für B. burgdorferi vorkommen kann. Babesiose-Erkrankungen kommen nach Splenektomie und bei AIDS gehäuft vor.

3.5.4 Trypanosomen

Beschreibung

Trypanosomen sind 16–30 µm lange längliche Protozoen aus der Überklasse der Flagellaten, Ordung Kinetoplastida, mit einer polar gelegenen, aus einem Kinetoplasten entspringenden Geißel, die zum Teil als undulierende Membran an der Zelloberfläche haftet (trypomastigote Form). Die wichtigsten Arten sind T. brucei gambiense und T. brucei rhodesiense, die Erreger der Schlafkrankheit, sowie T. cruzi, der Erreger der Chagas-Krankheit. T. cruzi kann im Gewebe in runder Form mit rudimentärer Geißel (amastigot) vorliegen.

Rolle als Krankheitserreger

Übertragung. T. brucei gambiense (Westafrika; Reservoir: Mensch, z. T. auch Schwein und Hund) und T. brucei rhodesiense (Ostafrika, Reservoir: Wildtiere) werden durch Tsetse-Fliegen (Glossina spp.) übertragen. Diese nehmen bei der Blutmahlzeit die Trypanosomen auf. Auf dem Weg zur Speicheldrüse vermehren sich die Trypanosomen durch Zweiteilung und entwickeln sich dort zur infektiösen trypomastigoten Form.

T. cruzi kommt in Mittel- und Südamerika vor, seine Reservoire sind Mensch und Haustiere. Die Übertragung erfolgt durch Raubwanzen, die beim Blutsaugen erregerhaltigen Kot absetzen; die Erreger werden dann vom Menschen durch den Stichkanal, Mikroläsionen oder Schleimhäute eingerieben.

Pathogenese. Trypanosomen gelangen in trypomastigoter Form ins Blut. T. brucei vermehrt sich durch Zweiteilung im Blut. Es entstehen perivaskuläre Infiltrate aus Monozyten, Lymphozyten und Plasmazellen (z. B. typisch: große Plasmazellen = Mottsche Zellen). Der Erreger interagiert massiv mit dem Immunsystem: Durch Antigenvariation von Glykokalix-Polypeptiden wird eine massive B-Zell-Proliferation induziert, gleichzeitg unterdrückt der Parasit die T-Zell-Proliferation und die Antigenpräsentation durch Makrophagen; diese Immunsupression bildet die Grundlage für Sekundärinfektionen. Im ZNS entsteht eine Perivaskulitis; im Spätstadium werden Astrozyten aktiviert (Ausschüttung schlafregulierender Stoffe?).

T. cruzi wandelt sich im Gewebe in die amastigote Form um und vermehrt sich intrazellulär durch Zweiteilung (Pseudozysten in Muskel-Gewebe ohne zelluläre Reaktion). Im weiteren Verlauf wird eine massive nekrotisierende lympho-monozytäre Entzündungsreaktion induziert. Das chronische Stadium ist gekennzeichnet durch Myokarditis und Aneurysmen; die Degeneration autonomer Ganglien führt zu Megabildungen (Ösophagus, Kolon).

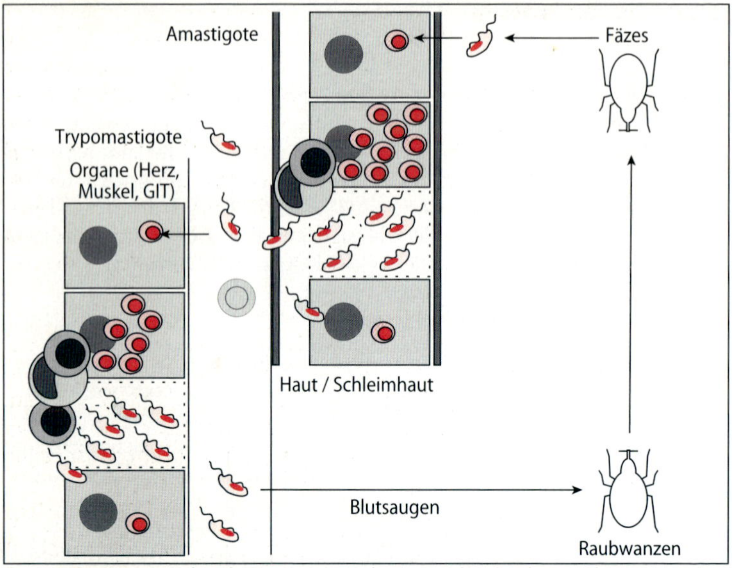

Trypanosoma cruzi (Carlos Chagas (1909)): Pathogenese der Chagas-Krankheit

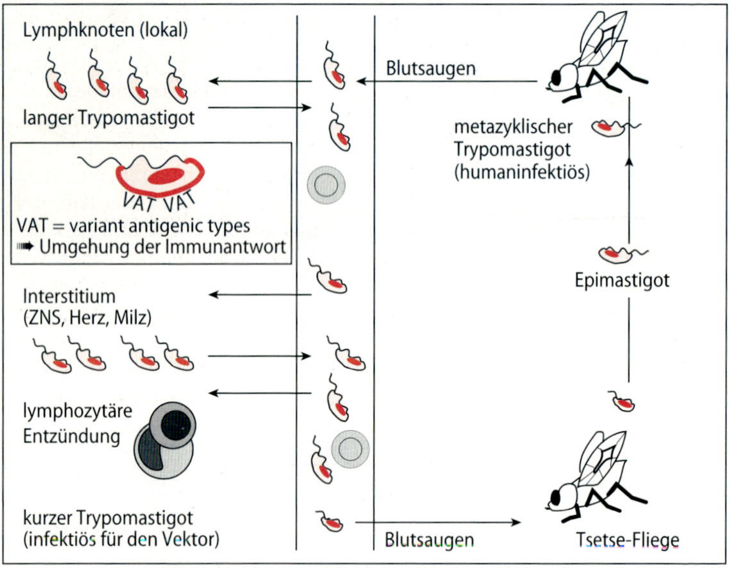

Trypanosoma brucei (David Bruce (1894)): Pathogenese der Schlafkrankheit

Klinik. Die ***Schlafkrankheit*** beginnt nach einer Inkubationszeit von 2–3 Wochen mit einer akuten Entzündung der Stichstelle (Trypanosomen-Schanker mit regionärer Lymphknotenschwellung: Primärkomplex). Im Generalisierungsstadium entstehen intermittierendes, hohes Fieber, Milz- und Lymphknotenschwellung sowie Erytheme. Die meningoenzephalitische Phase ist durch ein starkes Schlafbedürfnis, aber auch Schlaflosigkeit oder Umkehr des Schlaf-Wach-Rhythmus und allgemeine Schwäche gekennzeichnet. Sie beginnt nach Wochen bis Monaten (T. brucei rhodesiense) oder nach Monaten bis Jahren (T. b. gambiense) und verläuft ohne Behandlung tödlich. Die ostafrikanische Schlafkrankheit kann schon vorher durch eine akute Myokarditis zum Tode führen.

Die ***Chagas-Krankheit*** beginnt auch mit einer lokalen Entzündungsreaktion an der Stichstelle (Chagom) oder bei konjunktivaler Inokulation als schmerzloses palpebrales und periokuläres Ödem (Romaña-Zeichen) und regionärer Lymphknotenschwellung. Es folgt ein akutes Generalisationsstadium mit Fieber, Exanthem, Hepatosplenomegalie, generalisierten Ödemen und Lymphknotenschwellungen sowie Myokarditis (Tachykardie, EKG-Veränderungen). Die chronischen, auch nach Jahren noch auftretenden Organmanifestationen sind durch Megabildungen charakterisiert: Kardiomyopathie, Megaösophagus, Megakolon. Häufig verläuft die Krankheit asymptomatisch, Spontanheilungen sind nicht bekannt.

Diagnostik. Methode der Wahl ist der direkte Erregernachweis im Blut mittels Giemsa-Färbung von Blutausstrichen und „Dickem Tropfen". Bei der Schlafkrankheit sind auch Schankersekret, Liquor und Lymphknotenbiopsien und Knochenmark geeignet.

Bei der Chagas-Krankheit kann man erregerfreie Raubwanzen auf den Patienten ansetzen oder ihnen ungerinnbar gemachtes Patientenblut anbieten und später die Erreger im Wanzenkot nachweisen (Xenodiagnose).

Darüberhinaus können Antikörper im Serum bestimmt werden.

Therapie. Mittel der Wahl zur Behandlung des Generalisationsstadiums der Schlafkrankheit sind Suramin oder Pentamidin, bei ZNS-Beteiligung wird die stark toxische Arsenverbindung Melarsoprol (Mel B) oder Eflornithin (DFMO) eingesetzt.

Nitrofurfuryliden-Verbindungen (Nifurtimox) werden im akuten Stadium der Chagas-Krankheit eingesetzt. Bei Megabildungen können operative Eingriffe erforderlich sein.

Prävention. Der Hauptansatz besteht in der Beseitigung der Vektoren. Gegen die Schlafkrankheit kann in speziellen Fällen eine Chemoprophylaxe eingesetzt werden: Pentamidin gegen T. brucei gambiense, Suramin gegen T. brucei rhodesiense.

3.5.5 Leishmanien

Beschreibung

Leishmanien, Flagellaten der Ordnung Kinetoplastida, sind die Erreger der Leishmaniasen. Man unterscheidet die im Vektor auftretende längliche Form mit einer polar gelegenen Geißel (promastigote Form) und die im Menschen intraphagozytäre, runde, 2–5 µm große, unbegeißelte amastigote Form. Entdeckt wurde der Erreger 1902 von W. B. Leishman und C. Donovan.

Rolle als Krankheitserreger

Übertragung. Die Leishmanien werden vektoriell durch Mücken (bes. Phlebotomen) bei deren Blutmahlzeit übertragen. Sehr selten kann der Erreger durch Bluttransfusion (oder Geschlechtsverkehr) übertragen werden.

Es wird mit etwa 12 Millionen Infizierten gerechnet; nach WHO-Schätzung beträgt die jährliche Zahl von Neuerkrankungen etwa 2 Millionen.

Pathogenese. Nach Übertragung werden die Erreger sofort durch Monozyten und Makrophagen phagozytiert. In diesen wandeln sie sich in die amastigote Form um und vermehren sich durch Zweiteilung.

Bei der viszeralen Leishmaniase geschieht dies zunächst in der Haut, im lokalen Lymphknoten und nach hämatogener Generalisation in Leber, Milz und Lymphknoten (RES). Es entsteht eine zelluläre Immunantwort: Dominiert eine TH1-Antwort, wird der Erreger weitgehend abgetötet, und es entsteht eine granulomatöse Entzündung; andernfalls kann sich der Erreger ohne zelluläre Reaktion stark vermehren. Es kommt zur Panzytopenie (Hypersplenismus, Knochenmarksuppression) und zu einer unspezifische B-Zellstimulation mit polyklonaler IgG-Vermehrung. Die entstehende Immunsuppression disponiert zu bakteriellen Sekundärinfektionen.

Bei der kutanen Leishmaniase entsteht an der Einstichstelle zunächst eine Papel und schließlich ein Ulkus, das bis in die Subkutis reichen kann. Je nach Immunreaktion kann sie ohne zelluläre Infiltration verlaufen, aber auch von einer starken granulomatösen Entzündung begleitet sein.

Ähnlich verläuft die muko-kutane Leishmaniase. Bei ihr kann es nach Monaten bis Jahren nach Abheilung zu Schleimhautrezidiven mit starker Entzündungsreaktion kommen.

Klinik. Die viszerale Leishmaniase beginnt nach einer Inkubationszeit von mehreren Wochen bis Monaten mit erst remittierendem, später unregelmäßigem Fieber. Im Verlauf entwickeln sich eine Hepatosplenomegalie, Lymphkotenschwellungen, Leukozytopenie, Anämie, Thrombozytopenie und Kachexie. Charakteristisch ist das Auftreten einer dunklen Hautpigmentierung (***Kala Azar***). Unbehandelt führt die Erkrankung innerhalb von zwei Jahren zum Tod.

Die kutane Leishmaniase ist durch eine nach mehrwöchiger Inkubationszeit auftretende Papel, die im Verlauf ulzeriert (***Orientbeule***), gekennzeichnet. Innerhalb eines Jahres kommt es zur narbigen Abheilung. Ein diffuser Hautbefall kann 20 Jahre und mehr langsam fortschreiten.

Die muko-kutane Leishmaniase (***Espundia***) zeichnet sich zunächst durch ulzerierende Läsionen auf der Haut aus. Etwa zwei Jahre nach deren Abheilung entstehen ulzerierende Schleimhautläsionen. Beginnend an der Nase (Nasenseptum), können sie sich über den Oropharynx bis zum Kehlkopf ausbreiten. Es treten polypöse Wucherungen und massive Verstümmelungen auf. Sekundärinfektionen, Erstickung oder Suizid sind die häufigsten Todesursachen.

Diagnostik. Methode der Wahl ist der mikroskopische Erregernachweis aus einer Läsion oder dem Knochenmark mittels Giemsafärbung. Daneben stehen Hauttests zum Nachweis einer Allergie vom verzögerten Typ (für epidemiologische Untersuchungen), Anzuchtverfahren (nur in Speziallabors) und, bei viszeraler Leishmaniase, Antikörpernachweise zur Verfügung.

Therapie. Mittel der Wahl sind fünfwertige Antimonpräparate oder aromatische Diamidine. Evtl. kann ein chirurgisches Eingreifen notwendig werden.

Prävention. Der Hauptansatz besteht in der Bekämpfung des Vektors.

3.5.6 Trichomonas vaginalis

Beschreibung

Der rundovale, 7–30 µm große Flagellat T. vaginalis ist der Erreger der Trichomoniasis. Der Parasit trägt 5 polare Geißeln, von denen 4 frei liegen und eine als undulierende Membran angelegt ist.

Rolle als Krankheitserreger

Übertragung. Der Erreger wird hauptsächlich sexuell übertragen. Andere Übertragungsmöglichkeiten, wie nicht gechlortes Badewasser, Badekleidung, Schwämme, Handtücher, sind von untergeordneter Bedeutung. Eine Infektion des Neugeborenen (im Geburtskanal) ist möglich.

Nach WHO-Angaben beträgt die jährliche Inzidenz ca. 200 Millionen Fälle. In einigen Gebieten sind 20% aller Frauen im Alter zwischen 16 und 35 Jahren infiziert. Bis zu 40% der Gonorrhoe-Patienten tragen auch T. vaginalis.

Pathogenese. Der Erreger siedelt sich in der Vagina (begünstigt durch Alkalisierung des sauren pH: pH-Optimum für Trichomonaden ist 5,5 bis 6) oder in der Harnröhre an. Bei Frauen entsteht eine Kolpitis, beim Mann eine eitrige Urethritis, evtl. eine Prostatavergrößerung. Eine Aszension bis ins Nierenbekken ist möglich.

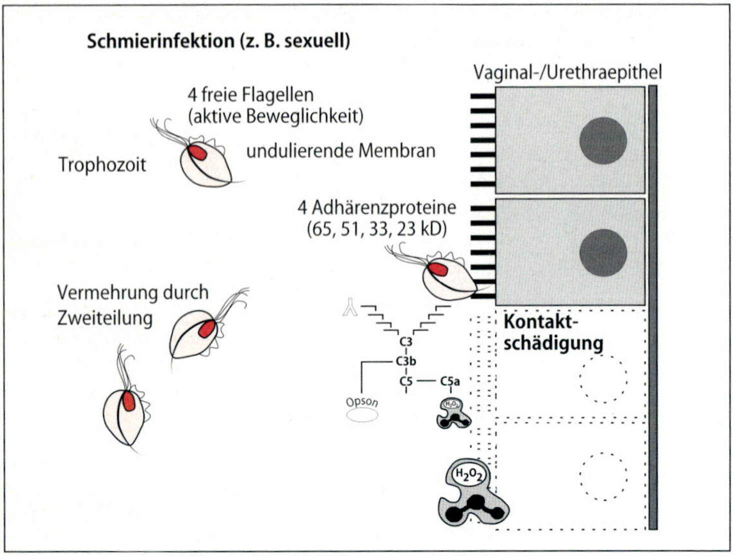

Trichomonas vaginalis (Donné (1837)): Pathogenese der Trichomoniasis

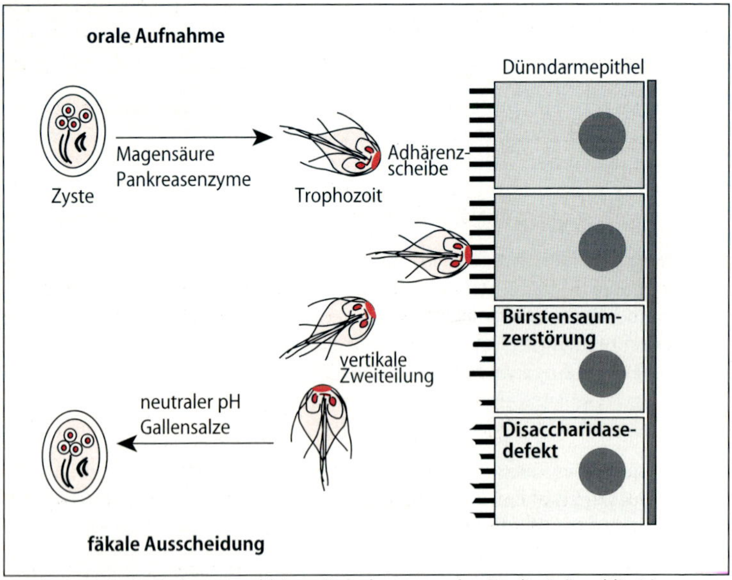

Giardia lamblia (Wilhelm D. Lambl (1859)): Pathogenese der Giardiasis (Lambliasis)

Klinik. Bei Frauen ist die Erkrankung durch einen starken dünnflüssigen Fluor (Ausfluß) gekennzeichnet. Die Urethritis kann sich durch Schmerzen bemerkbar machen. Unbehandelt chronifiziert die Infektion.

Diagnostik. Geeignete Untersuchungsmaterialien sind Vaginal- bzw. Urethralsekrete, die nativ unmittelbar nach der Gewinnung mikroskopiert werden. Der Erreger ist aufgrund seiner Form und seiner wasserflohartigen Beweglichkeit zu diagnostizieren. Eine Anzucht ist möglich.

Therapie. Mittel der Wahl ist Metronidazol (Einmaltherapie). Alle Geschlechtspartner des Patienten müssen behandelt werden.

Prävention. Entscheidend ist die Untersuchung und ggf. Therapie aller Sexualpartner. Zu beachten sind Doppelinfektionen mit anderen sexuell übertragbaren Infektionen (z. B. Gonorrhoe).

3.5.7 Giardia lamblia

Beschreibung

G. lamblia, ein weltweit vorkommender Flagellat, ist der Erreger der Giardiasis oder Lambliasis. Das Protozoon tritt in 2 Formen auf. Die ovalen, 10–14 μm messenden Zysten mit 4 Kernen und Geißelanlagen wandeln sich im Darm zu den 10–20 μm langen, birnenförmigen Trophozoiten mit 2 Kernen und 8 Geißeln um (nach 1 Woche im Stuhl nachweisbar). Diese lagern sich an das Darmepithel an und können sich wieder in Zysten umwandeln (nach 3–4 Wochen im Stuhl nachweisbar).

Rolle als Krankheitserreger

Übertragung. Der Erreger wird durch mit Zysten kontaminierte Lebensmittel oder Trinkwasser aufgenommen. Eine Schmierinfektion kann bei engem Kontakt erfolgen (Kinder).

Pathogenese. Durch Magensäure und Pankreasenzyme entwickeln sich aus den Zysten Trophozoiten. Diese lagern sich mit einer Adhärenzscheibe an die Dünndarmwand an. Hierdurch wird die Enterozytenfunktion beeinträchtigt und eine Entzündungsreaktion induziert.

Klinik. Nach einer Inkubationszeit von 1–2 Wochen entsteht eine akute wäßrige Diarrhoe mit Bauchkrämpfen, Blähungen und Flatulenz. Fieber, Oberbauchbeschwerden, Malabsorption und Erbrechen können hinzukommen. Die Symptomatik dauert 1–2 Wochen und kann chronisch rezidivieren (leichtere Durchfälle und Flatulenz).

Diagnostik. Die Methode der Wahl ist der mikroskopische Nachweis von Zysten oder Trophozoiten im Stuhl oder im Duodenalsekret (bei negativem Stuhl-

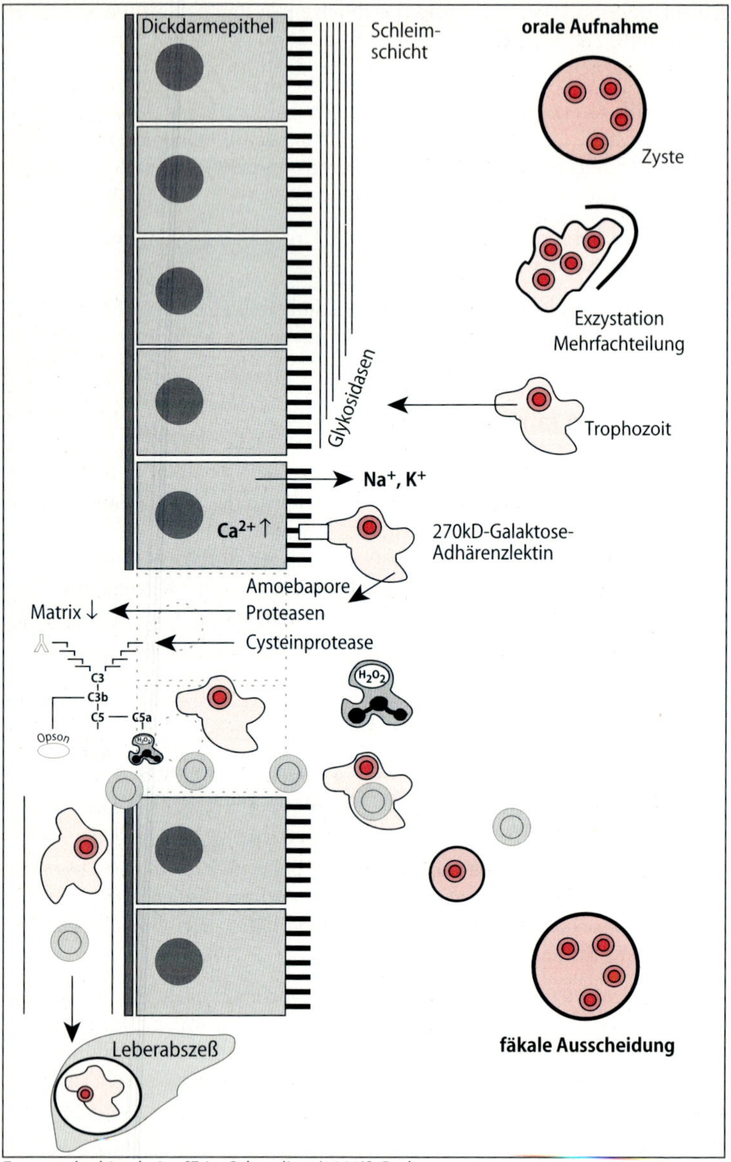

Entamoeba histolytica [Fritz Schaudinn (1903)]: Pathogenese

befund). Zum Trophozoitennachweis muß das Untersuchungsmaterial bei Körpertemperatur gehalten werden.

Therapie. Mittel der Wahl ist Metronidazol, alternativ andere Imidazole.

Prävention. Entscheidend ist eine sorgfältige Lebensmittelhygiene. Als Enteritis infectiosa besteht für die Giardiasis eine Meldepflicht.

3.5.8 Entamoeba histolytica

Beschreibung

E. histolytica, ein weltweit vorkommendes Protozoon, ruft Amöbiasis (Amöbenruhr, Amöben-Leberabszeß) hervor. Die Amöbe kommt in 2 Stadien vor: Die beweglichen Trophozoiten sind ohne formgebende Hülle und wechseln durch Pseudopodienbildung ständig ihre Form; die 10–15 μm großen Zysten besitzen erst einen, durch Teilung dann bis zu 4 Kerne und eine widerstandsfähige Hülle – sie stellen die Dauerform dar, die in feuchter kühler Umgebung über Monate infektiös bleibt. Die pathogene E. histolytica muß von der morphologisch nicht unterscheidbaren apathogenen E. dispar abgegrenzt werden.

Rolle als Krankheitserreger

Übertragung. Die Übertragung erfolgt durch kontaminierte Lebensmittel und Trinkwasser. Als Infektionsquelle kommen symptomlose Träger in Frage, die im Gegensatz zu Erkrankten in großer Zahl Zysten ausscheiden.

Pathogenese. Nach fäkal-oraler Aufnahme gelangen reife Zysten in den Darm, wo die Zystenmembran eröffnet wird. Durch Zweiteilung entstehen einkernige Trophozoiten. Aus diesen entwickeln sich wieder Zysten oder Trophozoiten. Die Trophozoiten adhärieren mit einem oberflächlichen Lektin an Enterozyten im Dickdarm. Durch porenbildenden Amoebapore sowie proteolytische Enzyme werden die Epithelzellen zerstört. Es entstehen nekrotische Herde, die sich zu Geschwüren entwickeln. Die Ulzera können in die Tiefe bis zur Serosa vordringen und zur Darmperforation führen. Bei wiederholten Infektionen entstehen Narben und eine Verdickung der Darmwand, Amöbom, ggf. mit Lumeneinengung.

Während der Ulkusbildung kann der Erreger in die Blutbahn eindringen und in die Leber (selten in andere Organe: Lunge, Milz, Gehirn, Haut) verschleppt werden. Dort bilden sich „Abszesse“: Amöbenleberabszeß (Erreger in der Kapsel, nicht im Inhalt). Große Abszesse können in die Bauchhöhle perforieren.

Klinik. Darmlumeninfektionen verlaufen symptomlos (asymptomatische Zystenträger).

Dringen virulente Trophozoiten in die Darmwand ein, so entwickelt sich die ***Amöbenruhr***. Nach einer Inkubationszeit von Tagen bis Wochen erscheinen himbeergeleeartige Blut- und Schleimbeimischungen im Stuhl, die sich verstärken. Durch tieferes Vordringen der Geschwüre kann es zur Perforation der Serosa (Peritonitis) kommen oder sich eine chronisch-rezidivierende Amöben-Dysenterie ausbilden, die durch Phasen mit Obstipation unterbrochen wird.

Der ***Amöbenleberabszeß*** macht sich durch Druckschmerz im rechten Oberbauch, Fieber und starkes Krankheitsgefühl bemerkbar. Diese Form der Amöbiasis tritt in der Regel erst mehrere Monate oder Jahre nach einer Amöbenruhr auf und beginnt meist schleichend.

Andere extraintestinale Manifestationen sind die pleuropulmonale und die zerebrale Amöbiasis.

Diagnostik. Die Methode der Wahl bei intestinaler Manifestation ist der Nachweis von Amöben im Stuhl. Dabei ist nur der Nachweis von Trophozoiten mit phagozytierten Erythrozyten beweisend. Der Nachweis von Trophozoiten gelingt nur aus körperwarmem Stuhl. Der Nachweis von Zysten (auch in großer Zahl) weist auf einen Ausscheiderstatus, nicht aber auf eine Erkrankung hin, im Gegenteil: Erkrankte scheiden keine infektionsrelevanten Zystenmengen aus. E. histolytica kann durch phagozytierte Erythrozyten von E. dispar abgegrenzt werden. Fehlt dieses Kriterium, ist die Unterscheidung nur in Speziallabors möglich. Bei extraintestinaler Amöbiasis ist der Nachweis erregerspezifischer Antikörper im Serum sehr aussagekräftig; zur Therapiekontrolle ist er wegen der Persistenz der Antikörper nicht geeignet. Auch bei Amöbenruhr entstehen nachweisbare Antikörper.

Therapie. Mittel der Wahl ist Metronidazol; bei extraintestinalen Manifestationen kann es mit Chloroquin kombiniert werden. Um extraintestinale Manifestationen zu verhindern, können asymptomatische Zystenträger mit Diloxanide oder Paromomycin saniert werden. Eine Abszeßpunktion ist nur in Ausnahmefällen erforderlich.

Prävention. Entscheidend ist eine sorgfältige Lebensmittel- und Trinkwasserhygiene. Die Amöbenruhr ist meldepflichtig.

Weitere Amöbenarten. Im Stuhl lassen sich auch apathogene Amöben nachweisen. Zu diesen gehören u. a. E. coli, E. hartmannii und Iodamoeba bütschlii.

Freilebende Amöben, z. B. Naegleria fowleri und Acanthamoeba-Arten, können eine Meningitis/Enzephalitis (Schwimmbadmeningitis) mit extrem schlechter Prognose oder eine Keratitis (Kontaktlinsenträger) hervorrufen.

Blastocystis hominis. Dies ist ein strikt anaerobes, blasenförmiges Protozoon, das mit E. histolytica assoziiert sein kann. Die pathologische Relevanz ist umstritten; assoziiert werden: Diarrhoe, Kolitis. Der Erreger wird mikroskopisch im Stuhl nachgewiesen. Therapie: Tetracycline.

3.5.9 Balantidium coli

Beschreibung

B. coli ist das größte (50–200 µm) humanpathogene Protozoon und das einzige aus der Familie der Ziliaten. Es hat einen gleichartigen Reproduktionszyklus wie Lamblien.

Rolle als Krankheitserreger

Übertragung. Die Übertragung erfolgt fäkal-oral. Schweine bilden das entscheidende Erregerreservoir.

Pathogenese. Es können Geschwüre in der Darmwand entstehen.

Klinik. Die Infektion verläuft meist asymptomatisch, es kann aber auch die Balantidien-Ruhr (blutig-schleimige Durchfälle mit Tenesmen und Geschwürbildung) entstehen. In schweren Fällen kann es zur Darmperforation mit Peritonitis kommen.

Diagnostik. Der Erregernachweis erfolgt durch mikroskopische Darstellung des charakteristisch beweglichen Ziliaten im Nativpräparat von frischem Stuhl.

Therapie. Mittel der Wahl sind Tetracycline.

Prävention. Im Vordergrund stehen allgemeine und lebensmittelhygienische Maßnahmen.

3.5.10 Mikrosporidien

Beschreibung

Mikrosporidien sind 1–2,5 µm große, obligat intrazelluläre sporenbildende Einzeller. Die wichtigsten Gattungen sind Encephalitozoon, Enterocytozoon, Nosema und Pleistophora. Die infektiösen sehr umweltresistenten Sporen besitzen einen spiralig aufgewundenen tubulären Polfaden.
Mikrosporidien sind im veterinärmedizinischen Bereich schon längere Zeit als Krankheitserreger bekannt.

Rolle als Krankheitserreger

Übertragung. Eine fäkal-orale Übertragung wird für die häufigste Manifestation, d. h. im Darm, angenommen; auch scheint eine Übertragung durch Schmierinfektion (Auge!) möglich zu sein.

Pathogenese. Im Körper kommt es bei geeigneten Bedingungen zur Ausstülpung des Polfadens. Durch diesen wird das Sporoplasma in die Wirtszelle injiziert. Dort vermehren sich die Erreger durch Merogonie. Durch Sporogonie

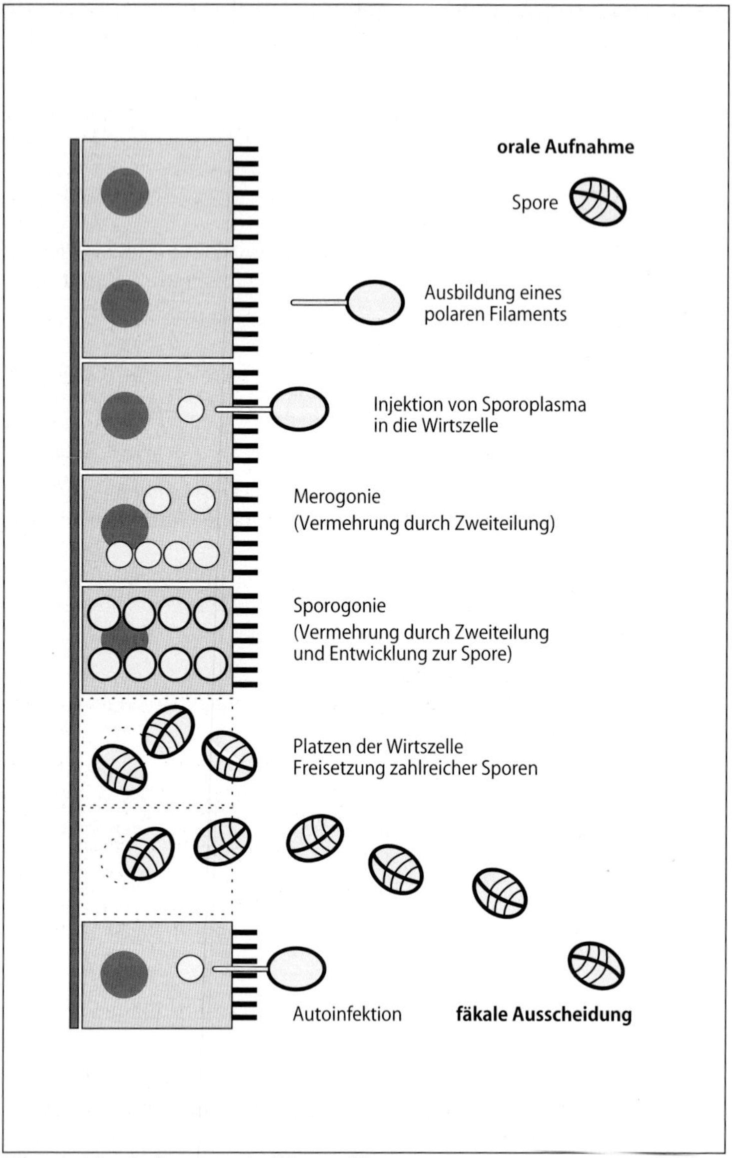

Mikrosporidien: Pathogenese der Mikrosporidiose

mit zunehmender Verdickung der Wand entstehen neue Sporen, die durch Ruptur der Wirtszelle freigesetzt werden. Die Sporen können neue Zellen befallen oder ausgeschieden werden.

Klinik. Die häufigste Manifestation der Mikrosporidiose des Menschen (durch Enterozytozoon bieneusi) betrifft den Darm. Es entstehen schwere chronische Diarrhoen ohne Fieber. Aszendierend können Cholangitis und Cholezystitis entstehen. Encephalitozoon intestinalis verursacht ebenfalls eine Diarrhoe, kann aber, wie andere Encephalitozoon-Arten, disseminierte Infektionen (Hepatitis, Peritonitis, Nephritis, Respirationstraktinfektion) verursachen. Andere Mikrosporidiosemanifestationen (Einzelfälle) sind Keratitiden oder Myositis.

Diagnostik. Das Untersuchungsmaterial der Wahl sind Biopsien des Dünndarms. Die Speziesdiagnose erfolgt elektronenmikroskopisch.

Der Nachweis von Mikrosporidien im Stuhl gelingt lichtmikroskopisch mit Hilfe von Spezialfärbungen (Trichrom, Uvitex).

Therapie. Bisher gibt es keine etablierte Therapie; versuchsweise kommen Albendazol, Metronidazol, Pyrimethamin oder Cotrimoxazol zum Einsatz.

Prävention. Im Vordergrund steht die persönliche Hygiene.

3.5.11 Filarien

Beschreibung

Filarien (Fadenwürmer), in tropischen Ländern sehr häufig vorkommende Nematoden, sind die Erreger der Filariasis. Die wichtigsten Gattungen sind Wuchereria, Brugia, Loa und Onchocerca.

Filarien kommen in zwei Formen vor. Die Larven, Mikrofilarien, (0,2–0,3 μm lang) finden sich im peripheren Blut und werden von den Vektoren beim Saugakt aufgenommen bzw. übertragen. Nach Übertragung siedeln sie sich in ihren Zielorganen ab und entwickeln sich innerhalb von Monaten zum adulten Wurm (4–40 cm lang). Die Lebenszeit der Würmer kann mehrere Jahre betragen, die der Mikrofilarien liegt zwischen 1 und 2 Jahren. Die Weibchen setzen embryonierte Eier ab oder gebären Larven (Mikrofilarien). Diese werden beim Saugakt durch die Überträger aufgenommen.

Rolle als Krankheitserreger

Übertragung. Filarien werden als Larven vektoriell durch Insekten übertragen: Wuchereria und Brugia durch Stechmücken (z. B. Culex, Anopheles, Aedes, Mansonia), Loa durch Fliegen (Chrysops) und Onchocerca durch Kriebelmücken (Simulium).

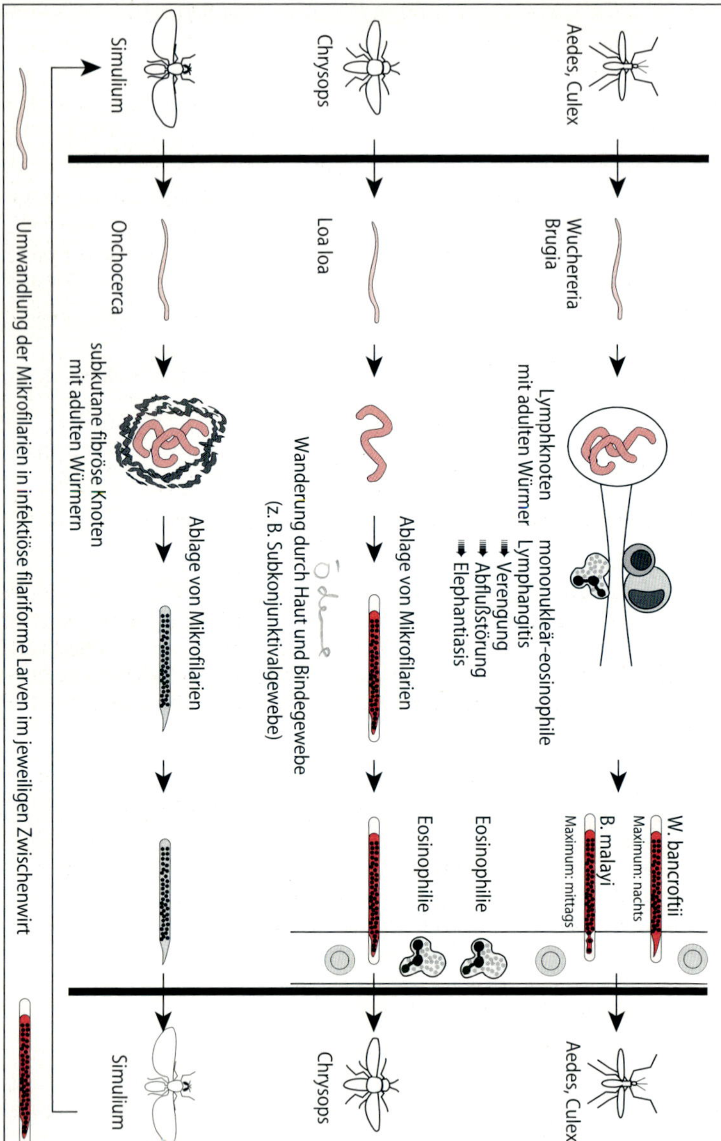

Filarien: Pathogenese der Filariosen

Pathogenese. In den Organen werden granulomatöse Entzündungen induziert, die später fibrosieren. Bei den lymphatischen Filariosen (Wuchereria, Brugia, Loa) induzieren die adulten Würmer Bindegewebsproliferationen sowie Granulombildung und behindern den Lymphabfluß. Bei der Onchozerkose verursachen absterbende oder tote Mikrofilarien eine hyperreaktive Immunreaktion (eosinophile Granulome, Phagozyten-Zytotoxizitätsreaktion).

Klinik. Infektionen durch Wuchereria und Brugia verlaufen meist asymptomatisch, können im akuten Stadium aber durch Eosinophilie, Lymphangitis, -adenitis und Schwellungen gekennzeichnet sein; im chronischen Stadium kann es zur Elephantiasis kommen.

Bei Infektionen durch Loa loa entwicklen sich ödematöse Hautschwellungen, juckende Knötchen und bei Augeninfektionen Tränenfluß.

Infektionen durch Onchocerca (z. B. Onchocerca volvulus) zeichnen sich durch subkutane, den weiblichen Wurm beinhaltende Knoten und eine Keratitis/Iridozyklitis mit Hornhauttrübung bis zur Erblindung (Flußblindheit) aus.

Diagnostik. Methode der Wahl ist der mikroskopische Nachweis der Mikrofilarien. Bei Wuchereria- und Brugia-Infektionen müssen Blutausstriche (Giemsafärbung) nachts gewonnen werden, bei Loa-Infektionen tagsüber. Onchocerca wird aus Hautproben nachgewiesen.

Therapie. Diethylcarbamazin und Ivermectin sind die am besten wirkenden Mittel gegen die Mikrofilarien, die Wirkung ist allerdings nicht befriedigend. Suramin kann gegen die adulten Würmer eingesetzt werden. Gegebenenfalls muß die allergische Reaktion auf zerfallende Mikrofilarien behandelt werden. Bei Onchocerca-Infektionen kann eine chirurgische Entfernung der entstandenen Knoten notwendig werden.

Prävention. Entscheidend ist die Bekämpfung der Vektoren. Gegen Wuchereria und Loa kann eine Chemoprophylaxe mit Diethylcarbamazin erfolgen.

Medinawurm. Den Filarien nahestehend ist der Medinawurm, Dracunculus medinensis, dessen Weibchen im Unterhautbindegewebe des Menschen leben. Die Übertragung geschieht durch Aufnahme von infizierten Wasserflöhen im Trinkwasser.

3.5.12 Ascaris lumbricoides

Beschreibung

A. lumbricoides (Spulwurm) ist eine weltweit verbreitete 15–40 cm und etwa bleistiftdicke Nematode. Der Erreger verursacht die Askariose, mit einer Fallzahl von etwa 1 Milliarde eine der häufigsten Wurmerkrankungen überhaupt.

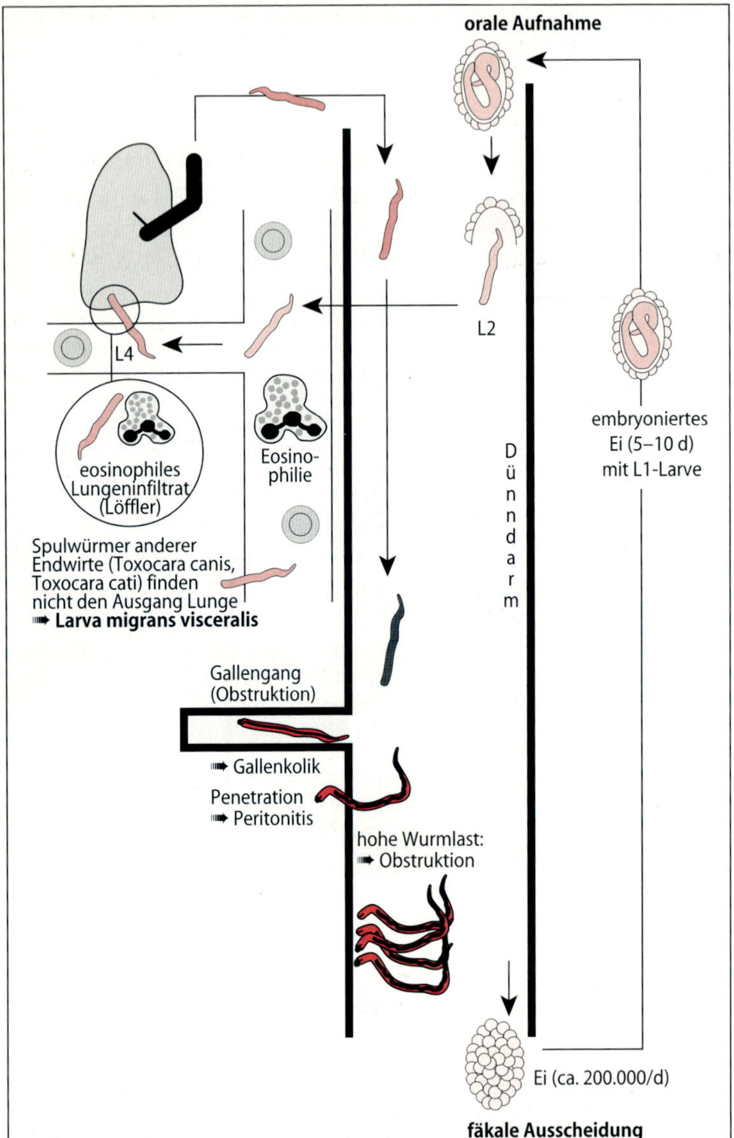

Ascaris lumbricoides: Pathogenese der Askariasis (Spulwurmerkrankung)

Verwandte Parasiten sind Toxocara canis und Toxocara cati (Endwirte: Hund, Katze), die Erreger der Toxokariasis (Larva-migrans-Krankheit: Leber, Auge), und Anisakis-Arten (Zwischenwirt: Hering), Erreger der Anisakiasis.

Rolle als Krankheitserreger

Übertragung. Der Erreger wird in Form larvenhaltiger Eier mit kontaminierten Lebensmitteln oder Trinkwasser aufgenommen.

Pathogenese. Im Dünndarm schlüpfen die Larven aus, durchbohren die Darmwand und gelangen hämatogen in die Lunge. Dort durchdringen sie die Alveolarwand (in der Lunge entstehen eosinophile Infiltrate), gelangen transtracheal in den Rachen und zurück in den Darm, wo sie sich 6–10 Wochen nach Aufnahme zu adulten Würmern entwickeln. Diese legen Eier, die in z. T. sehr großer Menge im Stuhl ausgeschieden werden und nach 5–10 Tagen infektiöse Larven beinhalten.

Klinik. Abhängig vom Befallsgrad entstehen Lungeninfiltrate (Löffler-Syndrom), gastrointestinale Störungen (Wurm-Ileus, Koliken, Galleabflußstörungen) oder allergisch bedingtes Hautjucken.

Diagnostik. Nachweis der Wurmeier im Stuhl. Eine Antikörperbestimmung ist bei Toxocariasis möglich.

Therapie. Mittel der Wahl sind Mebendazol oder Pyrantel.

Prävention. Entscheidend sind Lebensmittelhygiene und einwandfreie Trinkwasserversorgung.

3.5.13 Trichinella spiralis

Beschreibung

T. spiralis, ein zu den Nematoden gehörender Wurm, ist der Erreger der Trichinose. Man unterscheidet die Trichinenlarven (ca. 1 mm in einer 0,4–0,7 mm dicken Kapsel) in der Muskulatur von den adulten Würmern (1,4–4 mm lang).

Rolle als Krankheitserreger

Übertragung. Der Erreger wird durch den Verzehr von Fleisch, das eingekapselte, lebende Trichinenlarven enthält, aufgenommen (Schwein!).

Pathogenese. Im Darm werden sie durch die Verdauung freigesetzt und entwickeln sich zu adulten Würmern (Darmtrichinen). Dringen diese in die Darmwand ein, wird eine Entzündung induziert. Die Weibchen gebären vivipar Larven. Diese durchdringen die Darmwand und gelangen hämatogen (Bluttrichinellose) und lymphogen in die quergestreifte Muskulatur, wo sie sich einkap-

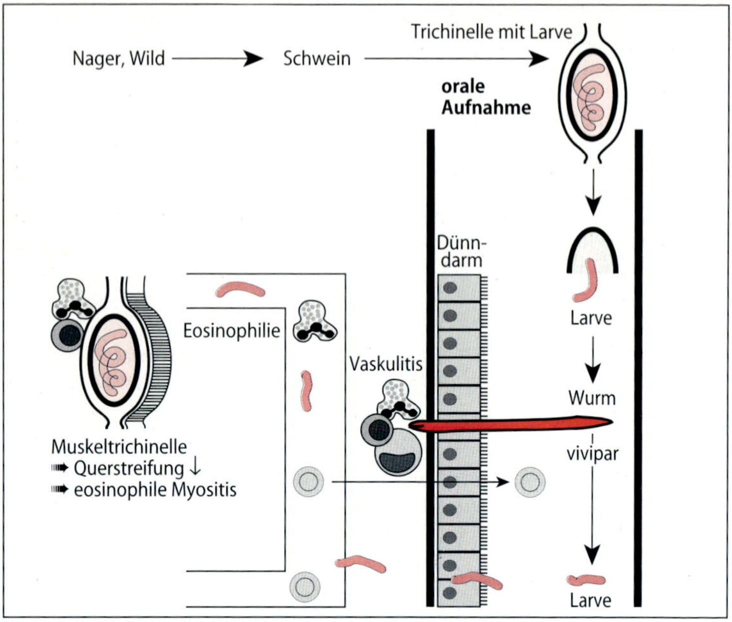

Trichinella spiralis (Zenker (1860)): Pathogenese der Trichinellose

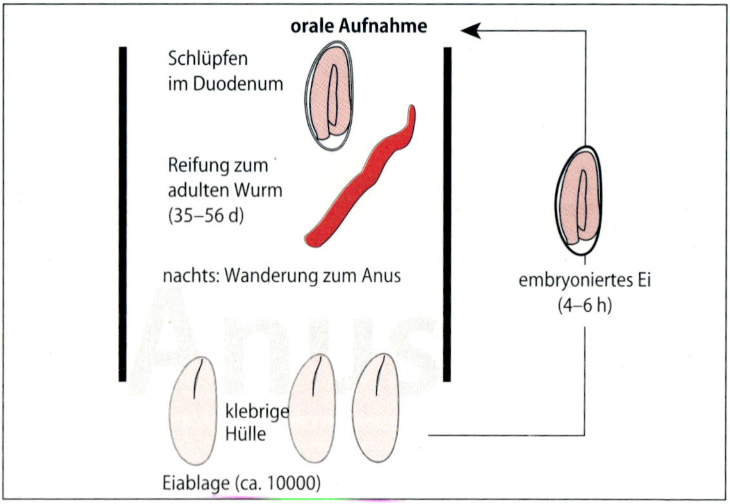

Enterobius vermicularis (Linné (1758)): Pathogenese der Enterobiasis (Oxyuriasis)

seln und im weiteren Verlauf verkalken können. Es entstehen eine eosinophile Myositis sowie chemische und strukturelle Veränderungen der Muskelzelle.

Klinik. Nach einer Inkubationszeit von 5–50 Tagen entwickelt sich eine Kolitis mit wäßrigen, evtl. blutigen Durchfällen, Übelkeit, Ödemen und Fieber. Nach Befall der Muskulatur treten Fieber und Muskelschmerzen auf; es kann eine Myokarditis entstehen, ebenso rheumaartige Beschwerden.

Diagnostik. Mikroskopischer Nachweis der eingekapselten Larven im Muskel-Quetschpräparat und Antikörpernachweise. Der Erregernachweis aus dem Stuhl gelingt nur ausnahmsweise. Im ersten Monat kann der Erreger im Blut gefunden werden.

Therapie. Mittel der Wahl ist Mebendazol.

Prävention. Zum Verzehr gedachtes Fleisch von Haus- und Wildschwein sowie anderen Tieren, die Träger von Trichinen sein können, unterliegt der amtlichen Trichinenschau (daher ist die Trichinellose in Deutschland sehr selten: 1996 ein gemeldeter Fall). Reisende sind auf das Infektionsrisiko durch den Verzehr rohen, ungenügend erhitzten, getrockneten und gepökelten Schweinefleisches im Ausland (außerhalb der EU) hinzuweisen.

3.5.14 Enterobius vermicularis

Beschreibung

Enterobius vermicularis (Oxyuris, Madenwurm), eine weltweit, besonders in warmen Gebieten beheimatete Nematode, ist der Erreger der Oyuriasis. In gemäßigten Regionen ist dies die häufigste Wurmerkrankung (USA: ca. 42 Millionen Fälle). Der Wurm ist weiß und 2–13 mm lang.

Rolle als Krankheitserreger

Übertragung. Die Übertragung geschieht von Mensch zu Mensch und als fäkal-orale Autoinfektion nach Jucken am After. Auch Staub kann Eier enthalten; in kühler feuchter Umgebung können die Larven in den Eiern mehrere Wochen lebensfähig bleiben.

Pathogenese. Im Darm schlüpfen Larven, die sich zu den adulten Würmern entwickeln. Die Weibchen wandern aus dem Anus und legen auf der Analhaut Eier mit klebriger Hülle ab, die bereits nach 4–6 Stunden Larven enthalten.

Klinik. Das Leitsymptom ist starker analer Pruritus (Juckreiz) in der Nacht. Durch Kratzverletzungen entstehen entzündliche Hautläsionen.

Diagnostik. Die Würmer sind auf dem Stuhl makroskopisch sichtbar, der Ei-Nachweis erfolgt mittels eines Klebestreifenpräparats von der Analhaut.

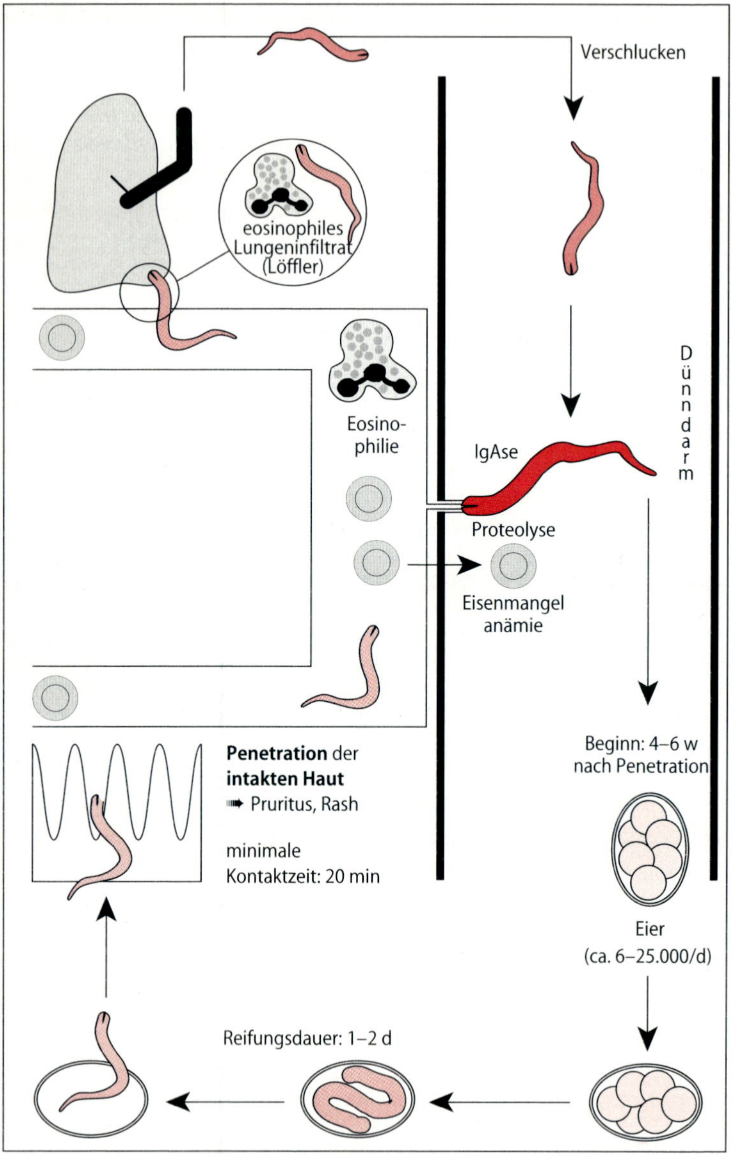

Ancylostoma duodenale, Necator americanus: Pathogenese der Hakenwurmerkrankungen

Therapie. Mittel der Wahl sind Mebendazol oder Pyriviniumembonat, durch die die Würmer abgetötet werden.

Prävention. Hygienische Maßnahmen (Händewaschen, Wäsche kochen) und die Untersuchung und ggf. Behandlung von Kontaktpersonen sind bedeutsam.

3.5.15 Hakenwürmer

Beschreibung

Die Hakenwürmer Ancylostoma duodenale und Necator americanus sind sehr häufige Nematoden in warmen Regionen (1 Milliarde Fälle Ankylostomiasis).

Rolle als Krankheitserreger

Übertragung. Aus vom Menschen ausgeschiedenen Eiern schlüpfen nach 1–2 Tagen Larven. Diese dringen durch die Haut in den Körper (5–10 min Kontakt erforderlich). Bei Temperaturen unter 13 °C reifen die Eier nicht, es unterbleibt das Schlüpfen der Larve. Die geschlüpften Larven sind im feuchten und warmen Milieu mehrere Wochen lebensfähig; durch Austrocknung und direktes Sonnenlicht werden sie jedoch zerstört.

Pathogenese. Die Larven gelangen hämatogen in die Lunge, durchbrechen die Alveolarwand, gelangen in den Rachen und werden verschluckt. Im Darm entwickeln sie sich innerhalb von 5–6 Wochen zum adulten Wurm. Dieser legt im Darm Eier, die mit dem Stuhl ins Freie gelangen. Bei seinem Weg durch den Körper induziert der Wurm eine Eosinophilie.

Klinik. An der Einwanderungsstelle entsteht Juckreiz, in der Lunge flüchtige, entzündliche, eosinophile Infiltrate und bei Darmbefall entstehen beim Blutsaugen des Wurms blutige Durchfälle, Resorptionsstörungen und (Eisenmangel-)Anämie.

Diagnostik. Nachweis der Wurmeier und evtl. der Larven im Stuhl.

Therapie. Mittel der Wahl sind Mebendazol oder Pyrantelpamoat.

Prävention. Bedeutsam sind die Einrichtung geeigneter Toilettenanlagen und das Vermeiden von Barfußgehen in Endemiegebieten. Bergarbeiter müssen vorbeugend untersucht werden.

3.5.16 Strongyloides stercoralis

Beschreibung

Der Zwergfadenwurm S. stercoralis ist eine in warmen Ländern weit verbreitete, 2–3 mm lange Nematode (35–40 Millionen Fälle von Strongyloidiasis).

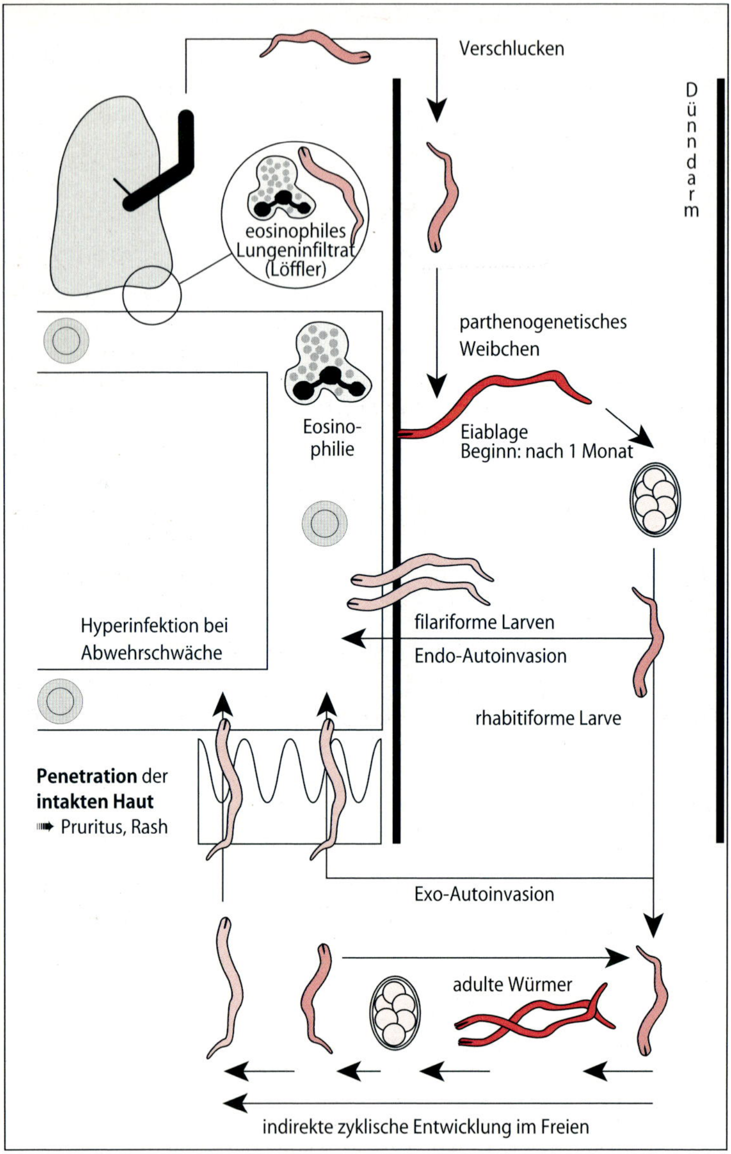

Strongyloides stercoralis (1876, Aufklärung des Zyklus: Faust (1933)): Pathogenese

Rolle als Krankheitserreger

Übertragung. Die Übertragung erfolgt exogen, indem filariforme Larven durch die Haut eindringen; dies wird durch Barfußgehen begünstigt.

Pathogenese. Die eingedrungenen filariformen Larven gelangen hämatogen in die Lungen, durchdringen dort die Alveolarwand und werden aufgehustet und verschluckt. Im Darm entwickeln sie sich zu parthogenetischen Weibchen, die wieder Eier im Darmepithel ablegen. Aus diesen schlüpfen zwei Arten von Larven: Rhabditiforme Larven gelangen mit dem Stuhl ins Freie, wo sie sich zu adulten Würmern fortentwickeln und Eier legen, aus denen sich wieder rhabditiforme Larven und adulte Würmer entwickeln. Filariforme Larven invadieren perkutan oder durch die Darmmukosa (externe bzw. interne Autoinfektion: häufig bei Abwehrgeschwächten). Im Darm kann eine Umwandlung von rhabditiformen in filariforme Larven erfolgen. Die Schädigung entsteht durch den Wurm direkt und durch die ausgelöste Entzündungsreaktion.

Klinik. Das klinische Bild ist durch entzündliche, eosinophile Lungeninfiltrate oder Enteritiden mit brennenden kolikartigen Bauchschmerzen und Diarrhoe gekennzeichnet. Charakteristisch ist eine starke Eosinophilie. Abwehrgeschwächte sind anfälliger für eine Infektion mit diesem Wurm.

Diagnostik. Methode der Wahl ist der Larvennachweis im Stuhl; der Nachweis filariformer Larven im Stuhl spricht für eine Autoinfektion.

Therapie. Mittel der Wahl sind Thiabendazol oder Albendazol.

Prävention. Bedeutsam sind die Einrichtung geeigneter Toilettenanlagen und das Vermeiden von Barfußgehen in Endemiegebieten. Potentiell infizierte Personen müssen untersucht, Infizierte behandelt werden.

3.5.17 Trichuris trichiura

Beschreibung

Der Peitschenwurm T. trichiura, eine weltweit vorkommende Nematode, ist der Erreger der Trichuriasis. Der 3–5 cm lange Rundwurm hat ein langes dünneres Vorder- und ein kurzes dickeres Hinterteil.

Rolle als Krankheitserreger

Übertragung. Die Übertragung erfolgt fäkal-oral durch Aufnahme embryonierter Eier, die Lebensmittel oder Trinkwasser kontaminieren. Infektionsquelle ist der Mensch, der Eier ausscheidet; in diesen entwickelt sich über 2–4 Wochen die infektiöse Larve (Embryonierung).

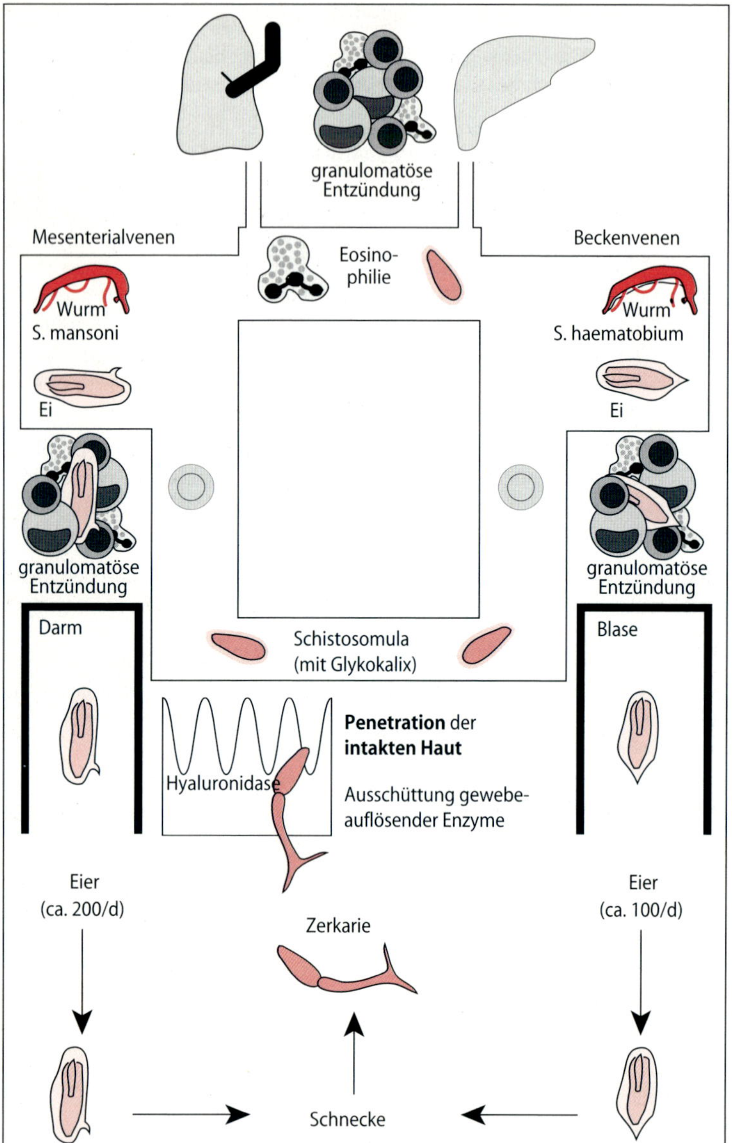

Schistosomen [Theodor Maximilian Bilharz (1851)]: Pathogenese der Schistosomiasis

Pathogenese. Im Dünndarm schlüpfen die Larven aus, dringen in die Darmwand ein und gelangen nach 3–10 Tagen zurück ins Lumen. Über 2–3 Monate entwickeln sie sich zum adulten geschlechtsreifen Wurm. Dieser dringt mit dem dünnen Vorderteil in die Dickdarmschleimhaut ein, wodurch es zu einer Entzündung, gastrointestinalen Störungen und zu Anämie kommen kann. Bei Massenbefall kann die Entzündung sehr ausgedehnt sein.

Klinik. Die Symptomatik hängt von der Zahl der Würmer ab. Meist entstehen keine Krankheitszeichen. Bei großer Wurmzahl werden verschiedene gastrointestinale Störungen (Dysenterie), Kachexie oder Anämien beobachtet.

Diagnostik. Methode der Wahl ist der Einachweis im Stuhl.

Therapie. Mittel der Wahl ist Mebendazol.

Prävention. Die Prävention umfaßt die Abwasserbeseitigung, die Bereitstellung sauberen Trinkwassers sowie die Lebensmittelhygiene.

3.5.18 Schistosomen

Beschreibung

Schistosomen sind 6–22 mm lange Plattwürmer aus der Klasse der Trematoden. Sie verursachen die Schistosomiasis oder Bilharziose. Die wichtigsten Arten sind S. mansoni (Afrika, Naher Osten, Südamerika), S. japonicum (Ostasien) und S. haematobium (Afrika, Südwestasien).

Rolle als Krankheitserreger

Übertragung. In Süßwasser befindliche Gabelschwanzlarven (Zerkarien) bohren sich in die menschliche Haut. Die Zerkarien haben sich in spezifischen Süßwasserschneckenarten entwickelt, welche durch Wimpernlarven (Mirazidien) befallen worden sind. Die Wimpernlarven wiederum sind im Wasser aus ausgeschiedenen Eiern geschlüpft.

Pathogenese. Eingedrungene Zerkarien gelangen hämatogen in die mesenterialen Venen/Pfortader bzw. in das Venengeflecht des kleinen Beckens, wo sie sich zum eigentlichen 1–2 cm langen adulten Wurm entwickeln (Mensch = Endwirt). Nach 5–8 Wochen gelangen die ersten Eier durch Proteolyse des entzündeten Gewebes in den Darm oder die Harnblase und werden ausgeschieden.

Der Wurm schützt sich durch wirtseigene Antigene an seiner Oberfläche vor dem Zugriff des Immunsystems (Maskierung).

Klinik. Nach Eindringen der Zerkarien direkt durch die Haut (evtl. findet sich eine Dermatitis) treten nach einer Inkubationszeit von 4–7 Wochen Zeichen einer allergischen Allgemeinreaktion (Katayama-Fieber) auf (Fieber, Abgeschlagenheit, Urtikaria, Hepatosplenomegalie, Eosinophilie bis zu 40% der Leuko-

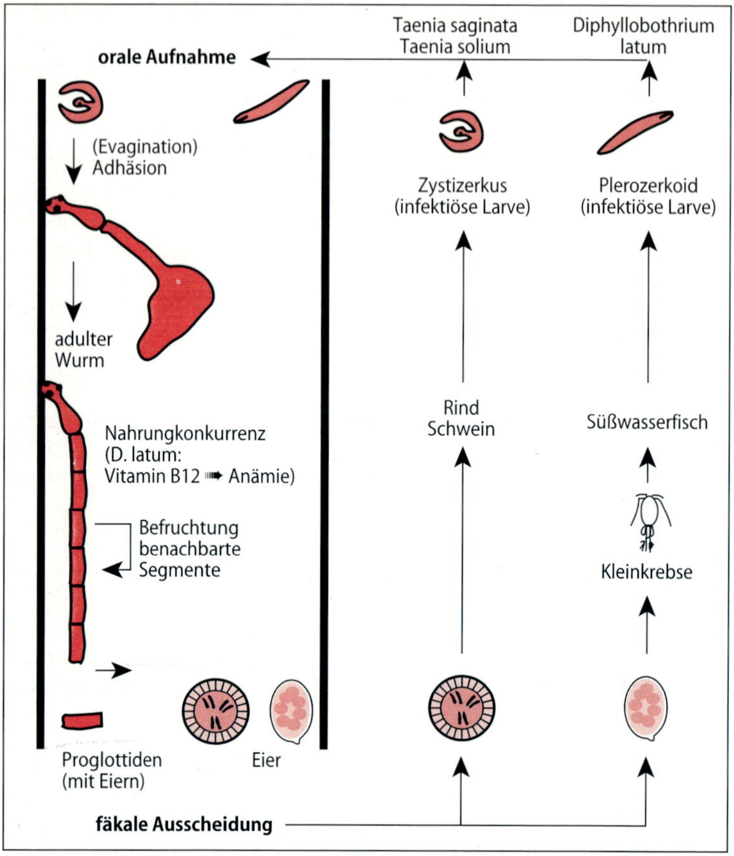

Cestoden: Pathogenese der intestinalen Bandwurmerkrankungen

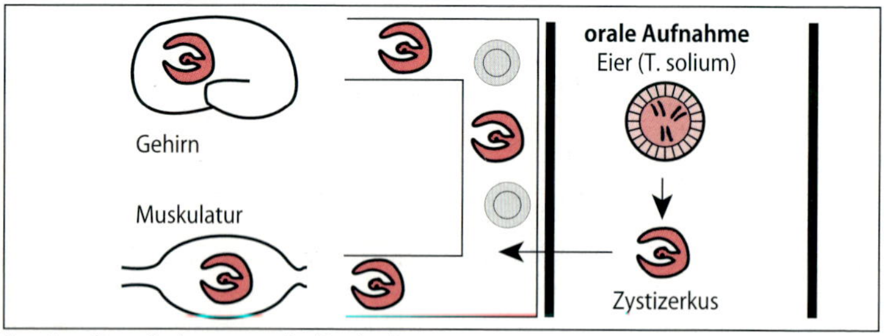

Taenia solium: Pathogenese der Zystizerkose

zyten). Nach Wochen chronifiziert die Erkrankung (granulomatöse fibrosierende Entzündung). Die wesentlichen Verlaufsformen sind Darmbilharziose: Kolitis, fibrinöse Verdickungen der Darmwand und des Mesenteriums; Leber-Milz-Bilharziose (S. mansoni, S. japonicum): Hepatosplenomegalie (evtl. massiv!), portale Stauung, Aszites; Urogenital-Bilharziose (S. haematobium): Hämaturie, Fisteln, Strikturen, bakterielle Superinfektionen. Eine Schistosomiasis des ZNS (S. japonicum) ist selten, im Fernen Osten aber eine häufige Ursache für fokale Krampfanfälle.

Diagnostik. Der mikroskopische Nachweis von Wurmeiern gelingt aus dem Stuhl und dem Urin (Gewinnung: 12:00 – 14:00 Uhr; Sediment, Filtrat). Auch Schleimhautproben können mikroskopiert werden. Antikörper lassen sich im Serum nachweisen.

Therapie. Mittel der Wahl ist Praziquantel (1 Tag; oral).

Prävention. Durch Expositionsprophylaxe, also das Meiden von Süßgewässern in Endemiegebieten, kann eine Schistosomiasis verhindert werden. Die Ausschaltung von Infektionsquellen umfaßt die Sanierung von Wurmträgern und die Bekämpfung der Schnecken.

3.5.19 Taenia, Diphyllobothrium, Hymenolepis

Beschreibung

Bandwürmer (Cestoden) sind weltweit verbreitete Plattwürmer. Die adulten Würmer bestehen aus einem Kopf (Skolex) mit Haftorganen (Hakenkränzen, Saugnäpfe, Sauggruben) und mehreren Gliedern (Proglottiden) und können zwischen 4 cm und 12 m Länge erreichen. In Abhängigkeit, ob der Mensch nur Endwirt, nur Zwischenwirt oder aber beides ist, treten nur die adulten, eierlegenden Würmer (Endwirt), bei Zwischenwirten nur die Larven (Finnen, Onkosphären) oder beide Formen auf. Im letzteren Fall sind eine Autoinfektion und eine Übertragung auf andere Personen möglich.

Rolle als Krankheitserreger

Übertragung. Die Erreger werden oral aufgenommen. Taenien werden durch den Genuß von rohem oder unzureichend gekochtem finnenhaltigen Rind- bzw. Schweinefleisch, D. latum durch den Verzehr rohen oder ungenügend erhitzten, larvenhaltigen (Plerozerkoid) Fleisches von Süßwasserfischen erworben. H. nana wird durch die Aufnahme von Eiern aus der Umwelt, durch Autoinfektion oder durch den zufälligen Verzehr larventragender Zwischenwirte (Flöhe u.a. Insekten) erworben.

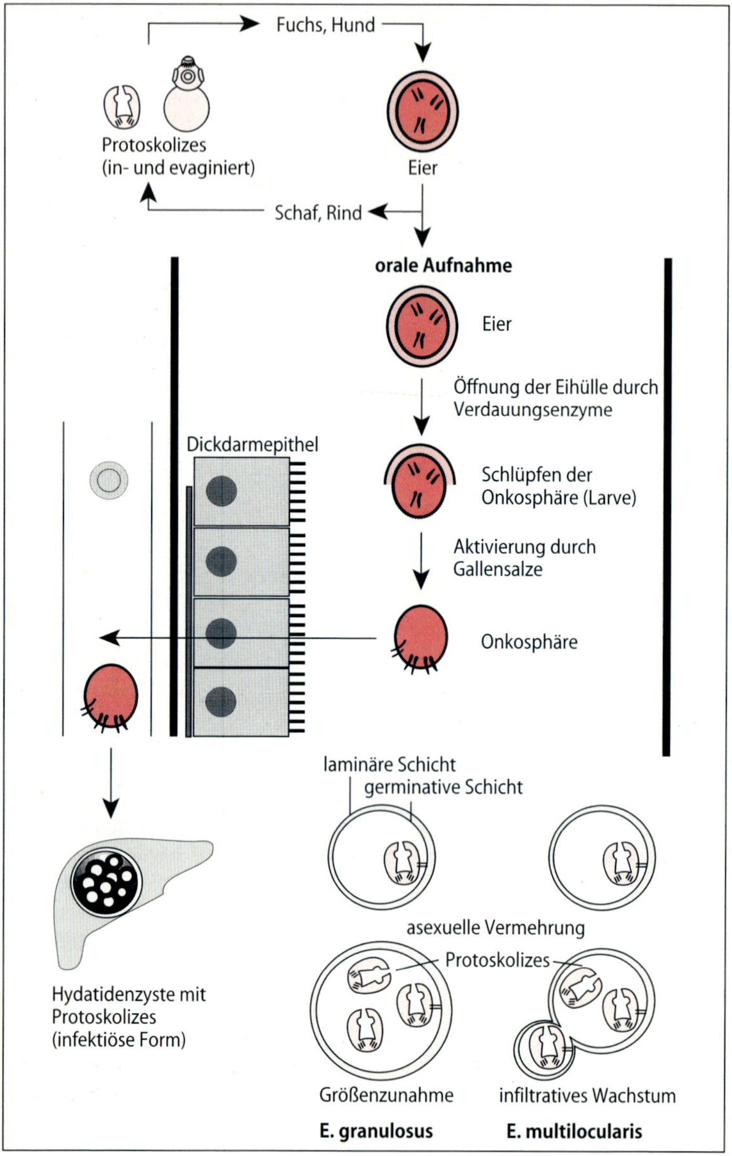

Echinokokken (Siebold (1853)): Pathogenese der Echinokokkose

Der Mensch kontaminiert umgekehrt seine Umwelt mit Bandwurmeiern. Rinder und Schweine werden durch bandwurmtragendes Stallpersonal oder über mit Abwässern besprühte Wiesen und Weiden infiziert (Taenia). Ungeklärte Abwässer, die in natürliche Gewässer gelangen, führen zur Infektion der Fische mit Diphyllobothrium. Durch Schmutz- und Schmierinfektion wird der Zwergbandwurm verbreitet.

Pathogenese. Die Larven heften sich mittels ihrer Haftorgane an die Darmwand an und entwickeln sich über Wochen (D. latum) bis Monate (Taenien) zu adulten Würmern. Sie stellen Nahrungskonkurrenten dar. Charakteristisch ist eine Vitamin-B12-Mangel-Anämie bei Fischbandwurmbefall.

Die Onkosphären von Taenia solium können die Darmwand penetrieren, hämatogen in Organe (Leber, Gehirn, Muskulatur, Auge) gelangen und dort eine Entzündungsreaktion induzieren, in deren Verlauf verkalkte Herde (CT, Röntgenbilder) entstehen: ***Zystizerkose***.

Klinik. Es können gastrointestinale Beschwerden mit Gewichtsverlust auftreten. Bei Vitamin-B12-Mangel-Anämie (perniziöse Anämie) entstehen Appetitlosigkeit, Oberbauchschmerzen, Völlegefühl, Mattigkeit, Schwindel, Herzbeschwerden und Ohrensausen, selten treten Parästhesien auf. Bei Neurozystizerkose können Krampfanfälle auftreten, bei Augenbefall Erblindung.

Diagnostik. Ist der Mensch Endwirt, lassen sich Proglottiden und Wurmeier im Stuhl nachweisen. Bei der Zystizerkose finden sich die Erreger in Biopsien; im Serum sind Antikörper zu bestimmen.

Therapie. Geeignete Antihelminthika sind Niclosamid oder Praziquantel. Bei Zystizerkose kann eine operative Sanierung erforderlich sein.

Prävention. Die Bekämpfung des Rinderbandwurms ist durch die Behandlung der Wurmträger (besonders in landwirtschaftlichen Betrieben), die geeignete Abwasserentsorgung, den Bau von Toiletten an Fernstraßen und eine sorgfältige Fleischbeschau möglich. Einer Infektion kann durch den Verzicht auf den Verzehr rohen Fleisches vorgebeugt werden; Gefrierfleisch enthält keine lebenden Larven.

3.5.20 Echinokokken

Beschreibung

Echinococcus granulosus (Hundebandwurm) und Echinococcus multilocularis (Fuchsbandwurm) sind Plattwürmer aus der Klasse der Cestoden (Bandwürmer). Sie sind die Erreger der Echinokokkose. Sie kommen als adulte, eierlegende Würmer (1,4–6 mm lang, 3–5 Glieder) und als Larven (Finnen) bei Fleischfressern vor. In den Endwirten (Hund, Fuchs) legt der adulte Wurm Eier.

An diesen infizieren sich Zwischenwirte, in denen sich die Larven entwickeln. Der Zyklus schließt sich, wenn Endwirte die Finnen in natürlichen Zwischenwirten (z. B. Rind, Schaf) fressen.

Rolle als Krankheitserreger

Übertragung. Die Übertragung erfolgt fäkal-oral durch Ingestion von Eiern, die vom Endwirt (Fuchs, Hund) ausgeschieden wurden (z. B. durch den Verzehr von mit Fuchslosung kontaminierten Waldfrüchte).

E. granulosus ist weltweit verbreitet, hiesige Fälle stammen meist aus dem Mittelmeerraum. E. multilocularis beschränkt sich auf die nördliche Erdhalbkugel, in Mitteleuropa tritt er häufig in Nordrhein-Westfalen, der Schwäbischen Alb, der Schweiz, in Österreich und in Frankreich auf.

Pathogenese. Im Darm schlüpfen Hakenlarven (Onkosphären). Diese durchdringen die Darmwand und gelangen hämatogen oder lymphogen in die Leber und andere Zielorgane (Lunge, Gehirn, Knochen), wo sie sich zu Finnen entwickeln: Die Finne von E. granulosus imponiert als bis zu kindskopfgroße flüssigkeitsgefüllte Blase, die von einer Bindegewebskapsel umgeben ist (Hydatide). Die Finne von E. multilocularis ist kleinblasig, wächst aber wie ein Tumor infiltrativ. An der Innenwand der Finne findet durch Knospung eine asexuelle Vermehrung statt (Kopfanlagen, Protoskolizes).

Klinik. Die Symptomatik ist abhängig von der Wurmart, der Lokalisation und der Wachstumsgröße. Die Symptome sind meist uncharakteristisch, bei Leberbefall können Hepatomegalie, Ikterus und Oberbauchbeschwerden bestehen. Beim Platzen der Blasen sind teilweise starke allergische Reaktionen möglich.

Die Letalität bei E.-granulosus-Infektionen beträgt 2–4%, bei solchen durch E. multilocularis 52–94%.

Diagnostik. Die Diagnostik stützt sich auf bildgebende Verfahren, unterstützt durch den Nachweis einer Eosinophilie und erregerspezifischer Antikörper (bei Lungenbefall jedoch in bis zu 30% negativ; Kreuzreaktion mit Zystizerken von T. solium sowie mit anderen Helminthen). Die Punktion von Blasen zur Diagnostik ist nur mittels spezieller Feinnadeltechnik (PAIR) möglich. In frischem oder fixiertem Operationsmaterial können Kopfanlagen und die Keimschicht der Zystenwand nachgewiesen werden.

Therapie. Die Finnen müssen operativ vollständig entfernt werden. Bei inoperablen Fällen oder miliarer Aussaat kann eine Langzeit-Therapie mit Albendazol oder Mebendazol versucht werden.

Prävention. In den Endemiegebieten ist Hundekontakt (E. granulosus) zu vermeiden. Jäger sollten Hygienemaßnahmen beim Umgang mit Füchsen (E. multilocularis) ergreifen, und in Endemiegebieten sollten keine rohen Waldfrüchte verzehrt werden.

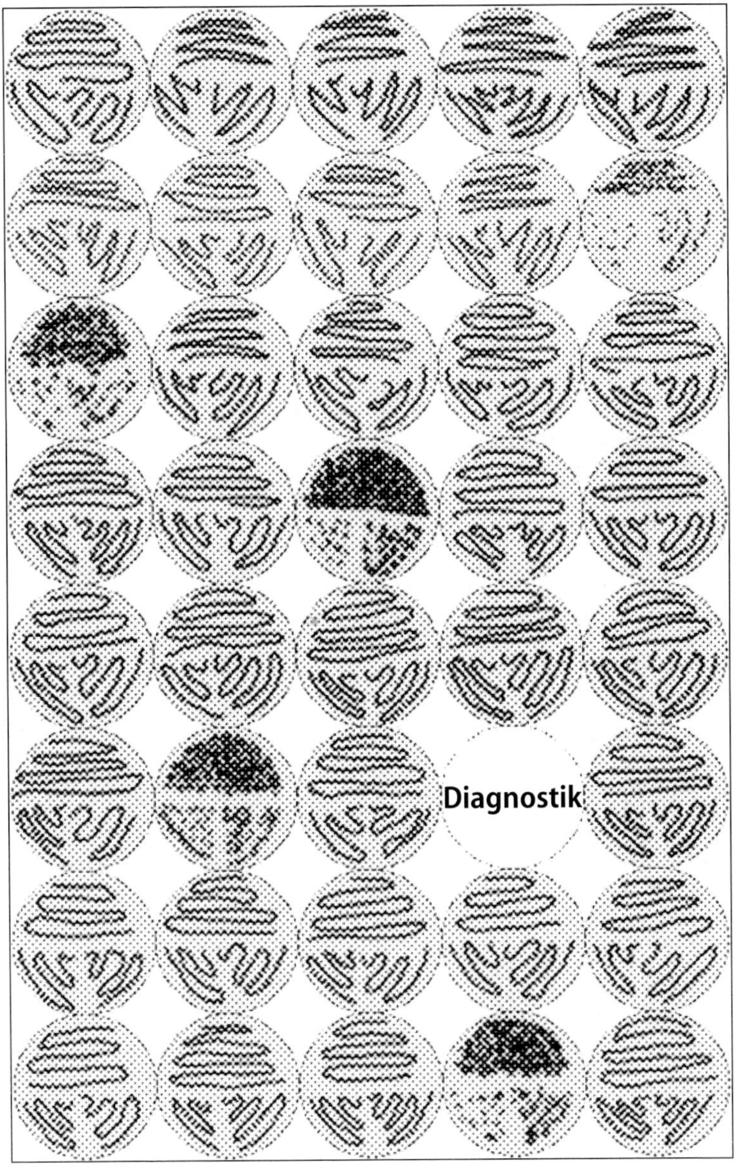
Diagnostik

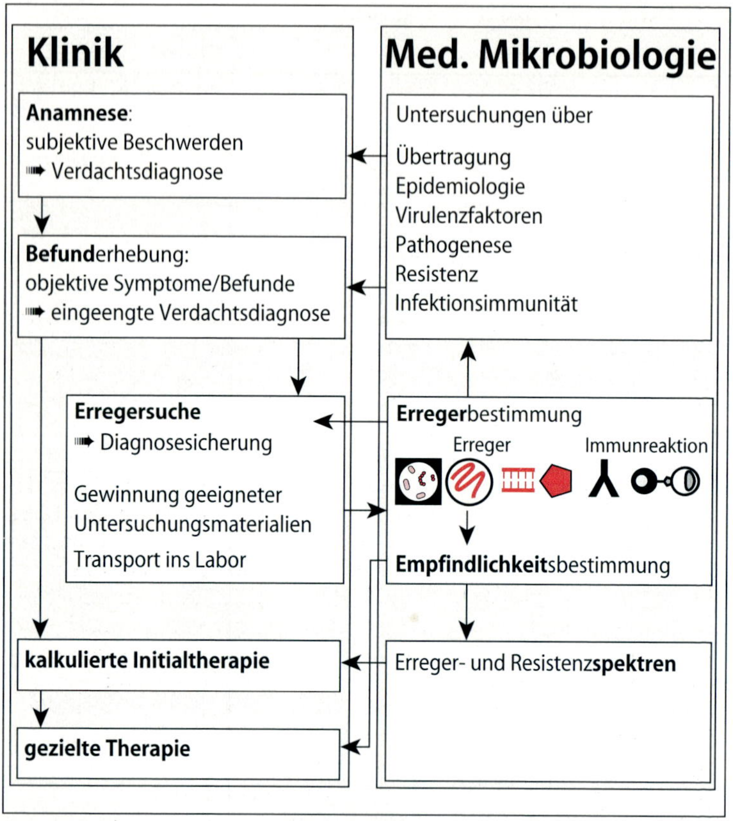

Diagnostik und Therapie von Infektionskrankheiten

Beschwerden
Symptome
Dauer, Akuität

Infektionsquellen & disponierende Faktoren
Hinweise auf Infektionen in der Umgebung
Grundkrankheiten
Medikamente /Drogen
Alter
Beruf
Auslandsaufenthalt
Partner
Sexualpraktiken
Schwangerschaft

Diagnostik und Therapie von Infektionskrankheiten: Anamnese

4 Infektionsdiagnostik

Die Diagnose erregerbedingter Erkrankungen umfaßt folgende Punkte:

- Klinische Diagnostik: Anamnese und Befunderhebung
- Gewinnung geeigneter Untersuchungsmaterialien zum Erregernachweis
- Versand der Proben an ein mikrobiologisches Labor
- Mikrobiologische Begutachtung des Untersuchungsmaterials

4.1 Klinische Diagnostik

Ausgangspunkt für die Diagnostik und Therapie erregerbedingter Erkrankungen ist stets das klinische Bild des Patienten. Die Beschwerden werden aus der ***subjektiven*** Sicht des Patienten in der Anamnese erhoben. Von besonderem Belang sind Fragen nach infektionsbegünstigenden Faktoren, Infektionsquellen, nach Schwangerschaft, Allergien und Schutzimpfungen. Aus der Anamnese wird eine vorläufige Verdachtsdiagnose abgeleitet.

Die körperliche Untersuchung (Befunderhebung) dient der ***Objektivierung*** der Beschwerden: Der Arzt erfaßt den körperlichen Zustand an Hand einheitlicher Kriterien, möglichst mit objektiv meßbaren Parametern, und führt die Befunde der medizinischen Nomenklatur zu, so daß auch ein anderer Arzt die erhobenen Daten einordnen kann. Hieraus ergibt sich eine präzisierte klinische Verdachtsdiagnose, die den Weg zur Diagnosesicherung vorzeichnet.

Klinisch-chemischen Parametern (z. B. Blutbild, Differentialblutbild, Akut-Phase-Proteine wie CRP im Serum) und apparativen Verfahren (bildgebende Verfahren) kommt im Rahmen der Infektionsdiagnostik ein ähnlicher Stellenwert zu wie der körperlichen Untersuchung. Eine Erregerdiagnose, also die endgültige Diagnose, können sie nicht liefern.

Die Diagnosesicherung, also die Bestimmung der definitiven Diagnose inklusive der Infektionsursache, erfordert die Bestimmung des Erregers und ggf. seiner Empfindlichkeit gegen antimikrobielle Chemotherapeutika.

4.2 Untersuchungsmaterial zur mikrobiologischen Diagnostik

4.2.1 Gewinnung und Handhabung

Prinzipien der Materialgewinnung

Ausgehend von der klinischen Verdachtsdiagnose muß Untersuchungsmaterial gewonnen werden, aus dem sich die Erregerdiagnose stellen läßt. Welches Untersuchungsmaterial geeignet ist, hängt ab von der Lokalisation und dem

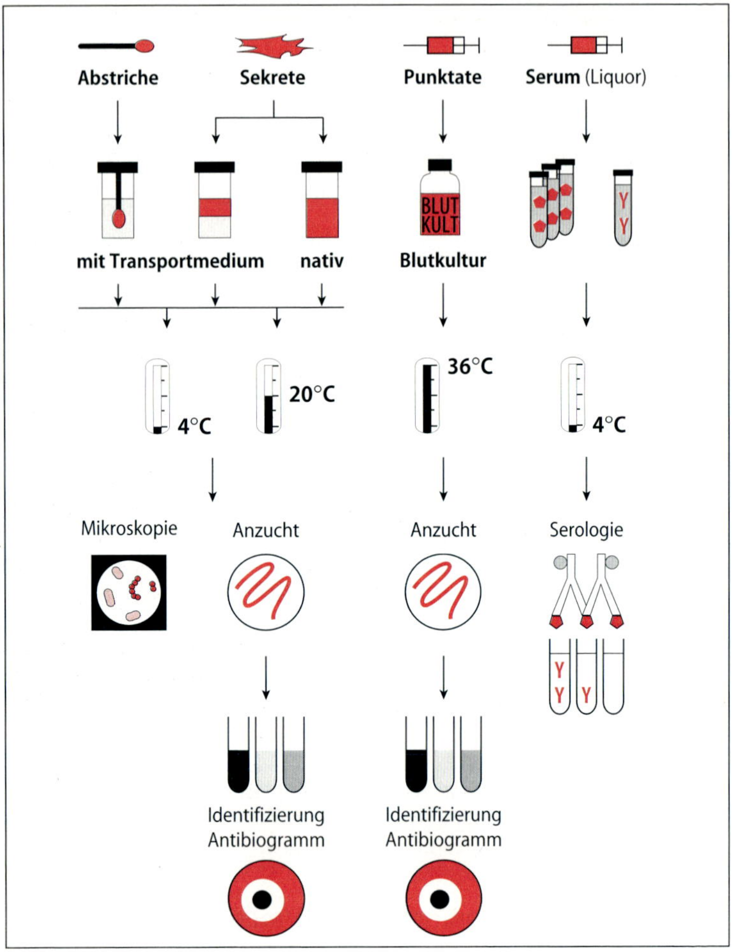

Untersuchungsmaterialien zur Erregerbestimmung

Abstriche und Sekrete für die Erregeranzucht werden in bzw. auf ein geeignetes Transportmedium gegeben und schnellstmöglich bei Raumtemperatur (20 °C) ins Labor geschickt; wenn der Transport längere Zeit in Anspruch nimmt oder eine Quantifizierung der Isolate notwendig ist, erfolgen Lagerung und Transport gekühlt bei 4 °C.
Punktate aus sterilen Körperregionen werden für die Anzucht von Bakterien und Pilzen in angewärmte Blutkulturflaschen (Kulturmedien) überimpft. Dieses Verfahren führt meist zu einer größeren Erregerausbeute, erlaubt jedoch keine Mikroskopie und ist für bestimmte Mikroorganismen, z. B. Mykobakterien, nicht geeignet.

Stadium der Erkrankung sowie von dem Erreger, der gesucht wird – die geeignete Auswahl setzt also Kenntnisse über Erreger und Erregerspektren sowie über die Pathogenese der durch sie verursachten Infektionen voraus.

Wenn Unklarheiten über die Eignung, die Gewinnung, die Lagerung oder den Transport des Untersuchungsmaterials bestehen, so sollte Rücksprache mit einem Mikrobiologen gehalten werden; Hinweise zur Materialgewinnung sind den Qualitätsstandards in der mikrobiologisch-infektiologischen Diagnostik (MiQ) der Deutschen Gesellschaft für Hygiene und Mikrobiologie oder den Richtlinien der American Society for Microbiology (Cumitech No. 1ff) zu entnehmen. Im Einzelfall können spezielle organisatorische Vorbereitungen vereinbart werden.

Wenn Patienten die Probe selbst gewinnen, müssen sie über die Bedingungen der Materialgewinnung (geeignete Gefäße, Technik der Gewinnung, Transportbedingungen etc.) genau aufgeklärt werden. Die Einhaltung der notwendigen Abnahmebedingungen und damit die Materialqualität sind in der Regel nicht kontrollierbar.

Menge. Je mehr erregerhaltiges Material ins Labor geschickt wird, desto wahrscheinlicher gelingt ein Erregernachweis. Da Abstriche meist nur wenig Material aufnehmen, sind die volumenreicheren Punktate vorzuziehen. Häufig können durch die mehrfache Gewinnung von Proben die Nachweisquote gesteigert und die Interpretation von Anzuchtergebnissen erleichtert werden.

Während mit einer Blutkultur in weniger als 80% der Sepsisfälle ein Erregernachweis gelingt, kann die Ausbeute mit 3 Proben auf über 95% gesteigert werden; der Nachweis von S. epidermidis z. B. in einer von mehreren Proben spricht für eine Kontamination durch Hautflora, der Nachweis in jeder Blutkultur eines Patienten legt eine Rolle als Erreger nahe.

Für den Nachweis einer Infektion durch erregerspezifische Antikörper sollten 2 Proben in ausreichendem Abstand gewonnen werden, um signifikante Titerbewegungen beobachten zu können.

Arten von Untersuchungsmaterial

Zu unterscheiden sind Untersuchungsmaterialien
- zum Erregernachweis und
- zum Nachweis einer erregerspezifischen Immunreaktion.

Für den Nachweis des Erregers selbst, insbesondere, wenn dies durch Anzucht geschieht, ist es bedeutsam, ob das Untersuchungsmaterial aus einer normalerweise sterilen Körperregion stammt oder ob es auf Grund des Gewinnungsortes oder, bedingt durch die Gewinnung, Kolonisationsflora (Standortflora) enthalten kann. Man unterscheidet hierbei die folgenden Typen:

Untersuchungsmaterial aus einer normalerweise sterilen Körperregion. Hierzu zählen Blut, Liquor, Blasenpunktionsurin, Gelenkflüssigkeit, Abszeß- oder Empyemmaterial (z. B. Pleurapunktat) und Aszites.

Entscheidend für eine ordnungsgemäße Materialentnahme ist die gründliche chemische Desinfektion der standortflorahaltigen äußeren Hautpartie, durch die die Gewinnung erfolgen soll – sie ist besonders gründlich durchzuführen, da zum einen der Patient vor einer Verschleppung von Hautbakterien ins Körperinnere und zum anderen die Untersuchungsprobe vor Kontamination geschützt werden müssen: Geeignet ist eine zweimalige Desinfektion mit wäßriger Alkohollösung (z. B. Ethanol 80%).

Durch die sofortige Überimpfung des Untersuchungsmaterials in Blutkulturflaschen kann die Anzuchtrate häufig gesteigert werden. Bei diesem Vorgehen ist jedoch dafür Sorge zu tragen, daß ein Teil der Probe in nativer Form für eine mikroskopische Untersuchung zur Verfügung steht. Für spezielle Fragestellungen, z. B. Anzucht von Mykobakterien, Antigennachweise oder molekularbiologische Untersuchungen, ist ebenfalls natives Material einzusenden.

Gelingt ein Nachweis von Mikroorganismen in derartigen Untersuchungsmaterialien, so ist in der Regel der Infektionserreger gefunden. Allerdings ist eine Kontamination durch Hautflora im Einzelfall nicht völlig auszuschließen.

Da die genannten Proben normalerweise steril sind, kann mit Hilfe eines mikroskopischen Präparates eine erste, schnelle Verdachtsdiagnose bezüglich des Erregers gestellt werden. Dabei ist zu beachten, daß erst bei einer Erregerkonzentration von $>10^4$/ml 1 Mikroorganismus pro Gesichtsfeld zu sehen ist. Daher kann ein negativer mikroskopischer Befund nicht mit Erregerfreiheit gleichgesetzt werden. Es ist nur ein positives Ergebnis von Aussagekraft.

Untersuchungsmaterial, das bei der Gewinnung akzidentell oder regelhaft mit Kolonisationsflora (Standortflora) kontaminiert werden kann. Wundsekrete und Wundabstriche können bei der Gewinnung akzidentell mit Haut- oder Schleimhautflora kontaminiert werden. Untersuchungsmaterial soll aus der Tiefe oder vom Rand des Entzündungsherdes abgenommen werden, um möglichst viele pathogenetisch relevante Erreger zu gewinnen; dabei sollte das gesunde Gewebe der Umgebung nicht berührt werden, da eine Kontamination der Probe mit der dortigen Standortflora zu vermeiden ist.

Regelmäßig kolonisationsflorahaltig sind Sekrete aus dem tiefen Respirationstrakt oder transurethral gewonnene Urinproben.

Sputum passiert bei der Gewinnung die Schleimhäute von Rachen und Mundhöhle und enthält daher deren Standortflora. Transurethral gewonnene Urinproben (Mittelstrahlurin, Einmalkatheterurin) sind durch die urethrale Standortflora kontaminiert.

Durch Reinigung der äußeren Haut oder der Schleimhaut wird eine Reduktion der Standortflora angestrebt; damit soll das Kontaminationsrisiko gesenkt werden.

Aufgrund der potentiell vorhandenen Standortflora erlaubt ein mikroskopisches Präparat keine Verdachtsdiagnose bezüglich eines fakultativ pathogenen Erregers. Lediglich bei Vorliegen spezifisch anfärbbarer obligat pathogener Erreger ist eine Verdachtsdiagnose möglich.

Bei der Interpretation der Anzuchtergebnisse müssen Erreger von der Kolonisationsflora abgegrenzt werden: Hierfür wichtige Kriterien sind die Quantifizierung eines Isolates, die Abgrenzung von Rein- und Mischkulturen und der mehrmalige Nachweis eines identischen Isolates aus verschiedenen Proben.

Untersuchungsmaterial aus Körperregionen mit physiologischer Standortflora. Hierzu zählen Rachenabstriche und Stuhl.

In der Regel werden spezielle Erreger gesucht (z. B. A-Streptokokken oder Pilze bzw. obligat pathogene Durchfallerreger wie Salmonellen und Shigellen). Bei der Anzucht im Labor kann mit Hilfe von Selektivkulturmedien (s. u.) das Wachstum der Standortflora unterdrückt werden. Auch hier verhindert die in der Probe enthaltene Standortflora eine Verdachtsdiagnose auf Grund eines mikroskopischen Präparats.

4.2.2 Transport

Das Untersuchungsmaterial ist sachgemäß zu gewinnen, u. U. geeignet zu lagern und schnellstmöglich in ein mikrobiologisches Labor zu schicken.

Informationsübermittlung zwischen Klinik und Labor

Um das Untersuchungsmaterial sinnvoll und korrekt verarbeiten und beurteilen zu können, benötigt der Mikrobiologe bestimmte Informationen.

Obligat sind die ***Patientendaten*** (damit der Befund und die aus ihm abgeleiteten Konsequenzen dem richtigen Patienten zugeordnet werden) und die Bezeichnung des ***Einsenders*** (derjenige, der entsprechende Konsequenzen aus dem Befund ziehen muß). Wenn solche Angaben fehlen, ist eine Verarbeitung im Labor nicht sinnvoll.

Das ***Untersuchungsmaterial*** und ggf. die ***Gewinnungstechnik*** müssen genau bezeichnet sein, damit eine richtige Verarbeitung und Befundung gewährleistet sind:

Gelbliche Flüssigkeiten können z. B. Serum, Urin oder Pleuraexsudat sein und werden jeweils völlig unterschiedlich verarbeitet. Mittelstrahlurin, Katheterurin und Blasenpunktionsurin unterscheiden sich hinsichtlich ihrer mikrobiologischen Verarbeitung und Befundbeurteilung: Während bei Mittelstrahl- und Katheterurin eine Identifizierung und Empfindlichkeitsbestimmung erst bei einer signifikanten Erregerkonzentration ($\geq 10^5$ KBE/ml) erfolgen, wird jedes Isolat aus Blasenpunktionsurin einer weiteren Untersuchung zugeführt.

Wesentlich ist die Angabe einer genauen ***Fragestellung***, da mit einem Untersuchungsmaterial in der Regel viele verschiedene Untersuchungen durchgeführt werden können. Von diesen ist aber in dem jeweils vorliegenden Fall nur eine kleine Auswahl sinnvoll.

Darüberhinaus können Angaben über die Anamnese, das Krankheitsbild (Stadium!), über bestehende Grundkrankheiten und über eine durchgeführte oder geplante antimikrobielle Chemotherapie die Auswahl mikrobiologischer Methoden oder der Testsubstanzen beeinflussen. Untersuchungsmaterialien, die während einer antimikrobiellen Chemotherapie gewonnen werden, können antimikrobielle Substanzen enthalten, so daß sich die Erreger in vitro nicht mehr vermehren oder lediglich eine in ihrer Zusammensetzung von der Standortflora unterschiedliche Flora („Ersatzflora"), die nicht den pathogenetisch relevanten Erreger enthält, angezüchtet wird.

Die wesentlichen Informationen (Patientendaten, Einsender, Materialbezeichnung und Fragestellung) sollten sowohl auf dem ***Probengefäß*** als auch auf dem begleitenden ***Antrag*** auf mikrobiologische Begutachtung stehen. Weitere wichtige Daten sollen auf dem Antragsformular vermerkt werden.

Für eine schnelle Übermittlung von Befunden ist eine Telephonnummer anzugeben.

Schutz des Untersuchungsmaterials

Die Erreger in den Untersuchungsmaterialien dürfen während des Transports keinen Schaden nehmen („Transportfehler").

Transportgefäße. Die Transportgefäße müssen so beschaffen sein, daß weder für das Untersuchungsmaterial noch für die Umgebung eine Gefahr besteht. Sie müssen in erster Linie (innen) steril und aus unzerbrechlichem Material sein sowie fest verschlossen werden können (und auch sein!), was meist durch einen Schraubverschluß gewährleistet ist. Zusätzlich ist die Verwendung eines ebenfalls unzerbrechlichen Umhüllungsgefäßes mit saugfähigem Material vorgeschrieben. Für den Postversand ist eine Kennzeichnung als Medizinisches Untersuchungsmaterial erforderlich, die auch das Biogefährdungszeichen einschließt. Die Details sind in der DIN-Norm 55515 und den Postversandverordnungen geregelt.

Transportmedien. Diese gewährleisten für etwa 48 Stunden das Überleben der enthaltenen Mikroorganismen, so daß diese im Labor angezüchtet werden können. Transportmedien lassen jedoch nicht die Vermehrung von Bakterien zu, sondern halten eine Bakterienpopulation bei etwa gleichbleibender Zusammensetzung vermehrungsfähig. Abstriche werden in, Sekrete auf entsprechende Transportmedien gebracht. Materialien aus normalerweise sterilen Körperregionen können auch in Kulturmedien (Blutkulturflaschen) transportiert werden. Hierbei beginnt die Anzucht schon während des Transports, es entfallen aber die Möglichkeiten der Quantifizierung (unnötig) und der mikroskopischen Schnelldiagnostik (Verdünnung der Probe im Kulturmedium).

Transporttemperatur. Durch die Wahl der sachgemäßen Transporttemperatur wird ebenfalls dafür Sorge getragen, daß Erreger im Untersuchungsmaterial vermehrungsfähig und isolierbar bleiben. Details werden weiter unten bei den einzelnen Materialien besprochen. Prinzipiell gilt folgendes:

- ***Normalerweise sterile Materialien*** wie Liquor oder Blut sind bei 36°C, am besten in Blutkulturflaschen (Kulturmedium), zu transportieren, damit auch empfindliche Erreger wie Meningokokken oder H. influenzae vermehrungsfähig bleiben.
- Sind ***mit Standortflora kontaminierte Materialien*** zu transportieren oder ist die Quantifizierung fakultativ pathogener Erreger notwendig (z. B. Mittelstrahlurin), muß das Material gekühlt bei 4 °C transportiert werden. Hierdurch wird ein Überwuchern der Standortflora bzw. eine Verfälschung der Erregerkonzentration minimiert. Ist ein sofortiger Transport ins Labor garantiert, kann das Material auch bei Raumtemperatur (20 °C) transportiert werden.
- Materialien für ***serologische Untersuchungen*** (Antikörper- und Antigennachweise) werden in fast allen Fällen bei 4 °C transportiert.
- Materialien für die ***Anzucht von Viren oder Chlamydien*** werden bei 4 °C transportiert und gelagert, wobei in einigen Fällen der Zusatz eines Stabilisatormediums erforderlich ist. Hierdurch bleiben die Wirtszellen der obligat intrazellulären Erreger am ehesten intakt.
- Der Nachweis von ***Trophozoiten*** erfordert eine ununterbrochene Transporttemperatur von 36 °C.
- Der Transport von Materialien für ***molekularbiologische Untersuchungen*** richtet sich nach dem jeweiligen Test; hier sollte mit dem Labor der Transport besprochen werden.

Transportdauer. Grundsätzlich ist eine ***schnellstmögliche Verarbeitung*** des Untersuchungsmaterials im Labor anzustreben.

Eine Transportdauer von nicht mehr als 4 Stunden ist optimal. Längere Transportzeiten können zu einer Überwucherung der Probe durch Standortflora führen oder eine Erregerkonzentration verfälschen, so daß die Erregerdiagnose nicht mehr einwandfrei möglich ist. Bei Untersuchungsmaterialien, aus denen eine schnelle mikroskopische Verdachtsdiagnose gestellt werden muß (Liquor bei Verdacht auf eitrige Meningitis), muß organisatorisch Sorge für eine sofortige Verarbeitung getragen werden.

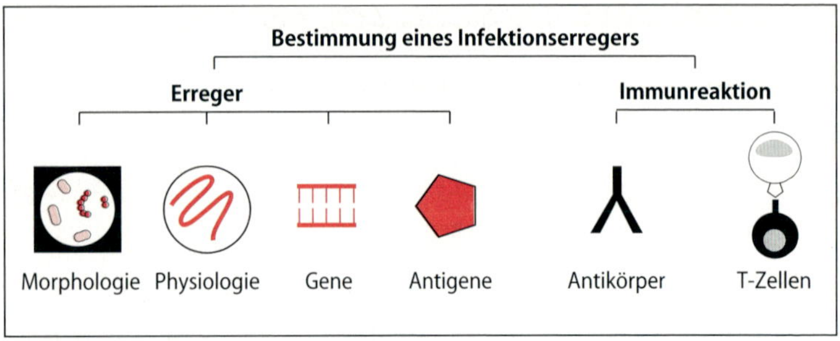

Ansätze für die mikrobiologische Labordiagnose

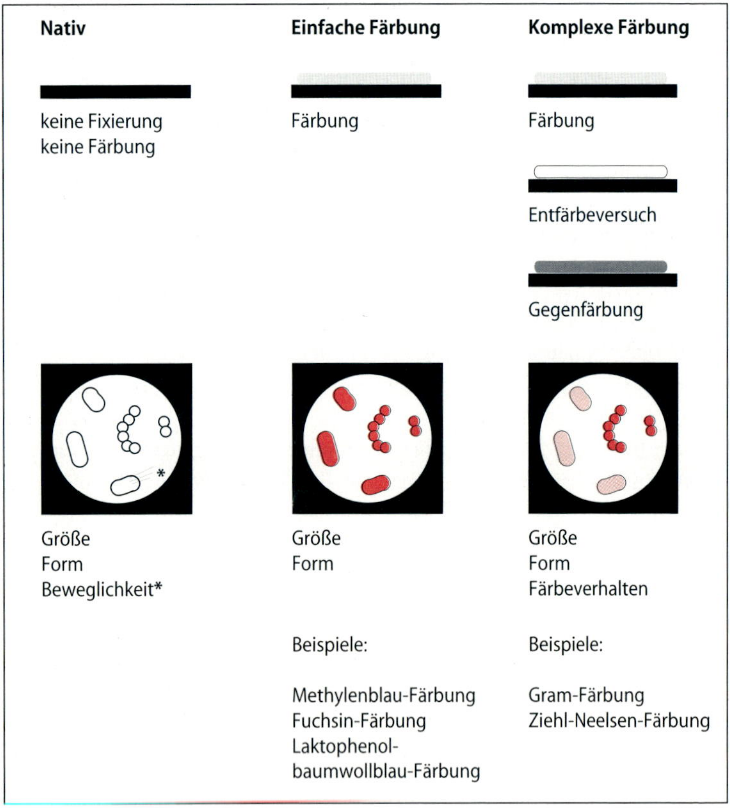

Mikroskopie: Nativ-Präparate und Färbungen

4.3 Mikrobiologische Labordiagnostik

Das wesentliche Ziel der mikrobiologischen Labordiagnostik ist die Bestimmung des Erregers, um daraus eine geeignete antimikrobielle Chemotherapie ableiten zu können.
Für die Erregerbestimmung stehen zwei grundsätzliche Methoden zur Verfügung:

- Nachweis des Erregers selbst,
- Nachweis einer spezifischen Immunreaktion gegen den Erreger.

4.3.1 Erregernachweise

Ein Erreger ist, unabhängig von seiner Klasse, durch seinen Aufbau (Morphologie), sein Genom und durch seine Vermehrungs- und Stoffwechseleigenschaften sowie seine Antigene charakterisiert.

Diese Eigenschaften werden daher auch zum Erregernachweis herangezogen. Je nach Erreger stehen einzelne Eigenschaften im Vordergrund, oder es werden mehrere Eigenschaften in Kombination geprüft.

Morphologische Eigenschaften werden mikroskopisch bestimmt. Auch wenn mikroskopische Präparate meist noch keine Erregerdiagnose erlauben, so können sie doch schnell eine Verdachtsdiagnose ermöglichen und damit wertvolle Informationen für die kalkulierte Therapie liefern. Daneben hat die morphologische Diagnostik ihre Domäne bei der parasitologischen Diagnostik und beim Nachweis und der Identifizierung von Fadenpilzen.

Vermehrungs- und Stoffwechseleigenarten werden durch Anzüchtung, Isolierung und biochemische Leistungsprüfung bestimmt. Dieser Ansatz findet vorwiegend Anwendung bei Bakterien und Pilzen.

Erregerspezifische Genomabschnitte können mit molekularbiologischen Methoden (z. B. Gensonden oder PCR) nachgewiesen werden.

Erregerspezifische Antigene werden mit spezifischen Antikörpern bestimmt.

Morphologische Diagnostik: Nativpräparate

Die einfachste Form der morphologischen Diagnostik sind Nativpräparate. Dabei wird das Untersuchungsmaterial (oder Koloniematerial) in etwas Kochsalzlösung aufgeschwemmt und ohne weitere Aufbereitung mikroskopiert.

So lassen sich Größe, Form und Beweglichkeit beurteilen.

Aus diesen Kriterien wird die praktische Bedeutung dieser Methode deutlich. Sie dient der schnellen Abgrenzung von Bakterien, Pilzen und Parasiten.

Form	grampositiv	gramnegativ
Kokken	Staphylokokken Streptokokken Enterokokken Peptostreptokokken Peptokokken	Neisserien Veillonellen
Stäbchen	Korynebakterien Listerien Erysipelothrix Laktobazillen Nocardien Bacillus Clostridium	Enterobakterien Pseudomonaden Vibrionen Campylobacter Helicobacter Haemophilus Bordetellen Legionellen Brucellen Francisellen Acinetobacter Aeromonas Plesiomonas Pasteurellen Bacteroides Prevotella Porphyromonas Fusobakterien

Einteilung wichtiger Bakterien an Hand der Gramfärbung

stark säurefest (3% HCl in Ethanol 95%)	**Mykobakterien**		große, komplexe Mykolsäuren
partiell säurefest (1% H_2SO_4)	Nocardien Rhodococcus Gordona Tsukamurella	+ ± ± ±	intermediär große, intermediär komplexe Mykolsäuren

Unter geeigneten Wachstumsbedingungen können auch einige Korynebakterien-Stämme schwach säurefest sein.

Säurefeste Bakterien

Das Verfahren wird bei der Differentialdiagnostik von vaginalem, zervikalem oder urethralem Ausfluß (Fluor) angewendet. Mit seiner Hilfe lassen sich zwei häufige Erreger, Sproßpilze (Candida) und Trichomonaden, direkt darstellen.

Bei der Schnelldiagnostik der Cholera wird die charakteristische Beweglichkeit von V. cholerae/El Tor ausgenutzt. In einer in Peptonwasser angereicherten Stuhlprobe erkennt man schnell, meist diagonal, durch das Gesichtsfeld schießende Stäbchenbakterien, deren Beweglichkeit durch die Zugabe spezifischer Antikörper unterdrückt werden kann.

Mit speziellen Methoden ist eine bessere Darstellung zu erzielen:

Dunkelfeldmikroskopie. Hierbei trifft das Licht von der Seite in Form eines Hohlkegels auf das Präparat. Die Konturen der untersuchten Organismen erscheinen hell, der Hintergrund dunkel.

Phasenkontrastmikroskopie. Man macht sich hier das unterschiedliche Lichtbrechungsverhalten mikrobieller Strukturen zunutze. Nur das Licht, das durch eine Ringblende ungebrochen das Präparat passiert, gelangt ohne Verzögerung zum Auge. Die mehr oder weniger gebeugten Lichtstrahlen werden dagegen innerhalb des notwendigen Spezialobjektives verzögert. Dadurch kommt es zu einer Phasenverschiebung und zu deutlichen Unterschieden in der Lichtintensität im Vergleich zu dem ungebrochenen Strahl.

Kalilaugepräparat. Bei der Diagnostik von Nagelmykosen ist es häufig erforderlich, das Hornmaterial aufzulösen, um Pilzstrukturen erkennen zu können. Mit 5%iger KOH-Lösung gelingt eine Aufquellung des Hornmaterials, ohne daß die Pilzstrukturen (Myzelien) morphologisch beeinträchtigt werden. Je nach Dicke des Hornmaterials ist eine unterschiedlich lange Einwirkzeit der Kalilauge erforderlich: 30 min–24 h.

Morphologische Diagnostik: Färbeverfahren

Zur besseren Darstellung können Bakterien und Pilze angefärbt werden. Dazu stehen unterschiedliche Färbeverfahren zur Verfügung.

Präparatherstellung. Eine Suspension von Mikroorganismen, z. B. Probenmaterial, wird auf einem Glasobjektträger vollständig luftgetrocknet und anschließend mit Hitze (70–80 °C) oder Methanol fixiert (feste Anheftung, Freisetzung farbbindender Strukturen durch Eiweißkoagulation).

Einfache Färbungen. Die Mikroorganismen werden mit einem Farbstoff angefärbt.Es können beurteilt werden: Form und Größe.

Bei der ***Giemsa-Färbung*** werden methanolfixierte Präparate mit gepufferter Giemsa-Färbelösung (pH 7,2) gefärbt: Zellen bleiben sehr gut erhalten.

Weitere Beispiele sind die ***Methylenblaufärbung*** (sehr guter Kontrast) und die ***Laktophenolbaumwollblau-Färbung*** zur Darstellung von Fadenpilzen.

Komplexe Färbungen. Die Mikroorganismen werden mit einem Farbstoff angefärbt, und anschließend wird versucht, diesen Farbstoff wieder zu entfernen. Danach erfolgt eine Gegenfärbung der entfärbten Mikroorganismen mit einem andersfarbigen, zweiten Farbstoff. Folgende Kriterien können beurteilt werden: Form, Größe, Färbeverhalten (Empfindlichkeit gegen die Entfärbung).

Mit der ***Gramfärbung***, der für die Bakteriologie bedeutsamsten Färbung, lassen sich Aussagen über die Mureinschicht von Bakterien treffen. Bei Anfärbung mit Karbolgentianaviolett und anschließender Beizung mit Lugol-Lösung (Jod-Jodkali-Lösung) entsteht in der Wand der Bakterien ein schwer löslicher blauer Farblack. Dieser läßt sich bei Bakterien mit mehrschichtigem Mureinsacculus mit Alkohol nicht entfernen, wohl aber bei Bakterien mit einschichtigem Mureinsack. Damit sich die entfärbten Bakterien besser darstellen, werden sie mit Fuchsin gegengefärbt. Ergebnis: Bakterien mit mehrschichtigem Mureinsack erscheinen ***blau = grampositiv***, Bakterien mit einschichtigem Mureinsack erscheinen ***rot = gramnegativ***; Schraubenbakterien (Zartheit), Mykobakterien (Wachshülle), Mykoplasmen (kein Murein) und Chlamydien (Größe) lassen sich mit der Gramfärbung praktisch nicht darstellen.

Mit Hilfe der ***Ziehl-Neelsen-Färbung*** lassen sich Bakterien anfärben, die dank einer wachshaltigen Hülle säurefest sind (z. B. Mykobakterien; einige aerobe Aktinomyzeten). Zunächst werden die Bakterien mit Karbolfuchsin angefärbt. Dabei wird die Wachshülle erwärmt, so daß der Farbstoff in die Wachshülle eindringt. Anschließend muß das gefärbte Präparat abkühlen, damit die Wachsschicht sich wieder ausreichend verfestigt. Mit Hilfe von Salzsäure-Alkohol gelingt es, alle Bakterien ohne Wachshülle zu entfärben. Dagegen kann der in die Wachsschicht eingedrungene Farbstoff nicht entfernt werden. Die säurefesten Bakterien sind jetzt rot angefärbt, alle übrigen farblos. Durch eine Gegenfärbung mit Methylenblau wird der Kontrast zwischen dem Hintergrund und den roten, säurefesten Stäbchen erhöht.

Spezialfärbungen. Mit Hilfe spezieller Färbemethoden können bestimmte Strukturen von Mikroorganismen (Kapseln, Sporen, Geißeln etc.) spezifisch angefärbt werden: Neisser-Färbung zur Darstellung der Polkörperchen von C. diphtheriae; Grocott-Färbung zur Darstellung von Pneumocystis carinii.

Immunchemische Färbungen mit markierten poly- oder monoklonalen Antikörpern erlauben neben der Beurteilung der Morphologie je nach Spezifität des Antikörpers auch eine Genus-, Spezies-, Typen- oder gar Stammdiagnose. Praktische Beispiele sind der Nachweis von L. pneumophila oder P. carinii aus Bronchiallavage.

Elektronenmikroskopische Präparate. Diese spielen in der virologischen Diagnostik eine Rolle (direkter Erregernachweis). Voraussetzung ist eine hohe Viruskonzentration (ca. 10^7 Viruspartikel/ml). Allerdings kann aufgrund der Morphologie zwischen Viren derselben Familie (z. B. zwischen Herpes simplex-Virus und Varizella-Zoster-Virus) nicht unterschieden werden. Die Methode findet Anwendung beim Nachweis von Herpes- oder Pocken-Viren in Bläschenflüssigkeit und von Rotaviren, Adenoviren, Coronaviren oder Enteroviren im Stuhl.

Anzuchtdiagnostik: Kultivierung

Das klassische Verfahren zum Erregernachweis speziell von Bakterien und Pilzen besteht in der Anzüchtung in vitro auf festen oder in flüssigen Kulturmedien, der Isolierung der gesuchten Erreger in Reinkultur, gefolgt von der Identifizierung (Differenzierung) mit geeigneten Methoden.

Reinkultur. Eine Reinkultur besteht aus einem Stamm einer Spezies und enthält nur Abkömmlinge einer einzelnen Ursprungszelle - einen Klon. Das Vorliegen in Reinkultur ist die Voraussetzung für die Identifizierung und die Empfindlichkeitsprüfung eines Mikroorganismus. Darüber hinaus ist die Reinkultur notwendig bei der Herstellung von Impfstoffen oder Reagenzien.

Isolierung. Durch ***fraktioniertes Ausstreichen*** bei Primär- und Subkulturen entsteht eine Verdünnung des Impfmaterials entlang dem Impfstrich, so daß am Ende Einzelkolonien entstehen. Durch Subkultivierung einer Einzelkolonie auf unbeimpften Medien können die gesuchten Erreger von anderen Mitgliedern einer Mischflora getrennt und/oder angereichert werden: Man erhält die Reinkultur - das *Isolat*.

Primärkultur. Die Anzüchtung oder Primärkultur ist der erste Schritt zur Gewinnung eines Isolats. Untersuchungsmaterial wird auf geeignete Kulturmedien überimpft. Basis-, Selektiv-, Differential- und Anreicherungskulturmedien werden häufig zu einem Ansatz kombiniert. Eine sinnvolle Auswahl der Kulturmedien kann nur erfolgen, wenn eine klinische Verdachtsdiagnose gestellt und dem Labor mitgeteilt wurde, da davon sowohl die Verarbeitung des Untersuchungsmaterials als auch die benötigten Medien abhängen.

Durch Inkubation bei geeigneten Kulturbedingungen (Temperatur, Sauerstoffgehalt) entstehen durch die Vermehrung der Mikroorganismen ***Kolonien***. Eine Kolonie entsteht aus einem einzigen Organismus, ist also ein *Klon*; sie besteht aus ca. 10^8 Einzelorganismen. Je nach Menge der Kolonien entsteht ein ***Kolonierasen*** oder sie verbleiben als ***Einzelkolonien***. Anhand der Koloniemorphologie kann der Mikrobiologe entscheiden, ob eine Reinkultur gewachsen ist oder ob eine Mischkultur vorliegt.

Erregerkonzentration, Grenzzahlen. Bei der Untersuchung von Proben, die bei der Gewinnung mit Haut- oder Schleimhaut(flora) in Kontakt gekommen sind (z. B. Mittelstrahlurin, Bronchiallavage), kann die Bestimmung der Konzentration fakultativ pathogener Mikroorganismen bei der Beurteilung

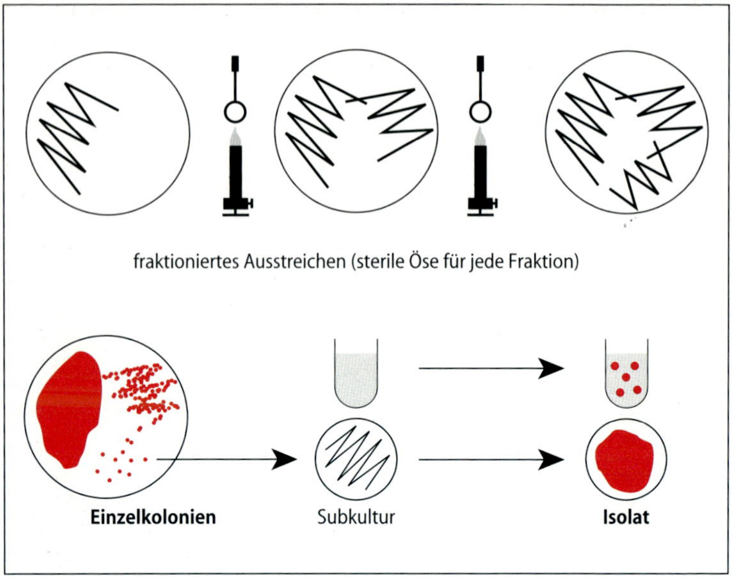

Gewinnung von Reinkulturen

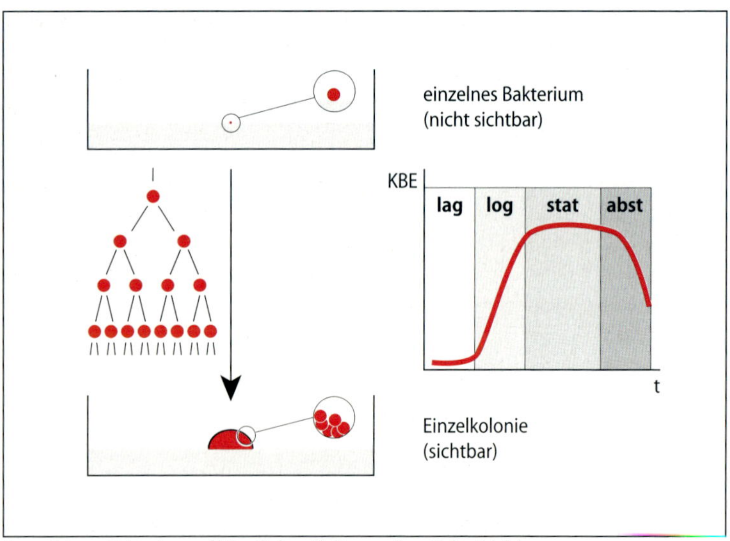

Anzucht von Bakterien auf künstlichen Kulturmedien: Koloniebildung eines Isolats helfen. Überschreitet dessen Konzentration einen bestimmten Wert (Grenzkonzentration, Grenzzahl), deutet dies darauf hin, daß es sich um den gesuchten Erreger und nicht um Kolonisationsflora handelt. Eingeschränkt können solche Aussagen auch mit einer semiquantitativen Anzüchtung (wenig–mäßig–viel) getroffen werden.

Kulturmedien. Kulturmedien sind artifizielle Substanzkompositionen, die die Züchtung von Mikroorganismen außerhalb ihres natürlichen Standortes ermöglichen.

Die einzelnen Bestandteile eines Mediums lassen sich in folgende Gruppen einteilen: ***Nährstoffe*** (Peptone, Proteine, Aminosäuren, Hefe- und Fleischextrakte), ***Energiequellen*** (Kohlenhydrate: Glukose, bedarfsweise auch andere Zucker; zur Ausnutzung substratspezifischer Enzyme in einer Konzentration von 5–10 g/l), ***Spurenelemente*** und ***Salze***, ***Puffersubstanzen*** (Phosphate, Zitrate, A zetate und Zwitterionen), ***pH-Indikatoren*** (z. B. Phenolrot, Bromthymolblau; wegen ihrer Bakterizidie nur in geringer Konzentration), ggf. ***selektive Agenzien*** (Antibiotika, Farbstoffe, Gallensalze, Metallsalze, Tetrathionat, Azid), ggf. ***gelierende Substanzen*** (Agar-Agar: Je nach Konzentration entstehen flüssige (Bouillons), halbfeste und feste Kulturmedien (Agarplatten)); für spezielle Zwecke können ***Wachstumsfaktoren*** für anspruchsvolle Mikroorganismen (z.B. Hämin, NAD), ***redoxpotential-vermindernde Stoffe*** für Anaerobier (z.B. Thioglykolat, Cystein) oder ***Blut*** zum Nachweis von Hämolysinen zugesetzt werden.

Flüssige Kulturmedien (Bouillons) dienen der Vermehrung/***Anreicherung*** von Mikroorganismen. Dies wird durch den allseitigen Kontakt des Keims mit dem Medium begünstigt. Eine Vermehrung zeigt sich in der Regel durch Trübung des Mediums (Tyndall-Effekt: Lichtbrechung durch die partikulären Mikroorganismen in der Flüssigkeit). Abhängig vom Sauerstoffbedarf ist die Trübung an der Oberfläche (aerob), in der Tiefe (anaerob) oder im gesamten Medium (fakultativ anaerob) vorhanden. Einzelne Arten können sich vermehren, ohne eine sichtbare Trübung hervorzurufen (z. B. Haemophilus). Es entstehen keine beurteilbaren Kolonien wie auf festen Medien. Daher muß zur Feststellung der Koloniemorphologie und der Reinheit der Flüssigkultur eine Überimpfung auf feste Medien erfolgen.

Feste Kulturmedien bilden die Grundlage der mikrobiologischen Erregerdiagnose. Die Medien enthalten 2% Agar und werden in einer Schichtdicke von 3–3,5 mm in Petrischalen gegossen (Agarplatten). Abhängig von der Zusammensetzung des Kulturmediums und den Bebrütungsbedingungen entwickeln sich charakteristische Kolonieformen. Diese sind wegweisend für das weitere Vorgehen bei der Identifizierung.

Basiskulturmedien oder ***Optimalmedien*** werden verwendet, um die Erregerausbeute zu maximieren. Sie sind besonders reich an Nährstoffen (z. B.

Medium	Selektiv, Prinzip	Ergebnis
Basis-/Optimalkulturmedien		
Blutagar		
Kochblutagar		
Mueller-Hinton-Agar		
Dextrose-Bouillon		
Thioglykolatbouillon		
Hirn-Herz-Bouillon		
Selektivkulturmedien		
Azidagar	Azid	Enterokokken
Endo-/MacConkey-Agar	Gallensalze	Enterobakterien
SS-Agar	Gallensalze	Salmonellen, Shigellen
Wilson-Blair-Agar	Brillantgrün	Salmonellen (S. Typhi)
Tellurit-Agar	Tellurit	Korynebakterien
Sabouraud-Dextrose-Agar	Antibiotika	Pilze
Mannit-Kochsalz-Agar	Salzgehalt	S. aureus
Thayer-Martin-Agar	Antibiotika	Neisserien
BCYE-Agar[1]	Antibiotika	Legionellen
Löwenstein-Jensen-Agar	Malachitgrün	Mykobakterien
Selenit-Bouillon	Selenit	Salmonellen
Tetrathionat	Tetrathionat	Salmonellen
Differentialkulturmedien		
Schafblutagar	Hämolyseformen	α-, β-Hämolyse
Azid-Agar	Esculinspaltung	Schwarzfärbung
Endo-/MacConkey-Agar	Laktosespaltung	Fuchsinfreisetzung
Mannit-Kochsalz-Agar	Mannitspaltung	Gelbfärbung
Tellurit-Agar	Telluritreduktion	Schwarzfärbung

[1] Buffered Charcoal Yeast Extract-Agar

Beispiele für häufig eingesetzte Kulturmedien

Blut- und Kochblutagar). Als Spezialkulturmedien können sie für die Anzucht bestimmter Erreger optimiert werden (z. B. der cysteinhaltige BCYE-Agar zur Legionellenanzucht).

Selektivkulturmedien sind so zusammengesetzt, daß bestimmte Keimarten in der Vermehrung gehemmt werden. Nicht oder weniger gehemmte Mikroorganismen werden dadurch begünstigt und können so aus einer Mischung mit den gehemmten Keimen selektioniert werden. Typische Beispiele sind Endoagar (Selektion von Enterobakterien und Nonfermentern) oder Wilson-Blair-Agar zur Selektion von Salmonellen).

Differentialkulturmedien dienen der Prüfung einzelner Stoffwechselleistungen. Sie sind meist so zusammengesetzt, daß ein Mikroorganismus gezwungen wird, einen bestimmten Stoffwechselweg zu beschreiten, sofern er dazu fähig ist. Beispiele sind Endoagar (Laktosespaltung) und Blutagar (Hämolyse).

Für die Identifizierung von Mikroorganismen mittels biochemischer Stoffwechselleistungen muß eine größere Zahl geeigneter Differentialkulturmedien zu einer Reihe zusammengestellt werden. Da der Reaktionsausfall meist anhand eines Farbindikators bestimmt wird, nennt man diese biochemische Typisierung auch ***Bunte Reihe*** - das klassische Identifizierungsverfahren der Medizinischen Mikrobiologie. Die Kombination der Reaktionsausfälle ergibt für bestimmte Spezies charakteristische Muster.

Zellkulturen können im weiteren Sinne auch als Kulturmedium bezeichnet werden. Sie dienen der Anzucht obligat intrazellulärer Mikroorganismen, wie Viren oder Chlamydien. Einige Zellkulturen, z. B. Vero-Zellen, werden auch zum Nachweis von mikrobiellen Toxinen verwendet. ***Primäre Zellkulturen*** werden jeweils frisch direkt aus zerkleinerten Organstücken oder aus dem Blut gewonnen; sie sind für eine Vielzahl obligat intrazellulärer Erreger empfänglich, jedoch sind sie nur über wenige Passagen weiterzüchtbar und sterben dann ab (Beispiele: Affennierenzellen, Hühnerfibroblasten, humane Amnionzellen, mononukleäre Blutzellen). Von Nachteil ist es, daß vorbestehende latente oder persistierende Infektionen der Zellen nicht auszuschließen sind. Fibroblasten u.a. lassen sich unter bestimmten Bedingungen länger, meist etwa 50mal, als ***diploide Zellkultur*** passagieren (Beispiele: humane [embryonale oder fetale] Nieren- oder Lungenfibroblasten). ***Permanente Zellkulturen*** (transformierte Zellen) können über Jahrzehnte fortgezüchtet werden (Beispiele: HEp-2-, McCoy-, HeLa-, Vero-Zellen). Eine Vermehrung des Erregers kann durch Nachweis eines zytopathischen Effekts oder durch Antigennachweis in den Zellen nachgewiesen werden.

Anzuchtdiagnostik: Identifizierung

Die in Reinkultur angezüchteten Erreger können anhand morphologischer Merkmale (meist nur vorläufig, definitiv z. B. Fadenpilze anhand der Fruktifikationsorgane), spezifischer Genomabschnitte, spezifischer Antigene und, insbesondere Bakterien und Sproßpilze, aufgrund charakteristischer Stoffwechselprodukte oder Stoffwechselleistungen (Enzyme, Umsatz von Substraten) auf Speziesebene identifiziert werden. Zu diesen gehören die Vermehrung bei unterschiedlichen atmosphärischen Kulturbedingungen, die Koloniemorphologie und die Vermehrung auf/in bestimmten Kulturmedien.

Atmosphärische Kulturbedingungen. Die Fähigkeit von Bakterien, Luftsauerstoff als letztendlichen Elektronenakzeptor zu benutzen, ist zusammen mit der Oxidationsempfindlichkeit ihres Stoffwechsels bedeutsam für Anzucht und Taxonomie. Mit folgenden Methoden sind anaerobe Verhältnisse herzustellen:

- Zugabe redoxpotential-reduzierender Substanzen zum Medium (z. B. Thioglykolat),
- Austausch der Luft gegen ein H_2-N_2-CO_2-Gasgemisch in einem luftdicht abgeschlossenen Behälter oder Brutschrank,
- Verbrauch des Luftsauerstoffs in einem luftdicht abgeschlossenen Gefäß durch eine mittels Palladiumkatalysator kontrollierte Knallgas-Reaktion ($2\,H_2 + O_2 \rightarrow 2\,H_2O$).

Obligat aerob sind Bakterien, für die die Verwendung von Luftsauerstoff bei der Energiegewinnung essentiell ist. Die aus der Gärung gewonnene Energie reicht ihnen nicht aus. Sie vermehren sich nur in Gegenwart von Sauerstoff (> 2%) oder bei stark positivem Redoxpotential. Ihr Cytochromsystem ist hoch entwickelt.

Obligat anaerob sind Bakterien, die sich nur in Abwesenheit von Sauerstoff (< 2%) oder bei einem Redoxpotential unterhalb von rH 13 vermehren. Einige von ihnen bilden in Gegenwart von Sauerstoff über die Flavoenzyme hochgiftige Vorstufen von Wasserstoffsuperoxid, ihnen fehlen jedoch Enzyme, die diese neutralisieren (z.B. Superoxid-Dismutase). Bei einigen ist die Empfindlichkeit gegen Sauerstoff eingeschränkt: aerotolerant (z. B. C. perfringens).

Fakultativ anaerob sind Bakterien, die sich unabhängig von der Sauerstoffkonzentration vermehren. Hierzu zählen die meisten Krankheitserreger, z. B. Staphylokokken, Streptokokken und Enterobakterien.

Koloniemorphologie. Die verschiedenen anzüchtbaren Mikroorganismen zeigen auf festen künstlichen Kulturmedien verschiedene zum Teil charakteristische Wachstumsformen. Diese hängen stark von den Kulturmedien und den Kulturbedingungen ab, so daß eine Spezies auf dem einen Kulturmedium völlig andere Wuchsformen ausbildet als auf einem anderen. Neben Größe und Form der Kolonie werden Kriterien wie Pigmentierung, Schleimbildung, Schwärmen oder der Geruch der Kolonien berücksichtigt. Aufgrund dieser Kriterien läßt sich teilweise bereits eine Spezieszuordnung treffen, meist ist aber zumindest eine Auswahl geeigneter Identifizierungsverfahren möglich.

Streptokokken wachsen auf Schafblutagar als kleine, nicht pigmentierte, konvexe Kolonien. Staphylokokken bilden flache, grau oder gelb pigmentierte, gut sichtbare Kolonien, während Enterobakterien konvexe, grau-glasige, teilweise schleimige Kolonien bilden (Proteus spp. können dabei das charakteristische Schwärmphänomen der Kolonie ausbilden).

Bei der Anzucht auf Differentialkulturmedien können zusätzlich zur Koloniemorphologie bestimmte Eigenschaften der Bakterien zur (evtl. nur vorläufigen) Identifizierung herangezogen werden; z. B. spaltet E. coli meist die Laktose in Endoagar, so daß sich die Kolonien durch das freigesetzte Fuchsin dunkelrot anfärben, Salmonellen fehlt dagegen die Fähigkeit zur Laktosespaltung - ihre Kolonien bleiben ungefärbt.

Streptokokken zeigen auf Schafblutagar unterschiedliche Hämolyseformen, die ein wesentliches Unterteilungsmerkmal dieser Bakterien darstellen. S. pneumoniae (Pneumokokken) und andere vergrünende Streptokokken (z. B. S. viridans) bilden einen grünlichen, trüben Hof um die Kolonie aus. Die „Vergrünung" ist durch einen nur unvollständigen Abbau des Hämoglobins aus dem Agar (bis zum Biliverdin) bedingt. Die Trübung des Hofes liegt daran, daß nicht alle Erythrozyten im Hämolysehof zerstört werden (Alpha-Hämolyse). S. pyogenes, S. agalactiae und andere betahämolysierende Streptokokken bilden einen gelben, klar durchsichtigen Hof um ihre Kolonien. Die gelbe Farbe ist durch den vollständigen Abbau des Hämoglobins (zu Bilirubin) bedingt. Durch die Zerstörung sämtlicher Erythrozyten im Hämolysehof wird dieser klar durchsichtig (Beta-Hämolyse).

Sehr kleine Kolonien, z. B. von Mykoplasmen oder Ureaplasmen, können nur mikroskopisch erkannt werden; gleiches gilt für spezielle morphologische Charakterisitika wie die medusenkopfartigen Ausläufer von Aktinomyzetenkolonien.

Als spezielle Form der Koloniemorphologie kann der zytopathische Effekt (CPE) durch in Zellkulturen angezüchtete Viren angesehen werden. In Hep-2-Zellen verursacht das Poliovirus eine Pyknose der Zellen, Parainfluenzaviren Synzytien und Adenoviren intranukleäre Einschlüsse. Zur genauen Identifizierung ist jedoch meist eine weitere Typisierung des angezüchteten Virus notwendig. Ist der CPE nicht direkt sichtbar, kann er durch ***Hämadsorption*** sichtbar gemacht werden: Erythrozyten adsorbieren an der Oberfläche mit Paramyxo- oder Myxoviren infizierter Gewebekulturzellen wegen des vorhandenen Virus-Hämagglutinins. Ebenso wird die ***Virusinterferenz*** genutzt: Bei zuvor mit Rötelnvirus infizierten Zellen bleibt bei anschließender Inokulation von Vesicular-stomatitis-Virus (VSV) der für VSV typische CPE aus.

Biochemische Differenzierung. Die biochemische Leistungsprüfung erfaßt die Fähigkeit zur Umsetzung bestimmter Substrate (besonders zur Nutzung als Kohlenstoff- oder Stickstoffquelle), das Vorhandensein bestimmter Enzyme durch Stoffwechselprodukte oder Umsetzungsprozesse. Durch die Kombination mehrerer Tests kann anhand der entstehenden Leistungsmuster eine Speziesdiagnose gestellt werden.

In der Routinediagnostik werden im allgemeinen einfache Tests angewendet. Der Reaktionsausfall, z. B. die Umsetzung des Substrats, wird häufig durch den Farbumschlag eines Indikators angezeigt, so daß man im mikrobiologischen Labor von einer „Bunten Reihe" spricht.

Für verschiedene Gruppen von Mikroorganismen werden kommerziell Testkits angeboten, die eine bestimmte Anzahl von biochemischen Reaktionen in einem Miniatursystem prüfen. Durch Kodierung der Reaktionsausfälle kann in einer Datenbank nach der am ehesten zutreffenden Erregerdiagnose gesucht werden. Diese Datenbanken liegen in der Regel als Auflistung der möglichen Kodenummern und der zugehörigen Erregerdiagnose(n) vor. Mit Hilfe von Wahrscheinlichkeitstabellen gelingt auch die Identifizierung von Erregern, deren Reaktionsmuster nicht verschlüsselt sind.

Serologische Differenzierung. Bei der serologischen Differenzierung werden bekannte Antikörper gegen Bakterienantigene mit den zu identifizierenden Bakterien zusammengebracht. Die Antigen-Antikörper-Reaktion läßt sich im positiven Fall makroskopisch oder mikroskopisch (Agglutination, Kapselquellung, Komplementbindung, Bindung fluorochrommarkierter Antikörper) ablesen.

Typische Anwendungen sind die Serogruppenbestimmung von betahämolysierenden Streptokokken und die Differenzierung von Salmonellen nach dem Kauffmann-White-Schema.

Mit Hilfe geeigneter Antikörper lassen sich einige Bakterienspezies in Serotypen unterteilen. Neben epidemiologischen Fragestellungen können die unterschiedlichen Serotypen bestimmten Krankheitssymptomen zugeordnet werden. E. coli O:157 H:7 ist der häufigste EHEC, Erreger einer hämorrhagischen Kolitis, von HUS und TTP.

Auch angezüchtete Viren werden durch serologische Methoden typisiert.

Lysotypie. Mit Hilfe geeigneter Bakteriophagen lassen sich Bakterienarten in weitere Untertypen unterteilen (Phagentypisierung, Lysotypen).

Bakteriophagen sind Viren, die ausschließlich Bakterien als Wirtszellen befallen und sich in diesen vermehren. Anschließend können die Bakterien lysiert werden. Das Wirtsspektrum eines Phagen ist sehr beschränkt, da aufgrund des Vorkommens spezifischer Rezeptoren auf der Bakterienoberfläche jeder Phage nur bestimmte Bakterienstämme infizieren kann. Die Phagenrezeptoren können sogar innerhalb eines serologischen Bakterientyps unterschiedlich sein (Phagentypen).

Diese Methode findet überwiegend bei epidemiologischen Fragestellungen ihre Anwendung, z. B. bei der Identifizierung einer Infektionsquelle („Herdsuche").

Molekularbiologische Diagnostik

Durch die Weiterentwicklung molekularbiologischer Methoden ist es möglich geworden, diese auch in der Diagnostik mikrobiell bedingter Erkrankungen einzusetzen. Die molekularbiologischen Methoden finden zur Zeit vor allem in der Virologie Anwendung, aber auch beim Nachweis von Chlamydien und Mykobakterien. Während die Verfahren zur Identifizierung von angezüchteten Mikroorganismen sich bewährt haben, konnte die PCR zum Direktnachweis von Bakterien oder Pilzen die Erwartungen nur eingeschränkt erfüllen.

Hybridisierungsverfahren. Nach Entdeckung einer spezifischen DNS- oder RNS-Sequenz ist es möglich, eine dazu komplementäre DNS-Sonde herzustellen. Diese DNS-Sonde wird dann mit Nukleinsäure des gesuchten Mikroorganismus hybridisiert. Um dieses Hybridisierungsprodukt zu erkennen, ist es erforderlich, die DNS-Sonde zu markieren. Dazu stehen verschiedene Methoden zur Verfügung, z. B. radioaktive Isotope, Enzymsubstrate oder Fluorochrome. Eine Hybridisierung verläuft wie folgt:

- Denaturierung der Nukleinsäure des gesuchten Erregers und der Sonde in Einzelstränge,
- Hybridisierung von Erreger-DNS und Sonde,
- Entfernung nicht hybridisierter Sonden,
- Nachweis des Hybridisierungsprodukts mit geeignetem Detektionssystem.

Polymerasekettenreaktion (PCR). Mit Hilfe des Enzyms DNS-Polymerase gelingt es bei geeigneten Reaktionsbedingungen, spezifische DNS-Sequenzen in vitro zu vermehren. Das Verfahren entspricht in seinem Ablauf der DNS-Replikation in Zellen, nur daß es in kurzer Zeit sehr oft wiederholt wird. Dadurch kommt es zu einer starken Vermehrung der eingesetzten DNS. Durch die Auswahl geeigneter Startsequenzen gelingt die Vermehrung eines spezifischen DNS-Abschnitts. Voraussetzung ist die Kenntnis eines für den gesuchten Mikroorganismus spezifischen DNS-Abschnitts (der vermehrt werden soll) und dessen Randbereiche. Für die Randbereiche (Anfang und Ende) müssen komplementäre Primer hergestellt werden, also DNS-Sequenzen, die sich mit diesen Randbereichen hybridisieren. Erst durch den dadurch entstehenden DNS-Doppelstrang kann die Polymerase ihre Aktivität entfalten. Dabei ist zu beachten, daß ein Primer zur Randsequenz am 3´-Ende des spezifischen Abschnitts auf dem einen Strang (Anfang) und der andere Primer zum 3´-Ende der Randsequenz des spezifischen Abschnitts auf dem anderen Strang komplementär ist. Die Polymerase-Kettenreaktion hat folgenden prinzipiellen Ablauf:

- Denaturierung der zu vermehrenden DNS in Einzelstränge,
- Anlagerung der Primer an die Einzelstränge (Hybridisierung),

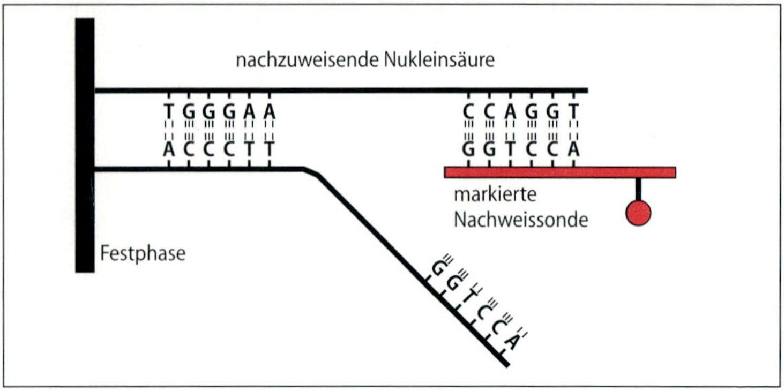

DNS-Hybridisierung

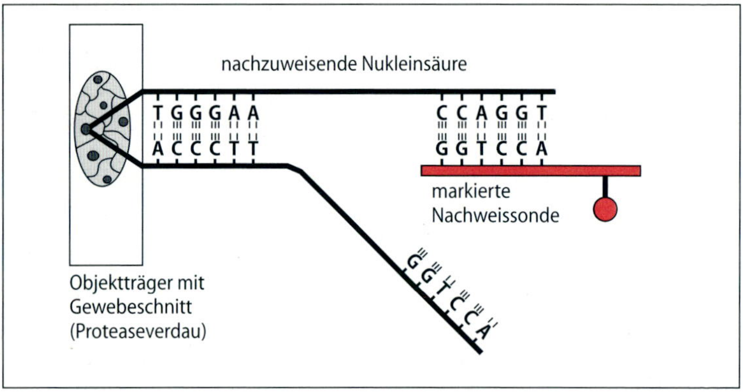

In-situ-Hybridisierung: Nukleinsäurenachweis im Gewebe

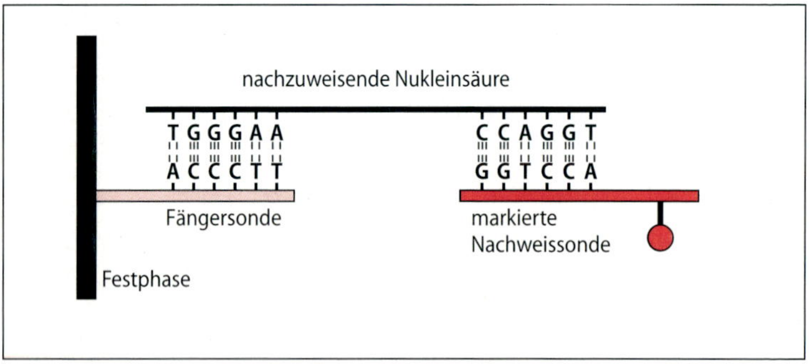

Sandwich-Hybridisierung: Isolierung aus einem komplexen Nukleinsäuregemisch

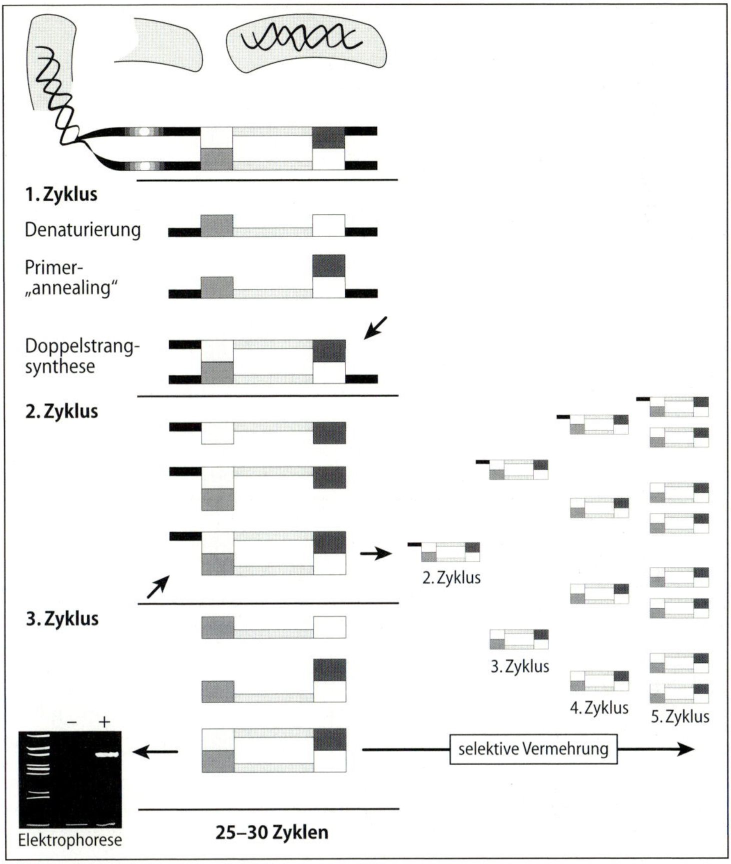

Polymerasekettenreaktion (PCR)

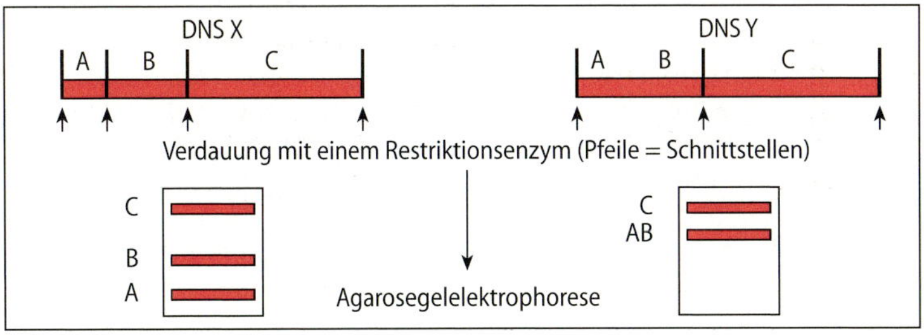

Restriktionslängenpolymorphismus (RFPL)

- Polymerisierung der Einzelstrang-DNS zu Doppelstrang-DNS (DNS-Polymerase: thermostabile Taq-Polymerase),
- 25–50malige Wiederholung des Vorgangs.

Nützlich für die Interpretation im Rahmen der Infektionsdiagnostik kann die Isolierung von mRNS sein, die mit einer reversen Transkriptase in DNS umgeschrieben wird, mit der dann anschließend die PCR durchgeführt werden kann.

Andere Amplifikationsverfahren wie LCR = „ligase chain reaction" (Ligasekettenreaktion), SDA = „strand displacement amplification", TBA = „transcription based amplification", NASBA = „nucleic acid based amplification" verlaufen nach entsprechenden Prinzipien.

Restriktionsfragmentlängenpolymorphismus (RFLP). Mit Restriktionsendonukleasen können an spezifischen Stellen DNS-Doppelstränge auseinandergeschnitten werden, so daß unterschiedlich lange Fragmente entstehen. Diese können elektrophoretisch getrennt werden, so daß ein spezifisches Bandenmuster entsteht. Basenänderungen in der DNS-Sequenz führen zum Verlust oder u. U. zur Entstehung von neuen Schnittstellen; in der Folge produziert die Endonuklease andere Fragmente, das Bandenmuster ändert sich.

Serologische Diagnostik: Antigennachweis

Neben der Anfärbung mikroskopischer Präparate mit markierten erregerspezifischen Antikörpern und der Serotypisierung angezüchteter Erreger können erregerspezifische Antigene auch mittels bekannter Antikörper in Körperflüssigkeiten nachgewiesen werden. Typische Anwendungen sind der Nachweis von Legionellen-Antigen im Urin, der Nachweis von Candida- oder Aspergillen-Antigen im Serum und der Nachweis von Kryptokokken-Antigen in Liquor und Serum.

Diagnostische Tierversuche

Diagnostische Tierversuche dienen dem Nachweis der Infektiosität eines Erregers. Dies findet in Ausnahmefällen Anwendung in der mikrobiologischen Diagnostik der Tuberkulose, wobei auch kleine Erregermengen nachgewiesen werden können. Ein zweites Anwendungsgebiet diagnostischer Tierversuche ist der Nachweis bestimmter Toxine, insbesondere von Botulinus- und Tetanustoxin. Untersuchungsmaterialien, in denen die Toxine vermutet werden, werden geeigneten Versuchstieren appliziert. Anschließend überprüft man, ob sich bei dem Versuchstier innerhalb eines bestimmten Zeitraums charakteristische Krankheitserscheinungen (z. B. Robbenstellung auf Grund schlaffer Lähmungen durch Botulinustoxine oder Wespentaille durch Tetanustoxin) einstellen, die sich bei einem weiteren, mit Toxin injizierten Tier durch die Gabe eines Antitoxins unterdrücken lassen. Auch Viren lassen sich in Versuchstieren anzüchten: Die Babymaus entwickelt charakteristische Lähmungen bei Coxsackie-A-

Virus-Infektionen; erwachsene Mäuse dienen dem Nachweis von LCMV, Tollwut-, Arbo- und Gelbfieberviren.

4.3.2 Nachweis einer erregerspezifischen Immunreaktion

Zum Nachweis einer erregerspezifischen Immunantwort stehen zwei Ansätze zur Verfügung:
- Nachweis einer humoralen Immunantwort und
- Nachweis einer zellulären Immunantwort.

Nachweis einer humoralen Immunantwort

Zum Nachweis einer humoralen Immunreaktion dient der Nachweis von erregerspezifischen Antikörpern mit Hilfe von bekannten Antigenen.

Die Antikörperbildung als eine Antwort des Wirts auf einen Erreger nimmt eine gewisse Reaktionszeit in Anspruch. Antikörper verschwinden nach Bildung wieder, aber mit unterschiedlicher Kinetik – es werden persistierende und nichtpersistierende Antikörper unterschieden.

Abzugrenzen ist die adoptive Übertragung von Antikörpern, z. B. durch Transfusion, durch passive Immunisierung oder von der Mutter auf den Fetus (Leihimmunität).

Titer. Ein Titer ist der reziproke Wert der höchsten Probenverdünnung, bei der noch ein positiver Testausfall festgestellt werden kann. Ein Agglutinationstiter von 64 bedeutet, daß eine Probe (z.B. Serum) bis 1:64 verdünnt werden kann und dann gerade noch eine sichtbare Verklumpung entsteht. Meist werden die Proben geometrisch verdünnt (1:1, 1:2, 1:4, 1:8 etc.).

Grenztiter. Als Grenztiter oder Grenzwert wird der Titer bezeichnet, ab dem das Ergebnis eines serologischen Nachweisverfahrens als spezifisch anzusehen ist. Der Grenzwert des TPHA-Tests ist 80; Agglutinationen bei geringeren Serumverdünnungen sind häufig durch unspezifische Faktoren bedingt.

Diagnostischer Titer. Ist ein Titer so hoch, daß allein aus dem Wert auf das Vorliegen einer aktuellen Infektion geschlossen werden kann, so wird er als diagnostischer Titer bezeichnet. Diagnostische Antikörper-Titer sind wegen möglicher großer individueller Unterschiede bei der Antikörperantwort nur eingeschränkt festlegbar.

Titerdifferenz. Eine signifikante Titerdifferenz (Anstieg oder Abfall) liegt erst dann vor, wenn sich zwei Proben um mindestens 2 Titerstufen, d. i. eine vierfache (2^2) Verdünnung, unterscheiden. Kleinere Differenzen sind durch die Fehlerbreite der Testdurchführung bedingt.

lösliches Antigen + löslicher Antikörper
(Präzipitation von Antigen-Antikörper-Komplexen im Äquivalenzbereich der Heidelberger-Kurve)

Präzipitation

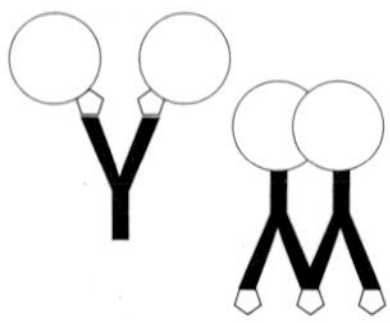

korpuskuläres Antigen + löslicher Antikörper
lösliches Antigen + korpuskulärer Antikörper
Latexagglutination: Korpuskel = Latex
Hämagglutination: Korpuskel = Erythrozyt

Agglutination

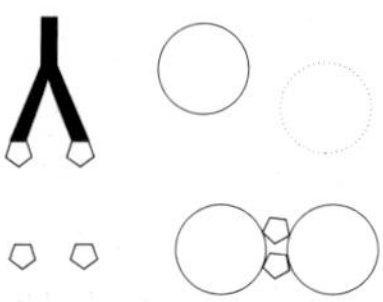

antigenes Hämagglutinin + Erythrozyten + Antikörper
der Antikörper verhindert die Hämagglutination durch das Antigen

Hämagglutinationshemmtest

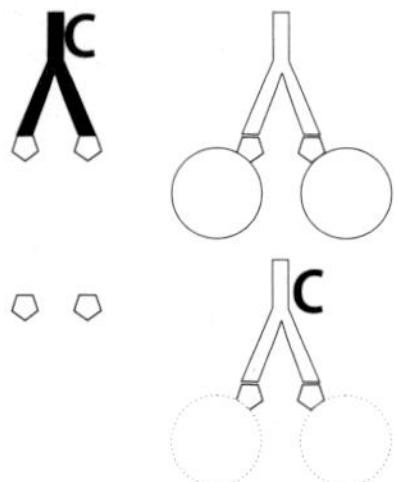

lösliches Antigen + löslicher Antikörper
→ Verbrauch von Komplement

Nachweis des Komplementverbrauchs durch ein hämolysierendes System (Erythrozyten + komplementbindende Anti-Erythrozyten-Antikörper):
Hämolyse bei fehlendem Komplementverbrauch

Komplementbindungsreaktion (KBR)

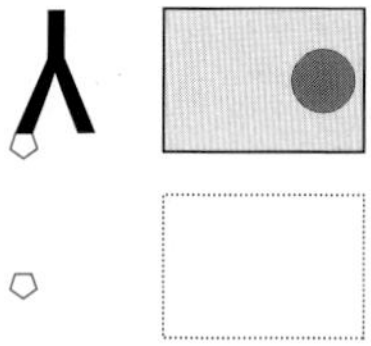

schädigendes antigenes Agens (Erreger, Toxin) + Zielzelle + neutralisierender Antikörper:
Der neutralisierende Antikörper verhindert die Schädigung (z. B. zytopathische Effekte)

Neutralisationstest

Titerverlauf. Die Bildung nachweisbarer Mengen von Antikörpern nimmt bei den meisten Infektionen etwa 8–10 Tage in Anspruch. Wird eine Serumprobe in der 1. Woche einer Infektion gewonnen, so ist noch keine nachweisbare Menge an Antikörpern vorhanden, obwohl eine Infektion vorliegt. Diese Phase zwischen Infektion und Antikörpernachweisbarkeit heißt ***diagnostisches Fenster;*** es hat große Bedeutung bei der HIV-Diagnostik, da beispielsweise Blut, das einem HIV-infizierten Spender in der Phase des diagnostischen Fensters entnommen wird, zwar das Virus enthält und dieses übertragen werden kann, aber die Infektion des Spenders, also die Übertragungsgefahr serologisch nicht erkannt werden kann.

Eine Zunahme der Antikörper (Titeranstieg um mind. das Vierfache = 2 Titerstufen) kann meist nach ca. 10–14 Tagen nachgewiesen werden. Ein Titeranstieg spricht für eine frische, ein Titerabfall für eine abklingende Infektion.

Aus dem zeitlichen Ablauf von Titerbewegungen können prognostische Schlüsse abgeleitet werden. Nichtpersistierende Antikörper verschwinden nach Ausheilen einer Infektion innerhalb eines Zeitraums (z. B. fällt der VDRL-Titer bei erfolgreicher Therapie einer primären oder sekundären Syphilis innerhalb eines Jahres um mindestens 3 Stufen ab). Bleiben sie dennoch bestehen, kann dies auf eine ungenügende Therapie oder eine Chronifizierung der Infektion hinweisen. Bei Reinfektionen und rezidivierenden Infektionen (z. B. Chlamydieninfektionen) oder solchen mit langem Verlauf kann häufig kein Titeranstieg und möglicherweise auch keine (neue) IgM-Bildung festgestellt werden. Bei Patienten mit Immundefekten kann die Antikörperbildung gestört sein; es lassen sich dann trotz der Infektion keine Antikörper nachweisen. Übertragene oder adoptiv zugeführte Antikörper verschwinden entsprechend ihrer Halbwertzeit; bleiben über diesen Zeitraum hinaus Antikörper nachweisbar, spricht dies für eine Eigenproduktion (Infektion).

IgM-Antikörper. Bei einer Immunantwort werden zuerst IgM-Antikörper gebildet. Diesen gesellen sich nach einiger Zeit, in der Regel nach 2–3 Wochen, IgG-Antikörper hinzu (Klassenwechsel), die IgM-Antikörper verschwinden mit der Zeit. Dies ist von der jeweiligen Infektion abhängig und kann in einzelnen Fällen länger als ein Jahr dauern.

Ein Nachweis erregerspezifischer IgM-Antikörper ist daher ein starker, aber nicht immer ein eindeutiger Hinweis auf eine ***akute Infektion*** (Neuinfektion, persistierende Infektion oder Reaktivierung).

Eine besondere Bedeutung kommt dem IgM-Nachweis bei der Diagnostik ***intrauteriner Infektionen*** zu. Aufgrund ihrer Größe können IgM-Antikörper nicht durch die Plazenta auf den Fetus übertreten; alle IgM im fetalen Blut sind daher vom Fetus als Antwort auf seine Infektion gebildet worden.

Für den Nachweis von Antikörpern stehen verschiedene Verfahren zur Verfügung. Die folgenden Prinzipien lassen sich voneinander abgrenzen:

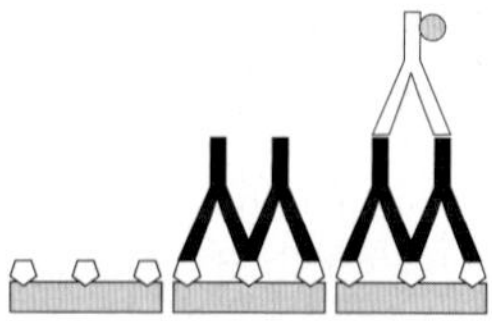

Antigen, gebunden an eine feste Phase
+ gesuchter Antikörper
+ markierter Anti-Antikörper
(anti-human oder klassenspezifisch für IgG, IgM oder IgA)

IFT:	fluorochrom-markierter Antikörper
ELISA:	enzym-markierter Antikörper
RIA:	radioaktiv markierter Antikörper

Festphasen-Tests: Sandwich-Test

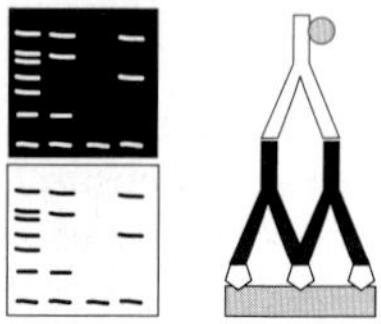

Gelelektrophoretische Auftrennung eines bekannten Antigengemisches

Überführung der Banden auf Nitrocellulose (= Blotten)

Zugabe des gesuchten Antikörpers
Nachweis der Antikörperbindung im Sandwichverfahren

Festphasen-Tests: Westernblot

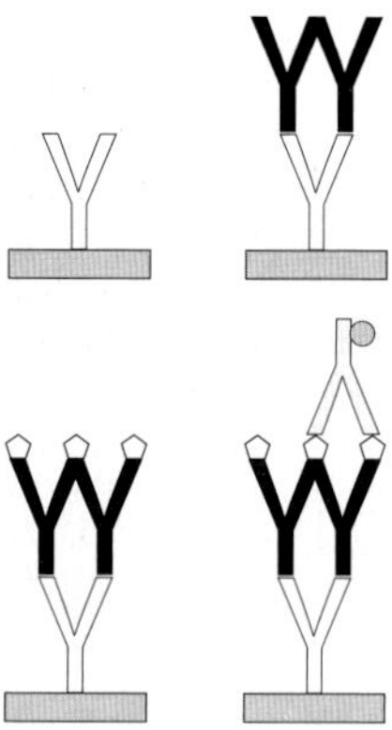

Anti-Antikörper (anti-human oder klassenspezifisch für IgG, IgM oder IgA) gebunden an einer festen Phase

„fängt" Antikörper (ggf. klassenspezifisch)

Spezifitätsnachweis durch Antigenzugabe

Nachweis der Antigenbindung mit einem markierten antigenspezifischen Antikörper (anderes Epitop)

Festphasen-Tests: Capture-Test

Präzipitationstests. Bekannte lösliche Antigene werden mit den (im Serum oder Liquor gelösten) Antikörpern inkubiert. Bei geeignetem Mischungsverhältnis entsprechend der Heidelberger-Kurve werden die Antigen-Antikörper-Komplexe sichtbar ausgefällt. Präzipitationstests können sowohl in einer flüssigen Phase als auch in einem Gel stattfinden.

Agglutinationstests. Partikelgebundene Antigene (Antigene auf Latexpartikeln oder auf Erythrozyten, antigentragende Bakterien) werden mit den Antikörpern inkubiert. Durch die Antigen-Antikörper-Reaktion kommt es zu einer Quervernetzung der Partikel, die daraufhin verklumpen.

Ein Beispiel ist die Widal-Reaktion zum Nachweis von Antikörpern gegen Salmonella Typhi.

Tests mit Hämolyse als Parameter. Durch die Bindung von Antikörpern der Klassen IgG1, IgG2, IgG3 oder IgM an das ihnen homologe Antigen wird deren Komplementrezeptor freigelegt, und die Komplementkaskade kann aktiviert werden. Das Komplement im Medium wird verbraucht. Dieses Prinzip machen sich verschiedene Methoden zunutze. Entscheidend ist dabei, daß das Komplement in der Probe vor dem Test inaktiviert und jedem Untersuchungsansatz eine definierte Menge Komplement zugesetzt wird.

Bei der ***Komplementbindungsreaktion (KBR)*** reagieren Antigen und Antikörper miteinander. Dabei wird die gesamte (vorher bestimmte) Menge an Komplement verbraucht. Das Komplement steht damit der eigentlichen Nachweisreaktion, einem „hämolysierenden System" aus Erythrozyten und erythrozytenspezifischen Antikörpern (Ambozeptor), nicht mehr zur Verfügung. Es findet keine Hämolyse statt. Sind keine Antikörper im Ansatz, so wird das Komplement nicht verbraucht, und es kommt zu einer komplementvermittelten Hämolyse des Erythrozyten-Ambozeptor-Komplexes.

Beim ***Hämolysis-in-Gel-Test (HIG-Test)***, der in der Rötelndiagnostik eingesetzt wird, befinden sich in einem Gel antigenbeladene Erythrozyten. Durch Zugabe antigenspezifischer Antikörper aus dem Serum und von Komplement kommt es zur Hämolyse in dem Gel.

Festphasentests. Das erregerspezifische Antigen wird an eine feste Phase (Objektträger, Mikrotitrationsplattenkavität) gebunden. Es müssen unspezifische Proteinbindungsstellen der festen Phase in geeigneter Weise abgedeckt werden. Anschließend wird mit dem antikörperhaltigen Untersuchungsmaterial inkubiert. Die spezifischen Antikörper binden sich an das Antigen an der festen Phase. Nicht gebundene Antikörper müssen durch Spülen entfernt werden. Der entstandene Antigen-Antikörper-Komplex wird nun mit einem markierten Antihumanglobulin (oder Anti-IgG- oder Anti-IgM-Antikörper) nachgewiesen. Nach Inkubation mit dem Antiantikörper müssen die nicht gebundenen Antiantikörper durch Spülen entfernt werden. Zum Abschluß wird die

Markierung des Antigen-Antikörper-Antiantikörper-Komplexes mit geeigneten Methoden nachgewiesen. Je nach Markierung des Antiantikörpers unterscheidet man Radioimmunoassays (= RIA: radioaktive Markierung), Enzymimmunoassays (= EIA, ELISA: Enzymmarkierung) und indirekte Immunfluoreszenztests (= IFT: fluorochrommarkiert).

Beim ***Capture-ELISA*** wird statt des Antigens ein klassenspezifischer Antiantikörper (meist Anti-IgM) an die feste Phase gebunden. Anschließend wird mit dem Serum inkubiert, und alle IgM-Antikörper binden sich (IgM-)spezifisch an die feste Phase. Nach Entfernung aller nicht gebundenen Antikörper wird das spezifische Antigen dazugegeben und von den gebundenen spezifischen IgM-Antikörpern gebunden. Nach Entfernung nicht gebundenen Antigens wird mit einem zweiten erregerspezifischen, gegen ein anderes Epitop gerichteten Antikörper inkubiert. Der entstandene Komplex (Anti-IgM—Serum-IgM-Antikörper—Antigen—bekannter spezifischer Antikörper) wird zum Schluß mit einem enzymgekoppelten Antikörper markiert und analog zum ELISA nachgewiesen.

Beim ***Westernblot (Immunoblot)*** erfolgt zunächst eine gelelektrophoretische Auftrennung eines Antigengemisches, das anschließend auf eine geeignete feste Phase (Nitrozellulose- oder Nylonmembran) übertragen (geblottet) wird. Das weitere Vorgehen entspricht dem beim ELISA.

Nachweis einer zellulären Immunantwort

Es müssen In-vivo- und In-vitro-Methoden unterschieden werden:

- Bei In-vivo-Methoden wird ein spezifisches Antigen intrakutan appliziert. Beim Vorhandensein spezifischer T-Lymphozyten kommt es zu einer Infiltration von Zellen an den Applikationsort mit Ausbildung einer Papel analog der Granulombildung. Die weiteste Verbreitung hat der Tuberkulintest. Der positive Ausfall der Reaktion besagt, daß funktionstüchtige spezifische T-Lymphozyten im Patienten vorhanden sind. Es kann aber keine sichere Unterscheidung zwischen dem Vorliegen einer akuten Erkrankung, einer zurückliegenden, ausgeheilten Erkrankung oder einer durchgeführten Schutzimpfung getroffen werden.
- In-vitro-Methoden messen in den meisten Fällen eine antigenspezifische T-Helfer-Zell-Proliferation. Dazu werden antigenpräsentierende Zellen (Makrophagen), spezifisches Antigen und Lymphozyten (aus dem Untersuchungsmaterial) zusammen inkubiert und mit geeigneten Kontrollen (Ansatz ohne Antigen, Ansatz ohne antigenpräsentierende Zellen, Ansatz mit Mitogenen) verglichen. Als Gradmesser der Stärke der Reaktion dient der Einbau von ^{3}H-markiertem Thymidin in die in Vermehrung begriffene

Kernsubstanz. Diese Methode kann zur Zeit aber nur zu experimentellen Zwecken oder in kontrollierten Studien angewendet werden.

4.3.3 Treffsicherheit diagnostischer Tests

Aus dem positiven oder negativen Ausfall eines Tests kann nicht mit 100%iger Sicherheit auf das Vorliegen oder Nichtvorliegen einer Infektion geschlossen werden. Falsche Testergebnisse können durch Fehler bei der Materialgewinnung (falsches Material, falscher Entnahmezeitpunkt), ungeeignete Transportbedingungen (zu lange, zu warm/zu kalt) und schlechte Testsysteme (zu geringe Sensitivität und Spezifität) bedingt sein.

Um die Aussagefähigkeit eines Tests zu beschreiben, stehen vier mathematische Größen zur Verfügung:

- ***Sensitivität*** bezeichnet die Wahrscheinlichkeit, mit der ein diagnostisches Verfahren bei einem Infizierten positiv ausfällt. Aus dem Zusammenhang Sensitivität + falsch-negative Testergebnisse = 1 ergibt sich, daß die Sensitivität sinkt, je mehr falsch-negative Ergebnisse entstehen (z. B. durch die Wahl hoher cut-off-Werte).
- ***Spezifität*** bezeichnet die Wahrscheinlichkeit, mit der ein diagnostisches Verfahren bei einem Nichtinfizierten negativ ausfällt. Aus dem Zusammenhang Spezifität + falsch-positive Testergebnisse = 1 ergibt sich, daß die Spezifität sinkt, je mehr falsch-positive Ergebnisse entstehen (z. B. durch die Wahl niedriger cut-off-Werte). Sensitivität und Spezifität sind testinterne Charakteristika.
- ***Positiver Vorhersagewert („positive predictive value": PPV)*** bezeichnet die Wahrscheinlichkeit, mit der ein positiver Testausfall das Vorliegen einer Infektion anzeigt.
- ***Negativer Vorhersagewert*** bezeichnet die Wahrscheinlichkeit, mit der ein negativer Testausfall das Nicht-Vorliegen einer Infektion anzeigt.

Für den klinisch tätigen Arzt sind die Vorhersagewerte von entscheidender Bedeutung, da sie ihm sagen, wie wahrscheinlich eine Infektion anhand des Testergebnisses vorliegt oder ausgeschlossen werden kann.

Die Voraussagewerte hängen neben der Sensitivität und Spezifität des Tests in entscheidendem Maße von der Prävalenz der Infektion ab.

Große Differenzen in der Sensitivität haben nur geringe Änderungen des PPV zur Folge, hingegen führen große Spezifitätsunterschiede zu erheblichen Unterschieden des PPV. Umgekehrt führen Differenzen in der Sensitivität zu Unterschieden des negativen Vorhersagewerts. Je geringer die Spezifität (bedingt durch mehr falsch-positive Ergebnisse aufgrund niedriger cut-off-Werte), desto geringer der diagnostische Wert des Tests.

		Krankheit ja	Krankheit nein
Test	+	A	B
Test	−	C	D

$$\text{Spezifität} = \frac{D}{D+B}$$

$$\text{Sensitivität} = \frac{A}{A+C}$$

$$\text{Positiver Vorhersagewert} = \frac{A}{A+B}$$

$$\text{Negativer Vorhersagewert} = \frac{D}{D+C}$$

$$\text{Prävalenz} = \frac{A+C}{A+B+C+D}$$

Die Vorhersagewerte hängen entscheidend von der Prävalenz der Krankheit ab. Große Sensitivitätsunterschiede haben nur geringe Änderungen des positiven Vorhersagewerts (PPV) zur Folge, große Spezifitätsunterschiede verändern diesen stark.

Test	Krankheit ja	Krankheit nein
+	10	5
−	0	99985

Spezifität: 99.995%
Sensitivität: 100%
Prävalenz: 0,01%
PPV: 66,67%

Test	Krankheit ja	Krankheit nein
+	50000	3
−	0	49997

Spezifität: 99.995%
Sensitivität: 100%
Prävalenz: 50%
PPV: 99,99%

Test	Krankheit ja	Krankheit nein
+	10	90
−	0	99900

Spezifität: 99.90%
Sensitivität: 100%
Prävalenz: 0,01%
PPV: 10%

Test	Krankheit ja	Krankheit nein
+	9	5
−	1	99985

Spezifität: 99.995%
Sensitivität: 90%
Prävalenz: 0,01%
PPV: 64,29%

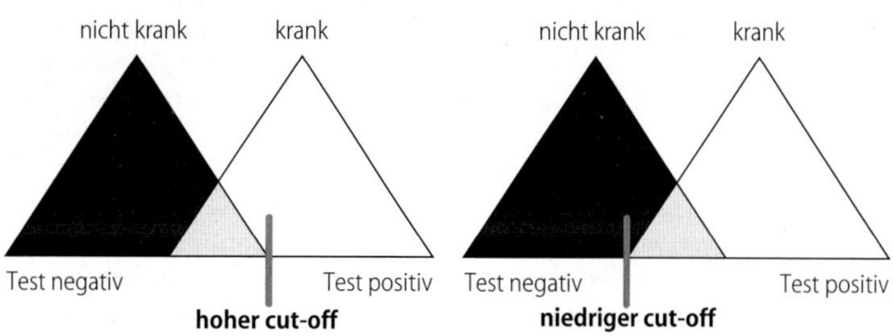

viele falsch negative (grau) – niedrige Sensitivität – hohe Spezifität

viele falsch positive (grau) – niedrige Spezifität – hohe Sensitivität

Beschreibung und Bewertung von Labortests. Charakterisierende Größen (cut-off = Grenze zwischen positivem und negativem Testausfall)

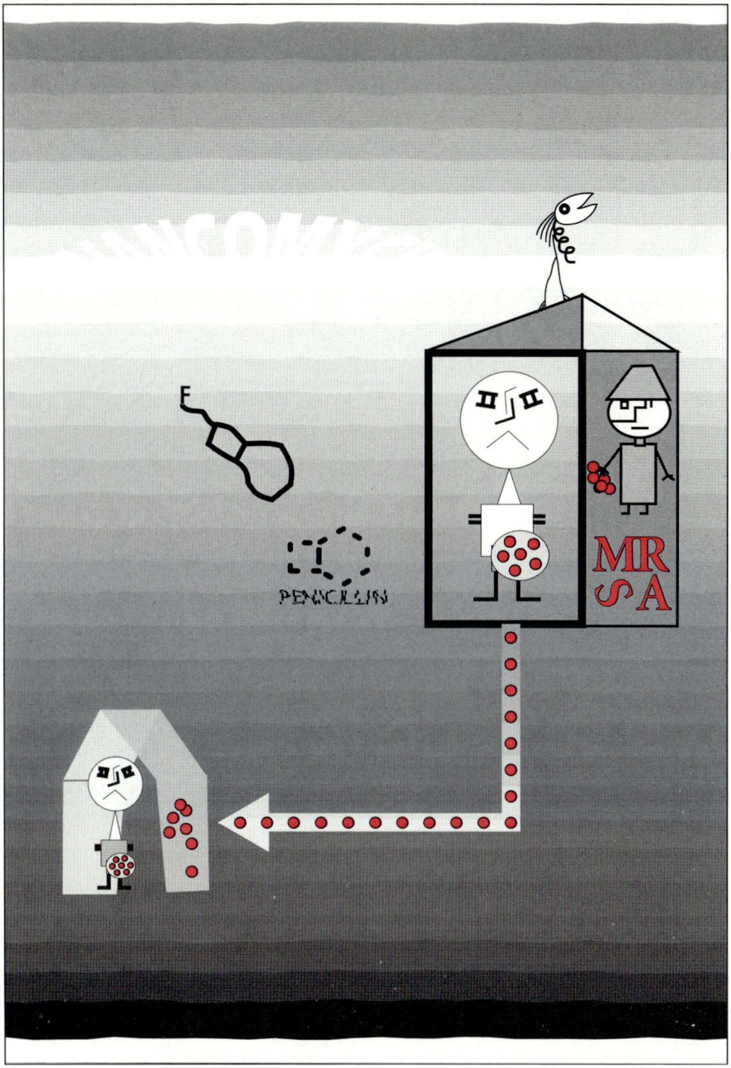

Antimikrobielle Chemotherapie

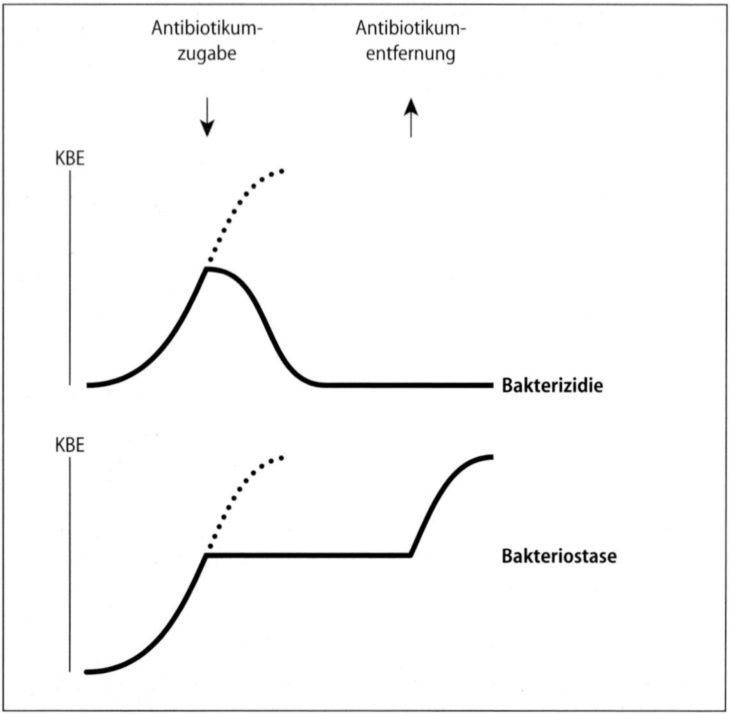

Wirkungsweise von Antibiotika: Bakterizidie und Bakteriostase

Bakterizide Antibiotika	**Bakteriostatische Antibiotika**
Betalaktam-Antibiotika	Tetracycline
Penicilline	Chloramphenicol
Cephalosporine	Clindamycin
Carbapeneme	Makrolide
Aztreonam	Folsäureantagonisten
Glykopeptide	
Fosfomycin	
Aminoglykoside	
Gyrasehemmer (Chinolone)	
Rifampicin	
Metronidazol	

Wirkungsweise von Antibiotika: Bakterizidie und Bakteriostase

5 Antimikrobielle Chemotherapie

5.1 Allgemeine antimikrobielle Chemotherapie

Mit der antimikrobiellen Chemotherapie wird in die Auseinandersetzung zwischen Wirt und Infektionserreger eingegriffen. Ihr Ziel ist die selektive Beeinträchtigung des Erregers, so daß der Makroorganismus diesen unschädlich machen oder sogar eliminieren kann.

Sie wird mit antimikrobiellen Chemotherapeutika durchgeführt. Diese unterteilen sich in Antibiotika (gegen Bakterien), Virustatika (gegen Viren), Antimykotika (gegen Pilze), Anti-Protozoenmittel und Antihelminthika (gegen Würmer).

5.1.1 Wirkungsweise antimikrobieller Chemotherapeutika

Die Prinzipien der antimikrobiellen Chemotherapeutika werden am Beispiel der Antibiotika besonders deutlich. Antibiotika hemmen die Vermehrung von Bakterien oder töten sie ab.

Bakteriostase. Dies ist die Eigenschaft von Antibiotika, Bakterien an der Vermehrung zu hindern. Nach Entfernung des bakteriostatischen Mittels läßt sich die Vermehrungsfähigkeit wieder herstellen.

Bakteriostatische Mittel sind Erythromycin, Clindamycin, Tetracycline, Sulfonamide, Trimethoprim, Chloramphenicol, Ethambutol.

Bakterizidie. Dies ist die Eigenschaft eines Antibiotikums, Bakterien abzutöten. Definitionsgemäß liegt eine klinisch relevante Bakterizidie vor, wenn innerhalb von 6 h nach Einwirkungsbeginn mindestens 99,9% der Bakterien in der Kultur abgetötet sind. Bei primärer Bakterizidie werden ruhende und proliferierende Bakterien abgetötet, bei sekundärer Bakterizidie nur die proliferierenden.

Primär bakterizide Mittel sind Desinfektionsmittel und Polymyxine. Sekundär bakterizide Mittel sind Betalaktam-Antibiotika (Penicilline, Cephalosporine, Carbapeneme, Aztreonam), Vancomycin, Teicoplanin, Aminoglykoside, INH, Rifampicin, Chinolone.

Minimale Hemmkonzentration (MHK). Die MHK ist die niedrigste Konzentration einer antibakteriellen Substanz, die (unter definierten Bedingungen) die Vermehrung eines Bakterienstammes verhindert. Sie kann von Stamm zu Stamm und von Spezies zu Spezies unterschiedlich sein. Zur Charakterisierung der In-vitro-Wirksamkeit einer Substanz wird die MHK, die 50% oder 90% der (untersuchten) Stämme einer Spezies hemmt, angegeben (MHK_{50}, MHK_{90}). Die MHK wird in Reihenverdünnungstests (Agar- oder Bouillondilution) bestimmt.

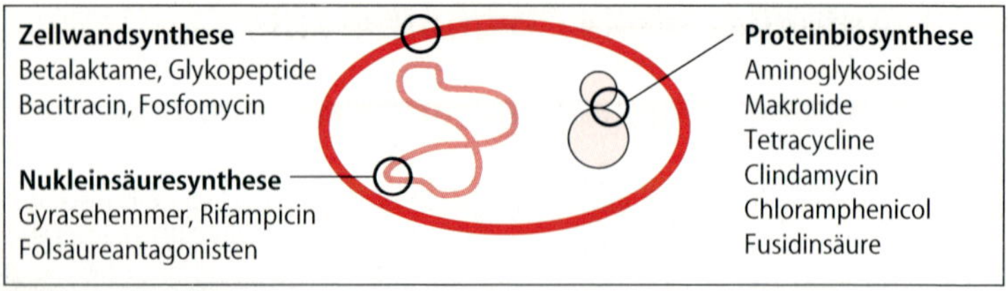

Antibiotika: Angriffspunkte

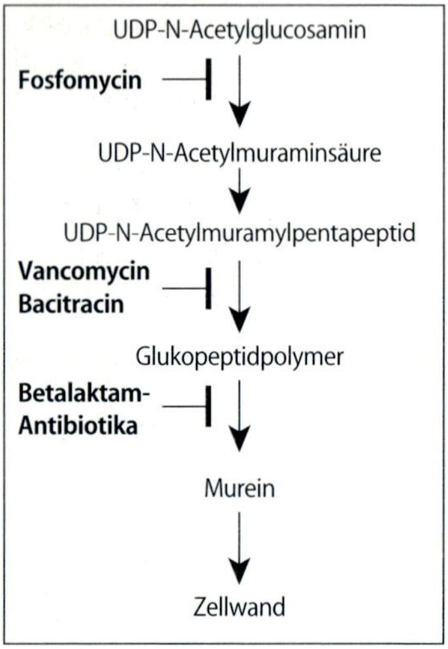

Hemmung der Zellwandsynthese

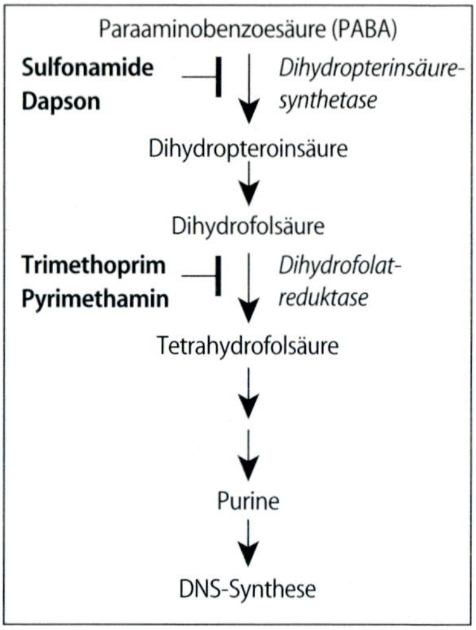

Hemmung der Folsäuresynthese

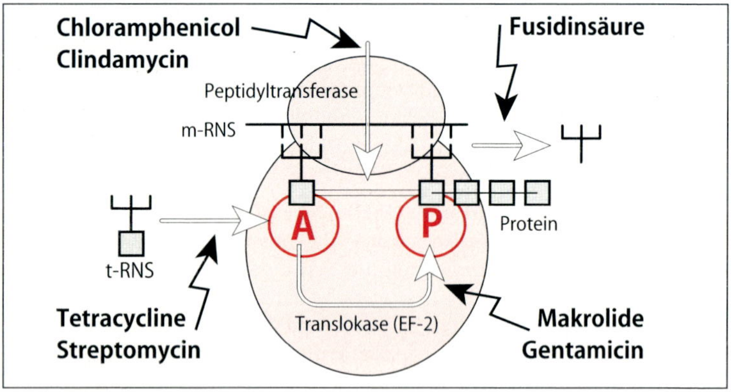

Hemmung der Proteinbiosynthese

Minimale bakterizide Konzentration (MBK). Die MBK ist die niedrigste Konzentration einer antibakteriellen Substanz, die einen Bakterienstamm [99,9% der Population unter definierten Bedingungen, nach einer Einwirkzeit von 6 h (DIN) bzw. 24 h (NCCLS)] abtötet. Sie wird, ausgehend von der MHK-Bestimmung, durch Überimpfung von nicht bewachsenen Proben des Reihenverdünnungstests auf antibiotikafreie Kulturmedien und anschließende Inkubation mit Überprüfung auf Vermehrung (Koloniebildung) bestimmt.

Wirkungsmechanismen. Für die schädigende Wirkung stehen verschiedene Angriffpunkte zur Verfügung: die Zellwandsynthese, die Zytoplasmamembran, die Proteinbiosynthese, der Nukleinsäurestoffwechsel und der Intermediärstoffwechsel. Dabei wird versucht, die Unterschiede zwischen der Bakterienzelle und den menschlichen Zellen soweit wie möglich auszunutzen. In manchen Fällen wirkt die Bakterienhemmung noch nach, auch nachdem das Antibiotikum aus der Umgebung der Bakterien entfernt worden ist: postantibiotischer Effekt (Aminoglykoside, Carbapeneme, Fluorochinolone).

- An der ***Zellwandsynthese*** greifen an: Penicilline, Cephalosporine, Imipenem, Vancomycin, Teicoplanin, Fosfomycin und Cycloserin.
- An der ***Zellmembran*** greifen an: Polymyxin B, Colistin, Amphotericin B, Nystatin.
- An der ***Proteinbiosynthese*** geifen an: Aminoglykoside, Erythromycin, Tetracycline, Clindamycin, Chloramphenicol, Fusidinsäure.
- Am ***Nukleinsäurestoffwechsel*** greifen an: Rifampicin, Gyrasehemmer.
- Am ***Intermediärstoffwechsel*** greifen an: Folsäureantagonisten, INH.

Wirkungsspektrum. Die von einem antimikrobiellen Chemotherapeutikum gehemmten Mikroorganismen werden als Wirkungsspektrum zusammengefaßt. Wichtig ist die Kenntnis über die Lücken im Wirkungsspektrum. Bedeutsam sind die Listerien-, Legionellen-, Enterokokken-, Mykoplasmen- und die Chlamydien-Lücke der Cephalosporine, d. h. sie sollten nur mit Vorsicht zur kalkulierten Therapie von Meningitiden und Pneumonien eingesetzt werden, bei denen die „Lücken-Erreger" differentialdiagnostisch zu bedenken sind.

Pharmakokinetik. Die Pharmakokinetik beschreibt die zeitliche Änderung der Konzentration eines Antibiotikums im Körper. Bedeutsam sind Resorption, Kompartimentierung, Metabolisierung und Elimination.

Resorption bezeichnet die Aufnahme über innere oder äußere Körperoberflächen; praktisch relevant ist es, ob eine Substanz ausreichend über den Darm resorbiert wird, also oral gegeben werden kann, oder ob sie parenteral verabreicht werden muß.

Die Verteilung in den verschiedenen Körperregionen (Kompartimente; z. B. auch Plasmaeiweiß), also die ***Kompartimentierung***, ist von Belang, da die Substanz an ihren Wirkort gelangen muß. Cephalosporine der zweiten Gene-

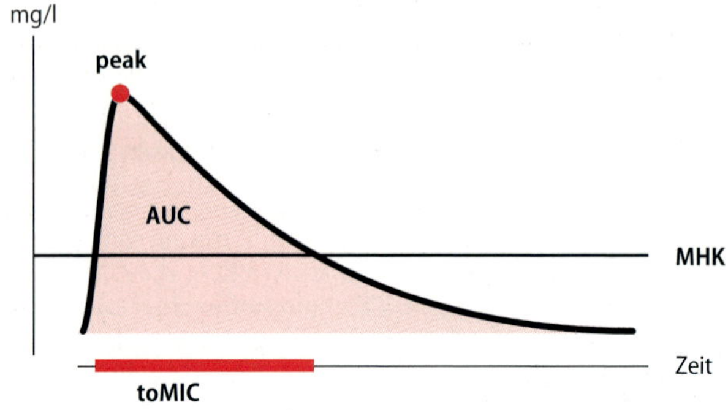

Bedeutsame pharmakokinetische Parameter:

AUC = area under curve = Fläche unter der Kurve
toMIC = time over minimal inhibitory concentration (Dauer der Konzentration über der MHK)
peak/MHK-Quotient
AUC/MHK-Quotient

Pharmakokinetik: Konzentrations-Zeit-Verlauf des Antibiotikums im Organismus

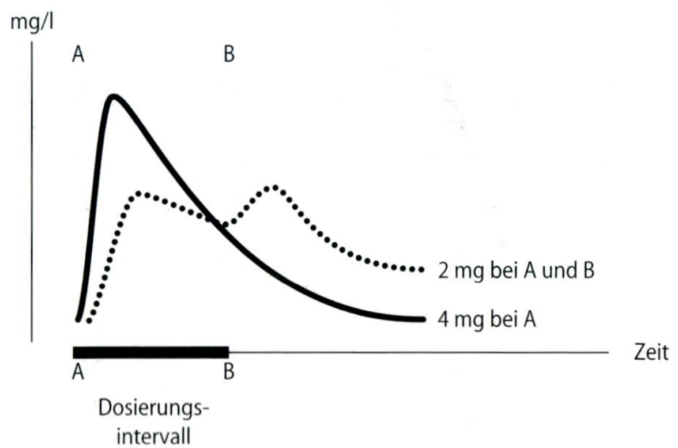

Pharmakokinetik: Kinetikkurven (A und B: Zeitpunkte der Antibiotikagabe)

ration (z. B. Cefotiam) gelangen auch bei Meningitis nicht ausreichend in den Liquor und sind daher bei Meningitis nicht indiziert, selbst wenn der Erreger in vitro durch die Substanz in niedriger Konzentration gehemmt wird. Antibiotika, die gegen Chlamydien wirken sollen, müssen durch die Lipiddoppelmembran in die Wirtszelle gelangen, um den intrazellulären Erreger zu erreichen: Großmolekularen Substanzen wie Makroliden und Tetracyclinen gelingt dies, den polaren, schwachen Säuren der Betalaktam-Antibiotika nicht.

Die ***Metabolisierung*** findet in unterschiedlichem Ausmaß statt und kann zur Inaktivierung oder aber auch zur Aktivierung von pro-drugs führen (prodrugs: Substanzen, die erst im Körper durch Metabolisierung in die aktive Form überführt werden). Besonders zu berücksichtigen ist ein first-pass-Effekt in der Leber nach oraler Aufnahme, also die hepatische Metabolisierung, bevor die Substanz in den großen Kreislauf gelangt.

Die ***Elimination*** erfolgt vorwiegend durch die Nieren; einige Antibiotika, z. B. Rifampicin und Ceftriaxon, werden in erster Linie durch die Galle und die Fäzes ausgeschieden, wobei es zu einer Rückresorption im Darm kommen kann. Die Eliminationswege müssen bei Nieren- oder Leberinsuffizienz bedacht werden, ggf. ist eine Dosisanpassung erforderlich, um eine Akkumulation zu vermeiden.

Empfindlichkeit. Mikroorganismen sind empfindlich gegen eine antimikrobielle Substanz, wenn bei therapeutisch üblicher Dosierung eine höhere Konzentration als die MHK am Ort der gewünschten Wirkung erzielt wird.

5.1.2 Resistenz der Mikroorganismen

Gegen die schädigende Wirkung antimikrobieller Substanzen setzt sich der Erreger zur Wehr.

Resistenz. Mikroorganismen sind resistent gegen eine antimikrobielle Substanz, wenn sie bei therapeutisch erreichbaren Konzentrationen weiterhin vermehrungsfähig sind.

Die ***natürliche Resistenz*** ist die stets vorhandene chromosomal kodierte Unempfindlichkeit, z. B. die Resistenz von P. aeruginosa gegen Penicillin G.

Die ***Mutationsresistenz*** ist durch Mutationen bedingt: In einer Bakterienpopulation finden sich mit einer Häufigkeit von 10^{-6} bis 10^{-9} spontane Chromosomenmutationen, die zur Resistenz gegen eine oder mehrere antimikrobielle Substanzen führen. Die antimikrobielle Chemotherapie führt zur Selektion resistenter Populationsmitglieder, die sich dann vermehren. Es lassen sich eine schnelle (Einschrittresistenz: Streptomycin-Typ, etwas länger bei Erythromycin und Fusidinsäure) und eine langsame Resistenzentwicklung (Mehrschrittresistenz: Penicillin-Typ) unterscheiden.

Die ***übertragene Resistenz*** entsteht durch die Übertragung von Resistenzfaktoren (Plasmide) auf andere Bakterien. Sie kann innerhalb einer Spezies und

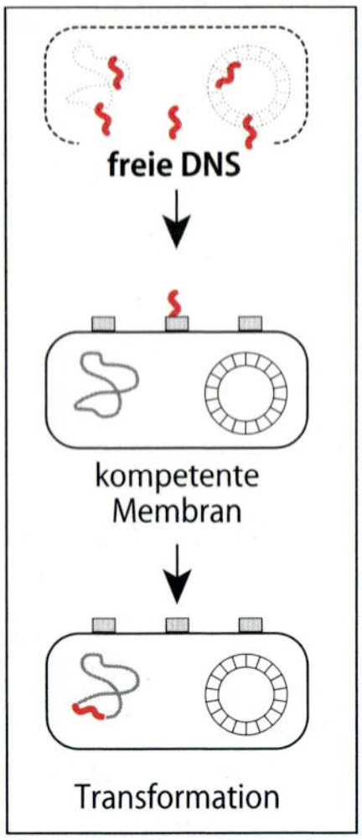

Resistenz: Transformation

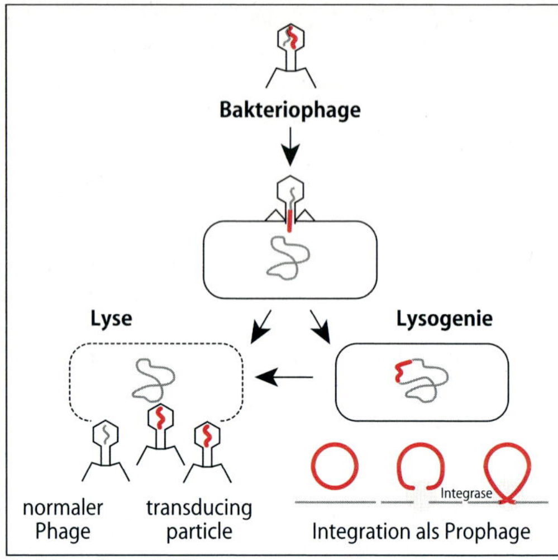

Resistenz: Transduktion

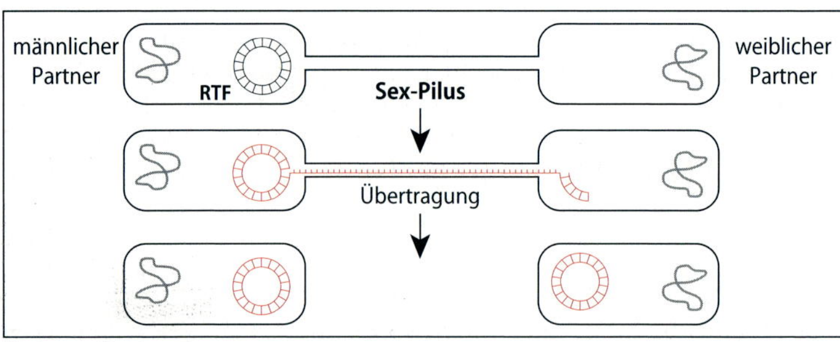

Resistenz: Konjugation

	Enzymatische Inaktivierung	Verändertes Zielmolekül	Permeabilitäts-hemmung	Verstärkte Ausschleusung	Überproduktion des Zielmoleküls
Betalaktame	**P, C**	**C**	**C**	–	(+)
Glykopeptide	–	**P, C**	**C**	–	–
Tetracycline	–	**P, C**	**P, C**	**P, C**	–
Lincosamine	–	**P, C**	–	**C**	–
Makrolide	**P**	**P, C**	–	**C**	–
Aminoglykoside	**P, C**	**C**	**C**	–	–
Folsäureantagonisten	–	**P, C**	**C**	–	**C**
Chinolone	–	**C**	–	**C**	–

P: plasmid-kodiert, C: chromosomal kodiert, –: bisher nicht beschrieben

Genetik der Antibiotikaresistenzmechanismen

auch speziesübergreifend erfolgen. Auf diese Weise können Mehrfachresistenzen entstehen. Die Übertragung von Plasmiden erfolgt durch Konjugation (Übertragung von Bakterium auf Bakterium via Sexpili), Transformation (Aufnahme von DNS aus dem Medium) oder Transduktion (Übertragung durch Bakteriophagen). Die Transduktion findet sich häufig bei grampositiven, die Konjugation bei gramnegativen Bakterien. Transposons können von einem Plasmid auf ein anderes Plasmid oder aufs Chromosom übertragen werden.

Merke! Resistente Stämme werden umso schneller selektioniert, je länger eine Substanz verabreicht wird.

Resistenzmechanismen. Der Antibiotikawirkung kann sich der Erreger entziehen durch inaktivierende Enzyme (Betalaktamasen, aminoglykosidmodifizierende Enzyme: Azetylase, Phosphorylasen, Adenylase), veränderte Permeabilität der Zellhülle (Aminoglykosidresistenz von Streptokokken und Enterokokken), veränderte Zielmoleküle (Oxacillinresistenz bei Staphylokokken, Penicillinresistenz von Pneumokokken), Überproduktion der Zielmoleküle, verstärkte Ausschleusung aus der Zelle (Tetracyclinresistenz bei Enterobakterien) oder Umgehungswege (Resistenz gegen Sulfonamide).

Methoden der Resistenztestung (Empfindlichkeitsbestimmung). Ob ein Erreger empfindlich oder resistent ist gegen ein antimikrobielles Chemotherapeutikum, kann in vitro geprüft werden, indem der Erreger verschiedenen Konzentrationen der Substanz ausgesetzt wird. Es sind Dilutionsmethoden (Agar- und Bouillondilutionsmethoden) von Agardiffusionsmethoden zu unterscheiden.

Bei den ***Dilutionsmethoden*** wird eine Verdünnungsreihe des Antibiotikums in festen oder flüssigen Kulturmedien hergestellt und das Wachstum eines Bakterienstammes bei den unterschiedlichen Konzentrationen bestimmt (s. MHK-Bestimmung). Für praktische Zwecke reicht eine verkürzte Verdünnungsreihe (3 Stufen) mit kleinen Mengen Kulturmedium (***Mikrobouillondilution***). Dabei werden die Konzentrationen der antimikrobiellen Substanz so ausgewählt, daß eine Unterscheidung zwischen empfindlichen und resistenten Stämmen möglich ist (***Break-point-Methode***).

Bei der ***Agardiffusionsmethode*** werden die Hemmhofdurchmesser um antibiotikahaltige Plättchen bestimmt. Das Prinzip der Methode besteht darin, daß das Antibiotikum aus dem Plättchen in den Agar diffundiert und dort einen Konzentrationsgradienten (höchste Konzentration am Plättchen) ausbildet. Je größer die MHK eines Stammes ist, desto näher kann er an das Plättchen heranwachsen. Damit die Methode interpretierbare Ergebnisse liefern kann, muß eine (nahezu) lineare Korrelation zwischen den Hemmhofdurchmessern und der minimalen Hemmkonzentration bestehen. Für die Reprodu-

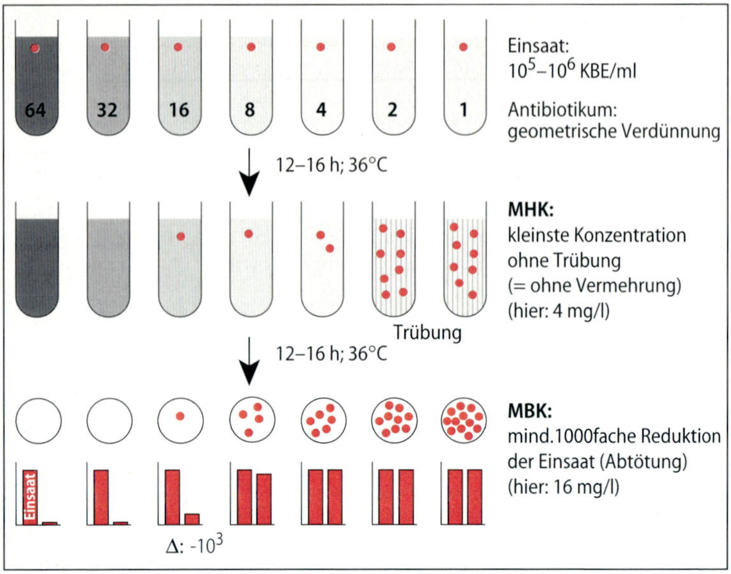

Resistenztestung: MHK und MBK

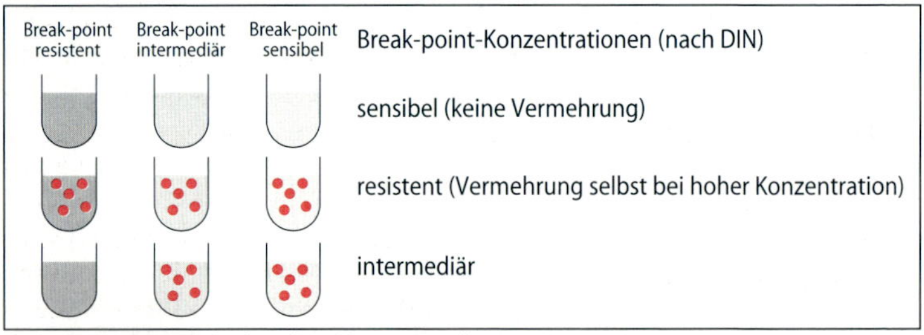

Resistenztestung: Mikrobouillondilution (Break-point-Testung)

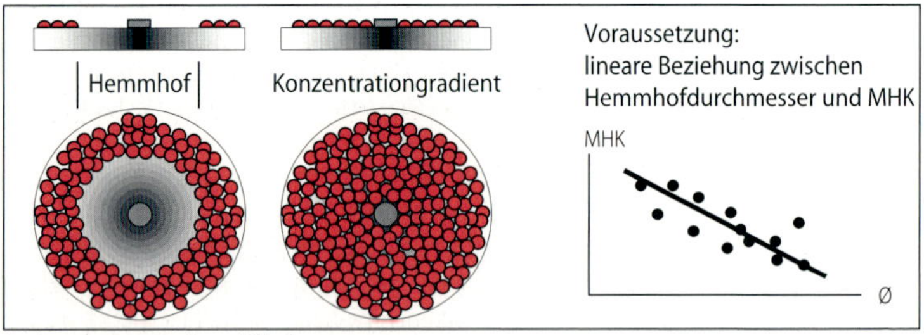

Resistenztestung: Agardiffusionstest

zierbarkeit ist die Konstanthaltung der Testbedingungen unerläßlich. Wesentliche Kriterien sind die Zusammensetzung des Kulturmediums, die eingesetzte Bakterienkonzentration und die Inkubationsbedingungen. Die Antibiotikamenge im Plättchen wird praktischen Erfordernissen angepaßt: Es sollen Hemmhöfe entstehen, die gut meßbar, aber nicht zu groß sind.

Antibiogramm. Bei der Resistenztestung in der Praxis werden mehrere Substanzen gegen ein Erregerisolat getestet, die Ergebnisse werden im Antibiogramm zusammengefaßt.

Resistenzspektrum. Die statistische Auswertung aller Antibiogramme aus einem Bereich führt zu einem Resistenzspektrum.

5.1.3 Nebenwirkungen

Ein antimikrobielles Chemotherapeutikum beeinträchtigt zwar weitgehend selektiv den Erreger, kann aber auch beim Wirt unerwünschte Wirkungen, Nebenwirkungen, hervorrufen.

Toxische Wirkungen sind dosisabhängig und enstehen vor allem bei Überdosierung. Praktisch bedeutsam ist die ***therapeutische Breite***, der Abstand zwischen therapeutischer und toxischer Dosierung. Sie ist bei Betalaktam-Antibiotika groß, bei Aminoglykosiden gering; Aminoglykoside müssen daher exakt, ggf. unter laufender Kontrolle der Serumkonzentration, dosiert werden.

Allergische Wirkungen sind nicht dosisabhägig und treten vor allem nach lokaler Anwendung auf. Am gefährlichsten sind IgE-vermittelte Typ-I-Reaktionen (Sofort-Typ), da sie zum allergischen Schock führen können. Häufiger sind verzögerte Reaktionen (nach mehr als 72 Stunden), deren Mechanismus jedoch nicht im Detail bekannt ist; sie äußern sich meist in Form morbilliformer Exantheme oder als „drug fever". Typischerweise allergen wirken Penicilline (1–10%), aber auch Vancomycin, Nitrofurane und Folsäureantagonisten.

Biologische Nebenwirkungen entstehen durch Beeinträchtigung der physiologischen Kolonisationsflora. Es kann zum Überwuchern von Pilzen (Soor), resistenten Bakterien (pathologische Kolonisation; z. B. P. aeruginosa, Enterokokken, koagulasenegative Staphylokokken) oder, im Darm, von C. difficile (antibiotikaassoziierte Diarrhoe) kommen.

5.1.5 Auswahl von antimikrobiellen Substanzen: Indikation

Merke! Es wird ein Patient bzw. dessen Krankheit behandelt, nicht ein mikrobiologischer Laborbefund.

Der Arzt muß neben mikrobiologischen und pharmakologischen Parametern den Zustand des Patienten berücksichtigen, um die am besten geeignete antimikrobielle Chemotherapie aus der Vielzahl verfügbarer Substanzen auszuwählen. Hierzu muß er sich eine Reihe von Fragen beantworten.

Fragen zur Auswahl antimikrobieller Chemotherapeutika

1. Ist auf Grund von Anamnese und klinischem Befund eine Infektion anzunehmen **(Verdachtsdiagnose)**, und ist damit eine antimikrobielle Chemotherapie indiziert?

2. Welche Erreger kommen als Ursache in Frage **(Erregerspektrum)**?

3. Welche antimikrobiellen Chemotherapeutika wirken gegen die vermuteten Erreger auch unter Berücksichtigung der lokalen Resistenzsituation **(Wirkungsspektrum, Resistenzspektrum)**?

4. Sprechen pharmakokinetische Gründe oder besondere Eigenschaften des Patienten gegen den Einsatz einer Substanz **(Pharmakokinetik, Nebenwirkungen)**?

5. Wie muß das gewählte Mittel verabreicht werden, damit die MHK rechtzeitig am Infektionsort erreicht bzw. überschritten wird **(Dosierung, Applikation)**?

➠ **kalkulierte Initialtherapie**

nach Erreger- und Resistenzbestimmung

6. Kann oder muß die kalkulierte Initialtherapie modifiziert werden?

➠ **gezielte Therapie**

Auswahl antimikrobieller Substanzen: Indikation

Kalkulierte Initialtherapie. Durch die Beantwortung dieser Fragen kalkuliert der Arzt ohne Kenntnis des im Einzelfall vorliegenden Erregers eine wahrscheinlich wirksame Therapie – die kalkulierte Initialtherapie. Diese ist erforderlich, wenn Infektionen sofort einer Therapie bedürfen, und die Ergebnisse der mikrobiologischen Labordiagnostik, die die Informationen für die gezielte Therapie des Einzelfalles liefert (Dauer: meist 2–3 Tage), nicht abgewartet werden können, oder wenn eine mikrobiologische Diagnostik nicht durchgeführt werden kann oder sich erübrigt.

Die kalkulierte Therapie einer eitrigen Meningitis wird mit Ceftriaxon durchgeführt, weil damit alle relevanten Erreger, z. B. sowohl die Penicillin-G-empfindlichen Meningokokken und Pneumokokken als auch der Penicillin-G-resistente H. influenzae, erfaßt werden.

Gezielte Therapie. Nach der Identifizierung des Erregers und der Bestimmung seiner Empfindlichkeit gegen antimikrobielle Substanzen kann die kalkulierte Initialtherapie von der gezielten Therapie abgelöst werden. Häufig erlauben es die mikrobiologischen Laborergebnisse, die teuren Breitspektrumantibiotika durch preisgünstigere Mittel mit engem Spektrum zu ersetzen. Dies senkt Nebenwirkungsraten und Kosten und reduziert die Resistenzentwicklung gegen Breitspektrumantibiotika, deren Wirksamkeit bleibt länger erhalten.

Wird als Meningitiserreger ein Penicillin-G-empfindlicher Pneumokokkenstamm identifiziert, wird das breit wirksame Ceftriaxon gegen das preiswerte Schmalspektrumantibiotikum Penicillin G ausgetauscht.

Kombinationstherapie. Die gleichzeitige Gabe zweier oder mehrere Antibiotika kann aus folgenden Gründen von Vorteil sein:

Durch die Gabe mehrerer Substanzen wird die Selektion resistenter Stämme reduziert. Man rechnet damit, daß von 10^6–10^9 Bakterien einer Population nur eines gegen eine bestimmte antimikrobielle Substanz resistent ist; kombiniert man zwei Antibiotika, beträgt die Wahrscheinlichkeit für das Auftreten einer gegen beide Substanzen resistenten Mutante 10^{-12}–10^{-18}.

Durch die Kombination von antimikrobiellen Substanzen wird auch deren Wirkspektrum kombiniert, man erhält eine ***Spektrumerweiterung***.

Ein weiterer Grund für die Kombination von Antibiotika ist das Ausnutzen additiver oder überadditiver, d. h. ***synergistischer Effekte***; dies kann in Form von Dosisreduktion und damit besserer Verträglichkeit genutzt werden, und bessere Therapieerfolge erzielen. Typischerweise wird ein Synergismus durch die Kombination von Betalaktam-Antibiotika mit Aminoglykosiden erreicht: Penicillin G stört den Zellwandaufbau und erlaubt dadurch dem Aminoglykosid den Zugriff auf sein Zielmolekül am Ribosom. Dies wird bei der Endokarditistherapie ausgenutzt.

Wenn antimikrobielle Chemotherapeutika kombiniert werden, können jedoch in bestimmten Fällen antagonistische Effekte auftreten. So kann die Kom-

Art (vermutet)	kalkulierte Therapie
Streptokokken	Penicillin G Basiscephalosporine Erythromycin
Enterokokken	Ampicillin Mezlocillin Glykopeptide (bei Mezlocillinresistenz)
Staphylokokken	Flucloxacillin Penicillin G (empfindliche Stämme) Basiscephalosporine Ampicillin + Sulbactam Glykopeptide (bei Oxacillinresistenz)
Peptostreptokokken	Penicillin G Clindamycin
N. meningitidis	Penicillin G (Cephalosporine)
N. gonorrhoeae	Ceftriaxon Penicillin G (empfindliche Stämme) Spectinomycin
Veillonellen	Penicillin G
Clostridien	Penicillin G
C. difficile	Metronidazol Vancomycin
Listerien	Ampicillin + Gentamicin
M. tuberculosis	Tuberkulostatika (Kombination)
Enterobakterien	Cephalosporine Acylaminopenicilline Cotrimoxazol (bei Harnwegsinfektion)
P. aeruginosa	Kombinationstherapie: Aminoglykosid plus Piperacillin, Ceftazidim, Ciprofloxacin oder Imipenem
H. influenzae	Cefotaxim Aminopenicillin + Betalaktamaseinhibitor
L. pneumophila	Erythromycin
B. fragilis	Metronidazol Ampicillin + Sulbactam, Clindamycin, Imipenem
T. pallidum	Penicillin G Erythromycin, Tetracycline, Cephalosporine
B. burgdorferi	Tetracyclin (Stadium 1), Aminopenicilline Ceftriaxon (Neuroborreliose)
L. interrogans	Penicillin G, Tetracycline

Typische Antibiotika-Empfindlichkeit häufiger Bakterien

bination zweier Betalaktam-Antibiotika schlechtere Therapieergebnisse gegen Pseudomonas oder Enterobacter als ein Betalaktam alleine zur Folge haben, wenn die Bildung von Betalaktamasen induziert wird.

Mikrobiologische Parameter

Erreger- und Resistenzspektrum. Die Kenntnis des Erreger- und Resistenzspektrums bei einem gegebenen Krankheitsbild in einem Bereich erlaubt eine kalkulierte Auswahl antimikrobieller Chemotherapeutika. Hierdurch wird vermieden, daß bei jedem Infektionsverdacht „omnipotente" Breitspektrumantibiotika eingesetzt werden müssen. Ohne die Kenntnis der Spektrums ist eine kalkulierte Initialtherapie unmöglich; es muß daher durch die mikrobiologische Diagnostik sichergestellt werden, daß die notwendigen Daten vorliegen und vor allem im Krankenhaus auch laufend aktualisiert werden.

Wird eine Angina tonsillaris diagnostiziert, so ist als Erreger S. pyogenes anzunehmen, nicht aber der multiresistente P. aeruginosa: auf pseudomonaswirksamer Antibiotika kann verzichtet und Penicillin G eingesetzt werden.

Ganz maßgeblich ist, ob ein Infektionserreger ambulant oder nosokomial erworben wurde. Im Krankenhaus werden multiresistente Problemkeime selektioniert und dominieren das Spektrum. Jedoch können auch im ambulanten Bereich Resistenzprobleme entstehen. So hat der nicht durch Ärzte kontrollierte Zugang zu Penicillin G zur Entstehung penicillin-resistenter Pneumokokken (bis zu 70% der Stämme) in Ungarn, Spanien und Südafrika beigetragen. In Deutschland, wo Penicillin G wie alle anderen Antibiotika verschreibungs- und apothekenpflichtig ist, liegt die Rate dagegen unter 1%.

Antibiogramm. Das Antibiogramm erlaubt Rückschlüsse darauf, welche Substanzen in die engere Auswahl als Therapeutikum kommen, und, vor allem, welche Mittel nicht genommen werden dürfen. Ist der Erreger resistent gegen ein Antibiotikum, so kann selbst bei Höchstdosierung nicht mit einem Therapieerfolg gerechnet werden. Die Kenntnis des Antibiogramms erlaubt die ***gezielte*** Behandlung: Eine breit angelegte kalkulierte Initialtherapie kann in die gezielte Therapie mit einem Schmalspektrumantibiotikum überführt werden.

Pharmakologische Parameter

Infektionslokalisation. Die Lokalisation des Infektionsprozesses ist entscheidend bei der Auswahl eines Antibiotikums. Ein Erreger sitzt nicht immer an leicht zugänglichen Orten, sondern kann sich in Kompartimenten befinden, die für ein Medikament schlecht erreichbar sind (ZNS, Gallenwege, Prostata).

Bei einer Meningitis befindet sich der Erreger im Subarachnoidalraum, jenseits der Blut-Liquor-Schranke. Ein solcher Erreger kann im Antibiogramm empfindlich gegen Cefotiam sein; dieses kann bei dem Patienten aber nicht eingesetzt werden, da es keine ausreichende Liquor-Konzentration erreicht.

hepatotoxisch ➠ zu vemeiden:	mit Vorsicht einsetzbar:
Clindamycin	Mezlocillin
INH	Ceftriaxon
Rifampicin	Doxycyclin
Pyrazinamid	Chloramphenicol
Prothionamid	Erythromycin
Nitrofurantoin	Fusidinsäure
Ketoconazol	Cotrimoxazol
Miconazol	Ciprofloxacin
Griseofulvin	Metronidazol

Antibiotika bei verminderter Leberfunktion

nephrotoxisch ➠ zu vemeiden:	Dosisreduktion erforderlich:
Aminoglykoside	Betalaktame
Glykopeptide	Clindamycin
Amphotericin B	Cotrimoxazol
(Bacitracin)	Gyrasehemmer
(Paromomycin)	Nitrofurantoin
(Polymyxine)	(Tetracyclin)

Antibiotika bei Niereninsuffizienz

weitgehend unbedenklich[0]	kontraindiziert
Betalaktame[1]	Tetracycline
Penicilline	Chloramphenicol[3]
Cephalosporine	Clindamycin
Aztreonam	Folsäureantagonisten[3,4]
Erythromycin (Base)[2]	Gyrasehemmer[3]
Fusidinsäure	Nitroimidazole[3]
Ethambutol	Nitrofurantoin[3,5]
INH	Metronidazol[3,5]
	Rifampicin[3]
	(Prothionamid)
	Amphotericin B
	Flucytosin[3]
	Azol-Antimykotika
	Griseofulvin[3]
	Antivirale Mittel[3]
	Benzimidazole (z. B. Albendazol)
	Chinin

0 Beachte: Neu entwickelte Substanzen sollten nur mit größer Zurückhaltung bei Schwangeren eingesetzt werden! Dies gilt auch für schon länger eingeführte Substanzen, zu denen es nur unzureichende Risikountersuchungen gibt, z. B. antiparasitäre Substanzen.
1 Für Carbapeneme und Betalaktamaseinhibitoren ist die Sicherheit nicht nachgewiesen.
2 Für neue Makrolide ist die Sicherheit nicht nachgewiesen.
3 Potentiell teratogen oder zytotoxisch: Daher vor allem im ersten Trimenon kontraindiziert.
4 Cotrimoxazol, Sulfonamide: nicht in der letzten Woche (Bilirubin aus Plasmaeiweißbindung)
5 Nicht in der letzten Woche: Gefahr der hämolyischen Anämie.

Antimikrobielle Chemotherapeutika in der Schwangerschaft

Befindet sich ein Erreger innerhalb einer Wirtszelle, z. B. Chlamydien, so muß das Antibiotikum nicht nur die Zellhülle des Bakteriums, sondern auch Zellmembranen der Wirtszelle durchdringen können.

Weiterhin können am Infektionsort Bedingungen herrschen, die zu einer Inaktivierung des Medikaments führen. Aminoglykoside sind weniger wirksam in saurem Milieu, wie es in Eiter oder im Sputum vorherrscht.

Stoffwechselfunktionen. Nieren- oder Leberfunktionsstörungen oder die Durchführung einer Dialyse erfordern häufig eine Dosisanpassung.

Interaktionen mit anderen Medikamenten. Während synergistische Wirkungen zweier Antibiotika bei der Therapie erwünscht sind, können antagonistische Kombinationen (z. B. Betalaktamaseninduktion bei Doppelbetalaktamtherapie) zu erheblichen Schwierigkeiten führen.

Interaktionen mit anderen Pharmaka können zur Verstärkung von Nebenwirkungen oder zu Wirkungseinschränkungen führen. Nephrotoxische Aminoglykoside oder Glykopeptide sollen nicht mit anderen nephrotoxischen Substanzen, z. B. Platin, kombiniert werden. Durch Rifampicin-induzierte Enzyme werden Kontrazeptiva verstärkt abgebaut und auf diese Weise unwirksam.

Patienteneigenschaften

Alter, Schwangerschaft, Stillperiode. Das Alter des Patienten hat nicht nur einen Einfluß auf das Erregerspektrum, sondern muß auch im Hinblick auf Nebenwirkungen bei der Antibiotikaauswahl beachtet werden.

Für den Embryo/Fetus sind Penicilline und Cephalosporine ungefährlich, während Chloramphenicol, Erythromycin-Estolat, Tetracycline, Metronidazol, Fluorochinolone und Cotrimoxazol in der Schwangerschaft kontraindiziert sind und Aminoglykoside, Vancomycin, Clindamycin, Imipenem und Nitrofurantoin nur mit großer Vorsicht eingesetzt werden sollten.

Wegen möglicher Störungen der Zahn- und Knochenentwicklung sollen Tetracycline und Fluorochinolone nicht bei Kindern eingesetzt werden.

Grundkrankheiten. Substanzen mit nephro- oder hepatotoxischen Nebenwirkungen werden möglichst nicht bei Nieren- und Leberfunktionsstörungen angewendet. Bei einem Glukose-6-Phosphat-Dehydrogenase-Mangel ist der Einsatz von Sulfonamiden oder Nitrofurantoin kontraindiziert.

Allergien. Eine bekannte Allergie gegen eine Substanz schließt deren Gebrauch nahezu aus. Ist eine Allergie gegen eine Substanz bekannt, müssen Kreuzallergien bedacht werden. Hat ein Patient gegen Penicillin G allergisch reagiert, so ist zu erwarten, daß er auch gegen andere Penicilline, z. B. Ampicillin, allergisch ist, während die Kreuzallergierate gegen Cephalosporine nach neueren Untersuchungen nur mit ca. 1–2% angenommen wird.

Penicillin
6-Aminopenicillansäure mit
β-Laktamring (aktive Stelle)

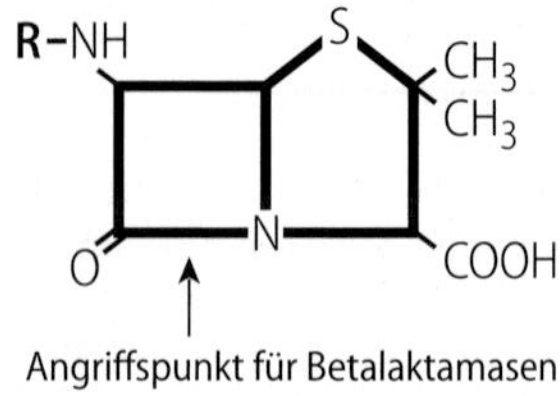

Penicilline: Grundgerüst

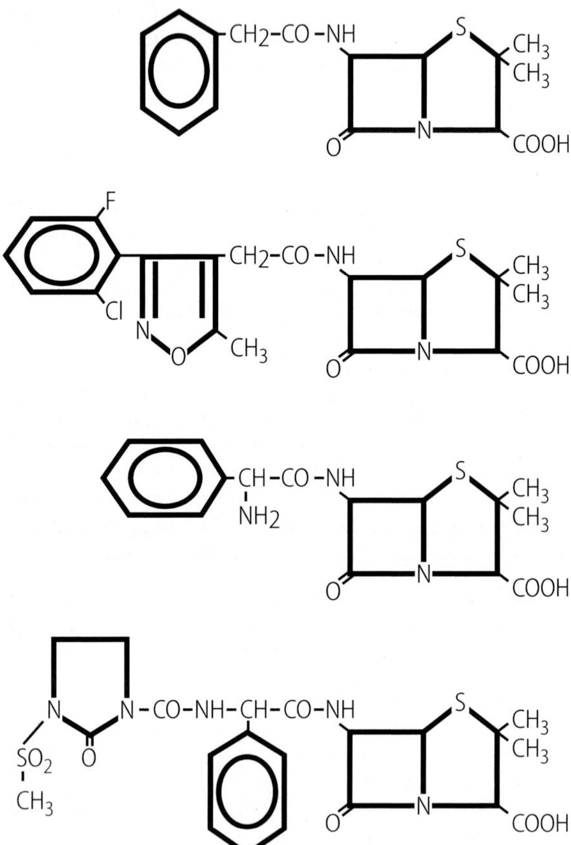

Penicillin G

Flucloxacillin

Ampicillin

Mezlocillin

Penicilline

5.2 Antimikrobielle Chemotherapeutika

5.2.1 Penicilline

Penicilline sind Betalaktam-Antibiotika, die sich von der 6-Aminopenicillansäure ableiten. Sie wirken sekundär bakterizid durch Hemmung der Zellwandsynthese. Angriffspunkt ist die Quervernetzung des Muraminsacculus (Transpeptidase). Sie binden sich an sogenannte penicillinbindende Proteine (essentielle Enzyme bei der Zellwandsynthese). Man unterscheidet einen lytischen Zelltod durch fehlerhafte Mureinsynthese (und -verteilung) von einem nichtlytischen Zelltod, der bei höheren Dosierungen durch Störungen der Zellmembranpermeabilität bedingt ist. Sie sind unwirksam gegen zellwandlose Mikroorganismen wie Mykoplasmen, gegen Chlamydien sowie gegen Pilze.

5.2.2 Penicillin G, V

Beschreibung

Penicillin G ist säureempfindlich und muß daher parenteral verabreicht werden. Durch die Bindung an schwerlösliche Salze (Procain-, Benzathin-oder Clemizol-Penicillin) wird eine Depotwirkung erzielt; sie ist für eine intramuskuläre Applikation vorteilhaft. Penicillin V ist säurefest und daher oral applizierbar, besitzt aber eine geringere Aktivität als Penicillin G.

Rolle als Therapeutikum

Indikationen. Infektionen durch Streptokokken (inkl. S. pneumoniae), Peptostreptokokken, Veillonellen, N. meningitidis, Spirochäten, Clostridien (Tetanus, Gasbrand), P. multocida und C. diphtheriae. Penicillin G ist geeignet zur Behandlung von Bacteroidesinfektionen (nicht aber Bacteroides-fragilis-Gruppe). Bei nachgewiesener Empfindlichkeit ist Penicillin G Mittel der Wahl zur Behandlung von Infektionen durch Staphylokokken und N. gonorrhoeae.

Nebenwirkungen. Die wesentlichen Nebenwirkungen sind die Allergie (Kontraindikation), neurotoxische Wirkung (Krampfbereitschaft!) und die Induktion einer Jarisch-Herxheimer-Reaktion. Bei intravasaler Gabe von Depotpenicillinen kann ein Hoigné-Syndrom auftreten (Mikroembolien?).

Verabreichung. Bei schweren Infektionen ist eine intravenöse Gabe erforderlich, bei leichteren Infektionen ist eine intramuskuläre oder orale (Penicillin V) Gabe ausreichend. Der Dosisbereich von Penicillin G liegt zwischen 1 (normal) – 40 (schwere Infektionen) Mill. E/Tag. Bei der Therapie der Endocarditis lenta wird es mit Gentamicin kombiniert.

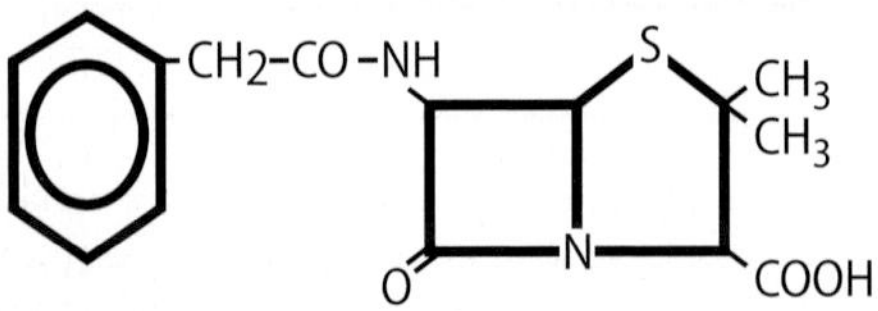

Penicillin G

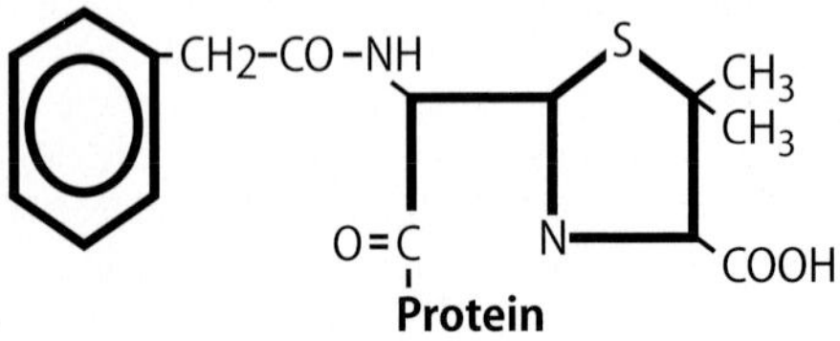

Major Determinante
(Benzylpenicilloyl (BPO)

Nebenwirkungen: Penicillinallergie – Haupt(Major)determinante

Sofortreaktionen (2–30 min nach Gabe)
Erythem, Pruritus
Urticaria
Angioödem
Tränen, Schnupfen
allergischer Schock

Schnellere Reaktionen (1–72 h nach Gabe)
Erythem, Pruritus
Urticaria
Angioödem
Tränen, Schnupfen
allergischer Schock

Spätreaktionen (>72 h nach Gabe)
morbilliformes Exanthem
Urticaria – Angioödem
Urticaria – Arthralgie
Serumkrankheit

Seltene Reaktionen
hämolytische Anämie
Lungeninfiltrate mit Eosinophilie
interstitielle Nephritis
Granulozyto-, Thrombozytopenie
Drug fever, allergische Vaskulitis
Erythema multiforme
medikamentös induzierter systemischer Lupus erythematodes

Nebenwirkungen: Penicillinallergie – Reaktionen

Testsubstanzen:	Penicilloyl-Polylysin (6 x 10^{-5} M)
	Penicillin G Kalium (10.000 U/ml)
Positivkontrollen:	Histamin (0,01 mg/ml) ➠ Blase: 0,8–1,2 cm
	Morphinsulfat (0,1 mg/l) ➠ Blase: 0,8–1,2 cm
Negativkontrolle:	NaCl 0,9%

Indikation: anamnestisch allergische Reaktion gegen Penicilline
Durchführung: Scratch-Test, ggf. gefolgt von intradermaler Gabe
Positive Reaktion: Bläschenbildung innerhalb von 15–20 min > 0,3 mm als bei NaCl 0,9%

Nebenwirkungen: Penicillinallergie – Testung auf Sofortreaktion (IgE-vermittelt)

5.2.3 Flucloxacillin

Beschreibung

Wirkungsmechanismus wie Penicillin G. Durch chemische Modifikation wird eine Unempfindlichkeit gegen Penicillinasen (penicillinasefest) erreicht. Gegenüber penicillinempfindlichen Bakterien ist die Wirksamkeit im Vergleich zu Penicillin G schlechter. Die Resistenz von Staphylokokken gegen Flucloxacillin beruht auf veränderten Penicillin-Bindeproteinen.

Rolle als Therapeutikum

Indikationen. Infektionen durch penicillinaseproduzierende Staphylokokken (auch zur kalkulierten Initialtherapie).

Nebenwirkungen. Wie Penicillin G.

Verabreichung. Orale (2–4 g/d) oder parenterale (3–10 g/d) Gabe möglich.

5.2.4 Ampicillin, Amoxycillin

Beschreibung

Aminopenicilline mit verbreitertem Spektrum (Enterokokken, Listerien, Haemophilus, M. catarrhalis, einige Enterobakterien, z. B. Salmonellen) ohne Betalaktamasefestigkeit. Ampicillin ist nur parenteral, Amoxycillin auch oral applizierbar.

Rolle als Therapeutikum

Indikationen. Infektionen durch L. monocytogenes, Enterokokken und H. influenzae (Resistenzbildung zunehmend). Klinische Indikationen sind Otitis media, Sinusitis, und Bronchitisexazerbationen.

Nebenwirkungen. Wie Penicillin G, aber die Exanthembildung ist besonders ausgeprägt (5–20%; bei infektiöser Mononukleose oder chronisch-lymphatischer Leukämie > 50%: relative Kontraindikation). Eine antibiotika-assoziierte Diarrhoe ist möglich.

Verabreichung. Ampicillin wird parenteral (2–4 g/d), Amoxycillin oral (1–3 g/d) verabreicht.

5.2.5 Mezlocillin

Beschreibung

Acylaminopenicillin mit breiterem Spektrum im grampositiven und gramnegativen Bereich. Es ist nicht säurefest und nicht penicillinasestabil. Es wirkt stär-

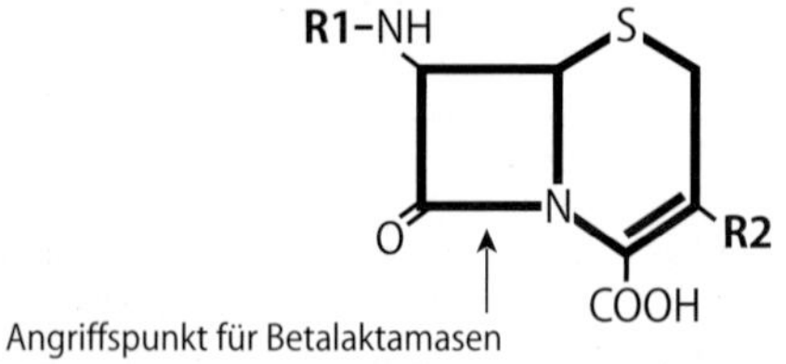

Cephalosporine
7-Aminocephalosporansäure
Bei den nahe verwandeten Oxacephemen ist das Schwefelatom im Ring durch ein Sauerstoffatom ersetzt.

Cephalosporine: Grundgerüst

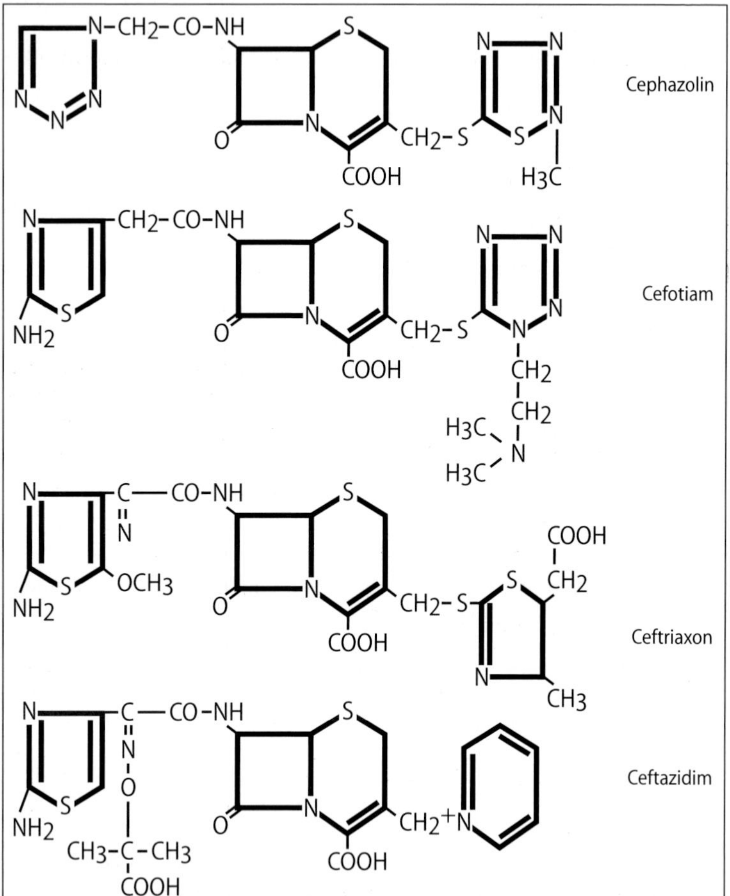

Cephalosporine

ker als Ampicillin gegen Enterokokken, es fehlt eine Wirksamkeit gegen P. aeruginosa.

Rolle als Therapeutikum

Indikationen. Infektionen des Genitaltrakts und der Gallenwege. Geeignet zur Initialtherapie bei frischer Peritonitis in Kombination mit Metronidazol und bei schweren Infektionen in Kombination mit Aminoglykosiden. Mezlocillin ist gut geeignet zur Behandlung von Enterokokkeninfektionen.

Nebenwirkungen. Wie Penicillin G.

Verabreichung. Parenterale Applikation (bis 2 g/d) als Kurzinfusion.

5.2.6 Piperacillin

Beschreibung

Piperacillin, ein Acylaminopenicillin, hat ein Spektrum wie Mezlocillin: es wirkt etwas schwächer gegen Enterokokken, erfaßt aber zusätzlich P. aeruginosa. Es ist nicht säurefest und nicht penicillinasestabil.

Rolle als Therapeutikum

Indikationen. Schwere Infektionen des Urogenitaltrakts und der Gallenwege, nachgewiesene oder vermutete Infektionen mit P. aeruginosa (in Kombination mit Aminoglykosiden, z. B. Tobramycin), schwere Allgemeininfektionen mit unbekanntem Erreger in Kombination mit einem Aminoglykosid oder einem Cephalosporin der 3. Generation.

Nebenwirkungen. Wie Penicillin G.

Verabreichung. Intravenöse Gabe als Kurzinfusion 3–4 x 2–4g/d.

5.2.7 Cephalosporine

Cephalosporine sind Betalaktam-Antibiotika mit unterschiedlich breitem Wirkungsspektrum. Sie leiten sich von der 7-Aminocephalosporansäure ab. Wie Penicilline hemmen sie die Zellwandsynthese. Die Vielzahl der Cephalosporine erforderte eine Gruppeneinteilung. Eine klinische Unterscheidung ist die Einteilung in Basis- und Breitspektrumcephalosporine sowie in oral oder parenteral applizierbare Cephalosporine. Eine weitere Einteilung erfolgt nach Generationen (1.–3.).

Cephalosporine sind unwirksam gegen Enterokokken, Listerien, Legionellen, Campylobacter, Mykobakterien, Mykoplasmen und Chlamydien; die meisten besitzen keine ausreichende Aktivität gegen P. aeruginosa und Anaerobier.

5.2.8 Cephazolin

Beschreibung

Parenterales Cephalosporin der 1. Generation mit guter Wirksamkeit im grampositiven Bereich (Staphylokokken, auch Penicillinasebildner) und einigen Lücken bei gramnegativen Stäbchen (auch Enterobakterien).

Rolle als Therapeutikum

Indikationen. Hauptindikation ist die perioperative Chemoprophylaxe.

Nebenwirkungen. Allergie, reversible Neutropenie und Blutungsneigung (Blutbild- und Quick-Kontrolle!),

Verabreichung. Intravenöse Gabe von 1,5–2g (bis 4 g). Bei perioperativer Prophylaxe 30 min vor Hautschnitt.

5.2.9 Cefaclor

Beschreibung

Säurestabiles und damit oral verabreichbares Cephalosporin mit ähnlichem Spektrum wie Cephazolin, aber mit geringerer Aktivität.

Rolle als Therapeutikum

Indikationen. Kalkulierte Initialtherapie von leichten bis mittelschweren Respirationstrakt-, Haut- und Harnwegsinfektionen durch empfindliche Erreger. Cefaclor kann zur Behandlung von Haemophilus-Infektionen auch durch Ampicillin-resistente Stämme eingesetzt werden.

Nebenwirkungen. Allergie (Kontraindikation), gastrointestinale Störungen, passagere Transaminasenerhöhung.

Verabreichung. 3 x 0,5–1 g/d intravenös.

5.2.10 Cefotiam

Beschreibung

Breit wirksames Basis-Cephalosporin der 2. Generation mit sehr guter Wirksamkeit gegen Streptokokken, Staphylokokken, Neisserien (auch penicillinresistente Gonokokken), H. influenzae und manche Enterobakterien.

Rolle als Therapeutikum

Indikationen. Kalkulierte Initialtherapie von mittleren bis schweren Pneumonien, Weichteil-, Wund- und Harnwegsinfektionen. Bei schweren Infektionen ist in der Regel eine Kombinationstherapie notwendig. Einmaltherapie der Gonorrhoe, Behandlung von Haemophilus-Infektionen.

Nebenwirkungen. Allergie (Kontraindikation).

Verabreichung. 3 x 1–2 g/d intravenös.

5.2.11 Ceftriaxon, Cefotaxim

Beschreibung

Ceftriaxon und Cefotaxim sind Breitspektrumcephalosporine (Cephalosporine der 3. Generation), die parenteral verabreicht werden. Im Vergleich zu Basiscephalosporinen ist das Spektrum bei Enterobakterien erweitert, im grampositiven Bereich ist die Wirksamkeit eher etwas schwächer. Neben den typischen Cephalosporinlücken besteht eine klinisch relevante Lücke gegen Enterobacter (E. cloacae) und C. freundii.

Rolle als Therapeutikum

Indikationen. Schwere Infektionen (z. B. Sepsis) mit unbekannten oder cefotiamresistenten Erregern in einer Kombination mit Aminoglykosiden, breiter wirksamer Acylaminopenicillinen oder ggf. Metronidazol. Behandlung von Infektionen mit H. influenzae, besonders auch Meningitis. Weitere Indikationen sind die (Neuro)-Borreliose und die Einmaltherapie der Gonorrhoe.

Nebenwirkungen. Allergien (Kontraindikation).

Verabreichung. 2–3 x 2–4 g/d intravenös.

5.2.12 Ceftazidim

Beschreibung

Das Reservemittel Ceftazidim ist ebenfalls ein Cephalosporin der 3. Generation mit breitem Spektrum und stärkerer Wirkung gegen gramnegative Bakterien. Zusätzlich besitzt Ceftazidim eine starke Wirksamkeit gegen P. aeruginosa. Zur Behandlung von Staphylokokken-Infektionen ist es nicht zugelassen.

Rolle als Therapeutikum

Indikationen. Schwere Infektionen mit unbekannten oder cefotiamresistenten Erregern, insbesondere bei Verdacht auf oder nachgewiesenen Infektionen mit P. aeruginosa (hierbei: Kombination mit Aminoglykosiden). Bei vermuteten oder nachgewiesenen Mischinfektionen mit B. fragilis ist mit Metronidazol zu kombinieren; Staphylokokken- und Anaerobierlücken können auch mit Clindamycin geschlossen werden.

Imipenem

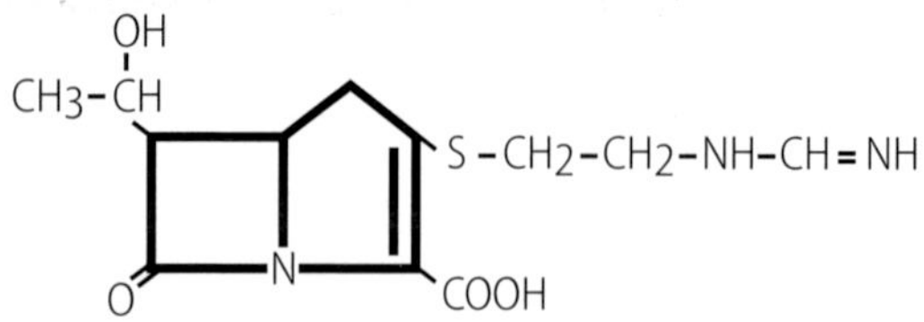

Carbapeneme

Gruppe	Eigenschaften	Hemmung durch Clavulansäure[1]
1	**Cephalosporinasen**	**nein**
2	**Cephalosporinasen / Penicillinasen**	**ja**
2a	Penicillinasen	
2b	Breitspektrum-Betalaktamasen	
2b'	Extended-spectrum-Betalaktamasen	
2c	Carbenicillinasen	
2d	Cloxacillinasen	
2e	Cephalosporinasen	
3	**Metalloenzyme**	**nein**
4	**Penicillinasen**	**nein**

1 weitgehend auch für Sulbactam gültig

Betalaktamasen: Einteilung nach Bush

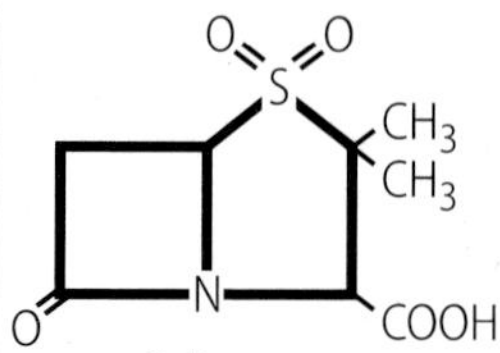

Sulbactam

Betalaktamase-Inhibitoren

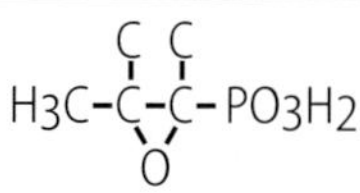

Fosfomycin

Vancomycin

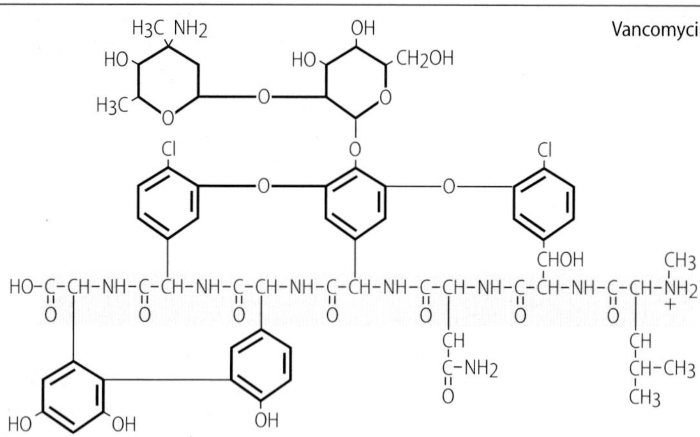

Glykopeptide

Nebenwirkungen. Allergien (Kontraindikation; geringe Kreuzallergie mit Penicillinen).
Verabreichung. 2–3 x 1–2 g/d intravenös.

5.2.13 Carbapeneme: Imipenem, Meropenem

Beschreibung

Imipenem und Meropenem sind Betalaktam-Antibiotika, die sich durch ein maximal breites antibakterielles Spektrum auszeichnen, das lediglich B. cepacia, S. maltophilia (Betalaktamase vom Metalloprotease-Typ) und C. difficile nicht erfaßt. Schlecht bis nicht wirksam sind sie gegen Legionellen, oxacillinresistente Staphylokokken, Mykobakterien sowie Chlamydien und Mykoplasmen.

Imipenem wird mit Cilastatin kombiniert, das den renalen Abbau und die Nephrotoxizität herabsetzt. Bei ZNS-Infektionen wird Imipenem nicht eingesetzt. Meropenem wirkt etwas besser gegen P. aeruginosa, schwächer gegen Enterokokken, und es kann bei ZNS-Infektionen eingesetzt werden.

Rolle als Therapeutikum

Indikationen. Als Reservemittel („Panzerschrank-Antibiotikum") für schwere und schwerste Infektionen mit unbekanntem Erreger. In einem solchen Fall kann die Lücke im grampositiven Bereich durch die Kombination mit Vancomycin geschlossen werden. Bei P.-aeruginosa-Infektionen ist mit einem Aminoglykosid zu kombinieren.

Nebenwirkungen. Übelkeit, Erbrechen und Diarrhoe. Selten sind zentralnervöse Störungen (Krampfneigung), Leberfunktionsstörungen, Blutbildveränderungen und Allergien. Bei Injektionen kann es zu Kreislaufreaktionen kommen. Imipenem induziert Betalaktamasen; Selektion von S. maltophilia.

Verabreichung. 1,5–4 g/d in 3–4 Kurzinfusionen (laktatfrei).

5.2.14 Betalaktamase-Inhibitoren

Beschreibung

Betalaktamase-Inhibitoren hemmen als Strukturanaloga von Betalaktam-Antibiotika Betalaktamasen kompetitiv durch Bindung an das aktive Zentrum. Sie haben selbst nur eine unzureichende antibakterielle Wirksamkeit, können aber bei gleichzeitiger Gabe Betalaktam-Antibiotika vor der Zerstörung durch Betalaktamasen schützen. Clavulansäure und Sulbactam hemmen Betalaktamasen der Typen II (2c), III (2b), IV und V (2c, 2d) sowie Typ-I-Betalaktamasen von B. fragilis (2e); Tazobactam hemmt zusätzlich Typ-I-Cephalosporinasen (1).

Aminopenicilline werden durch die Kombination mit Sulbactam bzw. Clavulansäure wirksam gegen penicillinasebildende Staphylokokken, Haemophilus-Arten, M. catarrhalis, N. gonorrhoeae, E. coli, K. pneumoniae, P. mirabilis, P. vulgaris und B. fragilis; nicht erfaßt werden P. aeruginosa, S. marcescens, Enterobacter-Arten, M. morganii, P. rettgeri sowie einige Stämme von E. coli, K. pneumoniae und oxacillinresistente Staphylokokken.

Die Kombination Piperacillin + Tazobactam wirkt über das Spektrum von Piperacillin hinaus auf betalaktamaseproduzierende Staphylokokken sowie gegen die meisten Stämme von E. coli, Serratia , K. pneumoniae, E. cloacae, C. freundii, Proteus und Bacteroides.

Ein Nachteil von Betalaktamase-Inhibitoren ist ihre Eigenschaft, Betalaktamasen zu induzieren. Dies ist bei Clavulansäure am stärksten, bei Tazobactam am geringsten ausgeprägt.

Rolle als Therapeutikum

Indikationen. Aminopenicillin/Betalaktamase-Inhibitor-Kombinationen sind bei leichteren Infektionen durch aminopenicillinresistente Erreger indiziert, deren Betalaktamase durch den Inhibitor gehemmt wird, insbesondere Atemwegs- und Harnwegsinfektionen. Die feste Kombination Piperacillin + Tazobactam ist für intraabdominelle Infektionen, wie Appendizitis, Cholezystitis, Cholangitis oder Peritonitis und andere schwere Infektionen zugelassen.

Nebenwirkungen. Übelkeit, Erbrechen, Bauchschmerzen zusätzlich zu den Antibiotika-Nebenwirkungen; passagere Leberfunktionsstörungen.

Verabreichung. Amoxycillin (0,5g) / Clavulansäure (0,125 g): 3 x 1 Tbl. p. o.; Ampicillin / Sulbactam (2:1) 3–4 x 1–3 g; Piperacillin (4 g) / Tazobactam (0,5 g) 3x tgl. i. v..

5.2.15 Glykopeptide: Vancomycin, Teicoplanin

Beschreibung

Vancomycin und Teicoplanin sind Glykopeptid-Antibiotika mit ausschließlicher, aber äußerst breiter Wirkung gegen grampositive Bakterien. Sie hemmen die Polymerisierung der Mureinstränge und wirken daher sekundär bakterizid. Die Resistenz bei Enterokokken (VRE) und Staphylokokken (z. B. VISA) beruht auf veränderten Bindungsstellen (Alanyl-Alanin); es besteht keine vollständige Kreuzresistenz zwischen Vancomycin und Teicoplanin (VanA: plasmidkodiert gegen beide; VanB: transposonal gegen Vancomycin; VanC: chromosomal gegen Vancomycin).

Rolle als Therapeutikum

Indikationen. Vancomycin und Teicoplanin sind Reserveantibiotika („Panzerschrankantibiotika") zur Behandlung von vermuteten oder nachgewiesenen Infektionen mit oxacillinresistenten Staphylokokken (z. B. Endoplastitis durch S. epidermidis: hier ggf. Kombination mit Rifampicin) oder ampicillin-/mezlocillinresistenten Enterokokken (Kombination mit Aminoglykosiden). Darüberhinaus ist Vancomycin das Mittel der Wahl zur Behandlung schwerer antibiotikaassoziierter Enterokolitiden und von Infektionen durch C. jeikeium.

Nebenwirkungen. Allergie (bis zum anaphylaktischen Schock), gelegentlich Thrombophlebitis. Besonders bei Niereninsuffizienz kann es zu ototoxischen Effekten kommen. Selten können reversible Neutropenien und Thrombozytopenien entstehen.

Verabreichung. 2 g/d als Dauerinfusionen oder in 2–4 Kurzinfusionen. Die Therapiedauer sollte 2 Wochen nicht überschreiten. Während der Therapie sind die Nierenfunktion und das Gehör zu überwachen.

Bei C.-difficile-assoziierter Diarrhoe bzw. antibiotika-assoziierter Enterokolitis: 4x125 mg p. o. über 10-14 Tage.

5.2.16 Fosfomycin

Beschreibung

Durch Hemmung der Zellwandsynthese sekundär bakterizides Epoxid-Antibiotikum mit rascher Entwicklung einer sekundären Resistenz (Hemmung des aktiven Transports in die Bakterienzelle). Gute Gewebegängigkeit (auch in Richtung Liquor und Fetus). Wegen der letzteren Tatsache möglichst keine Anwendung in der Schwangerschaft.

Rolle als Therapeutikum

Indikationen. Reserveantibiotikum zur Behandlung empfindlicher Erreger, z. B. multiresistenter Pseudomonaden oder MRSA.

Nebenwirkungen. Brechreiz und Magendruck (8%), selten Erbrechen, Kopfschmerzen, Durchfall, passagere Transaminasenerhöhung, Natriumbelastung.

Verabreichung. 6–15 g/d (2–3 Einzelgaben), bei bedrohlichen Infektionen in Kombination mit Betalaktam-Antibiotika.

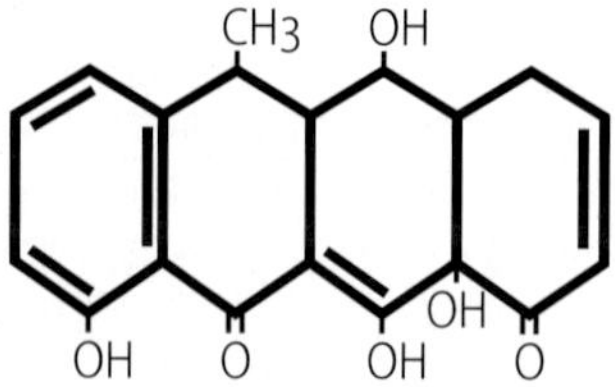

Doxycyclin

Proteinbiosynthese-Inhibitoren: Tetracycline

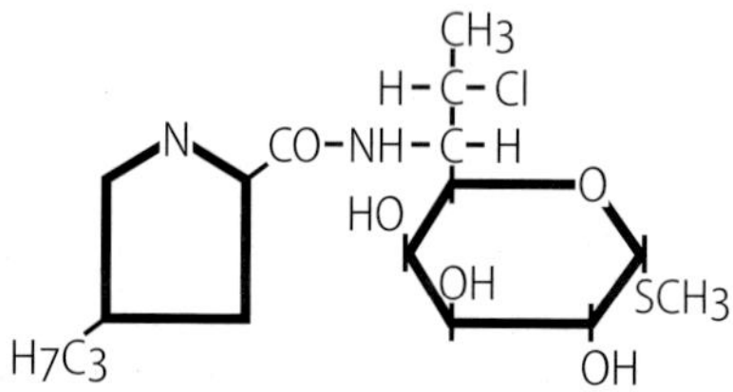

Clindamycin

Proteinbiosynthese-Inhibitoren: Lincosamine

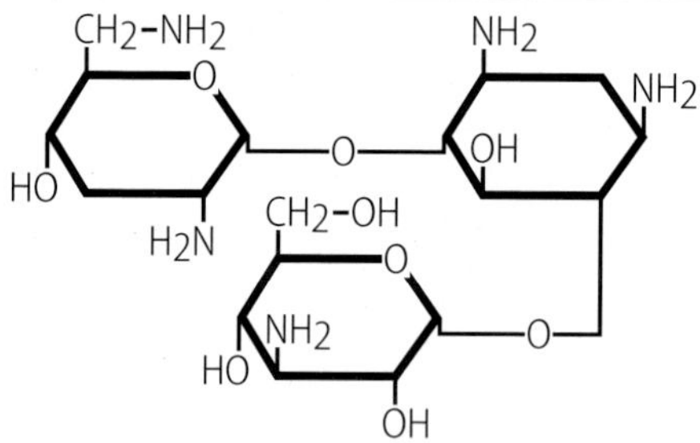

Tobramycin

Proteinbiosynthese-Inhibitoren: Aminoglykoside

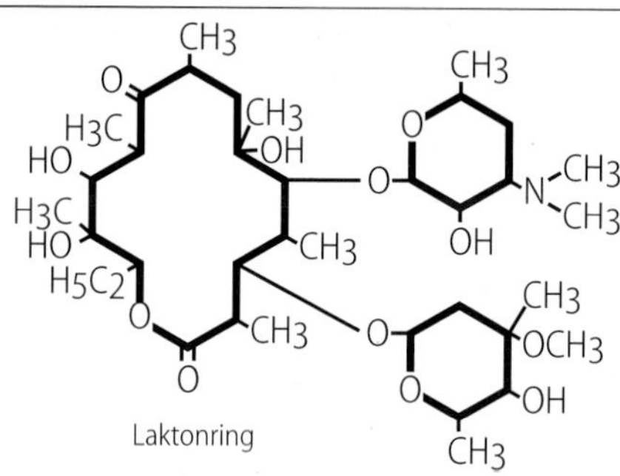

Erythromycin

Proteinbiosynthese-Inhibitoren: Makrolide

5.2.17 Tetracycline

Beschreibung

Tetracycline sind Breitspektrumantibiotika mit einem Naphthacen-Ringsystem. Sie wirken bakteriostatisch durch Hemmung der ribosomalen Proteinbiosynthese (tRNA wird an der Bindung an den mRNA-Ribosom-Komplex gehindert, wodurch eine weitere Verlängerung der Aminosäurekette verhindert wird). Der wichtigste Vertreter ist Doxycyclin.

Rolle als Therapeutikum

Indikationen. Infektionen durch Chlamydien, Mykoplasmen, Ureaplasmen, Rickettsien (auch C. burnetii), Leptospiren, Borrelien, Brucellen, Francisellen und Yersinien. In Kombination mit Chinin wird Doxycyclin bei Malaria tropica eingesetzt. Es wird zur Therapie bakterieller Atemwegsinfektionen eingesetzt.

Nebenwirkungen. Schwere Leberschäden (bei Überdosierung), Nierenschäden, Gelbfärbung der Zähne evtl. mit Schmelzveränderungen besonders bei Kindern (Ablagerung in Knochen und Zähnen), gastrointestinale Störungen (Schleimhautreizung, evtl. Läsionen, Beeinträchtigung der Darmflora), Photodermatosen, selten Allergien (Exantheme, Neutropenie). Pseudoglukosurie (falsch positive Reduktionsproben). Orale Kontrazeptiva können bei gleichzeitiger Tetracyclineinnahme unwirksam sein (Schwangerschaft!).
Kontraindikationen: Schwangerschaft, Alter unter 7 Jahre, Myasthenia gravis.

Verabreichung. 200 mg/d p.o. oder intravenös (1. Tag Initialdosis, danach als langsame Infusion).

5.2.18 Chloramphenicol

Beschreibung

Chloramphenicol ist ein bakteriostatisches Antibiotikum mit breitem Spektrum und ausgezeichneter Gewebegängigkeit (auch in Liquor und Kammerwasser). Es verhindert die Anlagerung der aminosäurehaltigen Abschnitte der tRNA an das Ribosom (Peptidyltransferase-Hemmung).

Rolle als Therapeutikum

Indikationen. Chloramphenicol ist geeignet zur Behandlung von intrakraniellen Infektionen (Hirnabszesse!, Meningitis), schweren Salmonelleninfektionen, schweren intraokulären Infektionen und Rickettsiosen. Chloramphenicol ist wegen lebensgefährlicher Nebenwirkungen ein Reserveantibiotikum.

Nebenwirkungen. Gravierende Nebenwirkungen sind: irreversible Knochenmarkschädigungen mit aplastischer Anämie, Neutropenie, Thrombozytopenie oder Panzytopenie. Diese können nach 2–8wöchiger Latenz auftreten und verlaufen in der Hälfte der Fälle tödlich. Das Gray-Syndrom betrifft Neugeborene und ist durch eine graue Hautfarbe und einen unbeherrschbaren Kreislaufzusammenbruch, der innerhalb weniger Stunden zum Tode führt, gekennzeichnet. Sehr selten kann eine Optikusneuritis auftreten. Allergien und gastrointestinale Störungen kommen vor.

Verabreichung. 1,5–3 g/d in 3–4 Einzelgaben p.o. oder i.v.

5.2.19 Clindamycin

Beschreibung

Clindamycin ist ein Lincosamin-Antibiotikum. Es wirkt bakteriostatisch durch Hemmung der ribosomalen Proteinbiosynthese (Hemmung der Kettenverlängerung am Transpeptidaseschritt: Peptidyltransferase). Die Bindung kann durch Chloramphenicol oder Erythromycin gehemmt werden. Die Resistenz beruht meist auf veränderter ribosomaler Bindungsstelle oder Penetrationshemmung.

Rolle als Therapeutikum

Indikationen. Clindamycin ist indiziert bei vermuteten oder nachgewiesenen Infektionen durch Anaerobier (nicht Clostridien!), als Reservemittel zur Behandlung von penicillinasebildenden und oxacillinresistenten Staphylokokken und zur oralen Nachbehandlung von Staphylokokkenosteomyelitiden. Gegen aerobe gramnegative Stäbchen, Enterokokken und Mykoplasmen ist Clindamycin unwirksam.

Nebenwirkungen. Die wichtigste Nebenwirkung ist die Ausbildung einer antibiotikaassoziierten Enterokolitis (Resistenz von C. difficile). Allergien und Leberfunktionsstörungen kommen vor.

Kontraindikationen sind Schwangerschaft und Stillperiode sowie die i.-v.-Gabe im ersten Monat nach Geburt (hoher Alkoholgehalt der Präparation).

Verabreichung. 0,6–1,2 g/d in 3–4 Einzelgaben p.o. oder i.v.

5.2.20 Aminoglykoside

Beschreibung

Aminoglykoside sind aus Aminoalkoholen und Aminozuckern zusammengesetzt. Die Hauptvertreter sind Gentamicin, Tobramycin und Amikacin. Ihr Hauptangriffspunkt ist die ribosomale Proteinbiosynthese. Es wird die Akzeptorstelle für aktivierte Aminosäuren an der 50S-Untereinheit des Ribosoms blockiert (Translokationsschritt); es resultieren Fehlablesungen der mRNS (Nonsense-Proteine). Da sie bakterizid wirken, sind weitere Mechanismen anzunehmen; so führt die Bindung an LPS zu einer Formationänderung und Löchern in der bakteriellen Zellwand. Die neueren Aminoglykoside sind gut wirksam gegen Enterobakteriazeen, P. aeruginosa und Staphylokokken. Dagegen sind Aminoglykoside schlecht bis unwirksam gegen Streptokokken, Enterokokken, Haemophilus, Neisserien, Bacteroides und Clostridien. Amikacin ist gegen eine Resistenzentwicklung (enzymatische Spaltung) besser geschützt als die anderen Aminoglykoside, so daß nur eine partielle Kreuzresistenz besteht. Es ist ein Reserveantibiotikum!

Rolle als Therapeutikum

Indikationen. Schwere und schwerste Infektionen mit unbekanntem Erreger in der Regel in Kombination mit einem Breitspektrumbetalaktam (Piperacillin, Drittgenerationscephalosporin). Als Kombinationspartner wird Gentamicin zur Behandlung der Endokarditis eingesetzt. Aminoglykoside eignen sich zur Lokalbehandlung von Augeninfektionen und chronischen Osteomyelitiden. Amikacin ist in Kombination mit Imipenem oder Augmentan Mittel der Wahl zur Behandlung von Infektionen mit multiresistenten Nocardia-farcinica- oder Acinetobacter-Stämmen.

Nebenwirkungen. Aminoglykoside haben eine geringe therapeutische Breite. Vestibularis-, Akustikusschädigungen und Nephrotoxizität (2–4tägige Kreatininkontrolle) sind relativ häufige Nebenwirkungen. Selten sind allergische Reaktionen. Bei schneller i.-v.-Injektion kann es zu einem Atemstillstand (neuromuskuläre Blockade) kommen.

Kontraindikationen sind Schwangerschaft, terminale Niereninsuffizienz und Vorschädigungen von Vestibular- und Cochlearorgan und die gleichzeitige Gabe nephrotoxischer Mittel (Cis-Platin) oder Furosemid.

Verabreichung. Kurzinfusionen. Dosierung unter Kontrolle der Serumkonzentration. Nicht zusammen mit Cephalosporinen in einer Infusion geben! Spezialpräparationen für die lokale Applikation (Auge, Knochen).

5.2.21 Makrolide: Erythromycin

Beschreibung

Erythromycin ist ein Makrolidantibiotikum. Es wirkt bakteriostatisch durch Hemmung der ribosomalen Proteinbiosynthese. Es wird die Akzeptorstelle für aktivierte Aminosäuren an der 50S-Untereinheit des Ribosoms blockiert (Translokationsschritt). Die Resistenz beruht meist auf veränderter ribosomaler Bindungsstelle oder Penetrationshemmung.

Neuere Makrolide sind Azithromycin (hohe intrazelluläre Anreicherung), Clarithromycin (sehr gute Resorption, bessere Verträglichkeit, teuer) und Roxithromycin.

Rolle als Therapeutikum

Indikationen. Erythromycin ist Mittel der Wahl zur kalkulierten Initialtherapie ambulant erworbener Pneumonien, zur Behandlung von Legionellosen, von Keuchhusten (Pertussis) in der katarrhalischen Phase (auch Kontaktpersonen) und von Infektionen durch M. pneumoniae. Es ist geeignet zur Therapie von Campylobacterenteritis, Chlamydien- und Ureaplasmainfektionen sowie bei Penicillinallergie als Ersatzmittel gegen Scharlach, Erysipel, Syphilis, Gonorrhoe und Diphtherie.
Nebenwirkungen. Bei oraler Gabe kann es zu Übelkeit und Erbrechen kommen. Allergien sind selten. Bei intravenöser Applikation kommt es häufig zu einer Phlebitis. Bei der Gabe von Estolatverbindungen kann es zu einer Cholestase mit Ikterus und kolikartigen Leibschmerzen kommen; sie sind daher bei Lebererkrankungen kontraindiziert.
Verabreichung. Bei oraler Gabe 1–2 g/d in 3–4 Einzeldosen, bei intravenöser Gabe 1–2 g/d als Dauerinfusion.

5.2.22 Fusidinsäure

Beschreibung

Fusidinsäure ist ein oberflächenaktives Antibiotikum, das durch die Hemmung der Proteinbiosynthese bakteriostatisch wirkt. Es wird die Ablösung der dealkylierten tRNA gehemmt. In vitro, selten unter Therapie, ist eine rasche Resistenzentwicklung möglich.

Rolle als Therapeutikum

Indikationen. Fusidinsäure ist ein Reserveantibiotikum zur Therapie von Infektionen mit penicillinasebildenden und oxacillinresistenten Staphylokokken.

Nebenwirkungen. Übelkeit und Erbrechen bei oraler Gabe.

Verabreichung. 1,5 g/d oral oder Kurzinfusion in 3 Einzelgaben.

5.2.23 Folsäureantagonisten: Cotrimoxazol

Beschreibung

Cotrimoxazol ist die fixe Kombination von ***Trimethoprim*** und ***Sulfamethoxazol***. Es wird ein Verhältnis von 1:20 im Körper angestrebt (für orale Präparationen wird dazu eine Mischung von 1:5 hergestellt). Sulfamethoxazol hemmt als Sulfonamid die Dihydropteroinsäuresynthetase, also die Umwandlung von Paraaminobenzoesäure in Dihydrofolsäure, Trimethoprim inhibiert die Dihydrofolatreduktase, die die Umwandlung von Dihydrofolsäure in Tetrahydrofolsäure katalysiert. Dadurch kommt es zu einer ungenügenden Bereitstellung von Purinen für die Nukleinsäuresynthese.

Andere Folsäureantagonisten sind ***Dapson*** (Hemmung der Dihydropteroinsäuresynthetase; Indikationen: Lepra-Kombinationstherapie, Pneumocystose-Prophylaxe) und ***Pyrimethamin*** (Hemmung der Dihydrofolatreduktase; als Kombination Fansidar (Pyrimethamin + Sulfadoxin) zusammen mit Folinsäure (Leukovorin) bei Toxoplasmose und Malaria eingesetzt).

Rolle als Therapeutikum

Indikationen. Cotrimoxazol ist das Mittel der Wahl zur kalkulierten Initialtherapie von Harnwegsinfektionen sowie zur Prophylaxe und Therapie von P.-carinii-Infektionen. Cotrimoxazol ist ebenfalls zur Behandlung von bakteriellen Bronchitiden, Prostatainfektionen, Gallenwegsinfektionen und Sinusitis einsetzbar.

Nebenwirkungen. Die wichtigsten Nebenwirkungen sind eine Knochenmarkdepression und eine Allergie.

Kontraindikationen sind Folsäuremangelanämien, schwere Lebererkrankungen, Glukose-6-Phosphat-Dehydrogenase-Mangel, Schwangerschaft im ersten Trimenon und im letzten Monat; bei Früh- und Neugeborenen darf das Mittel ebenfalls nicht eingesetzt werden.

Verabreichung. 2 x 2–3 Tabletten á 480 mg p. o., zur Einmaltherapie bei Zystitis 1 x 4 Tabletten á 480 mg. Bei P.-carinii-Pneumonie wird die 3–4fache Normaldosis (20/100mg/kg in 4 Einzeldosen in der Regel i. v.) gegeben.

5.2.24 Chinolone (Gyrasehemmer)

Beschreibung

Chinolone sind Abkömmlinge der Nalidixinsäure, die durch Inhibition der bakteriellen Gyrase (Supercoiling der DNS) bakterizid wirken. Sie sind durch eine sehr gute Gewebepenetration ausgezeichnet. Wichtige Substanzen dieser Gruppe sind Ciprofloxacin und Ofloxacin.

Rolle als Therapeutikum

Indikationen. Ciprofloxacin ist das Mittel der Wahl zur Behandlung von Salmonellosen (auch Dauerausscheider) und zur kalkulierten Therapie anderer bakterieller Durchfallserkrankungen (falls eine antibakterielle Therapie erfor-

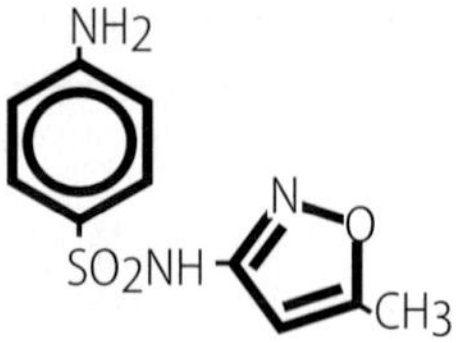

Sulfamethoxazol

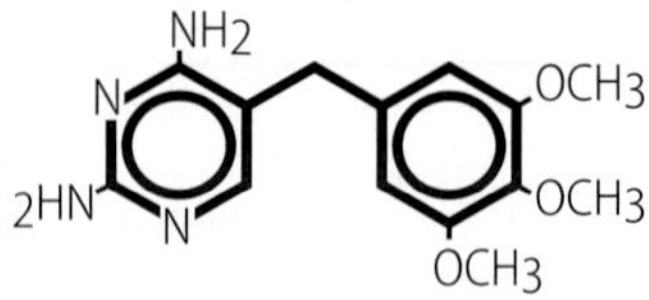

Trimethoprim

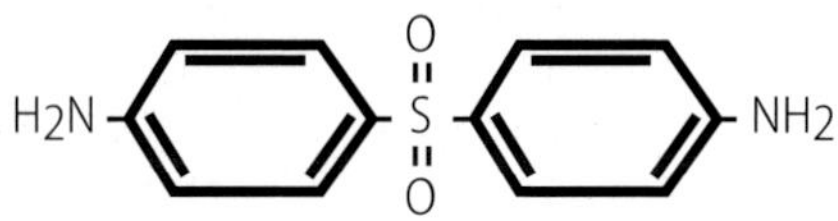

Dapson

Folsäureantagonisten

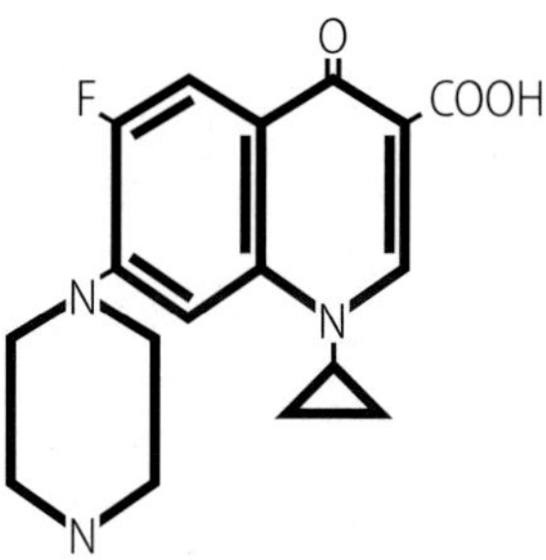

Ciprofloxacin

Chinolone (Gyrasehemmer)

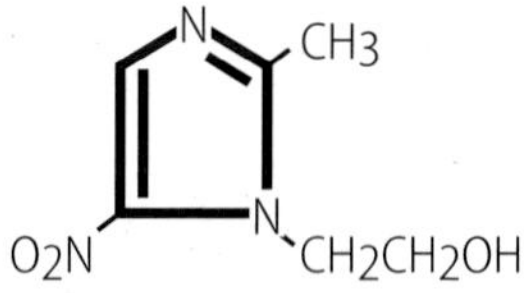

Metronidazol

Nitroimidazole

derlich ist). Weiter kann Ciprofloxacin als Reserveantibiotikum bei Infektionen mit unbekanntem Erreger als kalkulierte Initialtherapie eingesetzt werden. Spezielle Indikationen sind Gonorrhoe, Mykoplasmen- und M.-avium/intracellulare-Infektionen sowie Legionellosen. Bei Infektionen mit P. aeruginosa wird eine Kombination mit Aminoglykosiden oder einem pseudomonaswirksamen Betalaktamantibiotikum empfohlen.

Nebenwirkungen. Gastrointestinale Beschwerden, zentralnervöse Beeinträchtigungen (Reaktionsvermögen!), Allergien und vereinzelt Blutbildveränderungen oder Leberschädigungen. Wegen festgestellter Arthropathien bei Tieren sind Gyrasehemmer während der Schwangerschaft und bei Kindern in der Wachstumsphase kontraindiziert. Durch Beeinträchtigung der Darmflora können der enterohepatische Kreislauf östrogener Kontrazeptiva gestört und diese in ihrer Wirksamkeit eingeschränkt sein.

Verabreichung. Ciprofloxacin: 1 g/d p. o. oder 0,4 g/d i. v. in 2 Einzeldosen (Kurzinfusion); Ofloxacin: 0,4 g/d p. o.

5.2.25 Metronidazol

Beschreibung

Metronidazol ist ein Nitroimidazol. Es wirkt bakterizid durch intrazellulären reduktiven Abbau zu zytotoxischen Stoffwechselprodukten. Die Nukleinsäuresynthese kann gestört sein.

Rolle als Therapeutikum

Indikationen. Metronidazol ist das Mittel der Wahl zur Behandlung von Infektionen durch Entamoeba histolytica (Amöbenruhr, Leberabszeß), Giardia lamblia, Trichomonas vaginalis, Gardnerella vaginalis und bei Anaerobierinfektionen, insbesondere bei leichter und mittelschwerer antibiotikaassoziierten Diarrhoe durch C. difficile.

Nebenwirkungen. Es kommen gastrointestinale Störungen, periphere Neuropathien und Allergien vor. Es kann eine starke Alkoholintoleranz bestehen. Im Tierversuch ist Metronidazol karzinogen und mutagen (daher keine Anwendung in der Schwangerschaft; Therapiedauer nicht länger als 10 Tage, möglichst keine wiederholte Gabe).

Verabreichung. Bei Amöbenruhr 3 x 0,8 g/d oral für 5–10 Tage. Bei Trichomoniasis und Lamblieninfektionen 3 x 0,25 g/d oral für 1 Woche. Bei Anaerobierinfektionen 3 x 0,4 g/d oral oder als Kurzinfusion.

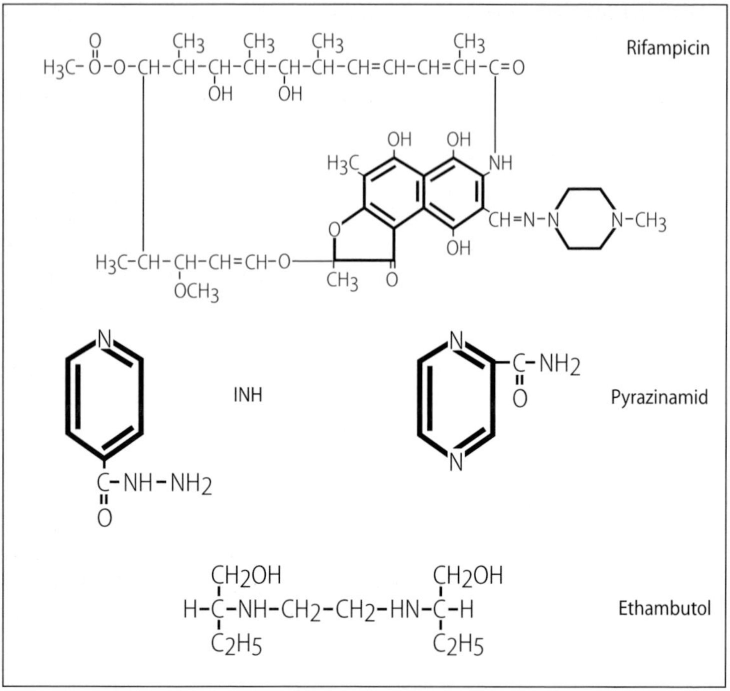

Antituberkulotika

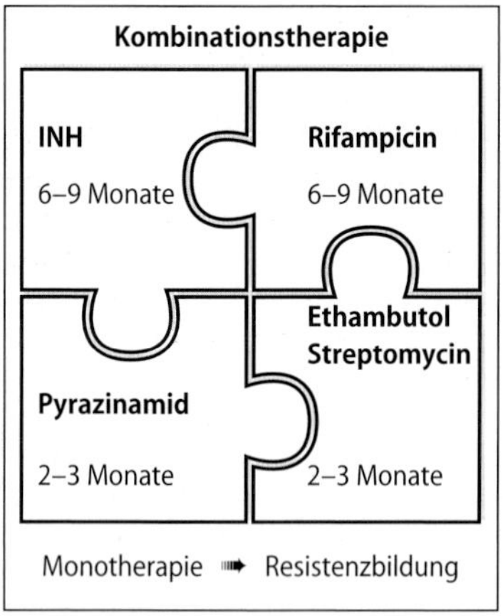

Tuberkulosetherapie: Prinzipien

Langzeittherapie

➠ **regelmäßige Kontrolle von Nebenwirkungen**

INH	Polyneuropathie Opticusneuritis Leberschäden
Rifampicin	Leberschäden interstitielle Nephritis
Pyrazinamid	Hyperurikämie (Gicht)
Ethambutol	Retrobulbärneuritis: Farbsehstörungen Gesichtsfeldausfälle
Streptomycin	Ototoxizität Nephrotoxizität

Tuberkulosetherapie: Prinzipien

5.2.26 Tuberkulostatika

Beschreibung

Tuberkulostatika sind Mittel gegen Mykobakterien (M. tuberculosis). Folgende werden häufig eingesetzt:

- ***Isoniazid (INH)*** wirkt sekundär bakterizid durch Hemmung der Nukleinund Mykolsäuresynthese.
- ***Rifampicin*** wirkt sekundär bakterizid durch Hemmung der bakteriellen RNA-Polymerase (nicht nur auf Mykobakterien, sondern auch auf andere Bakterien, u. a. oxacillinresistente Staphylokokken und N. meningitidis).
- ***Ethambutol*** wirkt bakteriostatisch, der Wirkungsmechanismus ist nicht bekannt.
- ***Pyrazinamid*** wirkt bakterizid nur auf M. tuberculosis, der Mechanismus ist unbekannt.
- ***Streptomycin*** ist ein Aminoglykosid mit bakterizider Wirkung auf M. tuberculosis.

Rolle als Therapeutikum

Indikationen. Kombinationstherapie der Tuberkulose. Rifampicin wird auch in der Lepra-Kombinationstherapie, zur Sanierung von Meningokokken- und H.-influenzae-Trägern, in Kombination mit Vancomycin bei Endoplastitis und in Kombination mit einem Makrolid bei schwerer Legionellose eingesetzt. Streptomycin ist das Mittel der Wahl bei Pest.

Nebenwirkungen. Die wichtigsten Nebenwirkungen von INH sind zentralnervöse Störungen (Optikusneuritis: Gesichtsfeldprüfung!), periphere Polyneuropathien (Vitamin B6), Leberfunktionsstörungen bis zur tödlich verlaufenden Hepatitis (Transaminasenkontrolle!), Blutbildungsstörungen (Blutbildkontrollen!) und Allergien. Bei Rifampicingabe kann es ebenfalls zu Leberfunktionsstörungen bis zu einer tödlichen Leberdystrophie, zu einer interstitiellen Nephritis, zentralnervösen Störungen und zu Allergien kommen; durch Enzyminduktion kann die Wirksamkeit von Ovulationshemmern und Antikoagulantien eingeschränkt sein; in der Schwangerschaft ist das Mittel kontraindiziert. Die wesentliche Nebenwirkung von Ethambutol ist eine Retrobulbärneuritis (Farbsehstörungen, Gesichtsfeldausfälle). Bei Pyrazinamidgabe kommen Ikterus, Hyperurikämie (bis zu Gichtanfällen; Gicht = Kontraindikation), Thrombozytopenien, gastrointestinale Störungen und Hyperglykämien vor. Die Nebenwirkungen von Streptomycin sind die Schädigungen des VIII. Hirnnerven (Gehör, Gleichgewichtssinn) und der Niere sowie allergische Reaktionen.

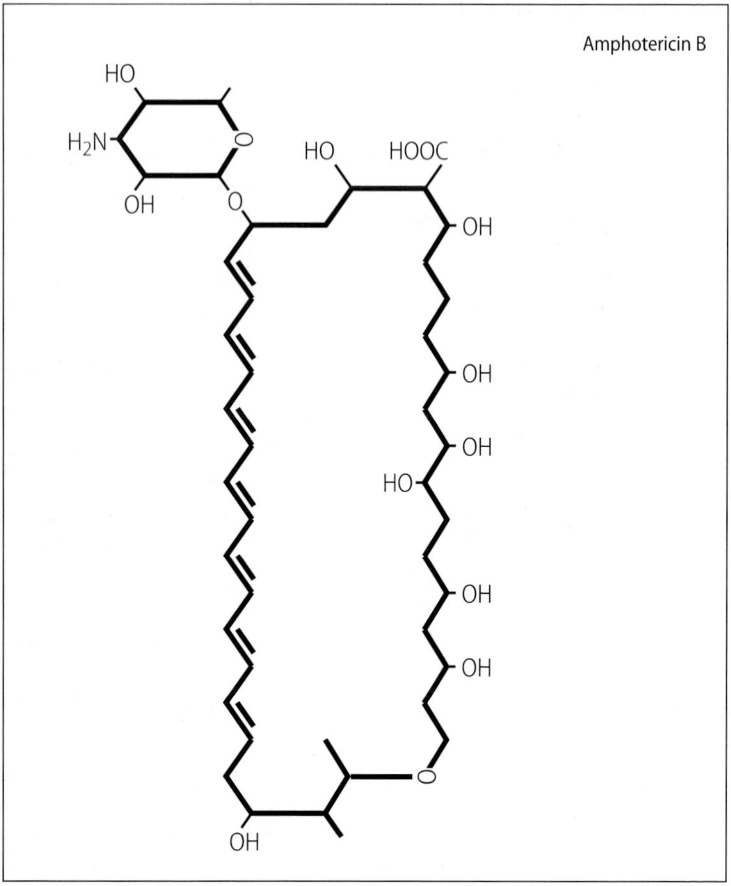

Antimykotika: Amphotericin B

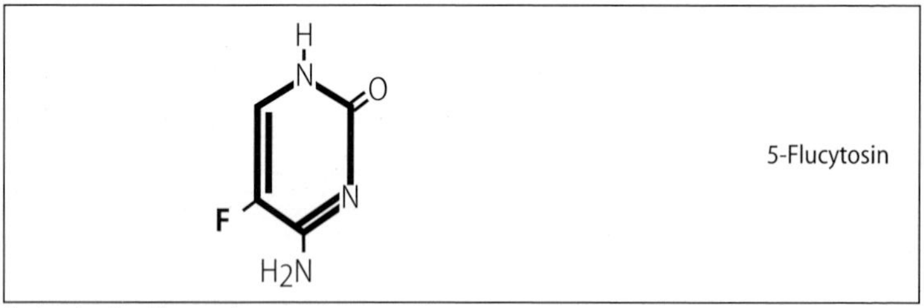

Antimykotika: Flucytosin

5.2.27 Antimykotika

Beschreibung

Antimykotika sind Substanzen, die gegen Pilze wirksam sind:

- ***Polyene (Amphotericin B, Nystatin)*** wirken fungizid durch Veränderung der Membranpermeabilität aufgrund hydrophober Anlagerung an Ergosterol.
- ***Flucytosin*** wirkt durch die nur in der Pilzzelle stattfindende Umwandlung in 5-Fluorouracil als Antimetabolit fungistatisch.
- ***Azole*** hemmen die 14a-Demethylierung von Lanosterol (pilzspezifisches Cytochrom-P450-Isoenzym). Dadurch kommt es zu einer Verminderung von Ergosterol, einem essentiellen Bestandteil der Pilzzellmembran. Zu den Azolen gehören Fluconazol und Itraconazol sowie das Clotrimazol (nur lokal anwendbar) und die sowohl lokal als auch systemisch anwendbaren Mittel Ketoconazol und Miconazol.
- ***Terbinafin*** ist ein Allylamin, das den Sterolmetabolismus hemmt und ausschließlich gegen Dermatophyten wirkt. Es reichert sich in der Haut, den Hautanhangsgebilden sowie dem Fettgewebe an.
- ***Griseofulvin*** wirkt fungistatisch durch Beeinflussung des Guaninstoffwechsels; vermutlich stört es auch die Chitinsynthese und die DNS-Replikation.

Rolle als Therapeutikum

Indikationen. Amphotericin B (plus Flucytosin) ist die Kombinationstherapie der Wahl bei systemischen Pilzinfektionen. Amphotericin wirkt nicht gegen Dermatophyten, P. boydii und Fusarien sowie einige sehr selten auftretende Fadenpilze.

Nystatin (nur lokal) und Amphotericin B (lokale Gabe) sind zur Behandlung (und Prophylaxe) von Haut- und Schleimhautmykosen durch Candida geeignet; Amphotericin-B-Inhalation beugt Aspergillosen vor.

Flucytosin wird wegen der hohen Primärresistenz außer bei Chromoblastose nur in Kombination eingesetzt.

Fluconazol kann bei lokalen und systemischen C.-albicans-Infektionen, Kryptokokkose und Infektionen durch dimorphe Pilze eingesetzt werden, ist aber unwirksam gegen Aspergillen, Dermatophyten, C. krusei und C. lusitaniae sowie meist auch C. glabrata (beachte Resistenzbildung unter Therapie). Itraconazol kann zusätzlich auch bei Fadenpilz- (Aspergillosen!) und schweren Dermatophyteninfektionen eingesetzt werden. Clotrimazol ist zur Behandlung von Hautmykosen durch Candida oder Dermatophyten geeignet. Miconazol wird bei P.-boydii-Infektionen (bei Fastertrunkenen) eingesetzt.

Terbinafin sollte anstelle von Griseofulvin zur oralen Behandlung therapierefraktärer schwerer Dermatophyteninfektionen des Kopfes, der Füße und Nägel eingesetzt werden.

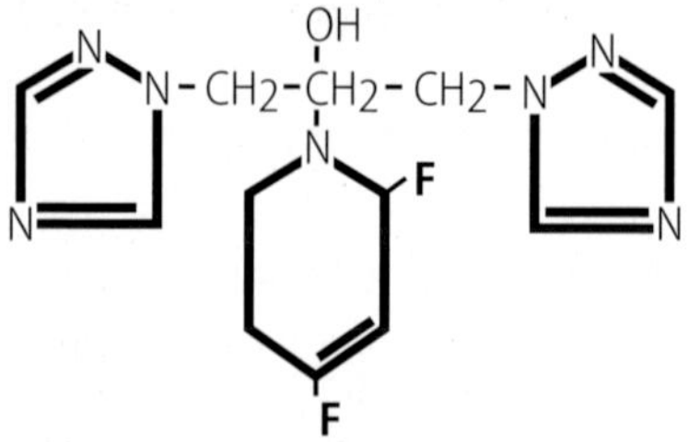

Fluconazol

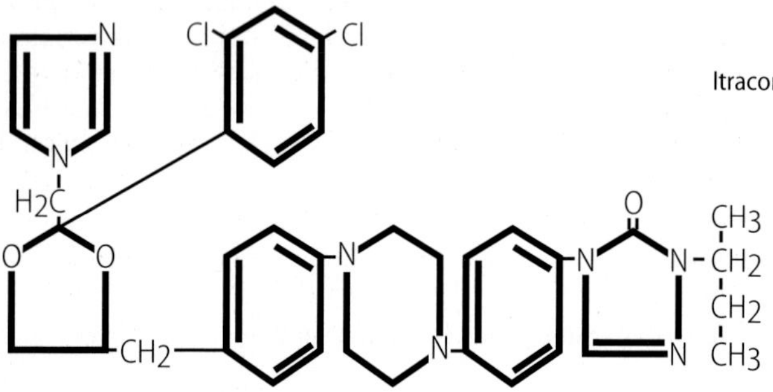

Itraconazol

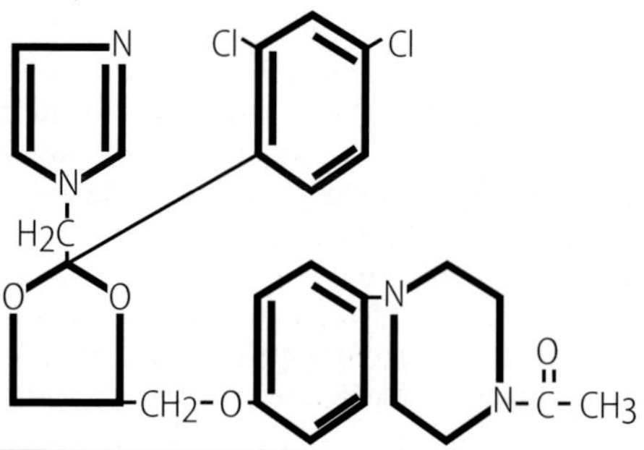

Ketoconazol

Antimykotika: Azole

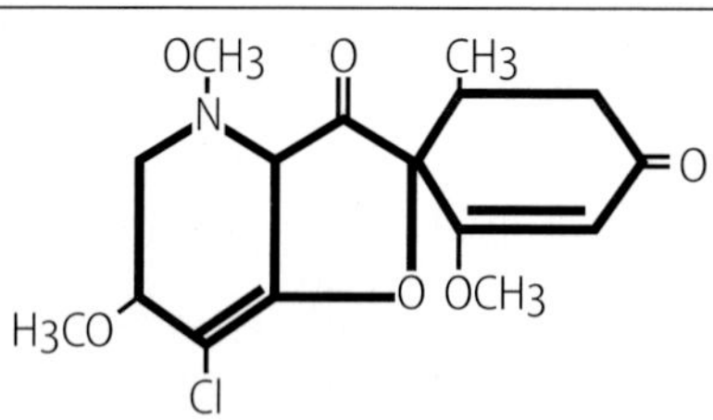

Griseofulvin

Antimykotika: Griseofulvin (gegen Dermatopyhten)

Griseofulvin ist ausschließlich zur oralen Behandlung von Dermatophyteninfektionen geeignet.

Nebenwirkungen. Wesentliche Nebenwirkungen von Amphotericin B (speziell bei parenteraler Gabe) sind eine ausgeprägte Nephrotoxizität [u. U. irreversibel; laufende Kreatininkontrolle; keine Kombination mit anderen nephrotoxischen Medikamenten; kontraindiziert bei Nieren- und Leberfunktionsstörungen (Akkumulationsgefahr)] und Allgemeinerscheinungen wie Fieber (typisch kurz nach der Verabreichung!), Schüttelfrost, Erbrechen und Kreislaufstörungen. Durch hohe Kochsalzzufuhr oder die Verpakkung in Liposomen (Ambisome®) lassen sich die Nebenwirkungen deutlich reduzieren. Daher 2–3x wöchentliche Kontrolle von Kreatinin, Harnstoff, Kalium, Magnesium, Leberfunktion.

Flucytosin kann reversible und irreversible Blutbildungsstörungen bis zur Agranulozytose verursachen; es ist daher bei bestehender Knochenmarkdepression sowie in der Schwangerschaft kontraindiziert.

Fluconazol und Itraconazol sind gut verträglich: gelegentlich gastrointestinale Störungen, zentrale und periphere Nervenstörungen und Hautausschläge; selten verursacht Fluconazol Leberfunktionsstörungen, die zum Leberversagen führen können (AIDS- und Tumorpatienten), bei längerer Itraconazol-Anwendung können Hypokaliämie, Hypertonie und reversible Nebennierenrindeninsuffizienz auftreten. Bei Säuglingen, in der Schwangerschaft und Stillzeit sowie bei schweren Leberfunktionsstörungen sind Azole kontraindiziert; die Leberfunktion ist bei längerer Therapie regelmäßig zu kontrollieren.

Die bei Terbinafin seltenen Nebenwirkungen umfassen gastrointestinale Störungen, Allergien und Leberfunktionsstörungen.

Im allgemeinen selten auftretende Nebenwirkungen von Griseofulvin sind Kopfschmerzen, gastrointestinale Störungen, allergische Hauterscheinungen, Photosensibilisierung sowie eine reversible Neutropenie. Die Substanz ist im Tierversuch teratogen und onkogen. Bei Schwangerschaft, Lebererkrankungen, Kollagenosen und Porphyrie ist Griseofulvin kontraindiziert.

Verabreichung. Amphotericin B: Initialdosis 0,1 mg/kg/d i. v. dann tgl. Steigerung um 0,25 mg/kg bis zu 0,75–1 mg/kg/d, bei lokaler Anwendung 4x1 Lutschtablette bzw. 4x1 ml Suspension; Nystatin: 1,5–3 Mill. E in 3 einzelnen Mundspülungen.

Fluconazol: 0,2 g/d i. v. oder p.o. bei systemischen Infektionen, bei Lokalinfektionen und zur Prophylaxe 0,05 g/d; Itraconazol: 0,2–0,4 g/d p. o..

Terbinafin: 1x250 mg/d p. o. über 4–6 Wochen; Griseofulvin: 0,33 g/d p. o. über 1–6 Monate.

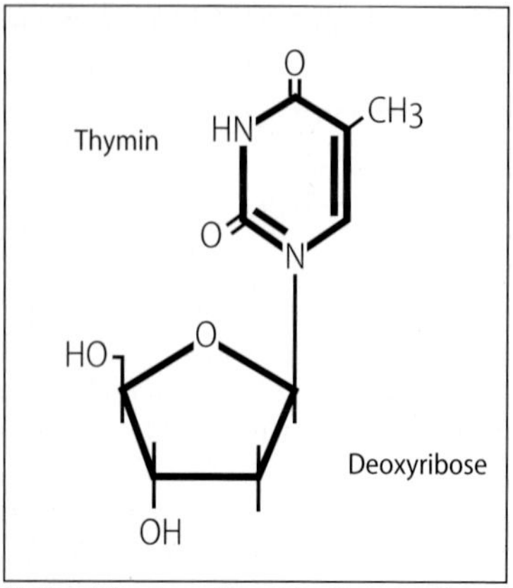

Nukleosidanaloga: Thymidin-Grundgerüst

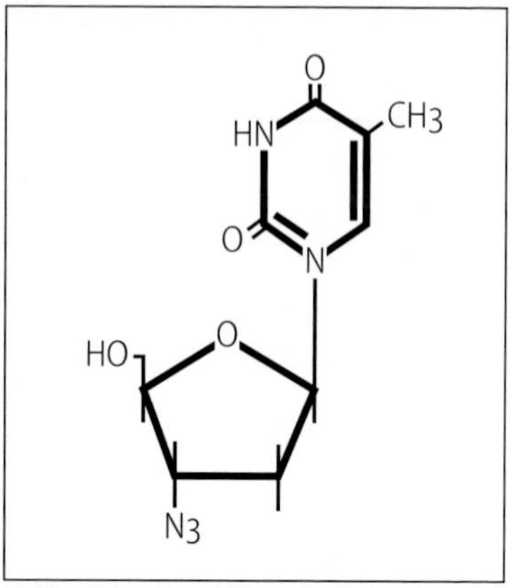

Nukleosidanaloga: Zidovudin (Azidothymidin)

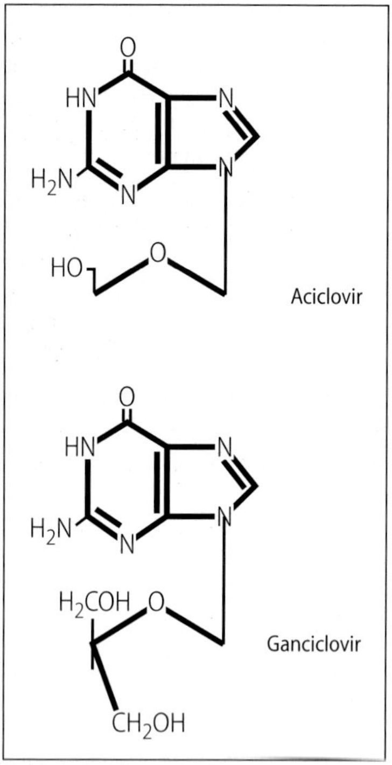

Nukleosidanaloga: Mittel gegen Herpesviren

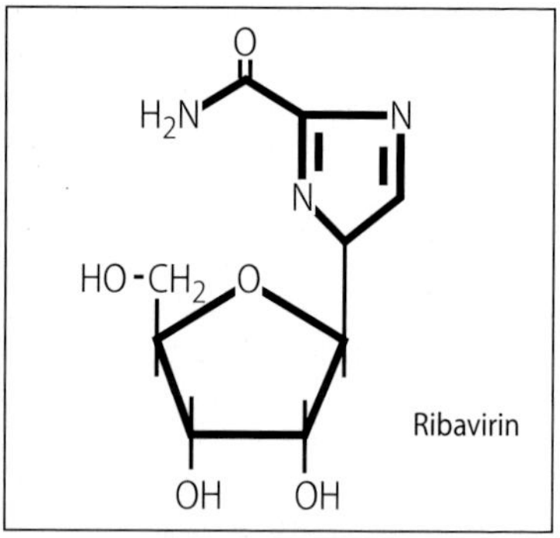

Mittel gegen RSV und Arena-Viren

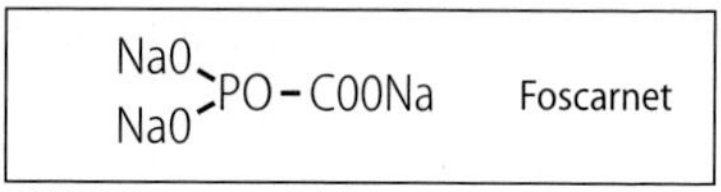

DNS-Polymerase-Inhibitor

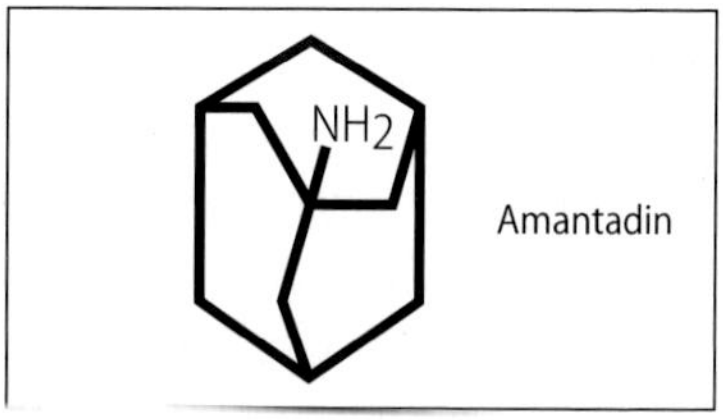

Mittel gegen Influenza-A-Viren

5.2.28 Antivirale Substanzen

Beschreibung

- ***Aciclovir*** wird intrazellulär phosphoryliert und hemmt danach die Herpes-simplex-Thymidinkinase als Antimetabolit.
- ***Ganciclovir*** wird ebenfalls intrazellulär phosphoryliert und hemmt dann durch Herpesviren induzierte Kinasen (HSV-Thymidinkinase, CMV-Desoxiguanosinkinase). Ganciclovir-Triphosphat ist ein dGPT-Inhibitor, bevorzugt an der viralen DNS-Polymerase.
- ***Zidovudin*** [ZDV, früher ***Azidothymidin*** (AZT)] wird nach Aufnahme in die Zelle dreifachphosphoryliert und wirkt dann an der Reversen Transkriptase (RT) von HIV als Thymidinanalogon, was zum Abbruch der Virusreplikation führt. Andere Nukleosidanaloga, die die RT inhibieren, sind Didanosin (ddI), Zalcitabin (ddC), Staduvin (d4T) und Lamivudin (3TC). Nicht-nukleosidanaloge RT-Inhibitoren sind Nevirapin und Delaviridin.
- ***Saquinavir, Indinavir, Nelfinavir*** und ***Ritonavir*** hemmen die HIV-spezifische Protease, die aus den Vorläuferproteinen P55(gag) und P160(pol) die funktiontüchtigen gag- bzw, pol-Proteine (Reverse Transkriptase, Ribonuklease H, Integrase) abspaltet; es entstehen nur nichtinfektiöse Viren.
- ***Amantadin*** hemmt die Penetration von Influenza-A2-Viren und wirkt daher bei rechtzeitiger Gabe auch prophylaktisch (unsicher).
- Das Nukleosidanalogon ***Ribavirin*** hemmt die virale Inosin-Monophosphat-Dehydrogenase zahlreicher DNS- und RNS-Viren (nicht HIV), besonders aber von RSV und Arenaviren.
- Weitere Mittel sind ***α-Interferon*** (bei chronischer Hepatitis B und C), ***Idoxuridin***, ***Vidarabin*** (gegen HSV und VZV) und ***Foscarnet*** (gegen CMV).

Rolle als Therapeutikum

Indikationen. Aciclovir wird parenteral zur Behandlung schwerer Infektionen mit Herpes-simplex-Viren (Enzephalitis, bei Neugeborenen, bei Immunsupprimierten), oral bei leichten Infektionen (Herpes labialis inkl. Rezidiven) zur Prophylaxe nach Transplantationen und bei persistierenden Infektionen bei AIDS eingesetzt. Eine lokale Therapie am Auge erfolgt bei Herpeskeratitis und Zoster ophthalmicus.

Ganciclovir wird bei vermuteter oder nachgewiesener lebens- oder augenlichtbedrohender Zytomegalie bei Abwehrgeschwächten eingesetzt.

Zidovudin (Azidothymidin), die anderen Nukleosid-Reverse-Transkriptase-Inhibitoren (NRTI) und die Protease-Inhibitoren werden bei der Kombinationstherapie der HIV-Infektion eingesetzt.

Ribavirin wird zur Inhalationstherapie bei schweren RSV-Infektionen (Bronchiolitis, Pneumonie) bei Kindern im 1. Lebensjahr nach Antigennachweis im Rachenschleim eingesetzt; es kann zur i.-v.-Therapie von Arenavirusinfektionen (z. B. Lassafieber, LCM) verwendet werden.

Amantadin kann zur Therapie und Prophylaxe bei Influenza-A2-Epidemien eingesetzt werden.

Nebenwirkungen. Bei systemischer Aciclovirgabe kann es zu Übelkeit und Erbrechen sowie zu passageren Nierenfunktionsstörungen (tubuläre Auskristallisation; Flüssigkeitszufuhr erhöhen) kommen; Gravidität und Stillperiode stellen Kontraindikationen dar.

Ganciclovir kann zu Blutbildveränderungen, Fieber, gastrointestinalen und zentralnervösen Störungen und zu Fertilitätsstörungen führen; Kontraindikationen sind Neutro- und Thrombozytopenie sowie Schwangerschaft.

Zidovudin wirkt knochenmarkdepressiv (makrozytäre Anämie 6 Wochen nach Therapiebeginn; meist transfusionsbedürftig). Weitere Nebenwirkungen sind Übelkeit, Erbrechen und Bauchschmerzen sowie eine Beeinträchtigung des Zentralen Nervensystems (Parästhesien, Krampfanfälle, Verschlechterung bestehender Erkrankungen des ZNS). Hauptnebenwirkung der anderen NRTI ist eine periphere Polyneuropathie, bei ddI ist besonders auf eine Pankreatitis, bei ddC auf orale Ulzera zu achten.

Die Protease-Inhibitoren weisen häufig gastrointestinale Nebenwirkungen (Übelkeit, Diarrhoe) auf, typisch für Indinavir sind Nierensteine (viel trinken!) und eine Hyperbilirubinämie. Nicht-nukleosidanaloge RT-Inhibitoren verursachen vor allem Hautausschläge und interagieren mit anderen Arzneimitteln (z. B. Proteaseinhibitoren).

Ribavirin bereitet vor allem bei Inhalation Probleme wie Lungenfunktionsstörungen bis zur Apnoe, Blutdruckabfall und Herzstillstand oder Niederschläge im Beatmungsgerät (daher Durchführung nur im Krankenhaus) sowie Hautreaktionen, Konjunktivitis und Retikulozytenanstieg infolge Hämolyse.

Amantadin kann zentralnervöse Störungen wie Unruhe, Tremor, Ataxie oder Mattigkeit verursachen; Schwangerschaft, Stillperiode und Engwinkelglaukom stellen Kontraindikationen dar, bei Epilepsie, Nierenkrankheiten und Rechtsherzinsuffizienz muß sehr sorgfältig indiziert werden.

Verabreichung. Aciclovir: oral 5x0,2–0,4(Immunsupprimierte)–0,8(Zoster) g/d für 5–10 Tage, i.v. (Kurzinfusion 60 min) 3x10 mg/kg/d für 10d.

Ganciclovir: 2x5 mg/kg/d i.v. für 10–14 d, 5–6 mg/kg/d i. v. (Kurzinfusion).

Zidovudin: 2x250 mg/d p. o. oder i. v.; ddI: 2x200 mg/d p. o. (Tabl.), ddC: 3x0,75 mg p. o.; d4T: 2x0 mg/d; 3TC: 2x150 mg/d p. o.; Nevirapin: 2x200mg, Delaviridin 3x400mg.

Protease-Inhibitoren: Ritonavir 2x600 mg p. o., Nelfinavir 3x750 mg, Saquinavir: 3x600 mg, Indinavir 2x800 mg.

Ribavirin: 20 mg/l für 12-18 h über 3–7 Tage inhaliert, 4x1 g/d i. v. für 4 d danach 3x0,5 g/d für 6 d.

5.2.29 Antimalariamittel

Beschreibung

- ***Chloroquin*** ist ein 4-Aminochinolinderivat, das für intraerythrozytäre Plasmodien-Schizonten schizontozid ist. Es hemmt die Hämpolymerase und damit den Abbau des membrantoxischen Ferriprotoporphyrins IX, eines Metaboliten des plasmodialen Hämoglobinabbaus. In hoher Dosierung kann eine DNS-Interkalierung beobachtet werden. Die Resistenz [nördliches Südamerika, subsaharisches West- und Ostafrika (Kenia!), Indien, Südostasien] beruht auf verstärkter Ausschleusung des Mittels durch Plasmodien.
- ***Chinin*** ist ein Chinolinderivat (Alkaloid aus der Rinde des Chinabaums), das für intraerythrozytäre Plasmodien-Schizonten schizontozid ist. Wahrscheinlich wirkt es ähnlich wie Chloroquin.
- ***Mefloquin*** ist Chinolin-Methanol. Es ist wie Chloroquin und Chinin nur gegen intraerythrozytäre Schizonten wirksam.
- ***Primaquin*** ist ein 8-Aminochinolin-Derivat, das wahrscheinlich durch Mitochondrienschädigung (Störung des Elektronentransfers in der Atmungskette; Pyrimidinsynthesestörung?) abtötend auf Gewebsschizonten (Hypnozoiten in der Leber) und Gametozyten, nicht aber auf intraerythrozytäre Schizonten von Plasmodien wirkt.
- Weitere Mittel sind ***Artemisinin***, ***Halofantrin***, die Folsäureantagonistenkombination ***Fansidar*** und ***Doxycyclin***.

Rolle als Therapeutikum

Indikationen. Therapie und Prophylaxe der Malaria (Chloroquin: durch chloroquinempfindliche Plasmodien, Chinin: durch chloroquinresistente Stämme in Kombination mit Doxycyclin). Mefloquin wird ebenfalls gegen chloroquinresistente Plasmodium-falciparum-Stämme eingesetzt.

Primaquin wird im Anschluß an die Chloroquingabe zur Rückfallprophylaxe bei Malaria tertiana (P. vivax, P. ovale: Hypnozoiten) verwendet.

Nebenwirkungen. Chloroquin hat eine große therapeutische Breite und erweist sich als nebenwirkungsarm. Übelkeit, Erbrechen, Blutbildungsstörungen und neurotoxische Störungen (Parästhesien, Krampfanfälle, Schwindel, Psychosen) können beobachtet werden, selten sind Hautveränderungen (Haardepigmentierungen, Dermatosen) und Hornhauttrübungen. Bei längerer hochdosierter Einnahme können Retinaschäden entstehen (Kontrolle!).

Chinin hat eine geringe therapeutische Breite. Typische Nebenwirkungen sind Schwindel, Ohrensausen, Erregungszustände, Zyanose und Kopfschmerzen, daneben verschiedene Hautveränderungen. In schweren Fällen, insbesondere bei parenteraler Applikation, kann es zu Atemdepression, Kreislaufversa-

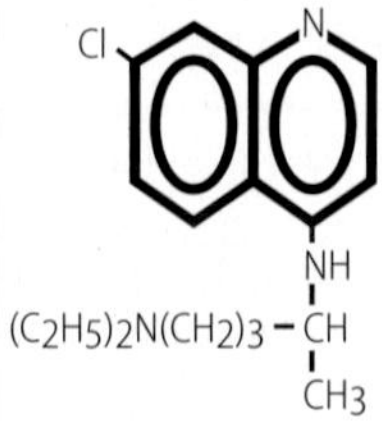

Chloroquin

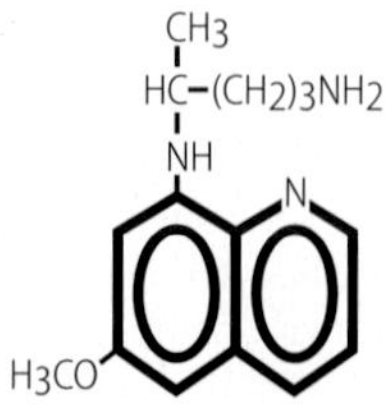

Primaquin

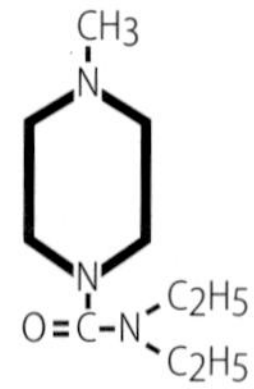

Diethylcarbamazin

Antimalariamittel

Mittel gegen Filarien

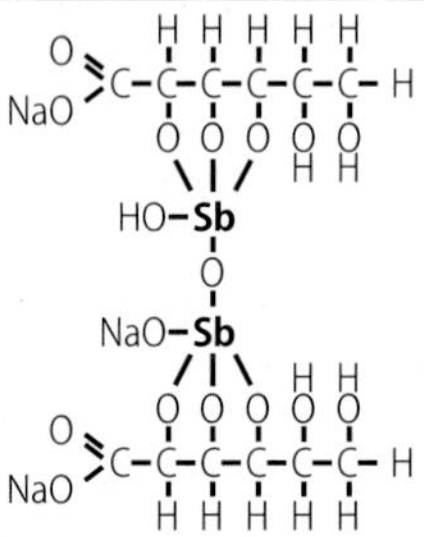

Natriumstiboglukonat
(fünfwertiges Antimon)

Niclosamid

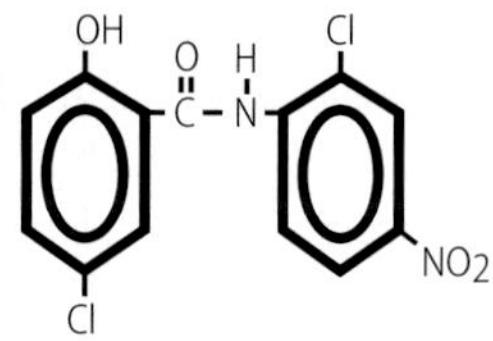

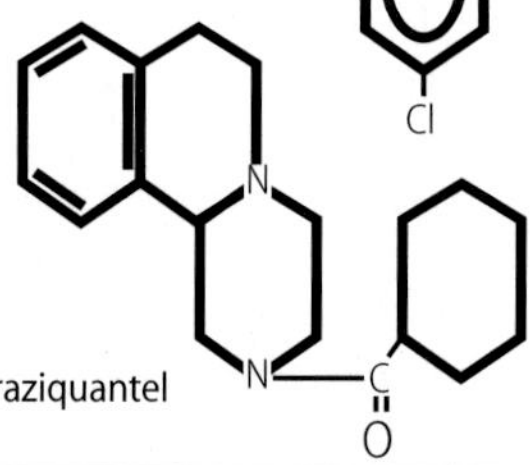

Praziquantel

Mittel gegen Leishmanien

Mittel gegen Helminthen: Nicht-Imidazole

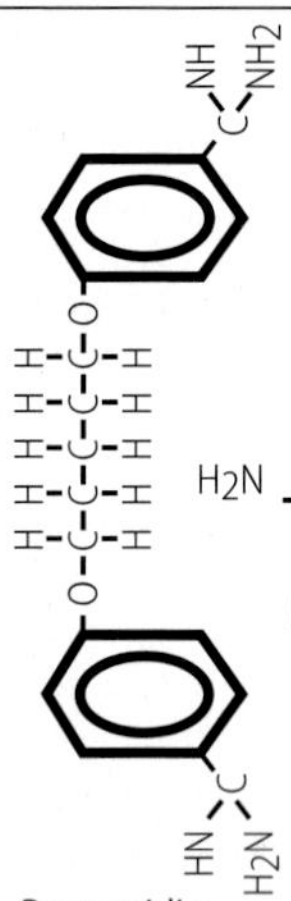

Pentamidin

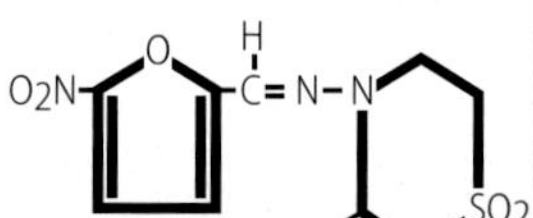

Nifurtimox

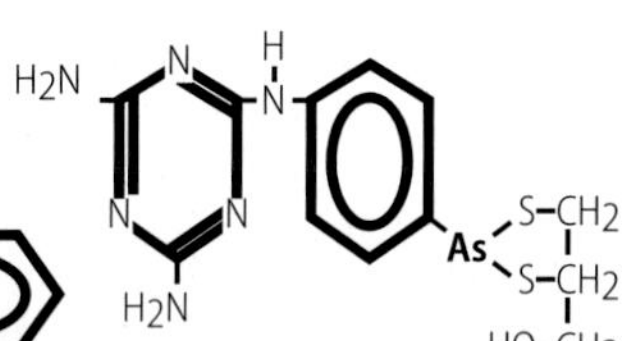

Melarsoprol (MelB)

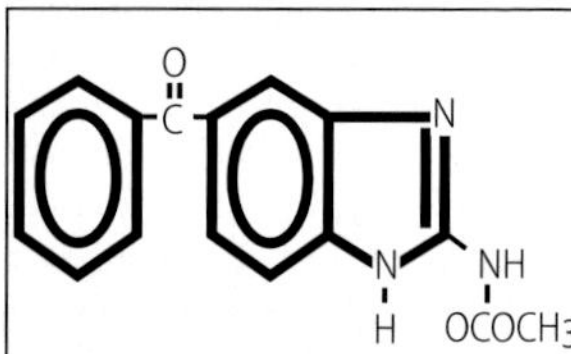

Mebendazol

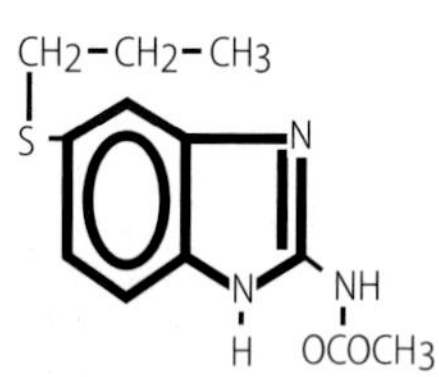

Albendazol

Mittel gegen Trypanosomen

Mittel gegen Helminthen: Imidazole

gen und zum Tod kommen. Bei der Therapie der Malaria tropica kann sich in seltenen Fällen eine massive Hämolyse entwickeln (Schwarzwasserfieber).

Mefloquin ist gut verträglich. Neben Übelkeit und Verwirrtheit (bei hoher Dosierung) kann in etwa 7% der Fälle eine passagere Bradykardie ohne histolgisch nachweisbare Herzschädigungen beobachtet werden.

Primaquin wird meist gut vertragen. Selten finden sich abdominelle Beschwerden und Blutbildungsstörungen sowie Herzrhythmusstörungen. Bei Glucose-6-Dehydrogenase-Mangel kann eine Hämolyse eintreten.

Wichtige Kontraindikationen sind Allergien, Glucose-6-Phosphatdehydrogenase-Mangel und Vorschädigungen, die den Nebenwirkungen entsprechen. In der Schwangerschaft sollten diese Substanzen nicht eingesetzt werden, da Fetusschädigungen entstehen können; jedoch fällt die Nutzen-Risiko-Analyse bei der Indikation Malaria in der Regel zu Gunsten der Medikamentengabe aus (Rote Liste 1997). Vor dem Einsatz ist ein Schwangerschaftstest durchzuführen. Bei Mefloquingabe im Rahmen der Malariaprophylaxe ist eine Kontrazeption während der Einnahme plus drei Monate anzuraten.

Verabreichung. Chloroquin: 1 g (600 mg Base) p. o. dann 0,5 g in 6 Stunden, gefolgt von 0,5 g/d über 2 Tage, zur Prophylaxe: 500 mg (300mg Base) 1x/w p.o. Beginn 2 Tage vor Reise, Ende 4 Wochen nach Rückkehr; Primaquin: 26,3 mg (15 mg Base)/d für 2 Wochen; Mefloquin 1x1250 mg p.o. mit mindestens 250 ml Wasser; Chinin: 3x600 mg p. o. für 3–7(–10) d, bei intravenöser Gabe 20 mg/kg initial über 4 h, dann 10 mg/kg über 2–4 h alle 8 Stunden, bis orale Weitertherapie möglich ist.

5.2.30 Mittel gegen Trypanosomen

Beschreibung

- ***Suramin*** (Germanin), ein Azofarbstoffderivat, hemmt Enzyme des Energiestoffwechsels (Glycerol-3-Phosphat-Oxidase, -Dehydrogenase).
- ***Pentamidin***, ein Diamidinderivat, interagiert an verschiedenen Stellen mit dem Nukleinsäurestoffwechsel (Bindung an DNS, Hemmung von RNS-Polymerase, Interaktion mit Ribosomen).
- ***Melarsoprol (Mel B)***, eine dreiwertige Arsenverbindung, bindet sich an Sulfhydryl-Gruppen von Proteinen (trypanosomale Pyruvatkinase?).
- ***Eflornithin (DFMO)*** hemmt irreversibel die Ornithindecarboxylase, so daß keine Polyamine, die für das Wachstum und die Differenzierung von Trypanosomen erforderlich sind, synthetisiert werden können.
- ***Nifurtimox***, ein Nitrofuranderivat, wirkt wahrscheinlich durch die Bildung reaktiver Sauerstoffradikale.

Rolle als Therapeutikum

Indikationen. Suramin und Pentamidin sind die Mittel der Wahl bei generalisierter Schlafkrankheit. Melarsoprol wird bei ZNS-Befall im Rahmen der Schlafkrankheit eingesetzt. Eflornithin wird zur Relapstherapie bei T.-brucei-gambiense-Infektion verwendet, versagt aber oft gegen T. brucei rhodesiense. Nifurtimox ist das Mittel der Wahl bei Chagas-Krankheit.

Suramin wirkt auch gegen adulte Onchocerca (Filarien).

Pentamidin findet zusätzlich Anwendung bei der Therapie und Prophylaxe von P.-carinii-Infektionen und kann gegen Leishmanien eingesetzt werden.

Nebenwirkungen. Suramin verursacht zahlreiche Nebenwirkungen: Allergische Reaktionen inkl. Schock, Parästhesien, chronische Diarrhoe, schwere Erschöpfungszustände, selten: Ikterus, hämolytische Anämie, Agranulozytose.

Eine Pentamidin-Therapie zeigt in bis zu 50% der Fälle Nebenwirkungen. Häufig sind Tachykardien, Atemnot, Hauterscheinungen, metallischer Geschmack, Hypoglykämie (6–9%) u. U. mit Entwicklung eines insulinabhängigen Diabetes mellitus und ein reversibles Nierenversagen (–25%). Ebenso wurden Blutbildungsstörungen, Leberfunktionsstörungen und Störungen des ZNS (z. B. Halluzinationen) beobachtet.

Melarsoprol ist ebenfalls hochtoxisch. Fieber mit Blutdruckerhöhung, Bauchschmerzen, Erbrechen und Arthralgien sind häufig. Besonders schwerwiegend ist eine reaktive Enzephalopathie innerhalb der ersten 4 Therapietage (Letalität 6%). Bei Patienten mit Glukose-6-Dehydrogenase-Mangel kann eine schwere hämolytische Anämie entstehen.

Eflornithin ist besser verträglich. Übelkeit mit Erbrechen, passagere Blutbildungsstörungen und vorübergehende Hörstörungen wurden berichtet.

Nifurtimox führt in 40–70% zu Nebenwirkungen, die bevorzugt in reversiblen Beeinträchtigungen des Gastrointestinaltrakts und des ZNS bestehen.

Verabreichung. Suramin: 20mg/kg i. v. an Tag 1, 3, 7, 14, und 21 (maximal 1 g), Mel B: beginnend mit 0,4 mg/kg i. v. Steigerung auf 3,5 mg/kg an Tag 28–30 (maximal 1300mg); Eflornithin: 4x100 mg/kg/d i. v. Tag 1–14, dann 4x75 mg/kg/d für 21–30 Tage; Nifurtimox: 8–10 mg/kg/d p.o. in 4 Portionen über 120d.

5.2.32 Mittel gegen Leishmanien: Fünfwertiges Antimon

Beschreibung

Die fünfwertigen Antimonverbindungen Stiboglukonatnatrium und Megluminantimonat hemmen die Glykolyse und die Fettsäureoxidation in den Glykosomen der Leishmanien. Die Folge ist eine verminderte Produktion von ATP. Ein Teil der Wirkung des Stiboglukonatnatrium scheint durch das verwendete Konservierungsmittel Chlorcresol bedingt zu sein.

Rolle als Therapeutikum

Indikationen. Chemotherapie der Leishmaniosen.

Nebenwirkungen. Neben gastrointestinalen Beschwerden, Schwächegefühl, Transaminasenerhöhungen und allergischen Reaktionen können eine Pankreatitis oder Herzrhythmusstörungen entstehen. Bei bestehender Hepatitis, Pankreatitis oder Myokarditis sollten die Mittel möglichst vermieden werden.

Verabreichung. Intravenös 20 mg/kg/d über 4 Wochen.

5.2.33 Mittel gegen Filarien: Diethylcarbamazin, Ivermectin

Beschreibung

- ***Diethylcarbamazin***, ein Piperazinderivat, hemmt den Arachidonsäurestoffwechsel und bewirkt, daß Wirtsabwehrzellen besser angreifen können.
- Das makrozyklische Lakton ***Ivermectin*** verstärkt die Öffnung glutamatabhängiger Chlorid-Kanäle: Lähmung der Pharynxpumpe des Wurms.

Rolle als Therapeutikum

Indikationen. Behandlung von Filariosen, Diethylcarbamazin wird auch zur Prophylaxe eingesetzt. Suramin wirkt gegen adulte Onchocerca.

Nebenwirkungen. Leichte gastrointestinale Beschwerden, Kopfschmerzen; allergische Reaktion auf absterbende Würmer (Ivermectin bei Onchozerkose!).

Verabreichung. Diethylcarbamazin: oral 1. Tag 50 mg, 2. Tag 2x50 mg, 3. Tag 2x100 mg, 4.–21. Tag 2x2 mg/kg/d; Ivermectin: oral bis 200µg/kg als Einzeldosis, bei Onchozerkose Wiederholung nach 6 Monaten ggf. für 10–15 Jahre.

5.2.34 Albendazol, Mebendazol, Thiabendazol

Beschreibung

Albendazol, Mebendazol und Thiabendazol sind langsam vermizid wirkende Benzimidazolderivate. Albendazol und Mebendazol hemmen die Glukoseaufnahme von Würmern: Glykogenspeicherentleerung, gestörte Mikrotubuli-Bildung; innerhalb weniger Tage sterben die Würmer und werden ausgeschieden.

Rolle als Therapeutikum

Indikationen. DieseBenzimidazole werden zur Behandlung intestinaler und extraintestinaler Rundwurmerkrankungen (Enterobiasis/Oxyuriasis, Ascariasis, Trichiuriasis, Ancylostomiasis, Strongyloidiasis; Trichinose, Larva migrans: kutan, viszeral durch Toxocara oder Gnathostoma) eingesetzt, nicht aber bei Filariosen (Ausnahme: Mansonella). Albendazol ist das Mittel der Wahl gegen Echinokokken und kann gegen Mikrosporidien eingesetzt werden.

Nebenwirkungen. Albendazol und Mebendazol werden bei kurzzeitiger Anwendung gut vertragen. Neben gastrointestinalen Störungen können bei längerer oder hoher Dosierung Knochenmarksuppression und Transaminasenerhöhungen beobachtet werden. In den ersten Therapietagen können Fieber und Nasenbluten entstehen. Unter Thiabendazol treten in der Hälfte der Fälle Nebenwirkungen auf: Unruhe, Übelkeit, Erbrechen und Appetitlosigkeit, seltener allergische Reaktionen, Kreislaufbeeinträchtigungen, Transaminasenerhöhungen und Gallenwegsschädigungen.

Die Mittel sind teratogen bei Ratten (Kontraindikation: Schwangerschaft), Thiabendazol darf nicht bei bestehenden Leberkrankheiten gegeben werden.

Verabreichung. Albendazol 1x400 mg (Einmalgabe); Mebendazol: oral 2x100 mg/d je nach Wurm für 3–30 Tage; Thiabendazol 22 mg/kg 2x/d für 2–3 Tage.

5.2.35 Praziquantel

Beschreibung

Praziquantel ist ein Pyrazinisochinolinderivat, das die Calcium-Permeabilität des Teguments erhöht oder Calcium aus intrazellulären Speichern freisetzt. Es entstehen tetanische Muskel-Kontraktionen mit anschließender Lähmung.

Rolle als Therapeutikum

Indikationen. Erkrankungen durch Egel (außer Leberegel) und Bandwürmer (außer Echinokokken). Bei intraokulärer Zystizerkose kontraindiziert!

Nebenwirkungen. Meist nur leicht: Übelkeit, Erbrechen, Bauch- und Kopfschmerzen. Bei schwerer Zystizerkose kann es zu einem Hirnödem und intrakranieller Drucksteigerung kommen. Bei schwerer Schistosomiasis wurden starke blutige Diarrhoen beobachtet. Bei eingeschränkter Leber- und Nierenfunktion, bei Herzrhythmusstörungen und digitalisbedürftiger Herzinsuffizienz ist die Indikation besonders streng zu stellen, und es sind geeignete Überwachungsmaßnahmen zu treffen. Schwangerschaft und Stillperiode sind keine Kontraindikationen, Schäden wurden bisher nicht beobachtet, jedoch läßt sich bei der beschränkten Datenmenge ein Restrisiko nicht ausschließen.

Verabreichung. Je nach Wurm oral 20–25 mg/kg, 2–4x/d für 1–2 Tage (bei Neurozystizerkose 14 d).

5.2.36 Niclosamid

Niclosamid ist ein Salicylanilidderivat, das durch Störung der ATP-Produktion (Entkopplung der mitochondrialen Phosphorylierung, ATPase-Aktivierung) vermizid gegen intestinale Cestoden wirkt: Desintegration der Segmente. Selten gastrointestinale Störungen. Man gibt 2x1 g im Abstand von 1 h.

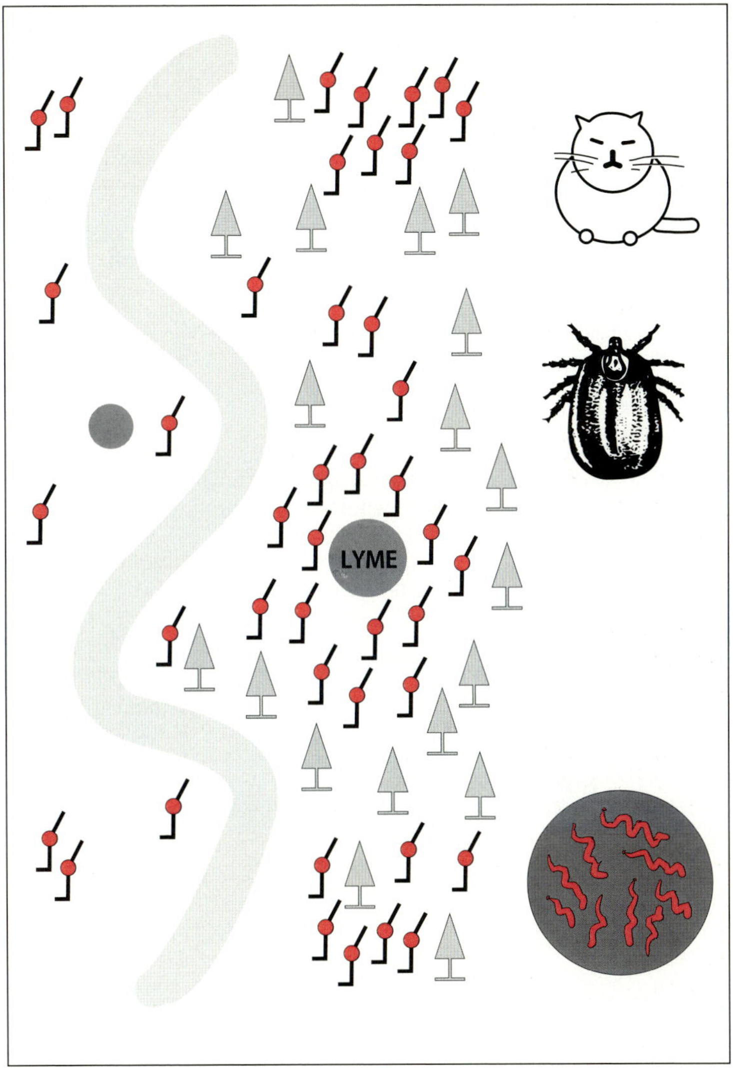

Prävention & Epidemiologie

(1) Zu melden sind der **Krankheitsverdacht,** die **Erkrankung** sowie der **Tod** an:

Botulismus
Cholera
Enteritis infectiosa:
- Salmonellosen
- übrige Formen
- mikrobiell bedingten Lebensmittelvergiftungen

Fleckfieber
Lepra
Milzbrand
Ornithose
Paratyphus A, B und C
Pest
Pocken
Poliomyelitis
Rückfallfieber
Shigellenruhr
Tollwut
Tularämie
Typhus abdominalis
virusbedingten hämorrhagischen Fieber

(2) Zu melden ist die **Erkrankung** sowie der **Tod** an

angeborener
- Cytomegalie
- Listeriose
- Lues
- Toxoplasmose
- Rötelnembryopathie

Brucellose
Diphtherie
Gelbfieber
Leptospirose:
- Weil´scher Krankheit
- übrige Formen

Malaria
Meningitis/Enzephalitis:
- Meningokokken-Meningitis
- andere bakt. Meningitiden
- Virus-Meningoenzephalitis
- übrige Formen

Q-Fieber
Rotz
Trachom
Trichinose
Tuberkulose (aktive Form):
- der Atmungsorgane,
- der übrigen Organe

Virushepatitis:
- Hepatitis A
- Hepatitis B
- nicht bestimmbare und übrige Formen

anaerobe Wundinfektionen:
- Gasbrand/Gasoedem
- Tetanus

(3) Zu melden ist der **Tod** an

Influenza (Virusgrippe)
Keuchhusten
Masern
Puerperalsepsis
Scharlach

(4) Zu melden ist jeder **Ausscheider** von

Choleravibrionen
Salmonellen
- S. typhi
- S. paratyphi A, B, C
- übrige

Shigellen

(5) Zu melden ist die **Verletzung** eines Menschen durch ein **tollwut**krankes oder -verdächtiges Tier sowie die **Berührung** eines solchen Tieres oder Tierkörpers.

Auf Grund von Rechtsverordnungen zusätzlich meldepflichtig sind:

bei Verdacht	Diphtherie, Meningokokkenmeningitis
bei Erkrankung und Tod	Legionellose, Borreliose, HUS, Listeriose
Ausscheider	Diphtherie, Hepatitis B
bei Erkrankung und Tod, Ausscheider	Hepatitis C
Erstinfektion in der Schwangerschaft	Toxoplasmose

Meldepflichtige Erkrankungen (nach § 3 BSeuchG und ergänzenden Rechtsverordnungen)

6 Prävention

6.1 Grundbegriffe

Primäre Prävention. Die primäre Prävention umfaßt alle Maßnahmen, die dem Schutz der Gesundheit dienen, es soll also das Entstehen einer Krankheit verhindert werden. Der klassische Ansatz hierfür sind die Impfungen, ein weiteres Beispiel die perioperative Chemoprophylaxe.

Sekundäre Prävention. Die sekundäre Prävention umfaßt alle Maßnahmen, die der Früherkennung und damit der effektiveren Behandlung von Erkrankungen dienen. Typischerweise findet sie bei den Krebsvorsorgeuntersuchungen statt. Eine Sekundärprophylaxe von Infektionskrankheiten wurde früher mit der Röntgenreihenuntersuchung zur Früherkennung einer Tuberkulose durchgeführt, weitere Anwendungen sind die Untersuchung asymptomatischer Sexualpartner von Indexfällen sexuell übertragbarer Erkrankungen und die Überwachungskulturen bei Intensivstation-Patienten.

Tertiäre Prävention. Die tertiäre Prävention zielt auf die Verhinderung bzw. Reduktion von Spätschäden und Folgeerkrankungen bei bereits bestehenden Erkrankungen; hier liegt der Unterschied zur Primärprävention. Sie wird vor allem bei chronischen Erkrankungen wie Diabetes mellitus, Hypertonie und koronarer Herzkrankheit eingesetzt. Auch Maßnahmen zur Vermeidung von Opportunisteninfektionen bei HIV-Infektion sind hier einzuordnen.

Präventionsebenen. Die verschiedenen Vorsorgemaßnahmen können auf verschiedenen Ebenen – Einzelpersonen, Institutionen, Gesamtbevölkerung - ansetzen. Einige Infektionen erfordern, zum Schutz der Bevölkerung, staatlich gelenkte Präventionsmaßnahmen, die durch Gesetze oder Verordnungen geregelt werden (z. B. Meldepflicht, Tätigkeitsverbote). Hierzu zählen das Bundesseuchengesetz (BSeuchG) bzw. Infektionsschutzgesetz, das Gesetz zur Bekämpfung der Geschlechtskrankheiten, die Impfempfehlungen der Ständigen Impfkommission sowie z. B. die Trinkwasserverordnung oder die Lebensmittelgesetze.

Asepsis. Gesamtheit aller Maßnahmen, die der Verhütung einer Kontamination dienen. Dadurch kann es gelingen, Infektionen zu verhüten.

Antiseptik. Anwendung von in der Gebrauchskonzentration oder in remanenter Wirkung vorwiegend mikrobiostatisch wirksamen Präparaten mit vorwiegend nachhaltiger Wirkung auf der Körperoberfläche, also den Schleimhäuten und der Haut, von Mensch und Tier zur Bekämpfung von potentiellen Krankheitserregern und Gesundheitsschädlingen (Weuffen et al. Handbuch der Antiseptik. S. 17. Gustav Fischer Verlag, Stuttgart, 1981.)

> § 8 **Krankenhausinfektionen**
> Wenn durch Krankheitserreger verursachte Erkrankungen in Krankenhäusern, Entbindungsheimen, Säuglingstagesstätten oder Einrichtungen zur vorübergehenden Unterbringung von Säuglingen nicht nur vereinzelt auftreten **(Ausbruch)**, so sind diese Erkrankungen unverzüglich als Ausbruch zu melden, es sei denn, daß die Erkrankten schon vor der Aufnahme an diesen Krankheiten erkrankt oder deren verdächtig

Meldepflichtige Erkrankungen: Meldung von Ausbrüchen nach BSeuchG § 8

> § 9 **Meldung durch Untersuchungsstellen**
> (1) Die Leiter von Medizinaluntersuchungsämtern und sonstigen öffentlichen oder privaten Untersuchungsstellen haben jeden Untersuchungsbefund, der auf einen meldepflichtigen Fall oder eine Erkrankung an Influenza schließen läßt, unverzüglich dem für den Aufenthalt des Betroffenen zuständigen Gesundheitsamt zu melden. ...
>
> § 4 **Meldepflichtige Personen**
> (1) Zur Meldung verpflichtet sind
> 1. der behandelnde oder sonst hinzugezogene Arzt, im Fall des § 3 Abs.5 auch der Tierarzt;
> 2. jede sonstige mit der Behandlung oder der Pflege des Betroffenen berufsmäßig beschäftigte Person;
> 3. die hinzugezogene Hebamme;
> 4. auf Seeschiffen der Kapitän;
> 5. die Leiter von Pflegeanstalten, Justizvollzugsanstalten, Heimen, Lagern, Sammelunterkünften und ähnlichen Einrichtungen.
>
> § 5 **Meldung an das Gesundheitsamt**
> Die Meldung ist dem für den Aufenthalt des Betroffenen zuständigen Gesundheitsamt unverzüglich, spätestens innerhalb von 24 Stunden nach erlangter Kenntnis zu erstatten.

Meldepflichtige Erkrankungen: Durchführung der Meldung nach BSeuchG

> § 1 **Geschlechtskrankheiten**
> Geschlechtskrankheiten im Sinne dieses Gesetzes sind
>
> | | |
> |---|---|
> | Syphilis | Lues |
> | Tripper | Gonorrhoe |
> | Weicher Schanker | Ulcus molle |
> | Venerische Lymphknotenentzündung | Lymphogranulomatosis inguinalis |
>
> ohne Rücksicht darauf, an welchen Körperteilen die Krankheitserscheinungen auftreten.
>
> § 11 a ... **Meldepflicht**
> (2) Jeder Fall einer ansteckungsfähigen Erkrankung an einer Geschlechtskrankheit ist von dem behandelnden oder sonst hinzugezogenen Arzt unverzüglich ohne Nennung des Namens und der Anschrift des Erkrankten dem Gesundheitsamt zu melden, in dessen Bezirk der Arzt seine ärztliche Tätigkeit ausübt. Anzugeben sind
> 1. Geburtsjahr und Geschlecht des Erkrankten,
> 2. Art der Erkrankung

Meldepflichtige Erkrankungen: Gesetz zur Bekämpfung der Geschlechtskrankheiten (Auszug)

6.2 Isolierungsverfahren

Isolierungsmaßnahmen dienen dazu, die Übertragung eines Krankheitserregers zu verhindern. Bei allen Isolierungsmaßnahmen sind die Information des Personals, des Patienten und der Besucher über den Erreger und die möglichen Übertragungswege und deren Vermeidung von wesentlicher Bedeutung.

Standardisolierung. Die Standardisolierung dient dazu, die Übertragung von Krankheitserregern durch kontagiöse Patienten zu verhindern.

Im allgemeinen sind die Patienten in Einzelzimmern unterzubringen. Beim Umgang mit infektiösem Material sind Handschuhe zu tragen; nach Kontakt mit potentiell erregerhaltigem Material ist eine hygienische Händedesinfektion durchzuführen. Kontaminierte Flächen und Materialien sind zu desinfizieren bzw. zu sterilisieren.

Bei Gefahr von Schmierinfektionen stehen das Tragen von Einmalhandschuhen und die anschließende Händedesinfektion beim Umgang mit Körperausscheidungen, Sekreten und bei direktem Patientenkontakt im Vordergrund. Bei Gefahr von fäkal-oraler Übertragung ist eine eigene Toilette im Zimmer (ggf. Toilettenstuhl) anzustreben; entscheidend ist eine geeignete Desinfektion der Toilette, der potentiell kontaminierten sonstigen Flächen und der Hände nach jedem Toilettenbesuch. Schutzkittel sind zur Vermeidung einer Kontamination der allgemeinen Arbeitskleidung angeraten, insbesondere bei direktem Kontakt mit dem Patienten. Als Übertragungsmedium spielen im Krankenhaus die kontaminierten Hände eine entscheidende Rolle: daher ist die hygienische Händedesinfektion hier die wichtigste Präventionsmaßnahme.

Bei Gefahr von Tröpfcheninfektionen (kontagiös bis etwa zu einem Abstand von 1 m) ist das Tragen einer Mund und Nase bedeckenden Maske die wichtigste Schutzmaßnahme; eine gleichartige Maske muß der Patient tragen, wenn er das Zimmer verlassen muß.

Strikte Isolierung. Intensive Isolierungsmaßnahmen werden erforderlich bei leicht übertragbaren virulenten Erregern, z. B. bei Rachendiphtherie, Lungenpest oder virusbedingtem hämorrhagischen Fieber.

Der Patient ist in einem Einzelzimmer unterzubringen (Patienten mit gleichem Erreger können einen Raum belegen: ***Kohortenisolierung***). Alle Personen, die den Raum betreten, müssen Schutzkittel, spezielle Schutzmasken und Handschuhe tragen, die nur für diesen Raum bestimmt sind – die Umkleidung und Entsorgung erfolgen am besten in einer Schleuse. Besuche sind auf ein Minimum zu reduzieren.

„Umkehrisolierung". Hier kehrt sich der Sinn der Isolierung um: Es soll ein abwehrgeschwächter Patient vor der Umgebung geschützt werden. Die Maßnahmen gleichen denen der strikten Isolierung. Jedoch werden sterile Kittel verwendet und die gebrauchte Schutzkleidung außerhalb des Zimmers entsorgt.

- Einzelzimmer mit Naßzelle, evtl. auch Kohortenisolierung
- Information des Stationspersonals, schriftliche Hinweise für Besucher (Türschild)
- Einmalhandschuhe und Schutzkittel bei direktem Patientenkontakt und bei Umgang mit infektiösem Material
- Nach unmittelbarem Kontakt (auch vermutetem Kontakt) mit infektiösem Material hygienische Händedesinfektion
- Mehrfach benutzte Utensilien (Stethoskop, Blutdruckmanschette) im Zimmer belassen, Entsorgung von Instrumenten und anderen Gegenständen einschließlich Wäsche nur in geschlossenen Behältern
- Wechsel von Leib- und Bettwäsche sowie Utensilien zur Körperpflege während der antiseptischen Sanierung
- Tägliche Flächendesinfektion (Präparate aus der DGHM-Liste)
- Für Patiententransporte innerhalb der Einrichtung sauberes Bett / Trage verwenden, bei aerogener Infektionsgefahr Maske für den Patienten, Begleitpersonal: Schutzkittel
- Aufhebung der Isolierung, sobald an 3 aufeinanderfolgenden Tagen aus relevantem Material keine MRSA angezüchtet werden
- Schlußdesinfektion des Zimmers inkl. aller wiederzuverwendenden Materialien
- Patient frühestmöglich entlassen und Keimträgertum im Krankenblatt vermerken, weiterbehandelnden Arzt sofort informieren

Isolierungs- und Hygienemaßnahmen bei MRSA-Patienten und -Trägern

Lebendimpfstoffe	Totimpfstoffe	Toxoidimpfstoffe
BCG	Hepatitis B	Diphtherie
Gelbfieber	Influenza	Tetanus
Masern	Polio (Salk: s. c.)[1]	
Mumps	Pertussis	
Polio (Sabin: oral)[1]	Tollwut	
Röteln	H. influenzae Typ b	
Typhus	S. pneumoniae	
	N. meningitidis[2]	

1 In Deutschland wird der Salk-Impfstoff verwendet (Erkrankungsrisiko durch den Lebendimpfstoff, vor allem im Hinblick auf die niedrige Inzidenz der Wildtyp-Infektion).
2 Keine Immunität gegen den in Deutschland am häufigsten vorkommenden Typ B.

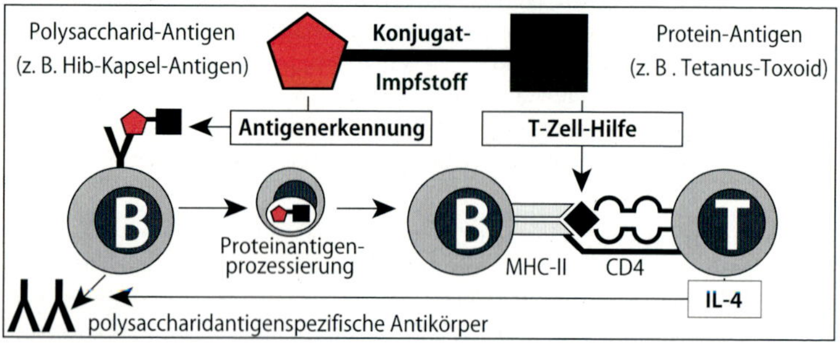

Absonderung („Quarantäne“). Personen, die an Cholera, Pest, Pocken oder an virusbedingtem hämorrhagischen Fieber erkrankt oder ansteckunsverdächtig sind, müssen behördlicherseits in besonders geeigneten Einrichtungen untergebracht („abgesondert“) werden.

6.3 Impfungen

Immunisierung = künstliche Erzeugung von Immunität gegen einen Erreger.

Passive Immunisierung. Diese wird durch die Gabe von Antikörpern mit Spezifität gegen Bestandteile des Erregers oder dessen Exotoxine erzielt. Durch die Auswahl der Spender kann eine Anreicherung von Antikörpern gegen einen bestimmten Erreger erzielt werden; man spricht von **Hyperimmunglobulin**. Die passive Immunisierung wird dann durchgeführt, wenn vermutet werden muß, daß ein Erreger oder dessen Toxin in den Körper gelangt ist und keine Immunität besteht. Bei Verdacht auf Diphtherie oder Botulismus beispielsweise müssen schnellstmöglich neutralisierende Antikörper gegen die Toxine (Antitoxin) verabreicht werden, bevor sie in ihre Zielzellen gelangt sind.

Aktive Schutzimpfung. Diese bezweckt eine spezifische Immunantwort gegen den Erreger im Körper. Um dies zu erreichen, stehen folgende Antigenformen zur Verfügung:

- ***Toxoide*** sind entgiftete Toxine ohne toxische Wirkung, aber mit ausreichender Immunogenität. Sie induzieren Immunität gegen Toxine.
- ***Vakzinen*** bestehen aus ganzen Mikroorganismen oder aus immunogenen Teilen dieser Mikroorganismen. Man unterscheidet dabei Lebendimpfstoffe und Totimpfstoffe. ***Lebendimpfstoffe*** bestehen aus vermehrungsfähigen Mikroorganismen, die durch wiederholte In-vitro-Kultivierung und Mutationen in ihrer Virulenz stark abgeschwächt (attenuiert) sind. In der Regel genügt die einmalige Gabe des Impfstoffs zur Induktion einer lang anhaltenden Immunität. ***Totimpfstoffe*** bestehen dagegen aus abgetöteten Erregern; sie sind im allgemeinen weniger immunogen als vergleichbare Lebendimpfstoffe. Meist sind mehrere Impfungen erforderlich, um die Immunität aufrechtzuerhalten.

Zur Steigerung der Immunogenität von Antigenen ist in der Regel der Zusatz von ***Adjuvanzien*** erforderlich. Ein übliches Verfahren ist die Verwendung von Aluminiumhydroxid. Eine spezielle Form von Adjuvanz findet sich in Konjugatimpfstoffen. Hierbei wird an ein Polysaccharid(kapsel)antigen ein Proteinantigen (z. B. Diphtherietoxoid) als Adjuvanz gekoppelt. Dieses Konjugat wird von polysaccharidantigenspezifischen B-Zellen erkannt. Nur das adjuvante Proteinantigen kann prozessiert und an T-Helferzellen präsentiert werden, die dann als TH2-Zellen IL-4 zur Stimulation der polysaccharidantigenspezifischen B-

Empfohlenes Impfalter	Impfungen gegen
ab Beginn 3. Monat	1. Diphtherie[1] 1. Pertussis 1. Tetanus 1. Haemophilus influenzae Typ b 1. Hepatitis B[2] 1. Poliomyelitis
ab Beginn 4. Monat	2. Diphtherie 2. Pertussis 2. Tetanus 2. Haemophilus influenzae Typ b
ab Beginn 5. Monat	3. Diphtherie 3. Pertussis 3. Tetanus 3. Haemophilus influenzae Typ b 2. Hepatitis B 2. Poliomyelitis
ab Beginn 12. bis 15. Monat	4. Diphtherie 4. Pertussis 4. Tetanus 4. Haemophilus influenzae Typ b 3. Hepatitis B 3. Poliomyelitis 1. Masern[3] 1. Mumps 1. Röteln
ab Beginn 6. Jahr	Diphtherie-Tetanus-Auffrischung (Td)[4] 2. Masern 2. Mumps 2. Röteln
11.–15. Jahr	Diphtherie-Tetanus: Auffrischung (Td) Poliomyelitis: Auffrischung Röteln: alle Mädchen[5] Hepatitis B: alle ungeimpften Jugendlichen

Kombinationsimpfstoffe sind zu bevorzugen, um die Zahl der Injektionen gering zu halten
1 Kombinationsimpfstoff: Diphtherie –Tetanus–Pertussis–(H. influenzae Typ b)
2 Hepatitis B: Bereits ab Geburt möglich. Bei unbekannter Serologie der Mutter soll zu diesem Zeitpunkt die Impfung durchgeführt werden.
3 Kombinationsimpfstoff: Masern– Mumps–Röteln (MMR)
4 Kombinationsimpfstoff Diphtherie–Tetanus mit reduziertem Diphtherietoxoid-Gehalt
5 zusätzlich alle Kinder, die die 2. MMR-Impfung nicht erhalten haben, und alle Ungeimpften

Impfkalender für Säuglinge, Kinder und Jugendliche (Ständige Impfkommission 17.4.1998)

Zellen ausschütten. Auf diesem Prinzip basiert der Impfstoff gegen Haemophilus influenzae Typ b.

Aktive Schutzimpfungen mit Lebendimpfstoffen sollten nicht in der Schwangerschaft, insbesondere nicht im ersten Trimenon, und nicht bei Abwehrgeschwächten durchgeführt werden. Ebenso sollten Personen mit fieberhaften Erkrankungen nicht geimpft werden. Die Gabe von Immunglobulin innerhalb von 2 Wochen nach einer Impfung kann den Impferfolg verhindern und sollte daher nicht durchgeführt werden. Bei einer Simultanimpfung, also einer gleichzeitigen passiven und aktiven Immunisierung, muß die Gabe der Impfstoffe an zwei weit auseinandergelegenen Körperstellen erfolgen.

Die wesentlichen Nebenwirkungen von Impfstoffen sind allergische Reaktionen, Fieber, Enzephalitis (Masern!) und abgeschwächte Erscheinungen der jeweiligen Erkrankungen, gegen die geimpft wird.

Wegen ihrer überragenden Bedeutung werden staatlicherseits einige Impfungen generell oder bei bestimmten Indikationen empfohlen, und zwar von der Ständigen Impfkommission am Robert-Koch-Institut (STIKO).

Diphtherie, Tetanus	Alle Personen bei fehlender oder unvollständiger Grundimmunisierung; Auffrischung jeweils 10 Jahre nach der letzten Impfung
Hepatitis A	Gefährdetes Personal (in medizinischen Einrichtungen, Labors, Kitas, Kinderheimen etc.), Kanalisations- und Klärwerksarbeiter, substitutionspflichtige Hämophile, homosexuell aktive Männer, bei Kontakt zu an Hepatitis A Erkrankten, Patienten in psychiatrischen Einrichtungen oder vergleichbaren Fürsorgeeinrichtungen, HAV-antikörper-negative Personen mit chronischer Lebererkrankung; Reisen in Gebiete mit hoher Prävalenz
Hepatitis B	Medizinisches Personal, Dialysepatienten, Patienten mit häufiger Bluttransfusion, vor ausgedehnten chirurgischen Eingriffen, HBsAg-neg. Patienten mit chronischen Lebererkrankungen, Patienten in psychiatrischen Einrichtungen oder vergleichbaren Fürsorgeeinrichtungen, Risikogruppen (homosexuell aktive Männer, Drogenabhängige, Prostituierte, Strafgefangene); Reisen in Gebiete mit hoher Prävalenz (enger Kontakt)
Influenza	Personen über 60 Jahre alt, Patienten mit Grundleiden, medizinisches Personal, Personal mit starkem Publikumsverkehr; **alle bei Epidemie oder Epidemiegefahr**
Masern, Mumps	Alle ungeimpften Personen in Einrichtungen der Pädiatrie, Kindertagesstätten, Kinderheimen etc.
Poliomyelitis	Alle Personen bei fehlender oder unvollständiger Grundimmunisierung; bei Kontakt mit Erkrankten (bes. medizinisches und Laborpersonal), vor Reisen in Länder mit Infektionsrisiko, Personen aus solchen Ländern, die in Gemeinschaftsunterkünften wohnen, und das dortige Personal; **allgemeine Impfung bei Polioausbruch**
Tuberkulose (BCG)	Die Impfung mit dem jetzigen Impfstoff wird **nicht** empfohlen
Varizellen	Kinder mit/bei Leukämie (Remission), soliden Malignomen, geplanter Immunsuppression (z. B. Transplantation, Autoimmunkrankheiten), schwerer Neurodermitis: inkl. der Eltern & Geschwister; medizinisches Personal, Kinderwunsch

Impfempfehlungen der STIKO: Indikationsimpfungen (17. April 1998; Auswahl)

6.4 Sterilisation und Desinfektion

6.4.1 Sterilisation

Sterilisation ist ein Vorgang, bei dem ein Gegenstand von allen vermehrungsfähigen Mikroorganismen freigemacht wird (DAB 7). Dies kann durch Abtötung oder irreversible Inaktivierung geschehen (DIN 58 948).

In der medizinischen Praxis ist die Sterilisation jedoch nur ein Verfahren zur Keimreduktion, da die üblichen Sterilisationsverfahren nur die Sporen humanpathogener Bakterienarten, nicht hingegen die der medizinisch nicht relevanten thermophilen Bakterienarten erfassen. Bei der Sterilisation wird die am weitesten gehende Keimzahlreduktion erreicht. Die Anzahl der überlebenden Mikroorganismen nimmt im Verlauf des Sterilisationsprozesses dekadisch-logarithmisch ab (Reduktionsrate). In der Praxis wird eine Keimzahlreduktion um mindestens 6 Zehner-Logarithmusstufen verlangt. Grundsätzlich sollen dabei ohne Einschränkung alle Mikroorganismenarten inaktiviert werden.

Resistenzstufen. Die unterschiedliche Empfindlichkeit von Bakterien hat zu einer für die Praxis genügenden Einteilung in vier verschiedene, auf thermische Verfahren bezogene Resistenzstufen geführt. Bei Verfahren kann die Empfindlichkeit der einzelnen Arten anders sein.

- In der ***Resistenzstufe 1*** wird bei Exposition mit strömendem Dampf (100 °C) innerhalb von 1–2 min eine Abtötung/Inaktivierung von Viren, Bakterien (vegetative Formen) und Pilzen inkl. Pilzsporen erreicht.

  Die Resistenzstufen 2, 3 und 4 betreffen nur noch Bakteriensporen.
- Zur ***Resistenzstufe 2*** gehören die am wenigsten widerstandsfähigen Sporen, z. B. der Spezies Bacillus anthracis, zu deren Abtötung strömender Dampf mit einer Einwirkungszeit von 15 min erforderlich ist.
- Die ***Resistenzstufe 3*** umfaßt Sporen der Gattung Clostridium wie z. B. C. tetani oder C. perfringens bzw. native Erdsporen. Um sie irreversibel zu schädigen, muß strömender Dampf mehrere Stunden einwirken.
- Die ***Resistenzstufe 4*** hat in der Medizin keine Bedeutung; hierzu zählen thermophile, nicht humanpathogene Bakteriensporen, die strömendem Dampf über Stunden widerstehen, und zu deren Inaktivierung gespannter gesättigter Wasserdampf von mindestens 134 °C über eine Dauer von mehr als 30 min erforderlich ist.

Sterilisationsverfahren. Folgende Verfahren stehen zur Verfügung:

- Dampfsterilisation, Autoklavierung: 15–20 min bei 120 °C und 1 atü oder 5–10 min bei 134 °C und 2 atü.
- Hitzesterilisation: 30 min bei 180 °C.
- Verbrennen/Ausglühen.

- Gassterilisation: Ethylenoxid für 1 h bei 55 °C, 5,8 atü und 70–80% relativer Feuchte. Anschließend muß das Sterilisiergut mindestens 24 h, bei Materialien mit längerem (>30 min) Körperkontakt 1–2 Wochen gelagert werden, damit das Gas in ausreichender Menge daraus verschwindet (Ausgasungszeit).
- Strahlensterilisation.

Für die Sterilisation sind Verfahren, die mit Hitze arbeiten, insbesondere die Dampfsterilisation, zu bevorzugen.

Die „***Sterilfiltration***", die bei der Herstellung von Infusionslösungen zur Anwendung kommt, muß zu den aseptischen Maßnahmen und nicht zur Sterilisation gezählt werden, da dabei Viren und evtl. Chlamydien und Mykoplasmen nicht entfernt werden.

Der Erfolg der Sterilisation muß regelmäßig und mit geeigneten Methoden überprüft werden. Hierzu dienen Thermometer, Chemoindikatoren oder Bioindikatoren, insbesondere Sporen von verschiedenen Bacillus-Arten (B. stearothermophilus bei Dampf- oder Formaldehyd-Sterilisation; B. subtilis bei Heißluft- oder Ethylenoxidgas-Sterilisation) oder native Erdsporen, die für das jeweilige Verfahren ausgewählt und oft auf spezielle Weise präpariert wurden.

6.4.2 Desinfektion

Desinfektion ist die gezielte Abtötung bzw. irreversible Inaktivierung bestimmter unerwünschter Mikroorganismen (Krankheitserreger) auf unbelebtem Material oder der Haut und der Hände. Es werden also nicht alle vermehrungsfähigen Mikroorganismen beseitigt, insbesondere bleiben Bakteriensporen erhalten. Im Vergleich zur Sterilisation wird zur Desinfektion eine Keimzahlreduktion um 3 bis 5 Zehner-Logarithmusstufen verlangt. Die Desinfektion ist ein Ersatzverfahren für die Fälle, in denen keine Sterilisation möglich ist.

Desinfektionsmittel. Desinfektionsmittel müssen die unerwünschten Mikroorganismen unabhängig von deren Funktionszustand abtöten. Listen über die verfügbaren und geeigneten Desinfektionsmittel mit Hinweisen zu Dosierung, Anwendung und Wirkungsspektrum werden vom Robert-Koch-Institut (früher Bundesgesundheitsamt BGA) und der Deutschen Gesellschaft für Hygiene und Mikrobiologie (DGHM) herausgegeben. Die RKI-Liste findet vornehmlich Anwendung beim gesetzlich geregelten „Seuchenfall" (BSeuchG) und bei der hygienischen Händedesinfektion. Die DGHM-Liste enthält viele Angaben zu in der Praxis häufig vorkommenden Problemen, z. B. der hygienischen und chirurgischen Händedesinfektion sowie der Flächen- und Instrumentendesinfektion. Die Liste „Desinfektionsmaßnahmen bei Tuberkulose" vom Deutschen Zentralkomitee zur Bekämpfung der Tuberkulose enthält detaillierte Angaben zur chemischen Desinfektion bei Tuberkulose.

Physikalische Desinfektionsmöglichkeiten sind Wärme (z. B. 75–90 °C heißes Wasser oder strömender Dampf zur Inaktivierung von Mikroorganismen der Resistenzstufe 1) oder UV-Bestrahlung. Ein spezielles Verfahren zur thermischen Keimreduktion ist die Tyndallisierung, bei der vegetative Mikroorganismen zunächst durch Erhitzung auf über 70 °C abgetötet, anschließend durch Bebrütung bei 30 °C über 24 h verbliebene Sporen zur Auskeimung gebracht und durch erneute Erhitzung auf über 70 °C abgetötet werden.

Zur chemischen Desinfektion stehen folgende Mittel zur Verfügung:

- ***Formaldehyd***: nur in wäßrigen Lösungen (Formalin) bakterizid, viruzid, tuberkulozid, fungizid, partiell sporozid.
- ***Alkohole***: nur in wäßrigen Lösungen (Ethanol 80%, 1-Propanol 60%, 2-Propanol 70%) bakterizid, partiell viruzid (sichere Wirkung nur gegen behüllte Viren), tuberkulozid, fungizid, nicht aber sporozid.
- ***Phenole***: bakterizid, partiell viruzid, tuberkulozid, fungizid, nicht sporozid.
- ***Chlor, Hypochlorit***: bakterizid, viruzid, tuberkulozid, fungizid, sporozid.
- ***Jod*** (als jodabspaltende Jodophore: Polyvinylpyrollidon = PVP): bakterizid, partiell viruzid, tuberkulozid, fungizid, sporozid.
- ***Oxidationsmittel*** (Peressigsäure): bakterizid, viruzid, tuberkulozid, fungizid, sporozid.
- ***Invertseifen*** (quarternäre Ammoniumverbindungen = Quats): bakterizid, partiell viruzid, nicht tuberkulozid, fungizid, nicht aber sporozid.
- ***Ampholytseifen*** (Tego-Tenside): bakterizid, partiell viruzid, tuberkulozid, fungizid, nicht aber sporozid.

Die Wirksamkeit chemischer Desinfektionsmittel kann durch Seifen (***„Seifenfehler“***) oder Eiweiße (***„Eiweißfehler“***) eingeschränkt werden. Einen hohen Eiweißfehler haben Alkohole, Chlor, Jod und Invertseifen, einen hohen Seifenfehler Invertseifen.

Hygienische Händedesinfektion. Durch die hygienische Händedesinfektion sollen diejenigen Keime unschädlich gemacht werden, die durch Kontakt mit kontaminierten Objekten u. ä. auf die Oberfläche der Haut gelangt sind (transiente Flora). Für die hygienische Händedesinfektion sind sporenfreie alkoholische Desinfektionsmittel (z. B. Ethanol 80%, Einwirkzeit 1/2–1 min) zu bevorzugen. Bei sichtbarer oder merklicher Kontamination sind erst eine Reinigung mit einem desinfektionsmittelgetränkten Wattebausch durchzuführen und anschließend zweimal eine hygienische Händedesinfektion.

Chirurgische Händedesinfektion. Durch die chirurgische Händedesinfektion sollen nicht nur die an der Oberfläche der Haut befindlichen Keime unschädlich gemacht werden, sondern auch Teile der Mikroorganismen, die in der Haut (z. B. in Haarbälgen, Talg- und Schweißdrüsen) angesiedelt sind (Reduktion der residenten Flora). Gleiches gilt für die Hautdesinfektion, die zur Vorbereitung medizinischer Eingriffe dient. Für die chirurgische Händedesinfektion sind sporenfreie alkoholische Desinfektionsmittel zu verwenden (z. B. Ethanol 80%, Einwirkzeit 5 min); zuvor erfolgt ein fünfminütiges Händewaschen (inkl. Nagelfalz) zur Beseitigung grober Verunreinigungen.

Hautdesinfektion. Zur Hautdesinfektion sind ebenfalls alkoholische Desinfektionsmittel (in Konzentrationen wie für die chirurgische Händedesinfektion) sowie PVP-Jod geeignet. Vor Injektionen und vor Blutentnahmen soll die Alkohollösung etwa 1/2–1 min, bei Punktionen oder chirurgischen Eingriffen 5 min lang einwirken.

Schleimhautdesinfektion. Eingesetzt werden Chlorhexidin oder PVP-Jod, wegen vieler Störfaktoren liegt die Keimreduktion meist unter 3 Log-Stufen.

Flächendesinfektion. Für die Flächendesinfektion (als Scheuer-Wisch-Desinfektion) eignen sich am besten Formaldehyd-Lösungen.

Instrumentendesinfektion. Hierzu können thermische Desinfektionsverfahren (Auskochen) oder Formaldehydlösungen verwendet werden.

6.5 Chemoprophylaxe

In einigen Fällen werden Antibiotika nicht zur Therapie, sondern zur Vorbeugung gegen Infektionen eingesetzt. Hierzu zählen die Malaria- und Endokarditis-Prophylaxe, die Pneumocystose-Prophylaxe bei AIDS-Patienten, die Rifampicingabe an Indexfälle und enge Kontaktpersonen bei Meningokokken- und Haemophilus-Meningitis und die perioperative Chemoprophylaxe.

Perioperative Chemoprophylaxe. Diese zielt vor allem darauf ab, Wundinfektionen zu reduzieren; es müssen also insbesondere S. aureus und Enterobakterien an der Etablierung gehindert werden. Sie sollte 30–60 min vor Beginn der Operation (Schnitt) begonnen werden, damit ausreichende Gewebekonzentrationen erreicht werden. Eine einmalige Applikation ist ausreichend, in Ausnahmefällen kann nach 4 Stunden eine weitere Dosis gegeben werden. Als geeignetes Mittel für die meisten Fälle gelten Cefazolin oder Cefotiam; müssen auch Anaerobier abgedeckt werden (z. B. bei kolorektaler Chirurgie), werden zusätzlich Metronidazol oder Clindamycin gegeben.

Mögliche unerwünschte Folgen einer Chemoprophylaxe können sein: Infektionen mit resistenten nicht durch die Prophylaxe erfaßten Erreger, das Auftreten von Nebenwirkungen (z. B. allergischer Schock) und erhöhte Kosten.

Indikationen stellen dar: Herzchirurgie, Thoraxchirurgie, Gefäßchirurgie, chirurgische Versorgung von Frakturen und Implantateinsatz. Bei der Bauchchirurgie stellt sich die Indikationsstellung komplexer dar. Bei Operationen an

Magen oder Duodenum wird eine Prophylaxe dann empfohlen, wenn zusätzliche infektionsbegünstigende Faktoren vorliegen (z. B. verminderte Magenbeweglichkeit oder höhere Magen-pH-Werte). Für Operationen an den übrigen Darmabschnitten (z. B. Kolon, Rektum, Appendix) wird durch die Chemoprophylaxe die Infektionsrate gesenkt. Bei Operationen im Kopf-Hals-Bereich, bei denen die Mund- und Rachenschleimhaut involviert ist, wird durch die Prophylaxe die Infektionsrate gesenkt, bei Operationen ohne „Speichelkontamination" ist dagegen kein Vorteil festgestellt worden. Ebenso gibt es keine eindeutig belegten Vorteile bei neurochirurgischen Eingriffen, inkl. Shuntanlage; gleiches gilt für augenärztliche Operationen, jedoch wird hier meistens eine Prophylaxe mit antibiotischen Augentropfen durchgeführt. Bei Brustoperationen ist der Wert der Prophylaxe umstritten.Die perioperative Prophylaxe wird zur Zeit nicht empfohlen bei Herzkatheteruntersuchungen, Magen- oder Darmspiegelungen, arteriellen Punktionen, Para- oder Thorakozentese.

6.6 Infektionsepidemiologie

Die Infektionsepidemiologie beschreibt die Häufigkeit, Verteilung, Dynamik und Ausprägung von Infektionen in einer Bevölkerungsgruppe oder in der Gesamtbevölkerung. Aus diesen Daten werden Schlußfolgerungen auf Ursachen und Einflußgrößen gezogen: Es werden Infektionsquellen ermittelt, Infektionswege aufgedeckt und der Effekt von Therapie- und Präventionsmaßnahmen analysiert.

6.6.1 Grundbegriffe

Morbidität. Häufigkeit des Auftretens einer bestimmten Erkrankung. Als Morbiditätsziffer ausgedrückt, bezieht sie sich auf eine bestimmte Anzahl von Personen (z. B. 100.000).

Letalität. Anzahl der Verstorbenen an einer bestimmten Erkrankung in Bezug auf die Anzahl der Erkrankten. Sie wird als Letalitätsrate auf eine bestimmte Anzahl von Personen bezogen, die sich an der Häufigkeit der Erkrankung orientiert (1.000, 100.000). Sie kann als Maß für die Gefährlichkeit einer Erkrankung interpretiert werden.

Mortalität. Anzahl der Verstorbenen an einer bestimmten Krankheit in Bezug auf die Gesamtbevölkerung. Sie wird als Mortalitätsrate auf eine bestimmte Anzahl von Personen bezogen, die sich an der Häufigkeit der Erkrankung orientiert (1.000, 100.000). Sie ist abhängig von der Häufigkeit und von der Gefährlichkeit einer Erkrankung.

Tollwut ist sehr selten, 1 Fall/Jahr in Deutschland, d. h. es besteht eine verschwindend kleine Morbidität an Tollwut. Daraus ergibt sich auch, daß Tollwut als Todesursache sehr selten ist (niedrige Mortalität). Dagegen sterben nahezu alle an Tollwut erkrankten Personen (hohe Letalität).

Infektionen durch Rhinoviren sind dagegen sehr häufig (nahezu jede Person erkrankt mehrmals pro Jahr): hohe Morbidität. Sie sind jedoch beinahe niemals eine Todesursache (niedrige Mortalität), und auch von den Erkrankten stirbt fast niemand (Letalität praktisch gleich Null).

Prävalenz. Anzahl der an einer bestimmten Erkrankung erkrankten Personen zu einem bestimmten Zeitpunkt („point prevalence") oder in einem bestimmten Intervall („period prevalence"). Sie ist abhängig von der Krankheitsdauer.

Inzidenz. Anzahl der Neuerkrankten in einem bestimmten Zeitraum. Sie ist von der Dauer einer Erkrankung unabhängig.

Sporadisch. Vereinzeltes Auftreten einer (erregerbedingten) Erkrankung außerhalb eines Endemiegebietes.

Endemie. Räumlich begrenztes, zeitlich unbegrenztes Vorkommen einer (erregerbedingten) Krankheit.

Epidemie. Räumlich und zeitlich begrenzte Häufung einer (erregerbedingten) Krankheit.

Pandemie. Räumlich nicht begrenzte, zeitlich begrenzte Häufung einer (erregerbedingten) Krankheit.

Ausbruch. Ein nicht nur vereinzeltes Auftreten einer erregerbedingten Erkrankung, im allgemeinen bei 3 und mehr Infektionen durch den gleichen Erreger.

6.6.2 Studiendesign

Falldefinition. Eine Falldefinition entsteht durch die Zusammenfassung charakteristischer Symptome, die ein Krankheitsbild von anderen abgrenzen sollen. Sie wird durch Expertengruppen erstellt. Die Falldefinition bildet den Ausgangpunkt für alle weiteren Erhebungen – erst die exakte Festlegung dessen, worüber Daten gesammelt werden, ermöglicht eine adäquate Auswertung.

Krankheitsüberwachung („surveillance"). Durch die konsequente Meldung von Krankheiten können Daten über die Inzidenz gewonnen und Morbiditäts-, Mortalitäts- und Letalitätsstatistiken erstellt werden. Dies ist die wesentliche Voraussetzung für das Erkennen einer Häufung, also eines Ausbruchs oder einer Epidemie: nämlich ein nicht nur vereinzeltes Überschreiten der orts- und zeitüblichen Inzidenz.

Querschnittstudien (Prävalenzstudien, „cross-sectional study"). Hierbei wird die Anzahl der Erkrankungen in der Beobachtungsgruppe zu einem Zeitpunkt oder in einem Zeitraum bestimmt, also die Prävalenz („point / period prevalence"). Die Häufigkeit einer Infektion kann z. B. auch durch Antikörperbestimmung festgestellt werden: Seroprävalenz. Prävalenzraten vermitteln jedoch nur einen unzulänglichen Eindruck über die tatsächliche Verbreitung einer Krankheit auf Grund einer Vielzahl von Störgrößen wie Neuzugänge, Heilungs-, Sterbe-, Verschwinderate und Bevölkerungsmigration.

Längsschnitt- oder Longitudinalstudien. Bei diesem Studientyp wird das Auftreten einer Krankheit über einen definierten Zeitraum im allgemeinen prospektiv (ggf. auch retrospektiv) kontinuierlich beschrieben (z. B. durch Fortschreibung meldepflichtiger Infektionskrankheiten). Erfaßt werden der zeitliche Verlauf, die räumliche Verteilung und bevölkerungsstrukturelle Unterschiede. Längsschnittstudien sind die optimale Studienform, mit der vorwiegend verschieden große Gruppen mit unterschiedlicher Exposition miteinander verglichen werden, um festzustellen, ob bestimmte Expositionen zu einer höheren Inzidenz einer Krankheit führen.

Fall-Beschreibung, Fall-Sammlung („case report", „case series"). Diese machen auf interessante Aspekte einer Erkrankung aufmerksam, z. B. das neue Vorkommen oder das gehäufte Auftreten bei bestimmten Patienten, veränderte Symptome oder neue Resistenzmuster eines Erregers. Sie können zur Aufdeckung weiterer Fälle führen und zum Kristallisationskern für neue Therapie- und Präventionsstrategien werden.

Fall-Kontroll-Studien („case-control studies"). Hierbei werden eine Beobachtungsgruppe mit einer Krankheit und eine passende Kontrollgruppe hinsichtlich einer möglicherweise krankheitsauslösenden Exposition bzw. des Vorliegens von Risikofaktoren verglichen. Dieser Ansatz ist ***retrospektiv***, da der Ausgang, nämlich das Entstehen der Krankheit, bereits bekannt ist. Fall-Kontroll-Studien stellen Übergänge zwischen Längs- und Querschnittsstudien mit meist nur einmaliger Probandenuntersuchung dar. Die Hauptschwierigkeit bei diesem Ansatz ist die korrekte Zusammenstellung der Kontrollgruppe. Wesentliche Variablen sind z. B. Alter, Geschlecht, sozioökonomischer Status, ethnische Zugehörigkeit und Grundkrankheiten. Die Herstellung einer weitgehenden Gleichheit von Kontroll- und Beobachtungsgruppe mit Ausnahme der Meßgröße wird als ***„matching"*** bezeichnet. Ein Vorteil von Fall-Kontroll-Studien ist ihre Eignung zur Untersuchung von Krankheiten mit niedriger Prävalenz: Man hat bereits Fälle und muß nicht auf deren seltenes Auftreten warten.

Kohortenstudien. Hierbei werden eine exponierte und eine gleichartige nicht exponierte Gruppe (Kohorten) typischerweise ***prospektiv*** (aber auch retrospektiv) auf das Entstehen einer Krankheit hin beobachtet. Da beide Vergleichsgruppen zur selben Zeit gemessen werden, können gleiche Daten erhoben werden. Dauert die Datenerhebung lange, z. B. auf Grund niedriger Prävalenz oder langsamer Ausbildung von Krankheitszeichen, können Probanden aus den Gruppen ausscheiden. Dies kann zur Unterschreitung der statistisch notwendigen Mindestgruppengröße oder zu Vergleichbarkeitsdefiziten führen. Für seltene Krankheiten sind Kohortenstudien ineffektiv.

Interventionsstudien. Die Wirksamkeit eines Behandlungs- oder Prophylaxe-regime wird prospektiv geprüft. Vergleichbare Gruppen erhalten randomisiert und doppelt blind das Regime bzw. geeignete Kontrollregimes, z.B. Placebo.

6.6.3 Studienauswertung

Relatives Risiko. Das relative Risiko wird aus repräsentativen Querschnittsstudien ermittelt und beschreibt die Anzahl der Erkankungen nach Exposition einer Einflußgröße im Verhältnis zu denen, die ohne Exposition aufgetreten sind:

$$\frac{(\text{Erkrankte mit Exposition / Zahl aller Exponierten})}{(\text{Erkrankte ohne Exposition / Zahl aller Nichtexponierten})}$$

Ein expositionsbedingt erhöhtes Risiko besteht bei Werten > 1.

Odds ratio. Die „odds ratio" (OR) beschreibt die Häufigkeit eines Risikofaktors (einer Einflußgröße) bei Erkrankten im Vergleich zum Vorkommen bei Nicht-Erkrankten:

$$\frac{(\text{Erkrankte mit Risikofaktor / Erkrankte ohne Risikofaktor})}{(\text{Nichterkrankte mit Risikofaktor / Nichterkrankte ohne Risikofaktor})}$$

Bei einem Wert > 1 tritt ein Faktor bei Erkrankten häufiger auf – er kann als ein Risikofaktor für die Entstehung der Krankheit vermutet werden.

Populationsabhängiges Risiko. Relatives Risiko und „odds ratio" geben nur Auskunft über den Einfluß der Exposition auf das Entstehen der Krankheit, lassen aber den Einfluß der Risikohäufigkeit unberücksichtigt. Das populationsabhängige Risiko setzt das relative Risiko in Beziehung zur Häufigkeit der Exposition:

$$\frac{(\text{Prävalenz der Exposition / (Relatives Risiko - 1)})}{(1 + (\text{Prävalenz der Exposition / Relatives Risiko -1}))}$$

Der Verzehr mit Shigellen kontaminierter Nahrungsmittel stellt auf Grund der niedrigen minimalen Infektionsdosis (1000 KBE) ein hohes relatives Risiko für das Entstehen einer bakteriellen Ruhr dar. Shigellenkontaminierte Nahrungsmittel sind jedoch in Deutschland selten, so daß hier das Risiko einer Ruhr infolge Lebensmittelinfektion gering ist.

Bias. Dies ist der Oberbegriff für systematische Fehler bei epidemiologischen Erhebungen, z. B. durch mangelhafte Datenerhebung, fehlerhafte Zusammenstellung, unterschiedliche Beobachtung der Studiengruppen oder Störgrößen.

Confounder. Ein Confounder beschreibt unabhängig von der eigentlichen Meßgröße wesentliche Eigenschaften oder Einflußgrößen eines Untersuchungsgegenstandes, ist jedoch selbst nicht als Meßgröße für die epidemiologische Analyse vorgesehen. Er kann deswegen den beobachteten Zusammenhang von Meßgröße und Untersuchungsgegenstand verfälschen.

6.6.4 Nosokomiale Infektionen

Als nosokomiale (gr. nosokomeion = Krankenhaus) Infektion bezeichnet man jede Infektion, die in einem kausalen Zusammenhang mit einem Krankenhausaufenthalt steht, unabhängig davon, ob eine Symptomatik besteht oder nicht. Der Beginn nach mindestens zweitägigem Aufenthalt spricht für eine nosokomiale Infektion. Die Erreger nosokomialer Infektionen sind meist fakultativ pathogene Eitererreger, z. B. E. coli, P. aeruginosa oder Staphylokokken, die häufig auch gegen zahlreiche antimikrobielle Chemotherapeutika resistent sind. Bedeutsame Ursachen sind Grundleiden des Patienten (z. B. Diabetes mellitus, Verbrennungen, Tumorerkrankungen) sowie diagnostische und therapeutische Eingriffe (z. B. Dauerkatheter, Beatmung, Kortikoidtherapie, Chemotherapie, Bestrahlung, Operationen). Nosokomiale Infektionen können endogen oder exogen entstehen. Im ersteren Fall ist die wesentliche Erregerquelle die körpereigene Bakterienflora des Patienten. Die hauptsächliche Infektionsquelle für exogene Infektionen sind die kontaminierten Hände des Pflegepersonals und der Ärzte. Daraus ergibt sich die wesentliche praktische Bedeutung der hygienischen Händedesinfektion. Umgekehrt kann der infizierte Patient einen Erreger auf das Personal übertragen. Dieses kann zur Trägerschaft, z. B. von MRSA, oder zu einer Infektion durch obligat pathogene Erreger führen, z. B. Hepatitis B oder HIV-Infektion: Das Personal kann zur Infektionsquelle werden.

Sanierung von MRSA-Trägern
Ganzkörperwaschung (oder Wannenbad) mit antiseptisch wirksamen Präparaten auf der Basis von Polyhexanid (Sanalind®, Frekamed®), Octenidin (Octenisept®) oder Chlorhexidinseife (Hibiscrub®) einschließlich Haarwäsche (täglich, 3 Tage lang)
Antiseptische Behandlung von Mundhöhle, Rachen (Spülung, Gurgeln), Gehörgang
Lokale Behandlung der Nasenvorhöfe mit Mupirocin-Salbe (Turixin®): 2x/d für 5 Tage
Desinfektion oder Austausch persönlicher Gebrauchsgegenstände (Brille, Zahnbürste, Zahnprothese, Deoroller, Bekleidung)
Sanierung von MRSA-Trägern unter dem Personal
Lokale Behandlung der Nasenvorhöfe mit Mupirocin-Salbe (Turixin®): 1x/d für 3 Tage
Tägliches antiseptisches Ganzkörperbad für 3 Tage
Wechsel von Wäsche (inkl. Bettwäsche) und persönlichen Gegenständen, die als Erregerreservoir in Frage kommen
Kontrollabstriche nach 3 Tagen sowie nach 3 und 6 Monaten

Sanierungsmaßnahmen bei MRSA-Patienten und -Trägern

Syndrome

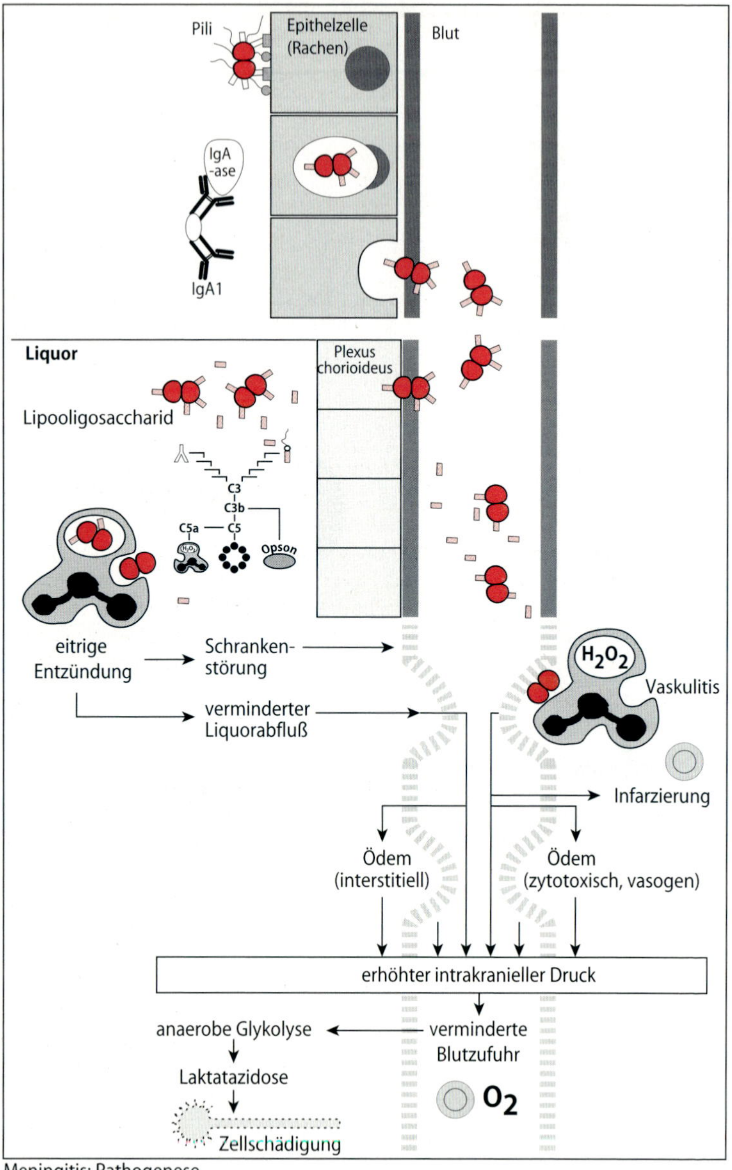

Meningitis: Pathogenese

7 Infektionssyndrome

7.1 Infektionen des Zentralen Nervensystems

7.1.1 Meningitis

Eine Meningitis ist eine Entzündung der weichen Hirnhäute. Sie geht mit einer zellulären Reaktion im Subarachnoidalraum einher: Man unterscheidet eitrige und lympho-monozytäre Formen; erstere verlaufen meist akut, letztere eher subakut bis chronisch.

Die typischen Erreger eitriger Meningitiden werden durch Tröpfchen aerogen übertragen und kolonisieren den oberen Respirationstrakt. Sie penetrieren das Epithel und gelangen, geschützt durch ihre Virulenzfaktoren (Kapsel!) in genügend großer Zahl an die Blut-Liquor-Schranke und durchdringen sie. Im Subarachnoidalraum können sie sich nahezu ungehemmt vermehren und lösen komplementvermittelt eine eitrige Entzündung aus. In deren Folge entsteht ein Ödem, das die Blutversorgung der Gehirns drosselt, so daß, bedingt durch anaerobe Glykolyse, eine metabolische Azidose und damit eine Zellschädigung entstehen.

Ein Erreger kann auch durch traumatische Inokulation, z. B. durch OP oder Shunteinlage, oder durch Fortleitung aus einem lokalen Herd (Nebenhöhlen, Paukenhöhle, Mastoid, Orbita; Gesicht: z. B. Oberlippenfurunkel) in den Subarachnoidalraum gelangen. Eine Meningitis kann, nach hämatogener Generalisation, eine Organmanifestation einer zyklischen Allgemeininfektion sein.

Symptomatik und Anamnese. Die Meningitis ist durch folgende Leitsymptome gekennzeichnet: Kopfschmerzen, Nackensteifigkeit (Meningismus). Es kann zum Opistho-tonus und zu einer Entlastungshaltung kommen: Der Kopf ist stark in den Nacken gebogen, die Beine sind stark angezogen, die Lendenwirbelsäule ist gestreckt: Jagdhundstellung. Oft bestehen hohes Fieber und eine Bewußtseinseinschränkung, die von Somnolenz bis zum Koma reichen kann. Weitere Symptome sind Hyperpathie, Lichtscheu und Übelkeit mit Erbrechen.

Man kann akute, meist eitrige Meningitiden (meist als Haubenmeningitis) und subakute bis chronische Meningitiden (häufiger lymphozytäre Pleozytose im Liquor) unterscheiden.

Die tuberkulöse Meningitis ist überwiegend basal lokalisiert und durch eine starke Eiweißerhöhung im Liquor gekennzeichnet. Dadurch kann es zu Liquorzirkulationsstörungen (bis zum Hydrozephalus) und in der Folge zu einer Erhöhung des intrakraniellen Drucks, Hirnnervenausfällen (N. III, VI, VII, VIII) und Krampfanfällen kommen.

Bei Neugeborenen/Säuglingen sind oft nur eine Berührungsempfindlichkeit und Schmerzempfinden bei Lagewechsel festzustellen.

Anamnese	Erreger	Anamnese	Erreger
Neugeborene	S. agalactiae E. coli L. monocytogenes	HNO-Infektionen	S. pneumoniae S. pyogenes (S. aureus)
Kinder	H. influenzae Typ b* N. meningitidis S. pneumoniae	Abwehrschwäche	C. neoformans (AIDS) M. tuberculosis
Erwachsene	N. meningitidis S. pneumoniae L. monocytogenes	subakuter Verlauf	C. neoformans (AIDS) M. tuberculosis Mumpsvirus Coxsackieviren ECHO-Viren (Polioviren) selten: LCMV, Adenoviren FSME
nach Trauma, OP	S. aureus P. aeruginosa		
bei Liquorshunt	S. epidermidis		
Alkoholiker	S. pneumoniae (M. tuberculosis)		

* Ungeimpfte

Meningitis: Häufige Erreger

	bakteriell	viral	tuberkulös
Zellen pro ml	>1000	bis 1000	bis 350
Zellbild	Neutrophile	Lymphozyten (initial Neutrophile)	"buntes Zellbild"
Gesamteiweiß	↑↑ bis ↑↑	normal bis (↑)	↑↑
Pandy	+ bis ++	Δ bis (+)	++
Farbe	trüb oder eitrig	klar	xanthochrom
Laktat (mmol/l)	8 bis >20	<2,5	2,5 bis 10
Elastase-a1-PI	↑↑	negativ oder (↑)	↑
Glukose (L/S in %)	< 50	> 60	< 20
C-reaktives Protein	↑	n bis ↑	↑
Intrathekale Synthese von Immunglobulinen	zunächst , später manchmal IgA/IgG		oft IgA (IgM, IgG)

Meningitis: Klinisch-chemische Liquorbefunde

Epidemiologie. In Deutschland werden pro Jahr 4000–5000 Fälle von Meningitis/Enzephalitis gemeldet (1997: 4460); davon sind jeweils etwa ein Viertel Meningokokken-Meningitis (1997: 808) andere bakterielle Meningitiden, Virus-Meningoenzephalitiden und übrige Formen.

Erregerspektrum. Das Erregerspektrum bei der eitrigen Meningitis ist wesentlich durch das Alter bestimmt.

- Bei Früh-/Neugeborenen finden sich besonders E.coli, betahämolysierende Streptokokken der Serogruppe B (S. agalactiae) und L. monocytogenes. Daneben können auch Enterobakterien, Pseudomonas spp. (P. aeruginosa), Enterokokken, H. influenzae (vor allem Typ b; durch Impfung heute selten), N. meningitidis und Herpes-simplex-Virus II eine Meningitis verursachen.
- Bei Kindern bis 5 (10) Jahre ist H. influenzae Typ b der häufigste Erreger. Relativ häufig sind auch N. meningitidis und S. pneumoniae.
- Bei jüngeren Erwachsenen sind N. meningitidis und Viren die häufigsten Meningitiserreger; bei Erwachsenen mittleren Alters dominieren S. pneumoniae und N. meningitidis; bei älteren Erwachsenen S. pneumoniae, gramnegative Stäbchen und L. monocytogenes (altersbedingt: Abwehrschwäche).

Neben dem Alter können weitere anamnestische Daten wichtige Hinweise auf den wahrscheinlichen Erreger liefern. Bei Infektionen des Respirationstrakts sind H. influenzae und S. pneumoniae häufige Meningitiserreger. Bei offenen Schädel-Hirn-Verletzungen kommt S. aureus in Frage; bei Liquor-Shunts muß mit dem Endoplastitiserreger S. epidermidis gerechnet werden. Bei Diabetikern und Alkoholikern tritt häufig S. pneumoniae auf. Bei einer Abwehrschwäche kommen auch Pilze, bei AIDS-Patienten vor allem C. neoformans in Frage.

Im Rahmen zyklischer Allgemeininfektionen, insb. der Tuberkulose, aber auch der Syphilis, Lyme-Borreliose, Leptospirose und Brucellose, kann es zur Organmanifestation im Subarachnoidalraum kommen.

Ein akuter Verlauf der Symptomatik spricht für Eitererreger, ein chronischer Verlauf der Meningitis eher für Pilze, Viren oder M. tuberculosis.

Untersuchungsmaterial. Liquor ist das Untersuchungsmaterial der ersten Wahl zum Erregernachweis bei Meningitis.
Bei Verdacht auf akute (eitrige) Meningitis ist sofort eine Lumbalpunktion unter aseptischen Kautelen durchzuführen.

Vor der Punktion ist auf Zeichen einer intrakraniellen Drucksteigerung und auf neurologische Herdsymptome zu achten: Stauungspapille (oft erst nach längerer Druckerhöhung!), Kopfschmerzen, Erbrechen, Bewußtseinseintrübung, umschriebene Störungen der Motorik oder der Sensibilität. Bei erhöhtem intrakrankiellen Druck besteht bei Lumbalpunktion die Gefahr einer Einklemmung von Gehirnteilen im Tentoriumschlitz oder im Foramen magnum.

Dies kann zu einer lebensgefährlichen Schädigung der Atmungs-, Kreislauf- und Temperaturregulationsstrukturen führen. Sofern es die klinische Symptomatik erlaubt, sollte in diesen Fällen vor der Liquorgewinnung ein Computertomogramm des Kopfes angefertigt werden (Blutung?, Abszeß? etc.).

Weitere Kontraindikationen sind Blutungsneigung (Subarachnoidalblutung) und Infektionen im Bereich der Punktionsstelle (Erregerverschleppung).

Die Indikation zum Erregernachweis durch Liquorgewinnung sollte in allen Zweifelsfällen interdisziplinär entschieden werden.

Sind ein sofortiger Transport ins mikrobiologische Labor und die sofortige Verarbeitung gewährleistet, ist der Liquor nativ in ein steriles, fest verschließbares Gefäß zu füllen.

Menge: mindestens 1–2 ml (je mehr desto besser),
Transport: bei 36 °C.

Ist ein längerer Transport zu erwarten, ist der Liquor ist unter sterilen Kautelen in eine vorgewärmte Blutkulturflasche zu geben.

Menge: mindestens 1 ml pro Flasche,
Transport: bei 36 °C (vorgewärmter Transportbehälter).

Gleichzeitig muß eine native Liquorprobe für ein mikroskopisches Präparat sofort ins Labor geschickt oder ggf. selbst beurteilt werden.

Für Antigen-, Antikörpernachweise und für virologische Untersuchungen ist der Liquor bei 4 °C zu lagern.

Blutkulturen (vorgewärmte Blutkulturflaschen) sollten zusätzlich zum Liquor gewonnen werden, da die Erreger oft hämatogen in den Liquorraum gelangen und daher in der Blutbahn zu finden sind.

Wird ein Herd als Ausgangspunkt vermutet, so ist auch aus diesem Untersuchungsmaterial zur Anzucht zu gewinnen.

Syphilis, Lyme-Borreliose und Leptospirose werden durch Antikörpernachweis aus Serum und Liquor (nicht bei Leptospirose) gesichert.

Therapie. Da die eitrige Meningitis ein besonders bedrohliches Krankheitsbild ist, muß innerhalb von 30 min nach Einlieferung eine geeignete Initialtherapie eingeleitet werden.

Die kalkulierte Initialtherapie wird mit einem Cephalosporin der 3. Generation (z. B. Cefotaxim oder Ceftriaxon) durchgeführt; besteht die Möglichkeit einer Listerien-Meningitis, also bei Früh- und Neugeborenen, alten Patienten und Immunsupprimierten, wird zusätzlich mit Ampicillin behandelt.

Anhand eines Grampräparats kann die Initialtherapie besser kalkuliert werden. Beim mikroskopischen Nachweis semmelförmiger, gramnegativer Diplokokken (V. a. Meningokokken) kann Penicillin G gegeben werden.

Bei Verdacht oder Vorhandensein einer offenen Schädel-Hirn-Verletzung ist eine Kombination mit Flucloxacillin, einem Cephalosporin der 3. Generation (z. B. Ceftriaxon) und Aminoglykosiden empfehlenswert.

Bei Immunsupprimierten kann es erforderlich sein, Herpes-simplex-Virus (Aciclovir) und Toxoplasma gondii (Pyrimethamin) mit abzudecken; die Kryptokokken-Meningitis wird mit Amphotericin B plus Flucytosin über 6 Wochen behandelt.

Syphilis wird mit Penicillin G, Neuroborreliose mit Ceftriaxon behandelt.

Prävention. Patienten mit Meningokokken- oder Haemophilus-Meningitis müssen strikt isoliert werden; der Indexpatient und dessen enge Kontaktpersonen erhalten Rifampicin (Erw.: 2x600 mg, Kinder: 2x20mg/kg; über 2 Tage) zur Schleimhautsanierung (Durchbrechung der aerogenen Infektionskette).

Gegen H.-influenzae Typ b wird insbesondere für Kinder eine Impfung empfohlen, gegen Pneumokokken und Meningokokken (Typen A, C) existieren Indikationsimpfungen.

AIDS-Patienten erhalten eine lebenslange Rezidivprophylaxe (Fluconazol).

Meningitis ist bei Erkrankung und Tod, die Meningokokken-Meningitis schon bei Verdacht meldepflichtig.

7.1.2 Hirnabszeß

Hirnabszesse entstehen hämatogen, durch traumatische Inokulation oder durch Fortleitung aus einem lokalen Herd. Entfernt gelegene Ausgangsherde (hämatogene Streuung) verursachen meist multiple Abszesse, besonders im Versorgungsgebiet der A. cerebri media im Bereich der Mark-Kortex-Grenze (schlechteste Flußbedingungen Æ beste Absiedlungsmöglichkeit). Nahe gelegene Ausgangsherde wie infizierte Nasennebenhöhlen oder Mastoid (Durchwanderung) verursachen meist einzelne Abszesse. Neben den Gewebeschäden durch die lokale abszedierende Entzündung kann es durch Raumforderung zu einem Anstieg des intrakraniellen Drucks kommen.

Symptomatik und Anamnese. Die Leitsymptome bei Hirnabszessen sind Kopfschmerzen, umschriebene neurologische Störungen (meist Hemiparesen), Bewußtseinsstörungen und Fieber. Nur selten, in schweren Fällen, wird das Bild einer akuten Meningitis imitiert.

Epidemiologie. Hirnabszesse sind selten. In größeren neurochirurgischen Abteilungen rechnet man mit 1–5 Fällen pro Jahr. 20–40% gehen von einer Otitis media, 15–25% von einer eitrigen Sinusitis aus. Etwa ein Viertel aller Fälle betrifft Kinder jünger als 10 Jahre.

Erregerspektrum. Häufige Erreger sind Streptokokken und Peptostreptokokken, Bacteroides spp., Enterobakterien und S. aureus (besonders bei offenen Schädel-Hirn-Verletzungen). Bei Abwehrgeschwächten finden sich zusätzlich Aspergillus spp., Nocardien und T. gondii.

Untersuchungsmaterial. Abszeßpunktat oder exzidiertes Abszeßmaterial sind das Untersuchungsmaterial der Wahl zum Erregernachweis bei Hirnabszessen. Die Materialgewinnung erfolgt durch Abszeß-Punktion oder -Exzision. Wenn weniger als 1 ml Material zur Verfügung steht, empfiehlt sich ein Abstrichtupfer, sonst ein steriles, fest verschließbares Gefäß. In diesem Fall sollte der Transport bei 4 °C im Transportmedium erfolgen. Alternativ bietet sich hier ebenfalls die Überimpfung in Blutkulturflaschen bei gleichzeitiger Versendung einer zusätzlichen Nativprobe für die Mikroskopie an. Im letzteren Falle sind die Flaschen bei 36 °C ins Labor zu transportieren.

Therapie. Entscheidend ist die chirurgische Sanierung. Sie kann mit gleichem Erfolg durch Abszeßpunktion mit Drainage oder durch Exzision erfolgen. Unterstützend sollte eine antimikrobielle Chemotherapie durchgeführt werden. Bei Immunkompetenten eignet sich eine Kombination aus Penicillin G plus Metronidazol oder Chloramphenicol; bei OP/Trauma sind zusätzlich Flucloxacillin und Ceftazidim zu berücksichtigen. Bei Immunsupprimierten müssen auf Grund des zu erwartenden Erregerspektrums der Einsatz von Pyrimethamin, Aciclovir, Amikacin in Kombination mit Imipenem oder Augmentan sowie Amphotericin B plus Flucytosin mit in die therapeutischen Überlegungen einbezogen werden.

Prävention. Entscheidend ist die konsequente Behandlung möglicher Ausgangsherde. Eine Abwehrschwäche muß schnellstmöglich beseitigt werden.

7.2 Infektionen des Auges

Eine ***Konjunktivitis*** ist die Entzündung der Bindehaut. Sie kann durch Erreger, durch andere Noxen oder im Rahmen einer allergischen Reaktion entstehen. Erreger werden durch Tröpfchen- oder Schmierinfektion übertragen.

Eine ***Keratitis*** ist die Entzündung der Hornhaut. Ulzerierende Keratitiden, z. B. durch invasive Erreger oder im Verlauf progredienter Eiterungen können zur Perforation der Hornhaut führen und dem Erreger den Eintritt in das Augeninnere gewähren (s. Endophthalmitis). Bedeutsam sind Tröpfchen- oder Schmierinfektionen (beachte: kontaminierte Kontaktlinsenflüssigkeit).

Eine Uveitis ist die Entzündung der Aderhaut: Diese besteht aus Iris, Ziliarkörper und Chorioidea; in deren Entzündung ist die Retina meist mit einbezogen. Daher werden eine ***Uveitis anterior*** in Form der Iritis oder Iridozyklitis (unter Einschluß des Ziliarkörpers) und eine ***Uveitis posterior*** als Chorioiditis, Retinitis oder Chorioretinitis unterschieden.

Eine ***Endophthalmitis*** ist die in der Regel infektionsbedingte Entzündung des Glaskörpers; sie entsteht meist postoperativ oder nach penetrierenden Traumen, selten als septische Absiedlung. Sie stellt einen Notfall dar, da in kürzester Zeit der Verlust des Auges droht.

Das ***Trachom*** ist eine chronische Keratokonjunktivitis durch C. trachomatis der Serogruppen A–C, die durch Pannusbildung und narbige Verziehungen die Entstehung von Super- und Zweitinfektionen durch Eitererreger begünstigt.

Die ***Ophthalmia neonatorum*** ist die Konjunktivitis bei Neugeborenen, die durch Schmierinfektion im Geburtskanal erworben wird (C. trachomatis Typen D–K, N. gonorrhoeae).

Symptomatik und Anamnese. Die Leitsymptome der ***Konjunktivitis*** (Bindehautentzündung) sind Juckreiz, Brennen, Fremdkörpergefühl (Schmerz), verstärkter Tränenfluß, Lichtscheu und Blepharospasmus (Lidkrampf). Es bestehen eine konjunktivale Hyperämie (Injektion) und ödematöse Schwellung (Chemosis), jedoch keine Visusminderung.

Die Gonoblennorrhoe (z. B. bei Neugeborenen) ist durch eine schnell fortschreitende, starke eitrige Entzündung gekennzeichnet. Es besteht die Gefahr der Hornhautperforation.

Die Chlamydien-Einschlußkörperkonjunktivitis ist bei Neugeborenen durch starke Exsudatbildung, bei Erwachsenen durch eine follikuläre Entzündungsreaktion gekennzeichnet. Beim Trachom liegt eine chronische Einschlußkörperkonjunktivitis vor, bei der es zu Pannus und Narbenbildung (mit Trichiasis, Entropium) mit Hornhauttrübung und Sehverlust kommt (häufigste erregerbedingte Erblindung!).

Bei der ***Keratitis*** kommt es zu einem Hornhautepitheldefekt und durch die folgende Infiltration zu einer Trübung der Hornhaut. Es besteht eine ziliare Injektion, die Sekretion ist gering; es kann zu einer Abszedierung kommen. Der Patient verspürt Fremdkörpergefühl (Schmerz), verstärkten Tränenfluß, Lichtscheu, Blepharospasmus und eine Visusverschlechterung. Durch Ulzerierung kann sich die eitrige Entzündung in die Vorderkammer fortsetzen: Hypopyon (Eiterspiegel in der Vorderkammer).

Die Herpes-simplex-Keratitis zeigt typische Vesikel, die zu Hornhautläsionen führen. Es bestehen ein einseitiges schmerzhaftes Fremdkörpergefühl, Lichtscheu und eine leichte Visusminderung. Bei Rezidiven bilden sich Herpesbläschen und dendritische Ulzerationen.

Leitsymptome der vorderen ***Uveitis*** sind ein rotes Auge, tiefe okuläre Schmerzen, Tränen, Lichtscheu und verengte Pupillen; häufig besteht gleichzeitig eine Keratitis. Die meist langsam verlaufende posteriore Uveitis ist vor allem durch Sehstörungen (Gesichtsfeldausfälle) gekennzeichnet, Schmerzen fehlen. Fundoskopisch lassen sich die retinalen Läsionen inspizieren.

Bei ***Endophthalmitis*** entstehen akute, zunehmende, starke Schmerzen im Auge. Der Visus verschlechtert sich; es bestehen Hyperämie, Chemosis, Lid- und Korneaödem, Iridozyklitis und Entzündungszeichen im Glaskörper.

Bei der ***Orbitalphlegmone*** imponieren ebenfalls die Entzündungszeichen. Entzündungsbedingt kann die Augenmotilität eingeschränkt sein, bei der Palpation scheint der Bulbusdruck erhöht; es kann eine Proptose hinzukommen.

Konjunktivitiserreger	Keratitiserreger	Endophthalmitis
S. pneumoniae	S. pneumoniae	S. aureus
S. aureus	S. aureus	koag. neg. Staphylokokken
S. pyogenes	P. aeruginosa	P. acnes
H. aegyptius	Enterobakterien	Streptokokken
H. influenzae	M. tuberculosis	H. influenzae
C. trachomatis	C. trachomatis	gramnegative Stäbchen
Adenoviren	Herpes-simplex-Viren	
Enterovirus 70	Varicella-Zoster-Virus	Bacillus-Arten (B. cereus)
Coxsackievirus A24	Adenoviren (Typ 8 und 19)	Pilze
	Fadenpilze (z. B. Fusarien)	O. volvulus
	freilebende Amöben	

Augeninfektionen: Häufige Erreger

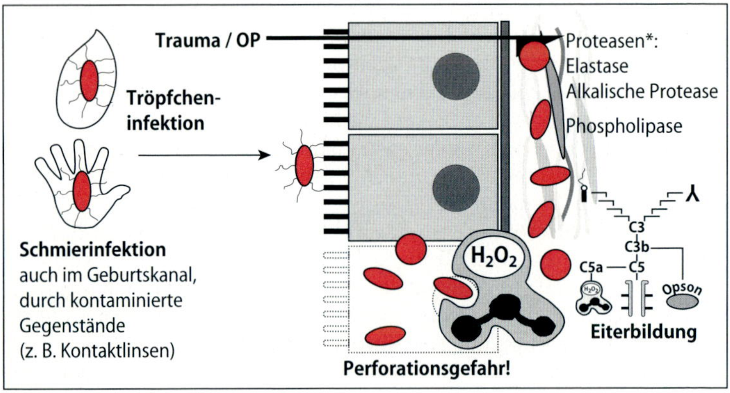

Augeninfektionen: Pathogenese der eitrigen Konjunktivitis, Keratitis, Endophthalmitis

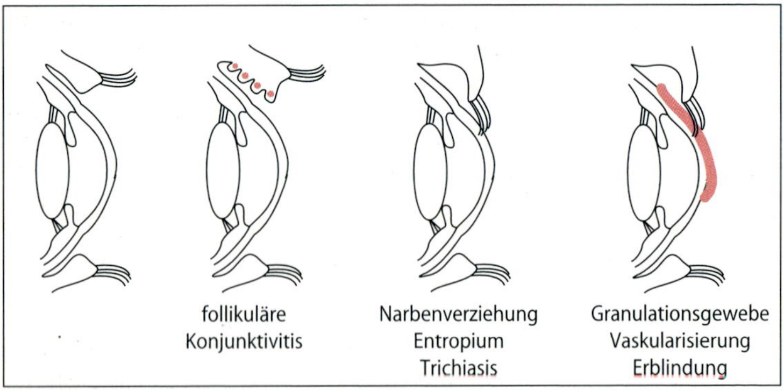

Augeninfektionen: Pathogenese der Trachoms

Epidemiologie. Augeninfektionen sind häufig. Weltweit stellen das Trachom (500 Millionen Erkrankte: vor allem Ägypten, China, Indien) und die Flußblindheit durch O. volvulus (18 Millionen Infestierte; davon 350.000 Erblindete) massive Gesundheitsprobleme dar.

Erregerspektrum. Häufige bakterielle ***Konjunktivitis***-Erreger sind S. pneumoniae, S. aureus, S. pyogenes, H. aegyptius und bei Kindern H. influenzae (unbekapselt). Bei Neugeborenen sind es S. aureus, S. pyogenes und N. gonorrhoeae. C. trachomatis (Serotypen D–K) ist der Erreger der Einschlußkörperkonjunktivitis bei Neugeborenen und Erwachsenen, die Serotypen A–C rufen das Trachom hervor. Von den zahlreichen Viren sind besonders Adenoviren (Typ 8 und 19) wegen der hohen Kontagiosität der Patienten, Enterovirus 70 und Coxsackievirus A24 wegen der Ausbildung einer akuten hämorrhagischen Konjunktivitis zu beachten.

Häufige bakterielle ***Keratitis***-Erreger sind S. pneumoniae, S. aureus und P. aeruginosa. Der letztgenannte Erreger kann besonders schwere Verlaufsformen bedingen (Hornhautperforation). Andere Erreger (Enterobakterien, obligat pathogene Erreger: z. B. M. tuberculosis, C. diphtheriae) kommen seltener vor. C. trachomatis kommt wie bei der Konjunktivitis als Erreger in Frage. Von den Viren sind Herpes-simplex-Viren und Varizella-Zoster-Virus (Zoster ophthalmicus) wegen gefährlicher Verlaufsformen und Adenoviren (Typ 8 und 19) wegen der hohen Kontagiosität der Patienten besonders zu beachten. Pilzinfektionen, besonders durch Fadenpilze (z. B. Fusarien), sind sehr gefährlich, da sie durch schrankenloses Wachstum bis ins Gehirn vordringen können. Weitere invasive Erreger sind freilebende Amöben (z. B. Acanthamoeba).

Die häufigsten Erreger der ***Endophthalmitis*** sind bei operativer Entstehung (vor allem Katarakt-Op: Linsenimplantation) S. aureus, koagulasenegative Staphylokokken, P. acnes, Streptokokken und H. influenzae; selten gramnegative Stäbchen. Bei traumatischen Formen dominieren Bacillus-Arten (B. cereus), es finden sich aber auch koagulasenegative Staphylokokken und selten gramnegative Stäbchen oder Pilze. Mikrofilarien von O. volvulus, dem Erreger der Flußblindheit, können ebenfalls in den Glaskörper eindringen.

Die ***Uveitis anterior*** ist in etwa 10% der Fälle infektionsbedingt, durch HSV-I und VZV (in der Regel begleitet von einer Keratitis), durch CMV und durch T. pallidum.Die erregerbedingte ***Uveitis posterior*** wird am häufigsten verursacht durch C. albicans im Rahmen einer Candidasepsis (30% der Uveitisfälle) und durch T. gondii. Weitere typische Erreger sind CMV (bei bis zu 30% aller AIDS-Patienten) und selten T. pallidum, M. tuberculosis, H. capsulatum, C. neoformans, HSV, VZV, P. carinii und T. canis.

Bei der ***Orbitalphlegmone*** finden sich am häufigsten S. aureus und, ebenfalls häufig, S. pyogenes und S. pneumoniae, seltener P. aeruginosa, und bei Kindern H. influenzae. Fadenpilze können auch hier durch schrankenlose Ausbreitung bis ins Gehirn gelangen. Aktinomyzeten treten als Erreger einer Tränengangentzündung auf.

Untersuchungsmaterial. Abstriche oder Punktate aus den Läsionen sind das Material der Wahl. Sie sind bei Zimmertemperatur in Transportmedium ins Labor zu schicken. Für den Nachweis von Chlamydien muß ein spezielles, antibiotikahaltiges Transportmedium verwendet werden, und die Transporttemperatur muß 4 °C betragen.

Therapie. Die Auswahl der antimikrobiellen Substanzen richtet sich nach den üblichen Kriterien, die Applikation kann bei leichten Infektionen lokal erfolgen, bei schwereren Infektionen, insbesondere bei Endophthalmitis und Orbitalphlegmone ist eine systemische Therapie indiziert.

Prävention. Entscheidend ist die Einhaltung allgemeiner Hygienemaßnahmen. Die Credésche Prophylaxe mit Silbernitrat wird zur Vermeidung einer Ophthalmia neonatorum für Neugeborene empfohlen; Schwangere sollten hinsichtlich Gonokokken, Chlamydien und HSV im Geburtskanal rechtzeitig untersucht werden. Erkrankung und Tod an Trachom (namentlich) und Fälle von Gonoblennorrhoe (anonym) sind meldepflichtig.

7.3 Odontogene Infektionen und Infektionen im Halsbereich

Symptomatik und Anamnese. Pulpainfektionen gehen meist von kariösen Zähnen aus, die anfangs schmerzhaft empfindlich auf Hitze, Kälte und Berührung reagieren. Im Verlauf einer Pulpitis kann es zu einer Nekrotisierung, zur Granulom- und zur Zystenbildung kommen. Bei der Gingivitis kommt es zunächst zu einer Rötung und Verdickung des Zahnfleisches. Es besteht eine Tendenz zur Zahnfleischblutung. Später kommt es zu einer schmerzhaften, ulzerierenden Nekrose, die an den interdentalen Papillen beginnt. Meist bestehen Fieber und Schwellung der regionären Lymphknoten. Ausgehend von einer subgingivalen Plaque entwickelt sich bei der Periodontitis eine symptomarme entzündliche Veränderung (Rötung, Blutungsneigung) des Zahnfleisches. Gelegentlich besteht eitriger Ausfluß. Im Verlauf der chronischen Infektion kommt es zum Verlust des Zahnfleisches und letztlich zum Verlust des Zahns. Von periodontalen Taschen aus kann sich ein Abszeß bilden (Rötung, fluktuierende Schwellung).

Ausgehend von diesen Infektionen kann sich der entzündliche Prozeß in die umliegenden Bindegewebsräume ausbreiten: ein Befall des Mastikatorraums (Masseterraum, Pterygoidalraum, Temporalraum) ist durch Schmerzen und eine eingeschränkte Beweglichkeit des Kiefergelenks gekennzeichnet. Eine

Schwellung ist seltener sichtbar. Ausgangspunkt sind Entzündungen im Bereich der Weisheitszähne. Durch die Fissura orbitalis inferior kann sich die Entzündung in die Orbita ausbreiten. Infektionen des buccalen Raums nehmen meist von Eck- und Schneidezähnen ihren Ursprung. Schwellung ist das charakteristische Kennzeichen. Infektionen im Submandibular- und Sublingualraum gehen meist vom 2. und 3. Unterkiefermolaren aus und sind durch eine Mundbodenschwellung charakterisiert. Ausgangspunkte für Infektionen des lateralen Pharyngealraums sind Tonsillitiden, Pharyngitiden, Parotitiden, Otitiden und dentogene Infektionen. Symptome sind Schmerzen, Trismus und Schwellung. Bei Befall hinterer Abschnitte liegt die Schwellung retropalatinopharyngeal und ist schlecht sichtbar; es kann dabei zu einer Einengung des Larynx, der V. jugularis (Thrombose!) und der A. carotis interna (Erosion!) kommen. Infektionen des Retropharyngealraums können Einengungen der Trachea (Dyspnoe) oder des Ösophagus (Dysphagie) bedingen. Im Verlauf können sich eine Erosion dieser Hohlorgane, Einschränkung der Halsbeweglichkeit und eine Ausbreitung ins Mediastinum mit Mediastinitis entwickeln (lebensbedrohlicher Notfall). Zur Aktinomykose s. aerobe Aktinomyzeten.

Epidemiologie. Infektionen im Zahnbereich (Karies!) sind sehr häufig.

Erregerspektrum. Bei der ***Gingivitis*** finden sich häufig obligat anaerobe gramnegative Stäbchen, besonders Bacteroides intermedius. Bei ***Periodontitis*** lassen sich häufig P. micros, P. gingivalis, A. actinomycetemcomitans oder Capnocytophaga isolieren. Bei tiefer gelegenen Infektionen wie periapikalen Abszessen liegt meist eine polymikrobielle Flora vor, in der sich F. nucleatum, pigmentierte Bacteroides, Aktinomyzeten, Peptostreptokokken und Streptokokken finden. Selten dagegen sind S. aureus und fakultativ anaerobe gramnegative Stäbchen. Bei ***Karies*** wird im Vergleich zu Gesunden Streptococcus mutans gehäuft gefunden.

Untersuchungsmaterial. Abstriche bzw. Eiter sind das Probenmaterial der Wahl. Sie sind mit einem Transportmedium bei 4 °C ins Labor zu schicken.

Therapie. Im Vordergrund steht die zahnärztliche bzw. chirurgische Sanierung des Entzündungsherdes (Abszeßspaltung und Drainage). Zur unterstützenden antimikrobiellen Therapie sind Penicillin G und in schweren Fällen Clindamycin oder Cefoxitin sowie Betalaktam–Betalaktamase-Inhibitor-Kombinationen geeignet. Bei Abwehrgeschwächten sind Kombinationen aus Aminoglykosiden und Acylureidopenicillinen oder Aminoglykosiden und Cephalosporinen zur kalkulierten Initialtherapie geeignet, ebenso Aminopenicilline + Betalaktamaseinhibitor.

Prävention. Für Karies gilt: Sachgerechtes Zähneputzen.

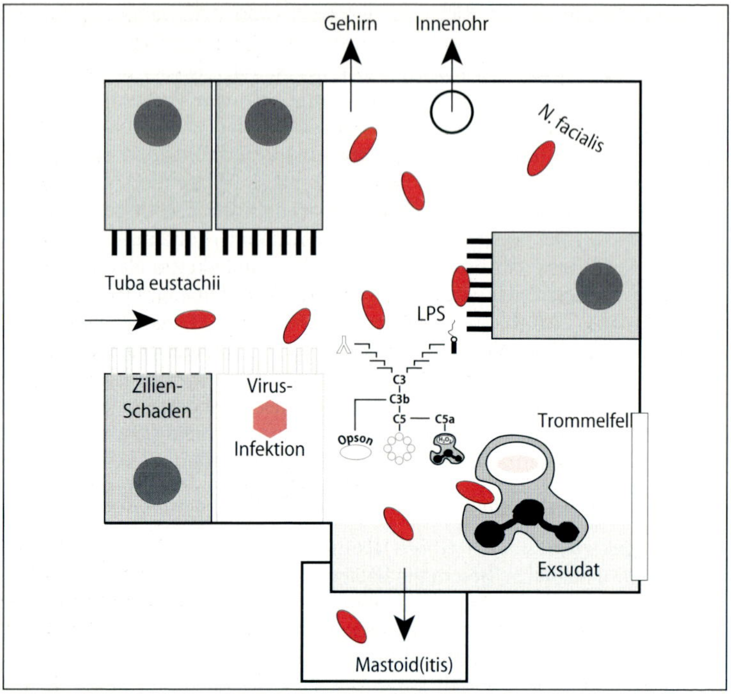

Infektionen des oberen Respirationstrakts: Pathogenese der Otitis media

Syndrom	Erreger	Syndrom	Erreger
Erkältung (Common cold)	Rhinoviren Adenoviren Coxsackieviren	Otitis media, Sinusitis	S. pneumoniae H. influenzae M. catarrhalis S. pyogenes (S. aureus) (Viren)
Pharyngitis	S. pyogenes C. diphtheriae N. gonorrhoeae T. pallidum Epstein-Barr-Virus Viren (z. B. Rhino-, Adenoviren) B. Plaut-Vincenti + Fusobakterien Candida (Soor)	Keuchhusten Epiglottitis	B. pertussis B. parapertussis H. influenzae Typ b

Infektionen des oberen Respirationstrakts: häufige Erreger

Anhang: Pathogenese der Karies. Die Kariogenese erfordert drei Faktoren: (1) eine empfängliche Zahnoberfläche, (2) säurebildende, säureunempfindliche Bakterien in einer Plaque und (3) Mono- und Polysaccharide aus der Nahrung als Substrat für die Säurebildung. Diesen wirken die Reinigungsfunktionen der Zunge (mechanisch), der Mundschleimhaut und des Speichels (Spülung, Lysozym, Remineralisierung) entgegen. Einige Bakterien, insbesondere S. mutans oder S. sanguis, synthetisieren aus Saccharose Polysaccharide (Dextrane, Laevane), mit denen sie sich an die Cuticula dentis, einen makromolekularen Überzug des Zahns, anheften und eine Matrix bilden, die die Kolonisation von weiteren Mikroorganismen (z. B. Propionibakterien, Laktobazillen, Aktinomyzeten oder Leptotrichia) ermöglicht. Es entsteht eine Plaque. Die Mikroorganismen in der Plaque metabolisieren überwiegend unter anaeroben Bedingungen; aus Poly- und Monosacchariden aus der Nahrung entstehen glykolytisch Säuren (hauptsächlich Milchsäure = Laktat), die den Zahnschmelz demineralisieren und zur Schädigung der Zahnsubstanz führen.

7.4 Infektionen des oberen Respirationstrakts

Infektionen des oberen Respirationstrakts umfassen Erkältungen („grippaler Infekt"; „common cold"), also akute Rhinopharyngitis und Katarrh mit leichten Beschwerden, die Pharyngitis/Angina (inkl. Diphtherie und Mononukleose), die Nasennebenhöhlenentzündungen (Sinusitis), die Otitis media, den Keuchhusten und die Epiglottitis.

Erreger dieser Krankheitsbilder werden aerogen durch Tröpfchen, z. T. auch durch Schmierinfektion, übertragen und siedeln sich im oberen Respirationstrakt an. Entweder verursachen sie dort eine Lokalinfektion oder aszendieren durch die Aperturen bzw. die Tuba eustachii (bei Kindern ist die Tuba gerade und kurz, so daß Bakterien sie leicht durchwandern können = Disposition) in die Neben- bzw. Paukenhöhle. Bakterielle Infektionen werden durch virusbedingte Epithelschädigungen begünstigt.

Symptomatik und Anamnese. Die ***Angina*** ist durch Halsschmerzen, Schluckbeschwerden und verstärkten Speichelfluß gekennzeichnet. Bei der bakteriellen Angina (Angina lacunaris) finden sich gelbliche Eiterstippchen auf den Tonsillen und schmerzhafte Halslymphknotenschwellungen. Bei Scharlach können zusätzlich eine Himbeerzunge und das Scharlachexanthem bestehen. Bei der infektiösen Mononukleose (Pfeiffersches Drüsenfieber) finden sich ebenfalls eine Halslymphknotenschwellung und weißliche Beläge auf den Tonsillen. Bläschen charakterisieren die Herpangina und den Herpes. Pseudomembranen sind typisch für Diphtherie.

Die ***Sinusitis*** ist durch grippeartige Beschwerden mit Schnupfen, Fieber und Kopfschmerzen gekennzeichnet. Die Nasennebenhöhlen sind druck- und klopfschmerzhaft. Bei der röntgenologischen Untersuchung (wichtigste Methode zur Diagnosesicherung) zeigt sich eine Verschattung der Nebenhöhle.

Bei ***Otitis media*** bestehen Ohrenschmerzen, der Tragusdruckschmerz und eine Schalleitungsschwerhörigkeit. Kleine Kinder, die am häufigsten betroffen sind, greifen sich an das erkrankte Ohr.

Die ***Epiglottitis*** ist durch einen inspiratorischen Stridor und rasch zunehmende Atemnot gekennzeichnet. Es ist ein lebensbedrohlicher Notfall.

Epidemiologie. Erkältungen sind der häufigste Grund für Arztbesuche, Arbeitsausfälle und Abwesenheit von der Schule. Pro Jahr erkranken Kinder 6–8mal, Erwachsene 2–3mal.

Die Otitis media ist der häufigste Grund für einen Arztbesuch von Kindern bis zum Alter von 3 Jahren: mindestens 1 Episode bei 66%, mindestens 3 Episoden bei 33% aller Kinder.

Eine Sinusitis tritt bei 0,5–5% aller Erkältungen als Komplikation auf.

Erregerspektrum. ***Erkältungen*** werden fast nur durch Viren verursacht: Rhinoviren (mehr als 100 Typen; 40%), Respiratory-Syncytial-Viren (10–15%), Corona- (10%), Parainfluenza-, Adeno-, Reo-, Entero- und Influenzaviren.

Die häufigsten Erreger einer ***Pharyngitis/Angina*** sind Viren (besonders Rhino- und Adenoviren, EBV), der häufigste bakterielle Erreger (ca. 30% aller Anginen) ist S. pyogenes (betahämolysierende Streptokokken der Serogruppe A). Bedeutsam ist der Diphtherieerreger C. diphtheriae. Die Angina Plaut Vincent wird durch eine Mischinfektion durch Borrelia Plaut-Vincenti und Fusobakterien verursacht.

S. pneumoniae und H. influenzae (unbekapselt) sind die häufigsten Erreger einer ***Sinusitis*** und einer ***Otitis media***. Weitere Erreger dieser Erkrankungen sind Streptokokken, S. aureus, Enterobakterien und obligate Anaerobier. In chronischen Fällen kommen auch P. aeruginosa und Fadenpilze (A. niger bei Otitis media chronica) vor.

B. pertussis und auch B. parapertussis verursachen ***Keuchhusten***.

Der Erreger der ***Epiglottitis*** ist H. influenzae Typ b (bekapselt).

Untersuchungsmaterial. Bei der Angina und der Otitis gewinnt man Abstriche vom Rand der Läsionen bzw. vom Ausfluß aus dem Ohr. Bei der Sinusitis ist zu beachten, daß die Nasennebenhöhlen normalerweise steril sind. Alle Materialien, die über die Nase gewonnen werden, enthalten also die dortige Standortflora. Diese enthält zum Teil Bakterien, die als Erreger von Sinusitiden in Frage kommen. Geeignet sind Aspirate oder Spülflüssigkeit aus der betroffenen Nasennebenhöhle.

Bei Verdacht auf Keuchhusten ist in der katarrhalischen Phase ein Nasopharyngealabstrich zu gewinnen (Spezialfragestellung ans Labor!); die Diagnose kann auch durch Antikörpernachweis gesichert werden.

Bei Epiglottitis findet sich in fast allen Fällen der Erreger in Blutkulturen.

Da alle Untersuchungsmaterialien sowohl Standortflora aus dem oberen Respirationstrakt als auch temperaturempfindliche Erreger (H. influenzae) enthalten können, ist ein Transport bei Zimmertemperatur in einem Transportmedium angezeigt. Unter aseptischen Bedingungen gewonnenes Material aus den Nasennebenhöhlen wird in Blutkulturflaschen bei 36 °C transportiert.

Therapie. Mittel der Wahl zur Behandlung der Streptokokkenangina/Scharlach ist Penicillin G. Patienten mit nachgewiesener Streptokokkeninfektion müssen nach ca. 3 Wochen auf die Ausbildung von Nachkrankheiten wie akutes rheumatisches Fieber und akute Glomerulonephritis untersucht werden (Herzauskultation, Urinstatus, ASL-, antiDNase-Titer).

Bei Verdacht auf Diphtherie ist umgehend Antitoxin zu geben, noch vor der mikrobiologischen Diagnosesicherung!

Zur Initialtherapie von Sinusitiden und Otitis media eignen sich Aminopenicilline, Cephalosporine (1.–2. Generation) und Erythromycin. Der Patient ist auf mögliche Komplikationen (Mastoiditis, Meningitis) hin zu untersuchen.

Mittel der Wahl zur Behandlung von Keuchhusten ist ein Makrolid.

Die entscheidende Maßnahme zur Behandlung der Epiglottitis ist das sofortige Freimachen bzw. Freihalten der Atemwege. Fast immer ist eine Intubation erforderlich. Cefotaxim ist das Mittel der Wahl zur unterstützenden antibakteriellen Therapie.

Prävention. Schutzimpfungen gegen H. influenzae Typ b, B. pertussis und Diphtherietoxin schon im Kindesalter, Grippeschutzimpfung und Pneumokokkenvakzine im Alter und bei besonderer Disposition.

7.5 Infektionen des unteren Respirationstrakts

7.5.1 Pneumonien

Entzündungen des Lungenparenchyms werden, je nachdem, welche Lungenstrukturen überwiegend in den Entzündungsprozeß einbezogen sind, in alveoläre (Bronchopneumonie: 95%, Lobärpneumonie: 5%) und interstitielle („atypische" Pneumonie) Pneumonien untergliedert; desweiteren unterscheidet man ambulant, außerhalb des Krankenhauses, und nosokomial, also im Krankenhaus, erworbene Pneumonien.

Aerogen übertragene Erreger gelangen direkt oder, nach Kolonisation des oberen Respirationstrakts, durch Aspiration in die Lunge. Die dort induzierte Entzündungsreaktion, als Exsudat im Alveolarraum oder als Infiltration im Gewebe, führt zur Einschränkung der Atemfunktion und zu Husten; in einigen Fällen entsteht eine Pleuritis (atemabhängiger Schmerz, Exsudat).

Symptomatik und Anamnese. Die ***Bronchopneumonie/Lobärpneumonie*** ist gekennzeichnet durch akut hohes Fieber (bis 40 °C mit Schüttelfrost), produk-

Einteilungskriterium	Erreger
Ambulant erworben	
alveolär	S. pneumoniae H. influenzae B. (M.) catarrhalis S. pyogenes L. pneumophila (S. aureus) (Enterobakterien: bei Älteren) (P. aeruginosa: bei Mukoviszidose)
interstitiell	M. pneumoniae Chlamydien (C. pneumoniae, C. psittaci) C. burnetii L. pneumophila P. carinii Viren: Influenzavirus, Respiratory-Syncytial-Virus
Nosokomial erworben	
alveolär	Enterobakterien (E. coli, KES-Gruppe) S. aureus P. aeruginosa L. pneumophila
interstitiell	Viren: Zytomegalie-Virus (CMV) L. pneumophila P. carinii Sproßpilze (z. B. C. albicans) Fadenpilze (z. B. A. fumigatus)
Bei Abwehrschwäche	
	Pilze: Candida, Aspergillen, P. carinii Mykobakterien: M. tuberculosis Aktinomyzeten Zytomegalie-Virus (CMV)

beachte stets: **M. tuberculosis**

Infektionen des unteren Respirationstrakts: Häufige Erreger

tiven Husten mit eitrigem Auswurf (Sputum), und Atemnot: Hypoxämie, erhöhte Atemfrequenz. Schmerzen bei der Atmung weisen auf eine Begleitpleuritis hin. Bei ambulant erworbenen Pneumonien ist der Patient typischerweise Mitte 50 und hat bekannte Grunderkrankungen: Diabetes mellitus, koronare Herzkrankheit, chronisch-obstruktive Lungenerkrankung, Alkoholismus. Nosokomiale Pneumonien treten meist bei intubierten, beatmeten Patienten auf („Beatmungspneumonie“).

Die überwiegend ***interstitiellen Pneumonien*** sind gekennzeichnet durch Fieber, Schnupfen, Husten meist ohne Auswurf und Kopfschmerzen. In der Regel bestehen nur eine geringe Beeinträchtigung der Atemfunktion und kaum Atemnot oder Pleuraschmerzen (s. aber: Mykoplasmen-Pleuropneumonie). Der Patient ist typischerweise jung und lebt oft in Gemeinschaftseinrichtungen. Diese Pneumonien sind ambulant erworben und dauern ca. 3-4 Tage.

Epidemiologie. Weltweit gesehen stellen Atemwegsinfektionen, namentlich Pneumonien, die häufigste Todesursache dar. Ambulant erworbene Pneumonien machen etwa 1% aller ambulanten Atemwegsinfektionen aus. Der Anteil nosokomialer Pneumonien beträgt bis zu 15% aller nosokomialen Infektionen, die „Beatmungspneumonie“ ist mit einer Letalität bis zu 50% belastet.

Erregerspektrum. Überwiegend alveoläre, ambulant erworbene Pneumonien sind hauptsächlich durch S. pneumoniae (50-90%), H. influenzae, S. aureus und L. pneumophila verursacht. Bei älteren Patienten können Enterobakterien eine Rolle spielen. Bei nosokomialen Pneumonien, insbesondere bei Beatmeten, finden sich häufig Enterobakteriazeen (Klebsiellen, Enterobacter, Serratia), desweiteren P. aeruginosa und S. aureus. Bei Aspirationspneumonien kommen Anaerobier, evt. in Mischinfektionen mit Aerobiern, vor.

Die überwiegend interstitiellen Pneumonien sind meist ambulant erworben. Die wichtigsten Erreger sind Viren (Influenza-, Parainfluenza-Viren, Respiratory-Syncytial-Virus: Sehr häufig bei Kindern; selten aber schwerwiegend: Adenoviren – Typ 11 und 12 führen zu nekrotisierenden Pneumonien), Chlamydien (C. trachomatis: häufigster Pneumonieerreger bei Säuglingen, C. pneumoniae: häufig bei Jugendlichen, C. psittaci ist der Erreger der Ornithose (Psittakose), Coxiellen (Q-Fieber) und M. pneumoniae (der häufigste Pneumonieerreger bei Kindern und jungen Erwachsenen).

Bei ungewöhnlichen Verläufen, insbesondere bei fehlender Besserung unter Antibiotikatherapie, müssen die Spektrumslücken, insbesondere Pilze, Mykobakterien und Zytomegalie-Virus (CMV), in die therapeutischen Überlegungen mit einbezogen werden.

Typische Pneumonieerreger bei AIDS-Patienten sind P. carinii, CMV und C. neoformans. Granulozytopenie oder Glukokortikoidtherapie disponieren zu invasiven Aspergillosen; die Glukokortikoidgabe und andere immunsuppressive Therapien können darüber hinaus die Entstehung von Pneumozystosen, CMV- und Nocardienpneumonien sowie schwere Pneumonien durch Eitererreger (Enterobakterien, P. aeruginosa, S. aureus) und Pilze begünstigen.

L. pneumophila verursacht interstitielle und alveoläre Pneumonien und wird sowohl ambulant als auch nosokomial erworben. Bei Abwehrgeschwächten tritt der Erreger gehäuft auf.

Untersuchungsmaterial. ***Sputum*** ist das Untersuchungsmaterial zum Erregernachweis bei ambulant erworbenen Pneumonien bei nicht intubierten Patienten (s. aber Hinweise zu Erregern interstitieller Pneumonien).

Da Patienten mit Pneumonie im Vergleich zu Patienten mit exazerbierter chronischer Bronchitis eher selten große Mengen Sputum produzieren, muß bei unklaren Fällen der Erregernachweis auch aus Tracheal- oder Bronchialsekret (z. B. bronchoalveoläre Lavageflüssigkeit) und aus Blutkulturen oder dem Exsudat der Begleitpleuritis geführt werden.

Vorteil: komplikationslose Gewinnung,
Nachteil: korrekte Probengewinnung schwierig und anstrengend: Tiefes Sputum aufhusten (Eiterflocken!)
Kontamination durch Standortflora des oberen Respirationstrakts (u. U. potentielle Pneumonieerreger).

Es soll Morgensputum verwendet werden. Vor der Gewinnung ist der Mund mit Leitungswasser, nicht mit Desinfektionsmittel, zu spülen. Es soll tiefes Sputum aufgehustet werden (Eiterflocken!); Speichel (mikroskopisch: viele Epithelzellen!) ist für eine bakteriologische Untersuchung nicht geeignet.

Der Wert einer Sputumprovokation durch Inhalation konzentrierter Kochsalzlösungen, besonders als Ersatz eingreifender Probenentnahmetechniken wie Trachealsekretaspiration, ist noch nicht abschließend geklärt. Der hohe Salzgehalt in diesem Untersuchungsmaterial kann das Wachstum von Bakterien beeinträchtigen. Für mikroskopische Nachweise ist die Salzkonzentration wahrscheinlich unerheblich.

Menge: mindestens 2 ml,
Lagerung: 4 °C (aber: maximal 4 h); vorgekühlter Transportbehälter.

Trachealsekret ist das Material der ersten Wahl bei intubierten Patienten.

Vorteil: Materialgewinnung näher am Infektionsort, bei vorgegebenem Weg (Intubation),
Nachteil: Kontamination durch Standortflora des oberen Respirationstrakts (u. U. potentielle Pneumonieerreger), aber oft deutlich geringer als bei Sputum!
Menge: mindestens 2 ml,
Lagerung: 4 °C (aber: maximal 4 h); vorgekühlter Transportbehälter.

Für den Nachweis von Legionellen und P. carinii ist das Material ungeeignet!

Broncho-alveoläre Lavage-Flüssigkeit wird durch Spülung des Alveolarraums mit steriler Kochsalzlösung (200–300 ml) gewonnen.

Vorteil: gezielte Probennahme sehr nah am Infektionsherd Lokalisationsdiagnostik möglich,

Nachteil: Belastender und aufwendiger Eingriff (ggf. unter Narkose!). trotz des Aufwands: Kontamination durch Standortflora des oberen Respirationstrakts.

Ist ein schneller Transport ins mikrobiologische Labor gewährleistet und wurde ausreichend Material (> 5 ml) gewonnen, so sind folgende Bedingungen geeignet: 4 °C (aber: maximal 4 h), vorgekühlter Transportbehälter.

Eine ***offene Lungenbiopsie*** ist nur in Ausnahmefällen indiziert. Direktpräparate (Quetschpräparate) sind nur eingeschränkt beurteilbar, wesentlich ist die Anzucht des Erregers.

Blutkulturen oder ***Pleurapunktat*** (bei bestehender Begleitpleuritis) können die Erregernachweisrate steigern.

Serum dient dem Nachweis von Antikörpern gegen einige Erreger atypischer Pneumonien (M. pneumoniae, Coxiellen, Rickettsien, Chlamydien, Viren) sowie dem Nachweis von Antigenen gegen Candida und Aspergillen (hier engmaschige Kontrolle wegen diskontinuierlicher Antigenämie).

Im ***Urin*** läßt sich Legionellen-Antigen nachweisen; RSV läßt sich durch Antigenschnelltest im ***Rachensekret*** nachweisen.

Befundbeurteilung. Um die Anzuchtergebnisse aus Respirationstraktsekreten zu bewerten, ist eine mikroskopische Kontrolle der Materialqualität notwendig. Je mehr Epithelzellen in einer Sputumprobe zu finden sind, desto mehr ist die Probe durch Speichelbeimengung inkl. der dortigen Standortflora verunreinigt: Sind mehr als 25 Epithelzellen/Gesichtsfeld bei 100x Vergrößerung nachweisbar, ist die Sputumprobe nicht mehr beurteilbar. Die mindestens semiquantitative Anlage von Respirationstraktsekreten hilft bei der Abgrenzung von Kolonisationsflora und Erregern. Als Grenzkonzentrationen für Erreger in Bronchiallavagen gelten 10^3/ml bzw. 10^5/ml.

Therapie. Für die kalkulierte Initialtherapie ambulant erworbener Pneumonien ist ein Makrolid das Mittel der Wahl. Bei nosokomialen Pneumonien eignen sich Cephalosporine als Initialtherapeutika, wobei je nach Schwere des Krankheitsbildes eine orale oder parenterale Therapie erfolgen sollte. Insbesondere auf Intensivstationen muß das laufend aktualisierte Erreger- und Resistenzspektrum berücksichtigt werden. Bei Abwehrgeschwächten und bei sehr schweren Pneumonien ist eine Initialtherapie mit einer Zweierkombination aus einem Acylureidopenicillin oder einem Cephalosporin der 3. Generation und einem Aminoglykosid geeignet. Bei lebensbedrohlichen Pneumonien ohne Erregernachweis kann die zusätzliche Gabe von Flucloxacillin oder Vancomycin indiziert sein. Bei Verdacht auf eine Pneumocystis-carinii-Pneumonie ist Cotrimoxazol, bei Verdacht auf eine Legionellose Erythromycin das Mittel der Wahl.

Bei Aspirationspneumonien sind anaerobierwirksame Mittel (Metronidazol, Augmentan, Clindamycin) zusätzlich erforderlich.

Bei nachgewiesener RSV-Infektion kann Ribavirin gegeben werden. Bei lebensbedrohlichen CMV-Infektionen ist Ganciclovir indiziert. Amantadin wirkt gegen Influenza-Virus A2.

Prävention. Eine Chemoprophylaxe kommt vor allem bei abwehrgeschwächten Patienten in Frage. Zur Prophylaxe einer Pneumocystis-carinii-Pneumonie kann dreimal wöchentlich Cotrimoxazol eingenommen werden, bei Allergie dagegen ist eine Pentamidin-Inhalation möglich. Mit Fluconazol (100 mg 2x pro Woche) kann einer Kryptokokkose vorgebeugt werden; die Inhalation von Amphotericin B senkt die Inzidenz einer pulmonalen Aspergillose. Bei Influenza-A2-Epidemien kann vorbeugend Amantadin eingenommen werden.

Die wichtigste Prophylaxe gegen Influenza-Pneumonie ist die Grippeschutzimpfung. Bei Disposition und bei Personen älter als 60 Jahre kann eine Schutzimpfung gegen Pneumokokkenkapselantigene durchgeführt werden. Durch die H.-influenzae-Typ-b-(Hib)-Impfung konnte die Inzidenz von Pneumonien bei Kleinkindern durch diesen Erreger erheblich reduziert werden.

Nosokomialen Pneumonien muß durch intensive Pflegemaßnahmen (z. B. Atemübungen) vorgebeugt werden; bei Intubierten sind aseptische Arbeiten und intensive Pflege (z. B. Absaugen) erforderlich.

7.5.2 Akute Bronchitis

Charakteristische Symptome sind Husten, Atemnot (Dyspnoe), evtl. Fieber; Schmerzen bei der Atmung. Auswurf ist nicht typisch!

Viren (Influenza-, Adeno-, Rhino-, Corona- und Parainfluenzaviren, Respiratory-Syncytial-Virus) sind die hauptsächlichen Erreger. Bakterien kommen selten vor.

Bakteriologische Sputumuntersuchungen sind daher für die Diagnostik einer akuten Bronchitis nicht hilfreich! Eine weitere Diagnostik sollte erst bei ungewöhnlichem Verlauf, insbesondere bei bakteriellen Superinfektionen, eingeleitet werden

Bakterielle Superinfektionen zeichnen sich zusätzlich durch eitrigen Auswurf (meist mehr als bei Pneumonien) aus. Die häufigsten Erreger sind S. pneumoniae, H. influenzae (in der Regel unbekapselte Stämme) und S. aureus.

7.5.3 Chronische Bronchitis

Die chronische Bronchitis ist definiert als Husten und Auswurf über mindestens 3 Monate in 2 aufeinanderfolgenden Jahren. Als Erreger der akuten Exazerbationen finden sich H. influenzae (in der Regel unbekapselte Stämme), S. pneumoniae, betahämolysierende Streptokokken, S. aureus, gramnegative Stäbchen (besonders K. pneumoniae) und Anaerobier.

Die antimikrobielle Chemotherapie der akuten Exazerbationen kann ein Fortschreiten der Zerstörung des Lungengerüsts aufhalten. Unter geeigneter Chemotherapie klingt die einzelne Attacke nach etwa 4–5 Tagen ab. Zur kalkulierten Therapie eignen sich Aminopenicilline, ggf. in Kombination mit Betalaktamaseinhibitoren, und Basiscephalosporine, in weiterer Linie Chinolone.

Eine antimikrobielle Langzeitbehandlung als Therapie der Grundkrankheit oder als Prophylaxe für akute Exazerbationen hat sich nicht bewährt. Die Therapie der chronischen Bronchitis als Grunderkrankung ist bisher nicht abschließend festgelegt.

7.6 Harnwegsinfektionen

Harnwegsinfektionen (HWI) sind erregerbedingte entzündliche Erkrankungen der Nieren und ableitenden Harnwege. Im engeren Sinn sind dies Zystitis (Harnblase) und die Pyelonephritis (Niere und Nierenparenchym), die sich bezüglich Pathogenese, Erregerspektrum, Diagnostik und Therapie deutlich von Infektionen der Urethra oder Prostata unterscheiden; diese sind den Genitaltraktinfektionen zuzuordnen.

Harnwegsinfektionen entstehen meist aszendierend durch die Harnwege. Infektionquelle ist die körpereigene Darmflora. Disponierend wirken alle Störungen des Urinabflusses (Obstruktionen durch Tumoren oder Steine), Diabetes mellitus, Schwangerschaft und Querschnittslähmung. Besonders begünstigend sind Harnblasenkatheter, insbesondere transurethrale; sie sind der Hauptfaktor bei nosokomialen HWI.

Unkomplizierte Harnwegsinfektionen sind Zystitiden bei Frauen ohne disponierende Grundkrankheiten, komplizierte Harnwegsinfektionen solche bei Männern, Kindern und Schwangeren, alle Pyelonephritiden und alle Infektionen auf der Basis von Grundkrankheiten.

Symptomatik und Anamnese. Die Leitsymptome der Zystitis sind brennende Schmerzen beim Wasserlassen (Dysurie), häufiger Harndrang (Pollakisurie) und suprapubische Schmerzen. Erst bei Beteiligung des Nierenparenchyms (Pyelonephritis) finden sich Schmerzen/Klopfschmerz im Bereich des Nierenlagers und Fieber.

Die Hauptkomplikation der akuten Pyelonephritis ist die Urosepsis, die der chronischen Pyelonephritis die terminale Niereninsuffizienz.

Epidemiologie. Etwa 10–20% aller erwachsenen Frauen haben mindestens einmal eine symptomatische Harnwegsinfektion in ihrem Leben. Harnwegsinfektionen stellen die häufigste Indikation für eine antimikrobielle Chemotherapie dar. Harnwegsinfektionen sind der häufigste Herd für eine nosokomiale Sepsis (ca. 30%).

Ambulant erworbene Erreger	Nosokomial erworbene Erreger	
E. coli	E. coli	P. aeruginosa
Enterokokken	KES-Gruppe	Staphylokokken
S. saprophyticus	Proteus	Sproßpilze

Harnwegsinfektionen (Zystitis, Pyelonephritis): Häufige Erreger

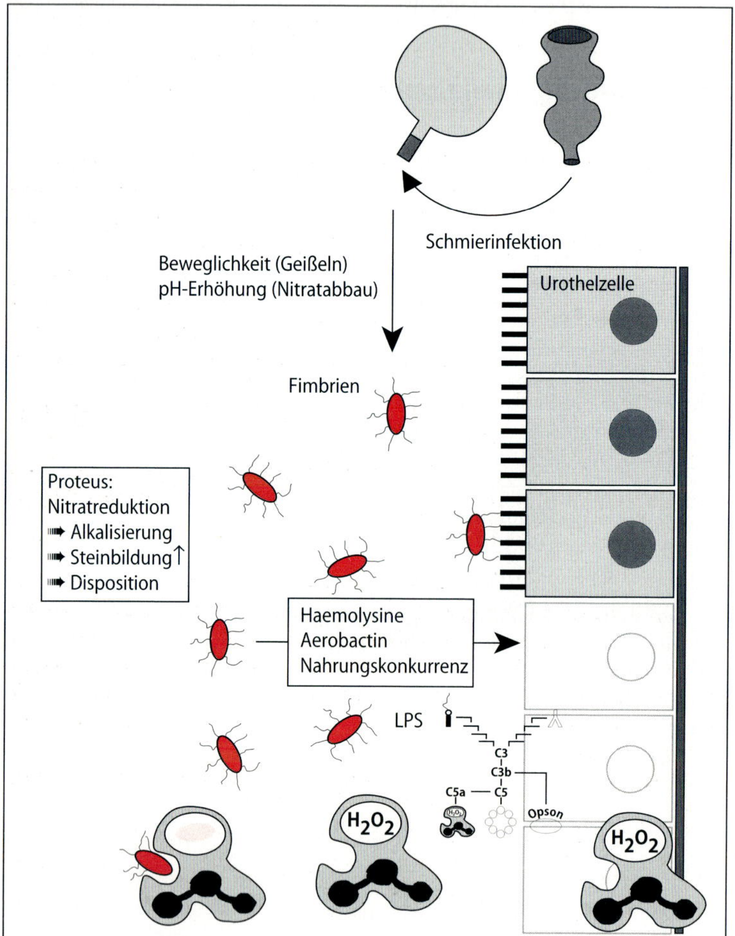

Harnwegsinfektionen: Pathogenese

Erregerspektrum. Der häufigste Erreger von (ambulant erworbenen) Harnwegsinfektionen ist E. coli (> 70%). Bei nosokomialen Harnwegsinfektionen finden sich häufig auch andere Enterobakterien, besonders Vertreter der KES-Gruppe (Klebsiella, Enterobacter, Serratia) und Proteus, Enterokokken, P. aeruginosa und S. aureus. Bei Katheterisierten treten häufiger auch Sproßpilze als Erreger auf. Bei jüngeren Frauen kommt S. saprophyticus relativ häufig vor (Honeymoon-Zystitis; 30% der Fälle).

Material zum Erregernachweis. ***Mittelstrahlurin*** ist das Material der Wahl zum Erregernachweis bei Zystitis/Pyelonephritis. Der komplikationslosen Gewinnung steht eine schwierige korrekte Probengewinnung gegenüber. Sie sollte mindestens 3 Stunden nach dem letzten Wasserlassen (am besten ist „Morgenurin") erfolgen:

Mann: Vorhaut zurückstreifen und Glans penis 4x mit Wasser (mit einem angefeuchteten Tupfer) reinigen; das Orificium urethrae mit einem weiteren Tupfer trocknen. — Die ersten 20–50 ml Urin verwerfen. — Die folgende Urinprobe (ca. 5–10 ml) ohne Strahlunterbrechung gewinnen.

Frau: Genitalien 4x mit Wasser (am besten mit einem angefeuchteten Tupfer) von vorn nach hinten reinigen (keine Desinfektionsmittel verwenden!); — das Orificium urethrae mit einem weiteren Tupfer abtrocknen. — Labien spreizen. — Die ersten 20–50 ml Urin verwerfen. — Die folgende Urinprobe (ca. 5–10 ml) ohne Strahlunterbrechung gewinnen.

Der Urin ist in ein steriles Gefäß zu gewinnen. Unsterile Gefäße wie Joghurtbecher, „Enten", Glasgefäße u. ä. sind ungeeignet.

Mittelstrahlurin ist immer durch Standortflora der vorderen Urethra kontaminiert! Daher wurden Kriterien zur Beurteilung von Anzuchtergebnissen aus Mittelstrahlurin aufgestellt.

Lassen sich von einem Isolat mehr als 10^5 KBE/ml anzüchten, so ist eine krankheitsrelevante Konzentration überschritten (signifikante Bakteriurie), und das Isolat kann als Erreger angesehen werden (Kass´sche Zahl). Zwischen 10^4 und 10^5 KBE/ml ist ein Grenzbereich (Kontrolle!), während weniger als 10^4 KBE/ml als nicht signifikante Bakteriurie gelten. Bei Kindern, Patienten unter Antibiotikatherapie, bei Dauerkatheterisierung und chronisch-rezidivierender Pyelonephritis können jedoch auch niedrigere Konzentrationen klinische Bedeutung besitzen.

Läßt sich eine Reinkultur (in signifikanter Menge) anzüchten, so ist in der Regel ebenfalls der Erreger gefunden.

Läßt sich eine Mischflora (≥ 3 verschiedene Isolate) anzüchten, so liegt in den meisten Fällen eine Kontamination vor. Insbesondere spricht das Überwiegen grampositiver Bakterien in einer solchen Mischflora für eine Kontamination.

Um diese Kriterien beurteilen zu können, ist es erforderlich, das Material korrekt zu gewinnen und bestimmte Transportbedingungen einzuhalten.

Ist ein sofortiger Transport ins Labor gewährleistet, kann eine native Probe untersucht werden. Sie muß bei 4 °C innerhalb von 2 Stunden ins mikrobiologische Labor gebracht werden. Längere Transportzeiten oder höhere Lagerungstemperaturen (ungekühlt!) führen dazu, daß die Urinprobe nur eingeschränkt verwertbar und beurteilbar ist (Vermerk im Untersuchungsbefund).

Ist ein längerer Transport ins mikrobiologische Labor zu erwarten, so sollte eine Objektträgerkultur (Eintauchnährböden: z. B. Uricult®, Urotube®) beimpft werden. Mit der sofortigen Überimpfung der Probe auf diese Kulturmedien ist eine ausreichend genaue Bestimmung der Erregerkonzentration möglich. Die Objektträgerkulturen können bei 36 °C (zur sofortigen Anzucht) oder bei Zimmertemperatur (zur Erregerkonservierung) gelagert und transportiert werden. Für die mikroskopische Beurteilung ist nativer Urin erforderlich. Je nach Organisationsstruktur der Klinik wird die mikroskopische Beurteilung (Leukozyten?!) von Urinproben im klinisch-chemischen Labor oder im mikrobiologischen Labor durchgeführt, ggf. benötigt jedes Labor eine eigene Urinprobe.

Blasenpunktionsurin ist aus mikrobiologischer Sicht das am besten geeignete Material zum Erregernachweis bei Zystitis/Pyelonephritis, weil er bei Gesunden steril ist. Jeder Erregernachweis ist zunächst relevant. Die Blasenpunktion ist eine einfach durchzuführende Methode, die nahezu komplikationslos ist. Sie ist einer Venenpunktion vergleichbar. Voraussetzung ist eine gefüllte Harnblase. Kontraindikationen sind Bauchtumoren, vorausgegangene Bauch- und Beckenoperationen (Verwachsungen!), Blutungsneigung und Infektionen im Punktionsbereich. Sie ist besonders bei zweifelhaften bakteriologischen Urinanalysen bei Frauen indiziert. Bei Säuglingen und Schwangeren ist die Methode nicht kontraindiziert.

Nach Desinfektion der Einstichstelle wird median ca. 2 Querfinger oberhalb der Symphyse senkrecht zur Bauchdecke eingestochen und nach Durchstechen der Harnblasenwand ca. 2–5 ml Urin aspiriert. Dieser sollte bei 4 °C innerhalb von maximal 4 Stunden ins Labor transportiert werden. Werden geringe Erregerkonzentrationen vermutet, sollte eine native Probe und nicht eine Objektträgerkultur ins Labor geschickt werden.

Die ***Einmalkatheterisierung*** allein zur Gewinnung von Urin zum Erregernachweis bei Zystitis/Pyelonephritis ist nur in Ausnahmenfällen indiziert (es liegen zusätzliche Gründe für eine Katheterisierung vor, z. B. die Indikation zu einer Blasenspiegelung; die Gewinnung von Mittelstrahlurin oder Blasenpunktat ist nicht möglich). Besonders muß auf die Möglichkeit einer Verschleppung von Bakterien aus der vorderen Urethra in die Harnblase hingewiesen werden: Durch die Einmalkatheterisierung allein wird in 1-4% der Durchführungen eine Zystitis/Pyelonephritis ausgelöst!

Nach Desinfektion der Urethraöffnung wird ein steriler Einmalkatheter unter aseptischen Kautelen transurethral in die Harnblase geschoben und ca. 2–5 ml Urin gewonnen.

Bei Dauerkatheterträgern kann die Abnahme aus dem proximalen Teil des Kathetersystems unter aseptischen Kautelen durchgeführt werden. Möglichst soll der Abfluß des Katheters 3 Stunden vor Entnahme abgeklemmt werden.

Für Katheterurin gelten die gleichen Transport- und Beurteilungsbedingungen wie für Mittelstrahlurin (s. dort).

Prinzipiell ist jeder Urin im Hemmstofftest auf antibakterielle Stoffe zu untersuchen, so daß falsch-negative Ergebnisse, z. B. aufgrund der Anwesenheit von antimikrobiellen Chemotherapeutika, ausgeschlossen werden können.

Therapie. Neben physikalischen Maßnahmen wie der Erhöhung des Urindurchsatzes (z. B. durch Blasentees) als Spüleffekt sind zur kalkulierten antimikrobiellen Chemotherapie Cotrimoxazol oder Chinolone geeignet. Sind bei rezidivierenden Harnwegsinfektionen Erreger und deren Empfindlichkeit aus früheren Episoden bekannt (besonders P. aeruginosa), so kann die Initialtherapie entsprechend modifiziert werden.

Bei Dauerkatheterisierten ist ohne Entfernung des Katheters eine Sanierung der Harnwegsinfektion nicht möglich.

Bei rezidivierenden Harnwegsinfektionen muß immer nach einer Ursache, z. B. Anomalien im harnableitenden System oder nach Reflux gesucht werden.

Bei Schwangeren sollen wegen der Gefahr von Frühgeburten und weniger reifen Geborenen auch asymptomatische Bakteriurien antimikrobiell behandet werden. Bei alten Patienten, insbesondere bei Katheterisierung, ist nicht mit einer mikrobiologischen Sanierung zu rechnen, so daß hier nur bei Symptomen behandelt wird.

Prävention. Da HWI endogene Infektionen durch fakultativ pathogene Erreger sind, steht prophylaktisch die Beseitigung disponierender Faktoren im Vordergrund. Die Indikation zur Harnblasenkatheterisierung ist sehr streng zu stellen, die Anlage und anschließende Pflege bedürfen der besonderen Einhaltung der Asepsis.

7.7 Infektionen des Genitaltrakts

Genitaltraktinfektionen betreffen die Organe des Genitaltrakts, insbesondere die Urethra, die Vagina, den Uterus, speziell die Cervix uteri, und die Adnexorgane Salpinx und Ovar bzw. Prostata, Hoden und Nebenhoden.

Sexuell übertragbare Krankheiten („sexually transmitted diseases" = STD) werden hauptsächlich durch den Geschlechtsverkehr übertragen. Sie manifestieren sich meist, aber nicht ausschließlich, am Genitaltrakt und heißen daher auch Geschlechtskrankheiten. ***Geschlechtskrankheiten*** im engeren Sinne sind die im Gesetz zur Bekämpfung der Geschlechtskrankheiten aufgeführten vier nicht namentlich meldepflichtigen Infektionen Gonorrhoe, Syphilis, Ulcus molle und Lymphogranuloma venereum.

Syndrom	Erreger
Vaginitis	T. vaginalis (Trichomonaden) G. vaginalis (Gardnerella) C. albicans (Sproßpilze) Herpes-simplex-Viren
Urethritis, Zervizitis aszendierende Infektionen	N. gonorrhoeae C. trachomatis (D–K) Herpes-simplex-Viren U. urealyticum (Mykoplasmen)
weitere Lokalinfektionen	H. ducreyi (Ulcus molle) Papillomviren (Tumoren) (Filzläuse)
zyklische Allgemeininfektionen	T. pallidum (Syphilis) HIV HBV HCV C. trachomatis (L1–L3)

STD = sexually transmitted disease(s)

Infektionen des Genitaltrakts und STD: Häufige Erreger

Alter/Stadium des Kindes	Erreger
Embryo	Rötelnvirus Masernvirus
Fetus	Zytomegalievirus (CMV) Parvovirus B19 L. monocytogenes T. pallidum T. gondii
Neugeborene	Herpes-simplex-Viren HIV HBV S. agalactiae (B-Streptokokken) E. coli L. monocytogenes N. gonorrhoeae C. trachomatis

Infektionen des Genitaltrakts und STD: Erreger, die auf das Kind übertragen werden

Neben den eigentlichen Genitaltraktinfektionen gehören zu den STD z. B. die Hepatitis B und die HIV-Infektion. Auch Filzläuse (Phthirus pubis) und die Scabies-Milben (Sarcoptis scabiei) werden sexuell übertragen.

Symptomatik und Anamnese. Das wesentliche Leitsymptom bei Genitaltraktinfektionen ist der lokale Schmerz, bei der Urethritis also die Dysurie, bei einer Salpingitis der Unterbauchschmerz. Dazu kann es bei verschiedenen Infektionen zum Ausfluß von Sekret aus Körperöffnungen kommen. Bei der Gonorrhoe speziell bei Männern tritt rahmig-eitriges Sekret aus der Harnröhre, die schmerzhaft entzündet ist. Bei der Trichomoniasis der Vagina und der Vaginose kommt es zu Ausfluß (Fluor) aus der Vagina. Bei bestimmten Erregern können typische Krankheitszeichen auftreten. Bei der Candidiasis finden sich Juckreiz, Entzündungszeichen und dicke weißliche Beläge. Beim Herpes genitalis entwickeln sich schmerzhafte Herpesbläschen. Bei der Syphilis kommt es je nach Stadium zum schmerzlosen Ulcus durum, zu Condylomata lata oder zu anderen Hautveränderungen.

In Abhängigkeit von den Sexualpraktiken muß an andere Lokalisationen (rektal, pharnygeal) gedacht werden.

Da viele dieser Infektionen sexuell übertragbar sind (Anamnese!), ist bei der Betreuung der Patienten die Mitbetreuung des/der Sexualpartner von Bedeutung. Ebenso müssen Neugeborene, die sich im Geburtskanal infizieren oder infiziert haben können, untersucht und ggf. behandelt werden.

Nach Chlamydieninfektionen können postinfektiös Arthritiden entstehen (Reiter-Syndrom: Arthritis, Urethritis, Konjunktivitis).

Epidemiologie. Die jährliche Zahl gemeldeter Gonorrhoefälle in Deutschland beträgt ca. 4000; sie ist in den letzten Jahren kontinuierlich rückläufig. Gleiches gilt für die Syphilis, deren Fallzahl etwa 10% der Gonorrhoefälle ausmacht. Allerdings muß mit einer ganz erheblichen Dunkelziffer gerechnet werden. Ulcus molle und Lymphogranuloma venereum sind in Deutschland Raritäten.

Über Chlamydieninfektionen liegen nur eingeschränkt Daten vor. Die CDC schätzen für die USA 4 Millionen Neuerkrankungen pro Jahr und eine Durchseuchung der sexuell aktiven Bevölkerung von ca. 15 %.

Erregerspektrum. Die typischen Erreger von Urethritis, Zervizitis und aszendierenden Genitaltraktinfektionen sind N. gonorrhoeae (Gonorrhoe), C. trachomatis (D–K) und Herpes-simplex-Viren (bes. HSV-II). Ebenfalls bedeutsam sind B-Streptokokken (S. agalactiae), Ureaplasmen und humane Papillomviren. Andere Erreger treten nur gelegentlich oder selten auf; die Rolle von T. vaginalis als Erreger ist nicht abschließend geklärt. Seltene Erreger sind unspezifische fakultativ und obligat anaerobe Eitererreger (z. B. Enterobakterien, Staphylokokken, Streptokokken, Bacteroides), meist in Mischinfektionen. Praktisch bedeutsam ist das Vorkommen von Doppel- und Mehrfachinfektionen; besonders häufig besteht eine Doppelinfektion mit N. gonorrhoeae und

C. trachomatis. Bei adäquater Therapie der Gonorrhoe mit Cephalosporinen, Penicillin G oder Spectinomycin werden die Chlamydien nicht erfaßt und unterhalten die Infektion weiter: postgonorrhoische Urethritis.

Bei der Vaginitis sind die häufigsten Erreger Candida spp., Trichomonas vaginalis und Gardnerella vaginalis (Leitkeim bei Anaerobierinfektionen?). Zu beachten ist bei Infektionen durch S. aureus (bei Tampongebrauch) die Möglichkeit eines Toxic-shock-Syndroms. Daneben finden sich Herpes-simplex-Viren (HSV), Humane Papilloma-Viren (HPV) und in Ausnahmefällen N. gonorrhoeae und C. trachomatis sowie M. tuberculosis, Salmonellen, Aktinomyzeten, Schistosomen, Oxyuren. Das Vorhandensein von betahämolysierenden Streptokokken der Gruppe B (S. agalactiae) im Vaginalsekret bei Schwangeren kann eine erhebliche Gefährdung für das künftige Neugeborene darstellen (Neugeborenen-Sepsis, -Meningitis).

Der Erreger der Syphilis ist T. pallidum, H. ducreyi verursacht das Ulcus molle und C. trachomatis (L1–L3) das Lymphogranuloma venereum.

Untersuchungsmaterial. Geeignete Untersuchungsmaterialien sind Abstriche oder Sekrete von den Läsionen (größtmögliche Nähe zur Läsion anstreben). Bei Urethritis sind ein Urethralabstrich oder ausfließender Eiter geeignet. Bei einer Salpingitis bietet eine laparoskopisch gewonnene Probe vom Eileiter eine viel bessere Nachweisrate als ein Zervikalabstrich. Die Lokalisation einer Erkrankung kann bei Mann und Frau unterschiedlich sein. Die häufigste Lokalisation der Gonorrhoe ist beim Mann die Urethra, bei der Frau die Endozervix.

Das Untersuchungsmaterial ist in einem Transportmedium bei Zimmertemperatur ins Labor zu bringen.

Bei einer Vaginitis lassen sich Sproßpilze und Trichomonaden in einem Nativpräparat direkt nachweisen; ein Hinweis für den Leitkeim Gardnerella vaginalis kann im Nativpräparat der Nachweis von „clue cells" (dicht mit kokkoiden Stäbchenbakterien belegte Epithelzellen) sein.

Eine wesentliche Erhärtung der Verdachtsdiagnose Gonorrhoe ist der mikroskopische Nachweis intragranulozytär gelegener, semmelförmiger, gramnegativer Diplokokken im Eiter (zumindest bei der symptomatischen Urethritis beim Mann).

Die Diagnosesicherung der Syphilis erfolgt durch Antikörpernachweis mittels TPHA, FTA(Abs) und VDRL.

Therapie. Da bei vielen Infektionen im Genitaltrakt differentialdiagnostisch eine Reihe von nicht erregerbedingten Erkrankungen in Betracht kommt und im allgemeinen keine erregerbedingte Lebensgefahr besteht, ist, unter Berücksichtigung der Compliance, zunächst eine Diagnosesicherung möglich. Anschließend kann eine gezielte Therapie erfolgen.

Die kalkulierte Therapie von Urethritis, Zervizitis und der aszendierenden Genitaltraktinfektionen muß Gonokokken und Chlamydien erfassen und wird daher im ambulanten Bereich mit Ceftriaxon (einmalig 250 mg i.m.) plus Doxycyclin über 14 Tage durchgeführt.

Bei Vaginalmykosen werden lokal Antimykotika eingesetzt. Beim Nachweis von G. vaginalis bzw. „clue cells" gibt man Metronidazol (meist 7 Tage), bei Trichomoniasis ebenfalls (Einmalgabe oder über 7 Tage).

Zur Behandlung von Chlamydieninfektionen eignen sich Tetracycline und Makrolide. Letztere sind auch Mittel der Wahl beim Ulcus molle. Unspezifische Eitererreger sollten unter Kenntnis des Antibiogramms behandelt werden. Eine Syphilis wird mit Penicillin G, bei Allergie mit Tetracyclinen, therapiert.

Prävention. Der entscheidende Präventionsschritt ist die Aufklärung der Patienten über den Übertragungsweg. Alle Sexualpartner des Patienten müssen untersucht und ggf. behandelt werden. Kontagiöse Patienten haben bis zum Therapieerfolg sexuelle Karenz einzuhalten.

Expositionsprophylaxe ist die beste Vorbeugung: Am sichersten geschieht dies durch sexuelle Karenz, Kondome bieten jedoch meist einen ausreichenden Schutz – Promiskuität steigert dagegen das Risiko.

Bedeutsam ist die Prävention bei Schwangeren. T. pallidum kann eine Fetopathie auslösen. Andere Erreger werden unter der Geburt durch Schmierinfektion auf das Kind übertragen und können schwere Infektionen verursachen (N. gonorrhoeae, C. trachomatis: Ophthalmia neonatorum; B-Streptokokken: Sepsis, Meningitis; U. urealyticum: Sepsis; Herpes-simplex Virus: Herpes neonatorum). Rechtzeitige Diagnostik erlaubt die rechtzeitige Einleitung geeigneter Prophylaxemaßnahmen (Credésche Prophylaxe; B-Streptokokken-Sanierung durch perinatale Penicillingabe, Kaiserschnittgeburt bei Herpes genitalis).

Medizinisches Personal muß sich vor Schmierinfektion schützen, z. B. durch das Tragen von Untersuchungshandschuhen oder ggf. auch von Schutzbrillen.

7.8 Infektionen des Gastrointestinaltrakts

Infektionen des Gastrointestinaltrakts manifestieren sich als Gastroenteritiden oder Enterokolitiden.

Die Übertragung erfolgt fäkal-oral: „Diarrhoe-Erreger ißt und trinkt man."

Die Schädigung der Schleimhaut, die Lokalisation der Erkrankung und die klinische Symptomatik hängen von den Pathomechanismen des jeweiligen Erregers ab; es lassen sich drei hauptsächliche Typen unterscheiden:

Beim ***Sekretionstyp*** ist der Erreger im oberen Dünndarm lokalisiert. Enterotoxin oder die Adhärenz des Erregers führen zur Sekretion von Elektrolyten,

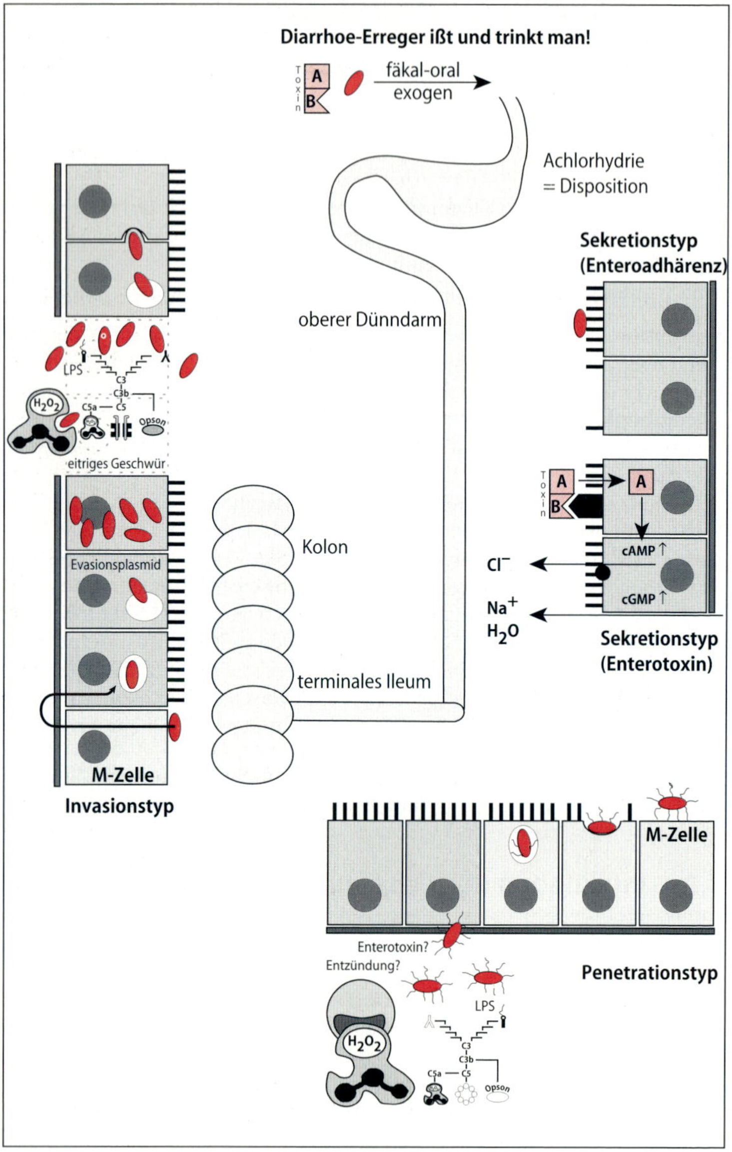

Pathogenese der Gastroenteritiden

denen Wasser folgt. Im typischen Fall werden Chloridkanäle geöffnet und Chlorid ins Lumen sezerniert; diesen folgen elektrisch Natrium und osmotisch Wasser sowie durch Bikarbonat-Chlorid-Austausch-Pumpen Bikarbonat; häufig ist auch die Natriumrückresorption gehemmt, und es findet eine Kaliumsekretion statt.

Beim ***Invasionstyp*** dringt der Erreger in die Epithelzellen des Kolons ein und zerstört sie; es entsteht eine eitrige, u. U. ulzerierende Entzündung.

Beim ***Penetrationstyp*** durchdringt der Erreger durch M-Zellen das Epithel des unteren Dünndarms und induziert submukös eine Entzündung, in deren Folge Durchfall entsteht.

Symptomatik und Anamnese. Das Leitsymptom von Gastroenteritiden ist die Diarrhoe, d. i. ein zu häufiger und zu wenig konsistenter Stuhlgang in zu großer Menge (zu oft – zu viel – zu flüssig). Die drei pathogenetischen Typen äußern sich in drei verschiedenen Syndromen:

Die ***sekretorische Diarrhoe*** ist durch wäßrige Durchfälle gekennzeichnet, die abhängig vom Erreger erhebliche Volumenverluste bewirken (bis zu 30 l/Tag). Das klassische Krankheitsbild ist die Cholera, ein weiteres die Reisediarrhoe. In einigen Fällen von Lebensmittelintoxikation kann ein Brechdurchfall vorherrschen.

Beim ***Invasionstyp*** entsteht das Krankheitsbild der Ruhr mit blutig-schleimigen Durchfällen (mikroskopisch mit Leukozyten) und schmerzhafte Darmkrämpfe (Tenesmen). Die klassischen Krankheitsbilder sind die Shigellen-Ruhr und die Amöben-Ruhr. Bei einer pseudomembranösen Kolitis, z. B. antibiotikaassoziiert durch C. difficile, tritt stinkender, grünlicher blutiger Durchfall auf.

Die Leitsymptome bei ***Penetrationstyp*** sind Durchfall und Fieber. Das klassische Krankheitsbild ist die Salmonellen-Enteritis.

Daneben gibt es Mischformen: Rotaviren z. B. verursachen sowohl eine oberflächliche Enterozytenschädigung (Mikrovilliverbreiterung) mit wäßrigem Durchfall als auch eine Entzündungsreaktion in der Lamina propria (Fieber).

Bei der nekrotisierenden Enterokolitis bei Neugeborenen finden sich Apnoeattacken, Erbrechen, Abwehrspannung und eine blutige Diarrhoe; es kann rasch zur Darmperforation und zum Schock kommen. Bei Erwachsenen bestehen schwerste abdominelle Schmerzen, blutige Diarrhoe und Erbrechen. Es kommt zum Ileus und zum Schocks. Der Verlauf ist meist fulminant.

Bedeutsam in der Anamnese sind Angaben über mögliche Infektionsquellen (z. B. Lebensmittel), über Medikamenteneinnahme (antibiotikaassoziierte Diarrhoe) und über Auslandsaufenthalte oder Abwehrdefekte, z. B. AIDS (Suche nach typischen Erregern).

Die wichtigsten Komplikationen sind hypovolämischer Schock und Hypoglykämie, Darmperforation und, beim Vorliegen disponierender Faktoren, Sepsis. Postinfektiöse Syndrome treten nach Infektionen durch Yersinien (Arthritis) und Campylobacter (Guillain-Barré-Syndrom) auf.

Diarrhoetyp	Erreger	Anmerkungen
Sekretionstyp	V. cholerae/El Tor	Cholera
	EPEC	„Säuglingsdyspepsie"
	ETEC	Reisediarrhoe
	B. cereus	Lebensmittelvergiftung
	S. aureus	Lebensmittelvergiftung
	C. perfringens	Typ A
	G. lamblia	
	Kryptosporidien	meist bei AIDS
	Mikrosporidien	meist bei AIDS
Invasionstyp	Shigellen	Shigellen-Ruhr
	EIEC	
	EHEC	beachte: HUS
	Campylobacter	sehr häufig; Geflügel
	E. histolytica	Amöbenruhr
	C. difficile	antibiotikaassoziiert
	C. perfringens	Typ C: nekrotisierend
Penetrationstyp	Salmonellen	häufig: S. Enteritidis, S. Typhimurium sehr häufig; Geflügel, Eier
	Yersinien	Y. enterocolitica, Y. pseudotuberculosis
unklare Zuordnung	Aeromonas	
	Plesiomonas	

Infektionen des Gastrointestinaltrakts: Häufige Erreger

Virus	Anmerkung
Rota-Viren	sehr häufig; auch nosokomiale Ausbrüche
Adenoviren (40,41)	häufig
Astroviren	leichte fieberhafte Infektion mit Durchfall
Caliciviren, Norwalk-Virus	leichte fieberhafte Infektion mit Durchfall
Coronaviren	leichte fieberhafte Infektion mit Durchfall

Infektionen des Gastrointestinaltrakts: Häufige virale Erreger

Epidemiologie. Durchfallerkrankungen sind eine der häufigsten Ursachen für Morbidität und Mortalität der Weltbevölkerung: Allein ca. 5 Millionen Kinder versterben pro Jahr an Diarrhoe, wobei Entwicklungsländer am stärksten betroffen sind. Die Morbidität hängt von Lebensmittel- und Trinkwasserhygiene, persönlicher Hygiene und klimatischen Bedingungen ab (erhöhtes Infektionsrisiko in warmen Ländern). In Deutschland wurden 1997 105.000 Fälle von Enteritis infectiosa gemeldet; die tatsächliche Zahl wird auf das 10fache geschätzt.

Erregerspektrum. Die häufigsten Enteritis-Erreger sind Campylobacter und obligat pathogene Enterobakterien, angeführt durch Enteritis-Salmonellen.

Der ***Sekretionstyp*** wird durch V. cholerae (Biotyp Cholerae oder El Tor bzw. durch Serotyp O:139), durch obligat pathogene E. coli (ETEC, EPEC, EAggEC), C. perfringens Typ A sowie die Lebensmittelvergifter S. aureus und B. cereus ausgelöst. G. lamblia, Kryptosporidien und Mikrosporidien können die gleichen Symptome verursachen, vor allem bei AIDS.

Der ***Invasionstyp*** wird klassischerweise durch Shigellen und E. histolytica hervorgerufen. Weitere Erreger sind enteroinvasive und enterohämorrhagische Escherichia coli (EIEC, EHEC). Campylobacter verursachen ein ähnliches Krankheitsbild.

Der ***Penetrationstyp*** ist im wesentlichen durch Enteritis-Salmonellen und Yersinien verursacht.

Der häufigste Erreger der antibiotikaassoziierten Kolitis ist C. difficile. Der Erreger der nekrotisierenden Enterokolitis bei Erwachsenen ist C. perfringens Typ C. Bei Neugeborenen werden verschiedene Enterobakterien (z. B. E. coli, Klebsiellen), Pseudomonaden und C. butyricum verdächtigt.

Untersuchungsmaterial. Ein Erregernachweis ist erforderlich, wenn eine Diarrhoe länger als drei Tage dauert, bei schweren Verläufen, bei blutiger Diarrhoe oder bei Risikofaktoren für schwere Verläufe und Komplikationen wie Abwehrschwäche oder hohes Alter. Auch bei Ausbrüchen ist der Erregernachweis unverzichtbar.

Das Untersuchungsmaterial der Wahl zum Nachweis dieser Erreger ist Stuhl. Es sollten stets mehrere unabhängig voneinander gewonnene Stuhlproben untersucht werden (3 Proben an 3 aufeinanderfolgenden Tagen). Diese sollen bei 4 °C ins Labor transportiert werden. Lediglich zum Nachweis von Amöben- und Lamblientrophozoiten ist es erforderlich, den Stuhl ununterbrochen bei 36 °C zu halten, am besten wäre eine Probengewinnung direkt im Labor. Aufgrund der Vielzahl der möglichen Untersuchungen ist es gerade bei Stuhlproben erforderlich, die genaue Fragestellung anzugeben.

Bei Erkrankungen im Dünndarm kann der Erregernachweis im Duodenalsekret oder im Erbrochenen gelingen. Ebenfalls sollten Lebensmittel, die als Infektionsquelle in Betracht kommen, untersucht werden.

Primäre Peritonitis	Sekundäre Peritonitis
S. pneumoniae S. pyogenes Staphylokokken Enterobakterien (E. coli!) obligate Anaerobier(selten)	Enterobakterien (E. coli) Enterokokken Anaerobier (bes. Bacteroides) S. aureus bei äußeren Verletzungen koagulasenegative Staphylokokken (Peritonealdialyse) P. aeruginosa N. gonorrhoeae (aufsteigende Genitalinfektionen)
Cholezystitis, Cholangitis	Enterobakterien (E. coli) Enterokokken, Staphylokokken, (Anaerobier)

Intraabdominelle Infektionen: Häufige Erreger

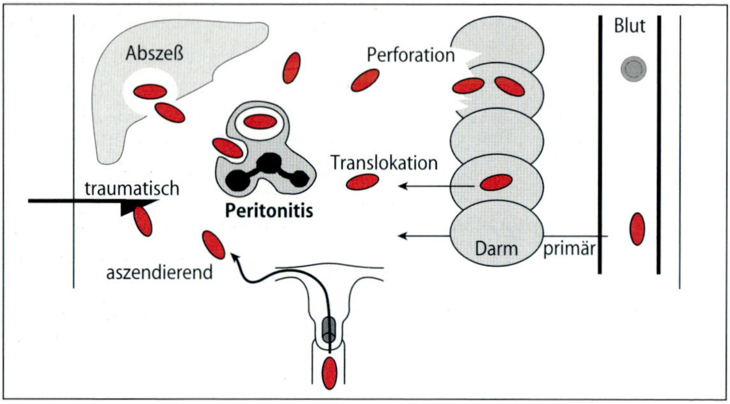

Intraabdominelle Infektionen: Pathogenese der Peritonitis

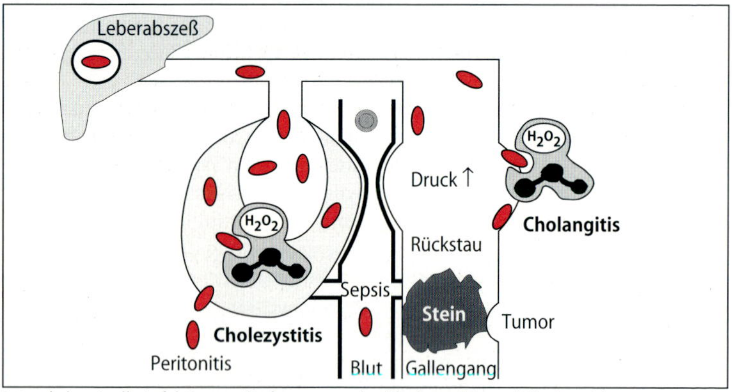

Intraabdominelle Infektionen: Pathogenese der Cholezystitis und Cholangitis

Therapie. Die entscheidende Maßnahme bei Durchfallerkrankungen ist die Substitution von Wasser und Elektrolyten. Zusätzlich können darmsanierende (u. U. operative) Maßnahmen erforderlich sein, besonders bei nekrotisierender Kolitis.

Eine antimikrobielle Therapie ist bei schweren Verläufen (blutige Stühle, Fieber), bei Abwehrgeschwächten oder bei Sepsis erforderlich. Als Mittel für die kalkulierte Initialtherapie sind dabei Ciprofloxacin, Cotrimoxazol und Ampicillin geeignet; gegen Campylobacter werden Makrolide bevorzugt. Bei der antibiotikaassoziierten Enterokolitis müssen die ursächlichen Antibiotika abgesetzt werden und eine orale Behandlung mit Metronidazol oder in schweren Fällen mit Vancomycin erfolgen.

Bei der Amöbenruhr ist Metronidazol das Mittel der Wahl.

Zur Sanierung von Salmonellen-Dauerausscheidern ist Ciprofloxacin das Mittel der Wahl.

Prävention. Geeignete Lebensmittel- und Wasserhygiene sowohl bei der Produktion als auch bei der Verarbeitung stellen die wesentliche Maßnahme zur Vermeidung erregerbedingter Enteritiden dar. Die fäkal-orale Übertragung durch den kontagiösen Patienten wird durch persönliche Hygienemaßnahmen, insbesondere der Hände- und Flächendesinfektion nach dem Stuhlgang unterbrochen; u. U. muß der Patient isoliert werden und eine eigene Toilette erhalten. Eine Isolierung ist wegen der niedrigen minimalen Infektionsdosis insbesondere bei Shigellen-Ruhr notwendig.

Namentlich meldepflichtig sind Verdacht, Erkrankung und Tod an Enteritis infectiosa.

7.9 Peritonitis

Eine Peritonitis, eine Entzündung innerhalb der Peritonealhöhle, kann diffus oder lokalisiert ablaufen. Es ist zwischen primärer und sekundärer Peritonitis zu unterscheiden. Letztere hat einen Ausgangsherd: Benachbarte Hohlorgane (Perforation, Durchwanderung der Wand), Infektionen in benachbarten Organen (z. B. Leberabszesse oder Adenxitis), Operationen oder Peritonealdialysekatheter.

Symptome und Anamnese. Die Leitsymptome der Peritonitis sind starke abdominelle Schmerzen und eine Abwehrspannung der Bauchdecke (Peritonismus); Übelkeit, Erbrechen, Appetitlosigkeit und Fieber, evtl. mit Schüttelfrost, können hinzukommen. Der Patient nimmt eine Entspannungshaltung ein: angezogene Beine, eingeschränkte Atmung, keine unnötige Bewegung. Es kommt zu Harn-, Stuhl- und Windverhaltung. Im Verlauf können sich ein Ileus und ein Schock ausbilden.

Bei der Palpation werden starke Schmerzen geäußert. Typisch sind Abwehrspannung (reflektorischer Muskelspasmus) und Loslaßschmerz. Die Darmgeräusche schwächen sich oft ab und verschwinden bei paralytischem Ileus. Schmerzen bei rektaler oder vaginaler Untersuchung sprechen für Abszeßbildung im kleinen Becken. Eine Abdomenübersichtsaufnahme (stehend oder in Seitenlage) zeigt freie Luft (bei Darmperforation) oder Spiegelbildungen (z. B. bei Ileus).

Epidemiologie. Primäre Peritonitiden machen nur 1–2% der akuten Baucherkrankungen im Kindesalter aus. Sekundäre Formen betreffen alle Lebensalter und überwiegen zahlenmäßig.

Erregerspektrum. Bei der primären Peritonitis finden sich häufig Enterobakterien (E. coli!), S. pneumoniae, S. pyogenes oder Staphylokokken; obligate Anaerobier sind selten.

Bei der sekundären Peritonitis steht die Flora des Ausgangsherdes im Vordergrund. Enterobakterien, Enterokokken und Anaerobier (besonders Bacteroides) aus dem Darm, S. aureus bei äußeren Verletzungen; koagulasenegative Staphylokokken, S. aureus, P. aeruginosa, Enterobakterien und Enterokokken bei Peritonealdialyse. Bei aszendierenden Genitalinfektionen ist immer an N. gonorrhoeae zu denken, häufig sind obligate Anaerobier beteiligt.

Untersuchungsmaterial. Peritonealexsudat oder Material von der intraabdominellen Läsion sind die geeigneten Untersuchungsmaterialien, bei primärer Peritonitis auch Blutkulturen.

Da bei Peritonitis in fast allen Fällen eine chirurgische Klärung durch Laparaskopie oder Laparatomie zur Sanierung des Ausgangsherdes erforderlich ist, kann bei dieser Prozedur gezielt Untersuchungsmaterial für den Erregernachweis gewonnen werden. Peritonealexsudat kann nativ (bei Zimmertemperatur, bei kleinen Mengen mit Transportmedium) oder in Blutkulturflaschen (36 °C) ins Labor geschickt werden. Abstriche oder Biopsien aus Läsionen sollten mit einem Transportmedium bei Zimmertemperatur transportiert werden.

Therapie. Neben der stets notwendigen chirurgischen Sanierung können folgende antimikrobielle Chemotherapeutika sinnvoll eingesetzt werden: Piperacilin/Tazobactam, Imipenem oder Ceftazidim + Metronidazol. Bei katheterassoziierter Peritonitis (Peritonealdialyse) kann zur Endoplastitistherapie Vancomycin + Rifampicin verwendet werden.

Prävention. Sekundären Peritonitiden kann durch rechtzeitige Behandlung des potentiellen Ausgangsherdes vorgebeugt werden. Zur Vermeidung postoperativer Peritonitiden ist eine perioperative Prophylaxe mit Metronidazol und einem geeigneten Betalaktam indiziert.

7.10 Haut- und Weichteilinfektionen

Haut- und Weichteilinfektionen umfassen erregerbedingte Erkrankungen der Haut und Subkutis, der Hautanhangsgebilde Nägel, Haar und Haarbalg, von Faszien (Fasziitis) und schließlich der Muskeln (Myositis).

Eitrige Lokalinfektionen der Haut heißen ***Pyodermien***. Zeigen diese Infektionen eine Tendenz zur Ausbreitung (flächige Eiterung = Phlegmone), werden sie in der Epidermis ***Impetigo***, bei Befall der dermalen Lymphgefäße ***Erysipel*** und bei Einbeziehung des subkutanen Fettgewebes ***Zellulitis*** genannt; ein Erysipel ist also eine intradermale Phlegmone. Bei einem tieferen Eindringen können eine Fasziitis oder Myositis entstehen, die nicht selten nekrotisieren (nekrotisierende Fasziitis, Myonekrose). Bei Gasbildung im Gewebe unterscheidet man das oberflächliche Gasödem von der auch Faszien erfassenden und mit Myonekrosen einhergehenden Gasgangrän.

Abszedierende Infektionen betreffen bevorzugt den Haarbalg (Follikel): Die pustulösen Formen heißen ***Follikulitis***; durch Ausbreitung bis in die Subkutis und Abszeßbildung werden sie zum ***Furunkel*** oder, bei Befall mehrerer benachbarter Haarbälge, zum ***Karbunkel***, der bis zur Faszie reichen kann.

Paronychie und ***Panaritium*** sind Infektionen der paronychalen Falte.

Symptome und Anamnese. Infektionsmanifestationen an der Haut können sich als einzelne Effloreszenz, als flächenhaft-konfluierende Entzündung oder als Exanthem präsentieren.

Als Läsionstypen treten auf: Fleckige Veränderungen (Makeln), z. B. die einfache Rötung (Erythem), Papeln (Knötchen; auch Nodulus), Plaques (flächige Verdickungen), Blasen (Vesikel, Bulla; bei eitrigem Inhalt: Pustel), Schuppungen, Papillome (warzenartige Wucherungen), Erosionen (epidermale Gewebedefekte) und Ulzera (Gewebedefekte bis in die Dermis). Nicht selten finden sich Mischformen, z. B. das makulopapulöse Exanthem bei Masern.

Eine Zuordnung von einzelnen Läsionstypen zu einer bestimmten Pathogenese ist nicht möglich. Ob die Hautveränderungen mit Schmerzen, Fieber oder anderen Beschwerden einhergehen, hängt von der zugrundeliegenden Erkrankung ab.

Erregerspektrum. Die wesentlichen Erreger von Hautinfektionen sind S. aureus und S. pyogenes. Die Zellulitis kann durch beide verursacht werden; andere Erreger (Enterobakterien, H. influenzae) können auch vorkommen. Das Erysipel ist eine typische Streptokokkenerkrankung, während Furunkel und Karbunkel im wesentlichen durch S. aureus hervorgerufen werden. Bei der Follikulitis können auch Enterobakterien und P. aeruginosa eine Rolle spielen.

Ulzerierende Entzündungen können durch Mykobakterien, Nocardien, T. pallidum, B. anthracis, F. tularensis, Pilze und Parasiten (Leishmanien) verursacht sein.

Hautinfektionen	
S. aureus	C. diphtheriae (Hautdiphtherie),
S. pyogenes	B. anthracis (Hautmilzbrand)
Enterobakterien	E. rhusiopathiae (Schweinerotlauf, Erysipeloid),
P. aeruginosa	HSV (Herpes)
Mykobakterien	VZV (Zoster)
Nocardien	Coxsackieviren (z. B. Hand-Fuß-Mund-Krankheit)
T. pallidum	Dermatophyten (Trichophyton, Epidermophyton, Microsporon)
F. tularensis	
L. monocytogenes	Candida
	Leishmanien
Wundinfektionen	**Hautmanifestationen zykl. Allgemeininfektionen**
S. aureus	Masernvirus
Enterobakterien	Rötelnvirus
P. aeruginosa (Brandwunden)	Varizella-Zoster-Virus
Streptokokken	Parvovirus B19
Enterokokken	Herpesvirus 6
Pilze	S. Typhi (Roseolen bei Typhus)
C. perfringens	T. pallidum (Syphilis)
C. novyi	B. burgdorferi (Lyme-Borreliose)
C. histolyticum	Rickettsien (Fleckfieber)
C. septicum	M. tuberculosis (Lupus vulgaris)
	M. leprae (Lepra)
C. tetani	T. cruzi (Chagas-Krankheit)
Bißwundinfektionen	
vergrünende Streptokokken	Hundebiß
P. multocida	Katzenbiß, Hundebiß
Staphylokokken (S. intermedius)	Hundebiß
Neisserien (N. weaveri)	Hundebiß
E. corrodens	Hundebiß
Capnocytophaga canimorsus	Hundebiß, (Abwehrschwäche: Sepsis, Meningitis)
Tollwutvirus	
C. tetani	Tetanus selbst bei Bagatellverletzungen

Infektionen der Haut- und Weichteile: Häufige Erreger

Gasbildung im Gewebe weist vor allem auf C. perfringens (aber auch C. novyi, C. septicum, C. histolyticum) hin, wird jedoch auch bei Mischinfektionen mit aeroben und aneroben Eitererregern beobachtet.

Weitere Erreger lokaler Hautinfektionen sind C. diphtheriae (Hautdiphtherie), B. anthracis (Hautmilzbrand), E. rhusiopathiae (Schweinerotlauf, Erysipeloid), L. monocytogenes; HSV (Herpes), VZV (Zoster) oder Coxsackieviren (z. B. Hand-Fuß-Mund-Krankheit). Dermatomykosen gehen auf Dermatophyten (Trichophyton, Epidermophyton, Microsporon) oder Candida zurück.

Organmanifestationen in der Haut im Rahmen zyklischer Allgemeininfektionen werden verursacht durch Erreger exanthematischer Kinderkrankheiten (Masern-, Röteln-, Varizella-Zoster-, Parvovirus B19 und Herpesvirus 6), S. Typhi (Roseolen bei Typhus), T. pallidum (Syphilis), B. burgdorferi (Erythema chronicum migrans, Acrodermatitis chronica atrophicans), Rickettsien (Fleckfieber), M. tuberculosis (Lupus vulgaris), M. leprae sowie Leishmanien und T. cruzi (Chagas).

Bei einer Sepsis kann es ebenfalls zu Manifestationen in der Haut kommen: typischerweise bei Meningokokkensepsis und bei Endocarditis lenta.

Untersuchungsmaterial. Geeignete Untersuchungsmaterialien sind Hautgeschabsel (bei Dermatomykosen), Abstriche oder Biopsien aus offenen Läsionen und Punktate oder Biopsien aus abgeschlossenen Läsionen. Abstriche von der Haut über geschlossenen Läsionen sind ungeeignet. Das Material ist bei 4 °C zu lagern und zu transportieren.

Zyklische Allgemeininfektionen werden je nach Erreger diagnostiziert.

Therapie. Bei abszedierenden Prozessen ist eine chirurgische Therapie angezeigt. Zur antibakteriellen Therapie eignen sich Penicillin G (Streptokokken, empfindliche Staphylokokken) und Flucloxacillin (Staphylokokken); andere Erreger müssen entsprechend der Empfindlichkeitsbestimmung behandelt werden. Eine antibakterielle Chemotherapie ist immer systemisch durchzuführen, da die lokale Applikation die Resistenzentwicklung und die Allergieinduktion fördert. Eine antimykotische Therapie kann lokal oder muß systemisch erfolgen, z. B. mit Itraconazol (s. Abschnitt Pilze).

Prävention. Die primäre Prophylaxe von Hautinfektionen beruht auf allgemeinen Hygienemaßnahmen und frühzeitiger Behandlung kleiner Wunden.

Die hohe Kontagiosität der Impetigo erfordert ein sorgfältiges Verbinden der Läsionen; Schul- und Kindergartenbesuche können frühestens 24 h nach Beginn der Antibiotikatherapie wieder zugelassen werden.

Die konsequente antibiotische Behandlung verhindert weitergehende Schäden wie Sepsis oder, bei Infektionen durch A-Streptokokken, nichteitrige Nachkrankheiten.

7.11 Wundinfektionen

Wunden sind umschriebene Gewebezerstörungen durch Verletzungen (Trauma), Verbrennung, Bisse oder ärztliche Eingriffe (iatrogen). Chirurgisch unterscheidet man saubere Wunden ohne größere Gewebezerstörung und ohne Schleimhautkontakt, kleinere, schwach kontaminierte Wunden mit geringfügigem Kontakt zu Schleimhäuten, Galle oder Urin, und kontaminierte Wunden mit ausgedehntem Kontakt zu Schleimhäuten bzw. infizierter Galle oder Urin.

Symptomatik und Anamnese. Wundinfektionen sind durch die klassischen Entzündungszeichen Rötung, Schwellung, Überwärmung und Schmerz gekennzeichnet. Letzterer kann das erste bemerkbare Zeichen sein. Häufig ist ein eitriges Wundsekret vorhanden. Einen lebensbedrohlichen Notfall stellt die clostridiale Myonekrose („Gasbrand") dar. Dabei kommt es zu einer rasch progredienten, nicht eitrigen Kolliqationsnekrose von Faszien und Muskeln und zur raschen Ausbildung eines Schocks.

Erregerspektrum. Der typische Erreger von Wundinfektionen ist S. aureus. Weitere Erreger sind Enterobakterien, P. aeruginosa (vor allem bei Brandwunden), Streptokokken, Enterokokken und Pilze.

C. perfringens ist der häufigste Erreger der clostridialen Myonekrose. Seltener finden sich C. novyi, C. histolyticum und C. septicum.

Wundinfektionen nach Hundebiß werden von vergrünenden Streptokokken, P. multocida, Staphylokokken (bes. S. intermedius), Neisserien (N. weaveri) und selten durch E. corrodens oder Capnocytophaga canimorsus (dieser führt bei Immunsupprimierten häufig zu Sepsis und Meningitis mit hoher Letalität) ausgelöst. Katzenbisse führen in etwa 50% der Fälle zur Infektion, meist durch P. multocida. Durch Bisse können auch Erreger systemischer Infektionen wie Tollwutvirus, S. moniliformis, der Erreger des Rattenbißfiebers, oder F. tularensis übertragen werden.

Durch Katzenkratzer kann B. henselae, der Erreger der Katzenkratzkrankheit, übertragen werden und Läsionen an der Eintrittsstelle sowie eine Lymphadenitis verursachen.

Selbst bei Bagatellverletzungen müssen eine Infektion mit C. tetani (Tetanus) berücksichtigt und eine geeignete Immunisierung durchgeführt werden.

Untersuchungsmaterial. Wundsekret ist das Material der Wahl. Vor der Gewinnung ist eine Abtragung des nekrotischen Materials erforderlich, der Entnahmeort soll am Rand oder in der Tiefe der Läsion liegen. Ist wenig Sekret zu gewinnen, ist ein Abstrichtupfer zu verwenden, bei genügend großer Menge (> 2 ml) kann das Sekret aspiriert werden. In beiden Fällen ist es in/auf einem Transportmedium bei 4 °C ins Labor zu transportieren.

Therapie. Bei Wundinfektionen steht die chirurgische Therapie im Vordergrund. Je nach Größe der Läsion und je nach Erreger kann ein unterschiedlich ausgedehntes Vorgehen indiziert sein. Es kann von der Wiedereröffnung einer Operationswunde bis zur Amputation von Gliedmaßen weit im gesunden (bei clostridialer Myonekrose) reichen. Die Antibiotikagabe wirkt unterstützend und sollte in der Phase der kalkulierten Therapie insbesondere S. aureus sicher erfassen.

Prävention. Die wichtigste Vorbeugemaßnahme besteht in einer adäquaten chirurgischen Wundversorgung. Es muß immer ein ausreichender Schutz gegen Tetanus sichergestellt sein. Besteht die Möglichkeit einer Tollwutübertragung, müssen entsprechende Prophylaxemaßnahmen eingeleitet werden (Wundversorgung, Schutzimpfung).

7.12 Knochen- und Gelenkinfektionen

Die ***Osteomyelitis*** ist eine Entzündung des Knochenmarks, die durch Störung der Gefäßversorgung zu Knochennekrosen führen kann. Sie entsteht posttraumatisch-postoperativ, hämatogen oder durch Fortleitung aus der Umgebung. Eine Sonderform ist die Osteomyelitis bei Gelenkprothesenimplantaten.

Die (bakterielle) ***Arthritis*** ist eine entzündliche Reaktion der Synovia, die in der Regel mit Eiteransammlung im Gelenkspalt einhergeht und auf die Umgebung (Gelenkkapsel, Knorpel) übergreifen kann.

Eine ***Bursitis*** ist die Entzündung eines Schleimbeutels (z. B. präpatellar).

Symptomatik und Anamnese. Bei Infektionen von Knochen und Gelenken treten die klassischen Zeichen einer Entzündung auf und sind an der Haut über dem betroffenen Gebiet feststellbar. Bei Gelenkentzündungen tritt häufig ein Gelenkerguß auf.

Klinisch unterscheidet man akute Formen, die Erstmanifestationen, von chronisch rezidivierenden.

Epidemiologie. Die Inzidenz postoperativer Osteomyelitiden (nach Sternotomie) wird mit 1–2% beziffert. Die Inzidenz eitriger Arthritiden wird auf 5/100.000 geschätzt; postoperative Arthritiden entstehen in ca. 1% der Fälle (abnehmende Tendenz).

Erregerspektrum. Der häufigste Erreger einer Osteomyelitis ist S. aureus. Bei hämatogen entstandenen Osteomyelitiden finden sich daneben Streptokokken, Enterobakterien, H. influenzae (bei Kindern) und P. aeruginosa. Bei lokalen Ausgangsherden können auch koagulasenegative Staphylokokken (Prothesen!), Enterobakterien, P. aeruginosa und Anaerobier vorkommen. Nicht selten liegen Mischinfektionen vor.

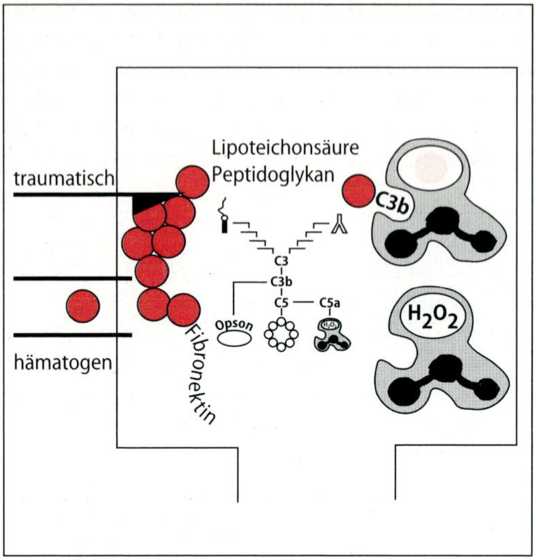

Osteomyelitis: Pathogenese

Erreger

S. aureus

Streptokokken

Enterobakterien

H. influenzae (bei Kindern)

P. aeruginosa

koagulasenegative Staphylokokken (Prothesen!)

Anaerobier

Mischinfektionen häufig

Osteomyelitis: Häufige Erreger

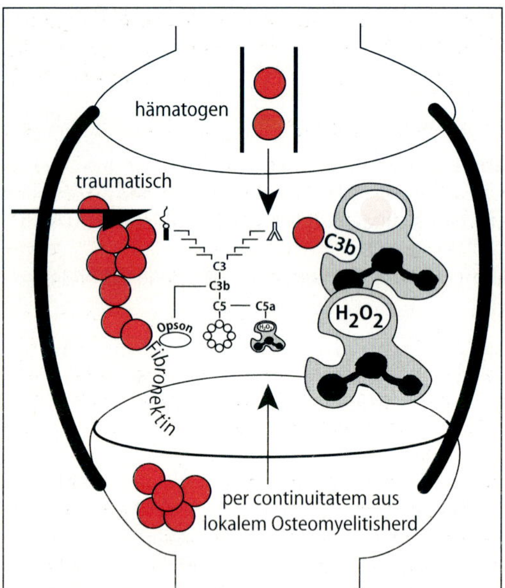

Arthritis: Pathogenese

Erreger

eitrige Arthritiden

S. aureus

N. gonorrhoeae

H. influenzae

B. burgdorferi

koag. neg. Staphylokokken

gramnegative Stäbchen

Anaerobier

(Mykobakterien)

Pilze

reaktive Arthritiden

C. trachomatis

Mykoplasmen

Ureaplasmen

Yersinien

S. pyogenes

Arthritis: Häufige Erreger

Die häufigsten Erreger eitriger Arthritiden sind N. gonorrhoeae (häufigster nichttraumatischer Erreger im Alter zwischen 20–40 Jahren), S. aureus (insbesondere nach Trauma, auch bei Gelenkimplantaten), H. influenzae (bei kleinen Kindern) und B. burgdorferi (Lyme-Arthritis). Darüberhinaus kommen seltener koagulasenegative Staphylokokken (Prothesen!), gramnegative Stäbchen und Anaerobier als Erreger in Frage. Chronische Arthritiden werden durch B. burgdorferi, Mykobakterien oder Pilze verursacht.

Die sogenannten reaktiven Arthritiden entstehen postinfektiös: Das Reiter-Syndrom ist mit einer Reihe von Erregern assoziiert, besonders C. trachomatis, Mykoplasmen, Ureaplasmen und Enterobakterien, besonders Yersinien. Das akute rheumatische Fieber wird durch S. pyogenes induziert.

Weiterhin gibt es Gelenkbeteiligungen im Rahmen von Virusinfektionen, typischerweise durch Hepatitis-B-Virus, Rötelnvirus (auch Impfstämme), Parvovirus B19 (speziell bei Erwachsenen) und HIV, des weiteren bei Mumps, Influenza, Pfeifferschem Drüsenfieber und Arbovirusinfektionen.

Der typische Erreger von Bursitiden ist S. aureus.

Untersuchungsmaterial. Es muß vor Therapiebeginn Material von der Läsion (falls möglich vom Rand) gewonnen werden. Bei großen Gelenken kann Gelenkpunktat eingesandt werden. Es sollte immer ein Transportmedium verwendet werden. Der Transport kann bei Zimmertemperatur erfolgen.

Da die Untersuchungsmaterialien aus normalerweise sterilen Regionen stammen und unter aseptische Kautelen gewonnen werden müssen, eignet sich auch die sofortige Überimpfung in Blutkulturflaschen (mit Nativprobe für ein mikroskopisches Präparat).

Die Diagnose der Lyme-Borreliose wird durch Nachweis erregerspezifischer Antikörper im Serum gestellt.

Zum Nachweis reaktiver Arthritiden dient primär der Nachweis von Antikörpern (rheumatisches Fieber: Antistreptolysintiter, Anti-DNAseB-Antikörper; Antikörper gegen Chlamydien, Mykoplasmen, Yersinien, Campylobacter); bei Reiter-Syndrom kann der HLA-B27-Nachweis zur Diagnose beitragen.

Therapie. Bei der Osteomyelitis kann die schnell eingeleitete und ausreichend lange durchgeführte antimikrobielle Chemotherapie helfen, Amputationen zu vermeiden. Zur kalkulierten Initialtherapie eignet sich für Kinder und Erwachsenen Flucloxacillin; bei Neugeborenen ist die Kombination von Ceftazidim und Aminoglykosiden im Hinblick auf eine mögliche Infektion durch P. aeruginosa oder Enterobakterien geeignet.

Bei der Therapie eitriger Gelenkinfektionen steht in der Regel die chirurgische Sanierung des Eiterherdes im Vordergrund. Unterstützend kann eine antimikrobielle Chemotherapie nach Erregernachweis erfolgen.

Infizierte Gelenkprothesen werden entfernt; es folgen eine gezielte Antibiotikatherapie über 6–8 Wochen und schließlich die Neuimplantation (Erregerelimination in 80–90% der Fälle).

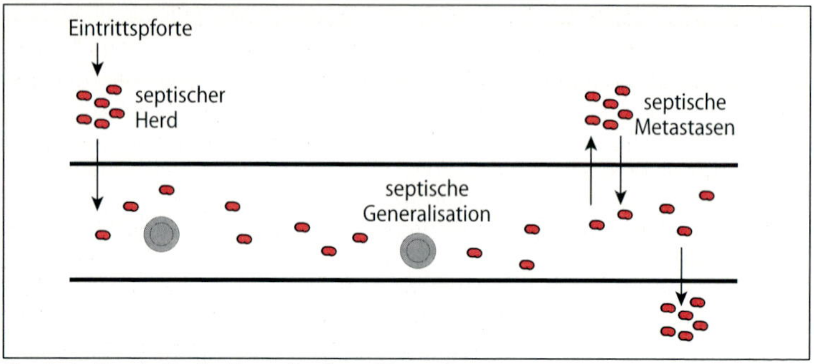

Klassische Sepsis: Herd – Generalisation – Metastasen

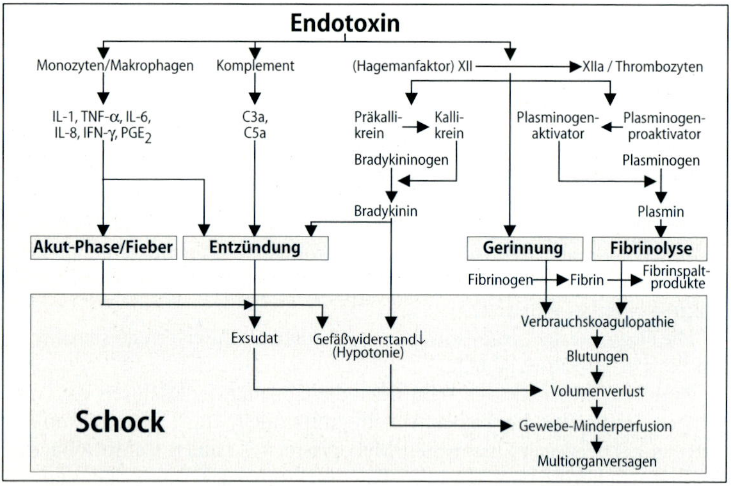

Septischer Schock

grampositiv	%	**gramnegativ**	%
S. aureus	17,4	E. coli	24,2
koag.neg. Staphylokokken	9,5	Klebsiellen	5,1
Enterokokken	7,1	Enterobacter	3,8
Viridans-Streptokokken	5,9	P. aeruginosa	3,8
S. pneumoniae	4,6	B. fragilis	0,9
andere Streptokokken	3,9		
andere	1,8	andere	10,0
gesamt	49,8	gesamt	46,9

Sepsis: Erregerspektrum (nach Geerdes et al., 1992; Pilze finden sich in 3,3 % der Fälle)

Bei Lyme-Arthritis wird mit Ceftriaxon (oder Penicillin G) therapiert.

Zur Behandlung des akuten rheumatischen Fiebers stehen antiphlogistische Maßnahmen im Vordergrund. Eine Therapie mit Penicillin G plus Gentamicin kann zur endgültigen Erregerelimination erforderlich sein. Die Behandlung der reaktiven Arthritiden erfolgt bisher am erfolgreichsten mit antiphlogistischen Maßnahmen.

Prävention. Traumatisch bedingten Arthritiden und Osteomyelitiden ist durch geeignete chirurgische Versorgung bzw. atraumatische Operationstechnik vorzubeugen. Hämatogen entstehende Formen können durch rechtzeitige Beseitigung der Ausgangsherdes vermieden werden (Gonorrhoe!). Einer Lyme-Borreliose kann durch Expositionsprophylaxe, d. h. die Vermeidung von Zecken bzw. deren schnellstmögliche Entfernung vorgebeugt werden.

7.13 Sepsis und Endokarditis

Sepsis ist der pathogenetische Sammelbegriff für alle Infektionszustände, bei denen, ausgehend von einem Herd, konstant oder kurzfristig-periodisch Erreger (Bakterien, Pilze) in den Blutkreislauf gelangen und bei denen die klinischen Folgen dieses Geschehens das Krankheitsgeschehen auf Dauer beherrschen (Höring, Pohle, 1981). Sepsis stellt sich daher als pathogenetische Trias dar: Septischer Herd, septische Generalisation, septische Absiedlung. Bei Immunsupprimierten kann die Ausbildung eines klassischen Ausgangsherdes gestört sein, so daß dieser möglicherweise nicht gefunden werden kann.

Von einem ***septischen Syndrom*** wird gesprochen, wenn das klinische Bild zwar der Sepsis entspricht, jedoch ein Erregernachweis im Blut nicht gelingt; pathogenetisch basiert es auf der Einschwemmung mikrobieller Toxine ins Blut.

Die ***Endokarditis*** stellt den Sonderfall einer Sepsis dar. Der Herd ist die infizierte Herzklappe. An z. B. rheumatisch vorgeschädigten Herzklappen bilden sich sterile Fibrinthromben. Die passager ins Blut eingeschwemmten Erreger (z. B. bei Zahnextraktion oder OP) besiedeln eine Herzklappe. Durch die mikrobielle Besiedlung entstehen Vegetationen; in diesen sind die Erreger weitgehend der Wirtsabwehr entzogen. Bei akuter Endokarditis durch virulente Erreger stehen die septische Generalisation und Metastasierung sowie die Klappen-Zerstörung im Vordergrund. Die schleichend verlaufende Endocarditis lenta durch wenig virulente Erreger ist dagegen vorwiegend durch die Embolisation von Vegetationen gekennzeichnet.

Symptome und Anamnese. Wesentliche Zeichen einer Sepsis sind: Temperaturen > 38,5 °C über 24 Stunden, Leukozytenzahlen im Blut > 12.000/µl oder <5.000/µl, Thrombozytenzahl >100.000/µl oder Abfall > 30% in 24 Stunden.

Sepsisform	Erreger
Urosepsis	E. coli andere Enterobakterien P. aeruginosa
Venenkatheter-sepsis	S. aureus koag.-neg. Staph. (Candida)
Postoperative Wundsepsis	S. aureus pyogene Streptokokken Enterobakterien
Cholangitische Sepsis	E. coli andere Enterobakterien Enterokokken Anaerobier
Puerperalsepsis Septischer Abort	A-, B-Streptokokken S. aureus Enterobakterien Anaerobier
Sepsis bei Pneumonie oder Lungenabszeß	S. pneumoniae Klebsiellen Anaerobier S. aureus
Enterogene Sepsis	Salmonellen Campylobacter Yersinien A. hydrophila
Antikörper-, Komplement-mangel	S. pneumoniae N. meningitidis H. influenzae
Leukozytopenie (z. B. Zytostatika-therapie)	S. aureus P. aeruginosa Enterobakterien Pilze
Lymphome Kortikoid-Therapie	L. monocytogenes Pilze (bes. Candida) Nocardien
AIDS	Salmonellen Mykobakterien S. aureus

Sepsis: Erregerspektrum nach Sepsisform

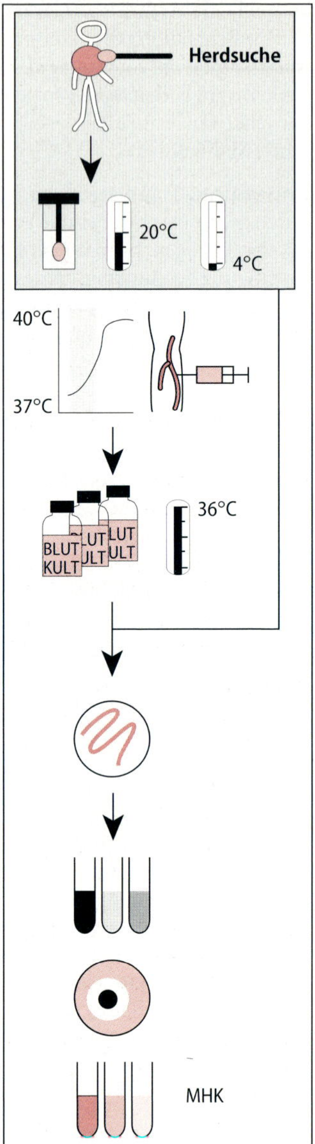

Sepsis: Mikrobiologische Diagnostik

Im Verlauf kann sich ein Schock ausbilden. In der Frühphase zeigen sich dabei Somnolenz, warme (!) und trockene Extremitäten, Tachykardie, Tachypnoe, verminderte Urinausscheidung, Blutdruckinstabilität (eher Hypotonie) und „Volumenbedarf". Erst im weiteren Verlauf kommt es zu Verminderung des Herzminutenvolumens, und der Patient wird kalt. Durch bakterielle Mikroembolien können Haut- und Schleimhautläsionen entstehen: Petechiale Blutungen sind bei Meningokokkensepsis besonders häufig.

Die Leitsymptome der Endokarditis sind septisch-intermittierende Temperaturen oder zumindest subfebrile Temperaturen bei vorbestehenden Herzgeräuschen; grundsätzlich muß jedes unklare Fieber bei gleichzeitig bestehenden Herzgeräuschen an eine Endokarditis denken lassen. Die akute Endokarditis ist ein rasch progredientes Krankheitsbild, das binnen weniger Tage zu Herzinsuffizienz, Nierenversagen und zerebralem Koma führen kann. Die Endocarditis lenta entwickelt sich allmählich und macht sich oft zunächst nur als „Leistungsknick" bemerkbar.

Weitere Symptome bei Endokarditis sind Milzschwellung, Oslersche Knötchen (linsengroße, schmerzhafte Hautveränderungen durch allergische Kapillaritis) und bei der subakuten Form Trommelschlegelfinger und Uhrglasnägel. Mit der Echokardiographie (ggf. transösophageal) wird der Klappenschaden sichtbar gemacht. In fast allen Fällen ist die Blutsenkungsgeschwindigkeit (BSG) beschleunigt – eine normale BSG schließt eine Endokarditis nahezu aus.

Komplikationen sind Herzinsuffizienz infolge Klappenzerstörung oder -perforation, septische Metastasen und Embolien einschließlich Hirnembolien mit Hemiparesen. Sekundär kann eine Niereninsuffizienz entstehen.

Epidemiologie. Bei etwa 8 von 1000 Krankenhausaufnahmen wird die Diagnose Sepsis gestellt. Von diesen sind mehr als die Hälfte nosokomial entstanden. Mehr als die Hälfte der Patienten ist älter als 60 Jahre alt. Die Letalität der Sepsis liegt bei 25%. Die jährliche Inzidenz von Endokarditiden beträgt ca. 15/1.000.000.

Erregerspektrum. Das Erregerspektrum von Sepsis und Endokarditis ist sehr vielfältig. Nahezu jeder Erreger ist schon einmal als Endokarditiserreger beschrieben worden. Unter den grampositiven Erregern überwiegt S. aureus, unter den gramnegativen E. coli. Vergrünende Streptokokken (besonders die S.-viridans-Gruppe) und Enterokokken sind häufige Erreger der Endocarditis lenta. Bei Abwehrgeschwächten kommen zudem Pilze als Sepsiserreger in Frage, insbesondere wenn eine antibakterielle Therapie ohne Wirkung bleibt. Koagulasenegative Staphylokokken kommen bei Patienten mit Kunstoffimplantaten, z. B. Kathetern oder künstlichen Herzklappen (Ausgangsherd: Endoplastitis) und Abwehrgeschwächten (Granulozytopenie!) als Sepsiserreger in Frage. Viren sind dagegen keine Sepsiserreger.

Erreger	Medikation: Tagesdosis	Dauer
Nativklappe		
bei subakutem Beginn	Penicillin G 20–3 Mio E (in 4–6 Portionen)	mind. 4 Wochen
	+	
	Gentamicin 3 mg/kg (in 3 Portionen)	mind. 4 Wochen
bei akutem Beginn zusätzlich	Flucloxacillin 8–12 g (in 4–6 Portionen)	mind. 4 Wochen
bei Penicillinallergie	Vancomycin 2 g (in 2–4 Portionen)	mind. 4 Wochen
	+	
	Gentamicin 3 mg/kg (in 3 Portionen)	mind. 4 Wochen
Klappenprothese	Flucloxacillin 8–12 g (in 4–6 Portionen)	mind. 6 Wochen
	+	
	Gentamicin 3 mg/kg (in 3 Portionen)	mind. 6 Wochen
	+	
	Rifampicin 900 mg p. o. (in 3 Portionen)	mind. 6 Wochen

Kalkulierte antimikrobielle Chemotherapie der bakteriellen Endokarditis (bei Erwachsenen)

Endokarditisprophylaxe (nach Arzneimittelbrief 31, August 1997, S. 60f.)	
Eingriffe im Bereich Zähne Mundhöhle Ösophagus Respirationstrakt	Standard: Amoxicillin: 2 g (50 mg/kg) p. o. (1 h vor Eingriff) bei Penicillinallergie: Clindamycin: 600 mg (20 mg/kg) p. o. (1 h vor Eingriff) Azithromycin: 500 mg (15 mg/kg) p. o. (1 h vor Eingriff) Clarithromycin: 500 mg (15 mg/kg) p. o. (1 h vor Eingriff)
Eingriffe im Bereich Gastrointestinaltrakt Urogenitaltrakt	Standard: Amoxicillin: 2 g (50 mg/kg) p. o. (1 h vor dem Eingriff) bei Penicillinallergie: Vancomycin: 1 g (20 mg/kg) i. v. (30 min vor Eingriff) bei hohem Risiko statt Amoxicillin: Ampicillin: 2 g i. m. oder i.v (1 h vor Eingriff) und jeweils zusätzlich zu Ampicillin oder Vancomycin: Gentamicin: 1,5 mg/kg i. m. oder i. v. (30 min vor Eingriff)

Kalkulierte antimikrobielle Chemotherapie der bakteriellen Endokarditis (bei Erwachsenen)

Abhängig vom Ausgangsherd lassen sich gewisse Rückschlüsse auf den möglichen Erreger ziehen, was bei der kalkulierten Initialtherapie berücksichtigt werden kann: Harnwege (Enterobakterien, Enterokokken, P. aeruginosa), Verbrennungswunden (P. aeruginosa, S. aureus, Proteus), Darm (Anaerobier, Salmonellen, Yersinien, Enterokokken, Candida).

Bei der Endokarditis müssen auch schlecht oder nicht anzüchtbare Erreger berücksichtigt werden, z. B. die HACEK-Gruppe oder C. burnetii.

Untersuchungsmaterial. Blutkulturen sind das Untersuchungsmaterial der Wahl zum Erregernachweis bei Sepsis und Endokarditis. Es sollen in den ersten beiden Tagen jeweils drei Blutkulturen, bei Endokarditis evtl. mehr, falls möglich, frühzeitig im Fieberanstieg entnommen werden. 1–3 Proben sollten vor Beginn der antimikrobiellen Chemotherapie entnommen werden, die weiteren Proben am Ende des Dosierungsintervalls der Antibiotika. Das Blut ist unter aseptischen Kautelen in Blutkulturflaschen zu überimpfen, wobei je nach System je eine Flasche für die aerobe und eine für die anaerobe Anzucht beimpft werden müssen. Die Flaschen sind bei 36 °C zu lagern und zu transportieren. Vor der Entnahme ist eine Desinfektion der Haut durchzuführen: Zweimal mit einer alkoholischen Desinfektionsmittellösung (z. B. Ethanol 80%) für mindestens 1 min (Schutz von Patient und Probe).

Die Sensitivität von Blutkulturen darf nicht überschätzt werden. Sie liegt zwischen 30% und 90%, bei Pilzsepsis ist sie besonders niedrig. Daher schließt eine negative Blutkultur eine Sepsis nicht aus. Falsch-positive Blutkulturen können durch Kontaminanten (besonders Hautflora: koagulasenegative Staphylokokken, Korynebakterien, P. acnes) zustandekommen (daher: ordnungsgemäße Hautdesinfektion!). Interpretatorische Schwierigkeiten ergeben sich insbesondere beim Nachweis von koagulasenegativen Staphylokokken. Ein Kausalzusammenhang ist anzunehmen, wenn der Erreger mehrfach im Blut und/oder im Sepsisherd nachgewiesen wird. Für eine katheterassoziierte Sepsis spricht eine 5–10fach höhere Erregerkonzentration in Blutkulturen aus dem Katheter im Vergleich zur Erregerkonzentration in Blutkulturen, die durch Punktion peripherer Venen gewonnen wurden.

Bei Pilzinfektionen kann der Erreger häufig im Urin nachgewiesen werden; für manche Arten stehen Antigennachweise zur Verfügung. Bestimmte Endokarditiserreger können nur durch den Nachweis erregerspezifischer Antikörper im Serum identifiziert werden (z. B. Coxiellen).

Therapie. Wesentlich sind die Suche und Beseitigung septischer Herde. Bei einer Sepsis mit unbekanntem Erreger ist eine Kombinationstherapie indiziert. Eine Zweierkombination aus einem Cephalosporin der 3. Generation mit einem Aminoglykosid kann den Beginn bilden; weitere Optionen sind Piperacillin/Tazobactam oder ein Carbapenem. Tritt innerhalb von 3–4 Tagen keine Entfieberung ein und ist der Erreger nicht gefunden worden, so müssen weite-

Erreger	Antibiotika	Applikation	Tagesdosis (Erwachsene)	Therapiedauer (Wochen)
Streptokokken (weitere penicillinempfindliche Erreger)	Penicillin G + Gentamicin	i.v. Kurzinfusion i.v.; i.m.	10–30 Mill. IE in 3–4 Einzeldosen 2–3× 80 mg	3–4 2–3
Enterokokken (Streptokokken mit verminderter Penicillin-G-Empfindlichkeit)	Ampicillin + Gentamicin	i.v. i.v.; i.m.	bis 6 g in 3–4 Einzeldosen 3× 80mg	6 3–4
S. aureus, S. epidermidis (Penicillin-G-resistent)	Oxacillin + Gentamicin	i.v. Kurzinfusion i.v.; i.m.	8–12–16 g in Einzelgaben 3 × 80 mg	6 3–4
Enterobakterien	Betalaktam nach Antibiogramm + Gentamicin oder anderes Aminoglykosid	i.v. Kurzinfusion i.v.; i.m.	je nach Präparat (Maximaldosen!) 3 × 80 mg	6 3–4
Endokarditis ohne Erregernachweis	Wie Enterokokken-Endokarditis			

Bakterielle Endokarditis: Therapie

re Lücken geschlossen werden z. B. mit Vancomycin. Sollte weiterhin Fieber bestehen und dessen Ursache (beachte: Malaria, Typhus/Paratyphus, Leptospirose, Brucellose, Rückfallfieber, Tularämie etc.) nicht gefunden worden sein, ist an eine Pilzinfektion oder an eine Mykobakterieninfektion zu denken. Nach Erregersicherung und Resistenzbestimmung kann die Chemotherapie gezielt modifiziert werden.

Die Endokarditis-Therapie sollte möglichst gezielt erfolgen. Penicillinempfindliche Erreger, insbesondere Viridans-Streptokokken werden mit Penicillin G + Gentamicin, Enterokokken mit Ampicillin + Gentamicin behandelt. Gegen oxacillinempfindliche Staphylokokken gibt man Flucloxacillin + Aminoglykosid, bei Oxacillinresistenz Vancomycin + Rifampicin. Enterobakterien-Endokarditiden erfordern den Einsatz eines Betalaktams nach Antibiogramm in Kombination mit einem Aminoglykosid.

Prävention. Die Prävention der Sepsis besteht in der rechtzeitigen Beseitigung potentieller Herde und angesichts der zahlreichen fakultativ pathogenen Erreger in der Beseitigung der disponierenden Faktoren.

Die Vorbeugung einer Endokarditis stützt sich einerseits auf die Vermeidung von Klappenschäden (z. B. Vorbeugung von rheumatischem Fieber durch adäquate Behandlung der A-Streptokokken-Infektion). Ist ein Herzklappenschaden bekannt, so muß in bestimmten Fällen eine Endokarditis-Prophylaxe mit Antibiotika durchgeführt werden (als perioperative Ein-Dosis-Prophylaxe); der Patient muß hierüber aufgeklärt sein und einen entsprechenden „Endokarditis-Paß" erhalten. Bei Eingriffen am Oropharynx gibt man Penicillin G oder Ampicillin (Ziel: Streptokokken), bei Eingriffen am Darm oder an der Harnröhre Ampicillin (Ziel: bes. Enterokokken). Die Zugabe von Gentamicin erfolgt bei urologischen Eingriffen für beide Risikogruppen, sonst nur bei hohem Risiko. Bei Herzoperationen (Sternotomie) kommen Flucloxacillin oder ein Cephalosporin der 2. Generation zum Einsatz (Ziel: Staphylokokken).

7.14 Infektionen von Embryo, Fetus und Neugeborenem

Definitionen. Embryo ist die Leibesfrucht bis zur 14. Schwangerschaftswoche, der Fetus diejenige von der 15. Schwangerschaftswoche bis zur Geburt (Organogenese ist abgeschlossen). Ein Neugeborenes ist ein Kind vom 1. bis zum 28. Tag nach Geburt; ein Säugling ist das Kind im 2.–12. Lebensmonat.

- ***Early-onset-Infektion:*** Infektion des Neugeborenen, die innerhalb der ersten 72 h auftritt; sie ist meist intrauterin oder intra partum entstanden.
- ***Late-onset-Infektion:*** Infektion des Neugeborenen, die ab dem 4. Tag nach der Geburt auftritt; sie ist häufig durch postpartale Kolonisation (z. B. nosokomial) entstanden.

- *TORCH:* Zusammenfassende Abkürzung für die wichtigsten Infektionen des Embryo/Fetus: **T**oxoplasmose, „**o**ther", **R**öteln, **C**ytomegalie, **H**erpes.

Embryopathien. Infektionen in der Embryonalphase führen meist zum Abort. Die häufigste erregerbedingte Embryopathie ist die ***Rötelnembryopathie (Gregg-Syndrom)***. Ihre Leitsymptome sind Augenschäden (Katarakt, Retinopathien), Taubheit (oft erst später feststellbar), Herzfehlbildungen (Ductus botalli apertus), mentale Retardierung und Mikrozephalie. Neugeborene mit Rötelnembryopathie scheiden das Virus noch bis zu 4 Wochen nach Geburt aus und müssen daher isoliert werden.

Die wesentlichste prophylaktische Maßnahme ist die Rötelnschutzimpfung aller Mädchen vor der Pubertät, bei denen kein ausreichender Schutz gegen Rötelnvirus vorhanden ist (i. d. R. in der Kindheit nicht an Röteln Erkrankte).

Fetopathien. Die konnatale ***Toxoplasmose*** entsteht durch die Übertragung von Toxoplasma gondii auf den Fetus in der 2. Schwangerschaftshälfte bei Erstinfektion der Mutter (nicht aber bei bestehender Immunität). Die Leitsymptome der konnatalen Toxoplasmose sind eine Chorioretinitis, eine Hepatosplenomegalie, eine Enzephalitis mit intrazerebralen Verkalkungen und Defektheilung, ein Hydrozephalus und eine psychomotorische Retardierung. Häufig entsteht eine Frühgeburt.

Zytomegalie-Virus (CMV) wird während der virämischen Phase der Mutter auf den Fetus übertragen. 95% der fetalen Fälle verlaufen asymptomatisch. Die Leitsymptome der konnatalen ***Zytomegalie*** sind intrauterine Wachstumsretardierung, Hepatosplenomegalie, Ikterus, Petechien und eine Lungenbeteiligung. Die Letalität ist hoch; die Überlebenden entwickeln eine Chorioretinitis, periventrikuläre Verkalkungen und Taubheit.

Durch transplazentare Übertragung von L. monocytogenes auf den Fetus entsteht die ***Granulomatosis infantiseptica,*** eine generalisierte Erkrankung mit miliaren Granulomen in verschiedenen Organen (besonders Leber, Milz, Rachen, Tonsillen). Die Leitsymptome sind Ikterus mit Hepatosplenomegalie, Meningitis/Enzephalitis und Krämpfe.

Bei der ***Lues connata (Syphilis)*** sind Frühsymptome von Spätsymptomen zu unterscheiden. Zu den Frühsymptomen gehören Exantheme, Leberfunktionsstörungen (Ikterus, Hepatomegalie), Pneumonien und pulmonale Hämorrhagien. Als Spätmanifestationen, Lues connata tarda, treten typischerweise die Hutchinson-Trias (Innenohrschwerhörigkeit, Keratitis, Tonnenzähne mit halbmondartigen Aussparungen der Schneideflächen) und Knochenschäden (Sattelnase, Säbelscheidentibia, Arthropathien) auf.

Bei transplazentarer, aber auch bei intrapartaler Übertragung von Herpes-simplex-Viren (Typ II aber auch Typ I) kann es zu einer disseminierten Herpes-Infektion mit Ikterus, Hepatomegalie, Enzephalitis und hämorrhagischer Diathese kommen. Die Letalität beträgt etwa 80%.

Weitere wichtige transplazentar übertragbare Erreger sind das Hepatitis-B-Virus (HBV) und HIV.

Neugeborenen-Sepsis/Meningitis. Die häufigsten Erreger beim Early-onset-Syndrom sind S. agalactiae (B-Streptokokken), E. coli (K1-Antigen) und, seltener, L. monocytogenes. Die Übertragung erfolgt in der Regel im Geburtskanal. Häufig sind eine CRP-Erhöhung, eine Linksverschiebung und abnorme Leukozytenzahlen im Blut (>30/nl, < 5/nl) nachweisbar. Beim Late-onset-Syndrom werden häufig koagulasenegative Staphylokokken, aber auch S. aureus und Enterokokken gefunden.

Lokale Infektionen bei Neugeborenen und Säuglingen. An dieser Stelle sollen nochmals typische Manifestationen bei Neugeborenen aufgeführt werden, detaillierte Beschreibungen finden sich bei den Syndromen oder den Beschreibungen der Erreger.

Die ***Ophthalmia neonatorum*** (Konjunktivitis) ist besonders durch C. trachomatis, N. gonorrhoeae, aber auch durch Staphylokokken bedingt.

Pneumonien bei Säuglingen sind am häufigsten durch C. trachomatis (Serotypen D–K) nach Übertragung im Geburtskanal, aber auch durch Viren, Staphylokokken oder gramnegative Stäbchen verursacht. Bei intrauteriner Übertragung können Rötelnvirus, Zytomegalie-Virus, Herpes-simplex-Virus, T. pallidum und T. gondii eine Pneumonie hervorrufen.

Gastroenteritiden sind bei Neugeborenen typischerweise durch enteropathogene E. coli (EPEC) verursacht. Ein besonders gefährliches Krankheitsbild ist die nekrotisierende Enterokolitis des Neugeborenen, deren Erreger bisher nicht eindeutig identifiziert ist; möglicherweise sind bestimmte Enterobakterien (E. coli?) beteiligt.

Diagnostik. Da intrauterine Infektionen überwiegend durch Erreger verursacht sind, die sich nur schlecht oder gar nicht anzüchten lassen, ist man bei der mikrobiologischen Labordiagnostik auf serologische Methoden, insbesondere auf Antikörperbestimmungen, angewiesen. Da der Fetus ab der 20. Schwangerschaftswoche IgM-Antikörper bilden kann und die mütterlichen IgM-Antikörper nicht die Plazentaschranke überwinden können, ist der Nachweis erregerspezifischer IgM-Antikörper im Serum des Neugeborenen der Beweis für eine intrauterine Infektion. Neue molekularbiologische Methoden liefern vor allem beim Nachweis einer fetalen Toxoplasmose (PCR zum RNS-Nachweis im Fruchtwasser) entscheidende Daten zur Therapieindikation. Zur Diagnostik der einzelnen Infektionserreger s. Erregerbeschreibungen.

Für die Diagnostik der Neugeborenen-Sepsis/Meningitis sind Blut und Liquor die entscheidenden Untersuchungsmaterialien zum Erregernachweis. Da die Amnionhöhle normalerweise steril ist und die Kolonisation nach Geburt einige Zeit in Anspruch nimmt (der genaue Zeitablauf in den ersten Stunden nach Geburt ist bisher nicht untersucht), können unmittelbar nach der Geburt gewonnene Abstriche von der Oberfläche des Neugeborenen (Rachen, Nabel, Ohr) oder Magensaft (verschluckte Amnionflüssigkeit) Hinweise auf den Erreger geben. Diese Methoden müssen aber ausdrücklich als Hilfsmethoden bezeichnet werden. Zur Diagnostik der einzelnen Infektionserreger s. Erregerbeschreibungen.

Therapie. In der Schwangerschaft sind einige antimikrobielle Substanzen kontraindiziert. Wegen möglicher teratogener Effekte oder erheblicher Nebenwirkungen sind Substanzen mit Wirkung auf den Folsäurestoffwechsel (Sulfonamide, Trimethoprim, Pyrimethamin, Cotrimoxazol; im ersten Trimenon und einen Monat vor Geburt), Antimykotika (besonders Amphotericin B und Flucytosin), Chinolone (Knorpelschäden), Aminoglykoside (Gehörschäden) und Tetracycline (Leberschäden der Mutter, Wachstumsstörungen und Gelbfärbung der Zähne beim Kind), Rifampicin und Chloramphenicol kontraindiziert. Geeignet sind dagegen Betalaktam-Antibiotika und Erythromycin.

In der Neugeborenenperiode sind Chloramphenicol (Gray-Syndrom!), Sulfonamide inkl. Cotrimoxazol, Nitrofurantoin, Chinolone und Tetracycline wegen der sehr schlechten Verträglichkeit kontraindiziert. Geeignet sind dagegen Betalaktam-Antibiotika, Aminoglykoside und Erythromycin; allerdings ist es erforderlich, die Dosierung an die noch nicht ausgereiften Ausscheidungsfunktionen des Neugeborenen (Leber, Niere) anzupassen (Herstellerangaben beachten!).

Zur Behandlung einzelner Infektionen s. Erregerbeschreibung und Syndrome.

Die Therapie der Toxoplasmose in der Schwangerschaft darf im ersten Trimenon (1.–3. Monat) nicht mit der üblichen Therapie Pyrimethamin plus Sulfonamid erfolgen, da diese Medikamente potentiell teratogen sind. Spiramycin kann zur Verhinderung einer Infektion der Frucht verwendet werden, ist bei bereits erfolgter transplazentarer Übertragung aber unwirksam. In der zweiten Schwangerschaftshälfte und bei konnataler Toxoplasmose erfolgt die Therapie mit Pyrimethamin plus Sulfonamid.

Prävention. Bedeutsam ist die frühzeitige Bestimmung des Infektionsrisikos für intrauterine Infektionen. Bei bestehender Immunität gegen Rötelnvirus oder T. gondii geht von diesen Erregern keine Gefahr aus. Empfängliche Schwangere müssen über geeignete Präventionsmaßnahmen, z. B. Meiden von Infektionsquellen (infizierte Kinder, rohes Fleisch, Gartenarbeit: Kontakt mit T.-gondii-Sporozysten von streunenden Katzen).

Weitere Überwachungsmaßnahmen betreffen die Syphilis und Chlamydieninfektionen. Ebenso ist es sinnvoll, rechtzeitig vor der Geburt Informationen über Erreger im Geburtskanal, insbesondere B-Streptokokken und Gonokokken, zu erhalten, um perinatal geeignete Prophylaxe-Maßnahmen einzuleiten.

Register

Symbole

A

B

C

D

E

H

L

M

N

O

P

Q

R

S

T

U

V

W

X

Y

Z